中国古建筑专业系列丛书

古建筑工程预算

（第二版）

北京建设大学古建筑学院组织编写
万彩林　编著

中国建筑工业出版社

图书在版编目（CIP）数据

古建筑工程预算/万彩林编著．—2版．—北京：
中国建筑工业出版社，2014.5（2021.9重印）
（中国古建筑专业系列丛书）
ISBN 978-7-112-16609-1

Ⅰ．①古… Ⅱ．①万… Ⅲ．①古建筑—建筑预算
定额 Ⅳ．①TU723.3

中国版本图书馆CIP数据核字（2014）第055004号

本书共包括14章内容，全面、系统地讲述了建筑工程预算和工程造价方面的基础知识。并结合现行的《北京市房屋修缮工程预算定额》古建筑分册的内容，详细介绍了古建筑工程预算定额和预算编制的内容。同时，在各章内容之后带有相应的习题演练，加深读者对于古建筑工程预算知识和技能的掌握。

本书可作为高等院校古建筑工程相关专业的教材使用，也可供古建筑施工、设计、监理等企业人员阅读使用。

* * *

责任编辑：张伯熙
责任设计：董建平
责任校对：张 颖 赵 颖

中国古建筑专业系列丛书
古建筑工程预算
（第二版）
北京建设大学古建筑学院组织编写
万彩林 编著
*
中国建筑工业出版社出版、发行（北京海淀三里河路9号）
各地新华书店、建筑书店经销
北京科地亚盟排版公司制版
北京建筑工业印刷厂印刷
*
开本：787×1092毫米 1/16 印张：22¾ 字数：558千字
2014年8月第二版 2021年9月第五次印刷
定价：58.00元
ISBN 978-7-112-16609-1
（25429）

绳墨技艺
文化传承

郑孝燮
二〇一四、一、一九

尺长寸短，精准计量

传承文化 永铸辉煌

[illegible] 癸巳年三月

贺万彩林《古建筑工程预算》再版

《中国古建筑专业系列丛书》

编　委　会

前　言

中国拥有悠久的文化历史，中国古代建筑更是人类建筑艺术宝库中的璀璨明珠。由于我们国家繁荣昌盛，中国古代建筑保护工作愈加受到了重视。我们这代人对中国古代建筑知识与文化的传承肩负重任。无论是古代建筑还是新建建筑，工程造价都是基本建设过程中不可缺少的重要环节，研究古代建筑预算，合理、科学、准确地确定古代建筑维修的工程造价，在以经济建设为重的今天具有必要的现实意义。

本书共分为14章。1～6章全面系统地介绍了基本建设工程的程序、造价基础知识、定额的分类和作用等方面的内容。通过学习可使学生基本了解建设方面的有关知识，熟悉国家对基本建设程序的一些政策、法规和规定。7～13章以现行《北京市房屋修缮工程计价依据——预算定额》古建筑工程预算定额为蓝本，分别讲述古建筑瓦作、古建筑石作、古建筑木作、古建筑油漆彩画预算方面的知识；14章为综合练习。每章除工作内容与统一规定，工程量计算规则与现行古建定额保持一致外还结合大专院校学生的特点重点增加了定额名称注释，以图文并茂的形式，使读者对古建筑更深层次的专业知识有比较系统全面的认知。为使读者更好地掌握古建筑预算方面的知识，为今后走向社会学有所用，各章还专门设计了难点提示、习题演练、巩固练习等内容。使读者通过大量的习题演练，加深对古建筑预算工程量计算知识的掌握。熟悉国家关于工程造价方面的政策法规，对古建筑工程预算全面了解，并掌握一般计算技能。

本书在编写过程中参考了马炳坚先生的《中国古建筑木作营造技术》、刘大可先生的《中国古建筑瓦石营法》和边精一先生的《中国古建筑油漆彩画》等内容，经过诸位先生们的应允，引用了上述著作中的部分插图。同时，在编写过程中还得到了北京市文物古建工程公司领导的大力支持，马继友、林哲宇、王佳学、韩荣荣、赵玉莲等同事为本书的资料查询、插图绘制、文稿审核等作出了贡献，在此特表谢意。

由于本人知识水平所限，在编写本书过程中会存在诸多错误与不足，恳请各界人士提出批评指正！

万彩林

2014年　于北京

目　录

1 建设项目工程概预算概论

1.1 建设项目和建设程序

1. 建设工程的概念

建设工程是建设资产投资的一个方面。建设工程又包含许多具体内容，如建筑工程、设备安装工程、桥梁、铁路、公路、水利、隧道、给水与排水等诸多土木工程。

建筑工程通常包含建筑安装工程（新建工程）和房屋修缮工程两大类。而古建筑修缮和复建工程隶属于房屋修缮工程的范畴。

建设项目本身就是固定资产投资的一种，它是通过实施具体的建设项目，来实现固定资产的投资活动。

投资项目是指一定数量的投资额在质量、资源、时间的约束下，按照科学的或习惯的程序经过设想、建议、方案研究、评估、决策和工程地质勘察、建筑设计、施工、竣工验收、试运行和使用，最终通过一次性的建筑任务，实现固定资产的投资目标。

建设项目一般是指建设一个独立工程，例如一座公园，一个企业，一个事业单位等。比如：建设一座化工厂，一个农业科学实验场，一所学校或机关办公楼，一条铁路干线，一座独立的大桥或独立的枢纽工程，一座综合性水利工程等。建设项目应在技术上满足一个总体设计或初步设计范围内，由一个或若干个有相关联系的单位工程所组成；而且，在建设过程中实行统一管理和统一核算。

2. 建设项目的种类

按照固定资产投资目标和分类方法的不同可以划分出许多种类的建设项目。

（1）按照建设投资规模分类

基本建设项目按照投资规模以及设计生产能力，一般划分为特大型项目、大型项目、中型项目和小型项目四类；而每一类的具体指标（如经济指标）是在不同时间范围内和不同地域条件下相对制定的。

（2）按建设性质分类

① 新建项目：大部分建设项目属于新建项目。指从无到有、“平地起家”、新开始建设的项目。有些扩大改造的项目，经扩大建设后新增加的固定资产价值超过原有固定资产价值3倍以上的，也属于新建项目；如新建的住宅小区、地铁工程等。

② 扩建项目：指为扩大生产能力和经济效益或增加开发新产品的生产能力而新建设的项目，主要是车间或工程项目。

③ 迁建项目：指原有企业及事业单位，包括古建文物保护单位由于各种原因经上级

有关部门的批准搬迁到异地建设的项目。迁建项目中只要有符合新建、扩建、改建条件的应分别按新建、扩建、改建处理。迁建项目中不包括仍留在原址的部分，如三峡大坝古建筑寺庙的迁移工程。

④ 改建项目：指原有企业为提高生产效率、改进产品质量或转产的需要，对原有设备和工程进行改造的项目。有些企业为协调生产能力而新增建一些小型附属、辅助车间或非生产工程，也属于改建项目。

⑤ 复建项目：指企业、事业单位因自然灾害、战争等原因使原有建筑物全部或部分报废，失去功能。经上级有关部门批准后又投资，按原有规模重新恢复起来的项目，如，北京中轴线上恢复的建筑——永定门城楼；但在恢复的同时而进行的扩建应属于扩建项目。

(3) 按照国民经济中各行业生活和特点分类

① 国家鼓励竞争的项目：指投资收益比较高、竞争性较强的一般性建设项目，如：房地产开发、小区建设等。

② 基础性项目：指具有自然垄断性，建设周期长投资额大、而收益低的基础设施和需要国家重点扶持的、非基础工业项目，以及可直接增强国力的符合经济规模、支柱产业项目，如电力、水利项目。

③ 民众公益性项目：包括科技、文教、卫生、体育和环保等设施，文物建筑，公、检、法等国家政权机关以及政府机关，社会团体办公设施和国防建设等。

3. 建设项目的构成

(1) 单项工程

单项工程是指在一个建设项目中具有独立的设计文件，可以独立施工，竣工后可以独立发挥生产能力或经济效益的工程。它是建设项目的主要组成部分。例如，工业建设项目中的车间、办公楼、住宅等。古建筑中四合院的门楼、垂花门、正房、厢房等。

(2) 单位工程

单位工程是指具有独立的设计文件，可以独立组织施工，它是单项工程的组成部分，但单位工程竣工后一般不能发挥生产能力或经济效益。单位工程按其构成又可将其分解为建筑工程和设备安装工程。例如，一座影剧院的土建工程就是一个单位工程，设备安装也是一个单位工程，电气照明、音响设置、室内给水排水的管道、线路敷设等都是单元工程中包含的不同专业性质的单位工程；又如，古建筑正房中的土建部分、电器照明部分、避雷部分以及给水排水部分等都是单位工程。

一般情况下，单位工程是进行工程成本核算的对象，是按照设计文件并通过编制单位工程施工预算来确定的。

(3) 分部工程

分部工程是单位工程的组成部分。按照工程部位、设备种类和使用材料的不同，一个单位工程又可以分成若干个分部工程。房屋修缮工程中的古建筑修缮按主要部位一般划分为七个分部工程，即基础工程、墙身和大木主体工程、地面工程、装修工程、屋面工程、油漆彩画工程和水电设备安装工程。

(4) 分项工程

分项工程是分部工程的组成部分，是建设项目最基本的组成元素。按照不同的施工工艺，不同的材料，不同的规格和性质，又可将每个分部工程分解成为若干个分项工程。分项工程是由各专业工种完成的中间产品。它可以通过比较简单的施工过程生产出来，可以有适当的计量单位。它是计算工、料、机消耗及资金消耗的最基本构造要素，它还是组成定额的最基本单元。建设项目工程预算的编制就是从这样的最基本的构造要素开始的，只有确定了各分项工程的项目和价格，才能由小到大、逐步汇总成工程的最终造价。例如：大木构架工程中的柱子制作和安装、三架梁、五架梁、角梁以及仔角梁等的制作和安装都是每一项具体的分项工程。墙身工程中的外墙砌筑、衬里墙砌筑，梢子安装工程，博缝安装冰盘檐砌筑等也是具体的分项工程。以某古建筑四合院为例，来说明建筑项目的组成。如图 1-1-1 所示。

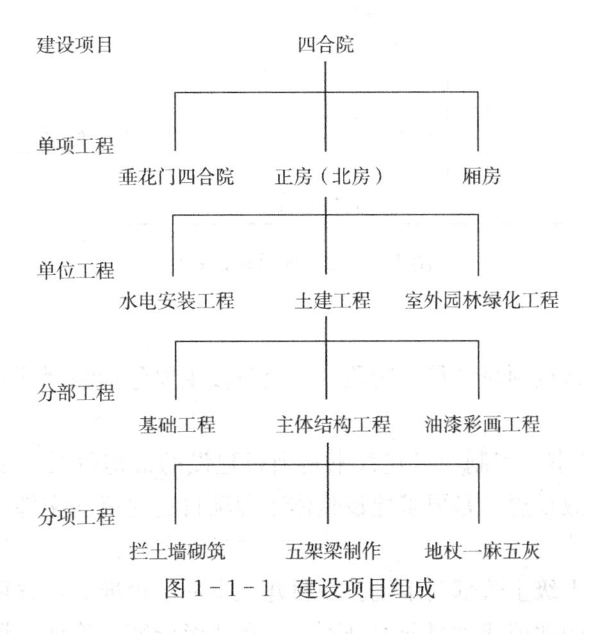

图 1-1-1 建设项目组成

另外，按照最新的国家标准《建筑工程施工质量验收统一标准》（GB 50300—2001）的规定，一个建设项目应划分为单位工程、分部工程以及分项工程，取消了单项工程。而这里的单位工程是指具备独立施工条件并能形成独立使用功能的建筑物或构筑物。

4. 建设程序

建设程序是指一个建设项目从最初的决策、设计、施工到竣工验收和最后的评价的全过程中，各项工作必须遵守的先后顺序。

这个程序是人们长期以来对建设项目客观规律认识的产物，是一个建设项目得以科学决策和顺利实施的重要保证。按照项目发展的内在联系和发展过程，项目的建设程序可分为若干个阶段，各个发展阶段有科学、严格的建设顺序，不能任意颠倒。

我国项目建设程序依顺序可分为决策阶段、设计阶段、建设实施阶段、竣工验收阶段以及后评价阶段共五个阶段。

这五个阶段又有其内在的必然联系和各自的工作内容与范围，它们的关系如图 1-1-2 所示。

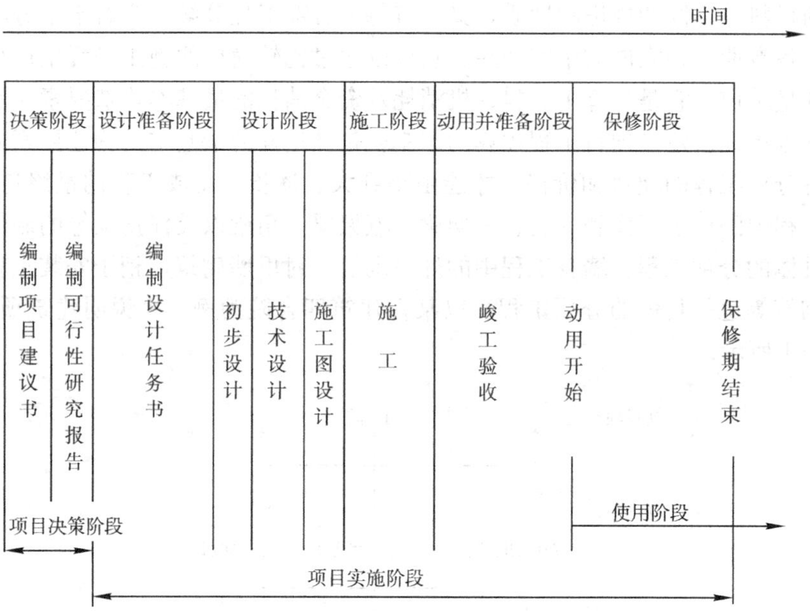

时间

决策阶段　设计准备阶段　设计阶段　施工阶段　动用并准备阶段　保修阶段

编制项目建议书　编制可行性研究报告　编制设计任务书　初步设计　技术设计　施工图设计　施工　竣工验收　动用开始　保修期结束

项目决策阶段　使用阶段

项目实施阶段

图1-1-2　项目建设程序

（1）决策阶段

项目决策阶段是建设项目的最初阶段。这个阶段主要包括编制项目建议书和可行性研究报告这两项工作。

① 编制项目建议书：编制项目建议书是项目建设的最初阶段。项目建议书是投资决策并对拟建项目的大致设想，是要求建设具体工程项目的建议性文件。它的作用是为了推荐一个拟建项目。

项目建议书要报上级主管部门审批。项目建议书一经批准后，方可进行下一步的可行性研究工作，但不表明此拟建项目非上马不可，还要经研究、论证、评估以及评价等进一步完善的过程。因此项目建议书不是项目的最终决策。

② 可行性研究报告：项目建议书经过批准后，开始进入可行性研究工作，即对拟建项目在技术上和经济上是否可行而进行的科学性研究和论证。

进行可行性研究的目的主要是评价拟建项目在技术上的先进性和适用性，经济上的营利性和合理性。判断一个项目建设是否可行，是一个由浅入深、由粗到细的研究过程。

这一过程又可分为初步可行性研究和详细可行性研究两个阶段。可行性研究的最终成果是编制可行性研究报告。可行性研究报告经过审批通过之后方可进入项目建设的下一个阶段。

（2）设计阶段

根据项目建设的不同情况，一般的工程设计可分为两个阶段，即初步设计阶段和施工图设计阶段。但如遇大型、重点或复杂的工程，可根据不同行业（如古建筑）的不同特点和需要，在初步设计阶段后增加技术设计阶段（也称扩大初步设计阶段）。初步设计是设计方案的第一步，若初步设计提示的总概算超过投资估算的10%以上或其他重要指标需要调整时，应另行编制变动调整后的新的可行性研究报告，重新申请报批。

设计单位的选择一般采用设计招标或设计方案竞选来确定。设计单位确定后，初步设计阶段的设计文件即开始编制。

(3) 施工阶段

此阶段也称建设实施阶段。这一阶段主要工作是做好施工准备，组织施工和竣工前的生产准备。

① 施工前的准备工作：为使施工工作顺利进行，项目的负责人在开工前要考虑落实各项准备工作。主要任务：征地、拆迁和“三通一平”（通水、通道路、通电以及平整场地）组织落实材料的来源、订货；准备满足施工条件的设计图纸；组织项目招投标；确定中标单位；订立施工合同；组织施工技术交底，拨付合同预付工程款。为工程实体的开工做好一切准备。

② 组织施工：项目经批准开工后，便进入到实施阶段最实质的工作。项目新开工时间：永久性工程以第一次破土开槽时间作为新开工时间；不需开槽时以正式打桩作为开工时间；房屋修缮工程以合同约定的开工日期为准。

③ 生产性项目准备工作：在项目竣工投产之前，由建设单位组织专门的机构有计划地做好生产准备工作。这些工作包括招收新的生产人员，培训并提高生产人员的业务技能；落实投产后的原材料供应销售渠道；组建正式投产后的管理机构；健全各种规章制度。生产准备工作是由建设阶段转入经营阶段前必不可少的工作。

④ 竣工验收阶段：工程项目按设计文件要求全部实施。工程竣工验收是项目建设的最后一步，是全面考核项目建设成果检验设计和施工至质量的重要环节，也是一个建设项目转入生产和使用的重要标志。

建设项目的竣工验收按投资规模和复杂程度可分为初步验收和竣工验收两个阶段。大型或较复杂的项目可按前述两步进行，小型或一般工程可直接竣工验收。竣工验收由建设单位（或代理单位）负责组织验收委员会（或验收小组）。验收委员会由银行、物资、环保、劳动、规划、设计、监理、施工单位以及监督部门的专家组成，还应包括建设单位、接管使用单位、勘察设计单位。若为文物保护工程，文物保护上级主管单位等也应一同参加验收工作。验收合格后建设单位编制竣工决算报告，并与施工单位签订工程保修合同。自建设项目竣工验收合格之日起，开始进入工程保修期。项目正式由施工单位转交给建设单位，项目正式投产使用。

⑤ 后评价阶段（使用阶段）：建设项目后评价是工程项目竣工投产，生产运营一段时间后对项目的立项决策、设计、施工、竣工、投产以及生产运营等全过程进行系统综合评价的一项技术活动，也是固定资产投资管理的最后一个环节。通过这一综合性的技术评价，可以肯定成绩，总结经验，发现问题，汲取教训，提出建议，改进今后的工作。不断完善和提高项目决策部门的决策水平，使固定资产投资科学化、合理化、收益最大化。

1.2 建设工程概算与预算

1. 建设工程概算与预算的概述

建设工程项目概算与预算是建设工程设计文件的主要组成部分，是指工程建设过程中，根据不同设计阶段，不同设计文件（图纸）和国家部门规定的定额、指标、市场价格及相关各项费用的计费标准等资料。在工程建设之前，预先计算和确定的每项新建、扩建、改建、重建和修缮等工程所需要的全部投资额的技术文件。由于这些数据是经过事先计算而产生的数据，相当于一个建设项目的规划价格。这种规划价格在实际工作中通常被称为概算造价或预算造价。建设工程项目设计概、预算包括设计概算与施工图预算，这两个“计划价格”是建设项目在不同实施阶段中的反映。

基本建设工程设计概算和施工图预算总称为基本建设工程预算或建设预算。

建筑概、预算是国家对基本建设投资实行管理和监督的重要方面。建设概、预算的编制必须遵守国家部门的有关政策、法规和管理制度、必须遵循科学编制、逐级报批、严格审核的管理制度。

2. 建设产品的特殊性

建设产品的价格是根据编制概、预算的方法确定的。它具有一般商品价格的共性，在形成过程中同样受到商品规律的制约。建设工程的计划价格也同其他商品的计划价格一样，都要通过国家规定的计划程序来确定。但是，建设工程与其他商品相比在生产的过程中有许多特殊的技术经济特点。

（1）建设产品生产的单件性

一般工业产品生产采用标准化大批量的重复生产，而建设产品不但要满足不同的使用功能，其建筑标准，艺术造型等还要受到不同区域的不同工程地质和水文地质条件的制约。建设产品由于受到地区的、民族的、自然的以及经济条件的影响，使得其在规模、结构、造型及装饰等诸方面各不相同，即使是结构和外形上完全相同的两个建设产品，还可能因基础不同或因所在区域存在差异而价格不同。比如，在大城市和偏远地区建造相同的两所中学，两者的单方造价（每建筑平方米的价格）会有较大差异。因此，一般的建设产品都是由设计单位和施工单位根据建设单位的委托进行单独设计和单独施工。这就造成建筑产品只能按单件生产。价格具有单件的特点。即使在同一个地区、同一时间建设若干个相同的住宅，相对于工业化、大批量、重复生产的工业产品的特点这些住宅也有单件性的特点。这些特殊性，凸显了建设产品价格也具有单件性。

（2）建设产品生产的固定性

建设产品所在地理位置是建设单位选定的，具有只能在建造地点使用且不可移动的属性。这种固定性，导致建设工程的生产具有地域性、流动性和产品价格的差异性。这些特性对建设产品的价格有很大影响，其主要表现在一个施工单位为了完成不同建设地区之间的施工任务，要经常在不同的建设地区间迁移，迁移过程中必然要有费用的支出，人员、机械、办公、生产设备都可以折合成费用的支出。建设工程的施工还受到不同地区的技术和经济水平的影响。特别是在市场经济条件下，建筑材料的价格在各地有较大差异，人工费在不同地区也有不同的市场价格。机械租赁、管理费率的差异都直接体现在建筑工程价格上的差异。由此可见，即便是同种类、同规格、同质量、同工期的建设工程，也会因所在地区的不同而产生工程造价上的差异。特别是市场经济条件下，这种正常的竞争会更加明显。

（3）建设工程生产的露天作业多和高空作业多

一般的工业产品大多在车间内生产，生产条件不受时间、气候变化的影响。而建设产品因存在固定性和形体庞大的特点，生产多为露天作业。露天作业的特点是要受气候制约，使得建设产品的价格中会考虑到因雨期施工、冬期施工而额外增加的费用支出。再者，不同的建设产品因单一性的存在而产生高空作业的不同高度，不同生产效率、垂直运输、通信以及上下运输时间等，都存在较大的差异。建筑物越高，这些差异越大。不同的建设产品还会因其建造高度不同产生价格上的变化，影响着工程的造价。

（4）建设工程生产周期长、程序复杂

建设工程的生产周期不同于一般工业产品，具有施工周期长、环节多、生产程序复杂、涉及专业多等特点。这些特点决定了建设工程价格的构成各具特点，不可能相同。单从施工周期长短来看，周期长的工程必然占用资金时间长。占用资金时间的长短，决定了贷款时间、银行利息等的多少。

另外，建设工程从始至终程序复杂，变化因素大，需要社会多方的协作，相同的建设工程也会因为土地征用费、青苗赔偿费、树木赔偿费、居民搬迁费以及环境保护费等支出的不同，社会各方面协作能力的差异，直接影响着每个工程的造价。

（5）建设工程生产工艺变化复杂，质量存在差异性

施工生产过程中，会涉及众多建筑材料半成品、成品的质量各不相同，施工技术条件、外界环境、工艺变化复杂程度以及工人的技术熟练程度不同，项目经理经营理念、管理水平不同，都会使建设产品质量产生差异。因此，各方面条件都相同的两个建设工程，也会因质量上存在差异，而导致出现价格上的差异。

（6）建设工程生产工期的差异

一个建设工程往往在合同中就已明确了施工时间，施工单位为保证合同的顺利履约，必然要采取许多技术管理以及经济方面的措施。例如通过加班费、阶段性工期奖励，投入较先进的机械设备等来保证措施的落实，这些增加的费用也应该视为社会必要劳动消耗，在工程造价中应予以体现。

为了尽早竣工、缩短施工周期，使建设工程提前投入使用，建设单位也往往会以物质奖励的方式，激励施工单位缩短工期。这些费用会摊到综合成本上，都会影响建设工程产品的价格。

（7）古建修缮工程的独特性

古建工程的修缮（复建）与建筑安装工程不同，具有如下的独特的性质。

① 手工操作为主，机械使用率较低。古建筑工程的维修为保持原工艺、原材料，一直坚持传统工艺施工方法。砖料、石构件的加工，屋面的挑脊、宄瓦、油漆彩画，各种石雕、木雕、砖雕均采用手工加工的方法，尽量不使用或少使用机械加工，使传统工艺得以传承。

② 古建修缮工程技术复杂、连续施工性差。古建修缮工程技术工艺复杂、变化大，某个部位的损坏可能只是表面的现象，拆开后经过勘察，也许会涉及诸多方面的原因，要由表及里，逐层分析，找出最后的根本原因，才能彻底地治根治本。比如望板糟朽，可能是由于屋面渗漏的原因，也可能是由于望板自身含水率高，不同的原因会产生不同的修缮方案，自然修缮费用也不尽相同。

古建修缮工程分项工程复杂、变化大，每一个分项工程的工程量又很小，大规模、流水作业、连续施工性差。有时某个分项工程就是剔除一块镶补一两块砖件，或是为某部位

的彩画清扫除尘。一个生产工人一天内可能要完成3～4项分项工程，项目零碎、工作变化多、技术复杂、正常的工序间隔频繁。

③ 施工条件差，外界环境影响多。古建修缮施工中的大部分施工场地窄小，甚至没有施工场地，许多材料加工、占地面积又比建筑安装工程需求大，只能另租场地，相对增加了许多材料的运输费用。

一些特殊的传统工艺对外界环境要求很严，例如，贴金宜在无风的条件下施工，刷大漆宜在潮湿的环境中施工；另外，油漆、彩画、屋面宄瓦、挑脊都适合在常温下施工。这些因素都会对工期和工程造价产生影响。

由于建设产品具有的上述特点，使得建设工程造价的确定不可能像一般工业产品一样制定出计划价格或由国家部门按照一定的程序规定统一价格，而是只能采用特殊的程序，考虑建设产品的不同因素，通过单独编制每一个建设项目或单位工程建设预算的方法来确定价格。因此，在建筑行业实行概预算制度，也是我国社会主义市场经济条件下，尊重客观规律的具体改革体现。这种方法反映了基本建设的经济特点对其产品价格影响的客观性质，也反映了市场经济对建设工程产品价格的客观要求。

3. 实行建设工程概、预算的重要性

实行建设工程概、预算制度是国家控制基本建设投资规模和宏观调控经济运行的方法。

国家主管部门、各省市、自治区主管部门采取工程造价宏观管理的措施，适时颁布具有法令性、科学性的概、预算定额和工程造价管理办法，控制和监管建设工程产品的计价方法，使各地区、各单位在遵守国家法律法规的同时，结合市场经济和不同建设工程产品的特点制定相应的工程造价。既保证了国家对固定资产投资的控制与监管，也给企业提供了参与市场竞争的平台，可谓国家、企业实现利益的双赢。

1.3 建设工程造价的分类和作用

根据我国有关的工程造价管理办法，对工业与民用建筑工程规定如下。

当设计阶段采用两步设计时，在初步设计阶段，必须编制初步设计总的概算，在施工图阶段必须编制施工图预算。

当设计阶段采用三步设计时，在技术设计阶段（扩大初步设计阶段）必须编制修正总概算。

一个基本建设从始至终，按照基本建设程序和国家相关文件规定，除应编制建设工程预算文件外，还必须在其他各阶段，参照设计概算、设计预算编制各阶段的有关经济文件。按照建设工程的建设顺序，会产生各种预算。下面分述各类预算。

1. 投资估算

投资估算是工程项目建设初期的一项重要的工作，发生在规划、编写项目建设书和设计任务书阶段。

项目建设单位向国家主管部门申请建设项目立项，或由国家主管部门对拟立项目进行决策，确定建设项目在规划、编写项目建议书以及设计任务书等不同阶段的投资总额而编制的经济文件。

任何一个拟建设工程项目，有关部门在批准其立项前，都要通过全面的可行性论证后，才能决定其是否正式立项或批准投资建设。在可行性讨论过程中，除考虑到国民经济发展上的需要和技术上的可行性外，还要考虑投资数额的大小以及经济上的合理性。

投资估算是国家及有关主管部门决定拟建项目是否批准其建设的依据，是国家审批项目建议书的依据，是国家及有关主管部门批准设计任务书的依据，是国家及有关主管部门编制中长期规划以及保持合理比例和投资结构进行宏观经济宏观调控的依据。

编制投资估算的主要依据是投资估算指标和相类似的概算指标，工程预（决）算等的资料按指数估算法、系数法、单位体积估算法等方法进行编制。

2. 设计概算

设计概算是指在设计初步阶段，由设计单位根据初步设计（或扩大初步设计）图纸，相关概算定额（或概算指标），概算费用定额取费标准，施工地区的自然环境、技术经济条件和机械设备租赁参考价格，建筑材料市场参考价格等资料，预先计算和确定的一个投资建设项目从筹资建设到竣工验收诸阶段的全部建设费用的经济技术文件（包括项目立项、可行性研究、设计、施工、试运行、验收等阶段）。

设计概算在建设程序中有以下几个作用。

（1）设计概算是设计文件必不可少的重要组成部分。国家相关的建筑行政部门明确规定：“不论大中小型建筑项目，在申报审批初步设计或扩大初步设计的同时，必须附有设计概算”。因此，没有设计概算的设计技术文件是不完整的。

（2）设计概算是国家控制基本建设投资额的依据。一项设计概算确定的投资数额，经主管部门审批后，即成为这个项目工程基本建设投资的最高限额。在工程建设的全过程中，不论施工工期长短以及年度基本建设投资如何分配，银行贷款和拨款、施工图预算、竣工决算等，未经规定的重新程序批准，不论何种原因都不能突破这一最高限额。严格按审批的限额完成建设工程，是国家实施宏观调控的手段。各个施工部门、建设工程管理部门、设计部门都应严格执行国家基本建设计划，自觉维护国家基本建设计划的科学性和严肃性。

（3）设计概算是编制基本建设年度计划的依据。一个建设项目，当它的初步设计和概算设计文件没有得到相关管理部门的审批，是不能被列入基本建设年度计划的。

基本建设年度计划以及基本的建设物资供应、劳动力和建筑安装施工等计划，都是以批准的建设项目概算文件中确定的投资总额和其中的建筑安装和设备配置等费用数额的工程实物量指标为依据编制的。另外，被列入国家五年或十年计划建设项目的投资额，也是依据竣工或在建的类似的建设项目和相关综合技术经济指标而判定的。

（4）设计概算是选择最优化设计方案的重要依据。设计概算是设计方案经济的反映。不同设计方案的设计意图最终都要通过计算工程量和各项费用被全部反映到设计概算文件中。如何选择最优的设计方案，可根据设计概算中的货币体系和实物指标体系来进行比较。如建设项目，单项工程和单位工程的概算造价、单位建筑面积（或体积）概算造价单位生产能力和投资货币指标，又如工程量、劳动力、机械的设备消耗和主要材料（如木材、砖、瓦、灰等）的消耗等实物指标，对不用的初步设计（或扩大初步设计）进行技术经济性比较，是提高设计文件经济效果的重要手段。

（5）设计概算是实行投资包干责任制和招标承包制的重要参考依据。经主管部门批准的初步设计文件以及与之对应的概算价格，是确定一个建设项目的全部投资总额，以及国家实行宏观经济的调控，实行投资包干责任制的参考依据，同时也是实行招标承包制度控制的上限。根据国家的设计、概预算编制办法以及建筑安装工程招标办法的规定，招标单位要编制工程标底，投标单位编制工程投标价格，标底或报价确定的工程造价都应控制在总概算的投资限额以内。

（6）设计概算是建设银行办理工程贷款、拨款和结算，实行财政审计、监督的参考依据。建设项目计划贷款数额；计划拨、付款比例以及竣工结算都要以设计概算确定的数额作为参考依据，未经主管部门再次审批和调整的概算价格，无论何种原因都不能超过的初步设计概算价格。若突破总概算确定的投资限额的工程，银行有权不予办理超额部分的拨款，且有义务与有关主管部门一同调查超额的原因，督促其予以修正或补办、追加手续，再按修正后的新额度支付贷款或拨款。所以，设计概算是国家宏观控制基本建设投资规模，监督合理使用建设资金和保证施工企业资金正常、良性周转的重要方法之一。

（7）设计概算是基本建设投资核算的主要依据。基本建设投资活动是增加固定生产数额、扩大再生产的一项经济工作，为了检验最初的投资规划设计概算是否准确以及完成投资的全过程是否在预计控制范围以内。投资工作全部完成后，有必要进行一次系统、全面科学的核算。以投资总额、总造价、单位面积造价、单位体积造价、单位生产能力投资额以及单位产品材料消耗量（或工时消耗）为依据，分析、对比建设项目预算中相应的指标，从中发现问题，查找出节约或浪费的原因以便提高。

这项核算工作还可以检验概算定额或概算指标是否科学准确。以便发现问题及时调整，修正概算定额和概算指标，使之真正发挥指导和参考的作用。

3. 修正概算

当设计采用三个阶段时，在技术设计阶段（或扩大初步设计阶段），随着设计内容的深化与完善，可能会察觉到建筑规模、结构性质等内容与初步设计内容相比有较大的出入。这时，设计单位会根据新的技术设计图纸、概算指标或概算定额、各项费用标准、建设地区人工费、材料价格、机械租赁价以及设备采购价格等对初步设计总概算重新进行修订，而形成新的经济文件即是修正概算。修正概算的作用与初步设计概算作用相同，也是由设计部门编制的。

4. 施工图预算

施工图预算是在施工图设计阶段，当工程设计完成后，在单位工程开工前，由施工单位根据施工图纸计算工程量，施工组织设计和国家规定的现行工程预算定额各项费用计费标准，建筑材料预算价格、人工费水平、建设地区的自然和经济技术条件等资料进行计算和确定单位工程或单位工程建设费用（造价）的经济文件。

施工图预算的作用如下。

（1）它是确定单位工程或单项工程预算造价的依据。

（2）它是签订工程施工合同，实行工程预算大包干和工程竣工结算的依据。

（3）它是建设银行拨付工程价款的依据以及贷款依据。

（4）它是施工企业加强经营管理，进行经济核算的基础。

（5）它是施工企业进行投标、报价的依据。

5. 工程结算

工程结算是指某一个单项工程或单位工程或分部工程或分项工程完工并经建设单位、设计单位、监理单位、文物古建筑主管部门等验收合格后，由施工单位根据施工过程中对现场实际情况的记录、设计变更通知书、现场工程更改签证以及索赔确认书等，遵照施工合同的约定，在预算范围内和施工图预算的基础上，按规定编制的建设单位办理结算工程价款，获得索赔并取得收入，用以补偿施工过程中的资金消耗，并以此确定本企业施工盈亏的经济文件。

结算可分为以下三种形式。

（1）定期结算，如按时间规定每季、半年或每一年进行一次结算。

（2）阶段结算，如按分部工程验收合格后进行结算。

（3）竣工结算，当一个工程全部完成并且经各方面验收合格后进行结算。

6. 竣工决算

竣工决算是指在竣工验收合格后，由建设单位编制的建设项目从筹建到建成或使用的全部实际成本的技术经济文件。

施工企业内部也往往根据工程结算文件，编制企业内部单位工程竣工决算报告，核算单位工程的预算成本、实际成本和成本降低额。作为成本分析，反映经营管理效果、总结经验、提高施工企业管理水平的手段。施工企业的竣工决算与建设项目竣工决算是不同的概念。

通过上述方式，这几类预、决算形成了一个完整的有机整体，它们相互关联。申请项目建设要编制估算，设计要编制概算，施工要编制预算，竣工要编制结算和决算；但是结算不能超过决算，预算不能超过概算。

2　建筑工程定额基本知识

2.1　定额的概念

定额就是人们统一规定的额度，是人们按照不同需求对某一事物（包括人力、物力、资金、时间等）在质和量上的规定。

1. 在社会主义市场经济中，定额广泛存在于生产流通领域、分配与消费领域、科学与技术领域以及人们的日常生活领域。例如：服装制造业的原材料消耗定额，加工消耗共时定额，公交行业的每工日行驶定额，每百公里耗油定额，某机构人员构成的比例情况，计划经济下发放的短缺物资购买车票等，都可以被视为规定的额度。人们在日常生产、生活中时刻都会感到定额的存在，受到定额的约束。

2. 定额反映一定时期的社会生产水平和管理水平。从微观上讲，定额是产品在生产过程中消耗的人力、物力、资金的标准以及人们在一定的条件下应遵守的原则。从宏观上讲，定额水平的高低，反映着当期社会生产力水平；定额是产品创造者和经营管理者评价自身劳动成果和经营活动盈亏的尺度；定额是鼓励生产者提高工作效率的重要手段。

3. 定额是协调社会化大生产的手段，是组织社会化大生产的工具。随着人类社会文明程度的发展，各行业、各部门的生产分工越来越精细，任何一件产品都包含着诸多企业的劳动因素。当今的社会化大生产分工明确，相互协调，密不可分，由众多劳动者共同完成社会产品。因此，必须要有一个合理的额度作为分配、协调、组织社会化大生产的手段，使社会化大生产良性循环、合理发展，并具备可持续性。在我国，定额是由政府负责颁布实施的，具有集中性、稳定性及时效性。在其他国家多借助法律的形式体现其用途和范围。

2.2　建筑工程定额

各行业都有自己的定额，建筑行业也不例外。在项目建设的生产经营活动中，为了完成某一合格的建筑产品，必然要消耗的一定数量的人工、材料、机械作业台班和资金就是建筑工程定额。

建筑工程定额的确定是有很多先决条件的。首先，它代表在正常、科学、合理施工组织和正常的施工条件下为完成某一合格的产品所至少应消耗的劳动力、材料以及机械台班的数量标准。这种量化的规定，能科学地反映出建设工程中的某一合格产品与各种生产活动必须消耗之间的特定的数量关系。这种消耗是最低消耗，它的数值是经过长期生产实践总结而来，具有很强的科学性和必要性。这些量化的数值还必须是在完成某一合格产品的前提下才能成立的。如果完成的某一产品不合格，即使所消耗的劳动力、材料以及机械台班数量比定额给定的数量要低，定额也是不成立的。因此定额还是鼓励先进技术、保证生产合格产品的一种手段。

我国的建筑工程定额是依据某一时期的管理体制和制度，根据定额的不同用途和使用范围，由政府指定的专业机构编制，按照规定的权限范围审批、颁布及执行的。例如，我国现在实行的是政府宏观调控下的社会主义市场经济，政府鼓励各企业之间合法竞争。从政策上既有保证国家税收的“税金”项目，又有保证企业施工人员、农民工利益的“规费”；还有鼓励企业竞争、创收的“利润”。既有国家强制征收的费率标准（如税费）也有企业竞争的平台（利润）。

1. 建筑工程定额的性质

（1）定额的法令性

古建筑工程定额是由国家授权某一部门编制并颁发的一种法令性指标，在定额规定范围内的任何建设工程及单位都必须遵照执行，未经原编制部门批准，不能任意改变其内容水平。定额的管理、修订及解释权归属原编制部门。北京市的古建筑工程定额最终解释权归北京市建委造价处。定额中的人、材、机的消耗量不能调整但其单价可以变动。目前，古建筑工程定额仍是国家宏观调控工程造价的重要经济手段。

（2）定额的科学性与群众性

古建筑工程定额的制定是依据一定的理论知识，在认真研究和总结生产实践经验的基础上结合古建工程的特点，运用系统、科学的方法制定的。它反映的是有一定技艺的工人其成熟的传统技术和传统的操作方法。因此，古建工程定额不仅具有严格的科学性以及先进性并可保持传统工艺的不变。另外，古建工程定额还具有广泛的群众性，它是古建筑行业群体生产技术水平的综合反映。是行业内大多数单位和个人能够接受的先进标准。

（3）定额的时效性与稳定性

古建工程定额水平的高低，代表着一定时期社会生产力的水平。随着科学技术的不断发展，社会生产力的水平必然持续提高。定额会逐渐得到修订和补充。社会生产力是一个变化的过程，这一过程中时间变化也是不均等的，所以某一定额在执行中保持了自身的相对稳定性和时效性。长时间对定额不修订不调整会使定额逐渐失去指导性、科学性而逐渐被淘汰。

任何一个工程定额从颁布执行之日起都具有相对的稳定性与时效性。在执行过程中，最终权利解释部门也在广泛收集各种数据，不断调整和补充正在执行中的定额。稳定性与时效性是相对的，一般古建筑工程定额每使用5年左右就要重新修订一次。

2. 社会主义市场经济条件下定额的作用

（1）定额是确定工程造价的参考依据

在编制设计概算、施工图预算或编制工程量清单计价、竣工结算、工程审计时，无论是项目划分（或合并）计算工程量，还是计算人工、材料和施工机械台班的消耗量，仍然都以建设工程定额为参考依据。建设工程定额仍是建设工程的计划、设计、施工、竣工验收、审计与审核等各项工作取得最佳效益的工具和杠杆，也是考核和评价建设工程各阶段工作的经济尺度。

（2）定额是建筑施工企业实行科学管理的手段。

① 一个建设工程的盈亏标准，确定人工、材料、机械、台班费用的消耗量，仍要与定额提供的数据进行分析对比。

② 建设工程工期的确定也要参考相关定额，确定施工周期的长短。有些建设工程还编制有专门的工期定额，以保证施工周期的科学性及合理性。人为因素干扰，防止用行政手段不科学地任意压缩工期。

③ 建筑施工企业编制施工进度计划，下达施工任务，合理调配经济资源，实行责任承包制，定额也是编制施工组织设计的参考依据。

2.3　建筑工程定额的分类

建筑工程定额的种类很多，企业在施工生产中根据不同的需要而选择相关性质的定额，建筑工程定额从内容、形式、用途和使用要求上的差异可以分为以下四大类型。

1. 全国统一定额

全国统一定额是根据全国各专业工程的生产技术与组织管理情况而编制的，在全国范围内统一执行的定额。如20世纪90年代的版本——《全国统一建筑工程定额》。

2. 地区统一定额

地区统一定额指由国家授权地方主管部门结合本地区建筑工程特点，参照全国统一定额水平而编制的在本地区使用的定额。如《北京市建筑工程施工预算定额》等。

3. 企业定额

企业定额是企业根据自身生产力水平和管理水平制定的仅供本企业内部使用的定额，如，企业内部《××集团公司施工定额》等。企业定额除仅供本企业使用外，其他单位或企业也可参照借鉴执行；但是否参照执行其他企业内部定额，是企业的自愿行为，不存在强制性或隶属关系。国家提倡和鼓励企业自行编制企业内部定额。企业内部定额应该是最严格的定额，它的人工、材料、机械费的消耗可以等于或小于国家统一定额、地方统一定额，是企业强化科学管理的一种手段。

4. 临时定额

临时定额是指现行定额不能满足生产需要时，根据实际情况编制的补充定额。补充定额的编制应由定额主管部门来完成或经主管部门委托相关造价咨询公司完成，报送定额主管部门批准后执行。

5. 其他几种分类方式

除上述几种分类方式外，定额还可以按生产要素、按用途、按费用性质、主编单位和执行范围、专业、工程建设性质分类等。

现行的《北京市房屋修缮工程计价依据——预算定额》（古建筑分册）就属于北京市房屋修缮工程定额中的专业定额，仅限北京市的古建筑维修、翻建、复建等工程使用。

3　房屋修缮工程定额

3.1　房屋修缮工程定额的产生

1. 房屋修缮工程

为保证房屋的使用安全，提高和改善房屋的使用功能，对现有房屋、建筑物进行加固、拆改翻修、零星的添建及设备的更新改造、增设、维护、保养工程称为房屋修缮工程。

2. 房屋修缮工程的特点

（1）房屋修缮工程是建设工程

北京市的房屋修缮工程归北京市住房和城乡建设委员会管理，受建筑行业各项法律法规的约束，房屋修缮施工企业从资质的认证及取得、施工期间的各项生产活动，到竣工验收备案、保修活动等，均与建筑安装工程管理方式相同。

（2）房屋修缮工程的特点

房屋修缮工程虽属建筑工程但它又具有以下几点特性。

① 检查、维修和改造工程频繁。房屋修缮工程的活动从竣工使用开始，由于建筑的自然磨损和使用功能不断改变的需要，为保证结构安全和使用功能需不断地对建成使用的房屋进行检查、维修和改造。

② 修缮工程的规模较小。房屋修缮工程规模较小，它不可能像建筑安装工程一样建设若干栋一样的住宅楼成批生产复制；而是针对每一个单体建筑制定修缮方案的，有时即使有几处相同，宏观上讲，也是小范围、单一的维修工程。

③ 工作效率低手工操作多。由于房屋修缮工程是单一的、小范围的建筑工程，其工程量相对建筑安装工程是很小的，因此工作效率比较低，工作内容变化较大，有时一个工人一天要变换多个分项工程工作内容。工作零星分散，主要以手工操作为主，机械配合施工受条件限制，产量较低，效率不高。

④ 人工材料的消耗量较大。房屋修缮工程由于其工程量小、生产效率低，且受到施工场地、条件、修缮方法等不利因素的限制，因而尽管是相同的工作内容，房屋修缮工程的人工、材料、机械的消耗较之建筑安装工程要多一些。这一特性也是制定房屋修缮工程定额以及考虑人工、材料、机械消耗水平的最重要因素之一。

3. 房屋修缮工程定额的产生

随着社会生产力的不断发展，人们生活水平生活质量的不断提高，房屋的功能已不仅仅局限于保证其使用安全，人们更希望对房屋进行装饰装修、美化其环境，使“老房子”旧貌换新颜。北京市原房屋土地管理部门在20世纪80年代主编了《全国统一房屋修缮工程预算定额》，填补了房屋修缮工程造价管理的空白。20世纪90年代以后全国许多省、市及自治区，根据本地区房屋修缮工程的需要，不断推出了各地的房屋修缮工程定额。时至今日，在我国主要大城市中，特别是一些历史文化名城，都建立了自己房屋修缮工程定额管理体系。近十几年随着各地旧城改造计划的推进，许多旧的街巷、历史文化名宅修缮工程以及大批的危房改造工程，给房屋修缮市场注入了新的活力，使得房屋修缮工程的市场进一步扩大，已具有相当大的规模。管理、规范房屋修缮工程市场，及时调整、颁布新的房屋修缮工程定额是市场经济的需要，实行宏观经济调控的需要。

3.2 房屋修缮工程计价定额

1. 房屋修缮工程定额编制原则

(1) 房屋修缮工程定额属于建设工程定额，房屋修缮工程定额自然也属于建设工程定额，所以编制房屋修缮工程定额应按照我国有关工程造价管理的法律、法规并结合房屋修缮工程的具体特点进行编制。

(2) 房屋修缮工程定额实行强制性与指导性相结合的原则，对构成分项工程项目实体的消耗数量，作为具有科学性、强制性的标准、保持在一个时期内的稳定性，而对为完成实体项目采取措施所消耗的部分提出指导性参考标准，企业可结合自身管理水平，技术水平、装备水平自主确定措施消耗的标准，为投标报价创造一个正常竞争平台。施工企业在确定工程造价以及修缮工程实体消耗量时必须严格按照定额规定的数量执行。这是确保工程质量、生产合格建筑产品、安全施工的必要保证，而对于为完成实体项目所发生的措施消耗部分，同一施工内容可以因不同的施工单位而有不同的消耗量。另外，修缮工程中各项材料的消耗率与工人技术水平、企业管理水平有着十分密切的关系。措施项目的消耗及损耗量属于公平竞争的内容。这部分权利归企业，有利于利用定额的杠杆作用，促使企业提高自身素质和管理水平，加强市场竞争能力。

(3) 房屋修缮定额在社会主义市场经济中的作用

我国的社会主义市场经济实行国家、部门、行业宏观调控的原则，扩大企业自主权，鼓励公平竞争，制定房屋修缮工程定额具有十分重要的作用。

① 它是编制房屋修缮工程预算以及招标文件，确定招标控制价和工程造价的重要参考依据。

② 它是发包方拨付工程款和发（承）包方办理竣工结算的重要参考依据。

③ 它是承包方编制施工组织设计，科学、合理地组织人员、材料、机械的重要参考依据。

④ 它是科学、合理确定施工周期的重要参考依据。

⑤ 它是国家以及行业主管部门对房屋修缮工程进行宏观调控的重要参考依据。

⑥ 它是施工企业编制投标文件，确定投标报价和施工企业内部经济核算控制成本，实行项目经理承包责任制的重要参考依据。

⑦ 它是政府宏观控制投资，实行审核、审计工作的重要参考依据。

⑧ 在没有房屋修缮工程概算定额时，它也是估价并初步确定工程概算造价的参考依据。

2. 房屋修缮工程定额项目设置的原则

(1) 充分反映房屋修缮工程的特点，根据房屋损坏程度的不同以及修缮手段方法的不同设置项目内容。

(2) 对房屋的一般维护保养或损害程度较轻的工作内容，设置保养、维修、修补、整修等项目。

(3) 对房屋损坏程度比较严重的项目需先拆除再添加部分新材料或加固处理后，复原的工作内容设置了拆除，添配（制作和安装）构配件以及维修等项目。

(4) 对建筑形制不符合要求或损坏十分严重，属于必须重建重修的工作内容设置了拆除及新作等项目。

3. 房屋修缮定额工程量计量单位的确定

房屋修缮定额工程量计量单位的确定参考其他建筑安装工程定额，结合房屋修缮和古建筑行业的特点，既有一般定额计量单位的普遍性又有自己的独立性、特殊性。特别是一些古建筑维修项目的工程量计量单位，在其他各类定额中都没有出现过，或项目虽与其他定额项目相同，但计量单位却又各不相同。

4. 房屋修缮工程定额工程量计算规则的确定

房屋修缮工程定额与其他建筑工程定额工程量计算单位的确定基本一致，尽量选用便于利用施工图纸所注尺寸进行计算的单位。尽量使一量多用，减少重复计算。为简化工程量计算程序，体现了“长度单位优先于面积单位，长度和面积单位优先于体积单位”的原则。对于不宜使用几何单位或质量单位计量的少数定额项目，采用了自然单位计算工程量。对于厚度有比较规范的常值或厚度变化比较小的定额项目则采用以平方米（m^2）为单位计算工程量。对于由多种材料组成的砖石砌体或虽为单一材料但截面变化无规律可循的木构件、石构件，因其长、宽、高（或厚）均可随图纸要求作为变量出现，宜采用按各变化值确定的以立方米（m^3）为单位计量工程量。

另外，定额中工程量计算规划明确了计量的起止点．对于一些异形构件的截面积，采取选择按异形截面积的最小外接矩形，最小外接圆柱体确定其面积的原则，使之尽量与异形面积缩小偏差。由于偏差面积或用偏差面积求出的体积与实际面积或体积存在差异，定额在确定人工、材料消耗时已进行综合折加或折减，用消耗量抵扣异形面积或体积的偏差。

5. 定额系统的组成

房屋修缮工程定额的构成与其他建筑安装工程定额一样，共有三个主要部分。首先由文字说明，其次是大量的定额项目表格，最后是附录。

(1) 文字说明

文字说明是一套完整定额的核心部分，由定额总说明以及各册各章节说明两大部分组成。定额总说明要阐明定额指导思想总的概况、定额适用范围、编制依据、定额总体水平、表现形式及其他需要在总说明中明确的问题。各册各章节说明包括各册定额的特点、适用范围、包含主要项目内容、相关规定和工程量计量规则。

(2) 分项工程定额项目表格

各章以下又划分为节，分项工程定额项目表格中应包含有分项工程名称、工程量计量单位，章节的序号、预算基价以及构成人工、材料、机械消耗量。人工、材料、机械的单价，其他材料费的价格等分项工程项目是构成定额的核心部分，占有很大比重。一套分项工程定额项目的设置是定额特点的具体体现，也是编制定额工作中最基础的部分。

(3) 附录

一套完整的定额要有附录加以解释。附录是定额的补充部分，附录分册要按照需要编制主要内容，定额中所有材料单价的选用表、机械台班单价选用表、也就是定额中材料、机械的单价均来自附录分册，附录中还包括一些灰浆、混凝土的配合比及灰浆、混凝土的价格组成等。

3.3 房屋修缮定额解释

1. 简介

目前，北京市房屋修缮行业（含古建筑行业）执行的定额是 2012 年《北京市房屋修缮工程计价依据——预算定额》，是由北京市住房和城乡建设委员会建设工程造价管理处负责编写和制定的。

北京市住房和城乡建设委员会 2012 年 12 月 20 日颁布文件（京建发【2012】537 号）规定：自 2013 年 4 月 1 日起执行《北京市房屋修缮工程计价依据——预算定额》。原 2005 年《北京市房屋修缮工程预算定额》及其配套文件同时停止使用。

2. 定额价格的确定

2012 年《北京市房屋修缮工程计价依据——预算定额》中规定人工、材料、机械的单价以 2012 年 6 月北京市房屋修缮工程建筑市场价格确定。

3. 2012 年《北京市房屋修缮工程计价依据——预算定额》的作用

(1) 是北京市行政区域内编制房屋修缮工程预算的参考依据。

(2) 是编制和计算招标控制价、投标报价的参考依据。

(3) 是工程量清单计价的参考依据。

(4) 是签订施工承包合同，确定工程造价的参考依据。

(5) 是竣工结算和审计审核工作的参考依据。

4. 定额的管理与解释

2012 年《北京市房屋修缮工程计价依据——预算定额》由北京市住房和城乡建设委

员会建设工程造价管理处负责最终解释和管理。任何机构和个人对定额的理解有争议时，均以上述管理部门的解释为最终解释。

5. 定额的组成内容

2012年《北京市房屋修缮工程计价依据——预算定额》包括：土建结构工程、装饰装修工程（上、下）、古建筑工程（上、中、下）、机械设备工程、电气设备工程、（上、下）、热力设备工程、炉窑砌筑工程、站类管道工程、消防工程、给排水采暖工程、通风空调工程、建筑智能化工程共15个分册组成。

(1)《土建结构工程》适用于一般工业与民用建筑修缮、改建、结构加固、重新装修工程中的土建项目，共分11章。

(2)《古建筑工程》适用于按照明清官式建筑传统工艺、工程做法和质量要求施工的古建筑、仿古建筑修缮工程，分为上、中、下三册共7章。

(3)《装饰装修工程》适用于各类既有房屋建筑及其附属设施的改造工程，加固工程，重新装饰装修工程，系统更新改造工程，一般单层房屋翻建工程，古建筑修缮、复建、迁建等修缮工程。不适用于新建、扩建工程以及临时性工程。随同房屋修缮工程施工的建筑面积在300m^2以内的零星添建、扩建工程可执行本定额。

措施费及费用标准附在各册定额之后。

6. 定额的编制条件与依据

(1) 编制条件

《北京市房屋修缮工程计价依据——预算定额》（以下简称“本定额”）是按正常的施工条件、合理的施工组织及使用标准合格的建筑材料、成品、半成品编制的，并考虑到房屋修缮工程中普遍存在的工程规模相对较小且分散、室内不易全部腾空、场地狭小、连续作业差、要保护原有建筑物及其周边景观环境等对施工作业不利因素的影响。除各分册另有规定外，不得因具体施工条件的差异而降低定额水平。

① 本定额是以建筑物檐高25m以下为准编制的。建筑物檐高超过25m时，可参考措施项目执行。

② 本定额是根据北京市大多数施工企业管理水平并结合房屋修缮施工特点，除个别章节另有说明外，均以手工操作为主且配合相应的中小型机械作业为准编制的。

③ 本定额对人工消耗的确定包括基本用工、超运距用工和人工幅度差。不分列工种和技术等级，一律以综合工日表示。

④ 本定额的材料消耗量包括主要材料、辅助材料和零星材料等、并计入了相应的损耗，其内容和范围包括：从工地仓库、现场集中堆放地点或现场加工地点至操作或安装地点的运输损耗、施工操作损耗和施工现场堆放损耗。

⑤ 本定额的机械使用费的确定除个别章节中考虑了大型机械台班以外，均以中小型机械为主，未包括大型机械的使用费用，凡需使用大型机械的应根据工程具体情况按实际列入直接工程费。

(2) 编制依据

① 国家和有关部门颁发的现行房屋修缮工程、加固工程、建筑安装工程及文物保护

工程的法律、法规、规章。

② 现行工程造价计价规范、设计规范、施工及验收规范、技术操作规程、安全操作规程及文明施工、环境保护要求等。

③《全国统一房屋修缮工程预算定额》及历年《北京市房屋修缮工程预算定额》。

④ 现行标准图集、典型设计图纸资料及各个时期有关房屋建筑的文献资料。

⑤ 其他有关资料。

7. 定额的适用范围

本定额适用于北京市行政区域内的各类既有房屋建筑及其附属设施的改造工程，加固工程，重新装饰装修工程，系统更新改造工程，一般单层房屋翻建工程，古建筑修缮、复建、迁建等修缮工程。不适用于新建、扩建工程以及临时性工程。随同房屋修缮工程施工的建筑面积在 300m² 以内的零星添建、扩建工程可执行本定额。

8. 定额的工程水电费

本定额工程水电费按表 3-3-1 计算，计入直接工程费。若业主提供水电，则不得计取此项费用。

房屋修缮工程定额工程水电费 **表 3-3-1**

工程项目	计费基数	费率%	工程项目	计费基数	费率%
土建工程	除税直接工程费	0.80	古建筑工程	人工费	1.30
安装工程	人工费	1.33			

9. 定额单价的构成范围

（1）人工费计价为 82.10 元/工日，其中包括基本工资、工资性补贴、辅助工资、职工福利费和劳动保护费。

（2）材料单价包括市场价格（材料原价、运杂费、运输损耗费）和采购保管费，其他材料费包括零星材料费和辅助材料费。材料市场价格已包含材料原价及运到指定地点的运杂费、运输损耗费。材料采购及保管费为材料市场价格的 2%。

（3）机械费包括中小型机械费和其他机具费。定额中小型机械费是根据房屋修缮工程特点综合确定的。此外，凡列有大型机械定额子目均包括有折旧费、大修理费、经常修理费、安拆及场外运输费、燃料动力费、机上人员工资及养路费和车船使用税。

10. 定额中的其他规定

（1）本定额各分项子目中凡带有“（ ）”者均为不完全预算基价。执行中应按各分册相关规定确定基价。

（2）本定额中凡注明“×××”以内或以下者均包括“×××”本身，本定额中凡注明“×××”以外或以上者均不包括“×××”本身。

3.4 《北京市房屋修缮工程计价依据——预算定额》(古建筑分册)

1. 古建筑分册定额的范围

古建筑分册分为上、中、下册。上册包括古建筑的瓦作和石作工程；中册包括古建筑的木作工程；下册包括古建筑的地仗、油漆、彩画。上、中、下册共分为7章、4925个子目。

2012年《北京市房屋修缮工程计价依据——预算定额》（以下简称“本定额”）中的古建筑分册，是目前国内比较系统、全面和详尽的古建筑专业定额。

2. 古建筑分册定额编制依据

2012年《北京市房屋修缮工程计价依据——预算定额》中“古建筑分册”定额的编制依据：

（1）国家及本市有关文物保护工程、古建筑修建工程的法律、法规、规章；

（2）现行古建筑工程计价规范、技术规范、工艺标准、质量标准、操作规程；

（3）明清官式建筑的有关文献、技术资料；

（4）现行标准图集、典型设计图纸资料；

（5）《全国统一房屋修缮工程预算定额》GYD—602—95古建分册（明清）、历年《北京市房屋修缮工程预算定额》古建筑分册。

（6）其他相关资料。

3. 古建筑分册定额适用范围

古建筑分册定额适用于按照明清传统工艺、工程做法和质量要求施工的古建筑、仿古建筑修缮工程，以及具有保护价值的古建筑复建工程和易地迁建工程。古建筑修缮、复建、迁建工程中遇有采用现代工艺及工程做法项目，除各章另有规定外，均应执行2012年北京市房屋修缮工程计价依据《土建工程预算定额》相应项目及相关规定。

近现代房屋建筑修缮工程中遇有采用明清传统工艺及工程做法项目，可执行本定额相应项目及相关规定。

4. 《北京市房屋修缮工程计价依据——预算定额》（古建筑工程）定额中其他问题的确定

（1）各分册中的拆除修缮工程均包括了必要的支顶保护措施、利用旧料、成品保护、清理现场、安全监护及文明施工的工作内容。

（2）各章的建筑材料成品、半成品的进场运输费均包括在定额中，也就是材料预算价格中已包括市内的运输费用。

（3）古建筑拆除过程中发生渣土工程量的计算按《土建结构工程》分册第11章“渣土发生量计算简表”计算渣土工程量。渣土外运按本章有关规定执行。但渣土运输不包括渣土消纳的费用，发生时应按有关规定另行计取。

（4）本定额中材料一栏的黄土是按照利用现场余土考虑的。如就地取土应执行《土建结构工程》分册第2章土方工程定额；如需外购黄土时，发生的费用应按相关规定计入材料费组合出新的预算基价。

（5）古建筑檐高计算规定。

① 建筑物下的月台、高台（均不含建筑物本身的台基）高度不超过2m，或者高度超过2m但其外边线在檐头边线以内者，檐高由自然地坪量至最上一层檐头，且不得再计取高台增加费。

② 月台或高度超过2m且外边线在檐头边线以外的高台以及城台上的建筑物，檐高由台上皮量至最上一层檐头，并可按附录中措施费项目有关规定计取高台增加费。

最上一层檐头指有飞椽时的飞椽头上楞，无飞椽时指檐椽头的上楞。

（6）油漆彩画定额中所列库金箔以每张0.0087m^2（93.3mm×93.3mm）为准，赤金箔以0.0069m^2（83.3mm×83.3mm）为准，铜箔每张以0.01m^2（100mm×100mm）为准。实际使用的金箔规格与上述金箔规格不符时，可以换算，并按下列公式换算其用量。

$$调整后用量（张数）=\frac{定额耗用量（张数）\times 定额规定每张面积}{实际规格（每张面积）}$$

（7）本定额材料一栏中所列光油、灰油、金胶油、精梳麻均为自制材料，材料价格中包括加工费和辅助材料费。

（8）本定额材料消耗量或材料单价带有（ ）者均为未计价材料，其相应子目预算基价和材料费亦带有（ ）表示为不完全价格，执行时应予补充，其中：

① 材料消耗量带有（ ）者，实际工程若需使用，根据（ ）内的数量予以补充；

② 材料消耗量用空（ ）表示者，根据实际工程需用数量予以补充；

③ 材料单价空缺者按实际价格予以补充，但消耗量不得调整。使用中应慎重按上述规定自行完善组价。

4 预算基价的构成

预算基价是定额的核心部分，预算基价也称为预算价格，它是预算表格中各种数据的集中反映。

预算基价是以定额规定的人工、材料和机械台班消耗数量为依据，以货币单位的形式表示各分项工程在一定计量单位时的价值标准，是确定工程造价和编制工程预算的基础数据。预算基价由人工费、材料费和机械使用费之和组成。

公式表达为：预算基价＝人工费＋材料费＋机械使用费

其中：人工费＝定额综合工日×定额日工资标准

材料费＝(定额材料用量×材料预算单价)＋其他材料费

机械使用费＝(定额机械台班用量×定额机械台班使用费)＋其他机具费

古建筑定额的机具使用费，也叫中小型机械使用费，是按照定额材料费的一定比例确定的。定额预算基价不但由人工、材料、机械费组成，还详细地反映出三种费用的构成比例，各种费用的构成过程、费用单价、定额规定用量等。

以人工费构成为例，预算基价中人工费的单价为“元”。它表示完成一定计量单位的某项分项工程内容，它还可以表示出人工费的单价（元/工日），可以表示完成合格的分项工程所需要消耗的定额工日，可以表示分项工程预算基价中人工费占有的百分率。

以材料费构成为例，材料费的构成应可以反映出主要材料名称、规格，计量单位、计量单价、材料消耗量、材料定额规定损耗量、其他零星材料的价格以及材料费在预算基价中所占的百分率。

以机械费为例，反映出为完成分项工程所需机械的名称、型号、机械工作的台班单价、机械工作的定额用量、机械费在预算基价所占的百分率。

上述三项费用在预算基价中都占有十分重要的作用，互为联系，缺一不可。如何正确理解这三项费用，详细分析它们的构成以及定额价格的形成，用量的产生，是工程造价人员最基本的理论基础知识。

4.1 人工费的构成与标准

1. 人工费的构成

预算基价中人工费由人工单价乘以定额用工而构成。人工单价就是人工工资标准，也是预算定额中的人工工日单价。人工单价是按照现行工资制度计算出基本工资的日工资标准，再加上工资的津贴和属于生产工人开支范围内的各项费用。人工单价包括基本工资、辅助工资、工资性补贴、职工福利费和劳动保护费。还含有特殊情况下工人的加班加点工资，生产工人自带自购的工具费。人工费由以下几个方面组成。

（1）基本工资。基本工资是指发放给生产工人的基本工资。公式如下：

$$日基本工资=\frac{生产工人平均工资}{年平均每月法定工作日}$$

（2）工资性补贴。工资性补贴是指按规定标准发放的物价补贴、燃气补贴、交通补贴、住房补贴和流动施工津贴等。公式如下：

$$日工资性补贴=\frac{\sum 年发放标准}{全年日历日-法定节假日}+\frac{\sum 月发放标准}{年平均每月法定节假日}+每工作日发放标准$$

（3）生产工人辅助工资。生产工人辅助工资是工人年有效施工天数以外非作业天数的工资。此项工资包括：职工学习、培训期间的工资、调动工作、探亲、休假期间内的工资，因气候影响的停工工资；女工哺乳时间的工资；病假在6个月以内的工资；以及婚丧产假期间的工资等。公式如下：

$$日生产工人辅助工资=\frac{全年无效工作日\times(G1+G2)}{全年日历日-法定节假日}$$

（4）职工福利费。职工福利费是指按规定标准计取的用于职工福利的费用。公式如下：

$$日职工福利费=(G1+G2+G3)\times 福利费计提比例$$

（5）劳动保护费。劳动保护费是指按规定标准发放的劳动保护用品的购置费、修理费、徒工服装补贴、防暑降温和在有碍身体健康环境中施工的保健费用等。公式如下：

$$日生产工人劳动保护费=\frac{生产工人年平均支出劳动保护费}{全年日历日-法定节假日}$$

2. 人工费的标准

现行人工费的标准是一个市场价格，受多方面的因素控制，随建筑市场的活跃程度、季节、社会物价水平等多方面影响，它是一个可变量。现行的北京市人工费标准是参考造价管理部门每月颁发的《材料价格信息》中“人工费信息参考价”结合古建筑工程的特点，由施工企业自行确定的标准。施工企业在确定人工费单价时要充分考虑到本工程的特点、当期的古建筑市场人工单价、本企业的自身管理水平、劳务分包工人的专业素质以及专业技能和竞争对手可能确定的人工单价等诸多因素。造价管理部门每月颁发的“人工费信息参考价”只是一个提供给施工企业参考的依据，施工企业要确定的人工费单价等于或高于参考标准的下限值即可。这是政府管理部门为了确保外来务工人员的最低工资水平，以人为本，保持社会稳定的具体措施。至于在这个区间内取何值或高于这个标准的上限也是可行和政策允许的，完全取决施工企业或取决于招标文件的规定。人工费标准取参考标准的平均值是可以的，但不是绝对的；特别是在一些招标文件没有规定人工费标准时尤其如此。施工企业的投标文件或预算书中所计算的人工费标准代表着施工企业的管理水平和技术能力，是政府授权给施工企业的权利，是施工企业之间相互竞争的平台，这个标准只要不低于“人工费信息参考价”的下限，任何部门不能更改。相关部门要尊重施工企业的选择，给予施工企业一定的自主权，让建筑市场竞争在政府宏观调控下更加公平、合理，更加人性化。这是以人为本的基本保证。

注：G—日工资单价；G1—日基本工资；G2—日工资性补贴；G3—日生产工人辅助工资。

4.2 材料预算价格

1. 材料预算价格的概念

材料预算价格是指由生产厂家或本市供销部门全部运至施工现场，或施工单位指定地点的全部费用。

2. 材料预算价格的构成

（1）材料费的构成

材料费是指施工过程中消耗的构成工程实体的原材料、其他材料（辅助材料、零星材料）的费用。材料费的内容包括如下几项。

① 材料原价（供应价格）。

② 材料运杂费：此指材料自来源地运至工地仓库或指定堆放地点所发生的全部费用。（首次运输费用）

③ 运输损耗费：此指材料在运输装卸过程中不可避免的合理损耗，这个损耗率是有规定的。

④ 采购及保管费：是指为组织采购、供应市场保管材料过程中所需要的各项费用。包括采购费、仓储费、工地保管费和仓库储存的全程损耗。这个损耗率也是有规定的。

（2）材料预算价格的构成

材料预算价格主要由材料原价、供销部门手续费、材料包装费、运杂费和采购保管费五个方面构成。上述五项费用也可以简化为以下三项。

① 供应价格：此指材料、设备在本市的销售价格。它包括出厂价、包装费，以及由产地运至北京市或由生产厂家运至供销部门仓库的运杂费和供销部门手续费。

② 市内运费：此指自本市生产厂家或供销部门运至施工现场或施工单位指定地点的运杂费。由外省市采购的材料设备自本市车站（到货站）运至施工现场或施工单位指定的地点的运杂费。不含外省市运杂费。

③ 采购及保管费：此指采购材料或设备及保管（包括运输途中合理损耗，仓库的合理自然损耗）所发生的费用，其费率为供应价格和市内运费之和的2%。公式为：

采购保管费＝(供应价格＋市内运费)×2%

④ 材料市场价：指材料原价及运到指定地点的运杂费、运输损耗费。

【例4-2-1】某型钢供应价格（或信息价）为4200元/t，市内运费为85元/t，求预算价格。

【解】预算价格＝4200＋85＋(4200＋85)×2%＝4370.70元/t

2012定额中材料费已不含材料检测试验费，此费用归入管理费。

【例4-2-2】某修缮工程用大城砖供应价格为13元/块，市内运费为0.20元/块，求预算价格。

【解】预算价格＝13＋0.2＋(13＋0.2)×2%＝13.46元/块

（3）进口材料设备预算价格的构成

若设计文件中需要使用进口材料或设备时，应根据其到岸期完税后的外汇牌价折算为人民币价格；另加运至北京的运杂费、北京市内运杂费以及2%的采购及保管费构成。进口材料设备预算价格的计算公式如下：

$$M=A+B \qquad N=(M+C)+(M+C)\times 1.02$$

式中 M——进口材料或设备的供应价格；

N——进口材料或设备的预算价格；

A——材料或设备到岸期完税后的外汇折算成人民币价格；

B——实际发生的外埠运费；

C——实际发生的市内运费。

对于材料预算价中缺项的材料、设备，应按实际供应价格（含实际发生的外埠运杂费），加市内运杂费及采购保管费组成补充预算价格。

4.3 机械台班的构成

1. 机械台班

机械台班是指一台施工机械在正常运转条件下，在一个工作班中所发生的全部费用。

根据所使用的施工机械来源方式不同，机械可分为企业自有机械和外部租赁使用机械的两种情况。

2. 施工机械使用费

（1）施工机械使用费

此费用是指施工机械作业所发生的机械使用费以及中小型机械安拆费和场外运费。

（2）中小型施工机械

此类机械是指为完成某一计量单位，在正常的施工条件下，完成某一合格产品配置使用的一些机械，如，搅拌机、提升机、电焊机、空气压缩机、木工机械、夯实振捣机械、钢筋机械、磨石机等。

3. 施工机械使用费的构成

施工机械使用费的计算公式为：

施工机械使用费＝∑(施工机械台班消耗量×机械台班单价)

机械台班单价由以下10个方面组成。

（1）折旧费。

此指施工机械在规定的使用年限内，陆续收回其原有价值及购置资金的时间价值。公式为：

台班折旧费＝机械预算价格×(1－残值率)/耐用总台班数

其中，耐用总台班数＝折旧年限×年工作台班

（2）大修费。

此指施工机械按规定的大修理间隔台班进行必要的大修理，以恢复正常功能所需费用。公式为：

台班大修理费＝一次大修理费×大修次数/耐用总台班数

（3）经常修理费。

此指施工机械除大修理以外的各级保养和临时故障排除所需的费用。

（4）安拆费及场外运费。

安拆费指施工机械在现场进行安装与拆动所需的人工、材料、机械和试运行费用以及机械辅助设施的折旧、搭设、拆除等的费用（如机械的基础、底座、固定锚桩、行走轨道、枕木等）。场外运费指施工机械整体或分体自停放地点运至施工现场，或由某一施工地点运至另一施工地点的运输、装卸以及辅助材料及架线等的费用。

（5）人工费。

此指机械上的司机（司炉）和其他操作人员的工作日人工费，以及人员在施工机械规定的年工作台班以外的人工费。

（6）燃料动力费。

此指施工机械在运转作业中所消耗的固体燃料（煤、木柴）、液体燃料（汽油、柴油）及水、电等的费用。

（7）养路费及车船使用税。

此指施工机械按照国家规定及有关部门规定应缴纳的养路费、车船使用税、保险费及年检费等。

（8）管理费。

此指机械租赁单位在经营过程中所发生的各项费用。管理费包括的主要内容有：工作人员工资及工资附加费、办公费、差旅交通费、固定资产使用费、税金（房地产税、车船使用税、印花税）、低值易耗品摊销、职工教育经费、劳动保护费、劳动保险费、住房公积金以及社会保障基金等费用。

（9）利润。

此指施工机械租赁单位在经营过程中应获取的利润。

（10）税金。

此指施工机械租赁单位按照国家规定应缴纳的税费。

4. 中小型机械费在预算基价中的作用

中小型机械费是组成预算基价的重要组成部分。它应当反映出机械的名称、种类、台班单价，机械台班的使用数量和机械费在预算基价中占有的比例或机械费在定额预算基价中所占有的百分率。

5 单位工程造价的构成

5.1 概述

单位工程造价的构成如图 5-1-1 所示。

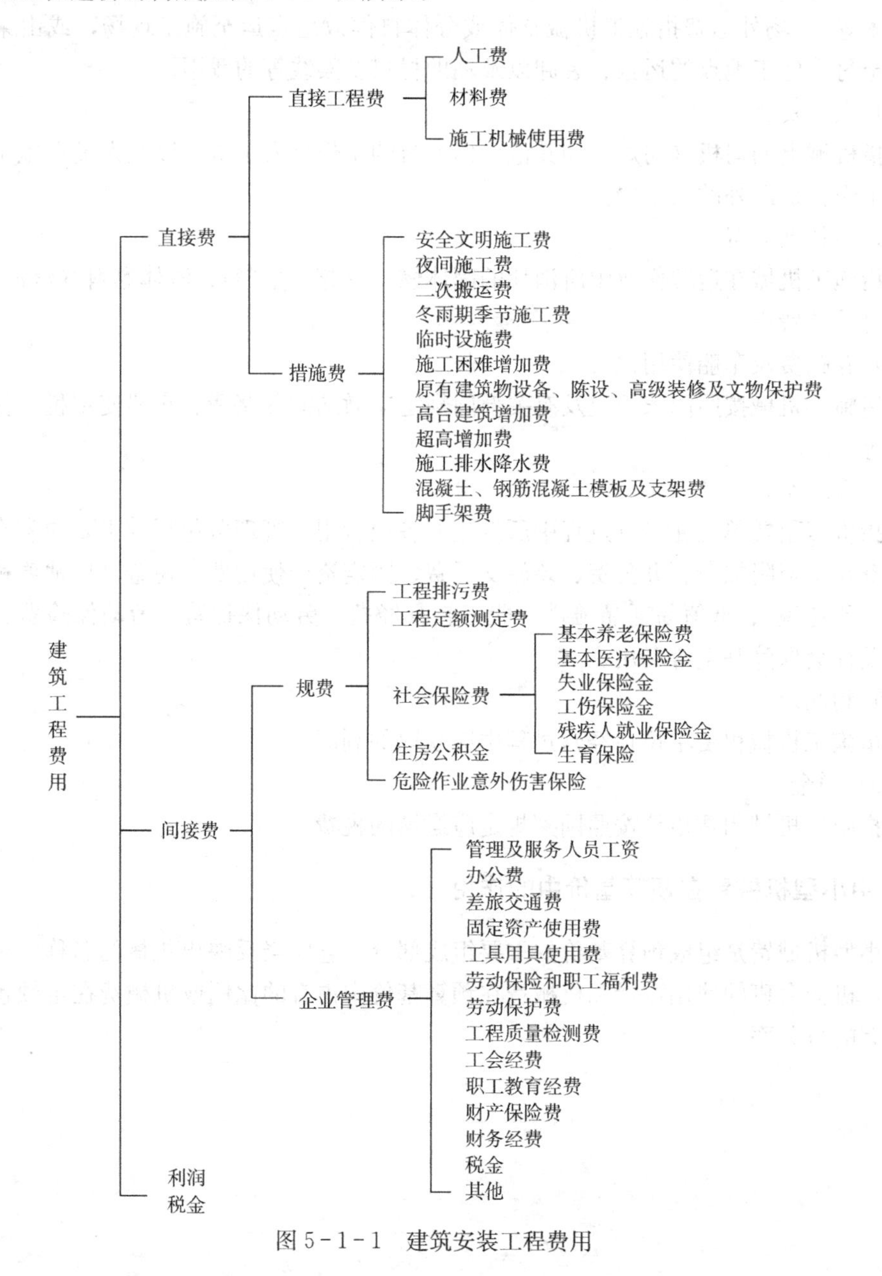

图 5-1-1 建筑安装工程费用

以 2012 年颁布的《北京市房屋修缮工程计价依据——预算定额》中的有关计费标准为例，单位工程造价由直接费、间接费、利润和税金构成。

5.2 直接费

直接费是指直接发生在施工中的人工费、材料费、施工机械使用费和措施费用的总和。费用特点是反映一个建筑工程（含房修工程、古建工程）所发生的实际费用。这个费用在构成工程造价中占有很大的比重。直接费也可以分为以下两大组成部分；一部分是用于工程实体消耗而发生的人工、材料和机械费用，这部分费用以往被称为定额直接费，现在则被称为直接工程费；另一部分是用于工程非实体消耗的费用。

1. 直接工程费

直接工程费是指施工过程中耗费的构成工程实体的各项费用，包括人工费、材料费、施工机械使用费。

2. 建筑安装工程措施费

建筑安装工程措施费是指为完成工程项目施工，发生于该工程施工前和施工过程中非工程实体项目的费用。建筑安装工程措施费一般包括以下几项内容。

（1）安全文明施工费：是指施工现场为达到安全生产、文明施工、环境保护、绿色施工的要求，购置和更新施工安全防护用具及设施、改善安全生产条件和作用环境所需要的各项费用。

具体指以下四个方面：

① 安全施工费指安全资料、特殊作业专项方案的编制，安全施工标志的购置及安全宣传的费用；“三宝”（安全帽、安全带、安全网）、“四口”（楼梯口、电梯井口、通道口、预留洞口）、“五临边”（阳台围边、楼板围边、屋面围边、槽坑围边、卸料平台两侧），水平防护架、垂直防护架、外架封闭等防护的费用；施工安全用电的费用，包括配电箱三级配电、两级保护装置要求、外电防护措施；起重机、塔吊等起重设备（含井架、门架）及外用电梯的安全防护措施（含警示标志）费用及卸料平台的临边防护、层间安全门、防护棚等设施费用；建筑工地起重机械的检验检测费用；施工机具防护棚及其围栏的安全保护设施费用；施工安全防护通道的费用；工人的安全防护用品、用具购置费用；消防设施与消防器材的配置费用；电器保护、安全照明设施费；其他安全防护措施费用。

② 文明施工费指“五牌一图”的费用；现场围挡的墙面美化（包括内外粉刷、刷白、标语等）、压顶装饰费用；现场厕所便槽刷白、贴面砖，水泥砂浆地面或地砖费用，建筑物内临时便溺设施费用；其他施工现场临时设施的装饰装修、美化措施费用；现场生活卫生设施费用；符合卫生要求的饮水设备、淋浴、消毒等设施费用；生活用洁净燃料费用；防煤气中毒、防蚊虫叮咬等措施费用；施工现场操作场地的硬化费用；现场绿化费用；治安综合治理费用；现场配备医药保健器材、物品费用和急救人员培训费用；用于现场工人的防暑降温费，电风扇、空调等设备费用；其他文明施工措施费用。

③ 环境保护费指现场施工机械设备降低噪声、防扰民措施费用；水泥和其他易飞扬

细颗粒建筑材料密闭存放或采取覆盖措施等费用；工程防扬尘洒水费用；土石方、建筑渣土外运车辆冲洗、防洒漏等费用；现场污染源的控制、生活垃圾清理外运、场地排水排污措施的费用；其他环境保护措施费用。

④ 绿色施工指施工现场应达到建设行政主管部门规定的绿色施工标准。

（2）夜间施工费：此指为保证工程进度需要，夜间施工所发生的夜间补助费、夜间施工降效、夜间施工照明设备摊销及照明用电费等。

（3）二次搬运费：是指因各种原因而造成的材料、构配件、成品、半成品不能直接运至施工现场所发生的材料二次搬运费用。

（4）临时设施费：是指施工企业为进行房屋修缮工程所必需的生产和生活用临时建筑物、构筑物，包括加工厂、工作棚、仓库、办公室、宿舍以及现场施工通道、水、电管线及其他小型临时设施的搭设、租赁、摊销、维护和拆除等费用。如现场采用彩色、定型钢板、砖、混凝土砌块等围挡的安装或砌筑、维修、拆除费或摊销费；施工现场临时食堂、厨房、厕所、诊疗所、临时文化福利用房、临时仓库、搅拌台、临时简易水塔、水池等。临时供水管道、临时供电管线、小型临时设施等；施工现场规定范围内临时简易道路铺设，临时排水沟、排水设施安装或砌筑、维修、拆除；其他临时设施搭设、维修、拆除或摊销费用。

（5）混凝土、钢筋混凝土模板及支架费：指混凝土施工过程中需要的各种钢模板、木模板、支架等的支、拆、运输费用及模板、支架的摊销（或租赁）费用。

（6）脚手架费：指施工需要的各种脚手架搭拆，运输费用及脚手架的摊销（或租赁）费用。

（7）施工排水、降水费：此指为确保工程在正常条件下施工，采取各种排水、降水措施所发生的各种费用。

（8）已完工程及设备保护费：指竣工验收前，对已完工程及设备进行保护所需费用。

（9）大型机械设备进出场及设备安拆费。指机械整体或分体自停放场地运至施工现场或由一个施工地点运至另一个施工地点，所发生的机械进出场运输及转移费用及机械在施工现场进行安装、拆卸所需的人工费、材料费、机械费、试运转费和安装所需的辅助设施的费用。

3. 古建筑修缮工程措施费

房屋修缮工程以及古建筑工程施工的措施费除部分内容与上述相同外，还根据房屋修缮工程以及古建筑维修工程的特点另外补充以下几项费用。

（1）冬雨期施工费：指施工期间如遇雨雪天气，为保证施工质量以及防雨、防雪、防滑、保温等为保证工程质量所采取措施的费用以及冬雨期的人工降效费用。

（2）施工困难增加费：指因建筑物地处繁华街道或为大型公共场所、旅游景区在不停止使用或部分停用的情况下所需要的必要围挡、安全保卫措施以及施工降效等支出的必要的费用。

（3）原有建筑物、设备、陈设、高级装饰及文物保护费：指为防止在施工过程中损坏、玷污原有建筑物、设备、陈设、高级装饰及文物、古树绿地而采取的支搭、遮盖、拦挡等各种措施所发生的费用。

（4）高台建筑增加费：指被修缮的建筑物在离自然地坪 2m 以上高台上所需要的材料、构件、配件等必须先运至高台上，再运至建筑物上所发生采取的措施及人工降效费用。

（5）超高增加费：指建筑物檐高超过 25m 且施工作业点也超过 25m 时各种材料、构件、配件等垂直运输、逐层搬运所增加的费用和人工降效。

上述费用汇总及费率标准规定见表 5－2－1～表 5－2－3。

古建筑工程其他措施费 **表 5－2－1**

序号	项目名称	计费基数	费率（%）	其中人工费占比（%）
1	安全文明施工费	人工费	2.80	54
2	夜间施工费		1.34	44
3	二次搬运费		4.62	91
4	冬雨期施工费		2.50	54
5	临时设施费		5.43	28
6	施工困难增加费		1.37	64
7	原有建筑物、设备、陈设、高级装修及文物保护费		1.37	33
8	高台建筑增加费（高在 2m 以上）		1.57	78
9	高台建筑增加费（高在 5m 以上）		2.15	78
10	超高增加费（高在 25～45m）		1.57	78
11	超高增加费（高在 45m 以上）		2.15	78
12	施工排水、降水费		1.66	49

土建工程其他措施费 **表 5－2－2**

序号	项目名称	计费基数	费率（%）	其中人工费占比（%）
1	安全文明施工费	除税直接工程费	1.00	54
2	夜间施工费		0.48	44
3	二次搬运费		1.52	91
4	冬雨期施工费		0.82	54
5	临时设施费		1.80	28
6	施工困难增加费		0.52	64
7	原有建筑物、设备、陈设、高级装修及文物保护费		0.50	33
8	高台建筑增加费（高在 2m 以上）		0.50	78
9	高台建筑增加费（高在 5m 以上）		0.72	78
10	超高增加费（高在 25～45m）		0.50	78
11	超高增加费（高在 45m 以上）		0.72	78
12	施工排水、降水费		0.55	49

安装工程措施费 表5-2-3

序号	项目名称	计费基数	费率（%）	其中人工费占比（%）
1	安全文明施工费	人工费	2.64	54
2	夜间施工费		1.41	44
3	二次搬运费		2.08	91
4	冬雨期施工费		2.21	54
5	临时设施费		4.78	28
6	施工困难增加费		1.45	64
7	原有建筑物、设备、陈设、高级装修及文物保护费		1.38	33
8	高台建筑增加费（高在2m以上）		1.25	78
9	高台建筑增加费（高在5m以上）		1.50	78
10	超高增加费（高在25～45m）		1.20	78
11	超高增加费（高在45m以上）		1.54	78
12	施工排水、降水费		1.66	49

注：①古建工程措施费只适用于“承包工程”，不适用于“承包定额用工”的工程。
② 二次搬运费已综合了不同距离和不通运输方式，并包含二次及二次以上的多次倒运。
③ 超高增加费的计取，是以施工作业点超过25m时为准，其超过部分可以使用。尽管建筑物檐高超过25m，但施工作业点并未超过的，不得计取此项费用。综合一个工程，如果最高作业点超过25m时，但大部分施工项目并未超过25m，仍应全部计取超高增加费。
④ 高台建筑增加费仅限于高台上的建筑物使用，不包括高台本身。凡垂直运输可把材料、构配件及周转性材料由高台自然地坪运至建筑物时，不宜计取此费用。
⑤ 古建施工的措施项目还可以结合工程的特点，自行添加、补充或删减古建工程措施费。
⑥ 措施费的费率可以根据古建修缮工程的具体情况向上调整。

4. 模板和脚手架措施费

（1）模板措施费

1）组合钢模板工作内容：

场内外运输、拼装、支架、加固、拆除、清理小修、涂刷隔离剂、运到指定地点码放等。

2）统一规定及说明：

① 定额以组合钢模添配部分木模编制而成，其组合钢模板材料用量是一次性投入量，为不完全价，在实际工程中应根据实际情况补充租赁价格；木模板和板方材用量均是摊销量，也是不完全价，在实际工程中应根据实际情况补充自有模板材料价格。

② 现浇混凝土柱、梁、板、墙模板是按层高3.6m编制的，层高超过3.6m时，每超过1m按模板支撑超高定额执行，超高不足1m时按1m计算。

3）工程量计算规则：

① 模板工程除另有规定外均按模板与混凝土接触面积以“m^2”计算，不扣除0.3m^2以内预留孔洞面积。

② 牛腿模板工程量并入柱内计算。

③ 现浇混凝土楼梯模板工程量按水平投影面积计算，不扣除楼梯井间距小于500mm工程量。

④ 现浇混凝土阳台、雨篷、挑檐、天沟模板工程量按水平投影面积计算。

⑤ 现浇混凝土台阶、堵板缝、接头灌缝以米为单位计算。

（2）脚手架措施费

1）脚手架工作内容：

① 钢管脚手架搭拆包括：材料的场内、外运输，脚手架搭设，铺翻脚手板，安全防护设施的绑扎、脚手架的拆除，以及拆除后脚手架木材料的整理、码放等全部操作过程。

② 吊篮脚手架包括：工作吊篮组装、提升机构安装调试、屋面支撑系统安装、试运行与场内运输拆除及往返运输等全部工作。

③ 吊篮移位包括：屋面支撑系统拆除、安装搬运及调试等全部工作内容。

④ 挂、拆安全网包括：支撑、挂网、托拉绳、固定及拆除的全部工作。

⑤ 古建大木围撑脚手架已包括校正木架、拨正、打镖、临时支杆打戗、随时拆戗、锁戗杆、栏杆及拆除等。

⑥ 大木安装起重脚手架包括：搭拆脚手架、随时拆绑戗、排木、移动脚手板、临时绑扎天秤、挂滑轮等。

2）统一规定及说明：

① 本章中脚手架各子目下所列材料均为一次性支搭材料投入量及场外运输，不含架木租赁费用；使用时应根据工程实际情况，补充租赁价格或自有架木摊销价格。

② 本章中定额除个别子目外，均包括了相应的铺板；此外，如需另行铺板、落翻板时，应单独执行铺板、落翻板的相应子目。

③ 本章定额中不包括安全网的挂拆，如需挂拆安全网时，立网执行密目网定额子目。

④ 双排椽望油活架子均综合考虑了六方、八方和圆形等多种支搭方法。

⑤ 正吻脚手架仅适用于琉璃七样以上、黑活 1.20m 以上吻（兽）的安装及琉璃六样以上的打点。

⑥ 单、双排座车脚手架仅适用于城台或城墙的拆砌、装修之用，如城台之上另有建筑物时，应另执行相应定额。

⑦ 屋面脚手架及歇山脚手架均已综合了重檐和多重檐建筑，如遇重檐和多重檐建筑定额不得调整。

⑧ 垂岔脊脚手架适用于各种单坡长在 5m 以上的屋面调修垂岔脊之用，但如遇歇山建筑已支搭了歇山排山脚手架或硬山、悬山建筑已支搭了供调脊用的脚手架，则不应再执行垂岔脊定额。

⑨ 屋面马道适用于屋面单坡长 6m 以上，运送各种吻、兽、脊件之用。

⑩ 大木安装围撑脚手架适用于古建筑木构件安装或落架大修后为保证木构架临时支撑稳定之用。

⑪ 大木安装起重架适用于大木安装时使用。

3）工程量计算规则：

① 结构脚手架

a. 单、双排里、外脚手架分步数，按实搭长度以 10m 为单位计算，步数不同时，应分段计算；

b. 基础满堂红脚手架，按水平投影面积以 $10m^2$ 为单位计算；

c. 满堂红基础上搭运输道，按实搭长度以 10m 为单位计算。

② 装饰脚手架

a. 外吊脚手架及外脚手架均按支搭部位墙面垂直投影面积以 $10m^2$ 为单位计算；

b. 天棚和楼梯间脚手架按支搭部位水平投影面积以 $10m^2$ 为单位计算；

c. 内墙脚手架按内墙支搭部位长度以 10m 为单位计算，如内墙装修墙面局部超高，按超高部分的内墙支搭部位长度计算；

d. 电梯间脚手架按座计算；

e. 电动吊篮脚手架按个计算。

③ 古建脚手架

a. 城台用单、双排脚手架分步数按实搭长度以 10m 为单位计算。

b. 双排油活脚手架均分步按檐头长度以 10m 为单位计算；重檐或多重檐建筑以首层檐长度计算，其上各层檐长度不计算；悬山建筑的山墙部分长度以前、后台明外边线为准计算长度。

c. 内檐及廊步掏空脚手架，以室内及廊步脚手架按地面面积以 $10m^2$ 为单位计算。

d. 歇山排山脚手架，自博脊根的横杆起为一步，分步以座为单位计算。

e. 屋面支杆按屋面面积以 $10m^2$ 为单位计算；正脊扶手盘、骑马架子均按正脊长度，檐头倒绑扶手按檐头长度，垂岔脊架子按垂岔脊长度，屋面马道按实搭长度以 10m 为单位计算；吻及宝顶架子以座为单位计算。

f. 大木安装围撑脚手架以外檐柱外皮连线里侧面积计算，其高度以檐柱高度为准。

g. 大木安装起重脚手架以面宽排列中前檐柱至后檐柱连线按座计算，其高度以檐柱高度为准，六方亭及六方亭以上按两座计算。

④ 其他脚手架

a. 卷扬机脚手架分搭设高度，挑檐座车平台漏子均以座为单位计算；

b. 烟囱、水塔、一字斜道及之字斜道脚手架分搭设高度以座为单位计算；

c. 管道、水落管脚手架分搭设高度按实搭长度以 10m 为单位计算；

d. 落料溜槽分高度以座为单位计算；

e. 铁杆护头棚按搭设方式及实搭面积以 $10m^2$ 为单位计算；

f. 封防护布、立挂密目网按实做面积以 $10m^2$ 为单位计算；

g. 平房及楼房绑扶手，均以实绑长度计算；

h. 安全网的挂拆、翻挂均按实际长度以 10m 为单位计算；

i. 单独铺板分高度，落翻板按实做长度均以 10m 为单位计算。

凡选用本措施项目或在此基础上重新确定相应标准的，一经确定，不得随意调整。

第一、二章措施费为不完全价，其预算基价及相应材料均带有“（　）”，具体使用时可结合工程实际情况和租赁市场行情，补充相应价格。

5.3 间接费

一个建筑工程中不能被直接量化，而是通过与其他费用的对比，按一定百分率计取的费用被称为间接费。

间接费由规费和企业管理费组成。

1. 规费

规费：指政府和有关权力部门规定的必须缴纳的费用（简称规费），规费包括以下5种费用。

（1）工程排污费：指施工现场按规定缴纳的工程排污费。

（2）工程定额测定费：指按规定支付工程造价（定额）管理部门的定额测定费。

（3）社会保险费：此项费用主要由以下几种费用组成。

① 基本养老保险费：指企业按规定标准为职工缴纳的基本养老保险费。

② 基本医疗保险金：指企业按规定标准为职工缴纳的基本医疗保险费。

③ 失业保险金：指企业按照规定标准为职工缴纳的失业保险费。

④ 工伤保险金：指企业按照规定标准为职工缴纳的工伤保险金。

⑤ 残疾人就业保障金：指企业按照规定标准缴纳的残疾人就业保障金。

⑥ 生育保险：指企业按照规定标准为职工缴纳的生育保险费。

（4）住房公积金：指企业按照国家规定的标准为职工缴纳的住房公积金。

（5）危险作业意外伤害保险：指按照《中华人民共和国建筑法》规定，企业为从事危险作业的建筑安装施工人员支付的意外伤害保险费。

注：北京市现已暂停收取工程定额测定费。

规费是国家行政管理部门规定必须缴纳的费用，是一种强制性收取的费用，规费的组成不允许改变，规费的费率也不允许调整。规费的多少是固定的，招投标工程中为了减少工程造价而改变规费的做法是违法行为。规费不能作为让利或竞争条件，规费必须按国家规定足额征收和缴纳。

2. 企业管理费

企业管理费是指建筑安装企业组织施工生产和经营管理所需的费用。企业管理费包括以下几个方面：

（1）管理及服务人员工资：此指按照规定支付企业管理及服务人员的岗位工资，薪级工资、绩效工资、津贴补贴、其他补助、特殊情况下支付的工资等。

① 岗位工资：此指按工作人员所聘岗位职责和要求支付的工资。

② 薪级工资：此指按工作人员的资历和工作表现支付的工资。

③ 绩效工资：此指按工作人员的实绩和贡献支付的工资。

④ 津贴补贴：此指为了补偿职工特殊或额外的劳动消耗和因其他特殊原因支付给个人的津贴。

⑤ 其他补贴：此指交通补助、通信补助、误餐补助等。

⑥ 特殊情况下支付的工资：此指依据法律、法规和政策规定支付的加班工资和加点工资。因病、工伤、产假、计划生育假、婚丧假、事假、探亲假、定期休假、停工学习、执行国家或执行社会义务等按计时工资标准或计时工资标准一定比例支付的工资。

（2）办公费：此指企业管理人员办公用的文具、纸张、账表、印刷、软件、电脑耗材、存储介质、网络、影音图像制品、书报、通信邮资、会议、水电、烧水、集体取暖及生活用燃料、物业管理等费用。

(3) 差旅交通费：此指因公出差、工作调动发生的差旅费、住勤补助费，市内交通费、职工探亲路费，劳动力招募费，职工退休、退职一次性路费，工伤人员就医路费，管理部门使用的交通工具的油料燃料费、高速公路通行费、停车费及牌照费等。

(4) 固定资产使用费：此指管理和实验部门及附属生产单位使用于固定资产的房屋、交通工具（机动车)、电脑、设备、仪器、属安全监控系统等的折旧、大修、维修或租赁费。

(5) 工具用具使用费：此指不属于固定资产的工具、器具、家具、交通工具（非机动车)、检验、试验、测绘、消防用具等的购置、使用、维修和摊销费。

(6) 劳动保险和职工福利费：此指由企业支付离退休职工的异地安家补助费，职工退休金，六个月以上的病假人员工资，职工死亡丧葬补助费，抚恤费，集体福利费、职工体检费、独生子女费、住房补贴、冬季供暖补贴、因公外地就医费、职工疗养、职工供养的直系亲属医疗补助（贴）等费用。

(7) 劳动保护费：此指企业按规定发放的劳动保护用品的支出。如：工作服、安全帽、手套、肥皂、雨衣、雨鞋、防暑降温等费用。

(8) 工程质量检测费：此指依据现行规范及文件规定，委托方委托检测机构对建筑材料、构件、建筑结构、建筑节能进行鉴定检查所发生的检测费，不包括对地基基础工程，建筑幕墙工程、钢结构工程、电梯工程、室内环境等所发生的专项检测费用。

(9) 工会经费：此指企业依照规定按职工工资总额比例计提的工会经费。如：工会活动经费、职工困难补助费等。

(10) 职工教育经费：此指企业为职工进行专业技术和职业技能培训，专业技术人员继续教育，职工职业技能鉴定，职业资格考取以及根据需要对职工进行安全、文化教育等所发生的费用。按职工工资总额规定的比例计提。

(11) 财产保险费：此指施工管理用财产、车辆保险等费用。

(12) 财务经费：此指企业为施工生产筹集资金或提供的工程投标担保、预付款担保、履约担保、工资支付担保等所发生的各种财务费用。

(13) 税金：此指企业按规定应缴纳的房产税、土地使用税、车船使用税、印花税等。

(14) 营改增管理费：因税制改为营改增而增加的费用。

(15) 城市维护建设税，教育费附加以及地方教育费附加。

(16) 其他：此指上述费用以外发生的费用。包括技术开发转让服务等科技经费、业务招待费、广告费、咨询评估费、投标费、租赁费、保险费、审计费、公（鉴）证费、诉讼费、法律顾问费、协（学）会会费、宣传费、共青团经费、董事会费、上级集团（总公司）服务费、民兵训练费、绿化费、“门前三包”等。

企业管理费中还包含现场管理费。现场管理费指企业项目经理部在组织施工过程中所发生的费用。内容包括：

① 现场管理及服务人员工资：此指按照规定支付现场管理及服务人员的岗位工资、薪级工资、绩效工资、津贴补贴、其他补助、特殊情况下支付的工资等。

项目经理部工作人员包括从事政治、行政、经济、技术、质量、安全、测量放线、管理（不含材料人员)、消防、门（警）卫、炊事、服务等人员。

② 现场办公费：此指现场办公用的文具、纸张、账表、软件、电脑耗材、存储介质、网络、影音图像制品、通信邮资、书报、会议、水电、烧水及现场临时宿舍生活用燃料（包括现场临时宿舍取暖）等费用。

③ 差旅交通费：此指项目经理部工作人员因公出差的差旅费、住勤补助费、市内交通费、工地转移费、项目经理部使用的交通工具的油料燃料费、高速公路通行费、停车费等。

④ 劳动保护费：此指项目经理部按照规定发放的劳动保护用品的支出。如：工作服、安全帽、手套、肥皂、防寒服、雨衣、雨鞋、防暑降温以及在有碍身体健康的环境中施工作业的保健补助等费用。

⑤ 低值易耗品摊销费：此指行政上使用不属于固定资产的工具、器具、家具、交通工具（非机动车）及检验、试验、测绘、消防用具的使用、维修和摊销等费用。

⑥ 工程质量检测费：此指依据先行规范及文件规定，委托方委托检测机构对建筑材料、构件、建筑结构、建筑节能进行鉴定检查所发生的检测费，不包括专项检测所发生的费用。

⑦ 财产保险费：此指施工现场用财产、车辆的保险费。

⑧ 其他：此指除上述费用以外所发生的费用。如：业务招待费、临时工管理费、咨询费、广告宣传费、“门前三包”等费用。

企业管理费是施工企业为了维持经营生产与管理而必然要发生的费用，但是费用的多少受诸多因素影响。首先受到施工企业自身管理水平的影响；其次受到施工条件和外部环境的影响；一个施工企业管理水平高，许多费用的支出就可以减少；若企业管理水平低，许多费用就高，或计取的管理费不够用于支出。为加强施工企业的合理竞争，管理费的费率是可以上下浮动的。

3. 间接费标准

有关间接费标准的详细汇总见表 5-3-1～表 5-3-3。

(1) 费用标准用于承包工程（包工包料），指间接费、利润、税金，其中间接费是由规费和企业管理费组成。

(2) 施工中发生诸如的“占地费”、“申报掘路施工手续费”、“绿地保护赔偿费”等由修缮投资单位负担并办理手续，另行结算。

(3) 企业管理费、利润的标准为参考标准，上下浮动取决于企业自主和市场需求。浮动标准一经确认，应在施工合同中注明并不得随意调整。招投标的工程由企业自主决定。规费和税金属于国家强制性征收费用，不得调整费率。

房屋修缮工程企业管理费 **表 5-3-1**

序号	项目	计费基数	企业管理费率（%）	其中：	
				现场管理费率（%）	工程质量检测费率（%）
1	土建工程	除税直接费	16.26	6.85	0.43
2	安装工程	人工费	64.56	28.10	
3	古建筑工程	人工费	37.72	16.31	0.92

房屋修缮工程企业管理费构成 表 5-3-2

序号	内容	比例（%）	序号	内容	比例（%）
1	管理及服务人员工资	46.29	9	职工教育经费	3.05
2	办公费	7.69	10	财产保险费	0.28
3	差旅交通费	4.50	11	财务费用	9.10
4	固定资产使用费	5.05	12	税金	1.44
5	工具用具使用费	0.26	13	其他	18.09
6	劳动保险和职工福利费	2.72			
7	劳动保护费	0.71			
8	工会经费	0.82		合计	100

注：企业管理费包括预算定额的原组成内容，城市维护建设税，教育费附加以及地方教育费附加，营改增增加的管理费用等。

规费 表 5-3-3

序号	项目	计费基数	其中：		合计
			社会保险费率（%）	住房公积金费率（%）	
1	土建工程	人工费	17.31	6.43	23.74
2	安装工程	人工费	17.31	6.43	23.74
3	古建筑工程	人工费	17.31	6.43	23.74

5.4 利润与税金

（1）利润：是指施工企业完成所承包工程获得的盈利。

（2）税金：是指国家相关税收法律规定的应计入建筑修缮工程造价内的增值税销项税额。

（3）利润与税金的标准，见表 5-4-1。

利润及税金标准 表 5-4-1

序号	项目		计费基数	费率（%）
1	利润	土建工程	除税直接费+企业管理费	7
		安装工程	人工费+企业管理费	28
		古建筑工程	人工费+企业管理费	13
2	税金	（不含地区）	除税直接费+企业管理费+利润+规费	10

5.5 总承包服务费

总承包服务费指施工总承包人为配合协调建设单位，在现行法律、法规允许的范围内另行发包的专业工程服务所需的费用。主要内容包括：施工现场的管理、协调、配合、竣工资料汇总，为专业工程施工提供现有施工设施的使用。见表 5-5-1。

（1）建设单位另行发包专业工程的两种形式：

① 总承包人为建设单位提供现场配合、协调及竣工资料汇总等有偿服务。

② 总承包人既为建设单位提供现场配合、协调、服务，又为专业工程承包人提供现有施工设施的使用。如：现场办公场所、水电、道路、脚手架、垂直运输及竣工资料汇总等服务内容。

(2) 对建设单位自行供应材料（设备）的服务包括：材料（设备）运至指定地点后的核验、交点、保管、协调等有偿服务内容。材料（设备）价格计算按照材料（设备）预算价格计入直接费中。结算时，承包人按照材料（设备）预算价的99%返还建设单位。不再计取总承包服务费。

总承包服务费 **表5-5-1**

序号	服务内容	计费基数	费率（%）
1	管理、协调	另行发包专业工程造价（不含设备费）	1.5～2
2	管理、协调、配合服务		3～5

5.6 其他规定

(1) 借用其他专业工程定额子目的，仍执行本专业工程的取费标准。

(2) 工程质量检测费含在现场管理费中。

(3) 直接费：由直接工程费和措施费组成。直接工程费：由人工费、材料费、机械费组成。

(4) 专业工程造价：由直接费、企业管理费、利润、规费、税金组成。

5.7 房屋修缮工程计价程序

(1) 土建工程、古建筑工程预算计价程序见表5-7-1。

(2) 土建工程、古建筑工程结算计价程序见表5-7-2。

房屋修缮（土建、古建筑）工程预算计价程序表 **表5-7-1**

序号	费用项目	计算公式	金额（元）
1	除税直接工程费	1.1+1.2+1.3	
1.1	人工费		
1.2	材料费		
1.2.1	其中：材料（设备）暂估价		
1.3	机械费		
2	措施费	2.1+2.2	
2.1	措施费1		
2.1.1	其中：人工费		
2.2	措施费2	1×相应费率	
2.2.1	其中：人工费		
3	除税直接费	1+2	
4	企业管理费	3×相应费率	
5	利润	(3+4) ×相应费率	
6	规费	(1.1+2.1.1+2.2.1) ×相应费率	
6.1	其中：农民工工伤保险费		
7	税金	(3+4+5+6) ×相应费率	
8	专业工程暂估价		
9	工程造价	3+4+5+6+7+8	

房屋修缮（土建、古建筑）工程结算计价程序表 **表 5-7-2**

序号	费用项目	计算公式	金额（元）
1	除税直接工程费	1.1+1.2+1.3	
1.1	人工费		
1.2	材料费		
1.2.1	其中：材料（设备）暂估价		
1.3	机械费		
2	措施费	2.1+2.2	
2.1	措施费 1		
2.1.1	其中：人工费		
2.2	措施费 2	1×相应费率	
2.2.1	其中：人工费		
3	除税直接费	1+2	
4	企业管理费	3×相应费率	
5	利润	（3+4）×相应费率	
6	规费	（1.1+2.1.1+2.2.1）×相应费率	
6.1	其中：农民工工伤保险费		
7	人工费、材料（设备）费、机械费价差合计		
8	税金	（3+4+5+6+7）×相应费率	
9	专业工程结算价		
10	工程造价	3+4+5+6+7+8+9	

6 古建工程施工图预算的编制

6.1 预算定额表格

1. 预算定额表格的内容

古建工程预算定额的表格主要应涵盖有各分项工程的名称、计量单位、项目名称所对应的章节编号、预算基价的价格、预算基价的组成、人工单价、定额综合工日、材料的名称、规格、材料单价、材料消耗数量、机械费的价格等。

2. 预算定额表格各数据间的关系

预算定额表格的形式及其内容见表 6-1-1 中所列。

预算定额表格的形式及其内容 计量单位：m^3 **表 6-1-1**

定额编号					1-491	1-492	1-493	1-494	1-495
项目					圆鼓径柱顶石制作（宽在）				
					50cm 以内	60cm 以内	80cm 以内	100cm 以内	100cm 以外
基价（元）					**5359.71**	**5114.94**	**4801.64**	**4425.70**	**4206.39**
其中	人工费（元）				1980.25	1733.95	1438.39	1083.72	876.83
	材料费（元）				3276.95	3276.95	3276.95	3276.95	3276.95
	机械费（元）				102.51	104.04	86.30	65.03	52.61
名称			单位	单价（元）	数量				
人工	870007	综合工日	工日	82.10	24.120	21.120	17.520	13.200	10.680
材料	450001	青白石	m^3	3000.00	1.0815	1.0815	1.0815	1.0815	1.0815
	840004	其他材料费	元	—	32.45	32.45	32.45	32.45	32.45
机械	888810	中小型机械费	元	—	99.01	86.70	71.92	54.19	43.84
	840023	其他机具费	元	—	3.50	17.34	14.38	10.84	8.77

（1）计量单位。计量单位位于预算定额表格的右上角，古建工程除采用法定计算单位以外，还有许多独特的计量单位。如：斗栱的计量单位按“攒”；墩接柱子的计量单位按“根”，垂脊附件的计量单位按“条”；方砖博缝头的计量单位按“块”；滚墩石、门枕石、门鼓石的安装计量单位是“块”；石角梁的计量单位是“根”等。

一般情况下右上角的计量单位代表本页所有项目的计量单位，特殊情况下，某几个项目计量单位不统一时，则另行标注在该项目的项目名称下面（如定额 1-446；1-448）。

（2）定额编号。对应项目名称上方的编号有两层含义，前面的数字代表该项目所处的

第几章节的编号，后面的数字代表该项目在本章中的顺序号。一套定额不论涉及内容多少，章节号是没有重复的。章节号也称定额编号或单位工程估价号。

（3）项目。项目也称分项工程名称或子目名称，是施工中完成工程内容的最小单位，也是施工具体工作的名称。如，“无鼓径柱顶石制作”代表的工作内容是制作没有鼓径的柱顶石。又如方鼓径柱顶石制作代表的工作内容是制作方形的带有鼓径的柱顶石。预算定额表格中“项目”名称代表的工作内容要与图纸要求的内容完全吻合，才能正确地选择定额。正确确定图纸的施工工作内容，准确、合理地选择对应的项目名称，就可以正确地选择和确定项目工作内容的基价。

（4）基价。基价是定额表格中各种消耗量和价格的集中体现，基价的计量单位是“元”，也可称为预算基价。

基价是完成某个计量单位合格产品的项目工作内容折合成价值的体现。预算基价是由以下三个方面价格合计而成的。

① 人工费：人工费就是完成某项计量单位合格产品内容所应支付的人工工资。人工费等于人工费的单价与定额工日的乘积。例如：定额 3－111 的项目中，人工费为 93.59 元，它是由 82.10 元的定额人工单价与 1.14 个定额综合工日的乘积而成的。古建定额中人工单价都是相同的，不分工种，不分级别都是 82.10 元。定额综合工日是指完成某一计量单位项目工作内所应消耗的定额工时。这个消耗工时也可称为理论消耗工时。

② 材料费：材料费是完成某一计量单位合格产品项目工作内容所发生的所有材料的费用。其中包括，主要材料和辅助材料、其他材料等。例如：定额 1－73 中材料费是 218.88 元。它是由多种材料费之和构成，其中包括小停泥砖 70.3943 块，砖单价是 3.00 元/块。砌筑用素白灰浆 0.0010m^3，素白灰浆的单价是 119.80 元/m^3。砌筑用老浆灰 0.0236m^3，老浆灰的单价是 130.40 元/m^3 和其他材料费 4.50 元。

其他材料费指为完成某一计量单位项目工作内容而必须发生的一些零星材料的费用。这些费用无法规定消耗数量和种类，是按照某些费用的一定比例一次性给定的。例如定额 1－73 中的其他材料费可以指一些低值易耗品的消耗，如铅笔、小线、墨汁、扫帚等。其他材料费没有材料规格，没有材料定额消耗量，只有其他材料费中的单价“元”。

材料费＝（各种材料用量×材料单价）＋其他材料费

例如，定额 1－73 中，

小停泥砖价格＝70.349 块×3.00 元/块＝211.05 元

素白灰浆价格＝0.0010m^3×119.80 元/m^3＝0.12 元

老浆灰价格＝0.0236m^3×130.40 元/m^3＝3.08 元

其他材料费＝4.50 元

合计：211.05＋0.12＋3.08＋4.50＝218.88 元

③ 机械费：这里主要指中小型机械费，机械费的构成与其他材料费相同，也是按某些费用的一定比例一次性给定的。中小型机械的种类主要指搅拌机械、提升机械、电焊机、空气压缩机、木工机械、夯实振捣机械、钢筋加工机械、磨石机等。古建工程中如使用大型机械配合施工，应按定额总说明中有关规定计取大型机械施工费用。

经过分析可知，基价是由人工费，材料费和机械费之和而构成。

以定额 1－482 为例：

基价 5318.33 元＝1940.84 元＋3276.95 元＋100.54 元。

基价综合反映了完成某一计量单位合格产品项目工作内容所消耗的人工综合费用、各种材料消耗费用和使用中小型机械费用的价格。预算基价也可称定额单价或定额价，是构成分项工程直接工程费用的基础价格。

工程造价人员要掌握定额表格中各数据之间的关系，利用这些基础数据可以计算分部工程或单位工程的理论用工数量、理论材料消耗量。编制工程造价时基价是可变的，但定额消耗量是不能改变的，这个消耗量是经过几十年的实际操作经验而得来的，有很强的科学性。但是材料的单价是可以随着市场实际情况的变化而变化的，人工费也是如此，定额的综合工日不能改变；但定额工日的单价是可以改变的。也就是说定额量不可以变，定额价可变。因此基价是一个随市场变化而变化的可调整价格。

各地的工程造价管理部门每月或每季公布的人工、材料、机械的信息价格，就是一个供工程造价人员参考的市场价格。这个价格有时波动很大，工程造价人员一定要掌握市场价格的变化，科学、合理地组价，为工程造价的准确性奠定科学的基础。

6.2 施工图预算的编制

1. 施工图预算与施工预算的关系及差异

（1）施工图预算是由施工企业自行编制的，以设计施工图纸为依据、预算定额为标准，确定人工、材料、机械的消耗量，结合市场价格，间接费用标准确定的单位工程造价。

施工图预算是一个工程的综合造价。它不同于施工预算，施工预算只适用于施工企业内部核算，主要计算用工用料的数量，施工预算虽然也以设计图纸为依据，但它参照施工定额，只计算到直接费为止。施工预算要在施工图预算价值的控制下进行编制。

（2）施工图预算与施工预算二者的性质不同，互为补充。二者之间存在以下不同：

① 用途和方法不同；

② 选择使用定额不同；

③ 施工项目划分粗细不同；

④ 计算涉及范围不同；

⑤ 施工条件或方法不同；

⑥ 计量单位不同。

2. 如何编制施工图预算

（1）编制依据。

一项完整的工程造价，可能由多个专业的造价构成。各专业要根据不同的预算定额及费用定额标准、文件来进行，工程造价的编制工作主要依据以下几类文件及资料。

① 施工图纸，有关标准图集。这时使用的图纸应是施工图纸，而不应是方案图纸或扩大初步设计图纸。

古建工程的施工图纸，应由主管部门审批后实施。工程造价人员依据施工图纸、有关图集、图纸会审记录、招标答疑文件以及施工组织设计文件等确定分项工程内容，进行分项工程设置和工程量计算。

② 古建工程预算定额及有关文件。古建工程预算定额及有关文件是编制施工图预算，计算人工费、材料费、机械费、措施费、间接费的基本资料和计取参考标准。

上述文件包括古建工程预算定额、措施费、间接费及其他费用定额，市场人工、材料、机械的信息参考价格及工程造价部门颁发的管理文件等。

③ 施工组织设计。施工组织设计是确定工程进度计划，施工方法或主要技术措施，以及施工现场的平面布置等内容的技术文件。这类文件对工程量的计算、定额子目的选择、措施项目的内容及费用的计取都有着重要作用。施工组织设计文件必须在施工图预算工作开始之前完成，施工组织设计文件的内容直接影响到最后的工程造价。

④ 招标文件或协议书。招标文件的内容及条款也直接影响工程造价，编制施工图预算前要详细阅读招标文件。对于不招标的工程项目，要仔细阅读建设单位与施工单位的工程协议书或合同书。

(2) 编制施工图预算的程序。施工图预算一般应在施工图纸技术交底之后或招标答疑文件解答确认清楚之后进行。其编制程序如图 6-2-1 所示。

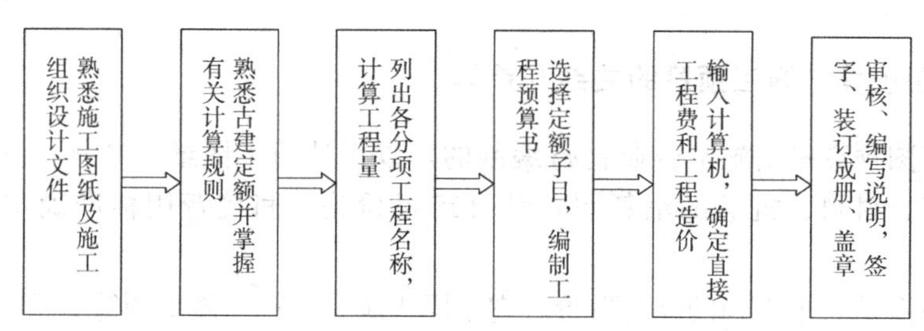

图 6-2-1　编制施工图预算的程序

① 熟悉施工图纸及施工组织设计文件。在编制施工图预算之前，必须熟悉施工图纸，详尽地掌握施工图纸和有关资料，熟悉施工组织设计的要求和现场情况；了解和掌握修缮要求、施工方法、传统工艺、工序、操作要求及施工组织、进度；要掌握单位工程各部位建筑概况、修缮原则，如拆除、挑顶、落架大修、查补瓦面、整修门窗、油漆彩画、粘贴、更新、做旧、墙面拆砌以及剔补数量等工程的做法，对工程的全貌和设计意图有了全面、详尽的了解以后，才能正确结合古建预算定额，列出各分项工程施工内容，计算相应的工程量。

② 熟悉古建预算定额并掌握有关计算规则。《北京市房屋修缮工程计价依据——预算定额》(古建筑分册) 有关工程量计算的规则、规定，是正确使用定额、确定分项工程内容和计算工程量的依据。因此，在编制施工图预算并计算工程量之前，必须搞清楚古建预算定额所列项目中所包括的工作内容、适用范围、计量单位和工程量计算规则等，为合理列出分项工程名称、计算工程量、选择正确的定额子目做好准备。

③ 列出各分项工程名称、计算工程量。施工图预算的工程量往往会包含多个工序的实物量，工程量的计算应依据施工图及设计说明等文件并参照古建筑工程预算定额计算工程的有关规则，列出分项工程名称和计算工程量。只有按这些规则去列项、计算，各施工

单位的工程预算、列项和工程量才能基本相同。

古建筑维修的分项工程名称，有时会隐含在某一修缮制作做法当中，从施工图纸中可能找不到这些相关的工序，往往需要由工程造价人员根据古建修缮施工的特点自行设立相关的分项工程内容。例如：墩接柱子的施工、墩接暗柱子时往往要先拆除部分与柱子相连的墙体，给墩接柱子施工提供一个合理的工作空间。墩接柱子完成后，再按原来墙体做法恢复墙体。古建筑墙体有时下肩与上身做法不同，衬里墙与外墙做法不同，有时恢复墙体的费用远远多于墩接柱子的费用。如果只按施工图列出墩接柱子的工作内容，忽略遗漏了墙体的拆除与恢复工作，会造成墩接柱子这一综合修缮方法的严重亏损，直接影响到最后工程造价的准确性。

计算工程量是一项非常烦琐且艰巨的任务，占工程造价计算量的80%甚至90%以上。工程量的确定是工程造价的基础数据，计算时一定要符合古建筑预算定额的相关规定与规则。工程量的计算要认真、仔细，既不要漏算，更不能重复计算。计算的过程应明确，计算公式、计算底稿要清晰、整齐，便于复查与解释。

④ 选择定额子目，编制工程预算书。将工程量计算底稿中的预算项目、数量填入工程预算表格中，根据各项目的名称与分项工作内容选择正确的定额子目，并将定额子目的章节序号填入项目名称左侧的“定额编号”或“单位估价号”一栏中。

⑤ 输入电脑中，利用古建筑预算定额软件计算出直接工程费、措施费、间接费、利润、税金和其他费用，最后得出工程造价。

⑥ 审核，编写文字说明，签字、装订、盖章。计算得出的工程造价要经过编制人员的初步审核，检查有无漏项、费率计取是否合理、计算过程有无严重缺陷或错误。

按照施工图要求和本工程的具体情况，编写工程造价的简单文字说明，说明中要把图纸中未界定清的问题阐明。编制时最后的认定方法，将可能会有异议的问题，阐明造价编制过程中的处理方法，并简单描述造价的概况，使他人对造价的编制原则有初步的了解。

分专业计算的工程造价还要编制总的工程造价汇总表，按顺序装订成册，报企业经营部门备存。上报建设单位的工程造价要盖有企业的公章或企业造价部门专用章，填写编制日期及工程名称。工程造价编制人员还要在封面盖上编制人员的专用执业章，以备有关部门查验。

7 砌体工程

7.1 定额编制简介

1. 本章根据古建筑传统分项工程划分方法，将砖石琉璃砌体划分为砌体拆除及修补；砖砌体；琉璃梁枋；山花、博缝、挂落；砖檐，琉璃檐；砖石墙帽；石砌体；台基石构件；石制须弥座；墙体石构件；石制门窗，门窗附属石构件；琉璃斗栱；角梁及琉璃椽飞共十四节。再按各分项工程使用不同品种的砖，不同的工艺砌法或修缮方法分别列项。修缮项目中的旧墙面打点刷浆、墁干活、剔补旧砖、补换饰件等项目适用于砌体整体较为完好，无险情时的维修。如果砌体局部损坏出现危险因素，但大部分的旧砖尚可再次利用，只需适当更换部分新砖时，应执行拆砌定额。如果砌体损坏严重且砖件需全部更换时，应执行拆除和砌筑定额。有时砌体虽未损坏，但砌体的形制不符合设计要求（或不符合原做法）时，也应执行拆除与砌筑定额。

2. 按照古建筑常规做法，外皮砖与里皮砖的规格可能有变化，外皮与里皮的砌筑方法也可能不同，为适应各种墙体的变化，定额中分别设定了细砌墙与糙砌墙，每种砌筑工艺中又按砖的规格分别设立了子目。墙外皮的细砌做法均以一皮砖为准（一个砖宽），外墙排砖方式不同采用系数调整的方法调整定额基价。

3. 方砖博缝宽度变化有规律可循。按延长米计算更加合理。因而将方砖博缝下边两层砖檐的工料机消耗与博缝砖合并为一个子目，并以博缝头所占长度重复计算量。多出的工料正好抵扣脊件中所需增加的工料。琉璃博缝因生产厂家是将博缝板、博缝头合并在一起按面积计价，其宽度无固定值。因此，编制定额时将琉璃博缝与博缝头划为一个子目；其下的托山混又另设子目，二者分别计量，分别设项目。

4. 墙帽整修项目只设立了真硬顶墙帽拆砌，而将宝盒顶、假硬顶、馒头顶以及鹰不落等抹灰墙帽修补抹灰编入了抹灰工程章节中。

5. 各种砌法的墙体、砖檐、墙帽等均已考虑了栱型、弧形等形式。

6. 本章中的细砌、糙砌并非指砖质地的糙细，而是指传统的砌筑工艺形式。

7. 本章石构件以常见的普通规格形状为准，不包括石狮、石雕、石斗栱、石桥专用构件。对一些异形石构件为简化计算，采用系数调整的方法调整定额基价。

8. 石构件的制作与安装分别设立了对应的定额项目，对于维修工程设立了古建常见维修方法的项目。

9. 石构件安装、拆安归位等项目以水泥砂浆或水泥浆作为粘结或灌浆材料。各种石构件制作、安装以青白石为准，如使用石材与定额不符时允许换算。

10. 石构件制作、安装、归安等加工工具使用的烘炉用煤，非生活性用煤，其价格已包含在其他材料费中。

11. 琉璃砖件和饰件均以黄色为准，设立了琉璃影壁、琉璃斗栱、琉璃椽望等常见的定额子目。

7.2 定额摘选

见表7-2-1～表7-2-18。

单位：m³ **表7-2-1**

定额编号					1-21	1-22	1-23	1-24	1-25	1-26
项目					干摆、丝缝墙剔补		淌白墙剔补			
					小停泥砖		大城砖		二城样砖	
					整砖	半砖	整砖	半砖	整砖	半砖
基价（元）					**37.61**	**33.28**	**70.41**	**62.36**	**75.48**	**56.94**
其中	人工费（元）				32.02	29.56	51.23	50.74	57.14	46.30
	材料费（元）				3.67	1.94	16.11	8.57	14.91	7.86
	机械费（元）				1.92	1.78	3.07	3.05	3.43	2.78
名称			单位	单价（元）	数量					
人工	870007	综合工日	工日	82.1	0.390	0.360	0.624	0.618	0.696	0.564
	00001100	瓦工	工日	—	0.160	0.144	0.330	0.297	0.295	0.266
	00001200	砍砖工	工日	—	0.080	0.070	0.040	0.024	0.035	0.021
材料	440121	大城砖480×240×128	块	13.00	—	—	1.1300	0.5700	—	—
	440122	二城样转448×224×112	块	12.00	—	—	—	—	1.1300	0.5700
	440075	小停泥砖	块	3.00	1.1300	0.5700	—	—	—	—
	810230	素白灰浆	m³	119.80	0.0011	0.0009	0.0106	0.0087	0.0100	0.0075
	840004	其他材料费	元	—	0.15	0.12	0.15	0.12	0.15	0.12
机械	888810	中小型机械费	元	—	1.60	1.48	2.56	2.54	2.86	2.32
	840023	其他机具费	元	—	0.32	0.30	0.51	0.51	0.57	0.46

单位：m² **表7-2-2**

定额编号					1-67	1-68	1-69	1-70
项目					干摆墙砌筑			
					大城砖	二城样砖	大停泥砖	小停泥砖
基价（元）					**792.65**	**863.25**	**676.55**	**687.00**
其中	人工费（元）				447.45	464.69	464.69	427.74
	材料费（元）				318.36	370.68	183.98	233.59
	机械费（元）				26.84	27.88	27.88	25.67
名称			单位	单价（元）	数量			
人工	870007	综合工日	工日	82.10	5.450	5.660	5.660	5.210
	00001100	瓦工	工日	—	1.200	1.360	1.500	1.800
	00001200	砍砖工	工日	—	4.250	4.300	4.160	3.410
材料	440121	大城砖 480×240×128	块	13.00	23.8856	—	—	—
	440122	二城样转448×224×112	块	12.00	—	30.2009	—	—

续表

定额编号					1-67	1-68	1-69	1-70
项目					干摆墙砌筑			
					大城砖	二城样砖	大停泥砖	小停泥砖
	440074	大停泥砖	块	4.50	—	—	39.0248	—
	440075	小停泥砖	块	3.00	—	—	—	74.9094
	810228	老浆灰	m^3	130.40	0.0360	0.0389	0.0389	0.0411
	840004	其他材料费	元	—	0.15	0.12	0.15	0.12
机械	888810	中小型机械费	元	—	22.37	23.23	23.23	21.39
	840023	其他机具费	元	—	4.47	4.65	4.65	4.28

单位：m^2 **表7-2-3**

定额编号					1-71	1-72	1-73
项目					丝缝墙砌筑		
					二城样砖	大停泥砖	小停泥砖
基价（元）					**848.51**	**669.82**	**671.42**
其中	人工费（元）				463.04	464.03	426.92
	材料费（元）				357.69	177.95	218.88
	机械费（元）				27.78	27.84	25.62
名称			单位	单价（元）	数量		
人工	870007	综合工日	工日	82.10	5.640	5.652	5.200
	00001100	瓦工	工日	—	1.512	1.680	2.000
	00001200	砍砖工	工日	—	4.128	3.972	3.200
材料	440122	二城样转 448×224×112	块	12.00	29.0140	—	—
	440074	大停泥砖	块	4.50	—	37.2345	—
	440075	小停泥砖	块	3.00	—	—	70.3943
	810230	素白灰浆	m^3	119.80	0.0004	0.0005	0.0010
	810228	老浆灰	m^3	130.40	0.0458	0.0486	0.0236
	840004	其他材料费	元	—	3.50	4.00	4.50
机械	888810	中小型机械费	元	—	23.15	23.20	21.35
	840023	其他机具费	元	—	4.63	4.64	4.27

单位：见表 **表7-2-4**

定额编号					1-233	1-234	1-235	1-236	1-237
项目					琉璃梁、枋、垫板拆除	琉璃梁、枋等构件补配	琉璃梁、枋、垫板拆砌	琉璃梁、枋、垫板摆砌	琉璃耳子、霸王拳安装
					m^2	件	m^2		份
基价（元）					**8.78**	**47.57**	**236.61**	**2871.65**	**31.09**
其中	人工费（元）				8.21	34.48	211.82	195.40	9.85
	材料费（元）				0.08	11.03	12.57	2664.53	20.65
	机械费（元）				0.49	2.06	12.22	11.72	0.59
名称			单位	单价（元）	数量				
人工	870007	综合工日	工日	82.1	0.100	0.420	2.580	2.380	0.120
材料	430418	耳子（霸王拳）	件	20.00	—	—	—	—	1.0200
	430417	额枋及由额垫板	m^2	2600.00	—	（ ）	（ ）	1.0200	—
	810225	小麻刀红灰	m^3	475.30	—	0.0210	0.0210	0.0210	0.0001

续表

定额编号					1-233	1-234	1-235	1-236	1-237
项目					琉璃梁、枋、垫板拆除	琉璃梁、枋等构件补配	琉璃梁、枋、垫板拆砌	琉璃梁、枋、垫板摆砌	琉璃耳子、霸王拳安装
					m^2	件	m^2		份
	810226	红素灰	m^3	437.90	—	0.0001	0.0002	0.0001	—
	840004	其他材料费	元	—	0.08	1.00	2.50	2.50	0.20
机械	888810	中小型机械费	元	—	0.41	1.72	10.18	9.77	0.49
	840023	其他机具费	元	—	0.08	0.34	2.04	1.95	0.10

单位：m **表7-2-5**

定额编号					1-251	1-252	1-253	1-254
项目					方砖博缝摆砌			
					尺七方砖	尺四方砖	尺二方砖	三才
基价（元）					**251.17**	**210.33**	**192.39**	**159.59**
其中	人工费（元）				157.63	130.54	114.94	105.09
	材料费（元）				84.08	71.95	70.55	48.20
	机械费（元）				9.46	7.84	6.90	6.30
名称			单位	单价（元）	数量			
人工	870007	综合工日	工日	82.10	1.920	1.590	1.400	1.280
	00001100	瓦工	工日	—	0.720	0.600	0.540	0.504
	00001200	砍砖工	工日	—	1.200	0.990	0.860	0.776
材料	440081	尺七方砖 544×544×80	块	25.50	2.2200	—	—	—
	440080	尺四方砖	块	16.50	—	2.7200	—	1.3600
	440079	尺二方砖	块	13.50	—	—	3.2300	—
	440075	小停泥砖	块	3.00	8.1400	8.0500	7.9700	7.8800
	810221	深月白中麻刀灰	m^3	176.50	0.0030	0.0030	0.0030	0.0030
	810230	素白灰浆	m^3	119.80	0.0080	0.0060	0.0060	0.0030
	090233	镀锌钢丝 8～12号	kg	6.25	0.0700	0.0800	0.0900	0.0500
	090261	圆钉	kg	7.00	0.0600	0.0600	0.0600	0.0600
	840004	其他材料费	元	—	0.70	0.75	0.80	0.50
机械	888810	中小型机械费	元	—	7.88	6.53	5.75	5.25
	840023	其他机具费	元	—	1.58	1.31	1.15	1..05

单位：m **表7-2-6**

定额编号					1-320	1-321	1-322	1-323	1-324	1-325
项目					四层干摆冰盘檐砌筑					
					大城砖	二城样砖	大停泥砖	小停泥砖	尺四方砖	尺二方砖
基价（元）					**566.22**	**513.87**	**351.03**	**240.95**	**350.07**	**354.01**
其中	人工费（元）				366.99	319.37	262.72	161.74	200.32	207.71
	材料费（元）				177.21	175.34	72.54	69.50	137.73	133.83
	机械费（元）				22.02	19.16	15.77	9.71	12.02	12.47
名称			单位	单价（元）	数量					
人工	870007	综合工日	工日	82.10	4.470	3.890	3.200	1.970	2.440	2.530
	00001100	瓦工	工日	—	0.384	0.408	0.420	0.432	0.360	0.420

续表

定额编号					1-320	1-321	1-322	1-323	1-324	1-325
项目					四层干摆冰盘檐砌筑					
					大城砖	二城样砖	大停泥砖	小停泥砖	尺四方砖	尺二方砖
	00001200	砍砖工	工日	—	4.086	3.482	2.780	1.538	2.080	2.110
材料	440121	大城砖 480×240×128	块	13.00	13.3900	—	—	—	—	—
	440122	二城样转 448×224×112	块	12.00	—	14.3500	—	—	—	—
	440074	大停泥砖	块	4.50	—	—	15.4500	—	—	—
	440075	小停泥砖	块	3.00	—	—	—	22.3200	—	—
	440080	尺四方砖	块	16.50	—	—	—	—	8.1500	—
	440079	尺二方砖	块	13.50	—	—	—	—	—	9.6900
	810230	素白灰浆	m^3	119.80	0.0120	0.0120	0.0110	0.0070	0.130	0.0110
	840004	其他材料费	元	—	1.70	1.70	1.70	1.70	1.70	1.70
机械	888810	中小型机械费	元	—	18.35	15.97	13.14	8.09	10.02	10.39
	840023	其他机具费	元	—	3.67	3.19	2.63	1.62	2.00	2.08

单位：m　　**表 7-2-7**

定额编号					1-422	1-423	1-424	1-425
项目					真硬顶墙帽砌筑			
					小停泥砖		蓝四丁砖	
					褥子面	一顺出	褥子面	一顺出
基价（元）					**148.94**	**91.06**	**92.56**	**57.03**
其中	人工费（元）				18.06	12.32	14.78	9.85
	材料费（元）				127.20	78.00	76.89	46.59
	机械费（元）				3.68	0.74	0.89	0.59
名称			单位	单价（元）	数量			
人工	870007	综合工日	工日	82.10	0.220	0.150	0.180	0.120
材料	440075	小停泥砖	块	3.00	38.0200	24.1900	—	—
	040196	蓝四丁砖	块	1.45	—	—	45.3200	28.8400
	810012	1∶3石灰砂浆	m^3	163.32	0.0590	0.0210	0.0470	0.0170
	840004	其他材料费	元	—	3.50	2.00	3.50	2.00
机械	888810	中小型机械费	元	—	3.50	0.62	0.74	0.49
	840023	其他机具费	元	—	0.18	0.12	0.15	0.10

单位：m^3　　**表 7-2-8**

定额编号					1-456	1-457	1-458	1-459	1-460
项目					方整石砌筑	毛石清水墙砌筑	毛石混水墙砌筑	毛石挡土墙砌筑	毛石护坡墙砌筑
基价（元）					**970.23**	**705.19**	**633.59**	**668.40**	**682.16**
其中	人工费（元）				201.15	207.71	142.03	174.87	139.57
	材料费（元）				757.01	483.04	483.04	483.04	534.21
	机械费（元）				12.07	14.44	8.52	10.49	8.38
名称			单位	单价（元）	数量				

续表

定额编号					1-456	1-457	1-458	1-459	1-460
项目					方整石砌筑	毛石清水墙砌筑	毛石混水墙砌筑	毛石挡土墙砌筑	毛石护坡墙砌筑
人工	870007	综合工日	工日	82.10	2.450	2.530	1.730	2.130	1.700
材料	450090	花岗石	m^3	650.00	1.0500	—	—	—	—
	040195	毛石	t	200.00	—	1.9110	1.9110	1.9110	2.2680
	840004	1∶2水泥砂浆	m^3	318.54	0.2100	—	—	—	0.2360
	810210	混合砂浆M2.5	m^3	234.30	—	0.4100	0.4100	0.4100	—
	840004	其他材料费	元	—	7.62	4.78	4.78	4.78	5.43
机械	888810	中小型机械费	元	—	10.06	12.03	7.10	8.74	6.98
	840023	其他机具费	元	—	2.01	2.41	1.42	1.75	1.40

单位：见表　　**表7-2-9**

定额编号					1-482	1-483	1-484	1-485
项目					阶条石制作（垂直厚在）			平座压面石制作
					15cm以内	20cm以内	20cm以外	
					m^3			m^2
基价（元）					**5318.33**	**4921.74**	**4545.79**	**508.91**
其中	人工费（元）				1940.84	1551.69	1197.02	201.97
	材料费（元）				3276.95	3276.95	3276.95	294.82
	机械费（元）				100.54	93.10	71.82	12.12
名称			单位	单价（元）	数量			
人工	870007	综合工日	工日	82.10	23.640	18.900	14.580	2.460
材料	450001	青白石	m^3	3000.00	1.0815	1.0815	1.0815	0.0973
	840004	其他材料费	元	—	32.45	32.45	32.45	2.92
机械	888810	中小型机械费	元	—	97.04	77.58	59.85	10.10
	840023	其他机具费	元	—	3.50	15.52	11.97	2.02

单位：见表　　**表7-2-10**

定额编号					1-504	1-505	1-506	1-507	1-508	1-509
项目					土衬石安装	埋头石安装	阶条石安装	陡板象眼石安装		平座压面石安装
								厚10cm以内	每增厚2cm	
					m^3			m^2		
基价（元）					**1046.06**	**1041.93**	**1170.08**	**111.84**	**18.43**	**155.85**
其中	人工费（元）				876.83	886.68	1034.46	93.59	14.78	137.93
	材料费（元）				112.23	97.61	68.38	12.14	2.67	8.95
	机械费（元）				57.00	57.64	67.24	6.11	0.98	8.97
名称			单位	单价（元）	数量					
人工	870007	综合工日	工日	82.10	10.680	10.800	12.600	1.140	0.180	1.680
材料	010131	铅板	kg	22.20	—	0.3600	—	0.0500	—	—
	810007	1∶3.5水泥砂浆	m^3	252.35	0.4100	0.3200	0.2300	0.0400	0.0100	0.0300
	840004	其他材料费	元	—	8.77	8.87	10.34	0.94	0.15	1.38
机械	888810	中小型机械费	元	—	48.23	48.77	56.90	5.17	0.83	7.59
	840023	其他机具费	元	—	8.77	8.87	10.34	0.94	0.15	1.38

单位：m³ 表7-2-11

定额编号					1-517	1-518	1-519	1-520	1-521
项目					无雕饰石须弥座制作（高在）				
					80cm以内	100cm以内	120cm以内	150cm以内	150cm以外
基价（元）					**5250.70**	**4895.63**	**4592.78**	**4342.15**	**4143.74**
其中	人工费（元）				1862.03	1527.06	1241.35	1004.90	817.72
	材料费（元）				3276.95	3276.95	3276.95	3276.95	3276.95
	机械费（元）				111.72	91.62	74.48	60.30	49.07
名称			单位	单价（元）	数量				
人工	870007	综合工日	工日	82.10	22.680	18.600	15.120	12.240	9.960
材料	450001	青白石	m³	3000.00	1.0815	1.0815	1.0815	1.0815	1.0815
	840004	其他材料费	元	—	32.45	32.45	32.45	32.45	32.45
机械	888810	中小型机械费	元	—	93.10	76.35	62.07	50.25	40.89
	840023	其他机具费	元	—	18.62	15.27	12.41	10.05	8.18

单位：m³ 表7-2-12

定额编号					1-533	1-534	1-535	1-536
项目					带仰覆莲石须弥座安装（高在）			独立石须弥座安装
					100cm以下	150cm以下	150cm以上	
基价（元）					**1329.83**	**1216.36**	**1049.93**	**1064.89**
其中	人工费（元）				1182.24	1083.72	935.94	985.20
	材料费（元）				70.75	62.20	53.15	15.65
	机械费（元）				76.84	70.44	60.84	64.04
名称			单位	单价（元）	数量			
人工	870007	综合工日	工日	82.10	14.400	13.200	11.40	12.000
材料	010131	铅板	kg	22.20	0.3600	0.3600	0.3600	—
	810007	1∶3.5水泥砂浆	m³	252.35	0.1900	0.1600	0.1300	0.0230
	020003	白水泥	kg	0.95	3.1500	3.1500	3.1500	—
	840004	其他材料费	元	—	11.82	10.84	9.36	9.85
机械	888810	中小型机械费	元	—	65.02	59.60	51.48	54.19
	840023	其他机具费	元	—	11.82	10.84	9.36	9.85

单位：m³ 表7-2-13

定额编号					1-559	1-560	1-561	1-562	1-563	1-564
项目					角柱石		压砖板、腰线石		挑檐石	
					制作	安装	制作	安装	制作	安装
基价（元）					**5235.03**	**1147.83**	**4498.79**	**1185.22**	**4498.79**	**1245.75**
其中	人工费（元）				1847.25	985.20	1152.68	1034.46	1152.68	1083.72
	材料费（元）				3276.95	98.59	3276.95	83.52	3276.95	91.59
	机械费（元）				110.83	64.04	69.16	67.24	69.16	70.44
名称			单位	单价（元）	数量					
人工	870007	综合工日	工日	82.10	22.500	12.000	14.040	12.600	14.040	13.200

续表

定额编号					1-559	1-560	1-561	1-562	1-563	1-564
项目					角柱石		压砖板、腰线石		挑檐石	
					制作	安装	制作	安装	制作	安装
材料	450001	青白石	m³	3000.00	1.0815	—	1.0815	—	1.0815	—
	810007	1∶3.5水泥砂浆	m³	252.35	—	0.3200	—	0.2900	—	0.3200
	010131	铅板	kg	22.20	—	0.3600	—	—	—	—
	840004	其他材料费	元	—	32.45	9.85	32.45	10.34	32.45	10.84
机械	888810	中小型机械费	元	—	92.36	54.19	57.63	56.90	57.63	59.60
	840023	其他机具费	元	—	18.47	9.85	11.53	10.34	11.53	10.84

单位：m² 表7-2-14

定额编号					1-569	1-570	1-571
项目					门窗石槛框		
					拆除	制作	安装
基价（元）					**42.36**	**5783.29**	**61.31**
其中	人工费（元）				39.41	2364.48	35.30
	材料费（元）				0.39	3276.95	23.72
	机械费（元）				2.56	141.86	2.29
名称			单位	单价（元）	数量		
人工	870007	综合工日	工日	82.10	0.480	28.800	0.430
材料	450001	青白石	m³	3000.00	—	1.0815	—
	810007	1∶3.5水泥砂浆	m³	252.35	—	—	0.0926
	840004	其他材料费	元	—	0.39	32.45	0.35
机械	888810	中小型机械费	元	—	2.17	118.22	1.94
	840023	其他机具费	元	—	0.39	23.64	0.35

单位：块 表7-2-15

定额编号					1-591	1-592	1-593	1-594	1-595	1-596
项目					门鼓石制作					
					圆鼓（长在）			幞头鼓（长在）		
					80cm以内	100cm以内	100cm以外	60cm以内	80cm以内	100cm以外
基价（元）					**2946.69**	**4099.98**	**5398.06**	**1693.88**	**2340.64**	**3105.38**
其中	人工费（元）				2364.48	3054.12	3743.76	1418.69	1832.47	2246.26
	材料费（元）				440.35	862.61	1429.67	190.07	398.23	724.35
	机械费（元）				141.86	183.25	224.63	85.12	109.94	134.77
名称			单位	单价（元）	数量					
人工	870007	综合工日	工日	82.10	28.800	37.200	45.600	17.280	22.320	27.360
材料	450001	青白石	m³	3000.00	0.1453	0.2847	0.4718	0.0627	0.1314	0.2391
	840004	其他材料费	元	—	4.36	8.54	14.15	1.88	3.94	7.17
机械	888810	中小型机械费	元	—	118.22	152.71	187.19	70.93	91.62	112.31
	840023	其他机具费	元	—	23.64	30.54	37.44	14.19	18.32	22.46

单位：见表　　**表 7-2-16**

<table>
<tr><td colspan="4">定　额　编　号</td><td>1-639</td><td>1-640</td><td>1-641</td><td>1-642</td><td>1-643</td><td>1-644</td></tr>
<tr><td colspan="4" rowspan="4">项　　目</td><td colspan="2">琉璃坐斗枋摆砌（高在）</td><td colspan="4">三踩琉璃斗栱摆砌</td></tr>
<tr><td rowspan="2">10cm 以下</td><td rowspan="2">10cm 以上</td><td colspan="2">平身科（高在）</td><td colspan="2">角科（高在）</td></tr>
<tr><td>30cm 以下</td><td>30cm 以上</td><td>30cm 以下</td><td>30cm 以上</td></tr>
<tr><td colspan="2">m</td><td colspan="4">攒</td></tr>
<tr><td colspan="4">基　　价（元）</td><td>846.49</td><td>954.32</td><td>1710.54</td><td>2289.75</td><td>2279.00</td><td>3131.48</td></tr>
<tr><td rowspan="3">其中</td><td colspan="3">人工费（元）</td><td>19.70</td><td>24.63</td><td>59.11</td><td>65.68</td><td>65.68</td><td>89.49</td></tr>
<tr><td colspan="3">材料费（元）</td><td>825.19</td><td>928.21</td><td>1647.88</td><td>2220.13</td><td>2209.38</td><td>3036.63</td></tr>
<tr><td colspan="3">机械费（元）</td><td>1.60</td><td>1.48</td><td>3.55</td><td>3.94</td><td>3.94</td><td>5.36</td></tr>
<tr><td colspan="2">名　　称</td><td>单位</td><td>单价（元）</td><td colspan="6">数　　量</td></tr>
<tr><td>人工</td><td>870007</td><td>综合工日</td><td>工日</td><td>82.10</td><td>0.240</td><td>0.300</td><td>0.720</td><td>0.800</td><td>0.800</td><td>1.090</td></tr>
<tr><td rowspan="5">材料</td><td>430420</td><td>平板枋（坐斗枋）高 100 以下</td><td>m</td><td>800.00</td><td>1.0200</td><td>—</td><td>—</td><td>—</td><td>—</td><td>—</td></tr>
<tr><td>430419</td><td>平板枋（坐斗枋）高 100 以上</td><td>m</td><td>900.00</td><td>—</td><td>1.0200</td><td>—</td><td>—</td><td>—</td><td>—</td></tr>
<tr><td>430450</td><td>平身科斗栱三踩高 300 以下</td><td>攒</td><td>1000.00</td><td>—</td><td>—</td><td>1.0200</td><td>—</td><td>—</td><td>—</td></tr>
<tr><td>430445</td><td>平身科斗栱三踩高 300 以上</td><td>攒</td><td>1500.00</td><td>—</td><td>—</td><td>—</td><td>1.0200</td><td>—</td><td>—</td></tr>
<tr><td>430451</td><td>角科斗栱三踩高 300 以下</td><td>攒</td><td>1500.00</td><td>—</td><td>—</td><td>—</td><td>—</td><td>1.0200</td><td>—</td></tr>
</table>

单位：见表　　**表 7-2-17**

<table>
<tr><td colspan="4">定　额　编　号</td><td>1-639</td><td>1-640</td><td>1-641</td><td>1-642</td><td>1-643</td><td>1-644</td></tr>
<tr><td colspan="4" rowspan="4">项　　目</td><td colspan="2">琉璃坐斗枋摆砌（高在）</td><td colspan="4">三踩琉璃斗栱摆砌</td></tr>
<tr><td rowspan="2">10cm 以下</td><td rowspan="2">10cm 以上</td><td colspan="2">平身科（高在）</td><td colspan="2">角科（高在）</td></tr>
<tr><td>30cm 以下</td><td>30cm 以上</td><td>30cm 以下</td><td>30cm 以上</td></tr>
<tr><td colspan="2">m</td><td colspan="4">攒</td></tr>
<tr><td rowspan="11">材料</td><td>430446</td><td>角科斗栱三踩高 300 以上</td><td>攒</td><td>2250.00</td><td>—</td><td>—</td><td>—</td><td>—</td><td>—</td><td>1.0200</td></tr>
<tr><td>430452</td><td>垫栱板三踩高 300 以下</td><td>件</td><td>200.00</td><td>—</td><td>—</td><td>1.0200</td><td>—</td><td>1.0200</td><td>—</td></tr>
<tr><td>430447</td><td>垫栱板三踩高 300 以上</td><td>件</td><td>220.00</td><td>—</td><td>—</td><td>—</td><td>1.0200</td><td>—</td><td>1.0200</td></tr>
<tr><td>430453</td><td>机枋三踩高 300 以下</td><td>件</td><td>200.00</td><td>—</td><td>—</td><td>1.0200</td><td>—</td><td>1.0200</td><td>—</td></tr>
<tr><td>430448</td><td>机枋三踩高 300 以上</td><td>件</td><td>220.00</td><td>—</td><td>—</td><td>—</td><td>1.0200</td><td>—</td><td>1.0200</td></tr>
<tr><td>430454</td><td>盖斗板三踩高 300 以下</td><td>件</td><td>200.00</td><td>—</td><td>—</td><td>1.0200</td><td>—</td><td>1.0200</td><td>—</td></tr>
<tr><td>430449</td><td>盖斗板三踩高 300 以上</td><td>件</td><td>220.00</td><td>—</td><td>—</td><td>—</td><td>1.0200</td><td>—</td><td>1.0200</td></tr>
<tr><td>430455</td><td>宝瓶（黄虚错角）</td><td>件</td><td>50.00</td><td>—</td><td>—</td><td>—</td><td>—</td><td>1.0200</td><td>1.0200</td></tr>
<tr><td>810224</td><td>中麻刀红灰</td><td>m³</td><td>486.00</td><td>0.0020</td><td>0.0020</td><td>0.0120</td><td>0.0120</td><td>0.0120</td><td>0.0120</td></tr>
<tr><td>810225</td><td>小麻刀红灰</td><td>m³</td><td>475.00</td><td>0.0001</td><td>0.0001</td><td>0.0001</td><td>0.0002</td><td>0.0001</td><td>0.0002</td></tr>
<tr><td>840004</td><td>其他材料费</td><td>元</td><td>—</td><td>8.17</td><td>9.19</td><td>10.00</td><td>11.00</td><td>10.50</td><td>11.50</td></tr>
<tr><td rowspan="2">机械</td><td>888810</td><td>中小型机械费</td><td>元</td><td>—</td><td>1.40</td><td>1.23</td><td>2.96</td><td>3.28</td><td>3.28</td><td>4.47</td></tr>
<tr><td>840023</td><td>其他机具费</td><td>元</td><td>—</td><td>0.20</td><td>0.25</td><td>0.59</td><td>0.66</td><td>0.66</td><td>0.89</td></tr>
</table>

单位：m 表 7-2-18

定额编号					1-660	1-661	1-662	1-663	1-664
项目					琉璃椽飞拆除	琉璃椽飞拆砌		琉璃椽飞摆砌	
						正身椽飞	翼角椽飞	正身椽飞	翼角椽飞
基价（元）					**10.54**	**78.28**	**131.46**	**305.67**	**477.04**
其中	人工费（元）				9.85	59.11	108.37	44.33	89.49
	材料费（元）				0.10	15.92	17.13	258.68	382.19
	机械费（元）				0.59	3.25	5.96	2.66	5.36
名称			单位	单价（元）	数量				
人工	870007	综合工日	工日	82.10	0.120	0.720	1.320	0.540	1.090
材料	430311	正身椽飞	m	238.00	—	（ ）	—	1.0200	—
	430312	翼角椽飞	m	311.00	—	—	（ ）	—	1.0200
	430675	起翘（枕头木）	件	46.90	—	—	（ ）	—	1.0200
	091357	铁件（垫铁）	kg	5.80	—	1.5200	1.5200	1.5200	1.5200
	810224	中麻刀红灰	m^3	486.00	—	0.0090	0.0090	0.0090	0.0090
	810225	小麻刀红灰	m^3	475.30	—	0.0004	0.0004	0.0004	0.0004
	840004	其他材料费	元	—	0.10	2.54	3.75	2.54	3.75
机械	888810	中小型机械费	元	—	0.49	2.71	4.97	2.22	4.47
	840023	其他机具费	元	—	0.10	0.54	0.99	0.44	0.89

7.3 定额名称注释

1. 整修项目

适用于砌体整体较为完好的情况，如刷浆、墁干活、打点、剔补砖件、补换饰件等。见定额 1-7、1-21。

2. 拆砌

砌体局部已出现险情，但大部分砖件尚可重新利用，只需更换（添补）部分新砖件时，应执行拆砌（择砌）项目。添配新砖的数量小于或等于 30%时，执行新砖添配 30%以内项目。新砖添配数量大于 30%时，执行每增加 10%以内项目。见定额 1-53。

3. 拆除重砌

砌体已经严重损坏或砖件虽未损坏但与设计要求不符时，砖件需全部更换，执行拆除和砌筑两个子目。

一般情况下砌体全部需要更换时并不多见。比如：一个破庙的山墙严重歪闪有危险，但墙身估计约有一定数量的砖仍可再利用。这种情况下不适于用上述的拆砌，此时应按全部拆除重新砌筑两个子目执行，但重新砌筑子目中指的是 100%新作。而这里甲方提供一定数量的旧砖又必须利用（特别是有一定文物价值的砖件），应按实际新砌筑的面积乘以可利用的百分率（这个百分率应由设计给定），乘以定额给定的每平方米材料用量，求出退给甲方的材料量，即××块旧砖，再乘以定额中对应子目给定的砖的单价，折成退甲方材料费，各项的退甲方材料费相加，在取费表上处理，还应做出退甲方材料明细表，以此表说明退甲方材料费的来源和退费的单价。见定额1-1、见定额1-77。

4. 干摆

即磨砖对缝墙面。特点：砖要经砍磨加工成尺寸精确，表面光洁平整，棱角分明的“五扒皮”砖，摆砌时砖与砖之间不铺灰，后口垫稳后灌足灰浆，墙面要经过干磨水磨，墙面无明显灰缝。见定额1-68。

5. 丝缝墙（缝子）

砖经五扒皮砍制，挂老浆灰砌筑，砖缝一般为2～4mm。后口垫稳后灌足灰浆，砌后需墁干活、耕缝，是比较讲究的做法，多用于墙体上身。见定额1-73。

6. 淌白墙

用淌白砖砌成的墙，普通淌白墙灰缝6mm左右。仅将露明面磨平的砖就可称之为淌白砖。经截头使长短相同的淌白砖叫淌白截头或细淌白砖，用细淌白砖砌筑的墙称细淌白墙。定额不论糙淌白或细淌白均执行同一定额。定额1-77。

7. 带刀缝（糙灰条子）墙

为比较讲究的一种糙砌，砖料不加工，做法与淌白墙相似，但灰缝较大，也灌灰浆。见定额1-143。

8. 糙砌

砖料不加工，灰缝比淌白墙缝大，有打灰条和满铺灰两种砌法。见定额1-148。

9. 各种冰盘檐的组合形式图

见定额1-328、1-345，见图7-3-1。

10. 各种墙帽示意图

见定额1-424、1-428，见图7-3-2。

11. 直折线边框什锦窗套

用方砖加工的直线形或折线形什锦窗套。见定额1-112，见图7-3-3。

12. 曲线形边框什锦窗套

用方砖加工的曲线形什锦窗套。见定额1-115，见图7-3-4。

13. 什锦门窗套贴脸（直折线形、曲线形）

用方砖加工的什锦门窗套带砖贴脸。见定额1-117、1-118。

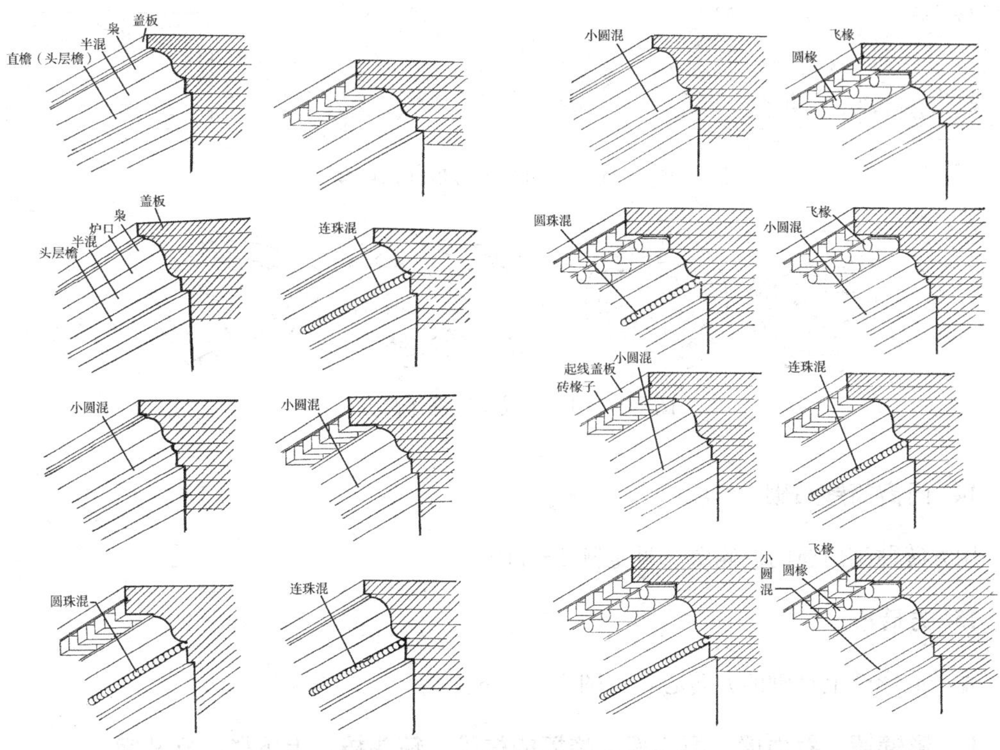

图 7-3-1 各种冰盘檐的组合形式

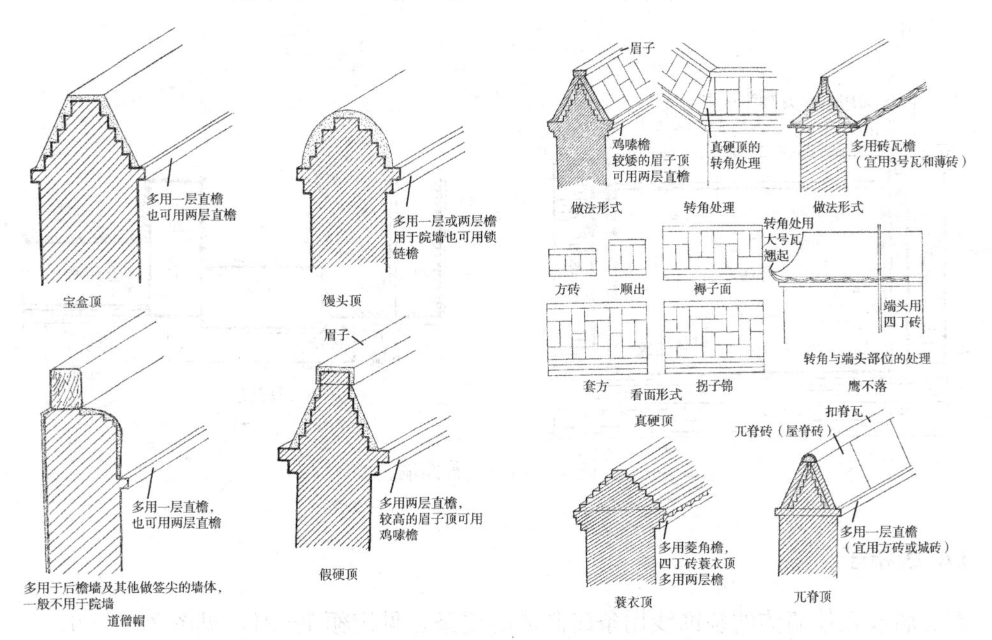

图 7-3-2 各种墙帽示意图

图 7-3-3　折线形边框什锦窗套

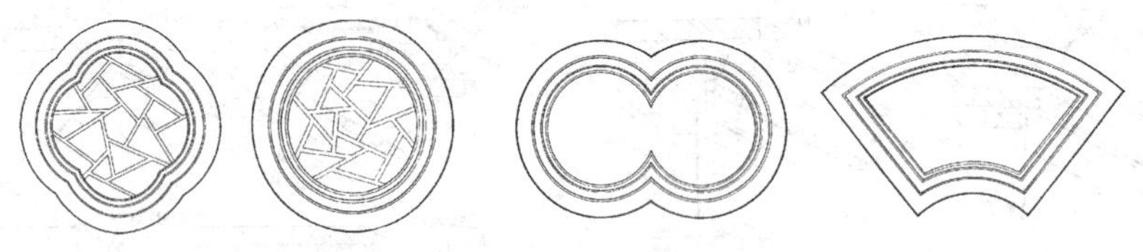

图 7-3-4　曲线型边框什锦窗套

14. 门窗筒壁贴砌

用方砖贴砌门窗的内侧壁。见定额 1-119。

15. 方砖心

廊子或影壁上贴砌的方砖心，见图 7-3-6。

16. 影壁墙、看面墙、廊心墙、槛墙的柱子、箍头枋、上下槛、立八字

用砖加工成仿木构件的柱子、箍头枋、上下槛、立八字。见定额 1-88，见图 7-3-5；图 7-3-6。

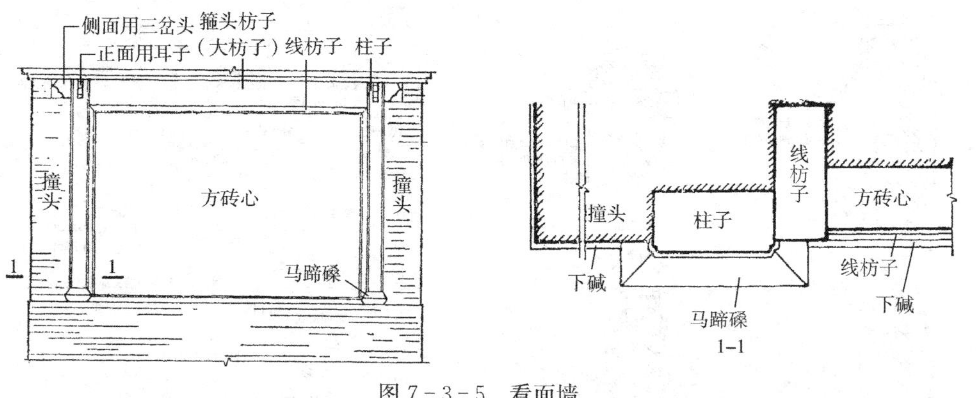

图 7-3-5　看面墙

17. 线枋子

廊心墙或其他墙体的装饰线用条砖制成的线条。见定额 1-91，见图 7-3-6。

18. 影壁、看面墙、廊心墙槛墙的马蹄磉、三岔头、耳子

墙面特殊装饰件，用砖砍磨制成。见定额 1-92、1-93，见图 7-3-6。

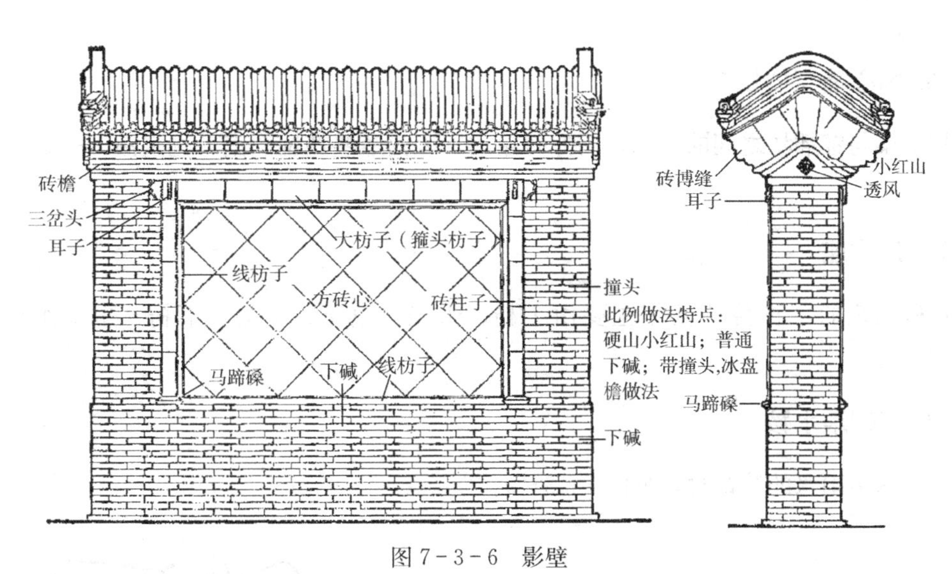

图 7-3-6 影壁

19. 廊心墙小脊子：廊心墙上端的半圆形突起装饰线条，两端雕成象鼻状。见定额 1-100，见图 7-3-7。

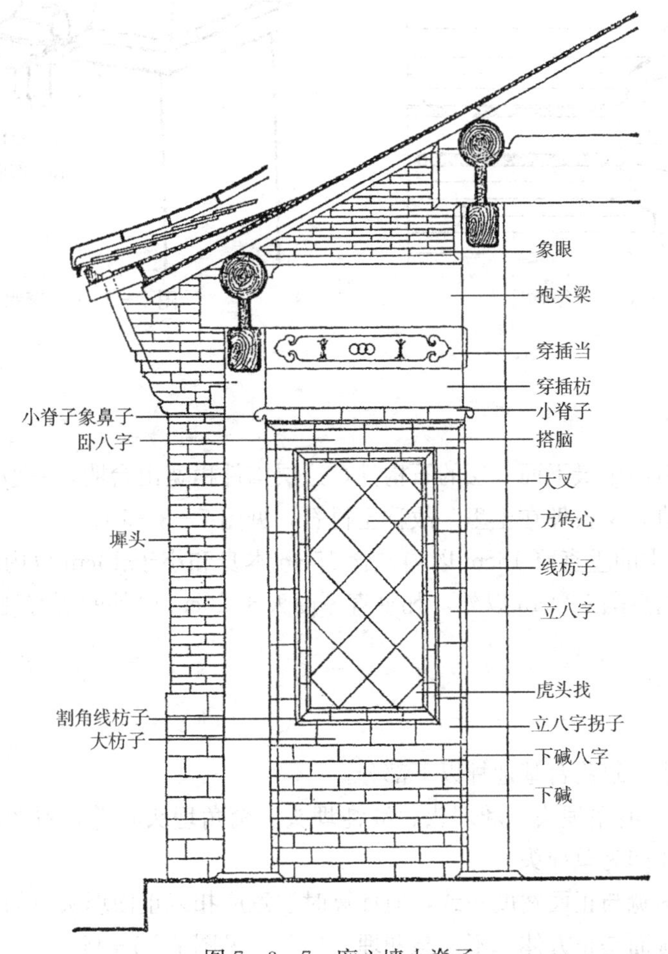

图 7-3-7 廊心墙小脊子

20. 廊心墙穿插档

抱头梁与穿插枋之间的空档，用方砖贴砌，表面雕些花饰图案。见定额 1－101，见图 7－3－7。

21. 须弥座

用砖砌筑的一种传统基座主要由上枋、上枭、束腰、下枭、下枋、圭脚组成，见图7－3－8。

22. 墙帽滚水鞍

墙头承接雨水的装饰物，见图 7－3－9。

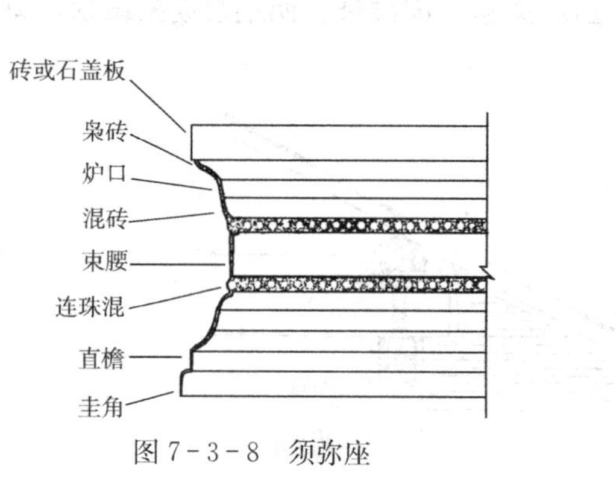

图 7－3－8　须弥座

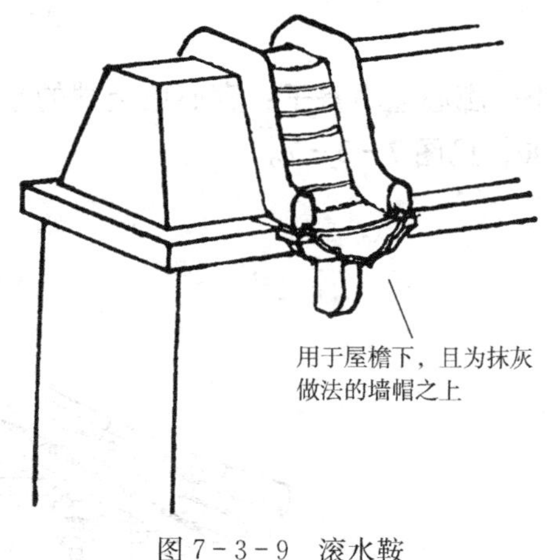

图 7－3－9　滚水鞍

23. 土衬石

古建筑台基石活中最下面一层的石构件，这层构件稍宽出台明，一般与地面平，由于是作为台明的衬脚，又被埋在土里，故称土衬石，见图 7－3－10。

定额 1－474 中的垂直厚 15cm 以内，含 15cm 本身和小于 15cm 以内的所有规格，定额 1－475 中是垂直厚在 20cm 以外，凡垂直厚度大于 20cm 以外的所有规格，均按此定额执行。

24. 埋头石

又称埋深，指建筑物台基地坪以下部分。

定额 1－477 中有单埋头，厢埋头、混饨埋头、窝角埋头石等，看图时应注意侧立面的竖线，如为单线即为单埋头。

厢埋头的侧面宽与正面宽度一致，但计算时注意应扣减正面埋头石的厚度。

混沌埋头的截面是正方体，不要与厢埋头搞混，见图 7－3－11。

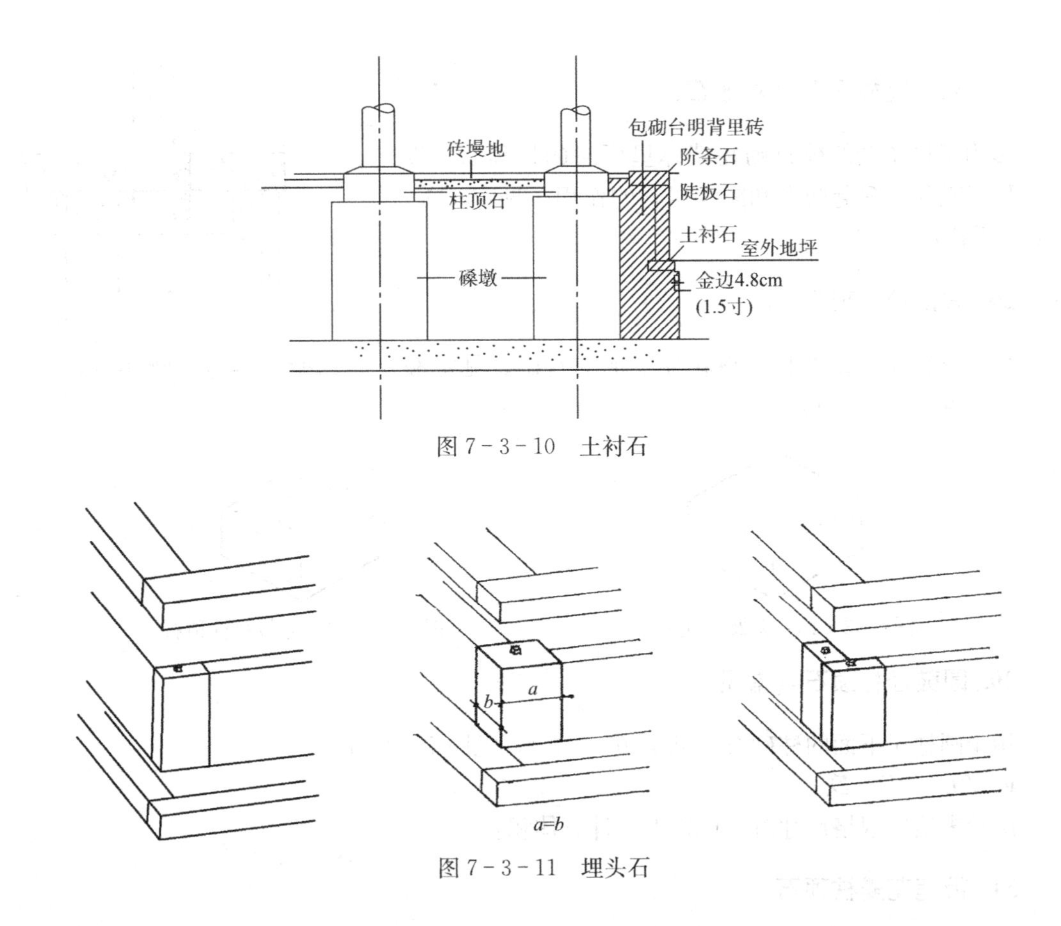

图 7-3-10 土衬石

图 7-3-11 埋头石

25. 陡板石

位于台基土衬石之上、阶条石之下、埋头石之间直立放置的石构件，因其立置故称陡板，见图 7-3-10。

例：某陡板石厚 17cm，选择定额 1-478 中设定一个子目，这是 10cm 厚时的价格。剩余厚度另计价格，

剩余厚为 17－10＝7cm，定额 1-479 为每次增厚 2cm 的子目。

7÷2＝3.5 次，系数 3.5 次取整数按 4 次计算。

即 1-479 中的定额基价×4 倍。

以后会经常遇到每增厚若干的概念，道理均如此。

26. 阶条石

台基四周上面最外边一层的条形石构件，其被称为台明石不够准确，可称做压面石，但与平座压面石又不是同一构件。选择定额 1-482，见图 7-3-10。

27. 平座压面石

处于多层檐建筑平座位置，廊步最外端的石构件，下边多是挂檐板。平座压面石不要与压面石搞混。选择定额 1-485，见图 7-3-12。

28. 无鼓径柱顶石（柱础石）

多用于柱子全部被封砌在墙体里面时的柱顶石，没有必要起鼓径，只起防潮和减少压强的作用。见定额 1-486，见图 7-3-13。

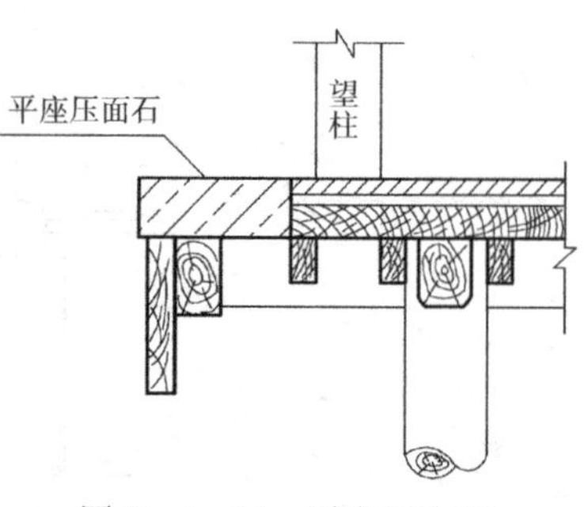

图 7-3-12　平座压面石

29. 方鼓径柱顶石

用于方柱子、擎檐柱、梅花柱子下的石础。见定额 1-488，见图 7-3-14。

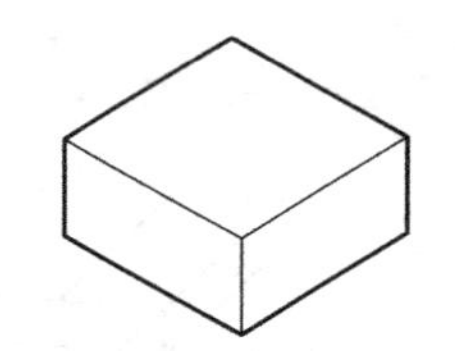

图 7-3-13　无鼓径柱顶石

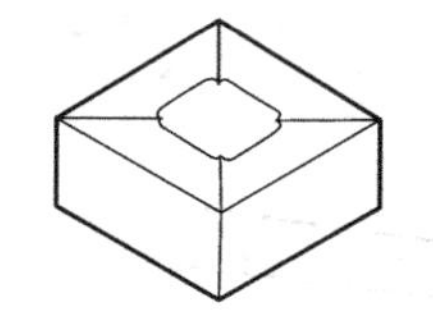

图 7-3-14　方鼓径柱顶石

30. 圆鼓径柱顶石（常见）

用于圆柱子下面的柱础石。见定额 1-492，见图 7-3-15。

$V=2D\times2D\times D$

图示未给定规格尺寸时，可按上式计算体积。

31. 带莲花瓣柱顶石

即鼓径的高处带有石雕刻的柱顶石。见定额 1-497，见图 7-3-16。

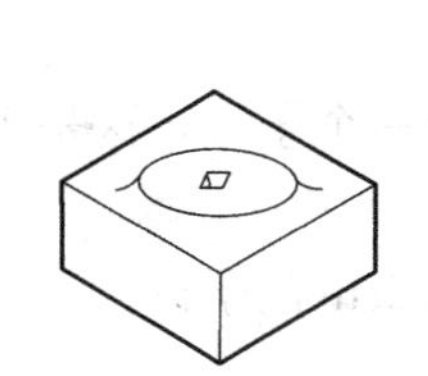

图 7-3-15　圆鼓径柱顶石

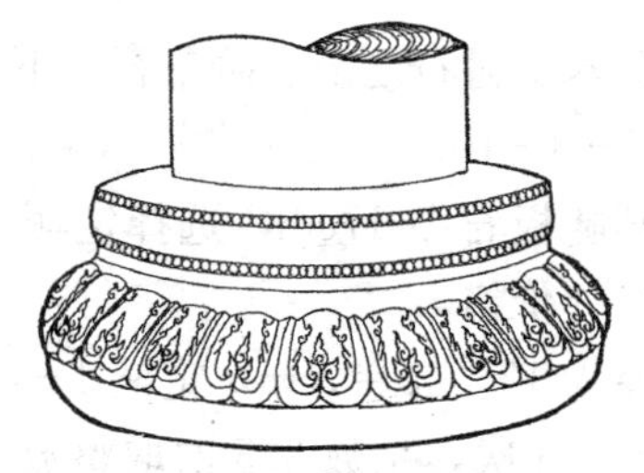

图 7-3-16　带莲花瓣柱顶石

32. 无雕刻须弥座

束腰处素面无雕刻图案的须弥座。见定额 1-517，见图 7-3-17。

33. 束腰雕刻绾花结带

绾指长条形带子打成结，盘绕起来，如将头发绾起来。此处仅指在束腰处有雕绾花结带图案的须弥座。见定额 1-527，见图 7-3-18。

34. 有雕饰须弥座

许多部位有雕刻图案的须弥座（如束腰，上、下枋等位置带有雕刻）。见定额 1-523，

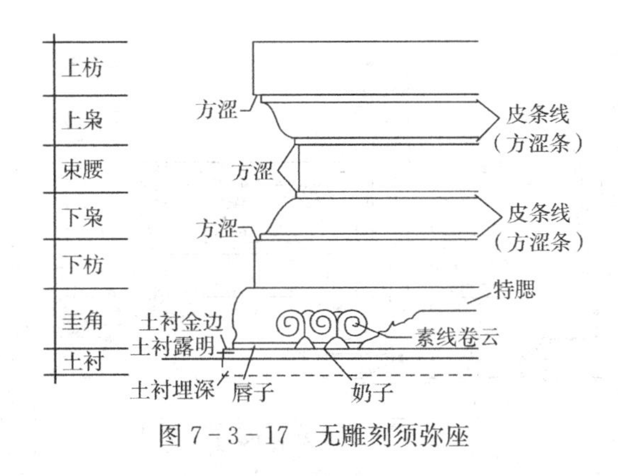

图 7－3－17　无雕刻须弥座

见图 7－3－19。

35. 有雕饰独立须弥座

单独（或合并）成须弥座，各面均有雕饰。

园林中摆放太湖石、铜鹤等使用的独立须弥座。见定额 1－529，见图 7－3－20。

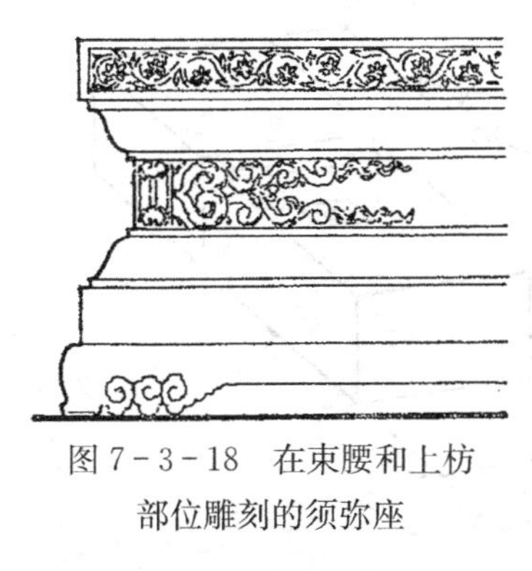
图 7－3－18　在束腰和上枋部位雕刻的须弥座

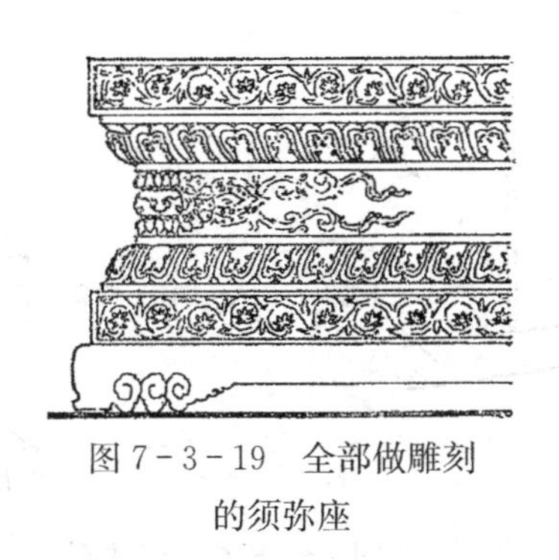
图 7－3－19　全部做雕刻的须弥座

图 7－3－20　有雕刻独立须弥座

36. 须弥座龙头（明长）

定额 1－543～1－544 中应是外边的最大长度，排水的大龙头，多用在须弥座式台基上，四角处的称大龙头，其他称小龙头，图 7－3－21。

37. 门枕石

位于门槛两端下部，用以承托大门转轴的长条形石件。见定额 1－587，见图 7－3－22。

38. 门鼓石

又称“门鼓子”，指一端为门枕，另一端为凸起并带有雕刻物的石构件。门鼓石立于门框两侧，其尾部位于门内，做成门枕的形式以承托大门转轴。其凸起的头部位于大门外，表面按照一定的形制作成带有雕刻的“鼓子”，故可按其“鼓子”部分的不同做法分为圆形门鼓，见图 7－3－23 和方形门鼓（幞头鼓）等。门鼓石多用于北方宅院大门的两侧。见定额 1－591。

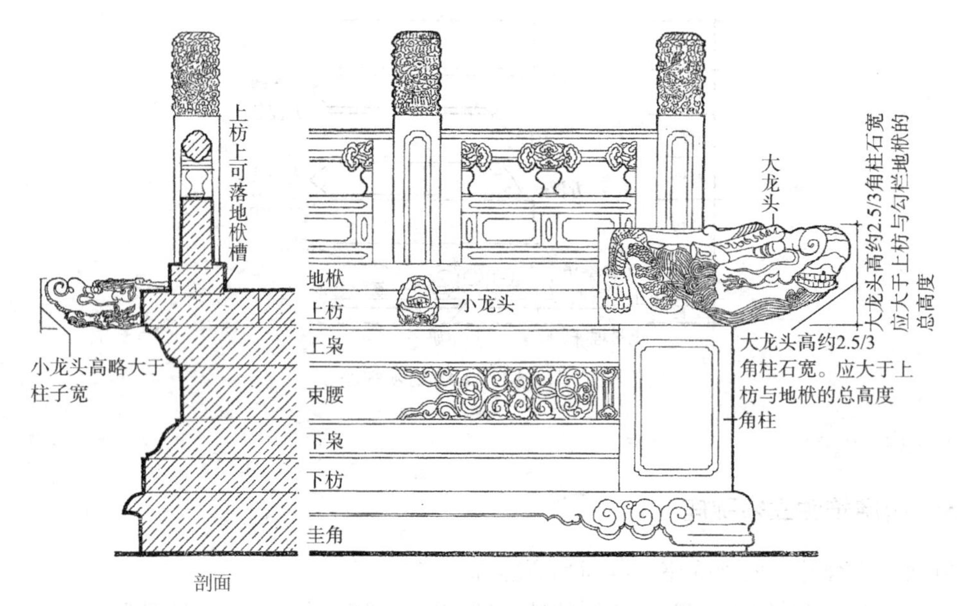

图 7-3-21 须弥座龙头

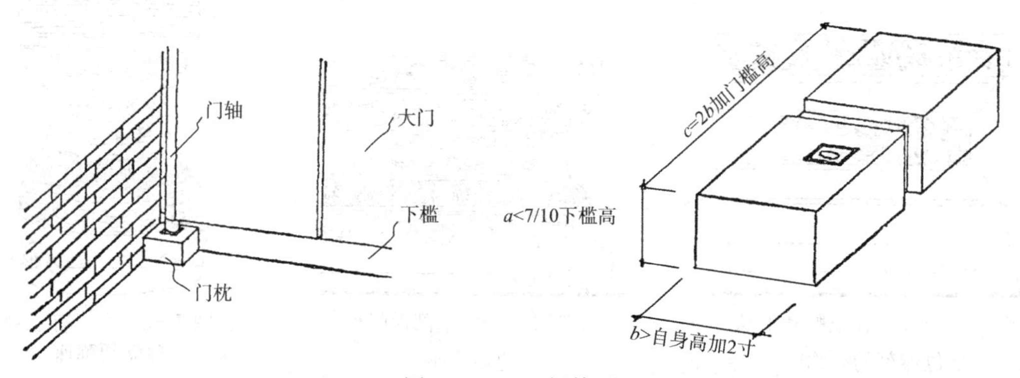

图 7-3-22 门枕石

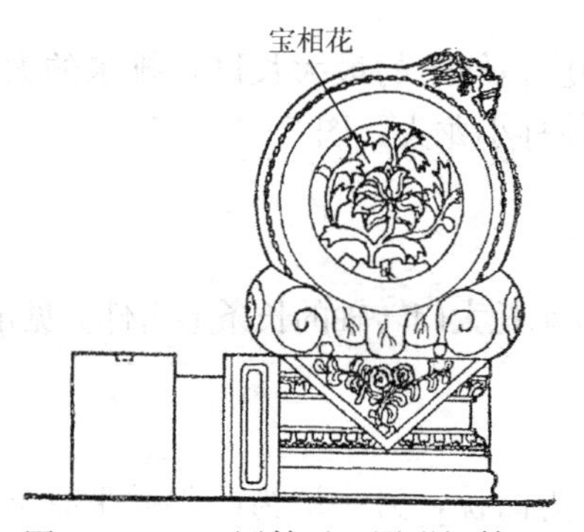

图 7-3-23 圆鼓子（圆形门鼓石）

方形门鼓石：也称幞头鼓子。“幞”指古时男人用的一种头巾。与圆形门鼓石相似，外部做成长方形。见定额 1-595，见图 7-3-24。

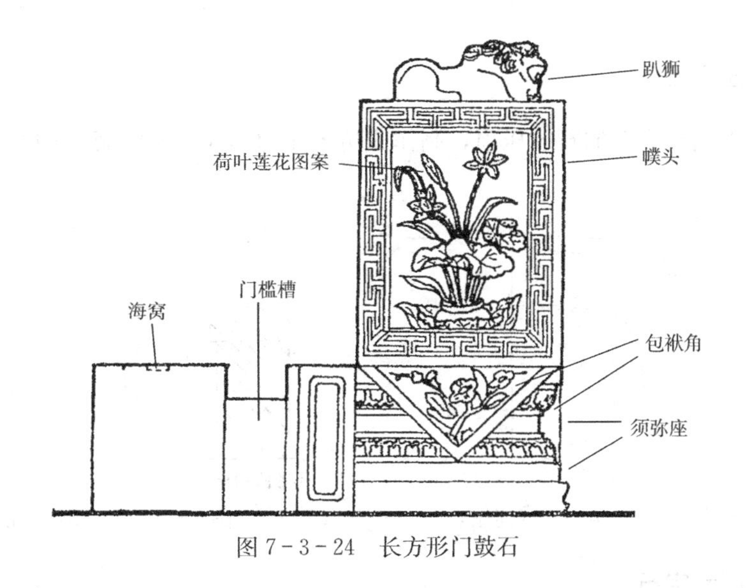

图 7-3-24 长方形门鼓石

39. 滚墩石

用于垂花门上，起稳定柱子的石构件。见定额 1-597，见图 7-3-25。

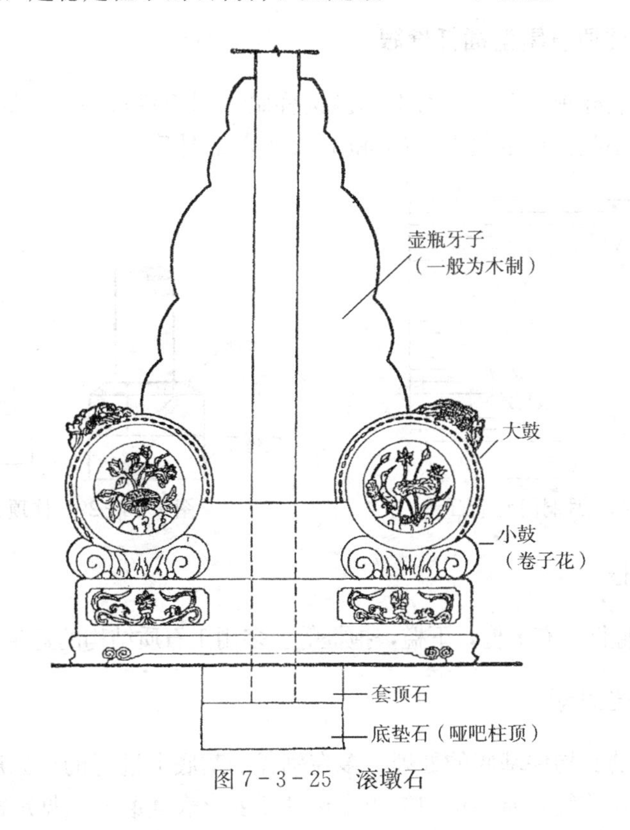

图 7-3-25 滚墩石

40. 带墙帽角柱石（连作）

宇墙端部石构件，将角柱石与石墙帽连为一体制作。选择定额 1-444，见图 7-3-26。

41. 墙帽压顶石

此石构件多用于宇墙的石质压顶，制作成仿屋面的形式。见定额 1－440～1－442，见图 7－3－27。

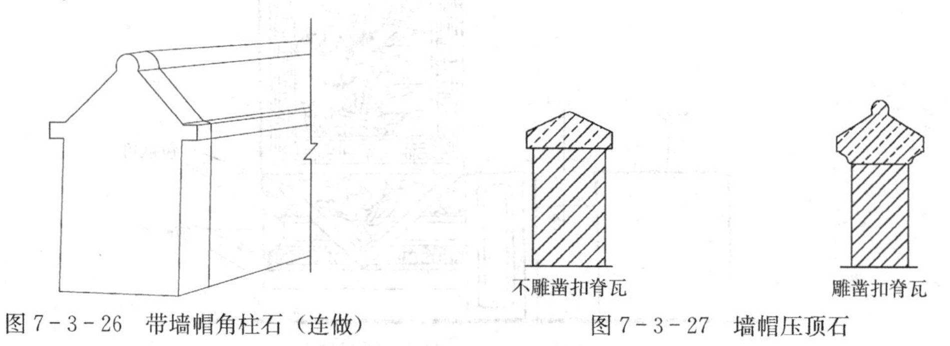

图 7－3－26　带墙帽角柱石（连做）　　图 7－3－27　墙帽压顶石

42. 月洞门元宝石

月洞门元宝石：此指放置月亮门伐券底部，内弧同月亮门内弧形的扇形石件，长按外弧长计算。见定额 1－600，见图 7－3－28。

43. 套顶石、柱顶石剔凿插扦榫眼

此套顶是一种假柱顶，在柱顶石上剔凿透榫眼，用于穿过柱子。插扦榫眼不是透眼，眼的直径也比透顶小些。见定额 1－501 和 1－500，见图 7－3－29。

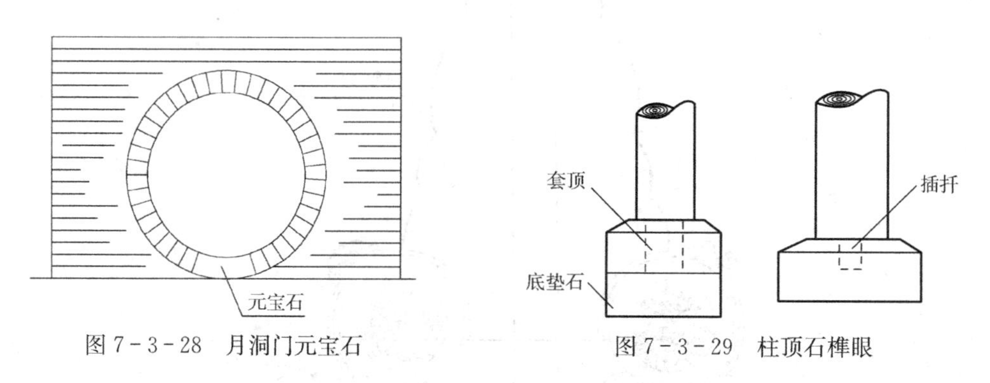

图 7－3－28　月洞门元宝石　　图 7－3－29　柱顶石榫眼

44. 门窗石槛框

用石材制作的槛框，有上槛，下槛，抱框等。多用于石质结构的建筑。见定额 1－570。

45. 石构件磨光见新

用于带有雕刻的石构件基底的处理。多在剁斧的基底上进行的单独磨光，磨光后的基底利于图案的雕刻。传统石质结构中的仿木构件多要求表面磨光。见定额 1－568。

46. 石构件剁斧见新

石构件维修的方法，用于表面风化、污渍或凹凸的处理。即在旧石构件上重新剁一遍斧，基本恢复构件原貌。见定额 1－567。

47. 券脸石与券石

券洞口最外侧的为券石，里侧均为券石。见定额 1－601 和定额 1－604。

48. 象眼石

用于垂带台阶垂带石下边平头土衬石上边的三角形石构件。见定额 1－480，见图 7－3－30。

注意垂带台阶的每侧有一块象眼石（左右各一块）。

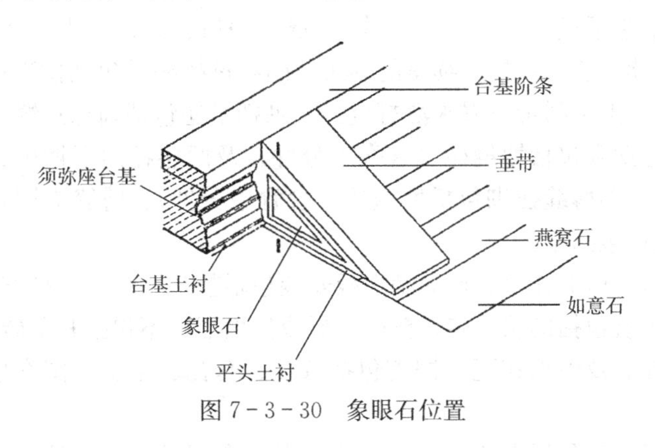

图 7－3－30　象眼石位置

7.4 工作内容与统一规定

本章包括砌体拆除及修补，砖砌体，琉璃梁枋，山花博缝挂落，砖檐琉璃檐，砖石墙帽，石砌体，台基石构件，石制须弥座，墙体石构件，石制门窗，门窗附属石构件，琉璃斗栱，角梁及琉璃椽飞，共 14 节 673 个子目。

1. 工作内容

（1）本章各子目工作内容均包括准备工具、场内运输及废弃物清理，其中砖石砌体打点、剔补、拆砌、砌筑及石构件安装、拆安均包括调制灰浆，细砖砌体及砖饰件剔补、拆砌、砌筑还包括样活、砖件砍制（雕制）加工，琉璃砌体补配琉璃件、拆砌、摆砌还包括样活试摆及成活勾缝（擦缝）打点、清擦釉面。

（2）砖砌体墁活打点包括清扫墙面、点砖药、墁磨、擦净，其中丝缝墙、淌白墙墁活打点还包括补抹灰缝。

（3）砖砌体打点刷浆包括清扫墙面、补抹灰缝、刷浆描缝。琉璃墙面打点包括清扫墙面、补抹灰缝、清擦釉面。

（4）墙面剔补及砖饰件、琉璃件剔补、补配均包括剔除残损旧砖件、镶补新砖件、勾抹灰缝。

（5）砖石砌体拆除包括必要的安全支护及监护、拆除已损坏的砌体及附着的饰面层、回收有重新利用价值的砖石件并将其运至场内指定地点分类存放。

（6）糙砖砌体及石砌体砌筑包括挑选砖石料、逐层垒砌，不包括勾抹灰缝。

（7）糙砖墙面勾抹灰缝包括剔瞎缝、清除砖缝余灰、勾抹严实。

（8）砖墙体、砖檐、门窗套、影壁墙、看面墙、廊心墙等砌筑均包括逐层逐件摆砌、墁水活打点，其中丝缝、淌白、灰砌做法还包括勾抹灰缝，方砖心摆砌还包括下木仁。

（9）琉璃墙体、花心、檐、山花板及琉璃柱、梁、枋、坐斗枋、挑檐桁等砌筑（拼砌）均包括样活试摆、逐件摆砌、勾抹灰缝、清擦釉面，其中带花饰者还包括拼花。

（10）干摆须弥座、琉璃须弥座砌筑包括圭脚、上下枋（盖板）、半混、串珠混、炉口、枭及束腰等逐层摆砌，其中干摆须弥座还包括墁水活打点。

（11）梢子砌筑包括摆砌荷叶墩（直檐）、混、炉口、枭、盘头、戗檐砖及点砌腮帮、墁水活打点，有后续尾者还包括后续尾的砌筑；圈石挑檐梢子包括摆砌挑檐石圈边砖、直檐、盘头、戗檐砖及点砌腮帮、墁水活打点；灰砌梢子还包括勾抹灰缝。

（12）方砖博缝摆砌包括博缝砖（含脊中分件）及两层托山混摆砌、墁水活打点，不包括博缝头摆砌。琉璃博缝摆砌包括博缝砖（含脊中分件）、博缝头摆砌，不包括托山混摆砌。托山混摆砌均包括靴头。

（13）方砖挂落、琉璃挂落、琉璃滴珠板安装包括垫灰、垫塞、挂安、拴铜丝或钉固。

（14）砖墙帽砌筑包括砌胎子砖、摆砌面层或抹面层，不包括其下砖檐的摆砌。

（15）墙体花瓦心及墙帽花瓦心摆砌包括选瓦、套瓦、按要求图案摆砌、勾抹、描色打点。

（16）琉璃斗栱摆砌包括坐斗枋以上挑檐桁以下全部部件及机枋、盖斗板、垫栱板及宝瓶等附件的分层逐件摆砌。

（17）琉璃椽飞摆砌包括样活试摆、逐件摆砌、勾抹灰缝、清擦釉面，其中翼角椽飞摆砌还包括摆砌琉璃起翘（枕头木）。

（18）砖券砌筑包括支搭券胎，不包括券胎制作，其中细砖券还包括墁水活打点、勾抹灰缝。

（19）砖石砌体拆砌包括拆除和砌筑的全部工作内容，以及旧砖（瓦、石）件的挑选整理、二次加工。

（20）各种石构件制作均包括选料、下料、制作成型，制作接头缝和并缝，露明面剁斧或砸花锤、刷道、扁光或磨光、刮边，成品码放保管。石构件雕饰包括绘制图样、雕刻花饰。

（21）阶条石、压面石制作包括掏柱顶卡口和转角处的好头石制作。

（22）柱顶石制作包括剔凿鼓径及管脚榫眼，不包括剔凿插扦榫眼，带莲瓣柱顶石制作还包括鼓径雕刻串珠、覆莲瓣；套顶石制作包括剔凿鼓径及柱卡口。

（23）石制须弥座制作包括剔凿束腰及上下枭、雕圭脚、磨光或扁光，以及上枋掏柱顶卡口，不包括上下枋及束腰雕饰，其中带仰覆莲须弥座制作还包括上下枭雕刻串珠、莲瓣，有雕饰独立须弥座制作包括全部花饰的雕刻。

（24）须弥座龙头制作包括剔凿成型、雕刻龙头、磨光，不包括凿吐水眼。

（25）挑檐石包括雕凿挑出部分的枭混。

（26）出檐带扣脊瓦石墙帽制作包括雕凿冰盘檐、滴水头、半圆扣脊瓦，不出檐带八字石墙帽制作包括剔凿八字斜坡面或弧形面，墙帽与角柱连作包括角柱及其上墙帽。

(27) 石制门窗框制作包括端头做榫卯。石制菱花窗扇制作包括正面雕饰，其他面扁光或磨光。

(28) 门枕石、门鼓石制作均包括剔凿海窝槽、槛槽，门鼓石制作还包括雕饰。滚墩石制作包括剔凿成型、雕饰、磨光、剔凿插扦榫眼及槛框槽口。

(29) 石角梁制作包括雕刻兽头及肚弦。

(30) 各种石构件安装包括修整接头缝和并缝、稳安垫塞、灌浆，搭拆、挪移小型起重架及安全监护，其中券石、券脸石安装还包括支搭券胎，不包括券胎制作。

(31) 石构件拆除（拆卸）包括必要的安全支护及监护，搭拆、挪移小型起重架，拆卸石构件并运至场内指定地点存放。

(32) 石构件拆安归位包括拆除和安装的全部内容，还包括清理基层、露明面挠洗或重新剁斧、砸花锤、刷道、扁光。

(33) 石构件安扒锔和安银锭销均包括剔凿卯眼、灌注胶粘剂、安装铁锔或银锭销。

(34) 石构件挠洗包括挠净污渍、洗净污痕。剁斧见新和磨光见新包括挠净污渍、重新剁斧、砸花锤、刷道或磨光。

2. 统一性规定及说明

(1) 本章定额中细砖系指经砍磨加工后的砖件，糙砖系指未经砍磨加工的砖件，而非指砖料材质的糙细；各种细砖砌体定额规定的砖料消耗量包括砍制过程中的损耗在内，若使用已经砍制的成品砖料，应扣除砍砖工的人工费用，砖料用量乘以 0.93 系数，砖料单价按成品砖料的价格调整后执行，其他不作调整。

(2) 台基下磉墩、拦土墙按其材料做法执行相应砌体定额。

(3)“整砖墙拆除”、“碎砖墙拆除”适用于各类实体性黏土砖墙体的拆除，不分细砖墙（含方砖心、上下槛立八字线枋等）或糙砖墙均执行同一定额，外整里碎墙拆除按“整砖墙拆除”定额执行，墙体拆除其附着的饰面层不另行计算。十字空花墙、砖檐、墙帽、花瓦心及琉璃砌体等拆除另按相应定额执行。

(4) 砖砌体墁活打点、刷浆打点及琉璃墙面打点均包括各种砖（琉璃）饰件及什锦门窗套在内，旧有糙砖墙面、石墙面全部重新勾抹灰缝打点按本定额第四章“抹灰工程”相应定额及相关规定执行。本章墙面勾抹灰缝定额只适用于新垒砌的糙砖墙、石墙。

(5) 墙面剔补以所补换砖件相连面积之和在 1.0m^2 以内为准，相连面积之和超过 1.0m^2 时，应执行拆除和砌筑定额。砖件相连以两块砖之间有一定长度的砖缝为准，不含顶角相对的情况。

(6) 砖墙体拆砌均以新砖添配在 30%以内为准，新砖添配超过 30%时，另执行新砖添配每增 10%定额（不足 10%亦按 10%执行）。

(7) 墙体砌筑定额已综合了弧形墙、拱形墙及云墙等不同情况，实际工程中如遇上述情况定额不作调整，散砖博缝按墙体相应定额执行。

(8) 定额中干摆、丝缝、淌白等细砖砌体及琉璃砖砌体砌筑均以十字缝排砖为准，其中细砖砌体已综合了所需转头砖、八字砖、透风砖的砍制，丝缝墙综合了勾凸缝和勾凹缝做法。三顺一丁排砖按定额乘以 1.14 系数执行，一顺一丁排砖按定额乘以 1.33 系数执行。各种细砖、琉璃砖墙体拆砌、砌筑不包括里皮衬砌的糙砖砌体，里皮衬砌另执行相应的“糙砖墙体砌筑”定额。单块面积在 2.0m^2 以内的山花、象眼等三角形细砖砌体的砌筑，按相应定额乘以 1.15 系数执行。

（9）什锦窗洞口面积按贴脸里口水平长乘以垂直高计算。

（10）影壁、看面墙、廊心墙、槛墙等方砖心摆砌以素做为准，有砖雕花饰者另行增加雕刻费用，其中尺七方砖裁制方砖心系指将尺七方砖裁成四小块（每块约为 25cm 见方）的做法。线枋摆砌综合了海棠池做法。

（11）穿插档摆砌以线刻如意云头三环套月为准，若做其他雕饰另行增加雕刻费用。

（12）定额中梢子、挂落以不做雕饰为准，博缝头以线刻纹饰为准，如做雕饰应另行增加雕刻费用。稍子补换戗檐砖执行博缝补换砖定额。

（13）空花墙以一砖厚为准，定额已综合了转角处的工料。

（14）花瓦心以一进瓦（单面做法）为准，若为两进瓦按相应定额乘以 2.0 系数执行。墙帽花瓦心与墙体花瓦心执行同一定额。

（15）冰盘檐除连珠混已含雕饰外，其他各层雕饰均另行计算，鸡嗉檐、冰盘檐分层组合方式如下（表 7－4－1）：

鸡嗉檐、冰盘檐分层组合方式　　　　**表 7－4－1**

名称	分层组合做法	备注
鸡嗉檐	直檐、半混、盖板	
四层冰盘檐	直檐、半混、枭、盖板	
五层素冰盘檐	直檐、半混、炉口、枭、盖板	
五层带连珠混冰盘檐	直檐、连珠混、半混、枭、盖板	
五层带砖椽冰盘檐	直檐、半混、枭、砖椽、盖板	
六层无砖椽冰盘檐	直檐、连珠混、半混、炉口、枭、盖板	
六层带连珠混砖椽冰盘檐	直檐、连珠混、半混、枭、砖椽、盖板	
六层带方、圆砖椽冰盘檐	直檐、半混、枭、圆椽、方椽、盖板	
七层带连珠混砖椽冰盘檐	直檐，连珠混、半混、炉口、枭、砖椽、盖板	
七层带方、圆砖椽冰盘檐	直檐、连珠混、半混、枭、圆椽、方椽、盖板	
八层冰盘檐	直檐、连珠混、半混、炉口、枭、圆椽、方椽、盖板	

（16）冰盘檐拆砌分层执行相应定额。

（17）各种墙帽均以双面做法为准，包括砌胎子砖，若为单面做法按相应定额乘以 0.65 系数执行，宂瓦墙帽按本定额第三章“屋面工程”中相应定额及有关规定执行。

（18）琉璃挑檐桁及琉璃斗栱的“机枋”已综合了搭角部分，如遇搭角挑檐桁、搭角机枋，定额不作调整。

（19）柱顶石定额已综合了普通和五边形、扇形等不同规格形状及连做的情况，实际工程中不论上述何种情况定额均不作调整。台基柱顶石需剔凿穿透的插扦榫眼，另执行“柱顶石剔凿插扦榫眼”定额。楼面套顶石制作定额已包括剔凿柱卡口，不得再执行“柱顶石剔凿插扦榫眼”定额。

(20) 阶条石、平座压面石、陡板石、须弥座、腰线石等均以常见规格做法为准，如遇弧形或拱形时，其制作按相应定额乘以 1.10 系数执行。阶条石、平座压面石拆安归位若需补配，其补配部分执行拆除、制作、安装相应定额。硬山建筑山墙及后檐墙下的均边石执行腰线石定额。石窗洞口的腰线石（窗榻板）执行阶条石定额。

(21) 桥面石执行地面石定额，桥面侧缘仰天石执行阶条石定额。

(22) 象眼石制作以素面为准，若落方涩池（海棠池）其制作用工乘以 1.35 系数。

(23) 角柱石制作以素面为准，不分主背角柱、墀头角柱、宇墙角柱、扶手墙角柱及须弥座角柱均执行同一定额，露明面若需落海棠池者其制作用工乘以 1.2 系数。

(24) 墙帽与角柱连作以两者连体为准，不分其墙帽出檐带扣脊瓦或不出槽带八字均执行同一定额。

(25) 独立须弥座系指用整块石料雕制的狮子座、香炉座等，不分方、圆等形状均执行同一定额。

(26) 石制门槛与槛垫石连做者按本定额第二章“地面及庭院工程”中相应定额及相关规定执行。

(27) 门窗券石其拱券（或腰线石）以下部分执行角柱石定额。

(28) 门鼓石雕饰，圆鼓以大鼓做浅浮雕、顶面雕兽面为准，幞头鼓以露明面做浅浮雕为准。

(29) 滚墩石雕饰以大鼓做浅浮雕、顶面雕兽面为准。

(30) 石构件制作、安装、剁斧见新、磨光见新均以汉白玉、青白石等普坚石材为准。若为花岗石等坚硬石材，定额人工乘以 1.35 系数。

(31) 旧石构件如因风化、模糊，需重新落墨、剔凿出细、恢复原样者，按相应制作定额扣除石料价格后乘以系数 0.7 执行。

(32) 定额中规定的石材消耗量以规格石料为准，其价格中已含荒料的加工损耗和加工费用，实际工程中若使用荒料加工制作定额不作调整。不带雕刻的石构件制作定额已综合了剁斧、砸花锤、刷道、扁光或磨光等做法，实际工程中不论采用上述何种做法定额亦不作调整。

7.5 工程量计算规则

1. 砖件、琉璃件剔补、补配按所补换砖件、琉璃件的数量以块（件）为单位计算。

2. 砖墙面、琉璃墙面打点按垂直投影面积以“m^2”为单位计算，不扣除柱门所占面积，扣除石构件及 $0.5m^2$ 以外门窗洞口所占面积，洞口侧壁不增加，凸出墙面的砖饰侧面不展开。

3. 黏土砖砌体及毛石砌体拆除按体积以“m^3”为单位计算；其中墙体体积按对应的墙体垂直投影面积乘以墙体厚度计算，其附着的饰面层厚度计算在内，扣除嵌入墙体内的柱、梁、枋、檩、石构件等及琉璃砌体、$0.5m^2$ 以外的门窗洞口、过人洞所占体积，不扣除伸入墙内的梁头、桁檩头所占体积；带形基础体积按其截面积乘以中心线长计算（内墙中心线以净长为准）；磉墩体积按其水平截面积乘以高计算，放脚体积应予增加。

4. 糙砖砌体及毛石砌体拆砌、砌筑均按体积以“m^3”为单位计算；其中墙体体积按对应的墙体垂直投影面积乘以墙体净厚度计算，其附着的饰面层及外皮琉璃砖、琉璃贴面砖厚度不计算，墙体上边线以砖檐下皮为准，博缝内侧衬砌的金刚墙体积应予计入，扣除嵌入墙体内的柱、梁、枋、檩、石构件等及0.5m^2以外洞口所占体积，不扣除外皮细砖墙、琉璃砖墙伸入的丁头砖及伸入墙内的梁头、桁檩头所占体积；带形基础体积按其截面积乘以中心线长计算（内墙中心线以净长为准）；磉墩体积按其水平截面积乘以高计算，放脚体积应予增加。

5. 细砖墙拆砌、砌筑按垂直投影面积以“m^2”为单位计算，不扣除柱门所占面积，扣除石构件、梢子及0.5m^2以外洞口所占面积，洞口侧壁不增加。

6. 琉璃砖墙及琉璃贴面砖拆除、拆砌、砌筑均按垂直投影面积以“m^2”为单位计算，不扣除柱门所占面积。

7. 方整石砌体按体积以“m^3”为单位计算。

8. 十字空花墙、琉璃空花墙及花瓦心均按垂直投影面积以“m^2”为单位计算。

9. 砖券按体积以“m^3”为单位计算，其中门窗券按其垂直投影面积乘以墙体厚度计算体积，车棚券按其垂直投影面积乘以券洞长计算体积。

10. 砖、石墙面勾抹灰缝按相应墙面垂直投影面积以“m^2”为单位计算，扣除石构件及0.5m^2以外门窗洞口所占面积，门窗洞口侧壁亦不增加。

11. 梢子、穿插档、小脊子以份为单位计算。

12. 上下槛、立八字按长度以“m”为单位计算；其中上槛（卧八字）、下槛按柱间净长计算，扣除门口所占长度；廊心墙两侧立八字按下肩上皮至小脊子下皮净长计算，槛墙两侧立八字按地面上皮至窗榻板下皮净长计算。

13. 砖饰柱、细砖箍头枋、琉璃方圆角柱均按长度以“m”为单位计算；其中砖饰柱、琉璃方圆角柱按下肩上皮（琉璃垂柱按垂头上皮）至箍头枋上皮间净长计算，不扣除马蹄磉所占长度；细砖箍头枋按两侧砖饰柱间净长计算。

14. 琉璃梁枋及垫板按垂直投影面积以“m^2”为单位计算，马蹄磉、箍头、耳子及琉璃垂头以件（份）为单位计算。

15. 线枋按其外边线长以“m”为单位计算。

16. 方砖心按线枋里口围成的面积以“m^2”为单位计算。琉璃花心拼砌按垂直投影面积以“m^2”为单位计算。

17. 什锦门窗砖贴脸以份为单位计算，通透什锦窗双面做砖贴脸者每座窗按两份计算，什锦门双面做砖贴脸者每一门洞按两份计算。

18. 门窗筒壁贴砌按洞口周长以“m”为单位计算，扣除门洞口底面或元宝石所占长度。

19. 须弥座打点、拆砌、砌筑均按上枋外边线长乘以其垂直高以“m^2”为单位计算。

20. 冰盘檐打点按盖板外边线长乘以其垂直高以“m^2”为单位计算。

21. 砖檐、琉璃檐拆除、砌筑按盖板外边线长以“m”为单位计算。砖檐及琉璃檐拆砌分别按各层拆砌长度以“m”为单位计算。

22. 方砖博缝按屋面坡长以“m”为单位计算，不扣除博缝头所占长度，其下托山混不另行计算，方砖博缝头以块为单位计算。琉璃博缝按屋面坡长乘以博缝宽以“m^2”为单位计算，琉璃博缝头不另行计算，琉璃博缝托山混另行按屋面坡长以米为单位计算。

23. 方砖挂落按外皮长以“m”为单位计算；琉璃挂落按垂直投影面积以“m^2”为单位计算；琉璃滴珠板按突尖处竖直高乘以长度的面积以“m^2”为单位计算。

24. 琉璃山花板按垂直投影面积以“m^2”为单位计算。

25. 琉璃坐斗枋、琉璃挑檐桁按长度以“m”为单位计算，不扣除搭角部分的长度。

26. 琉璃斗栱以攒为单位计算。

27. 琉璃椽飞按角梁端头中点连线长分段以“m”为单位计算，正身椽飞与翼角椽飞以起翘处为分界点。

28. 琉璃角梁、石角梁以根为单位计算。

29. 砖石墙帽（压顶）按中线长以“m”为单位计算，扣除带墙帽角柱石所占长度。

30. 埋头石、角柱石按高、宽、厚乘积以“m^3”为单位计算。带墙帽角柱石以份为单位计算。

31. 土衬石、阶条石、腰线石、压砖板、挑檐石按长、宽、厚乘积以“m^3”为单位计算，不扣除柱顶石或柱卡口所占体积，非90°转角处阶条石长度按长角面计算，圆弧形土衬石、阶条石长度按外弧长计算。

32. 平座压面石按水平投影面积以“m^2”为单位计算，如遇圆弧形压面石按其外弧长乘以宽的面积计算，均不扣除其本身凹进的套顶石卡口所占面积。

33. 陡板石、象眼石按垂直投影面积以“m^2”为单位计算。

34. 柱顶石、套顶石按体积以“m^3”为单位计算，其厚度以底面至鼓径上皮为准，方形柱顶石、套顶石体积按见方长、宽乘积乘以厚的体积计算，五边形或扇形柱顶石、套顶石按两直角顶点连线长与对称轴线长乘积乘以厚的体积计算。柱顶石剔凿插扦榫眼按柱顶石的体积计算。

35. 石制须弥座按体积以“m^3”为单位计算；其中非独立须弥座体积按上枋长宽乘积乘以全高计算，矩形独立须弥座体积按上面面积乘以其全高计算，圆形或多边形独立须弥座体积按上面最小外接矩形面积乘以其全高计算。

36. 石制须弥座雕刻按面积以“m^2”为单位计算，其中上（下）枋雕刻按上（下）枋垂直投影面积计算，束腰雕刻按花饰所占长度乘以束腰高的面积计算。

37. 须弥座龙头、门枕石、门鼓石、元宝石、滚墩石等分不同规格以块为单位计算。

38. 石制门窗框按截面积乘以长以“m^3”为单位计算，其中框长以净长为准，上下槛两端伸入墙体长度应计算在内。

39. 石制菱花窗按垂直投影面积以“m^2”为单位计算。

40. 券脸石、券石按体积以“m^3”为单位计算，其中券脸石体积按其宽厚乘积乘以外弧长计算；券石体积按券洞长乘以券石厚乘以外弧长计算。

41. 石构件挠洗及见新按面积以“m^2”为单位计算；其中柱顶按水平投影面积计算，不扣除柱子所占面积；须弥座按上枋长乘以垂直高乘以1.4计算。

42. 本章石构件工程量计算均以成品尺寸为准，有图示者按图示尺寸计算，无图示者按原有实物计算。其隐蔽部位无法测量时，可按表7－5－1计算。表中数据与实物的差额，竣工结算时应予调整。

表 7-5-1

项目	宽	厚	备　注
土衬（砖砌陡板）	细砖宽的 2 倍	4/10 宽	
土衬（石陡板）	陡板厚加 2 倍金边宽	同阶条石厚	
土衬（须弥座）	同上枋宽	同上枋厚	
须弥座各层	按上枋厚的 2.5 倍		
埋头（侧面不露明）		同阶条石厚	无土衬且埋深无图示时，埋深暂按 10cm 计算
陡板、象眼石		同阶条石厚	
方柱顶石		1/2 边长	
套顶石		地面砖厚加鼓径高	
腰线石	厚的 1.5 倍		

7.6　难点提示

（1）衬里墙厚度的确定，不论何种排砖方法，用墙的总厚度减去外皮用砖的宽度，剩余尺寸就是衬里墙的初步厚度，初步厚度有时并不是计算体积时的厚度，以这个厚度参照衬里墙所用砖长的 1/4，2/4，3/4，4/4，5/4，6/4，7/4，8/4，……确定实际厚度。如果初步厚度在两个数之间，取较大的数为实际厚度。如果初步厚度正好等于砖长 1/4 的倍数，实际厚度就是这个砖长的倍数。

【例 7-6-1】某墙厚度是 520mm，外皮小停泥丝缝，衬里小停泥糙砌。

衬里墙初步厚度：520mm－144mm＝376mm

小停泥砖长为 288mm，5/4 砖长为 360mm；6/4 砖长为 432mm，实际衬里厚度为 432mm（厚度在两者之间时取较大者）。

（2）砖墙、砖檐、墙帽等均已综合了弧形墙、栱形墙等因素，砌筑中不论属于何种形式，不允许再行调整定额。

（3）本章定额 1-461、1-462 的勾缝定额子目，适用于新砌筑的虎皮石墙的勾缝，与第四章中 4-46、4-47 虎皮石墙打点勾缝不同，第四章中的勾缝定额子目适用于虎皮石墙面整修时的勾缝。两者都是虎皮石勾缝，执行起来有区别。

（4）本章所用的砍磨砖件是以在施工现场内砍制而考虑的，如果因现场窄小或其他原因需在施工现场外集中砍制时，所发生的“加工后的砖件”运至施工现场的费用应在砖的单价中考虑。

（5）方整石墙与条石墙、毛石墙、虎皮石墙的区别。方整石指一般人能很容易搬起来的规格的石料，砌筑时不需配合机械。条石指必须使用机械才能吊起来的大石料，砌筑时必须机械配合施工。毛石墙砌筑时对表面的要求不是很严，哪个面向外都可以。虎皮石墙砌筑时对表面要求较严，尽量将自然的平面向外，虎皮石墙必须勾缝，纹理似虎皮斑纹。

（6）本章所用砖的规格尺寸是以定额材料一栏中的尺寸为准的，实际使用砖的尺寸如与此尺寸不符时，允许调整砖的定额用量。

（7）拆除砖墙时注意不要忘记渣土发生量的计算和渣土运输消纳的费用。

（8）旧砖墙的拆除、砌筑过程中，如发生使用旧砖的情况，应做退旧砖费用的处理。

（9）外墙的干摆、丝缝、淌白选择定额时应考虑到排砖方法与调整系数的关系。

（10）本章中石构件制作与石构件安装分别设定对应子目，发生制、安项目时应分别选择两次相应定额子目。

（11）定额规定使用的石材材质与实际不符时，允许调整其石料价格。

（12）不论剁斧在制作时一次完成还是安装好以后完成，均不能执行单独剁斧定额，原制作定额子目中已包含此项工序。单独剁斧定额只适用于旧石活见新修理项目。

（13）山面压在墙下的金边石，执行腰线石定额，角柱不分圭角角柱或墀头角柱，均使用同一个定额子目。

（14）门窗栱券，其栱券部分执行券脸石定额。栱券以下部分若无雕刻执行角柱石定额，若有雕刻执行券脸石定额。

（15）拆安归位的工程量以归位后的体积或面积计算，所补配部分的新构件体积或面积应另行按照新构件的制作与安装计算，分别执行制作与安装定额，不应含在拆安归位的工程量中。

（16）如用花岗石制作、安装、改制、见新加固时，定额人工费×1.35 系数，并调整其石料价格。

（17）不带雕刻的石构件制作，已包括了剁斧、砸花锤、打道、扁光、磨光等做法，实际中不论采用哪种做法，定额均不得调整。

（18）构件的拆安，除考虑石构件本身外，还要考虑与之相连的墙体的拆砌工程量。

7.7 习题演练

【习题 7-7-1】衬里墙厚度如何确定？

【解】（1）外墙如果是细砌墙做法时，用墙体总厚度减去外墙细砌墙面所用砖的宽度即为衬里墙初步的厚度。

（2）如果里皮墙和外皮墙都是细砌墙做法，且砖的规格相同时，用总墙厚减去 2 倍的细砌墙面所用砖的宽度，即为衬里墙的初步厚度。

（3）里外墙都是细砌墙面，细砌墙面所用砖规格不同时，要分别确定各自砖的宽度，用墙体总厚度减去里外细砌墙面用砖的宽度就是衬里墙初步的厚度。

衬里墙最终的厚度是按衬里墙所用砖长的 1/4，2/4，3/4，4/4，5/4，6/4，7/4，8/4，…对比衬里墙初步厚度确定的。

【习题 7-7-2】某墙体总厚度是 500mm，外墙做法是小停泥干摆，求小停泥衬里墙最终的厚度？

【解】定额中小停泥给定的尺寸是 288mm×144mm×64mm，原毛砖的宽度是 144mm，

砖墙初步厚度是 500mm−144mm＝356mm

又知小停泥 1/4 砖长＝1/4×288＝72mm　2/4 砖长＝2/4×288＝144mm

5/4 砖长＝5/4×288＝360mm

衬里墙的最终厚度是 360mm，而不是 500mm−144mm＝356mm

也可用砖墙初步厚度值查古建筑常用砖件衬里墙厚度表，等于 N 倍的 1/4 长度时，取

N倍1/4对应的值，大于N倍的1/4长度时，取右侧相邻的值。

【习题7-7-3】 某工程设计墙身砌筑方法为传统糙砌，但要求使用兰机砖砌筑。求此做法换算后的预算基价。（条件：兰机砖每块1.80元，其他人工、材料、机械均按定额价执行。）

【解】（1）首先选择相关定额子目，糙砌砖墙换算兰机砖应按定额1-150执行

（2）查定额1-150，原预算基价是1000.38元/m³。其中兰四丁砖的价格是1.45元/块×538.37块=780.64元

（3）应使用的兰机砖价格：1.80元/块×538.37块=969.07元

（4）换算后的预算基价：1000.38-780.64+969.07=1188.81元/m³

（注：实际工程中有时需要同时换算或变化许多价格。例如：人工费单价、砌筑灰浆的种类、强度等级等，出现变化时应按此方法逐一进行换算，求出新的预算基价。）

【习题7-7-4】 各种砖衬里墙厚度如表7-7-1中所列。

古建筑常用砖件衬里墙厚度 计量单位：mm **表7-7-1**

砖的种类	砖的长度							
	1/4	2/4	3/4	4/4	5/4	6/4	7/4	8/4
大城砖	120	240	360	480	600	720	840	960
二城样	112	224	336	448	560	672	784	896
大停泥	104	208	312	416	520	624	728	832
小停泥	72	144	216	288	360	432	504	576
大开条	65	130	195	260	325	390	455	520
兰四丁	60	120	180	240	300	360	420	480

【解】（1）以小停泥砖为例：衬里墙厚度等于或小于72mm时，按72mm厚计算；大于72mm而小于或等于144mm时，按144mm计算。大于144mm而小于或等于216mm时，按216mm计算，各种砖以此类推。

（2）外皮细砌墙面的干摆、丝缝、淌白的定额工程量虽然是按"m²"计算，但确定衬里墙厚度时也要考虑外皮墙用砖的宽度。

（3）各类细砌墙面虽然按照"m²"为单位计量，但其消耗的人工、材料、机械均是以一皮砖的宽度为准计算的。其中已经包含了各种组砌方法的丁砖探入衬里墙的因素。丁砖探入衬里墙在细砌墙面中不增加，在衬里墙中也不扣减。即使是一顺一丁的砌法也不得调整。

【习题7-7-5】 某修缮工程后檐墙的长是9.60m，高是2.65m，厚是0.6m，墙体做法是大停泥糙砌。因此墙变形严重，设计图纸要求拆除后重新砌筑。墙体尚有60%的旧砖仍可以使用，求重新砌筑此墙时应退甲方的材料费用应为多少？（砖的价格暂按定额原价计算）。

【解】（1）求使用旧砖的体积V_1。

V_1=(9.60×2.65×0.60)×60%=9.16m³

（2）确定相关定额，按照定额消耗量将9.16m³的大停泥糙砌折合成大停泥的砖数。

选择定额 1－148，从定额中查出每立方米大停泥糙砌墙需要耗用砖件 124.34 块

退甲方大停泥砖的数量＝9.16m³×124.34 块/m³＝1139 块

（3）按照定额中大停泥砖的单价将砖的数量折合成材料费。

查定额 1－148 可知，大停泥砖的单价是 4.50 元/块

退甲方材料费：4.50 元/块×1139 块＝5125.50 元

（4）按照有关文件规定，甲方供货到施工现场时，应按供货价值的 99%退还甲方材料费。修缮工程中利用甲方现场的旧材料可视为甲方供货到施工现场。因此，应按使用甲方材料总价值的 99%退还甲方材料费（实际应退甲方材料费＝5152.50 元×99%＝5074.25 元）

（注：有关文件规定指北京市建设工程造价管理处文件，如京造定〔2009〕7 号，关于执行《建设工程工程量清单计价规范》(GB50500－2008）若干意见的通知。）

或参照 2012《北京市房屋修缮工程计价依据——预算定额》古建筑工程预算定额下册附录费用标准，关于总承包服务费有关规定。

【习题 7－7－6】 某段大城砖干摆外墙长 9.60m，下肩高 1.05m。年久风化严重，图示按 10%进行整砖剔补修缮。求此段外墙整砖剔补大城砖的数量为多少？

【解】（1）先计算需要整砖剔补砖墙的面积。

需要整砖剔补砖墙的面积＝(9.60×1.05)×10%＝1.01m²

（2）选择相关定额，确定整砖剔补砖的数量。

定额选择 1－67，可知 1m² 大城砖干摆墙需要大城砖 23.89 块。

整砖剔补砖的数量＝1.01m²×23.89 块/m²＝24 块

【习题 7－7－7】 某段围墙剖面如图 7－7－1 所示，长是 15.65m，下肩二城样干摆，上身小停泥丝缝，尺二方砖细砌五层冰盘檐。设计说明要求下肩整砖剔补 15%，刷浆打点 40%。上身整砖剔补 20%，墁干活 30%，刷浆打点 50%。冰盘檐全部墁干活。求各分项工程的工程量，并选择相应定额。

【解】

（1）下肩墙面积：15.65×0.95×2＝29.74m²

（2）下肩墙需要剔补面积＝29.74m²×15%＝4.46m²

（3）下肩墙需要剔补二城样的数量。

选择定额 1－68，可知 1m² 二城样干摆墙需用砖的数量是 30.20 块。

实际应剔补砖的数量：4.46m²×30.20 块/m²＝135 块

（4）下肩墙刷浆打点 40%的面积：29.74m²×40%＝11.90m²

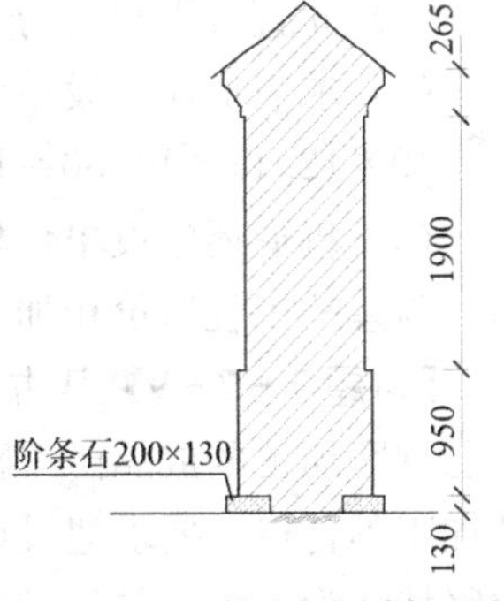

图 7－7－1 某段围墙剖面图

（5）上身墙面积：15.65m×1.90×2＝59.47m²

（6）上身剔补面积：59.47m²×20%＝11.89m²

（7）上身剔补小停泥的数量

选择定额 1－73，可知 1m² 小停泥丝缝墙需要用砖的数量是 70.39 块。

上身实际剔补砖数量：11.89m²×70.39 块/m²＝837 块

（8）上身墁干活面积：59.47m²×30%＝17.84m²

（9）上身刷浆打点面积：59.47m²×50%＝29.74m²

（10）冰盘檐全部墁干活面积：15.65m×0.265m×2＝8.29m²

(11) 各分项工程选择定额如下。

① 下肩墙剔补大城砖，定额编号为1-17，工程量为135块。

② 下肩墙刷浆打点，定额编号为1-6，工程量为11.90m^2。

③ 上身墙剔补小停泥丝缝砖，定额编号为1-21，工程量为837块。

④ 上身墁干活，定额编号为1-7，工程量为17.84m^2。

⑤ 上身刷浆打点，定额编号为1-11，工程量为29.74m^2。

⑥ 冰盘檐墁干活，定额编号为1-9，工程量为8.29m^2。

【分析】修缮工程中剔补与打点是两个完全不同的概念。各自有独特的修缮方法且工艺也不同。古建修缮定额中剔补指砖件风化损坏严重，需要将其剔除，重新按照原砌筑形式，使用原规格的砖补充砌筑。打点指墙面风化损坏不严重，只是墙面有污渍，或灰缝脱落。需要清除污渍，勾抹灰缝或刷浆描缝。剔补砖件定额按“块”计算（若干块砖可按定额折合成m^2），而打点按“m^2”计算，两者不要混为一谈。修缮工程中两者经常同时发生，但各自应占有各自的百分率。在同一墙体中两者的百分率之和最大等于100%。如一面墙标注“剔补、打点60%”就是错误的。此标注可以让人有几种理解。第一种可以理解剔补砖是60%，同时打点墙面也是60%，但两者之和已经大于墙面积的100%，明显有误。第二种可以理解为这里的60%是剔补与打点面积之和是60%，那么剔补、打点又各占60%的多少呢？还是定位不准。正确的阐述是应分别标注，且两者之和最大等于100%。

【习题7-7-8】某古建修缮工程，需砌筑尺二方砖五层素冰盘檐10m，招标文件明示此砖料由建设单位负责供货（成品砖件）。请问投标报价时此分项工程应如何处理？（假设人工、材料单价不做调整。）

【解】(1) 首先选择正确的定额编号1-331。

(2) 暂时不考虑建设单位供料问题，此时直接工程费是

10×442.36=4423.60元

(3) 此直接工程费与其他的直接工程费之和为基数，按计费程序计取各项费用。

(4) 求应退还建设单位材料费

10×12.11×13.50=1643.85×99%=1618.50元

(5) 将退还建设单位材料费设定为负值（-1618.50元），放置在计费程序表的税金后面，与总的工程造价相加（加上负值，实际为相减）。

【习题7-7-9】某古建工程需要砌筑小停泥干摆墙，合同约定砖件由建设单位负责提供已砍磨加工的成品砖（窑厂负责砖加工），施工单位负责砌筑。施工前项目经理提出砖件加工不合格。要求建设单位承担部分因砖件不合格而砌筑时多耗费的人工费用。建设单位坚持认为，施工单位没有进行砖加工，就不应给此费用，双方争议较大。你认为从定额规定的角度应该如何处理此事？

【解】施工单位认为建设单位提供的砖件加工质量不合格。建设单位认为施工单位没有进行砖加工，且砖加工的费用已支付给了窑厂，施工单位砌墙的工作中包括墁干活、墁水活等。双方争论的焦点是鉴定成品砖件质量是否合格以及是否符合古建筑砖加工的质量验收标准。如果建设单位提供的成品砖件符合古建筑砖加工的标准，施工单位就不能再提出增加任何费用。反之，建设单位提供的成品砖件不符合古建筑砖加工的标准，质量存在瑕疵。施工单位砌筑时，要想使墙体合格，必然要对不合格的砖件进行再加工修理，因此

要耗费额外的工时；否则不可能使墙体合格。这时建设单位应本着实事求是的态度，与施工单位协商解决。建设单位应为自己提供不合格的砖件承担经济责任，支付施工单位为此而增加的费用。当然，建设单位也应继续追究窑厂因提供不合格成品砖件而给建设单位造成的损失，以弥补建设单位因自身管理疏忽而造成的损失。

【习题 7-7-10】 古建筑细砌砖券的面积是立面图所见到的面积吗？细砌砖墙与细砌砖券的分界在哪里？

不是。细砌砖券不仅指立面图所见到的面积，还包括券洞内仰视所见到的洞顶面积。

细砌砖墙面与细砌砖券的分界线是墙水平灰缝最上一层砖的上棱。其下称墙身，其上称砖券（指发券部分）。项目划分不同，应各自执行相应定额。

【习题 7-7-11】 某墙做法如图 7-7-2 所示，墙长 35m，下肩外墙小停泥干摆，兰四丁衬里。上身小停泥丝缝，兰四丁衬里。大停泥干摆直檐。列出各分项工程项目？计算工程量？确定各分项定额编号？求计划砍磨砖的数量？求需要多少砍磨砖的工日？求直接工程费？（暂按定额价不作调整）

【解】（1）求下肩小停泥干摆面积。

下肩小停泥干摆面积＝35×0.90×2 面＝63m^{2}定额选择 1-70。

（2）求下肩兰四丁砖衬里墙体积。

衬里墙厚度＝墙体总厚度-外皮细砌墙的厚度

墙厚度＝350－(144×2)＝62mm

兰四丁砖 1/4 长为 60mm；2/4 长为 120mm，这里取 120mm 厚度。

下肩兰四丁砖衬里墙体积＝35m^2×0.9×0.12＝3.78m^3

定额选择 1-73。

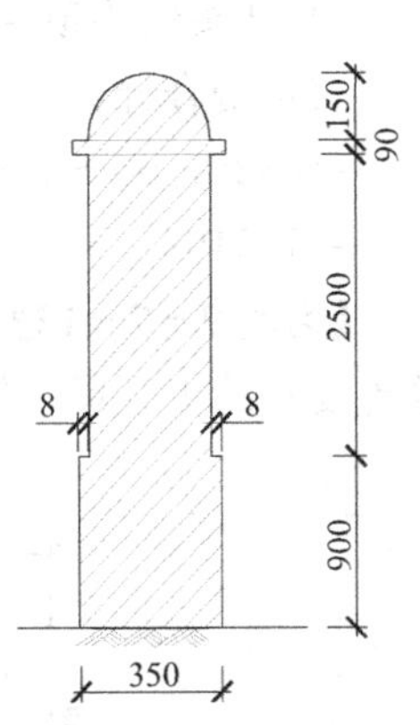

图 7-7-2 某墙做法

（3）求上身小停泥丝缝面积。

上身小停泥丝缝面积＝35×2.50×2 面＝175m^2

定额选择 1-73。

（4）求上身兰四丁衬里墙的体积。

墙厚度＝(350－8－8)－(144×2)＝46mm

兰四丁砖 1/4 长为 60mm，这里取 60mm

上身衬里墙体积＝35m^2×2.50×0.06＝5.25m^3

定额选择 1-150。

（5）求大停泥直檐。

直檐长＝35×2 面＝70m

定额选择 1-310。

（6）墙头馒头顶。

馒头顶长为 35m

定额选择；1-428。

（7）求砍磨加工砖的数量。

小停泥干摆用砖＝63m^2×74.91 块/m^2＝4719.33 块（参照定额 1-70）

小停泥丝缝用砖＝175m^2×70.39 块/m^2＝12318 块（参照定额 1-73）

大停泥直檐用砖＝75m×2.90 块/m＝218 块（参照定额 1－310）

（8）求需要砍磨砖的工日

加工小停泥干摆砖＝63m² ×3.41 工日/m²＝215 工日（参照定额 1－70）

加工小停泥丝缝砖＝175m² ×3.20 工日/m²＝560 工日（参照定额 1－73）

加工大停泥直檐砖＝70m×0.352 工日/m＝25 工日（参照定额 310）

合计需要砍砖工日＝215＋560＋25＝800 工日

（9）求直接工程费。

1）小停泥干摆＝63m² ×687.00 元/m²＝43281.00 元

2）下肩衬里墙＝3.78m³ ×1000.38 元/m³＝3781.44 元

3）上身小停泥丝缝＝175m² ×671.42 元/m²＝117498.50 元

4）上身兰四丁衬里墙＝5.25m³ ×1000.38 元/m³＝5252.00 元

5）大停泥直檐＝70m×53.68 元/m＝3157.60 元

6）墙头馒头顶＝35m×71.19 元/m＝2491.65 元

直接费合计：

＝43281.00＋3781.44＋117498.50＋5252.00＋3157.60＋2491.65

＝175462.19 元

【习题 7－7－12】 护坡虎皮石墙厚度 650mm，长度 70000mm。图 7－7－3，请计算砌筑虎皮石的工程量。勾凸缝工程量和外购毛石的质量为多少并选择正确的定额。

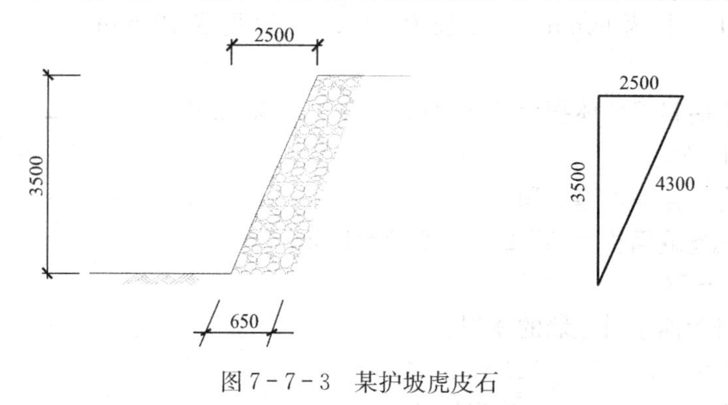

图 7－7－3　某护坡虎皮石

【解】（1）虎皮石砌筑选择定额 1－460。

图中高度为垂直高，计算工程量时应使用图示的斜高，利用勾股定理可以求出斜高。

斜高＝$\sqrt{3.5^2+2.5^2}$＝4.30m，

虎皮石墙体积＝70m×4.3m×0.65m＝195.65m³

（2）虎皮石墙勾缝定额选择 1－461

勾缝面积＝70m×4.30m＝301m²

（3）计划外购毛石质量

计划外购毛石质量＝195.65m³ ×2.268t/m³＝443.73t（注：毛石自然状态下的比重是 2.268t/m³）

【习题 7－7－13】 某古建筑需砌筑小停泥丝缝墙面，招标文件规定此墙使用的砖为成品砖件，单价为 5.50 元/块。试计算如何确定预算基价？（人工费、机械费按定额执行，

材料费除砖件外均按定额执行）

【解】（1）组价中应扣除砍磨砖的人工费，参照定额 1-73

=3.20 工日×82.10 元/工日=262.70 元

（2）调整后的人工费=426.92-262.72=164.20 元

（3）按统一规定，砖的数量按 93%计取

用砖数量=70.39×93%=65.46 块

（4）砖的单价按加工后成品砖的单价为 5.50 元/块

（5）材料费中砖的价格为

65.46 块×5.50 元/块=360.03 元

（6）其他材料费用量、单价不变

其中素白灰浆价格=119.80×0.001=0.12 元

老浆灰=130.40×0.0236=3.08 元

其他材料费=4.50 元

（7）调整后的材料价格合计

360.03+0.12+3.08+4.50=367.73 元

（8）调整后的基价=调整后的人工费+调整后的材料费+原机械费

=164.20+367.73+25.62=557.55 元

【习题 7-7-14】某古建墙体外侧是细砌做法，衬里墙是糙砌做法。如何计算衬里墙的体积？

【解】衬里墙的体积等于衬里墙的面积乘以衬里墙的厚度。此墙面积等于正投影所得面积或外皮墙细砌的面积。衬里墙厚度等于墙体总厚度减去外皮墙用砖的宽度，再用这个厚度除以衬里墙使用砖长的 1/4、2/4、3/4、4/4、5/4、6/4、7/4、8/4……。所得的商如果是 N 倍 1/4 的整数，衬里墙的厚度就是 N 倍的 1/4 砖长。如果所得的商不是 N 倍 1/4 的整数，向上寻找最接近的那个 N 倍 1/4 的整数。这个 N 倍 1/4 整数的砖长就是衬里墙的厚度。

【习题 7-7-15】某大式古建筑，墀头做法带角柱石、压面石，山墙做法带腰线石，外墙下肩大城砖干摆，上身大停泥丝缝，内墙下肩大停泥干摆，上身及外墙衬里兰四丁糙砌，内墙上身抹靠骨灰，刷白色涂料。现山墙内前后檐柱及山柱，均需要墩接。请问，此墩柱子工程可能会发生哪些分项施工内容？这些项目是否可以计取费用？

【解】上述情况可能会发生以下分项施工内容：

①拆除墙体；②拆除角柱石；③拆除压面石；④拆除腰线石；⑤渣土外运；⑥墩接檐柱；⑦墩接山柱；⑧柱子紧固铁箍制作；⑨安装角柱石；⑩安装压面石；⑪砌外墙下肩大城砖干摆；⑫砌内墙下肩大停泥干摆；⑬糙砌下肩衬里兰四丁墙；⑭安装腰线石；⑮砌外墙上身大停泥丝缝；⑯糙砌外墙上身衬里兰四丁；⑰内墙上身抹靠骨灰；⑱内墙刷白色涂料。

【分析】定额规定，因墩接柱子而发生的墙体或石构件拆除、砌筑、安装，可另执行相应定额；也就是说为了墩接柱子而发生的必要施工内容，都应当按规定计算工程量，并计取分项施工费用。通过分析可知，墩接柱子有时会连带发生许多工程项目，这些项目不会在施工图纸上表现出来，但这些项目是可以计算费用的。造价编制人员务必细心，不要丢失应该计取的分项工程项目费用。

【习题 7-7-16】 墩接柱子必须会发生墙体拆砌吗？什么情况下不发生墙体拆砌？

【解】 墩接柱子有时也不发生拆砌墙体。凡是柱子与墙体相交，墩接时才需要拆砌墙体。落架大修时有时也墩接柱子，不论柱子今后是否与墙体相交，均不发生拆砌墙体项目；还有亭子的柱子墩接，一般不发生拆砌墙体。

【习题 7-7-17】 某段墙为二城样干摆，设计指定可利用的旧砖为 30%（或补配 70%新砖），墙面积为 $40m^2$，求退甲方材料费应为多少？

以定额 1-68 为例进行计算。

【解】 ①新砌二城样干摆墙应用砖量 N＝40×30.2009 块/m^2＝1208 块

② 甲方可利用旧砖量＝1208 块×30%＝362 块，也就是说砌 $40m^2$ 的墙可以少买 362 块砖（使用甲方的砖）也可以完成。

③ 退甲方材料费：362×12 元/块＝4344.00 元

④ 归纳为综合式：$40m^2$×30.2009 块/m^2×30%×12.00 元/块＝4344.00 元

【习题 7-7-18】 柱顶石年久风化，图示要求重新落墨，剔凿出细恢复原样，如何选择定额和确定价格？

【解】 以圆鼓径柱顶石 500mm×500mm 为例

（1）首先选择定额 1-491，定额原价为 5359.71 元/m^3

（2）换算依据按照定额统一规定及说明第 31 条扣除石料价格后再乘以 0.7 系数

应扣除石料价格＝1.0815m^3×3000 元/m^3＝3244.50 元

（3）换算后的价格＝(5395.71 元- 3244.50 元)×0.70＝1480.65 元

【习题 7-7-19】 某大式古建房屋平面如图 7-7-4 所示，檐柱直径是 300mm，金柱直径是 330mm，檐柱共有 8 根，金柱共有 4 根。但图纸未标注柱顶石的规格尺寸，求檐柱与金柱的柱顶石工程量各是多少？

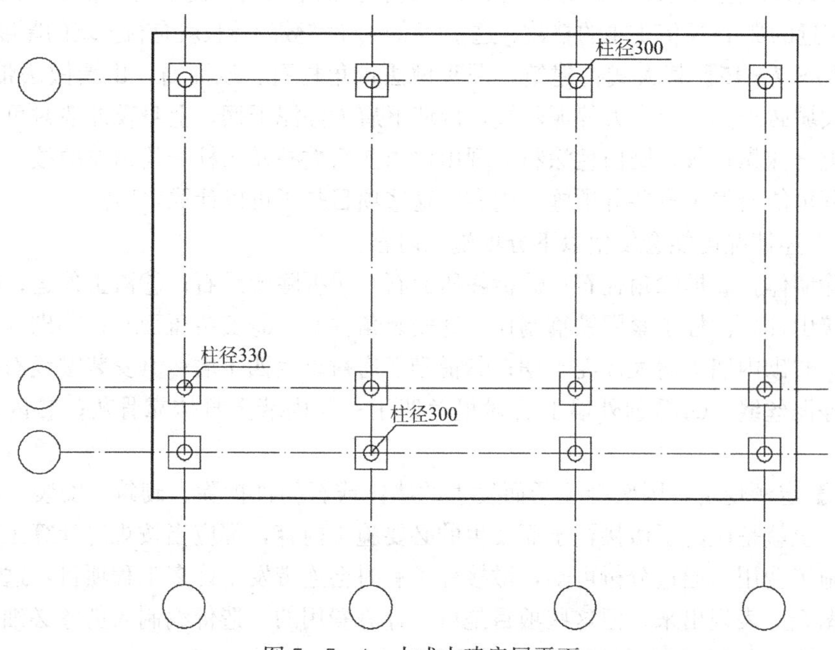

图 7-7-4　大式古建房屋平面

【解】根据定额说明的工程量计算参考表确定各柱顶石规格尺寸，或参考《中国古建筑瓦石营法》可知，

檐柱顶石：长＝宽＝$2\times D=2\times300=600$mm

金柱顶石：长＝宽＝$2\times D=2\times330=660$mm

查表可知柱顶石的厚（高）＝1/2长（或宽）＝$1\times D$

这时檐柱顶石的体积＝$600\times600\times300\times8$个＝$0.86m^3$

金柱顶石的体积＝$660\times660\times330\times4$个＝$0.57m^3$

注：查《中国古建筑瓦石营法》可知，大式建筑柱顶石的长等于宽等于2倍的柱径。

【习题 7-7-20】 某硬山式古建筑的前檐阶条石规格为400mm×130mm。求该建筑两山均边石的截面尺寸是多少？

【解】(1) 均边石的厚（高）与前檐阶条石的厚（高）相同，也是130mm。

(2) 均边石的宽度这里没有给出。但均边石可以参照腰线石确定尺寸，腰线石的宽度等于自身厚（高）的1.5倍。同理，均边石的宽度＝$130\times1.5=195$mm

(3) 均边石的截面尺寸是：厚（高）×宽度＝130×195

【习题 7-7-21】 石构件的“归安”指的是什么意思？主要包含哪些内容？

【解】石构件“归安”指的是原有石构件保存完好，只是在原位发生了较大的位移或在异地（附近）存放，需按照原工艺重新在原位置安装的项目。旧构件丢失或严重风化已损坏时，不能使用石构件归安项目。

石构件归安主要包含拆除构件，整修并缝、加肋或截头重新制作接头缝。露明面挠洗，重新扁光或剁斧见新，清理基层重新安装。

【习题 7-7-22】 图7-7-5三间硬山古建筑前后檐都有廊步，已知明间3.60m，次间3.20m，山出0.60m。进深方向檐柱中心至檐柱中心为5.80m，下檐出为0.85m。阶条石规格为宽0.45m，厚（高）0.12m。求此台基阶条石、均边石的体积各是多少？并选择哪些相应定额确定工程量？

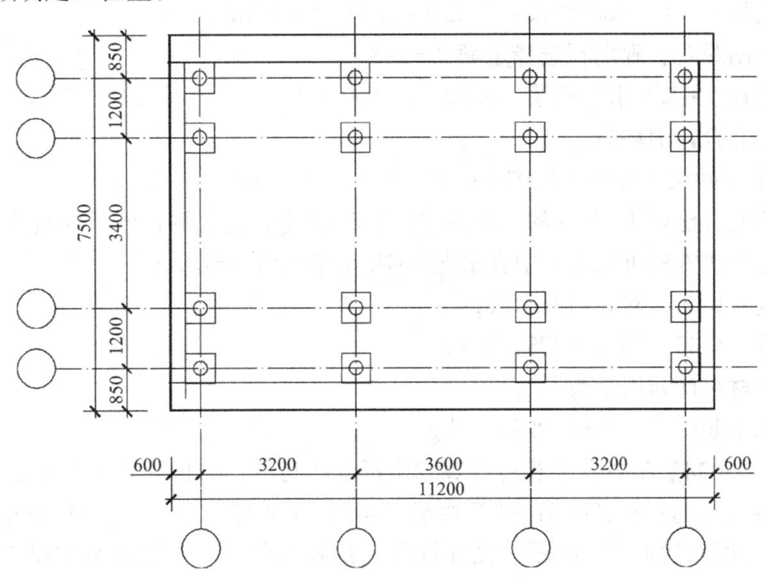

图7-7-5 三间硬山古建筑

【解】（1）面宽方向台基全长＝3.20＋3.20＋3.60＋0.60＋0.60＝11.20m

进深方向台基全长＝5.80＋0.85＋0.85＝7.50m

（2）前后檐阶条石的体积：

$V=11.20\times0.45\times0.12\times2=1.21m^3$

（3）两山均边石体积：

均边石厚（高）等于阶条石的厚（高）为0.12m

均边石宽为自身厚（高）的1.5倍＝0.12×1.5＝0.18m

均边石长＝7.50－2×0.45＝6.60m

$V=6.60\times0.12\times0.18\times2=0.29m^3$

（4）选择定额，确定工程量。

阶条石制作：$V=1.21m^3$　　选择定额1－482。

阶条石吊装：$V=1.21m^3$　　选择定额1－506。

均边石制作：$V=0.29m^3$　　选择定额1－561。

均边石吊装：$V=0.29m^3$　　选择定额1－562。

【习题7－7－23】某古建筑需要安装阶条石4.42m^3，安装垂带石1.02m^2，安装500mm×500mm的柱础石1.22m^3，安装踏跺石、砚窝石共3.02m^2，欲完成上述施工项目都应准备哪些材料？这些材料各是多少？（石材除外）

【解】（1）选择正确定额，从定额中查找需要消耗的材料种类和消耗数量，逐项进行计算。

（2）安装阶条石选择定额1－506。

安装时消耗1∶3.5水泥砂浆＝4.42×0.23＝1.02m^3

（3）安装垂带石选择定额2－192。

安装时消耗1∶3.5水泥砂浆＝1.02×0.03＝0.03m^3

（4）安装柱础石选择定额1－510。

安装时消耗1∶3.5水泥砂浆＝1.22×0.1507＝0.18m^3

（5）安装踏跺石、砚窝石选择定额2－193

安装时消耗1∶3.5水泥砂浆＝3.02×0.04＝0.12m^3

（6）汇总后合计消耗为：

1∶3.5水泥砂浆＝1.02＋0.03＋0.18＋0.12＝1.35m^3

（7）计算配合比是1∶3.5的水泥砂浆，1.35m^3中含有水泥，砂子的质量？

查相关配合比资料可知1m^3中含水泥364kg，含砂子1670kg。

水泥用量＝1.35×364＝491.40kg

砂子用量＝1.35×1670＝2254.50kg

（8）各种材料计划用量为：

水泥491.40kg；　　砂子2254.50kg。

【习题7－7－24】某古建工程经计算发生拆除项目有：①拆除阶条石6.21m^3；②拆除柱顶石2.02m^3；③拆除180mm厚石栏板46m^2；④拆除（180×180）石望柱3.01m^3；⑤拆除170mm厚石材地面116m^2。试计算在正常施工条件下，工地欲安排5名石工完成此工作，需要几天才可以完成（求工期）？

【解】根据所给的分项施工项目和工程量，参照定额，计算出合计用工数量。

（1）拆除阶条石参照定额 1－465：

计划用工时＝6.21m^3×6 工时/m^3＝37.26 工时

拆除柱顶石参照定额 1－467：

计划用工时＝2.02m^3×6.60 工时/m^3＝13.33 工时

拆除 180mm 厚石栏板参照定额 2－208 和定额 2－209：

计划用工时＝46m^2×(0.69 工时/m^2＋0.03 工时/m^2×4)＝37.26 工时

拆除石望柱参照定额 2－206：

计划用工时＝3.01m^3×7.26 工时/m^3＝21.85 工时

拆除 130mm 厚石材地面参照定额 2－140：

计划用工时＝116m^2×0.54 工时/m^2＝62.64 工时

拆除增厚的 40mm 石材地面参照定额 2－141：

计划用工时＝116m^2×0.07 工时/m^2×2 倍＝16.24 工时

合计：计划用工时＝37.26＋13.33＋37.26＋21.85＋62.64＋16.24

＝188.58 工时

（2）用计划工时数÷现有施工人数＝计划施工天数（工期天数）

188.58÷5＝37.72 天≈38 天

（注：因石材增厚为 170－130＝40mm，执行定额 2－141 时需将定额乘以 2 倍计算。）

【习题 7－7－25】某古建工程制作 160mm 厚阶条石，经甲方指定购买的石材价格为 4500 元/m^3，甲乙方认定的人工单价为 115 元/工日。试计算此条件下换算后新的预算基价？

【解】（1）选择定额 1－483，原预算基价＝4921.74 元。

（2）计算石材的价差。

石材价差＝1.0815×(4500－3000)

＝1622.25

（3）人工差价＝18.90×(115－82.10)

＝621.81 元

（4）新的预算基价＝4921.74＋1622.25＋621.81

＝7165.80 元

【习题 7－7－26】古建筑修缮工程中，旧石构件归安与新石构件安装有何不同，应如何正确选择定额？

【解】古建筑石作归安定额指的是修缮的一种传统方法，特指旧的石构件尚存且略加修整后仍可使用的方法。修整的方法有整修并缝、夹肋或截头重做接头缝、表面挠洗、重新扁光或剁斧见新重新安装（大多在原位安装）。有时修整的方法只发生其中的某几种，这时定额也不应调整。归安定额是按照上述方法综合考虑且进行加权平均后制定的，不允许因发生修缮方法的多少而改变定额水平。

而石构件安装一般指新制作的石构件的安装，安装定额包括调制砂浆、打截一个头、打拼头缝、垫撒、灌浆、搭拆小型起重架等，不需要对已经加工好的成品进行再加工。两者看似都是安装，但性质不同。旧石构件归安是拆下来、修理、安装；而新石构件安装就是单一的安装。安装中的打截一个头、打拼头缝其实是制作项目的甩项，放在安装时来完成，这样有利于节约工时及工作效率，提高安装质量是工艺的需要。因此，两者在执行定额时应分别科学、合理地选用相对应的定额，不得随意调整定额水平。

【习题 7-7-27】石须弥座维修见新时工程量计算规则规定："按须弥座水平长乘以竖直高的积再乘以 1.4 系数计算面积"。请问这里为什么要乘以 1.4 系数?

【解】须弥座从剖面图上看，露明部分外轮廓是一个曲面与折线的组合图形。乘以 1.4 系数正是考虑剖切曲面在正投影后使原面积变小的因素，剖面上的水平线在正立面投影中只是一个点。这些因素构成实际须弥座的展开面积要远远大于正投影的面积，规则规定增加 40%面积，就是综合考虑了这一因素，使曲面面积的计算简单化，并尽可能科学、合理。

【习题 7-7-28】某工程合同约定："工程所用石构件由建设单位提供成品材料，表面剁斧两遍，由施工单位负责安装"。施工单位按合同要求安装合格后，建设单位要求施工单位再剁一遍斧，且不允许施工单位计取费用。此做法正确吗?

【解】不正确。定额规定："制作石构件以剁三遍斧为准，有时加工时只剁两遍，待安装后或竣工前剁一遍时，不应再计取'单独剁斧'定额的费用"。这里指的是制作和安装都是由施工单位负责完成。题目中制作的成品是由建设单位提供的。甩一遍斧，待安装后或竣工前再剁，从工艺说上是可行的。但施工单位的安装工作中不包含"剁一遍斧"的费用。因此，如果确实需要施工单位再剁一遍斧，建设单位应实事求是地支付施工单位"单独剁斧"的费用。实际工作中，大多数情况是制作与安装都由施工单位来完成。这时如果甩一遍斧，待安装后或竣工前再剁，施工单位就不应再计取"单独剁斧"的费用。

【习题 7-7-29】某古建筑四面出廊。面宽方向台基全长 15.65m，进深方向台基全长 9.50m，阶条石规格为 480mm×150mm。阶条石因年久失修，风化变形严重。设计图纸要求对阶条石全部进行归安。归安过程中又新添 2.20m 阶条石。求此石作工程的分项工程量，选择相应定额，计算直接工程费?

【解】(1) 新添配的阶条石属于新石构件的制作与安装。

① 新添阶条石的制作：$V=2.20\times0.48\times0.15=0.16\text{m}^3$

② 新添阶条石的安装：$V=2.20\times0.48\times0.15=0.16\text{m}^3$

(2) 旧阶条石的归安。

预计面宽方向归安长度：$2\times15.65=31.30\text{m}$

预计进深方向归安长度：$2\times9.50-4\times0.48=17.08\text{m}$

预计归安总长度：$31.30+17.08=48.38\text{m}$

实际归安长度：预计归安总长度－新添阶条石的长度

实际归安长度：$48.38-2.20=46.18\text{m}$

实际归安的体积：$46.18\times0.48\times0.15=3.32\text{m}^3$

(3) 选择相关定额。

定额 1-482　新添阶条石制作，　工程量为 0.16m^3

定额 1-506　新添阶条石安装，　工程量为 0.16m^3

定额 1-470　旧阶条石拆安归位，　工程量为 3.32m^3

(4) 求直接工程费

阶条石制作：$0.16\times5318.33=850.93$ 元

阶条石安装：$0.16\times1170.08=187.21$ 元

阶条石归安：3.32×1762.52=5851.57 元

直接工程费=850.93+187.21+5851.57=6889.71 元

（注：定额规定石构件的拆安归位工程量以实际拆安归位后的工程量为准。因此，要扣除新添配的 2.20m 长度。）

【习题 7-7-30】 图 7-7-6 圆形古亭平面，已知柱子中心至阶条石外边的垂直距离是 1m，阶条石规格是 0.50m×0.15m。试计算在执行定额原价时阶条石的制作与安装的价格（直接工程费）以及建筑面积是多少？

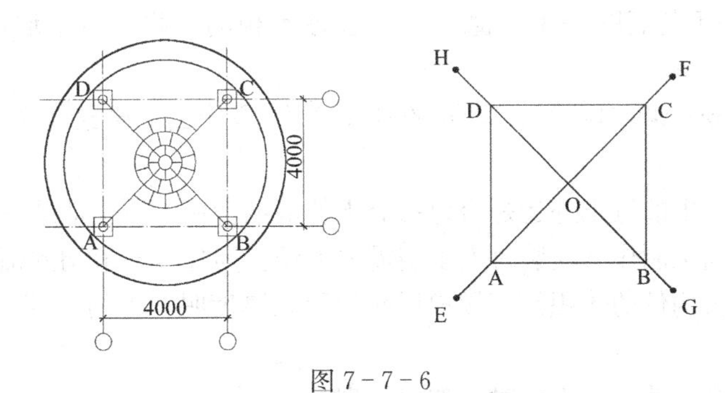

图 7-7-6

【解】：(1) 求圆亭的建筑面积。

设各柱中心点位置为 A、B、C、D，并使 AB=BC=CD=DA=4m，各柱中心点可以连接成一个正方形。做正方形的对角线交于 O 点，将对角线分别延长，取 AE=1m，BG=1m，CF=1m，DH=1m。这里的 1m 就是下檐出，O 点就是圆亭的圆心。

在三角形 ABC 中 AB=BC=4m，则 AC=1.414×4=5.66m

直线 EF=GH=1+1+5.66=7.66m（圆亭台基所围圆形的直径）

圆亭半径 OE=OF=7.66×0.50=3.83m

圆亭的建筑面积 S=3.83×3.83×3.14=46.06m^2

(2) 求阶条石的体积。

阶条石体积 V=(0.50×0.15)×(7.66×3.14)=1.80m^3

(3) 选择定额，计算价格。

阶条石制作选择定额 1-482；　　预算基价为 5318.33 元。

阶条石安装选择定额 1-506；　　预算基价为 1170.08 元。

阶条石制作直接工程费=1.80×5318.33×1.25=11966.24 元

阶条石安装直接工程费=1.80×1170.08×1.25=2632.68 元

（注：此亭平面为圆形，阶条石属于异形构件，按规定应乘以 1.25 系数调整预算基价。）

7.8 巩固练习

1. 旧墙剔补砖的“块”数如何计算？
2. 衬里墙的厚度如何计算？
3. 博缝砖后面的墙如何计算？应选择粗砌定额还是细砌定额？

4. 选择定额 1－73 砌小停泥丝缝墙为例，试计算甲方提供成品加工好的砖时的预算基价（其他价格暂不调整时）。

5. 某墙帽只要求单面作法，可以直接选择套用相关定额吗？为什么？

6. 拆除墙体产生的渣土可以单独列项计取费用吗？渣土按什么计算工程量？

7. 砍砖或砌墙时砖的消耗量过大，可以调整定额消耗数量吗？

8. 某二城样墙，后檐墙长 17.60m、下肩干摆高度 1.05m。上身二城样淌白高 1.88m，签尖拔檐大停泥干摆制作方法，求后墙外墙应购买二城样毛砖多少块？大停泥毛砖多少块？

9. 外墙三顺一丁与五顺一丁、梅花丁作法各不相同，此时衬里墙厚度是相同的吗？为什么？

10. 毛石墙砌筑包括勾缝吗？勾缝的计量单位是什么？砌筑毛石墙的计量单位是什么？

11. 拆除工程产生的渣土外运是否包括渣土的消纳费用？渣土消纳费用如何处理？

12. 哪类石材加工制作、安装时人工费需要上调？为什么？上调的幅度是多少？

13. 等腰梯形石构件的体积是等腰梯形面积乘以厚度吗？如何计算等腰梯形石构件的体积？

14. 石构件规格尺寸图示不详时应如何处理？

15. 石构件安装时所搭设的简易起重用三木搭可以计取费用吗？

16. 柱顶石无管脚榫孔时，定额是否向下调整？带管脚榫孔时定额是否向上调整？柱顶石带插钎孔时定额如何处理？柱顶石带套顶孔时定额如何处理？

17. 腰线石无截面尺寸时如何计算体积？

18. 某圆形建筑直径 30m，每块阶条石都是普通阶条石，这种情况可以调整系数吗？为什么？

19. 方整石墙的顶端使用与墙同宽的大条石砌筑。这些条石仍按方整石定额执行吗？为什么？

20. 石构件归安与安装有何不同？

21. 须弥座见新为什么按垂直投影面积计算还要乘以 1.4 系数？

22. 月洞门元宝石的长 1000mm，指的是弧长还是哪里的长？

23. 无鼓径柱顶石使用在什么位置？加工上有何特点？

24. 拆砌墙体添配新砖数量超过定额含量时可否调整？为什么？

25. 方砖博缝头如带有雕刻，如何计价？

26. 简述博缝的斜长如何计算？

27. 方砖博缝与琉璃博缝二者在计量规则上有何不同？有何相同？

28. 剔补砖件时由于不小心伤及相邻的砖也发生剔补，被伤及的砖可以计量吗？为什么？

29. 某山顶砌筑 $12m^3$ 大城砖糙砖墙，糙墁尺四地面 $136m^2$，请问人工运输单价为 1.50 元/kg 时，求运输这些砖件需用多少费用？（不计取任何费用）

30. 方整石砌筑不论规格大小都必须执行同一定额吗？为什么？

31. 某城墙砌筑下肩时，使用汽车吊配合吊装条石，吊车费用如何计算？人工费需要扣减吗？为什么？

32. 糙砌砖墙包括墙面勾缝吗？为什么？

8 地面及庭院工程

8.1 定额编制简介

1. 本章共 8 节 254 个子目，包括按传统工艺要求整修或拆除重新铺墁方砖、金砖、城砖、停泥砖、开条砖、四丁砖地面、散水、甬路，以及铺装石板路（地）面、石子路（地）面等内容，不包括目前个别建筑或仿古建筑修缮工程中使用灰黑色水泥砖、水磨石砖代替传统方砖及在硬基层上抹水泥面层等作法。不包括地面、路面下的各种垫层。

2. 古建筑、仿古建筑中除方砖、金砖地面、路面为平铺砖外，使用条形砖铺装时，根据不同的工程部位和使用要求，可采用平铺或侧铺，与之配合的砖牙也有顺栽、立栽之分（各种铺装方法见本章附图）。据此，定额中按不同砖的品种，不同的铺墁方法和工艺作法划分项目，考虑到路面、散水与路牙、散水牙之间的组合方式不固定，定额中将各种砖牙分解出来单独划分项目。石道牙特指高度大于面层与结合层之和的条石牙子。

3. 石子地面的铺装方法有散铺、满铺两种情况，并可以与方砖间隔铺装。散铺者其面层石子与石子间有大小不等的自然间隔，暴露出水泥砂浆，满铺者面层石子紧密地挤在一起不露水泥砂浆，满铺石子地面既可将石子自然摆铺，也可利用石子的不同颜色、形状拼摆出各种图案（拼花），在上述情况定额中均作了考虑，划分了相应项目。

4. 地面砖揭墁与墙体拆砌道理相同。设置了添配新砖 30%以内和添配新砖每增 10%子目。

5. 地面铺装石材与定额不符时，允许调整基价。结合层厚度超出本章规定厚度，也允许调整基价。

8.2 定额摘选

单位：m^3　　**表 8-2-1**

定额编号				2-27	2-28	2-29	2-30	2-31	2-32
项目				细砖地面、散水、路面揭墁					
				尺七方砖		尺四方砖		尺二方砖	
				新砖添配 30%以内	新砖添配 每增 10%	新砖添配 30%以内	新砖添配 每增 10%	新砖添配 30%以内	新砖添配 每增 10%
基价（元）				**164.84**	**23.80**	**168.62**	**21.42**	**179.28**	**20.78**
其中	人工费（元）			116.58	12.89	119.87	10.92	124.14	8.05
	材料费（元）			41.84	10.20	42.16	9.90	48.31	12.29
	机械费（元）			6.42	0.71	6.59	0.60	6.83	0.44
名称		单位	单价（元）	数量					

续表

定额编号					2-27	2-28	2-29	2-30	2-31	2-32
项目					细砖地面、散水、路面揭墁					
					尺七方砖		尺四方砖		尺二方砖	
					新砖添配30%以内	新砖添配每增10%	新砖添配30%以内	新砖添配每增10%	新砖添配30%以内	新砖添配每增10%
人工	870007	综合工日	工日	82.10	1.420	0.157	1.460	0.133	1.512	0.098
	00001100	瓦工	工日	—	0.910	−0.011	1.030	−0.011	1.176	−0.013
	00001200	砍砖工	工日	—	0.500	0.167	0.430	0.144	0.336	0.112
材料	440081	尺七方砖544×544×80	块	25.50	1.3000	0.4000	—	—	—	—
	440080	尺四方砖	块	16.50	—	—	1.9500	0.6000	—	—
	440079	尺二方砖	块	13.50	—	—	—	—	2.7300	0.9100
	810211	掺灰泥3∶7	m^3	28.90	0.0412	—	0.0412	—	0.0412	—
	040023	石灰	kg	0.23	2.2266	—	2.2651	—	2.3026	—
	110240	生桐油	kg	32.00	0.1871	—	0.2236	—	0.2633	—
	460020	面粉	kg	1.70	0.0935	—	0.1124	—	0.1323	—
	110246	松烟	kg	2.30	0.1862	—	0.0006	—	0.2621	—
	840004	其他材料费	元	—	0.41	—	0.42	1.88	0.48	—
机械	888810	中小型机械费	元	—	5.25	0.58	5.39	0.49	5.59	0.36
	840023	其他机具费	元	—	1.17	0.13	1.20	0.11	1.24	0.08

单位：m^3　　**表8-2-2**

定额编号					2-93	2-94	2-95	2-96	2-97	2-98
项目					细砖地面、散水、路面铺墁					
					二城样砖　平铺		二城样砖　直柳叶		二城样砖　斜柳叶	
					普通	异型	整砖	半砖	整砖	半砖
基价（元）					**454.17**	**829.84**	**771.58**	**625.60**	**861.44**	**687.07**
其中	人工费（元）				270.11	594.40	412.14	431.03	465.51	486.03
	材料费（元）				169.21	202.75	336.77	170.86	370.32	174.31
	机械费（元）				14.85	32.69	22.67	23.71	25.61	26.73
名称			单位	单价（元）	数量					
人工	870007	综合工日	工日	82.10	3.290	7.240	5.020	5.250	5.670	5.920
	00001100	瓦工	工日	—	1.008	1.210	1.510	1.390	1.810	1.670
	00001200	砍砖工	工日	—	2.282	6.030	3.510	3.860	3.860	4.250
材料	440122	二城样砖448×224×112	块	12.00	12.8400	15.4100	25.6800	12.8400	28.2500	13.0000
	810211	掺灰泥3∶7	m^3	28.90	0.0412	0.0412	0.0412	0.0412	0.0412	0.0412
	040023	石灰	kg	0.23	2.3722	2.4388	2.7050	2.3722	2.7716	2.4055
	110240	生桐油	kg	32.00	0.3334	0.4002	0.6678	0.3334	0.7346	0.3668
	460020	面粉	kg	1.70	0.1680	0.2016	0.3360	0.1680	0.3707	0.1848
	110246	松烟	kg	2.30	0.3318	0.3983	0.6646	0.3318	0.7311	0.3650
	840004	其他材料费	元	—	1.68	2.01	3.33	3.33	3.67	3.67
机械	888810	中小型机械费	元	—	12.15	26.75	18.55	19.40	20.95	21.87
	840023	其他机具费	元	—	2.70	5.94	4.12	4.31	4.66	4.86

单位：m² 表 8-2-3

定额编号					2-127	2-128	2-129	2-130
项目					石子地面、路面拆除	石子地面、路面铺墁		
						拼花满铺	不拼花满铺	散铺
基价（元）					**20.99**	**238.45**	**151.86**	**62.04**
其中	人工费（元）				19.70	172.41	98.52	19.70
	材料费（元）				0.20	56.56	47.92	41.25
	机械费（元）				1.09	9.48	5.42	1.09
名称			单位	单价（元）	数量			
人工	870007	综合工日	工日	82.10	0.240	2.100	1.200	0.240
材料	040193	彩色卵石 1～3cm	kg	0.59	—	23.1800	13.9100	—
	040194	彩色卵石 3～7cm	kg	0.51	—	37.0800	51.9100	51.9100
	810004	1∶2 水泥砂浆	m³	318.54	—	0.0420	0.0400	0.0450
	440051	板瓦 2#	块	0.80	—	12.5000	—	—
	840004	其他材料费	元	—	0.20	0.59	0.50	0.44
机械	888810	中小型机械费	元	—	0.89	7.76	4.43	0.89
	840023	其他机具费	元	—	0.20	1.72	0.99	0.20

单位：m² 表 8-2-4

定额编号					2-131	2-132	2-133	2-134	2-135
项目					石板地面、路面拆除	石板地面、路面铺墁		石板踏道铺墁	
						方整石板	碎石板	方整石板	碎石板
基价（元）					**13.99**	**131.20**	**89.73**	**138.13**	**99.57**
其中	人工费（元）				13.14	29.56	38.59	34.48	45.98
	材料费（元）				0.13	100.01	49.01	101.76	51.06
	机械费（元）				0.72	1.63	2.13	1.89	2.53
名称			单位	单价（元）	数量				
人工	870007	综合工日	工日	82.10	0.160	0.360	0.470	0.420	0.560
材料	450084	方整天然石板	m²	86.00	—	1.0300	—	1.0300	—
	450085	碎拼天然石板	m²	35.00	—	—	1.0300	—	1.0300
	810005	1∶2.5 水泥砂浆	m³	289.39	—	0.0360	0.0410	0.0420	0.0480
	840004	其他材料费	元	—	0.13	1.01	1.10	1.03	1.12
机械	888810	中小型机械费	元	—	0.59	1.33	1.74	1.55	2.07
	840023	其他机具费	元	—	0.13	0.30	0.39	0.34	0.46

单位：m² 表 8-2-5

定额编号		2-142	2-143	2-144	2-145	2-146
项目		路面石、地面石制作	嗆口石制作	路面、地面、嗆口石制作	路面、地面、嗆口石安装	
		厚在 13cm 以内		每增厚 2cm	厚在 13cm 以内	每增厚 2cm
基价（元）		**606.27**	**643.17**	**98.64**	**105.92**	**15.89**
其中	人工费（元）	172.41	206.89	31.53	98.52	14.78
	材料费（元）	423.52	423.87	65.21	0.99	0.15
	机械费（元）	10.34	12.41	1.90	6.41	0.96

续表

定额编号					2-142	2-143	2-144	2-145	2-146
项目					路面石、地面石制作	喻口石制作	路面、地面、喻口石制作	路面、地面、喻口石安装	
					厚在13cm以内		每增厚2cm	厚在13cm以内	每增厚2cm
名称			单位	单价（元）	数量				
人工	870007	综合工日	工日	82.10	2.100	2.250	0.384	1.200	0.180
材料	450001	青白石	m^3	3000.00	0.1406	0.1406	0.0216	—	—
	840004	其他材料费	元	—	1.72	2.07	0.32	0.99	0.15
机械	888810	中小型机械费	元	—	8.62	10.34	1.58	5.42	0.81
	840023	其他机具费	元	—	1.72	2.07	0.32	0.99	0.15

单位：m　**表 8-2-6**

定额编号					2-157	2-158	2-159	2-160	2-161
项目					石路牙栽安	细砖牙顺栽			
						大城砖	二城样砖	大停泥砖	小停泥砖
基价（元）					**53.76**	**81.37**	**77.02**	**51.21**	**43.67**
其中	人工费（元）				18.88	43.68	39.41	33.66	27.09
	材料费（元）				33.75	35.28	35.45	15.70	15.09
	机械费（元）				1.13	2.41	2.16	1.85	1.49
名称			单位	单价（元）	数量				
人工	870007	综合工日	工日	82.10	0.230	0.532	0.480	0.410	0.330
	00001100	瓦工	工日	—	—	0.120	0.130	0.130	0.140
	00001200	砍砖工	工日	—	—	0.412	0.350	0.280	0.190
材料	020118	路牙石（青白石）	m	30.00	1.0300	—	—	—	—
	440121	大城砖 480×240×128	块	13.00	—	2.5100	—	—	—
	440122	二城样砖 448×224×112	块	12.00	—	—	2.7000	—	—
	440074	大停泥砖	块	4.50	—	—	—	2.9300	—
	440075	小停泥砖	块	3.00	—	—	—	—	4.1600
	810007	1∶3.5水泥砂浆	m^3	252.35	0.0100	—	—	—	—
	810211	掺灰泥3∶7	m^3	28.90	—	0.0062	0.0052	0.0041	0.0031
	040023	石灰	kg	0.23	—	0.2870	0.2818	0.2018	0.1737
	110240	生桐油	kg	32.00	—	0.0585	0.0700	0.0554	0.0564
	460020	面粉	kg	1.70	—	0.0294	0.0357	0.0284	0.0284
	110246	松烟	kg	2.30	—	0.0582	0.0697	0.0551	0.0562
	840004	其他材料费	元	—	0.33	0.35	0.37	0.40	0.50
机械	888810	中小型机械费	元	—	0.94	1.97	1.77	1.51	1.22
	840023	其他机具费	元	—	0.19	0.44	0.39	0.34	0.27

单位：m 表 8-2-7

定额编号					2-162	2-163	2-164	2-165	2-166	2-167
项目					糙砖牙栽墁					
					大城砖			二城样砖		
					顺栽	立栽 1/4	立栽 1/2	顺栽	立栽 1/4	立栽 1/2
基价（元）					**35.50**	**69.92**	**129.72**	**35.02**	**69.06**	**134.55**
其中	人工费（元）				6.57	13.14	24.63	6.57	13.14	24.63
	材料费（元）				28.56	56.06	103.73	28.08	55.20	108.56
	机械费（元）				0.37	0.72	1.36	0.37	0.72	1.36
名称			单位	单价（元）	数量					
人工	870007	综合工日	工日	82.10	0.080	0.160	0.300	0.080	0.160	0.300
材料	440121	大城砖 480×240×128	块	13.00	2.1239	4.2045	7.7446	—	—	—
	440122	二城样砖 448×224×112	块	12.00	—	—	—	2.2742	4.4980	8.8034
	810012	1∶3 石灰砂浆	m^3	163.32	0.0041	0.0052	0.0124	0.0031	0.0041	0.0113
	840004	其他材料费	元	—	0.28	0.55	1.03	0.28	0.55	1.07
机械	888810	中小型机械费	元	—	0.30	0.59	1.11	0.30	0.59	1.11
	840023	其他机具费	元	—	0.07	0.13	0.25	0.07	0.13	0.25

单位：m^2 表 8-2-8

定额编号					2-174	2-175	2-176	2-177	2-178
项目					槛垫石、过门石、分心石				
					拆除	制作		安装	
						厚在 13cm 以内	每增厚 2cm	厚在 13cm	每增厚 2cm
基价（元）					**63.54**	**634.88**	**98.97**	**134.65**	**17.15**
其中	人工费（元）				59.11	197.04	31.53	118.22	14.78
	材料费（元）				0.59	426.02	65.54	8.75	1.41
	机械费（元）				3.84	11.82	1.90	7.68	0.96
名称			单位	单价（元）	数量				
人工	870007	综合工日	工日	82.10	0.720	2.400	0.384	1.440	0.180
材料	450001	青白石	m^3	3000.00	—	0.1406	0.0216	—	—
	810007	1∶3.5 水泥砂浆	m^3	252.35	—	—	—	0.0300	0.0050
	840004	其他材料费	元	—	0.59	4.22	0.65	1.18	0.15
机械	888810	中小型机械费	元	—	3.25	9.85	1.58	6.50	0.81
	840023	其他机具费	元	—	0.59	1.97	0.32	1.18	0.15

单位：m^2 表 8-2-9

定额编号		2-186	2-187	2-188	2-189	2-190	2-191
项目		垂带石制作		砚窝石制作	踏跺石制作		礓礤石制作
		踏跺用	礓礤用		垂带踏跺	如意踏跺	
基价（元）		**727.51**	**654.41**	**612.63**	**649.10**	**680.52**	**784.95**
其中	人工费（元）	290.63	221.67	182.26	216.74	246.30	344.82
	材料费（元）	419.44	419.44	419.44	419.35	419.44	419.44
	机械费（元）	17.44	13.30	10.93	13.01	14.78	20.69

续表

定额编号					2-186	2-187	2-188	2-189	2-190	2-191
项目					垂带石制作		砚窝石制作	踏跺石制作		礓礤石制作
					踏跺用	礓礤用		垂带踏跺	如意踏跺	
名称			单位	单价（元）	数量					
人工	870007	综合工日	工日	82.10	3.540	2.700	2.220	2.640	3.000	4.200
材料	450001	青白石	m³	3000.00	0.1384	0.1384	0.1384	0.1384	0.1384	0.1384
	840004	其他材料费	元	—	4.15	4.15	4.15	4.15	4.15	4.15
机械	888810	中小型机械费	元	—	14.53	11.08	9.11	10.84	12.32	17.24
	840023	其他机具费	元	—	2.91	2.22	1.82	2.17	2.46	3.45

单位：m²　　**表 8-2-10**

定额编号					2-192	2-193	2-194
项目					垂带石安装	踏跺石、砚窝石安装	礓礤石安装
基价（元）					**177.03**	**190.12**	**168.96**
其中	人工费（元）				157.63	167.48	147.78
	材料费（元）				9.15	11.76	11.57
	机械费（元）				10.25	10.88	9.61
名称			单位	单价（元）	数量		
人工	870007	综合工日	工日	82.10	1.920	2.040	1.800
材料	810007	1∶3.5水泥砂浆	m³	252.35	0.0300	0.0400	0.0400
	840004	其他材料费	元	—	1.58	1.67	1.48
机械	888810	中小型机械费	元	—	8.67	9.21	8.13
	840023	其他机具费	元	—	1.58	1.67	1.48

单位：m³　　**表 8-2-11**

定额编号					2-217	2-218	2-219	2-220	2-221	2-222
项目					望柱制作					
					龙凤头（柱径在）			狮子头（柱径在）		
					15cm以内	20cm以内	20cm以外	15cm以内	20cm以内	20cm以外
基价（元）					**27384.89**	**23761.14**	**21479.31**	**33964.06**	**28982.70**	**26697.39**
其中	人工费（元）				22743.34	19324.70	17172.04	28950.10	24250.70	22094.75
	材料费（元）				3276.95	3276.95	3276.95	3276.95	3276.95	3276.95
	机械费（元）				1364.60	1159.49	1030.32	1737.01	1455.05	1325.69
名称			单位	单价（元）	数量					
人工	870007	综合工日	工日	82.10	277.020	235.380	209.160	352.620	295.380	269.120
材料	450001	青白石	m³	3000.00	1.0815	1.0815	1.0815	1.0815	1.0815	1.0815
	840004	其他材料费	元	—	32.45	32.45	32.45	32.45	32.45	32.45
机械	888810	中小型机械费	元	—	1137.17	966.24	858.60	1447.51	1212.54	1104.74
	840023	其他机具费	元	—	227.43	193.25	171.72	289.50	242.51	220.95

单位：见表 **表 8-2-12**

定额编号				2-223	2-224	2-225	1-226	1-227
项目				寻杖栏板制作		罗汉栏板制作		地伏制作
				厚在 10cm 以内	每增厚 2cm	厚在 10cm 以内	每增厚 2cm	
				m^2				m^3
基价（元）				**4018.99**	**98.27**	**2801.28**	**102.21**	**5783.29**
其中	人工费（元）			3448.20	31.53	2364.48	31.53	2364.48
	材料费（元）			363.90	64.84	294.94	68.78	3276.95
	机械费（元）			206.89	1.90	141.86	1.90	141.86
名称		单位	单价（元）	数量				
人工	870007 综合工日	工日	82.10	42.000	0.384	28.800	0.384	28.800
材料	450001 青白石	m^3	3000.00	0.1201	0.0214	0.0973	0.0227	1.0815
	840004 其他材料费	元	—	3.60	0.64	2.92	0.68	32.45
机械	888810 中小型机械费	元	—	172.41	1.58	118.22	1.58	118.22
	840023 其他机具费	元	—	34.48	0.32	23.64	0.32	23.64

单位：见表 **表 8-2-13**

定额编号				2-228	2-229	2-230	2-231	2-232	2-233
项目				石望柱安装 柱径在			石栏板及抱鼓安装		地伏安装
				15cm 以内	20cm 以内	20cm 以外	厚在 10cm 以内	每增厚 2cm	
				m^3			m^2		m^3
基价（元）				**1601.39**	**1282.72**	**1070.35**	**124.30**	**15.59**	**1135.60**
其中	人工费（元）			1477.80	1182.24	985.20	112.48	13.14	985.20
	材料费（元）			27.53	23.64	21.11	4.51	1.60	86.36
	机械费（元）			96.06	76.84	64.04	7.31	0.85	64.04
名称		单位	单价（元）	数量					
人工	870007 综合工日	工日	82.10	18.000	14.400	12.000	1.370	0.160	12.000
材料	020117 水泥（综合）	kg	0.52	8.0000	6.4000	5.5200	3.6700	0.6100	123.1300
	020003 白水泥	kg	0.95	0.6300	0.5300	0.4200	0.6300	0.1100	4.7300
	010131 铅板	kg	22.20	0.3600	0.3600	0.3600	0.0400	0.0470	0.3600
	840004 其他材料费	元	—	14.78	11.82	9.85	1.12	0.13	9.85
机械	888810 中小型机械费	元	—	81.28	65.02	54.19	6.19	0.72	54.19
	840023 其他机具费	元	—	14.78	11.82	9.85	1.12	0.13	9.85

单位：见表 **表 8-2-14**

定额编号		2-238	2-239	2-240	2-241	2-242	2-243
项目		带水槽沟盖板制作	石排水沟槽制作	石沟嘴子制作（宽在）		石沟门沟漏制安（见方在）	
				50cm 以内	50cm 以外	40cm 以内	40cm 以外
		m^2	m	块			
基价（元）		**772.07**	**504.34**	**1224.90**	**2044.63**	**213.13**	**323.51**
其中	人工费（元）	295.56	73.89	443.34	591.12	147.78	197.04
	材料费（元）	458.77	426.02	754.96	1418.04	56.48	114.65
	机械费（元）	17.74	4.43	26.60	35.47	8.87	11.82

续表

定额编号					2-238	2-239	2-240	2-241	2-242	2-243
项目					带水槽沟盖板制作	石排水沟槽制作	石沟嘴子制作（宽在）		石沟门沟漏制安（见方在）	
							50cm以内	50cm以外	40cm以内	40cm以外
					m²	m	块			
名称			单位	单价（元）	数量					
人工	870007	综合工日	工日	82.10	3.600	0.900	5.400	7.200	1.800	2.400
材料	450001	青白石	kg	3000.00	0.1514	0.1406	0.2492	0.4680	0.0178	0.0370
	810007	1∶3.5水泥砂浆	m³	252.35	—	—	—	—	0.0100	0.0100
	840004	其他材料费	元	—	4.54	4.22	7.48	14.04	0.56	1.13
机械	888810	中小型机械费	元	—	14.78	3.69	22.17	29.56	7.39	9.85
	840023	其他机具费	元	—	2.96	0.74	4.43	5.91	1.48	1.97

单位：见表 **表8-2-15**

定额编号					2-244	2-245	2-246	2-247
项目					带水槽沟盖板安装	石排水沟槽安装	石沟嘴子安装（宽在）	
							50cm以内	50cm以外
					m²	m	块	
基价（元）					**58.00**	**58.00**	**216.87**	**314.71**
其中	人工费（元）				49.26	49.26	197.04	285.71
	材料费（元）				5.54	5.54	7.02	10.43
	机械费（元）				3.20	3.20	12.81	18.57
名称			单位	单价（元）	数量			
人工	870007	综合工日	工日	82.10	0.600	0.600	2.400	3.480
材料	810007	1∶3.5水泥砂浆	m³	252.35	0.0200	0.0200	0.0200	0.0300
	840004	其他材料费	元	—	0.49	0.49	1.97	2.86
机械	888810	中小型机械费	元	—	2.71	2.71	10.84	15.71
	840023	其他机具费	元	—	0.49	0.49	1.97	2.86

单位：m³ **表8-2-16**

定额编号					2-248	2-249	2-250	2-251
项目					夹杆石、镶杆石拆除	夹杆石、镶杆石 制作		木牌楼夹杆石、镶杆石安装
						无雕饰	有雕饰	
基价（元）					**635.45**	**3892.97**	**5438.56**	**1350.14**
其中	人工费（元）				591.12	610.82	2068.92	1206.87
	材料费（元）				5.91	3245.50	3245.50	64.82
	机械费（元）				38.42	36.65	124.14	78.45
名称			单位	单价（元）	数量			
人工	870007	综合工日	工日	82.10	7.200	7.440	25.200	14.700

续表

定额编号					2-248	2-249	2-250	2-251
项目					夹杆石、镶杆石拆除	夹杆石、镶杆石 制作		木牌楼夹杆石、镶杆石安装
						无雕饰	有雕饰	
材料	450001	青白石	m³	22.20	—	1.0815	1.0815	—
	810007	1∶3.5水泥砂浆	m³	252.35	—	—	—	0.0700
	091357	铁件（垫铁）	kg	5.80	—	—	—	6.0500
	840004	其他材料费	元	—	5.91	1.00	1.00	12.07
机械	888810	中小型机械费	元	—	32.51	30.54	103.45	66.38
	840023	其他机具费	元	—	5.91	6.11	20.69	12.07

8.3 定额名称注释

1. 细墁地面、散水、路面剔补

细墁地砖件风化或损坏严重，需逐块剔除后，镶补新砖。见定额2-5。

2. 糙墁地面、散水、路面补换砖

糙墁地砖件风化或损坏严重，需单块拆除后补换新砖。见定额2-16。

3. 细砖（糙砖）地面揭墁

地面局部损坏，拆除后挑选可再次利用的旧砖，添配部分新砖，重新铺墁地面。见定额2-29、2-53。

4. 细墁地面

利用砍磨加工后的砖铺墁的地面。见定额2-82。

5. 糙墁地面

利用毛砖直接铺墁的地面。见定额2-105。

6. 细墁大城砖平铺普通地面

细墁大城砖的一种，砖的大面向上，砖的长边与建筑物轴线平行或垂直，铺墁甬路时长边与牙子平行或垂直，见定额2-87，见图8-3-1。

7. 细墁大城砖平铺异形地面

细墁大城砖的一种，砖的大面向上，砖的长边与建筑物轴线呈45°，铺墁甬路时长边与牙子也呈45°。见定额2-88和图8-3-2。

8. 直柳叶整砖地面

与大城砖平铺普通地面排砖相同，将整砖陡立起来，条面向上铺墁。见定额2-89，见图8-3-4。

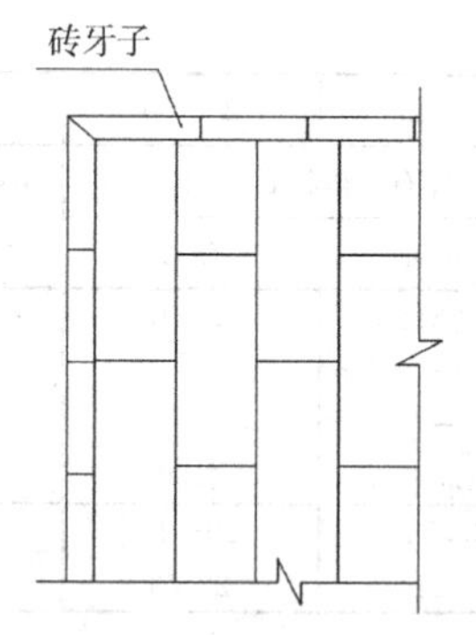

图 8-3-1　细墁大城砖平铺

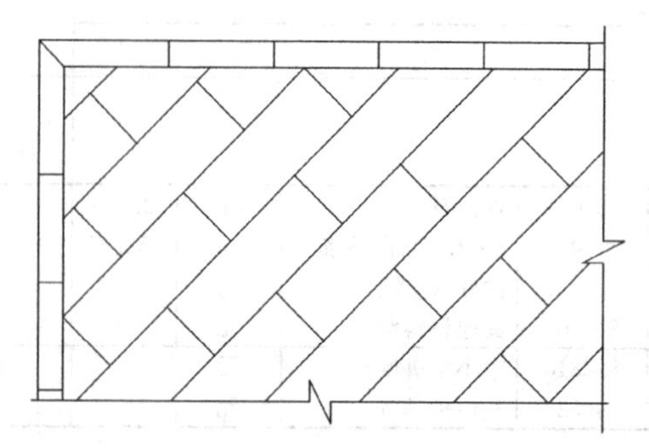

图 8-3-2　细墁大城砖平铺异形地面

9. 直柳叶半砖地面

与大城砖平铺普通地面排砖相同，将一块整砖切割成两块条砖，将砖的条面向上铺墁。见定额 2-90。

10. 斜柳叶整砖地面

与大城砖平铺异形地面排砖相同，将整砖陡立起来，条面向上铺墁。见定额 2-91。

11. 斜柳叶半砖地面

与大城砖平铺异形地面排砖相同，将一块整砖切割成两块条砖，将砖的条面向上铺墁。见定额 2-92。

12. 地面钻生

地面干燥后，用生桐油对砖地面涂刷或浸泡，提高砖表面的强度和耐磨性能。见定额 2-103。

13. 顺栽细牙子砖

将砖的条面砍磨加工后，圈栽的砖边（有效长度为砖的长尺寸）见定额 2-160 和图 8-3-3。

图 8-3-3　人字、顺栽砖道牙

14. 糙栽牙子砖顺栽

与顺栽细牙子砖排砖相同，只是砖不需要经过砍磨加工。见定额 2－162。

15. 糙栽牙子立栽 1/4 砖

条砖不经砍磨，直接圈栽的砖边（有效长度为砖的宽度尺寸）。见定额 2－169 和图 8－3－4。

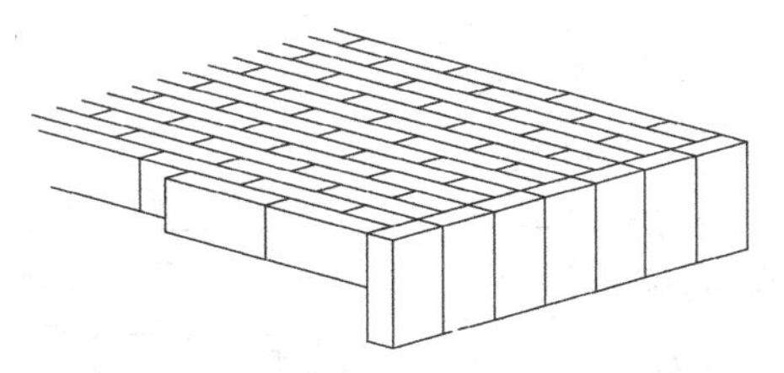

图 8－3－4 直柳叶、立栽 1/4 砖道牙

16. 糙栽牙子立栽 1/2 砖

条砖不经砍磨，直接圈栽的砖边（有效长度为砖的厚度尺寸）。见定额 2－170 和图 8－3－5。

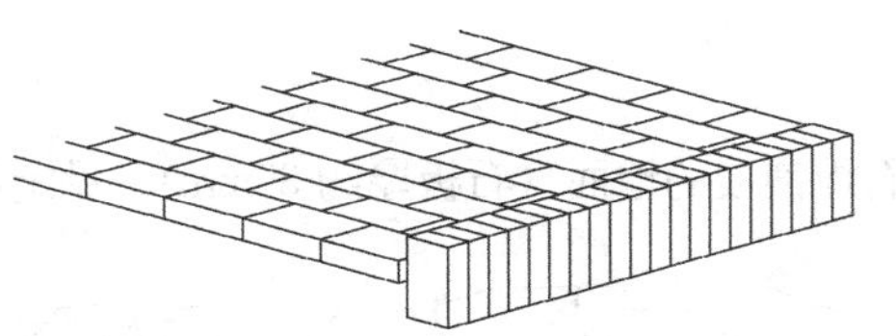

图 8－3－5 十字缝、立栽 1/2 砖道牙

17. 石子地面满铺拼花

石子地面的一种；面层的石子与石子之间紧密地挤在一起，不露基底水泥砂浆。铺墁时利用石子的形状、颜色、大小拼出图案。例如故宫内的石子地面，具有很高的艺术价值。见定额 2－128 和图 8－3－6。

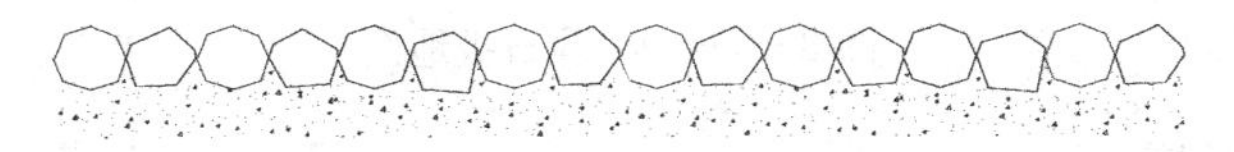

图 8－3－6 石子地面满铺拼花

18. 石子地面散铺

石子地面的一种；面层石子与石子间有大小不等的自然间隔，可露出基底水泥砂浆，石子自由粘码，无图案要求。见定额 2－130 和图 8－3－7。

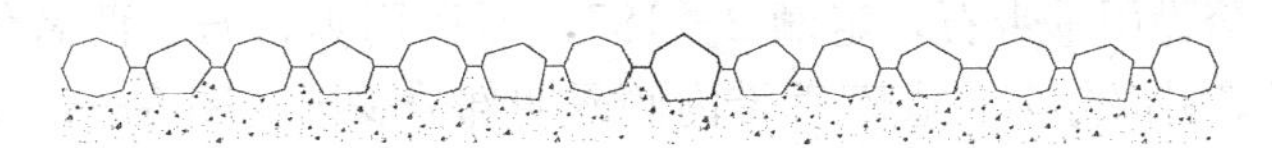

图 8－3－7 石子地面散铺

19. 毛石地面

利用毛石铺装的地面，选择一个比较平的自然面向上，毛石之间缝隙变化自然随意，有很强的天然感。选择定额 2－137，见图 8－3－8。

20. 方整石板地面

利用规格比较统一的石板铺装的地面（石板厚约 30mm）。见定额 2－132，见图 8－3－9。

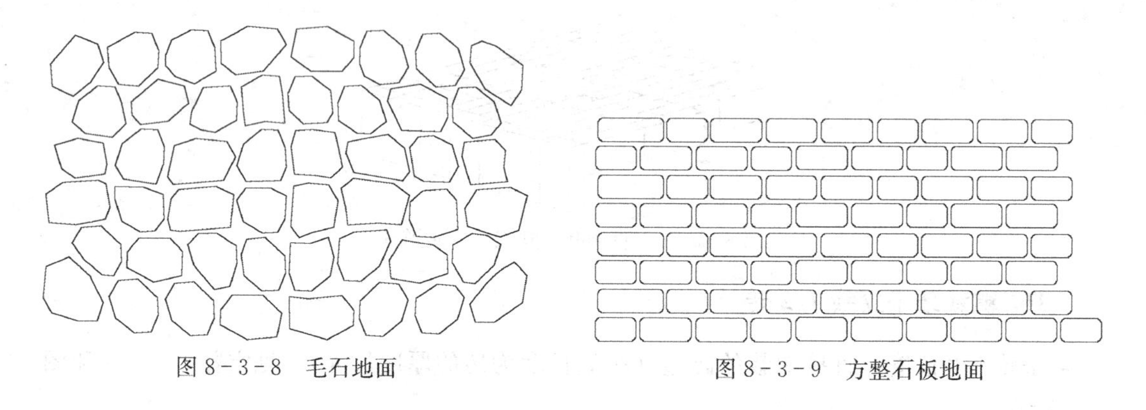

图 8－3－8　毛石地面　　　图 8－3－9　方整石板地面

21. 碎石板地面

利用各种自然形状的石板铺装的地面（石板厚约 30mm）。见定额 2－133，见图 8－3－10。

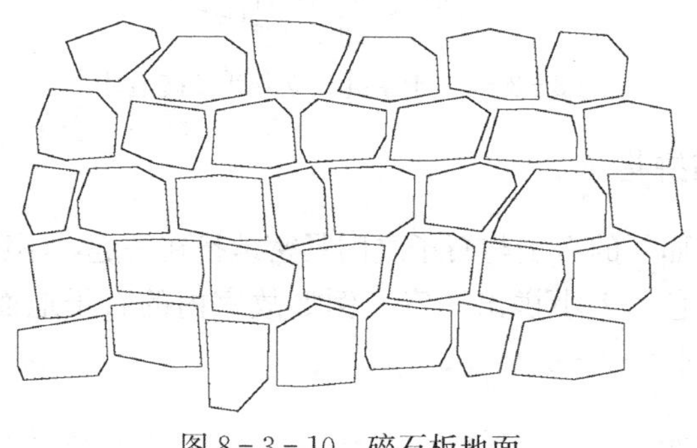

图 8－3－10　碎石板地面

22. 方整石板踏道

随坡地自然起伏，利用方整石板铺装的踏道。见定额 2－134。

23. 垂带石

指位于垂带式踏跺或礓礤踏跺两侧，斜置于阶条石与砚窝石之间的石构件。

定额 2－186，踏跺用垂带石，定额 2－187，礓礤用垂带石，两者价格前者高，因为踏跺的垂带石内侧露明部分多，礓礤垂带内侧露明部分少。见图 8－3－11。

垂带长×宽＝面积×2 侧　　$c^2=a^2\times b^2$　　$c=\sqrt{a^2+b^2}$

长指斜向的投影长（实际上面），宽指大面宽，左右二个小面不能展开。

24. 砚窝石

亦作燕窝石或称下基石，指垂带踏跺的最下面一层台阶。制作时应考虑与垂带相交处，按垂带的宽度凿出浅窝，起稳定垂带下脚的作用。见定额 2-188，见图 7-3-30。

25. 如意石

与燕窝石平面上相邻的石构件，见图 7-3-30。

26. 踏跺石

定额 2-189 中，垂带踏跺石。定额 2-190 中，如意踏跺石。见图 8-3-11。

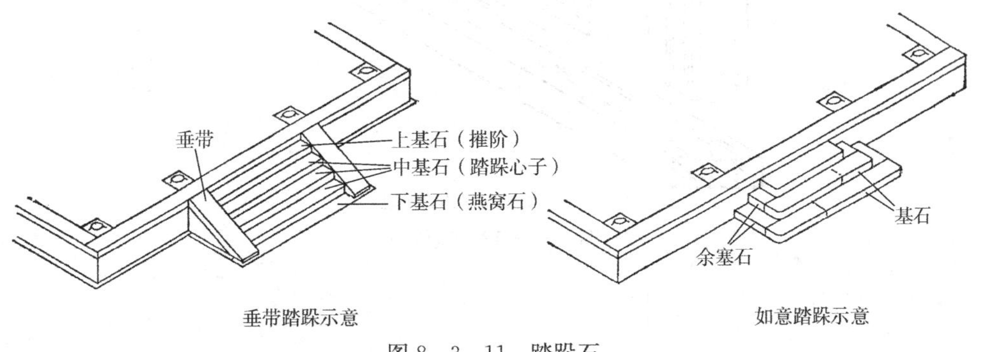

图 8-3-11 踏跺石

27. 礓䃰石

用于较缓的坡道，防滑作用的石阶。见定额 2-191，见图 8-3-12。

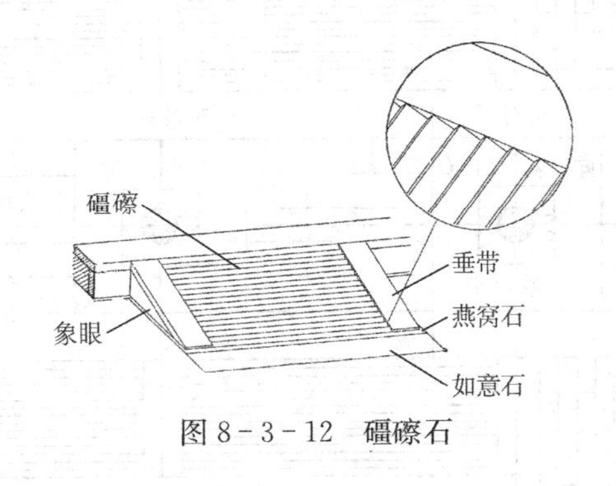

图 8-3-12 礓䃰石

28. 地伏石

石栏板和石望柱下衬垫的条石，见定额 2-227，见图 8-3-13。

29. 噙口石

指路面、地面石，牌楼（镶）夹杆石四边相邻平铺的石构件，见定额 2-143，见图 8-3-14。

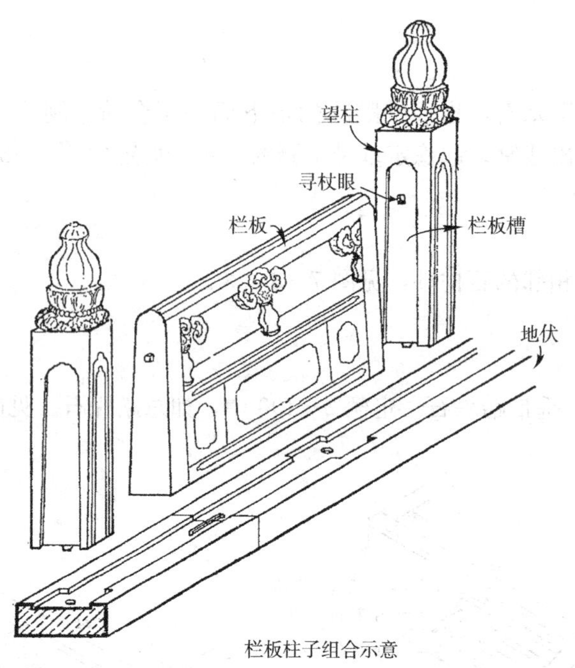

图 8－3－13　地伏石

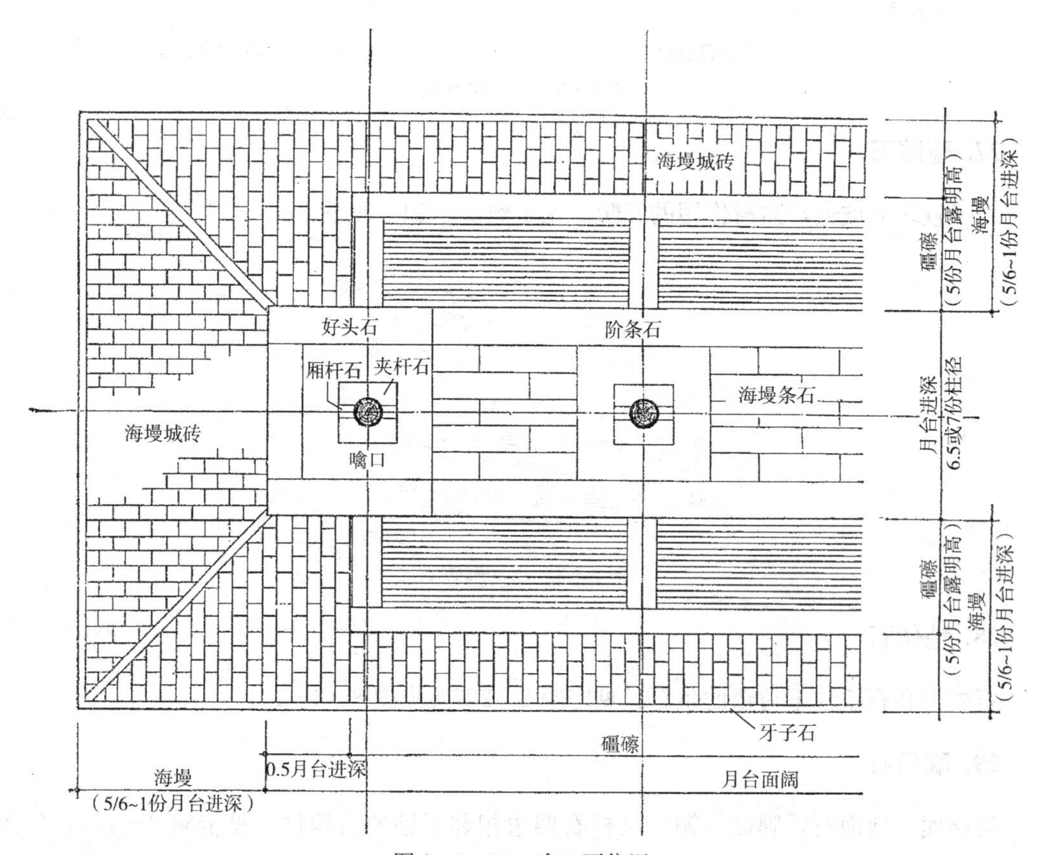

图 8－3－14　噙口石位置

30. 槛垫石

定额 2－175（过门石、分心石）。沿面宽方向，坐在金柱轴线上横向放置的石件，称槛垫石。明间室内一进门的石构件称拜石。廊步沿进的方向放置的石件叫分心石（或门心石）。位于金柱面宽方向中心，室内外各有一半的石构件称过门石。

通槛垫石是位于建筑物门槛之下与门槛顺向放置的条形石构件，有通槛垫和带下槛垫之分。山墙廊门筒子下阶条石里侧的条石也称槛垫，见定额 2－175 和图 8－3－15。

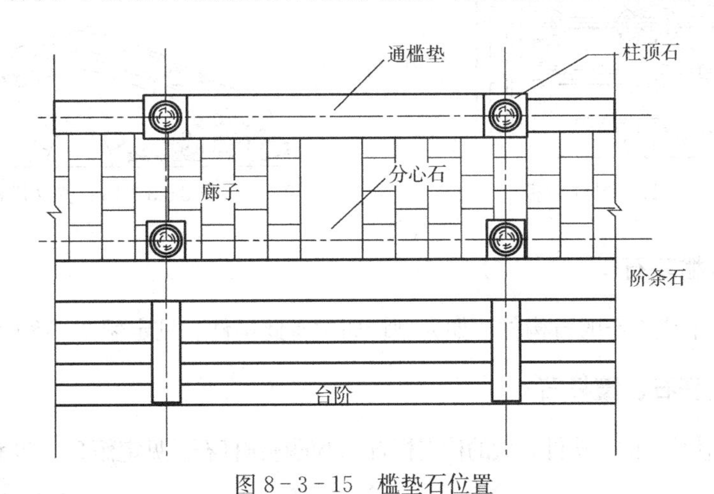

图 8－3－15　槛垫石位置

31. 石望柱

此指石材制作的望柱。因柱头雕刻的形式繁简不一，耗用工时不同，定额分为四种柱头形式，素方头望柱、莲花头或石榴头望柱、龙凤头望柱和狮子头望柱，定额 2－211～2－222，见图 8－3－16。

图 8－3－16　石望柱

32. 寻仗栏板

也称禅杖栏板。最常见的石栏板，由宝瓶和寻仗（禅杖）组成上部，宝瓶之间空透，下部落海棠线。见定额 2－223～2－224 和图 8－3－17。

33. 罗汉栏板

不带石望柱的栏板，栏板表面有凸起的海棠线圈出的平面若干层，板面死棂不通透，见定额 2－225 和图 8－3－18。

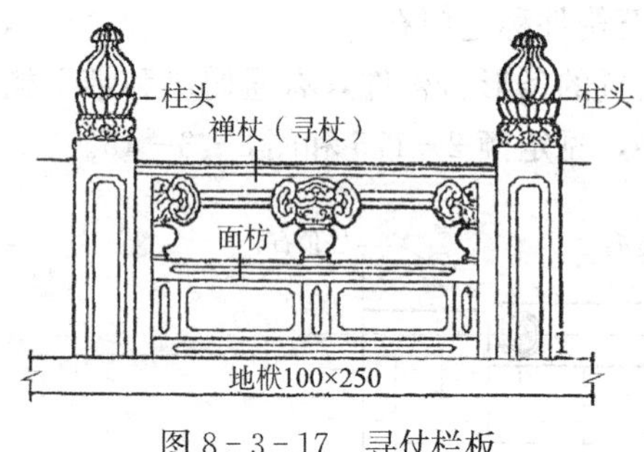

图 8－3－17　寻仗栏板

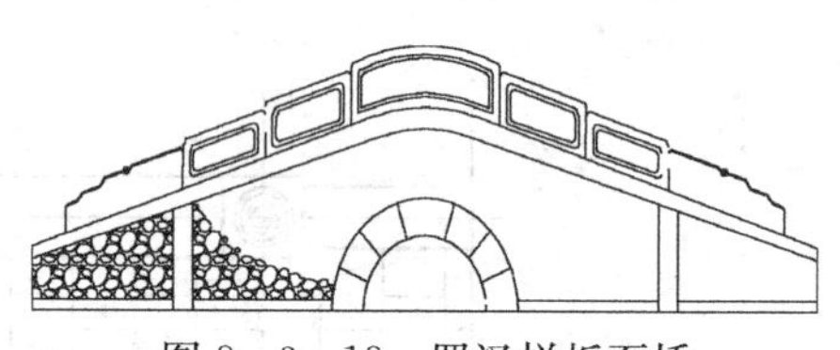

图 8－3－18　罗汉栏板石桥

34. 带下槛槛垫石

即槛垫石与下槛连作的石构件，如大型坛庙常有此构件。见定额 2－180 和图 8－3－19。

35. 牌楼夹杆石、镶杆石

此指包裹牌楼柱子的石构件，大的称夹杆石，小的称镶杆石。见定额 2－249 和图 8－3－20。

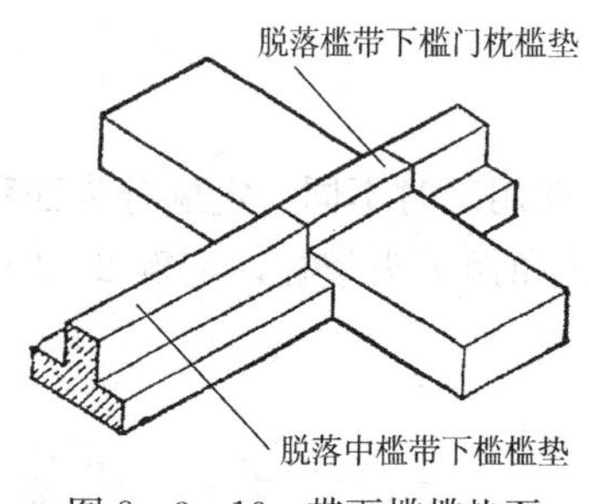

图 8－3－19　带下槛槛垫石

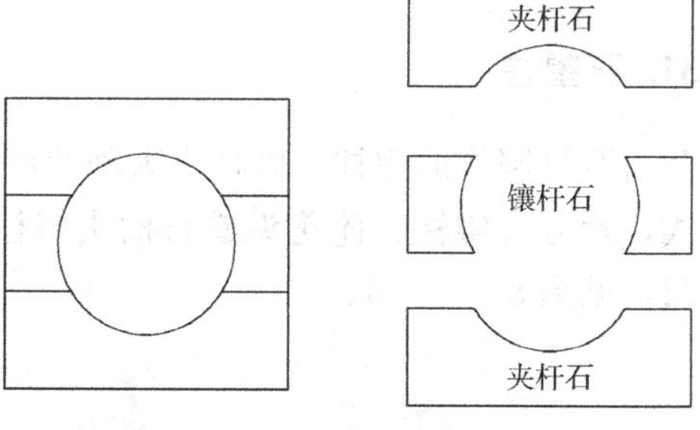

图 8－3－20　牌楼夹杆石、镶杆石

36. 牙子石

此指甬路两侧圈边的条石。见定额 2－157 和图 8－3－21。

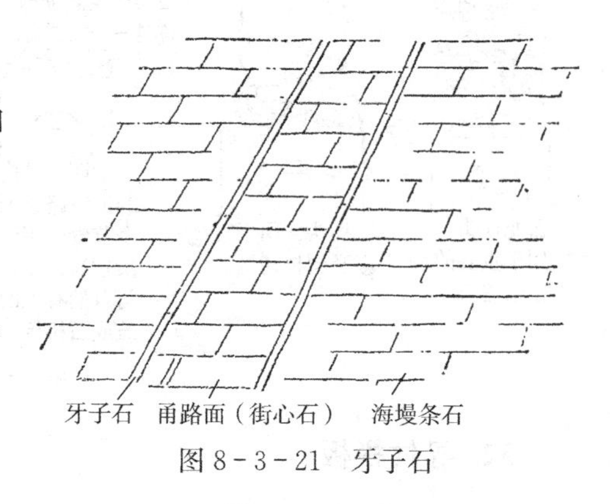

图 8－3－21　牙子石

37. 沟嘴石

此指用于墙面排水石件，如城墙排水构件。见定额 2－240 和图 8－3－22。

38. 沟门石、沟漏石

此指墙面排水，地面排水的石箅子。见定额 2－242 和图 8－3－23。

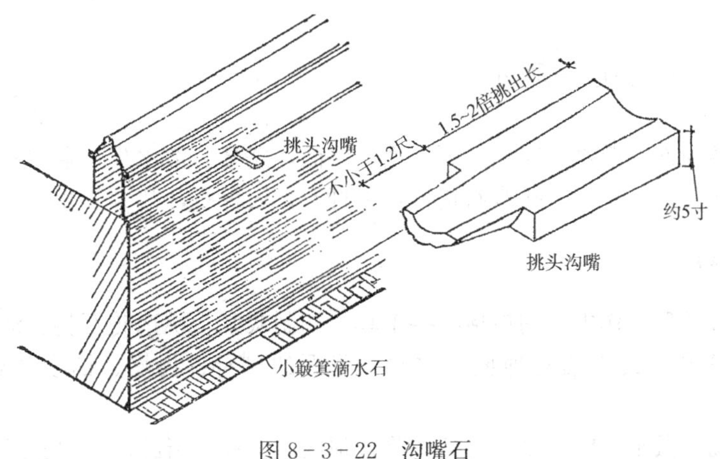

图 8-3-22 沟嘴石

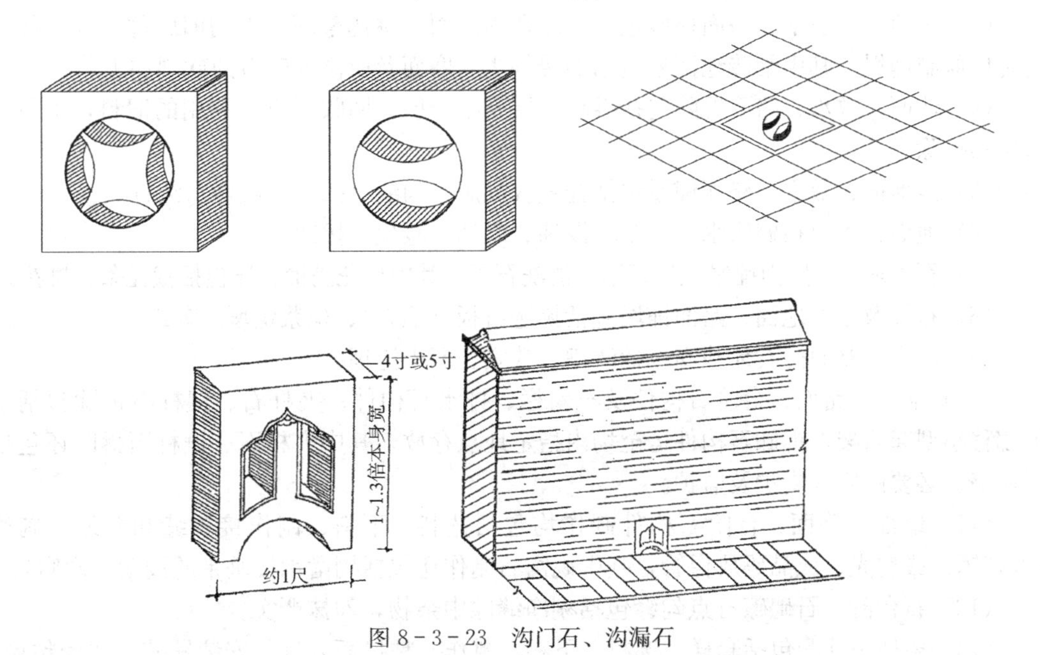

图 8-3-23 沟门石、沟漏石

39. 石路牙与路缘石

石材或砖墁地面分割或圈边的条石，见定额 2-157、定额 2-142 和图 8-3-24。

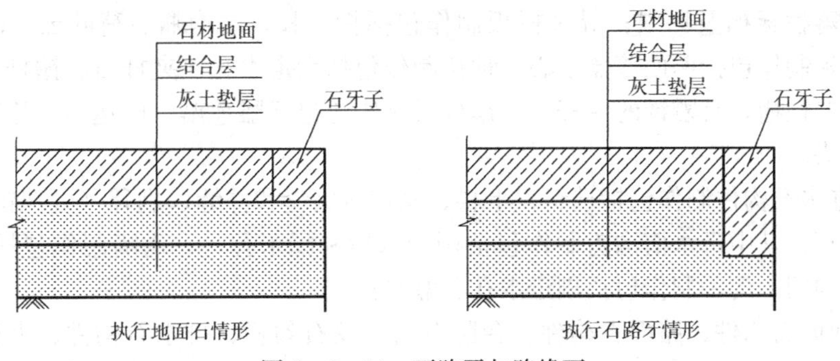

图 8-3-24 石路牙与路缘石

8.4 工作内容与统一规定

本章包括砖地面、散水、路面，石地面、路面，路牙、散水牙，槛垫石、过门石、分心石，台阶石构件，石勾栏，排水石构件，夹杆石、镶杆石，共8节254个子目。

1. 工作内容

(1) 本章各子目工作内容均包括准备工具、调制灰浆、挑选砖石料、清理基层、场内运输及废弃物清理，其中细砖地面、散水、路面的剔补、揭墁、铺墁还包括砖料砍制加工。

(2) 砖地面、散水、路面剔补包括剔除残损旧砖、补装新砖件、勾缝或扫缝。

(3) 砖地面、散水、路面揭墁包括拆除残损地面、挑选整理拆下的旧砖件、补配部分新砖依原制铺墁，其中细砖地面还包括旧砖件重新磨面及所添补砖料的砍制加工。

(4) 地面、散水、路面拆除包括拆除面层及结合层，回收可重新利用的旧料，不包括垫层的拆除。

(5) 砖地面、散水、路面铺墁包括挂线找规矩，勾缝（扫缝）或墁水活打点。

(6) 地面钻生包括刷矾水、上墨、浸油、起油、呛生、擦净。

(7) 石子地面、路面铺墁包括筛选、清洗石子，其中拼花满铺者还包括裁瓦条、拼花。

(8) 石板及毛石地面、路面铺墁包括挑选石板（毛石）、坐浆铺墁、勾缝。

(9) 散水、路面砖石牙栽安包括清槽、栽安、回土掩埋。

(10) 地面、路面、台阶石构件及石勾栏、排水石构件、夹杆石、镶杆石拆除包括搭拆挪移小型起重架，拆卸石构件运至场内指定地点存放，其中夹杆石、镶杆石拆除还包括拆铁箍、必要的安全支护及监护。

(11) 地面、路面、台阶石构件制作均包括选料、下料、制作接头缝和并缝、剁斧（砸花锤）或扁光、成品码放保管，其中砚窝石制作还包括剔凿承接垂带的浅槽（砚窝）。

(12) 石台阶、石礓礤打点勾缝包括剔净缝隙中杂物，勾抹严实。

(13) 望柱头补配包括套样、选料、下料、雕作、粘接面处理、安装铁芯、注胶粘接、缝口勾抹打点。

(14) 石勾栏、夹杆石、镶杆石制作包括选料、下料、制作并缝（或接头缝）、绘制图样、雕刻、磨光、成品码放保管；其中望柱制作包括雕柱头，柱身四棱起线，两看面落盒子心，两肋落栏板槽及卯眼；寻杖栏板制作包括掏寻杖，雕净瓶、荷叶云，落绦环盒子心；罗汉栏板制作包括两面落盒子心；地伏制作包括剔走水孔；夹杆石、镶杆石制作包括剔铁箍槽、夹柱槽，有雕饰的夹杆石、镶杆石制作还包括雕莲瓣、巴达马、掐珠子、雕如意云、复莲头。

(15) 排水石构件制作包括选料、下料、制作接头缝和并缝、剁斧（砸花锤）或扁光、成品码放保管；其中带水槽沟盖制作包括剔走水槽和漏水孔；石沟嘴制作包括剔走水槽、雕滴水头；沟门、沟漏制作包括剔走水孔、漏水孔。

(16) 地面石构件、路面石构件、台阶石构件及石勾栏、排水石构件、夹杆石、镶杆石安装包括修整并缝、接头缝，稳安垫塞、灌浆，搭拆挪移小型起重架及安全监护，其中夹杆石、镶杆石安装还包括制安铁箍。

(17) 台阶石构件、石勾栏拆安归位包括拆除及安装的全部工作内容，其中台阶石构件拆安归位还包括截头重作接头缝。

2. 统一性规定及说明

(1) 本章定额中细砖系指经砍磨加工后的砖件，糙砖系指未经砍磨加工的砖件，而非指砖料材质的糙细；各种细砖地面、散水、路面、砖牙等定额规定的砖料消耗量包括砍制过程中的损耗在内，若使用已经砍制的成品砖料，应扣除砍砖工及相应人工费用，砖料用量乘以 0.93 系数，砖料单价按成品砖料的价格调整后执行，其他不作调整。

(2) 条形砖地面铺墁工程做法中，砖料大面向上铺墁者为平铺，其中弧形铺墁或宽度在 2m 以内路面斜向铺墁者为异形做法，条面向上铺墁者为柳叶，若将砖料顺长度方向裁成两条后再行铺墁者为半砖柳叶。方砖地面铺墁工程做法中车辋、八卦锦、龟背锦等做法为异形做法。

(3) 栽砖牙工程做法中，砖料条面向上者为顺栽，丁面向上者为立栽，砖牙宽度为砖长的 1/4 者为“立栽 1/4 砖”，砖牙宽度为砖长的 1/2 者为“立栽 1/2 砖”。

(4) 石路牙系指栽铺在园路两侧或散水边缘宽度在 12cm 以内，其底面在路面、散水结合层之下的石牙；路面铺装中随同路面石（或砖）铺墁的宽度大于 12cm、上皮与路面平齐的路缘条石或分隔条石（类似于现代地面工程中的“波打线”）执行“路面石、地面石”相应定额。

(5) 道路随地势起伏做垫层，顺势铺墁面层砖件或毛石、石板形成一定坡度者即为坡道，执行本章相应地面定额，迭压铺墁面层砖件或毛石、石板形成台阶状者即为踏道，执行本章相应踏道定额。在平地用砖石砌筑成的阶梯，执行本定额第一章“砌筑工程”相应定额。

(6) 地面、散水、路面剔补或补换砖以所补换砖件相连面积之和在 $1.0m^2$ 以内为准，相连面积之和超过 $1.0m^2$ 时，应执行拆除和铺墁定额。砖件相连以两块砖之间有一定长度的砖缝为准，不含顶角相对的情况。

(7) 砖地面、散水、路面揭墁均以新砖添配在 30%以内为准，新砖添配量超过 30%时，另执行新砖添配每增 10%定额（不足 10%亦按 10%执行）。

(8) 地面、路面遇有方砖与石子间隔铺墁者应分别执行定额。

(9) 各种砖地面、散水、路面的铺装、揭墁及栽砖石牙已综合了掏柱顶卡口、散水转角及甬路交叉、转角等因素，实际工程中遇有上述情况均按定额执行不作调整。

(10) 地面、路面、台阶石构件及排水石构件制作均以常规做法为准，定额已综合了剁斧、砸花锤、打道、扁光等做法，实际工程中不论采用上述何种做法，定额均不做调整。

(11) 弧形踏跺石制作按相应定额乘以 1.10 系数执行；路面铺装中随同路面石（或砖）铺墁的弧形路缘条石或分隔条石制作，按“路面石、地面石”制作定额乘以 1.10 系数执行；扇形地面石、路面石制作按相应定额乘以 1.20 系数执行。

(12) 不带水槽沟盖制作按带水槽沟盖制作定额人工乘以 0.6 系数执行。

(13) 象眼石、平座压面石按本定额第一章“砌体工程”中相应定额执行。

（14）望柱定额已综合考虑了截面为五边形等情况，实际工程中不管其截面形状，定额不作调整，其中狮子头望柱制作以柱头雕单只蹲狮为准，龙凤头望柱制作以柱头浮雕龙凤及祥云为准。

（15）垂带上栏板及抱鼓制作按相应定额乘以 1.20 系数执行，拱形、弧形栏板制作按相应定额乘以 1.10 系数执行。

（16）地伏、制作如遇拱形、弧形等做法时，按相应定额乘以 1.10 系数执行。

（17）地面、路面、台阶石构件及石勾栏、排水石构件、夹杆石、镶杆石等制作、安装均以汉白玉、青白石等普坚石材为准，若用花岗石等坚硬石材，定额人工乘以 1.30 系数。

8.5　工程量计算规则

1. 地面、散水、路面剔补或补换砖按所补换砖件的数量以块为单位计算。

2. 室内外通墁地面按阶条石、平座压面石（或冰盘檐）里口围成的面积计算；室内外地面不通墁，室内地面按主墙间面积计算，檐廊部分按阶条石、平座压面石（或冰盘檐）里口至槛墙间面积以 m^2 为单位计算；均不扣除柱顶石、间壁墙、隔扇等所占面积。

3. 庭院地面、甬路、散水按砖石牙里口围成的面积以 m^2 为单位计算，踏道按投影面积计算，礓礤、坡道按斜面面积计算，均不扣除 1.0m^2 内的树池、花池、井口等所占面积，做法不同时应分别计算；石子地面、路面不扣除砖条、瓦条所占面积，方砖与石子间隔铺墁的地面、路面计算石子地面积时应扣除方砖心所占面积，方砖心按其累计面积计算。

4. 各种砖牙、石路牙按其中心线长度累计以 m 为单位计算。

5. 地面、散水、路面局部拆除、铺墁、揭墁按其实际面积以 m^2 为单位计算。

6. 路面石、地面石、噙口石、槛垫石、过门石、分心石按水平投影面积以 m^2 为单位计算，其中噙口石不扣除夹（镶）杆石所占面积；带下槛槛垫石按截面全高乘以宽乘以长以 m^3 为单位计算。

7. 石台阶拆安归位及打点勾抹包括垂带在内按水平投影面积以 m^2 为单位计算，垂带不再另行计算。

8. 石台阶拆除、制作、安装均按面积计算，其中垂带石按上面长乘以宽的面积以 m^2 为单位计算，砚窝石按水平长乘以宽的面积以 m^2 为单位计算，踏跺石按水平投影面积以 m^2 为单位计算。

9. 石礓礤按上面长乘以宽的面积以 m^2 为单位计算；其中拆安归位及打点勾缝包括垂带面积在内，垂带不再另行计算。

10. 望柱拆除、制作、安装均按柱身截面积乘以全高的体积以 m^3 为单位计算；望柱头补配以根为单位计算。

11. 栏板按垂直净高乘以相邻两望柱中至中长的面积以 m^2 为单位计算，随栏板抱鼓按垂直净高乘以相邻望柱中至前端长的面积以 m^2 为单位计算。

12. 地伏按截面积乘以长的体积以 m^3 为单位计算。

13. 带水槽沟盖板按水平投影面积以 m^2 为单位计算；石排水沟槽按中心线长度以 m 为单位计算；石沟嘴子、沟门、沟漏按数量以块为单位计算。

14. 夹杆石、镶杆石按宽、厚、高的乘积的体积以 m^3 为单位计算，不扣除夹柱槽所占体积，其高度包括埋深在内，埋深无图示者其下埋深度按露明高度计算。结算时据实调整。

8.6 难点提示

1. 要正确区分踏道与台阶的不同，踏道做法是随地势自然起伏做垫层，按其坡度叠压铺墁面层砖件。台阶是在平地用砖（石）砌筑成的阶梯。这里的砌筑应执行台阶的砌筑定额，按砖衬里墙执行，面层单计算。

2. 实际工程如遇石子地面中有方砖间铺墁者，应分别计算面积，分别执行相应定额；但石子地面包括用瓦条拼花，用石子与瓦条摆花。

3. 定额中铺墁地面的结合层，是以古建常规作法而制定的，即金砖用纯白灰浆，其他细墁用 3 ∶ 7 掺灰泥，糙墁用 1 ∶ 3 石灰砂浆，石子地、石板路用 1 ∶ 2.5 水泥砂浆。实际工程中结合层的材料品种与上述规定不吻合时，应按规定进行换算。

【例 8-6-1】设计规定糙墁地用掺灰泥（尺四方砖为例）定额 2-105

【解】石灰砂浆 1 ∶ 3＝163.32 元×0.0319＝5.21 元

而换成 3 ∶ 7 掺灰泥时，参照定额 2-82 进行换算：

3 ∶ 7 掺灰泥的价格＝28.90×0.0412＝1.19 元

糙墁尺四方砖地使用灰泥时的价格＝108.86－5.21＋1.19＝104.84 元

即使用 3 ∶ 7 掺灰泥的价格经换算后为 104.84 元/m^2

各种灰泥价格中不包括黄土的价格，发生时另行计算黄土的价格。

4. 本章所用的砍磨砖件是以在施工现场内砍制而考虑的，如果因现场窄小或其他原因需在施工现场外集中砍制时，所发生的“加工后的砖件”运至施工现场的费用应在砖的单价中考虑。

5. 不同规格的方砖换算时，应严格执行定额给定的价格及规定的耗损量。

【例 8-6-2】①细墁地面方砖的换算，先求定额规定的损耗率。

【解】尺四方砖的规格：448mm×448mm×60mm。

假定加工后砖规格为：418×418＝0.174724m^2/块

1÷0.174724＝5.72 块/m^2

6.46÷5.72＝1.13（13%），（参考定额 2-82）

即定额给定损耗量为 13%。

尺七方砖的规格：544mm×544mm×80mm。

假定加工后的砖规格为：514×514＝0.264196m^2/块

1÷0.264196＝3.79 块/m^2

4.28÷3.79＝1.13（13%），（参考定额 2-81）

结论：定额给定方砖损耗量为 13%

② 二尺方砖的换算

二尺方砖规格：640mm×640mm×96mm。

假定加工后砖规格为：610×610＝0.3721m^2/块

1÷0.3721＝2.69 块/m^2

2.69×1.13＝3.04 块（理论用量乘以定额规定的损耗量）

3.04 块×80 元/块＝243.20 元（假设二尺方砖的信息价为 80.00 元/块）

以 2－81 为例：

新预算价＝原预算价－(原方砖用量×原方砖价)＋(新方砖用量×新方砖价)

323.01－(25.50×4.28)＋(3.04×80)＝457.07 元

人工费暂估上调 8 元（上调原因为 2－81 与 2－82 的差）

换算后预算价值＝457.07＋8＝465.07 元　（其中人工费 201.76 元）

6. 本章中石构件制作与石构件安装分别设定对应子目，发生制、安项目时应分别选择两次相应定额子目。

7. 定额规定使用的石材材质与实际不符时，允许调整其石料价格。

8. 不论剁斧在制作时一次完成还是安装好以后完成，均不能执行单独剁斧定额，原制作定额子目中已包含此项工序。单独剁斧定额只适用于旧石活见新的修理项目。

9. 山面压在墙下的金边石，执行腰线石定额，角柱不分圭角角柱或墀头角柱，均使用同一个定额子目。

10. 拆安归位的工程量以归位后的体积或面积计算，所补配部分的新构件体积或面积应另行按照新构件的制作与安装计算，分别执行制作与安装定额，不应含在拆安归位的工程量中。

11. 如用花岗石制作、安装、改制、见新加固时，定额人工费×1.30 系数，并调整其石料价格。

12. 不带雕刻的石构件制作，已包括了剁斧、砸花锤、打道、扁光、磨光等做法，实际中不论采用哪种做法，定额均不得调整。

13. 构件的拆安，除考虑石构件本身外，还要考虑与之相连的墙体的拆砌工程量。

14. 定额中方整石板地铺墁指厚度 60mm 以内的矩形石板。厚度大于 60mm 的石材铺地面应执行路面石、地面石定额子目。

8.7　习题演练

【习题 8－7－1】某地面糙墁尺二方砖设计图纸要求使用 3∶7 灰泥铺墁，而定额中糙墁地面是按 1∶3 石灰砂浆确定的预算基价。请按有关规定换算新的预算基价。（注：人工、材料、机械暂按定额原价。）

【解】(1) 首先确定使用哪个定额进行换算。

糙墁尺二方砖应选择定额 2－106。

(2) 原定额基价是 119.99 元/m^2，其中含 1∶3 石灰砂浆的价格是（0.0319/m^3×163.32 元/m^3＝5.21 元)，又知定额 2－83 中 3∶7 灰泥的价格是（0.0412/m^3×28.90 元/m^3＝1.19 元)。

(3) 换算后的价格等于原价格减去石灰砂浆价格再加上灰泥价格。

即，119.99－5.21＋1.19＝115.97 元/m^2

【习题 8－7－2】某地面使用二尺方砖细墁，但定额中没有这种规格的项目，如何换算和确定二尺方砖细墁地面的价格?

（注：二尺方砖按 80 元/块计算，人工、材料、机械费暂按定额原价计算，其他因素暂不考虑。）

【解】(1) 首先分析相关定额，求出墁方砖地面所给方砖的损耗量。

① 求尺四方砖的损耗量。

尺四方砖毛规格为 448mm×448mm×60mm，假设经砍磨加工后砖的规格变为 418mm×418mm，砍磨后的砖单块面积＝0.418×0.418＝0.174724m^2

分析定额 2－82 细墁尺四方砖地面，其中给定方砖定额消耗量是 6.46 块

方砖理论消耗量＝1÷0.174724＝5.72 块/m^2

方砖损耗量＝定额消耗量÷理论消耗量

方砖损耗量＝6.46÷5.72＝1.13（13%）

结论：定额给定的方砖损耗量为 13%。

② 求尺七方砖的损耗量

尺七方砖毛规格＝544×544×80。假设经砍磨加工后砖的规格变为

514×514，砍磨后的砖单块面积＝0.514×0.514＝0.264196m^2

分析定额 2－81 细墁尺七方砖地面，其中给定方砖定额消耗量是 4.28 块。

方砖理论消耗量＝1÷0.264196＝3.79 块/m^2

方砖损耗量＝定额消耗量÷理论消耗量

方砖损耗量＝4.28÷3.79＝1.13（13%）

结论：定额给定的方砖损耗量为 13%。

原则：二尺方砖的损耗量应为 13%。

(2) 尺二方砖数量的换算

二尺方砖毛规格：640mm×640mm×96mm。假设经砍磨加工后砖的规格变为 610mm×610mm，砍磨后的砖单块面积＝0.61×0.61＝0.3721m^2

理论消耗量＝1÷0.3721＝2.69 块/m^2

方砖损耗量＝定额消耗量÷理论消耗量

定额消耗量＝方砖损耗量×理论消耗量

定额消耗量＝1.13×2.69＝3.04 块/m^2

(3) 参照定额 2－81 换算二尺方砖细墁地面的预算基价。

① 应扣除尺七方砖的价格＝4.28 块×25.50 元/块＝109.14 元

② 应加入二尺方砖的价格＝3.04 块×80.00 元/块＝243.20 元

③ 换算后的预算基价＝323.01－109.14＋243.20＝457.07 元

【习题 8－7－3】某古建筑室内地面做法为三层砖叠墁，表层为尺七方砖细墁。底下两层均为平铺二城样砖。设计图纸没有明确底下两层铺墁是糙墁还是细墁。这时应如何正确选择定额?

【解】(1) 首层墁地按设计要求为细墁尺七方砖，应选择定额 2－81。

(2) 底下两层砖设计虽无明确要求，因其不暴露在外，比较合理的作法应选择二城样糙墁。若选择定额 2－109，也符合古建传统做法。

（注：古建传统做法地面底层多为糙墁，造价员不要片面追求价格高而忽略了传统

做法。）

【习题 8-7-4】 某月台平面尺寸如图 8-7-1 所示，地面要求细墁尺七方砖并钻生。请计算墁地的工程量并选择正确定额。计算外购方砖的数量？计算加工砖需用多少工日？计算外购生桐油的数量。计算外购黄土的质量。

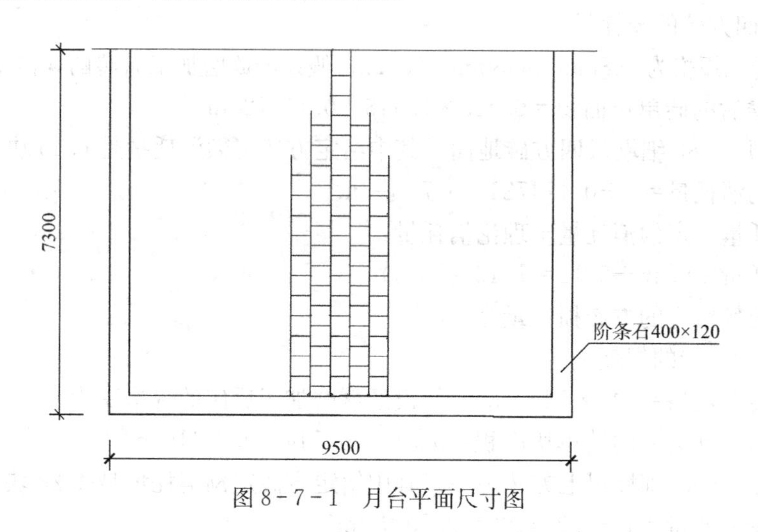

图 8-7-1 月台平面尺寸图

【解】（1）求月台尺七方砖墁地的面积

月台面积＝9.50m×7.30m＝69.35m^2

其中阶条石占有面积(9.50×0.4)＋〔(7.30－0.40)×0.40×2〕

＝3.80＋（6.90×0.80）

＝9.32m^2

实际墁地面积＝69.35－9.32＝60.03m^2

尺七方砖细墁地面定额选择 2-81。

（2）求钻生面积。

钻生面积与尺七墁地面积相同，钻生选择定额 2-103。

（3）求外购尺七方砖数量。

外购数量＝60.03m^2×4.28 块/m^2＝257 块

（4）求外购桐油数量。

外购数量＝60.03m^2×0.5225kg/m^2＝31.37kg

（5）求计划需要砍砖用工。

需用工日＝60.03m^2×1.64 工日/m^2＝98.45 工日

（6）求计划外购黄土的质量。

先求出需用三七灰泥的体积，再求出其中黄土的体积，利用黄土的密度求出黄土的质量。

三七灰泥体积＝60.03×0.0412＝2.47m^3

在 2.47m^3 三七灰泥中有 70％是黄土泥，则黄土泥体积＝2.47×70％＝1.73m^3（实方），黄土实方折虚方查阅有关资料乘以 1.35（系数）。（注：外购黄土属于虚方，这里要进行换算。）

外购黄土体积（虚方）＝1.73×1.35＝2.34m^3

【习题 8－7－5】条砖柳叶墁地可分为整砖柳叶地面与半砖柳叶地面。设计图纸上应如何确定两者的不同做法？

【解】建筑平面图中一般不能反映出整砖柳叶地面还是半砖柳叶地面的做法，但可以在图纸说明中阐述清楚，或者在剖面图中表明铺地用砖的竖向尺寸（竖向尺寸是一个砖的宽还是半个砖的宽）。单从平面图的图例是分辨不清哪种做法的。一个砖的宽是整砖柳叶地面，半个砖的宽是半砖柳叶地面。

【习题 8－7－6】室内墁地面积计算规则规定不扣除室内柱顶石所占面积，为什么不扣除？

【解】柱顶石虽然会占有一定的室内面积，但在铺墁过程中，遇有柱顶石时砖件要进行裁割打找。被裁割掉的砖属于合理损耗，用此损耗弥补未扣除的柱顶石所占面积，使材料消耗量相互折抵，更加合理。

【习题 8－7－7】请问用小停泥糙栽牙子砖时的顺栽、立栽 1/4、立栽 1/2 时，牙子各是多宽？（小停泥砖规格为 288mm×144mm×64mm）

【解】糙砖栽牙子就是砖不需要砍磨加工，直接用毛砖栽牙子。顺栽时牙子的宽度是 64mm。露明的砖长是 288mm。立栽 1/4 时牙子的宽度是 64mm，露明的砖长是 144mm。立栽 1/2 时牙子的宽度是 144mm，露明的砖长是 64mm。

【习题 8－7－8】细墁柳叶地面分为整砖柳叶与半砖柳叶。两者在平面图中显示的做法一样吗？两者的区别在哪里？设计墁柳叶地面时，如何分清哪个是整砖柳叶地面？哪个是半砖柳叶地面？

【解】两种做法虽然不同，但是在平面图中表示是完全一样的。设计时应用文字加以说明，或者在剖面图显示出砖的埋置深度。整砖柳叶是将整个砖宽尺寸全部埋入地下。半砖柳叶是将一块砖沿着长度方向裁成两块 1/2 砖宽（长度不变），将裁好的砖埋入地下，埋入的深度是砖宽的 1/2。

【习题 8－7－9】有人认为凡是细墁地面都必须钻生桐油。这种讲法正确吗？为什么？

【解】这种讲法不正确。细墁地面分为室内墁地与室外墁地，一般情况下室内细墁地面钻生桐油比较多见，但不是绝对的，这要看设计图纸具体要求，两者没有必然的联系。室外细墁散水、甬路几乎不钻生桐油。所以，是否钻生桐油完全取决于设计要求。不是细墁地面都需要钻生桐油。

【习题 8－7－10】墁毛石地面与墁碎石板地面有何不同？二者从工艺、材料上有何不同？

【解】毛石墁地就是选择砌筑毛石墙体使用的毛石。这种石料，其各个面没有一定规则。铺墁时要尽量选择一个比较平整的好面向上，铺墁完成后地面所露石材呈不规则的自然形状。碎石板铺墁的地面，并非使用毛石，而是使用不规则的石板，这种碎石板属于板材，是事先经过机器切割成板材，厚度约 25～60mm 左右。碎石板向上的露明表面也是机器切割的面。不像毛石属于相对较平的自然面，两者铺墁地面的效果也不相同。

【习题 8－7－11】某四方亭如图 8－7－2 所示，求各分项工程量？求需要多少定额工日？求直接工程费是多少？（价格暂以定额价格为准）

【解】（1）求各分项工程量。

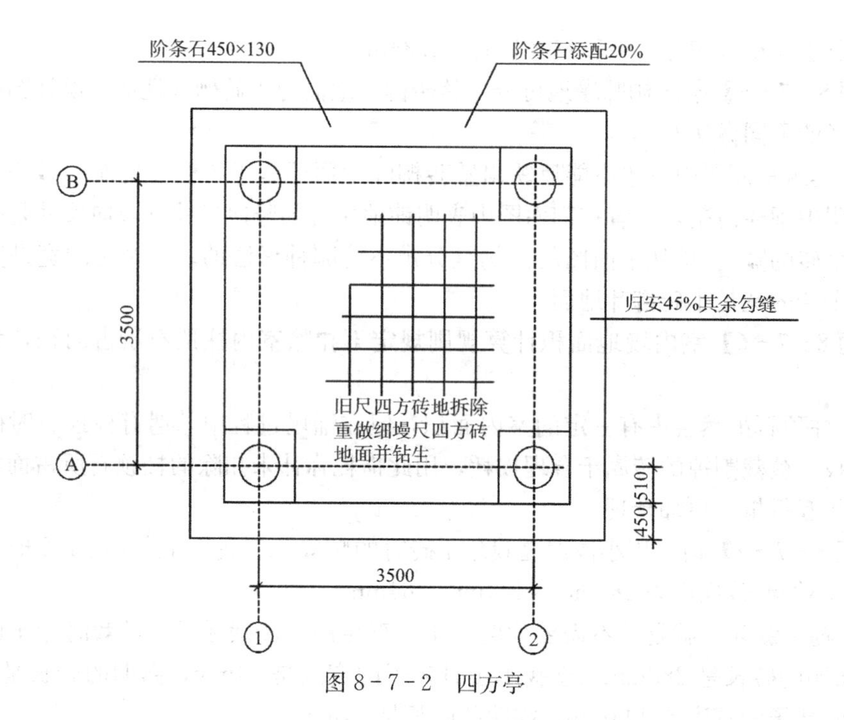

图 8-7-2　四方亭

① 阶条石添配制作，如图所示从①轴线左至台基外边的长＝0.96m，（下檐出与此线构成直角等腰三角形）则四方亭台基面宽（或进深）方向长 L＝0.96＋3.50＋0.96＝5.42m

阶条石全长＝4×5.42－4×0.45＝19.88m（转角处不准重复计算）

阶条石总体积＝19.88×0.45×0.13＝1.16m^3

添配 20％时，添配的制作量＝1.16×20％＝0.23m^3

② 阶条石添配的安装量为 0.23m^3。

③ 阶条石归安 45％，归安量＝1.16×45％＝0.52m^3

④ 计算地面拆除面积（即阶条石里口所围面积）

地面面积＝台基面积-阶条石面积

阶条石面积＝19.88×0.45＝8.95m^2

台基面积＝5.42×5.42＝29.38m^2

地面面积＝29.38－8.95＝20.43m^2

⑤ 渣土发生量＝20.43m^2×0.10m^3/m^2＝2.43m^3（注：计算渣土发生量查土建结构分册“渣土发生量计算简表”。）

⑥ 重新铺墁尺四方砖地面面积＝地面拆除面积＝20.43m^2

⑦ 地面钻生面积＝铺墁方砖面积＝20.43m^2

(2) 求需用定额工日。

① 阶条石制作选择定额 1-482。

定额用工＝0.23×23.64＝5.44 工日

② 阶条石安装选择定额 1-506。

定额用工＝0.23×12.60＝2.89 工日

③ 阶条石归安选择定额 1-470。

定额用工＝0.52×19.20＝9.98 工日

④ 拆旧方砖地选择定额 2－73。

定额用工＝20.43×0.12＝2.45。

⑤ 渣土外运选择定额 11－13（假设施工地点在北京市区三环路以内）。

定额用工＝2.43×0.453＝1.10 工日

⑥ 铺墁尺四方砖地面选择定额 2－82。

定额用工＝20.43×2.26＝46.17。

⑦ 地面钻生选择定额 2－103。

定额用工＝20.43×0.17＝3.47 工日

⑧ 分项工程合计需用定额工。

定额用工＝5.44＋2.89＋9.98＋2.45＋＋1.10＋46.17＋3.47＝71.50 工日

(3) 直接工程费。

① 阶条石制作＝0.23×5318.33＝1223.22 元

② 阶条石安装＝0.23×1170.08＝269.12 元

③ 阶条石归安＝0.52×1762.52＝916.515 元

④ 拆方砖地＝20.43×10.49＝214.31 元

⑤ 渣土外运＝2.43×77.16＝187.50 元

⑥ 铺墁尺四方砖地面＝20.43×313.17＝6398.06 元

⑦ 地面钻生＝20.43×31.59＝645.38 元

⑧ 各分项工程直接工程费

＝1223.22＋269.12＋916.51＋214.31＋187.50＋6398.06＋645.38

＝9854.10 元

注：归安工程量是阶条石总量的 45%。而不应是阶条石总量扣去添配的 45%。

【习题 8－7－12】 如下图 8－7－3 所示

已知：如图 8－7－3(1) 所示，C，G 为柱中心点，下檐出为 1m，即 BC＝GK＝1m，柱径为 0.2m，柱础为 0.4m×0.4m，面宽 CG＝EL＝BK＝3m。

求：亭子建筑面积，亭内地面面积。

【解】 (1) 如图 8－7－3(3) 所示：柱径为 0.2，柱础为 $2D\times2D$＝0.4m×0.4m，即 FN＝2FC＝0.4m，可知 CF＝0.2m.

由于是六边形，故∠ABC＝30°如图 8－7－3(4) 所示：EF＝1/2CF＝0.1m，

CE＝$\sqrt{FC^2-EF^2}$＝0.17m，BE＝BC－CE＝1－0.17＝0.83m

(2) △AFD 中，FD＝BE＝0.83m，∠AFD＝30°，

tan30°＝AD/0.83，AD＝tan30°×0.83＝0.83/1.732＝0.48m，

AF＝2AD＝2×0.48＝0.96m

(3) 阶条石的面积 S＝(3.2＋4.16)×0.83×0.5＝3.05m^2

(4) 图 (1) △AOH 中，AH＝2AB＋BK＝2×(0.48＋0.1)＋3＝4.16m，

故图 (2) AP＝PH＝0.5AH＝4.16/2＝2.08m

(5) 在图 (2) △AOP 中，∠OAP＝60°，AP＝2.08，tanOAP＝OP/AP，

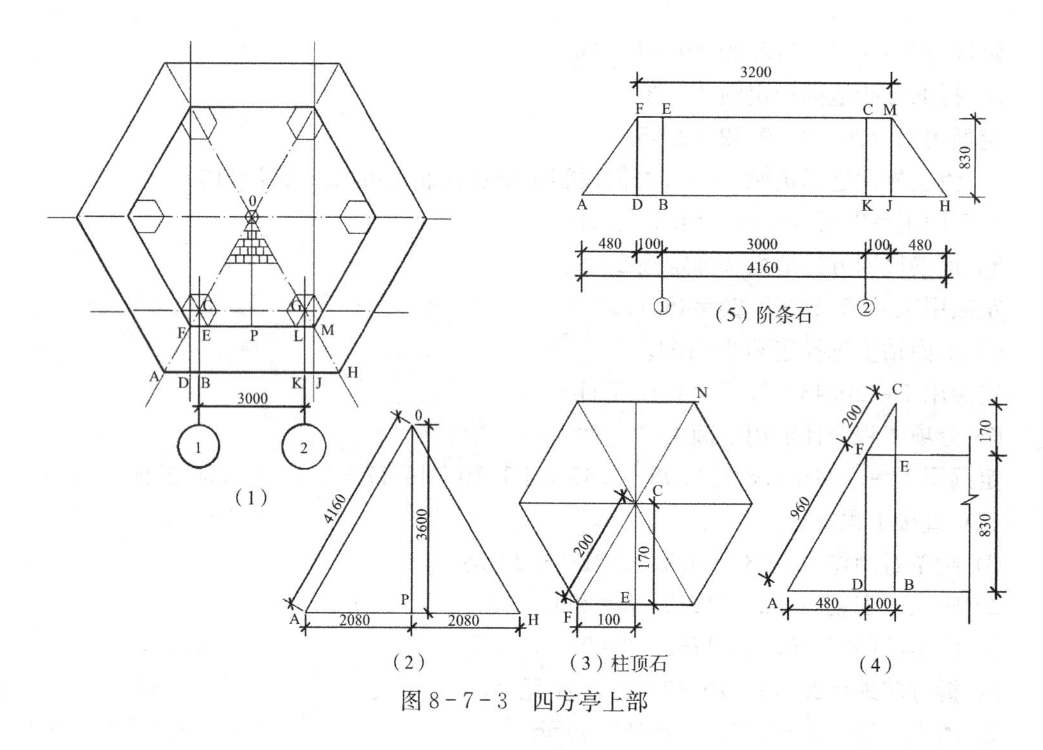

图 8－7－3　四方亭上部

OP＝tan60°×2.08，OP＝1.732×2.08＝3.60

故亭子建筑面积＝2.08×3.6×0.5×12＝44.93m²

亭内地面面积＝亭子建筑面积－阶条石面积＝44.93－(6×3.05)＝26.63m²

【习题 8－7－13】某古建筑石作工程设计要求选用花岗石石材制作垂带踏跺。已知市场价花岗石为 2150 元/m³。求此条件下的预算基价为多少？（注：其他材料费，中小型机械费暂不调整。）

【解】(1) 首先选择定额 2－189 为垂带踏跺石制作。预算基价是 649.10 元。

(2) 被换算的材料在预算基价中占有的价格＝被换算材料的定额用量×该材料的定额单价。

＝0.1384m³×3000 元/m³

＝415.20 元

(3) 需要换算的花岗石石材价格＝定额用量×市场价格

＝0.1384m³×2150 元/m³＝297.56 元

(4) 按定额规定使用花岗石等坚硬石材，人工费×1.30 系数调整。

需要调整的人工费价格＝原定额基价中人工费合计×0.30

＝216.74×0.30＝65.02 元

(5) 调整后的预算基价＝原预算基价-被换算的材料价格＋需要调整的各项价格

调整后的预算基价：

＝649.10－(0.1384×3000)＋(0.1384×2150.00)＋65.02

＝596.48 元

【习题 8－7－14】某古建筑设计图示要求石栏板使用青白石制作，经计算此栏板的面积是 75m²，栏板厚度是 150mm。求此制作工程的直接工程费是多少？（人工费、材料费、机械费暂按定额原价执行。)

【解】(1) 首先选择定额 2－223 是 150mm 厚石栏板制作。

预算基价是 4018.99 元/m^2

(2) 制作的直接工程费＝75m^2×4018.99 元/m^2＝301424.25 元

(3) 制作时增厚的直接工程费

① 每增厚 2cm 时的直接工程费＝75m^2×98.27 元/m^2＝7370.25 元

② 实际每增厚 5cm 的直接工程费

增厚的倍数＝5÷2＝2.5 倍(按 3 倍计算)

75m^2×98.27 元/m^2×3＝22110.75 元

(4) 栏板制作的直接工程费

＝301424.25＋22110.75＝323535.00 元

注：增厚倍数计算出的商，是整数时取整数，有小数时不考虑四舍五入，一律进位后取整数。

【习题 8－7－15】某古建筑工程需加工 150mm 厚寻仗栏板 118m^2，假设汉白玉石材市场价格是 11000 元/m^3，人工单价经甲乙双方商定为 105 元/工日，求此分项工程的直接工程费为多少元?

(1) 选择正确定额，按照定额所给条件，结合市场价格进行换算，求出新的预算基价。

选择定额 2－223、2－224

(2) 换算 2－223 基价

4018.99－[(42×82.10)－(0.1201×3000)＋(42×105)＋(0.1201×11000)]

＝4018.99－3808.5＋5731.10

＝5941.59 元

(3) 换算 2－224 基价

98.27－(0.384×82.10)－(0.0214×3000)＋(0.384×105)＋(0.0214×11000)

＝98.27－95.73＋275.72

＝278.26 元

(4) 直接工程费＝工程量×换算后的预算基价

直接工程费＝118m^2×(5941.59＋278.26×3 元/m^2)

＝799611.66 元

【习题 8－7－16】某古建石作工程合同约定：施工单位包工包料。在加工石台阶、阶条石等构件时，施工单位只剁了两遍斧。安装后竣工前几日，施工单位又派人重新剁了一遍斧。结算时，施工单位不仅计取了台阶、阶条石的制作与安装，还计取了一遍单独剁斧的定额。请问施工单位的做法正确吗？为什么?

【解】施工单位的做法不正确。因为在计取台阶、阶条石制作费用时，已经包括了剁三遍斧的做法。加工制作时有意留一遍斧不剁，待安装后或竣工验收前再剁一遍，不应再计取单独剁斧的费用。因此，这种做法不正确，属于重复计算。

【习题 8－7－17】如何认定路牙石？路缘石或分割地面的分割条石?

【解】路牙石指地面两侧或散水边缘所栽的宽度在 120mm 以内的条石。其底面应在路面、散水的结合层之下(伸入垫层内)。路缘石或分割条石多随石材地面铺装，上口与路面平齐，下口与石材地面的底面平齐（不伸入垫层内），上口宽度大于120mm，见本章插图。

【习题8-7-18】图8-7-4石栏杆采用汉白玉制作，厚度100mm，全长100.20m。求石栏板、石望柱、地伏石的制作，安装直接工程费之和？（人工、材料、机械费单价按原定额基价，汉白玉按12000元/m³）

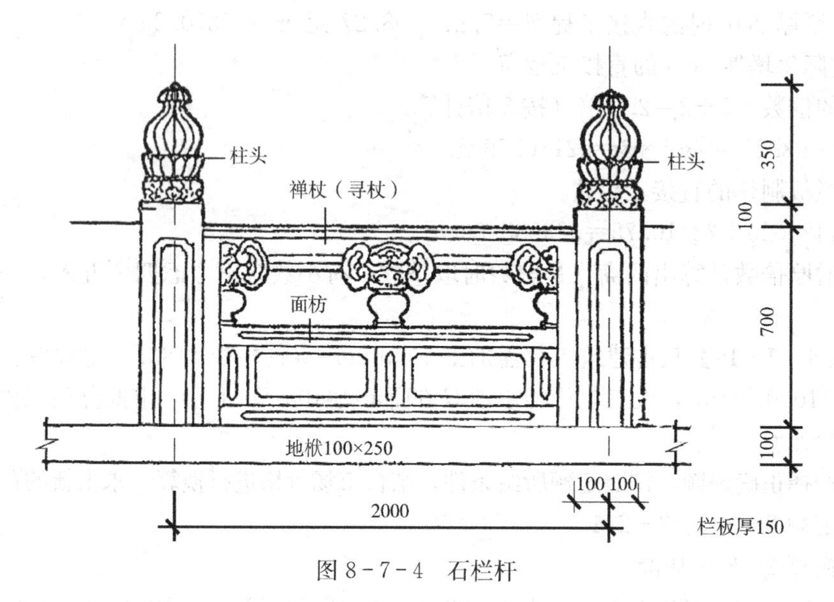

图8-7-4 石栏杆

【解】(1) 计算工程量

① 地伏石体积＝100.20×0.10×0.25＝2.51m³

② 石望柱体积：

石望柱根数＝(100.20÷2)＋1＝51根

石望柱体积＝51×0.20×0.20×(0.70＋0.10＋0.35)＝2.35m³

③ 石栏板面积：

石栏板面积＝100.20×0.70＝70.14m²

(2) 价格计算。

① 地伏石制作价格选择定额2-227

换算后价格：5783.29－(1.0815×3000)＋(1.0815×12000)
＝15516.79

② 地伏石安装价格选择定额2-233

基价：1135.60元

③ 石望柱制作价格选择定额2-215

换算后价格：17599.69－(1.0815×3000)＋(1.0815×12000)
＝27333.19元

④ 石望柱安装价格选择定额2-229

基价：1282.72元

⑤ 石栏板制作价格选择定额2-223

换算后价格：4018.99－(0.1201×3000)＋(0.1201×12000)

＝5099.89元

⑥ 石栏板安装价格选择定额2-231

基价：124.30元

(3) 计算直接工程费

① 地伏石制作＝2.51×15516.79＝38947.14元

② 地伏石安装＝2.51×1135.60＝2850.36元

③ 石望柱制作＝2.35×27333.19＝64233.00元

④ 石望柱安装＝2.35×1282.72＝3014.39元

⑤ 石栏板制作＝70.14×5099.89＝357706.28元

⑥ 石栏板安装＝70.14×124.30＝8718.40元

合计：38947.14＋2850.36＋64233.00＋3014.39＋357706.28＋8718.40

＝475469.57元

【习题8-7-19】 石构件的归安与安装有何不同？执行时应如何正确选择对应的定额？

石构件归安是一个修缮项目。只是松动走闪或已离开原来位置，修缮时仍要利用原来旧的石构件，将其拆下，整修并缝，加肋截头，重做截头缝。如石构件表面有污渍，对安装后露明的面挠洗，去除污渍。对表面略有风化或凹凸不平的表面，重新用扁子剔刮一遍或直接剁一遍斧子，使旧的表面更加平整，加工整修完旧的石构件后，清理原基层，重新安装，灌浆。有时旧石构件归安，只会发生上述其中几种情况。也不应对定额水平进行调整，定额水平是按照综合因素考虑的，只要在上述工作范围内发生的项目，都可以执行归安项目定额。

石构件安装是指在加工好的石构件基础上进行的且不需要对新加工的石构件进行整修、直接安装的项目。

8.8 巩固练习

1. 地面铺墁的结合层与定额规定不符合时允许材料换算吗？

2. 请画出顺栽牙子、立栽1/4牙子、立栽1/2牙子的示意图。

3. 石板地面与地面石有何区别？为什么要分别设立子目？

4. 某四方亭下檐出为950mm，面宽3000mm，阶条石宽为420mm。请计算亭内尺四方砖细墁地面面积，并选择正确的定额编号。

5. 细墁平铺大城砖地面100m^2，需要购入多少立方米的黄土？假设黄土的价格是55元/m^3，请问外购黄土的价格是多少？

6. 某细墁平铺小停泥地面150m^2，设计要求按30%揭墁，按17%剔补，求揭墁和剔补工程需要小停泥砖多少块？

7. 糙墁尺四方砖地若改用3∶7掺灰泥时，预算基价应如何换算？请写明换算过程，求换算后的预算基价（暂按定额原价换算）。

8. 条砖斜墁与条砖直墁若使用一种砖，为什么定额材料消耗量不同？为什么斜墁用砖大于直墁用砖的数量？

9. 某地面 350m^2，做法为尺四方砖细墁，设计要求有 21%拆除后重新铺墁，25%揭墁，8%进行剔补修缮。请计算完成上述工作计划需使用多少砖加工的工日。

10. 石材铺设地面时，石材厚度大于定额规定厚度时如何处理？

11. 石构件安装使用的灰浆如与定额不符合时，可否进行换算？如何进行换算？

12. 石板路面所用石板的厚度一般在什么范围内？超过规定厚度时如何处理？

13. 拆除工程的预算除考虑拆除项目以外，还应考虑哪些影响造价的主要因素？

14. 大型石构件安装时，使用了轮式吊车，此项费用如何处理？为什么？

15. 石构件归安与安装有何不同？

16. 地面铺装石材定额 2－142 与石板地面定额 2－132 有何区别？两者为什么要分设定额？

17. 牙子石宽度大于 200mm 应选择什么定额？

18. 石构件制作以平方米为单位时，厚度如何控制？

19. 某寺院石栏板样式与寻仗栏板相同，只是宝瓶间未有通透，这种栏板应执行什么定额？为什么？

20. 花岗石地面表面设计要求做“烧毛”处理，烧毛的费用可否计取？

21. “细墁地面必须要钻生”这种讲法对吗？为什么？

22. 某细墁尺四砖地面，设计要求结合层厚度为 55mm，计算灰泥理论消耗量是多少？

23. 以定额 2－82 为例，计算掺灰泥配合比为 2∶8 时，假如预算计价中白灰是 0.13 元/kg，现在市场价是 0.45 元/kg，黄土是 60 元/m^{3}时求新的预算基价？

24. 某室内尺七细墁地面 126m^2，设计图示要求拆除原旧水磨石地面，拆除 80mm 厚旧混凝土垫层，求渣土发生量是多少？求地面如果钻生，应准备多少桐油？求铺装地面需用多少工日？求砖加工需用多少工日？求完成此任务（含钻生）安排 8 名工人，计划工期是多少？

25. 同样是尺四方砖细墁地面，为什么檐廊单独揭墁（非指游廊）与地面揭墁砖的消耗数量也不同？

26. 墁地砖是多层做法时，表层以下的各层砖应按糙墁还是细墁选择定额？为什么？

27. 剔补地面时，若不小心伤及垫层，修补垫层的费用可以列入预算项目计算费用吗？为什么？

28. 某庭院局部下沉 150mm，其下沉面积约 88m^2，请列出分项工程内容。

29. 统一规定第一条中“面积之和超过 2m^2……”，如果指尺二方砖地面，可以折合大约多少块砖？

30. 设计图只注明“细墁地面”，这样标注完善吗？你会有哪些疑问？

31. 糙墁地面的砖如设计要求磨平大面后再墁，可以直接选择糙墁定额吗？为什么？你应如何处理此事？

32. 图示只注明“二城样柳叶墁地”，你对此做法有何疑问？

9 屋面工程

9.1 定额编制简介

1. 本章共3节565个子目，根据古建筑、仿古建筑屋面渗漏、破损所采取的查补、砍裹、整修檐头、添配吻兽、局部揭宨及全部拆除新做等修缮手段，设立了相应定额项目。

2. 布瓦屋面除考虑了官式做法外，还兼顾了北京地区常见的一些地方做法，如仰瓦灰埂、干槎瓦等。琉璃屋面只考虑了北京地区常见的四样、五样、六样、七样、八样、九样六种规格，颜色仅以黄色为准。

3. 考虑到苫背、瓦面、屋脊之间有多种组合变化，为减少定额篇幅、增加定额的适用性，对拆除新做项目采取了苫背、瓦面、屋脊分别划分项目的方式。其中：

(1) 有兽垂脊、岔脊、角脊因兽前、兽后做法不同，且两者长度无固定比值，因而按兽前、兽后分别划分项目，并将各种兽分离出来作为附件单独划分项目。

(2) 因琉璃脊很少有无兽做法的，因而琉璃脊附件的项目划分均按有兽考虑。

(3) 布瓦屋面脊分为有陡板做法、无陡板做法两种，其中无陡板脊附件是按无兽考虑的。

4. 各种琉璃、布瓦过垄脊以差价的形式表现，增设了罗锅瓦，续罗锅瓦，折腰瓦续折腰瓦的价格。

5. 施工中如使用绿色、黑色、孔雀蓝色琉璃瓦件，应调整琉璃瓦的价格和灰浆的价格。

6. 琉璃正脊、垂脊、戗脊分为脊筒子做法和承奉连做法。正脊分为有大群色与无大群色两种做法。

9.2 定额摘选

单位：m² **表9-2-1**

定额编号		3-6	3-7	3-8	3-9	3-10
项目		仰瓦灰梗屋面查补		合瓦屋面查		
		2#瓦	3#瓦	1#瓦	2#瓦	3#瓦
基价（元）		**15.59**	**15.95**	**36.51**	**35.93**	**35.27**
其中	材料费（元）	12.32	12.81	19.70	20.20	20.69
	人工费（元）	2.53	2.37	15.62	14.52	13.34
	机械费（元）	0.74	0.77	1.19	1.21	1.24

续表

定额编号					3-6	3-7	3-8	3-9	3-10
项目					仰瓦灰梗屋面查补		合瓦屋面查		
					2#瓦	3#瓦	1#瓦	2#瓦	3#瓦
名称			单位	单价（元）	数量				
人工	870007	综合工日	工日	82.10	0.150	0.156	0.240	0.246	0.252
材料	440050	板瓦1#	块	1.00	—	—	1.8000	—	—
	440051	板瓦2#	块	0.80	1.3503	—	—	2.2222	—
	440052	板瓦3#	块	0.60	—	1.7090	—	—	2.8125
	810220	深月白大麻刀灰	m^3	206.50	0.0040	0.0035	0.0091	0.0091	0.0091
	810230	素白灰浆	m^3	119.80	—	—	0.0906	0.0816	0.0725
	810229	深月白浆	m^3	126.20	0.0012	0.0012	0.0021	0.0021	0.0021
	040049	青灰	kg	0.35	1.0720	1.0720	1.7820	1.7820	1.7820
	840004	其他材料费	元	—	0.10	0.10	0.20	0.20	0.20
机械	888810	中小型机械费	元	—	0.62	0.64	0.99	1.01	1.03
	840023	其他机具费	元	—	0.12	0.13	0.20	0.20	0.21

单位：m^2　　**表9-2-2**

定额编号					3-11	3-12	3-13	3-14	3-15
项目					筒瓦屋面查补（捉节夹垄）				
					头#瓦	1#瓦	2#瓦	3#瓦	10#瓦
基价（元）					**21.04**	**21.38**	**21.78**	**22.58**	**31.53**
其中	人工费（元）				14.29	14.78	15.27	15.76	21.67
	材料费（元）				5.90	5.71	5.60	5.87	8.56
	机械费（元）				0.85	0.89	0.91	0.95	1.30
名称			单位	单价（元）	数量				
人工	870007	综合工日	工日	82.10	0.174	0.180	0.186	0.192	0.264
材料	440101	筒瓦头#	块	1.76	1.3125	—	—	—	—
	440062	筒瓦1#	块	1.30	—	1.7045	—	—	—
	440063	筒瓦2#	块	1.00	—	—	2.1255	—	—
	440064	筒瓦3#	块	0.90	—	—	—	2.7249	—
	440065	筒瓦10#	块	0.60	—	—	—	—	7.2917
	440104	板瓦头#	块	1.20	1.8000	—	—	—	—
	440050	板瓦1#	块	1.00	—	2.0455	—	—	—
	440051	板瓦2#	块	0.80	—	—	2.5641	—	—
	440052	板瓦3#	块	0.60	—	—	—	3.3088	—
	440053	板瓦10#	块	0.35	—	—	—	—	6.8182
	810230	素白灰浆	m^3	119.80	0.0013	0.0012	0.0012	0.0012	0.0012
	810229	深月白浆	m^3	126.20	0.0021	0.0021	0.0021	0.0021	0.0021
	810220	深月白大麻刀灰	m^3	206.50	0.0024	0.0024	0.0021	0.0020	0.0021
	810222	深月白小麻刀灰	m^3	163.60	0.0019	0.0021	0.0023	0.0025	0.0046
	840004	其他材料费	元	—	0.20	0.20	0.20	0.20	0.20
机械	888810	中小型机械费	元	—	0.71	0.74	0.76	0.79	1.08
	840023	其他机具费	元	—	0.14	0.15	0.15	0.16	0.22

单位：m² 表 9-2-3

定额编号					3-24	3-25	3-26	3-27	3-28
项目					筒瓦檐头整修				
					头#瓦	1#瓦	2#瓦	3#瓦	10#瓦
基价（元）					**51.91**	**51.95**	**52.24**	**53.45**	**66.20**
其中	人工费（元）				44.33	45.16	45.98	47.62	59.11
	材料费（元）				4.92	4.08	3.50	2.97	3.54
	机械费（元）				2.66	2.71	2.76	2.86	3.55
名称			单位	单价（元）	数量				
人工	870007	综合工日	工日	82.10	0.540	0.550	0.560	0.580	0.720
材料	440108	滴水头#	块	2.00	1.0500	—	—	—	—
	440046	滴水 1#	块	1.60	—	1.0500	—	—	—
	440047	滴水 2#	块	1.40	—	—	1.0500	—	—
	440048	滴水 3#	块	1.20	—	—	—	1.0500	—
	440049	筒瓦 10#	块	0.90	—	—	—	—	2.1000
	440107	勾头头#	块	2.00	0.5250	—	—	—	—
	440058	勾头 1#	块	1.60	—	0.5250	—	—	—
	440059	勾头 2#	块	1.40	—	—	0.5250	—	—
	440060	勾头 3#	块	1.20	—	—	—	0.5250	—
	440061	勾头 10#	块	0.90	—	—	—	—	1.0500
	110164	骨胶	kg	8.00	0.0103	0.0103	0.0082	0.0052	0.0052
	110246	松烟	kg	2.30	0.0002	0.0002	0.0002	0.0002	0.0001
	810220	深月白大麻刀灰	m³	206.50	0.0004	0.0003	0.0002	0.0002	0.0002
	810218	浅月白中麻刀灰	m³	172.40	0.0087	0.0076	0.0063	0.0052	0.0030
	840004	其他材料费	元	—	0.10	0.10	0.10	0.10	0.10
机械	888810	中小型机械费	元	—	2.22	2.26	2.30	2.38	2.96
	840023	其他机具费	元	—	0.44	0.45	0.46	0.48	0.59

单位：m² 表 9-2-4

定额编号					3-59	3-60	3-61	3-62	3-63	3-64
项目					筒瓦瓦面揭宽					
					头#瓦		1#瓦		2#瓦	
					新瓦添配30%以内	新瓦添配每增10%	新瓦添配30%以内	新瓦添配每增10%	新瓦添配30%以内	新瓦添配每增10%
基价（元）					**171.82**	**8.01**	**174.54**	**8.28**	**178.76**	**7.83**
其中	人工费（元）				123.15	—1.15	127.58	—1.31	132.51	—1.64
	材料费（元）				41.28	9.16	39.30	9.59	38.29	9.47
	机械费（元）				7.39	—	7.66	—	7.96	—
名称			单位	单价（元）	数量					
人工	870007	综合工日	工日	82.10	1.500	—0.014	1.554	—0.016	1.614	—0.020
材料	440104	板瓦头#	块	1.20	17.6471	5.8824	—	—	—	—
	440050	板瓦 1#	块	1.00	—	—	20.0000	6.6667	—	—
	440051	板瓦 2#	块	0.80	—	—	—	—	25.0000	8.3333
	440101	筒瓦头#	块	1.76	5.1471	1.1757	—	—	—	—

单位：m² 表 9-2-5

定额编号					3-59	3-60	3-61	3-62	3-63	3-64
项目					筒瓦瓦面揭宽					
					头#瓦		1#瓦		2#瓦	
					新瓦添配30%以内	新瓦添配每增10%	新瓦添配30%以内	新瓦添配每增10%	新瓦添配30%以内	新瓦添配每增10%
材料	440062	筒瓦1#	块	1.30	—	—	6.6667	2.2222	—	—
	440063	筒瓦2#	块	1.00	—	—	—	—	8.2895	2.7632
	810230	素白灰浆	m³	119.80	0.0029	0.0003	0.0026	0.0003	0.0026	0.0003
	040049	青灰	kg	0.35	3.0700	—	3.2700	—	3.4700	—
	810212	掺灰泥4：6	m³	47.90	0.1031	—	0.0975	—	0.0906	—
	810229	深月白浆	m³	126.20	0.0021	—	0.0021	—	0.0021	—
	810220	深月白大麻刀灰	m³	206.50	0.0032	—	0.0035	—	0.0038	—
	810221	深月白中麻刀灰	m³	176.50	0.0121	—	0.0110	—	0.0087	—
	810222	深月白小麻刀灰	m³	163.60	0.0031	—	0.0031	—	0.0031	—
	840004	其他材料费	元	—	1.12	—	1.07	—	1.05	—
机械	888810	中小型机械费		—	6.16	—	6.38	—	6.63	—
	840023	其他机具费	元	—	1.23	—	1.28	—	1.33	—

单位：m² 表 9-2-6

定额编号					3-81	3-82	3-83	3-84	3-85	3-86
项目					琉璃瓦瓦面揭宽					
					四样		五样		六样	
					新瓦添配20%以内	新瓦添配每增10%	新瓦添配20%以内	新瓦添配每增10%	新瓦添配20%以内	新瓦添配每增10%
基价（元）					**158.33**	**16.79**	**167.95**	**17.64**	**166.90**	**17.32**
其中	人工费（元）				99.51	—0.90	103.94	—1.23	105.91	—1.15
	材料费（元）				52.84	17.69	57.77	18.87	54.63	18.47
	机械费（元）				5.98	—	6.24	—	6.36	—
名称			单位	单价（元）	数量					
人工	870007	综合工日	工日	82.10	1.212	−0.011	1.266	−0.015	1.290	−0.014
材料	430459	筒瓦四样	件	6.30	1.7964	0.8982	—	—	—	—
	430214	筒瓦五样	件	5.50	—	—	2.3229	1.1614	—	—
	430215	筒瓦六样	件	4.80	—	—	—	—	2.5830	1.2915
	430460	板瓦四样	件	4.90	4.4910	2.4555	—	—	—	—
	430204	板瓦五样	件	4.30	—	—	5.8072	2.9036	—	—
	430205	板瓦六样	件	3.80	—	—	—	—	6.4576	3.2288
	810213	掺灰泥5：5	m³	59.90	0.1214	—	0.1191	—	0.1069	—
	810223	大麻刀红灰	m³	518.20	0.0111	—	0.0116	—	0.0091	—
	810224	中麻刀红灰	m³	486.00	0.0080	—	0.0079	—	0.0074	—
	810225	小麻刀红灰	m³	475.30	0.0017	—	0.0021	—	0.0021	—
	840004	其他材料费	元	—	1.80	—	2.04	—	1.98	—
机械	888810	中小型机械费	元	—	4.98	—	5.20	—	5.30	—
	840023	其他机具费	元	—	1.00	—	1.04	—	1.06	—

单位：m³ 表 9-2-7

定额编号				3-100	3-101	3-102	3-103
项目				望板勾缝	抹护板灰	屋面苫泥背(厚4—6cm)	
						滑秸泥	麻刀泥
基价（元）				**2.42**	**15.92**	**26.22**	**26.18**
其中	人工费（元）			1.97	3.28	13.96	13.14
	材料费（元）			0.31	12.41	11.28	12.12
	机械费（元）			0.14	0.23	0.98	0.92
名称		单位	单价(元)	数量			
人工	870007 综合工日	工日	82.10	0.024	0.040	0.170	0.160
材料	810216 护板灰	m³	146.70	—	0.0185	—	—
	460021 滑秸	kg	0.25	—	—	0.3775	—
	150017 麻刀	kg	1.21	—	—	—	0.7725
	030001 板方材	m³	1900.00	—	0.0050	0.0050	0.0050
	810211 掺灰泥3：7	m³	28.90	—	—	0.0515	0.0515
	810218 浅月白中麻刀灰	m³	172.40	0.0012	—	—	—
	840004 其他材料费	元	—	0.10	0.20	0.20	0.20
机械	888810 中小型机械费	元	—	0.12	0.20	0.84	0.79
	840023 其他机具费	元	—	0.02	0.03	0.14	0.13

单位：m² 表 9-2-8

定额编号				3-104	3-105	3-106	3-107	3-108
项目				屋面苫灰背（厚2—3.5cm）		屋面苫青灰背（厚2—3.5cm）		屋面青灰背查补
				白灰	月白灰	坡顶	平顶	
基价（元）				**36.96**	**43.12**	**70.14**	**59.01**	**18.53**
其中	人工费（元）			19.70	24.63	49.26	34.48	14.78
	材料费（元）			15.88	16.76	17.43	22.12	2.86
	机械费（元）			1.38	1.73	3.45	2.41	0.89
名称		单位	单价（元）	数量				
人工	870007 综合工日	工日	82.10	0.240	0.300	0.600	0.420	0.180
材料	440051 板瓦2#	块	0.80	—	—	—	5.8333	—
	150017 麻刀	kg	1.21	—	0.3178	0.5228	0.5228	—
	040049 青灰	kg	0.35	—	1.0300	2.0600	2.0600	2.0600
	030001 板方材	m³	1900.00	0.0050	0.0050	0.0050	0.0050	—
	810220 深月白大麻刀灰	m³	206.50	—	—	0.0309	0.0309	0.0102
	810217 浅月白大麻刀灰	m³	204.50	—	0.0309	—	—	—
	810214 大麻刀白灰	m³	200.10	0.0309	—	—	—	—
	840004 其他材料费	元	—	0.20	0.20	0.20	0.22	0.03
机械	888810 中小型机械费	元	—	1.18	1.48	2.96	2.07	0.74
	840023 其他机具费	元	—	0.20	0.25	0.49	0.34	0.15

单位：m^2 **表 9-2-9**

定额编号					3-109	3-110	3-111	3-112	3-113
项目					筒瓦瓦面铺宄（捉节夹垄）				
					头#瓦	1#瓦	2#瓦	3#瓦	10#瓦
基价（元）					**207.17**	**204.21**	**204.99**	**204.91**	**287.85**
其中	人工费（元）				88.67	91.13	93.59	96.06	133.00
	材料费（元）				113.18	107.61	105.78	103.09	146.87
	机械费（元）				5.32	5.47	5.62	5.76	7.98
名称			单位	单价（元）	数量				
人工	870007	综合工日	工日	82.10	1.080	1.110	1.140	1.170	1.620
材料	440101	筒瓦头#	块	1.76	17.5000	—	—	—	—
	440062	筒瓦1#	块	1.30	—	22.7273	—	—	—
	440063	筒瓦2#	块	1.00	—	—	28.3401	—	—
	440064	筒瓦3#	块	0.90	—	—	—	36.3322	—
	440065	筒瓦10#	块	0.60	—	—	—	—	97.2222
	440104	板瓦头#	块	1.20	60.0000	—	—	—	—
	440050	板瓦1#	块	1.00	—	68.1818	—	—	—
	440051	板瓦2#	块	0.80	—	—	85.4701	—	—
	440052	板瓦3#	块	0.60	—	—	—	110.2941	—
	440053	板瓦10#	块	0.35	—	—	—	—	227.2727
	040049	青灰	kg	0.35	0.0486	0.0486	0.0486	0.0486	0.0486
	810230	素白灰浆	m^3	119.80	0.0030	0.0027	0.0027	0.0028	0.0027
	810229	深月白浆	m^3	126.20	0.0021	0.0021	0.0021	0.0021	0.0021
	810212	掺灰泥4：6	m^3	47.90	0.1042	0.0987	0.0918	—	0.0779
	810220	深月白大麻刀灰	m^3	206.50	0.0049	0.0049	0.0044	0.0042	0.0043
	810218	浅月白中麻刀灰	m^3	172.40	0.0124	0.0112	0.0089	0.0061	0.0069
	810222	深月白小麻刀灰	m^3	163.60	0.0029	0.0033	0.0035	0.0038	0.0069
	840004	其他材料费	元	—	1.12	1.07	1.05	1.06	1.45
机械	888810	中小型机械费	元	—	4.43	4.56	4.68	4.80	6.65
	840023	其他机具费	元	—	0.89	0.91	0.94	0.96	1.33

单位：m^2 **表 9-2-10**

定额编号					3-114	3-115	3-116	3-117	3-118
项目					筒瓦瓦面铺宄（裹垄）				
					头#瓦	1#瓦	2#瓦	3#瓦	10#瓦
基价（元）					**216.15**	**212.57**	**213.82**	**214.03**	**299.15**
其中	人工费（元）				98.52	100.49	103.45	106.40	147.78
	材料费（元）				111.71	106.06	104.17	101.25	142.50
	机械费（元）				5.92	6.02	6.20	6.38	8.87
名称			单位	单价（元）	数量				
人工	870007	综合工日	工日	82.10	1.200	1.224	1.260	1.296	1.800

续表

定额编号					3-114	3-115	3-116	3-117	3-118
项目					筒瓦瓦面铺宽（裹垄）				
					头#瓦	1#瓦	2#瓦	3#瓦	10#瓦
材料	440101	筒瓦头#	块	1.76	17.1569	—	—	—	—
	440062	筒瓦1#	块	1.30	—	22.2222	—	—	—
	440063	筒瓦2#	块	1.00	—	—	27.6316	—	—
	440064	筒瓦3#	块	0.90	—	—	—	35.2941	—
	440065	筒瓦10#	块	0.60	—	—	—	—	93.3333
	440104	板瓦头#	块	1.20	58.8235	—	—	—	—
	440050	板瓦1#	块	1.00	—	66.6667	—	—	—
	440051	板瓦2#	块	0.80	—	—	83.3333	—	—
	440052	板瓦3#	块	0.60	—	—	—	107.1429	—
	440053	板瓦10#	块	0.35	—	—	—	—	218.1818
	040049	青灰	kg	0.35	3.0700	3.2700	3.4700	3.6600	4.0500
	810229	深月白浆	m^3	126.20	0.0021	0.0021	0.0021	0.0021	0.0021
	810230	素白灰浆	m^3	119.80	0.0029	0.0026	0.0026	0.0027	0.0026
	810212	掺灰泥4：6	m^3	47.90	0.1031	0.0975	0.0906	—	0.0766
	810220	深月白大麻刀灰	m^3	206.50	0.0029	0.0032	0.0034	0.0037	0.0067
	810218	浅月白中麻刀灰	m^3	172.40	0.0121	0.0110	0.0087	0.0059	0.0066
	810222	深月白小麻刀灰	m^3	163.60	0.0031	0.0031	0.0031	0.0031	0.0033
	840004	其他材料费	元	—	1.11	1.05	1.03	1.04	1.41
机械	888810	中小型机械费	元	—	4.93	5.02	5.17	5.32	7.39
	840023	其他机具费	元	—	0.99	1.00	1.03	1.06	1.48

单位：m^2 **表9-2-11**

定额编号					3-119	3-120	3-121	3-122	3-123
项目					筒瓦檐头附件				
					头#瓦	1#瓦	2#瓦	3#瓦	10#瓦
基价（元）					**48.84**	**49.40**	**51.20**	**51.66**	**59.10**
其中	人工费（元）				26.27	28.74	31.20	34.48	39.41
	材料费（元）				21.00	18.93	18.13	15.12	17.33
	机械费（元）				1.57	1.73	1.87	2.06	2.36
名称			单位	单价（元）	数量				
人工	870007	综合工日	工日	82.10	0.320	0.350	0.380	0.420	0.480
材料	440107	勾头头#	块	2.00	4.2000	—	—	—	—
	440058	勾头1#	块	1.60	—	4.7727	—	—	—
	440059	勾头2#	块	1.40	—	—	5.3846	—	—
	440060	勾头3#	块	1.20	—	—	—	6.1765	—
	440061	勾头10#	块	0.90	—	—	—	—	8.7500
	440108	滴水头#	块	2.00	4.2000	—	—	—	—
	440046	滴水1#	块	1.60	—	4.7727	—	—	—
	440047	滴水2#	块	1.40	—	—	5.3846	—	—

续表

定额编号					3-119	3-120	3-121	3-122	3-123
项目					筒瓦檐头附件				
					头#瓦	1#瓦	2#瓦	3#瓦	10#瓦
材料	440048	滴水 3#	块	1.20	—	—	—	6.1765	—
	440049	滴水 10#	块	0.90	—	—	—	—	8.7500
	110164	骨胶	kg	8.00	0.0103	0.0103	0.0082	0.0052	0.0052
	110246	松烟	kg	2.30	0.0002	0.0002	0.0002	0.0002	0.0001
	810220	深月白大麻刀灰	m^3	206.50	0.0007	0.0006	0.0005	0.0004	0.0003
	810218	浅月白中麻刀灰	m^3	172.40	0.0218	0.0189	0.0157	—	0.0076
	840004	其他材料费	元	—	0.21	0.19	0.18	0.17	0.17
机械	888810	中小型机械费	元	—	1.31	1.44	1.56	1.72	1.97
	840023	其他机具费	元	—	0.26	0.29	0.31	0.34	0.39

单位：见表　　**表 9-2-12**

定额编号					3-130	3-131	3-132	3-133	3-134	3-135
项目					合瓦屋面铺瓦			合瓦檐头附件		
					1#瓦	2#瓦	3#瓦	1#瓦	2#瓦	3#瓦
					m^2			m		
基价（元）					**285.57**	**283.87**	**276.66**	**75.23**	**76.66**	**85.43**
其中	人工费（元）				108.37	111.33	114.28	34.48	38.59	49.26
	材料费（元）				170.70	165.86	155.53	38.69	35.75	33.22
	机械费（元）				6.50	6.68	6.85	2.06	2.32	2.95
名称			单位	单价（元）	数量					
人工	870007	综合工日	工日	82.10	1.320	1.356	1.392	0.420	0.470	0.600
材料	440050	板瓦 1#	块	1.00	120.0000	—	—	—	—	—
	440051	板瓦 23	块	0.80	—	148.1481	—	—	—	—
	440052	板瓦 3#	块	0.60	—	—	187.5000	—	—	—
	440070	花边瓦 1#	块	3.00	—	—	—	8.8200	—	—
	440071	花边瓦 2#	块	2.50	—	—	—	—	9.8000	—
	440072	花边瓦 3#	块	2.00	—	—	—	—	—	11.0250
	440124	瓦头 1#	块	1.80	—	—	—	4.2000	—	—
	440125	瓦头 2#	块	1.50	—	—	—	—	4.6667	—
	440126	瓦头 3#	块	1.40	—	—	—	—	—	5.2500
	110164	骨胶	kg	8.00	—	—	—	0.0103	0.0103	0.0103
	110246	松烟	kg	2.30	—	—	—	0.0002	0.0002	0.0002
	040049	青灰	kg	0.35	4.0500	4.0500	4.0500	—	—	—
	810212	掺灰泥 4∶6	m^3	47.90	0.1164	0.1164	0.1164	—	—	—
	810230	素白灰浆	m^3	119.80	0.2060	0.1854	0.1648	—	—	—
	810229	深月白浆	m^3	126.20	0.0021	0.0021	0.0021	—	—	—
	810220	深月白大麻刀灰	m^3	206.50	0.0206	0.0206	0.0206	0.0021	0.0021	0.0017
	810218	浅月白中麻刀灰	m^3	172.40	0.0721	0.0670	0.0567	0.0219	0.0196	0.0177

续表

定额编号					3-130	3-131	3-132	3-133	3-134	3-135
项目					合瓦屋面铺宄			合瓦檐头附件		
					1#瓦	2#瓦	3#瓦	1#瓦	2#瓦	3#瓦
					m^2			m		
材料	810222	深月白小麻刀灰	m^3	163.60	0.0024	0.0026	0.0028	—	—	—
	840004	其他材料费	元	—	1.69	1.64	1.54	0.38	0.35	0.33
机械	888810	中小型机械费	元	—	5.42	5.57	5.71	1.72	1.93	2.46
	840023	其他机具费	元	—	1.08	1.11	1.14	0.34	0.39	0.49

单位：见表 **表 9-2-13**

定额编号					3-146	3-147	3-148	3-149	3-150	3-151	3-152
项目					琉璃瓦瓦面铺宄						
					四样	五样	六样	七样	八样	九样	竹节瓦
基价（元）					**267.39**	**292.45**	**289.07**	**295.40**	**304.93**	**312.12**	**317.13**
其中	人工费（元）				78.82	81.28	83.74	86.21	88.67	91.13	103.45
	材料费（元）				183.84	206.30	200.30	204.02	210.94	215.52	207.48
	机械费（元）				4.73	4.87	5.03	5.17	5.32	5.47	6.20
名称			单位	单价（元）	数量						
人工	870007	综合工日	工日	82.10	0.960	0.990	1.020	1.050	1.080	1.110	1.260
材料	430460	板瓦四样	件	4.90	22.4551	—	—	—	—	—	—
	430204	板瓦五样	件	4.30	—	29.0360	—	—	—	—	—
	430205	板瓦六样	件	3.80	—	—	32.2878	—	—	—	—
	430206	板瓦七样	件	3.20	—	—	—	38.6735	—	—	—
	430207	板瓦八样	件	3.00	—	—	—	—	42.9595	—	—
	430208	板瓦九样	件	2.70	—	—	—	—	—	49.4910	—
	430459	筒瓦四样	件	6.30	8.9820	—	—	—	—	—	—
	430214	筒瓦五样	件	5.50	—	11.6144	—	—	—	—	—
	430215	筒瓦六样	件	4.80	—	—	12.9151	—	—	—	—
	430216	筒瓦七样	件	4.20	—	—	—	15.4694	—	—	—
	430217	筒瓦八样	件	4.00	—	—	—	—	17.1838	—	—
	430218	筒瓦九样	件	3.50	—	—	—	—	—	19.7964	—
	430286	竹节瓦	m^2	183.00	—	—	—	—	—	—	1.0500
	810213	掺灰泥 5∶5	m^3	59.90	0.1104	0.1083	0.0972	0.0922	0.0827	0.0760	0.0922
	810223	大麻刀红灰	m^3	518.20	0.0093	0.0097	0.0076	0.0075	0.0054	0.0050	0.0075
	810224	中麻刀红灰	m^3	486.00	0.0067	0.0066	0.0062	0.0062	0.0055	0.0051	0.0062
	810225	小麻刀红灰	m^3	475.30	0.0015	0.0017	0.0018	0.0018	0.0017	0.0018	0.0018
	840004	其他材料费	元	—	1.82	2.04	1.98	2.02	2.09	2.13	2.05
机械	888810	中小型机械费	元	—	3.94	4.06	4.19	4.31	4.43	4.56	5.17
	840023	其他机具费	元	—	0.79	0.81	0.84	0.86	0.89	0.91	1.03

单位：m　　表 9-2-14

定额编号					3-153	3-154	3-155	3-156	3-157	3-158
项目					琉璃瓦檐头附件					
					四样	五样	六样	七样	八样	九样
基价（元）					**121.45**	**119.54**	**114.01**	**113.35**	**110.97**	**105.37**
其中	人工费（元）				26.27	27.91	29.56	31.20	32.84	34.48
	材料费（元）				93.61	89.95	82.67	80.28	76.16	68.83
	机械费（元）				1.57	1.68	1.78	1.87	1.97	2.06
	名称		单位	单价（元）	数量					
人工	870007	综合工日	工日	82.10	0.320	0.340	0.360	0.380	0.400	0.420
材料	430461	勾头四样	件	11.60	3.1437	—	—	—	—	—
	430219	勾头五样	件	10.00	—	3.6585	—	—	—	—
	430220	勾头六样	件	8.80	—	—	3.8745	—	—	—
	430221	勾头七样	件	7.70	—	—	—	4.3933	—	—
	430222	勾头八样	件	7.10	—	—	—	—	4.6053	—
	430223	勾头九样	件	5.90	—	—	—	—	—	5.0481
	430469	滴水四样	件	12.00	3.1437	—	—	—	—	—
	430209	滴水五样	件	10.00	—	3.6585	—	—	—	—
	430210	滴水六样	件	8.80	—	—	3.8745	—	—	—
	430211	滴水七样	件	7.70	—	—	—	4.3933	—	—
	430212	滴水八样	件	7.10	—	—	—	—	4.6053	—
	430213	滴水九样	件	5.90	—	—	—	—	—	5.0481
	810223	大麻刀红灰	m^3	518.20	0.0068	0.0059	0.0047	0.0036	0.0030	0.0023
	810224	中麻刀红灰	m^3	486.00	0.0308	0.0264	0.0231	0.0205	0.0174	0.0152
	840004	其他材料费	元	—	0.93	0.89	0.82	0.79	0.75	0.68
材料	888810	中小型机械费	元	—	1.31	1.40	1.48	1.56	1.64	1.72
	840023	其他机具费	元	—	0.26	0.28	0.30	0.31	0.33	0.34

单位：件　　表 9-2-15

定额编号					3-199	3-200	3-201	3-202	3-203	3-204
项目					布瓦屋面脊添配垂兽、岔兽（脊高在）		布瓦屋面脊添配抱头狮子（脊高在）		布瓦屋面脊添配走兽（脊高在）	
					40cm 以下	40cm 以上	40cm 以下	40cm 以上	40cm 以下	40cm 以上
基价（元）					**181.29**	**249.15**	**62.35**	**74.37**	**47.82**	**63.76**
其中	人工费（元）				24.63	29.56	14.78	19.70	14.78	19.70
	材料费（元）				155.18	217.81	46.68	53.48	32.15	42.87
	机械费（元）				1.48	1.78	0.89	1.19	0.89	1.19
	名称		单位	单价（元）	数量					
人工	870007	综合工日	工日	82.10	0.300	0.360	0.180	0.240	0.180	0.240
材料	440112	垂兽、岔兽高 300 以下	件	150.00	1.0200	—	—	—	—	—
	440111	垂兽、岔兽高 300～350	件	210.00	—	1.0200	—	—	—	—
	440116	抱头狮子 2 号	件	43.70	—	—	1.0500	—	—	—
	440115	抱头狮子 1 号	件	50.00	—	—	—	1.0500	—	—
	440119	海马 3 号	件	30.00	—	—	—	—	1.0500	—
	440118	海马 1 号	件	40.00	—	—	—	—	—	1.0500
	810220	深月白大麻刀灰	m^3	206.50	0.0031	0.0070	0.0016	0.0022	0.0016	0.0022
	840004	其他材料费	元	—	1.54	2.16	0.46	0.53	0.32	0.42
机械	888810	中小型机械费	元	—	1.23	1.48	0.74	0.99	0.74	0.99
	840023	其他机具费	元	—	0.25	0.30	0.15	0.20	0.15	0.20

单位：m　　**表 9-2-16**

定额编号				3-319	3-320	3-321	3-322	3-323	3-324
项目				合瓦过垄脊			合瓦鞍子脊		
				1#瓦	2#瓦	3#瓦	1#瓦	2#瓦	3#瓦
基价（元）				**30.62**	**34.69**	**38.93**	**70.59**	**81.23**	**93.87**
其中	人工费（元）			17.24	21.35	26.27	42.69	53.37	65.68
	材料费（元）			12.35	12.27	11.54	25.34	24.66	24.25
	机械费（元）			1.03	1.07	1.12	2.56	3.20	3.94
名称		单位	单价（元）	数量					
人工	870007 综合工日	工日	82.10	0.210	0.260	0.320	0.520	0.650	0.800
材料	440144 折腰板瓦 1#	块	1.50	4.7727	—	—	4.7727	—	—
	440145 折腰板瓦 2#	块	1.40	—	5.3846	—	—	5.3846	—
	440146 折腰板瓦 3#	块	1.20	—	—	6.1765	—	—	6.1765
	440050 板瓦 1#	块	1.00	4.7727	—	—	4.7727	—	—
	440051 板瓦 2#	块	0.80	—	5.3846	—	—	5.3846	—
	440052 板瓦 3#	块	0.60	—	—	6.1765	—	—	6.1765
	040196 蓝四丁砖	块	1.45	—	—	—	1.5500	1.5500	2.0600
	810212 掺灰泥 4：6	m^3	47.90	0.0059	0.0059	0.0059	0.0154	0.0137	0.0119
	810218 浅月白中麻刀灰	m^3	172.40	—	—	—	0.0552	0.0532	0.0522
	810222 深月白小麻刀灰	m^3	163.60	0.0001	0.0001	0.0001	0.0040	0.0030	0.0020
	840004 其他材料费	元	—	0.12	0.12	0.12	0.25	0.25	0.25
机械	888810 中小型机械费	元	—	0.86	0.86	0.86	2.13	2.67	3.28
	840023 其他机具费	元	—	0.17	0.21	0.26	0.43	0.53	0.66

单位：m　　**表 9-2-17**

定额编号				3-341	3-342	3-343	3-344	3-345	3-346
项目				布瓦屋面					
				有陡板角脊、戗(岔)脊、庑殿及攒尖垂脊兽前	有陡板角脊、戗（岔）脊、庑殿及攒尖垂脊兽后（脊高在）		有陡板硬山、悬山垂脊兽前	有陡板硬山、悬山、歇山垂脊兽后（脊高在）	
					40cm 以下	40cm 以上		40cm 以下	40cm 以上
基价（元）				**231.25**	**407.37**	**492.15**	**305.19**	**485.78**	**585.88**
其中	人工费（元）			168.31	287.35	339.07	197.86	307.05	358.78
	材料费（元）			52.84	102.78	132.74	95.46	160.31	205.57
	机械费（元）			10.10	17.24	20.34	11.87	18.42	21.53
名称		单位	单价（元）	数量					
人工	870007 综合工日	工日	82.10	2.050	3.500	4.130	2.410	3.740	4.370
	00001100 瓦工	工日	—	1.200	1.560	1.800	1.560	1.800	2.040
	00001200 砍砖工	工日	—	0.850	1.940	2.330	0.850	1.940	2.330
材料	440051 板瓦 2#	块	0.80	11.6667	11.6667	11.6667	23.3333	23.3333	23.3333
	440063 筒瓦 2#	块	1.00	5.5263	5.5263	5.5263	5.5263	5.5263	5.5263
	440047 滴水 2#	块	1.40	—	—	—	5.8333	5.8333	5.8333

续表

定额编号					3-341	3-342	3-343	3-344	3-345	3-346
项目					布瓦屋面					
					有陡板角脊、戗(岔)脊、庑殿及攒尖垂脊兽前	有陡板角脊、戗（岔）脊、庑殿及攒尖垂脊兽后（脊高在）		有陡板硬山、悬山垂脊兽前	有陡板硬山、悬山、歇山垂脊兽后（脊高在）	
						40cm以下	40cm以上		40cm以下	40cm以上
材料	440059	勾头2#	块	1.40	—	—	—	5.8333	5.8333	5.8333
	440075	小停泥砖	块	3.00	3.6548	7.2917	7.2917	8.5833	17.1667	21.4583
	440079	尺二方砖	块	13.50	—	1.4714	2.9427	—	1.4714	2.9427
	040196	蓝四丁砖	块	1.45	8.5833	17.1667	21.4583	8.5900	16.9600	22.9100
	110164	骨胶	kg	8.00	0.0299	0.0299	0.0299	0.0597	0.0597	0.0597
	110246	松烟	kg	2.30	0.0700	0.1401	0.1401	0.1410	0.1410	0.1410
	810213	掺灰泥5∶5	m^3	59.90	0.0089	0.0089	0.0089	0.0089	0.0089	0.0089
	810229	深月白浆	m^3	126.20	0.0015	0.0015	0.0015	0.0015	0.0015	0.0015
	810221	深月白中麻刀灰	m^3	176.50	0.0668	0.0971	0.1161	0.0749	0.1090	0.1281
	840004	其他材料费	元	—	1.68	2.87	3.39	1.98	3.07	3.59
机械	888810	中小型机械费	元	—	8.42	14.37	16.95	9.89	15.35	17.94
	840023	其他机具费	元	—	1.68	2.87	3.39	1.98	3.07	3.59

单位：m **表 9-2-18**

定额编号					3-347	3-348	3-349	3-350
项目					布瓦屋面			
					无陡板角脊、戗（岔）脊、庑殿及攒尖垂脊	无陡板铃铛排山脊	无陡板披水排山脊	披水梢垄
基价（元）					**258.91**	**322.36**	**270.03**	**52.01**
其中	人工费（元）				197.86	227.42	195.40	3.20
	材料费（元）				49.18	81.30	62.91	48.62
	机械费（元）				11.87	13.64	11.72	0.19
名称			单位	单价（元）	数量			
人工	870007	综合工日	工日	82.10	2.410	2.770	2.380	0.039
	00001100	瓦工	工日	—	1.560	1.920	1.440	0.240
	00001200	砍砖工	工日	—	0.850	0.850	0.940	0.150
材料	440051	板瓦2#	块	0.80	11.6667	23.3333	11.6667	11.6667
	440063	筒瓦2#	块	1.00	5.5263	5.5263	5.5263	5.5263
	440047	滴水2#	块	1.40	—	5.83333	—	—
	440059	勾头2#	块	1.40	—	5.8333	—	—
	440075	小停泥砖	块	3.00	3.6458	3.6458	7.2917	3.9236
	040196	蓝四丁砖	块	1.45	8.5833	8.5833	8.5833	8.5833

续表

		定额编号			3-347	3-348	3-349	3-350
		项目			布瓦屋面			
					无陡板角脊、戗（岔）脊、庑殿及攒尖垂脊	无陡板铃铛排山脊	无陡板披水排山脊	披水梢垄
材料	110164	骨胶	kg	8.00	0.0300	0.0597	0.0299	0.0299
	110246	松烟	kg	2.30	0.0700	0.0141	0.0700	0.0700
	810229	深月白浆	m^3	126.20	0.0020	0.0015	0.0015	0.0010
	810213	掺灰泥5：5	m^3	59.90	0.0089	0.0089	0.0089	0.0089
	810221	深月白中麻刀灰	m^3	176.50	0.0440	0.0787	0.0604	0.0479
	840004	其他材料费	元	—	1.98	2.27	1.95	0.03
机械	888810	中小型机械费	元	—	9.89	11.37	9.77	0.16
	840023	其他机具费	元	—	1.98	2.27	1.95	0.03

单位：m **表9-2-19**

		定额编号			3-351	3-352	3-353	3-354	3-355	3-356
		项目			布瓦屋面					
					有陡板庑殿、攒尖垂脊附件（脊高在）		有陡板歇山垂脊附件（脊高在）		有陡板戗（岔）脊、角脊附件（脊高在）	
					40cm以下	40cm以上	40cm以下	40cm以上	40cm以下	40cm以上
		基价（元）			**(404.60)**	**(566.74)**	**302.64**	**433.16**	**(324.40)**	**(558.74)**
其中		人工费（元）			27.09	44.33	27.09	48.44	25.45	43.51
		材料费（元）			(375.89)	(519.75)	273.93	381.82	(297.43)	(512.61)
		机械费（元）			1.62	2.66	1.62	2.90	1.52	2.62
		名称	单位	单价（元）	数量					
人工	870007	综合工日	工日	82.10	0.330	0.540	0.330	0.590	0.310	0.530
	00001100	瓦工	工日	—	0.100	0.110	0.100	0.160	0.100	0.110
	00001200	砍砖工	工日	—	0.230	0.430	0.230	0.430	0.210	0.420
材料	440051	板瓦2#	块	0.80	1.0500	1.0500	2.1000	2.1000	1.0500	1.0500
	440047	滴水2#	块	1.40	2.1000	2.1000	—	—	2.1000	2.1000
	440059	勾头2#	块	1.40	2.1000	2.1000	1.0500	1.0500	2.1000	2.1000
	440075	小停泥砖	块	3.00	1.1300	2.2600	1.1300	2.2600	1.1300	2.2600
	440143	兽角3号	对	6.00	—	—	—	—	1.0500	—
	440142	兽角2号	对	6.50	1.0500	—	1.0500	—	—	1.0500
	440141	兽角1号	对	7.00	—	1.0500	—	1.0500	—	—
	440110	垂兽、岔兽高350以上	件	300.00	—	1.0200	—	1.020	—	1.0200

续表

定额编号					3-351	3-352	3-353	3-354	3-355	3-356
项目					布瓦屋面					
					有陡板庑殿、攒尖垂脊附件（脊高在）		有陡板歇山垂脊附件（脊高在）		有陡板戗（岔）脊、角脊附件（脊高在）	
					40cm 以下	40cm 以上	40cm 以下	40cm 以上	40cm 以下	40cm 以上
材料	440111	垂兽、岔兽高300～350	件	210.00	1.0200	—	1.0200	—	—	—
	440112	垂兽、岔兽高 300以下	件	150.00	—	—	—	—	1.0200	—
	440139	兽座长 350 以上	件	50.00	—	1.0200	—	1.0200	—	1.0200
	440161	兽座长 300～350	件	40.00	1.0200	—	1.0200	—	—	—
	440140	兽座长 300 以下	件	30.00	—	—	—	—	1.0200	—
	440114	套兽 160×160 以下	件	50.00	1.0500	—	—	—	1.0500	—
	440113	套兽 200×200 以上	件	78.00	—	1.0500	—	—	—	1.0500
	440163	抱头狮子 3 号	件	37.50	—	—	—	—	1.0500	—
	440116	抱头狮子 2 号	件	43.70	1.0500	—	—	—	—	1.0500
	440115	抱头狮子 1 号	件	50.00	—	1.0500	—	—	—	—
	440119	海马 3 号	件	30.00	—	—	—	—	( )	—
	440164	海马 2 号	件	35.00	( )	—	—	—	—	( )
	440118	海马 1 号	件	40.00	—	( )	—	—	—	—
	810221	深月白中麻刀灰	m^3	176.50	0.0300	0.0400	0.0300	0.0400	0.0300	0.0400
	840004	其他材料费	元	—	0.27	0.44	0.27	0.48	0.25	0.44
机械	888810	中小型机械费	元	—	1.35	2.22	1.35	2.42	1.27	2.18
	840023	其他机具费	元	—	0.27	0.44	0.27	0.48	0.25	0.44

单位：m　　**表 9-2-20**

定额编号					3-416	3-417	3-418	3-419	3-420	3-421
项目					琉璃角脊、庑殿及攒尖垂脊、歇山戗（岔）脊兽前					
					四样	五样	六样	七样	八样	九样
基价（元）					**376.30**	**327.41**	**289.57**	**277.12**	**266.75**	**252.75**
其中	人工费（元）				88.67	83.74	78.82	73.89	68.96	64.04
	材料费（元）				282.31	238.64	206.02	198.80	193.65	184.87
	机械费（元）				5.32	5.03	4.73	4.43	4.14	3.84
名称			单位	单价（元）	数量					
人工	870007	综合工日	工日	82.10	1.080	1.020	0.960	0.900	0.840	0.780
材料	430531	压当条四样	件	2.90	7.0000	—	—	—	—	—
	430016	压当条五样	件	2.00	—	7.4205	—	—	—	—
	430017	压当条六样	件	1.50	—	—	7.8652	—	—	—
	430018	压当条七样	件	1.42	—	—	—	8.9362	—	—
	430019	压当条八样	件	1.27	—	—	—	—	9.5455	—
	430020	压当条九样	件	1.20	—	—	—	—	—	10.2941
	430523	大(三) 连砖四样	件	51.20	2.3448	—	—	—	—	—
	430096	三连砖五样	件	40.60	—	2.4878	—	—	—	—
	430097	三连砖六样	件	32.10	—	—	2.6154	—	—	—
	430098	三连砖七样	件	30.00	—	—	—	2.7568	—	—
	430099	三连砖八样	件	28.10	—	—	—	—	3.0909	—
	430100	三连砖九样	件	26.10	—	—	—	—	—	3.2381
	430528	斜当沟四样	对	12.70	2.2727	—	—	—	—	—
	430081	斜当沟五样	对	11.00	—	2.6515	—	—	—	—

续表

定额编号					3-416	3-417	3-418	3-419	3-420	3-421
项目					琉璃角脊、庑殿及攒尖垂脊、歇山戗（岔）脊兽前					
					四样	五样	六样	七样	八样	九样
材料	430082	斜当沟六样	对	10.30	—	—	2.8075	—	—	—
	430083	斜当沟七样	对	9.12	—	—	—	3.1915	—	—
	430084	斜当沟八样	对	8.40	—	—	—	—	3.4091	—
	430085	斜当沟九样	对	7.44	—	—	—	—	—	3.6713
	430459	筒瓦四样	件	6.30	3.0000	—	—	—	—	—
	430214	筒瓦五样	件	5.50	—	3.3333	—	—	—	—
	430215	筒瓦六样	件	4.80	—	—	3.5000	—	—	—
	430216	筒瓦七样	件	4.20	—	—	—	3.6972	—	—
	430217	筒瓦八样	件	4.00	—	—	—	—	3.9179	—
	430218	筒瓦九样	件	3.50	—	—	—	—	—	4.1176
	430460	板瓦四样	件	4.90	6.8182	—	—	—	—	—
	430204	板瓦五样	件	4.30	—	7.9545	—	—	—	—
	430205	板瓦六样	件	3.80	—	—	8.4225	—	—	—
	430206	板瓦七样	件	3.20	—	—	—	9.5745	—	—
	430207	板瓦八样	件	3.00	—	—	—	—	10.2273	—
	430208	板瓦九样	件	2.70	—	—	—	—	—	11.0140
	810223	大麻刀红灰	m^3	518.20	0.0021	0.0019	0.0016	0.0014	0.0012	0.0010
	810225	小麻刀红灰	m^3	475.30	0.0456	0.0233	0.0163	0.0150	0.0136	0.0119
	810224	中麻刀红灰	m^3	486.00	0.0764	0.0580	0.0477	0.0402	0.0245	0.0200
	840004	其他材料费	元	—	0.89	0.84	0.79	0.74	0.69	0.64
机械	888810	中小型机械费	元	—	4.43	4.19	3.94	3.69	3.45	3.20
	840023	其他机具费	元	—	0.89	0.84	0.79	0.74	0.69	0.64

单位：m　　**表 9-2-21**

定额编号					3-422	3-423	3-424	3-425	3-426	3-427
项目					琉璃角脊、庑殿及攒尖垂脊兽后（垂脊筒做法）					
					四样	五样	六样	七样	八样	九样
基价（元）					**469.60**	**423.58**	**391.36**	**371.34**	**357.98**	**361.92**
其中	人工费（元）				93.59	88.67	83.74	78.82	73.89	68.96
	材料费（元）				370.39	329.59	302.59	287.79	279.66	288.82
	机械费（元）				5.62	5.32	5.03	4.73	4.43	4.14
名称			单位	单价（元）	数量					
人工	870007	综合工日	工日	82.10	1.140	1.080	1.020	0.960	0.900	0.840
材料	430531	压当条四样	件	2.90	7.0000	—	—	—	—	—
	430016	压当条五样	件	2.00	—	7.4205	—	—	—	—
	430017	压当条六样	件	1.50	—	—	7.8652	—	—	—
	430018	压当条七样	件	1.42	—	—	—	8.9362	—	—
	430019	压当条八样	件	1.27	—	—	—	—	9.5455	—
	430020	压当条九样	件	1.20	—	—	—	—	—	10.2941
	430528	斜当沟四样	对	12.70	2.2727	—	—	—	—	—
	430081	斜当沟五样	对	11.00	—	2.6515	—	—	—	—
	430083	斜当沟六样	对	9.12	—	—	—	3.1915	—	—
	430082	斜当沟七样	对	10.30	—	—	2.8075	—	—	—
	430084	斜当沟八样	对	8.40	—	—	—	—	3.4091	—
	430085	斜当沟九样	对	7.44	—	—	—	—	—	3.6713
	430459	筒瓦四样	件	6.30	3.0000	—	—	—	—	—
	430214	筒瓦五样	件	5.50	—	3.3333	—	—	—	—
	430215	筒瓦六样	件	4.80	—	—	3.5000	—	—	—

续表

定额编号				3-422	3-423	3-424	3-425	3-426	3-427
项目				琉璃角脊、庑殿及攒尖垂脊兽后（垂脊筒做法）					
				四样	五样	六样	七样	八样	九样
材料	430216	筒瓦七样	件	4.20	—	—	—	3.6972	—	—
	430217	筒瓦八样	件	4.00	—	—	—	—	3.9179	—
	430218	筒瓦九样	件	3.50	—	—	—	—	—	4.1176
	430460	板瓦四样	件	4.90	6.8182	—	—	—	—	—
	430204	板瓦五样	件	4.30	—	7.9545	—	—	—	—
	430205	板瓦六样	件	3.80	—	—	8.4225	—	—	—
	430206	板瓦七样	件	3.20	—	—	—	9.5745	—	—
	430207	板瓦八样	件	3.00	—	—	—	—	10.2273	—
	430208	板瓦九样	件	2.70	—	—	—	—	—	11.0140
	430504	垂脊桶四样	件	122.00	1.7000	—	—	—	—	—
	430036	垂脊桶五样	件	106.00	—	1.8214	—	—	—	—
	430037	垂脊桶六样	件	96.00	—	—	1.8889	—	—	—
	430038	垂脊桶七样	件	87.90	—	—	—	1.9615	—	—
	430039	垂脊桶八样	件	81.00	—	—	—	—	2.1250	—
	430040	垂脊桶九样	件	70.40	—	—	—	—	—	2.6667
	090233	镀锌铁丝 8#～12#	kg	6.25	0.1100	0.1100	0.1100	0.1100	0.1100	0.1100
	810223	大麻刀红灰	m^3	518.20	0.0021	0.0019	0.0016	0.0014	0.0012	0.0010
	810225	小麻刀红灰	m^3	475.30	0.0456	0.0232	0.0163	0.0149	0.0136	0.0119
	810224	中麻刀红灰	m^3	486.00	0.0764	0.0543	0.0445	0.0373	0.0245	0.0200
	840004	其他材料费	元	—	0.94	0.89	0.84	0.79	0.74	0.69
机械	888810	中小型机械费	元	—	4.68	4.43	4.19	3.94	3.69	3.45
	840023	其他机具费	元	—	0.94	0.89	0.84	0.79	0.74	0.69

单位：m **表 9-2-22**

定额编号					3-549	3-550	3-551	3-552	3-553	3-554
项目					黏土砖宝顶座安装（座高在）			黏土砖宝顶珠安装（珠高在）		
					60cm 以内	80cm 以内	100cm 以内	50cm 以内	60cm 以内	70cm 以内
基价（元）					**1656.91**	**2726.94**	**4468.97**	**1106.18**	**1817.94**	**2902.64**
其中	人工费（元）				1137.91	1901.44	3013.07	765.99	1321.81	2087.80
	材料费（元）				450.72	711.42	1275.12	294.23	416.82	689.57
	机械费（元）				68.28	114.08	180.78	45.96	79.31	125.27
名称			单位	单价（元）	数量					
人工	870007	综合工日	工日	82.10	13.860	23.160	36.700	9.330	16.100	25..430
	00001100	瓦工	工日	—	4.800	6.000	8.400	3.000	3.600	4.800
	00001200	砍砖工	工日	—	9.0600	17.160	28.300	6.330	12.500	20.630
材料	440079	尺二方砖	块	13.50	24.8600	—	—	20.3400	—	—
	440080	尺四方砖	块	16.50	—	30.5100	54.2400	—	22.6000	37.2900
	440075	小停泥砖	块	3.00	4.8429	6.4726	8.0908	—	—	—
	440051	板瓦 2#	块	0.80	14.0000	18.6667	23.3333	—	—	—
	040196	蓝四丁砖	块	1.45	44.2406	87.8054	177.3660	4.6350	15.4500	28.3250
	810210	混合砂浆 M2.5	m^3	234.30	0.0225	0.0446	0.0901	—	—	—
	810221	深月白中麻刀灰	m^3	176.50	0.0486	0.0956	0.1632	0.0298	0.0470	0.0699
	840004	其他材料费	元	—	11.38	19.01	30.13	7.66	13.22	20.88
机械	888810	中小型机械费	元	—	56.90	95.07	150.65	38.30	66.09	104.39
	840023	其他机具费	元	—	11.38	19.01	30.13	7.66	13.22	20.88

单位：份　　**表 9-2-23**

定额编号				3-555	3-556	3-557	3-558
项目				琉璃宝顶座安装			
				五样	六样	七样	八样
基价（元）				**4163.78**	**3568.36**	**2976.69**	**2618.76**
其中	人工费（元）			985.20	689.64	492.60	394.08
	材料费（元）			3119.47	2837.34	2454.53	2201.04
	机械费（元）			59.11	41.38	29.56	23.64
名称		单位	单价（元）	数量			
人工	870007 综合工日	工日	82.10	12.000	8.400	6.000	4.800
材料	040196 蓝四丁砖	块	1.45	222.6662	144.1185	87.6211	49.3759
	430534 宝顶座五样	套	2650.00	1.0200	—	—	—
	430535 宝顶座六样	套	2520.00	—	1.0200	—	—
	430536 宝顶座七样	套	2250.00	—	—	1.0200	—
	430537 宝顶座八样	套	2070.00	—	—	—	1.0200
	810210 混合砂浆 M2.5	m^3	234.30	0.1109	0.0718	0.0436	0.0246
	810225 小麻刀红灰	m^3	475.30	0.0056	0.0041	0.0028	0.0017
	810224 中麻刀红灰	m^3	486.00	0.0543	0.0388	0.0259	0.0155
	090233 镀锌铁丝 8#～12#	kg	6.25	3.3166	1.4523	0.3193	—
	090447 镀锌铁丝 18#～22#	kg	5.50	1.4523	0.7931	0.2575	—
	840004 其他材料费	元	—	9.85	6.90	4.93	3.94
机械	888810 中小型机械费	元	—	49.26	34.48	24.63	19.70
	840023 其他机具费	元	—	9.85	6.90	4.93	3.94

单位：份　　**表 9-2-24**

定额编号				3-559	3-560	3-561	3-562
项目				琉璃宝顶座安装			
				五样	六样	七样	八样
基价（元）				**1881.10**	**1503.09**	**1190.79**	**886.97**
其中	人工费（元）			689.64	492.60	344.82	197.04
	材料费（元）			1150.08	980.93	825.28	678.11
	机械费（元）			41.38	29.56	20.69	11.82
名称		单位	单价（元）	数量			
人工	870007 综合工日	工日	82.10	8.400	6.000	4.200	2.400
材料	040196 蓝四丁砖	块	1.45	147.7092	97.3105	59.9184	18.9063
	430538 宝顶珠五样	套	847.00	1.0200	—	—	—
	430539 宝顶珠六样	套	780.00	—	1.0200	—	—
	430540 宝顶珠七样	套	700.00	—	—	1.0200	—
	430541 宝顶珠八样	套	633.00	—	—	—	1.0200
	810225 小麻刀红灰	m^3	475.00	0.0094	0.0062	0.0038	0.0007
	810210 混合砂浆 M2.5	m^3	234.30	0.0736	0.0485	0.0298	0.0094
	810224 中麻刀红灰	m^3	486.00	0.0310	0.0238	0.0180	0.0011
	090233 镀锌铁丝 8#～12#	kg	6.25	3.2651	1.4317	0.3193	—
	090447 镀锌铁丝 18#～22#	kg	5.50	1.4317	0.8137	0.2575	—
	840004 其他材料费	元	—	6.90	4.93	3.45	1.97
机械	888810 中小型机械费	元	—	34.48	24.63	17.24	9.85
	840023 其他机具费	元	—	6.90	4.93	3.45	1.97

9.3 定额名称注释

1. 泥背

传统屋面上苫抹的泥层，具有很好的保温作用。见定额 3－103。

2. 灰背

传统屋面泥背上苫抹的麻刀灰层，具有很好的防水作用。见定额 3－106。

3. 锡背

宫廷建筑屋面上的金属卷材防水层，由锡和铅组成，具有很好的耐久、防水作用。见定额 3－565。

4. 筒瓦屋面

用半圆形的筒瓦做盖瓦，用板瓦做底瓦组成的瓦屋面，多用于寺庙、大式建筑。见定额 3－116 和图 9－3－1。

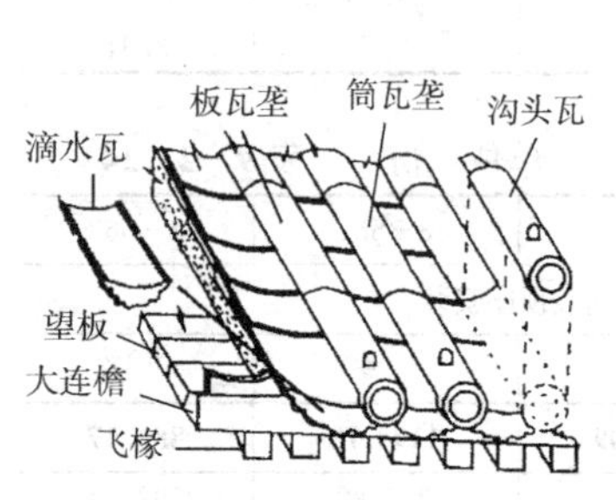

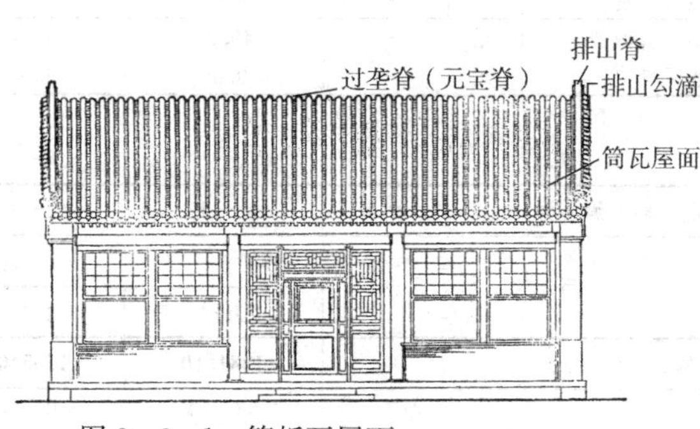

图 9－3－1 筒板瓦屋面

5. 合瓦屋面

盖瓦和底瓦都用板瓦组成的瓦屋面，多用于民宅。见定额 3－131 和图 9－3－2。

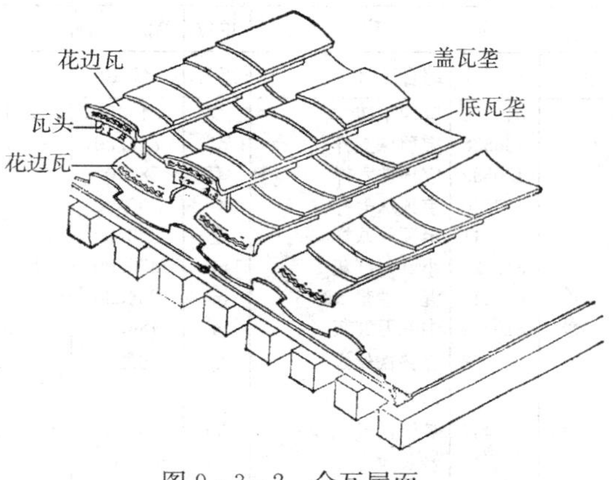

图 9－3－2 合瓦屋面

6. 仰瓦灰梗屋面

底瓦用板瓦，盖瓦处不用筒瓦，改用麻刀灰堆抹出一条灰梗，盖住左右的瓦翅，多用于民宅等的简易屋面。见定额 3－136。

7. 干蹅瓦屋面

只用板瓦组成的屋面。板瓦间有机的叠压编织，瓦垄间没有灰，仍有很好防水作用的屋面。见定额 3－138 和图 9－3－3。

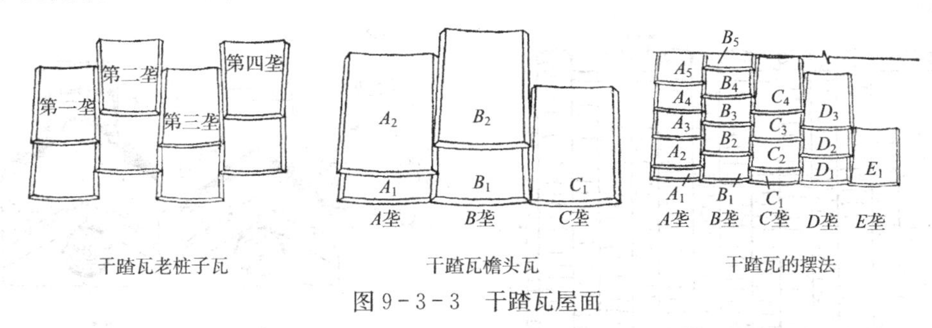

图 9－3－3　干蹅瓦屋面

8. 琉璃瓦屋面

用琉璃瓦组合成的屋面（底瓦与盖瓦与筒瓦屋面相同），琉璃瓦按尺寸大小分为四至九样。见定额 3－149。

9. 筒瓦屋面裹垄

筒瓦屋面用麻刀灰将筒瓦全部裹盖，轧直顺、轧实的一种做法，多用于筒瓦屋面的修缮。见定额 3—115。

10. 筒瓦屋面（捉节夹垄）

用麻刀灰夹垄（夹腮），用灰将筒瓦与筒瓦接合处勾抹严实，捉节的做法。见定额 3－111 和图 9－3－1

11. 筒瓦檐头附件

特指筒瓦屋面檐头部位的勾头、滴水。见定额 3－121。

12. 合瓦檐头附件

特指合瓦屋面檐头部位的花边瓦。见定额 3－134。

13. 正脊

屋面最高处与檐头平行的脊。见定额 3－331。

14. 筒瓦过垄脊

筒瓦屋面前后坡交汇处的脊；过垄脊指底瓦垄相互贯通的脊。见定额 3－328。

15. 合瓦过垄脊

合瓦屋面前后坡交汇处的脊；过垄脊指底瓦垄相互贯通的脊。见定额 3－320 和图 9－3－4。

16. 鞍子脊

合瓦屋面正脊的一种，底瓦垄用灰与砖砌抹成马鞍子形状的脊。见定额 3－323 和图 9－3－5。

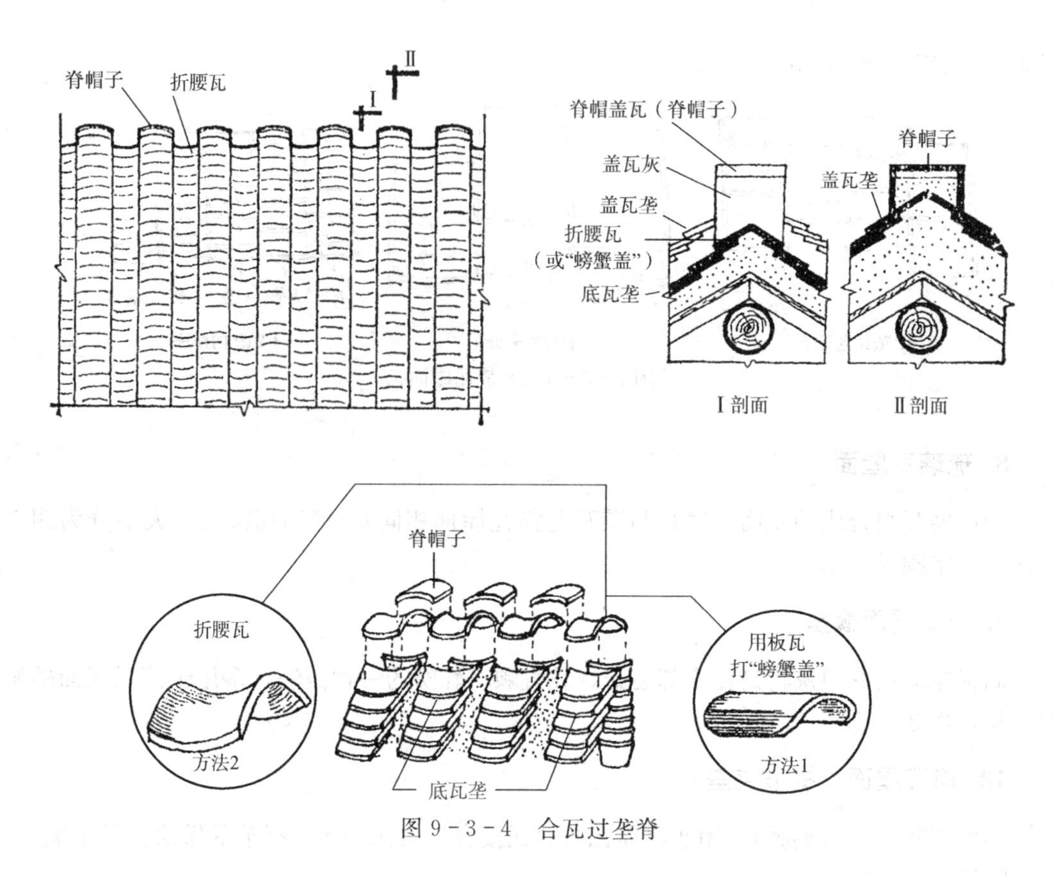

图 9-3-4 合瓦过垄脊

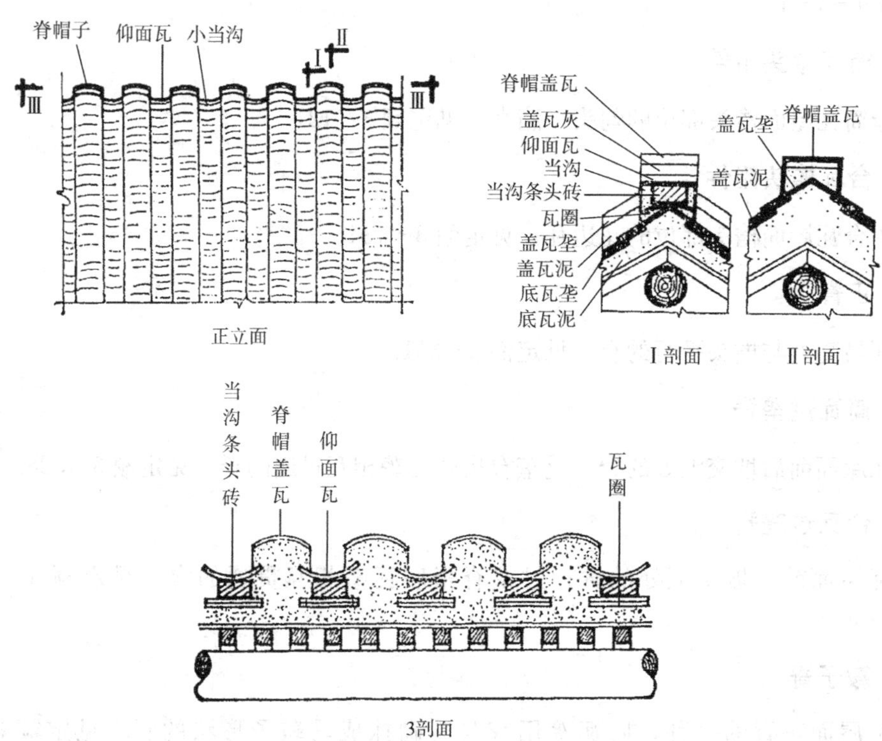

图 9-3-5 鞍子脊

17. 布瓦屋面有陡板正脊

正脊的主要部位用陡砌的砖组成的正脊。由瓦条、混砖、陡板、混砖和眉子组成。见定额 3 - 333 和图 9 - 3 - 6。

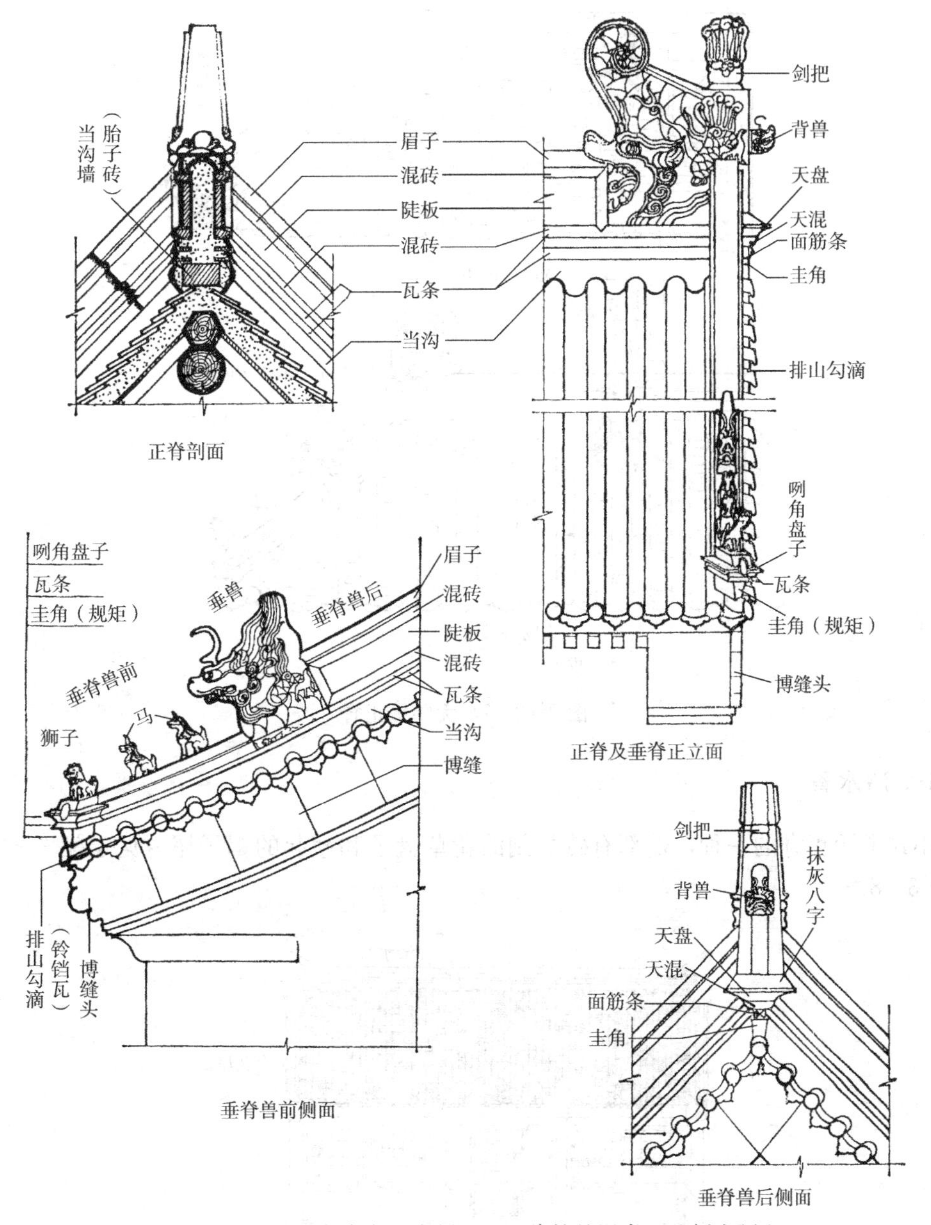

图 9 - 3 - 6　黑活大式尖山式硬、悬山建筑的屋脊（此例为硬山）

18. 布瓦屋面无陡板正脊

没有陡板的正脊，多用于无吻兽的正脊，由瓦条、混砖、楣子组成。见定额 3 - 331 和图 9 - 3 - 7。

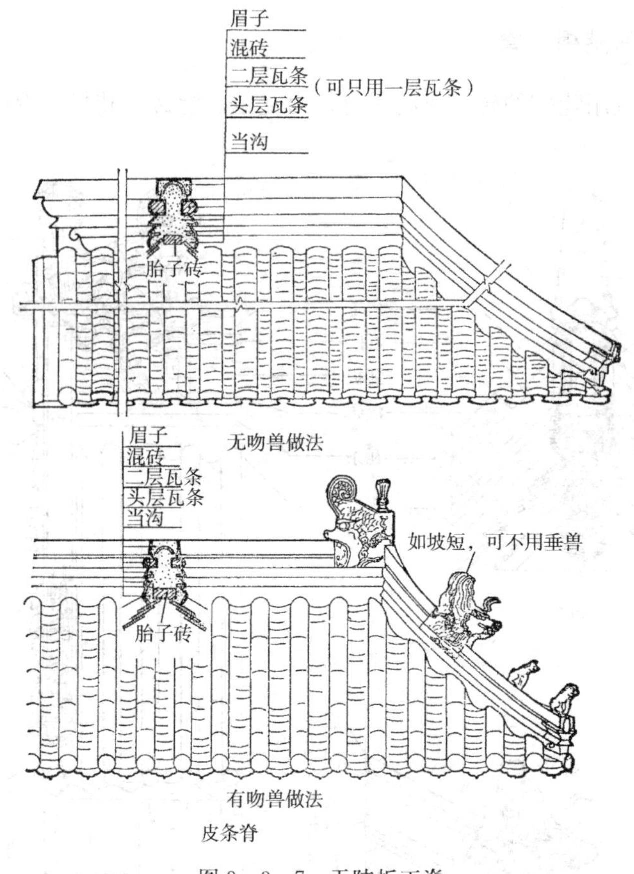

图 9－3－7　无陡板正脊

19. 清水脊

小式黑活正脊的一种，端部有砖雕刻的花草盘子和翘起的蝎子尾。见定额 3－336 和图 9－3－8。

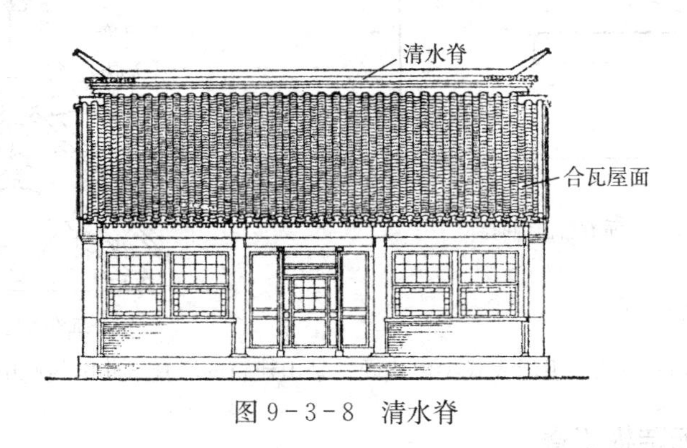

图 9－3－8　清水脊

20. 干踏瓦正脊

也叫扁担脊，用于干踏瓦屋面上的正脊；此种方法属民间作法，因脊似扁担直顺而得名。见定额 3－325 和图 9－3－9。

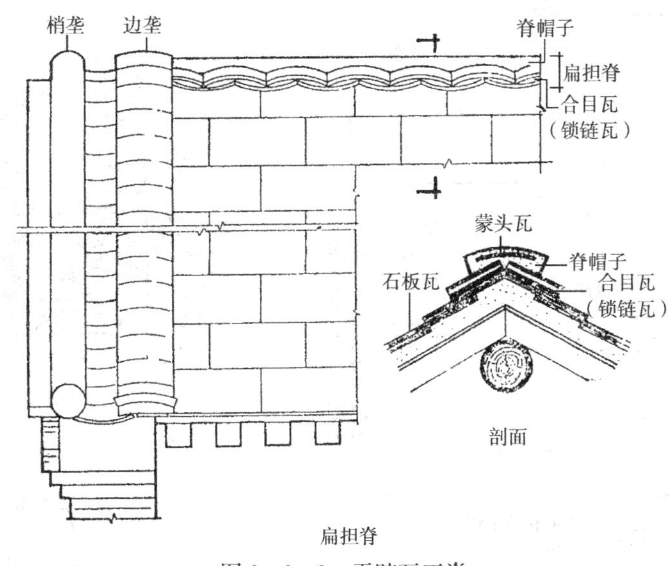

图 9-3-9 干蹅瓦正脊

21. 正吻

大式黑活或琉璃屋面正脊左右端部的装饰件。见定额 3-339 和图 9-3-10。

22. 平草蝎子尾

清水脊蝎子尾下边水平放置的一层砖雕花草饰件。见定额 3-335。

23. 跨草蝎子尾

清水脊蝎子尾下边立置于两侧的砖雕花草饰件。见定额 3-336。

24. 落落草蝎子尾

清水脊蝎子尾下边水平放置的二层砖雕花草饰件。见定额 3-337。

25. 垂脊

与正脊或宝顶相交处低端的脊；硬山、悬山、歇山垂脊也可称为排山脊。见定额 3-341 和图 9-3-11。

26. 戗（岔）脊

歇山屋面上与垂脊相交位于角梁上的脊。见定额 3-419 和图 9-3-12。

27. 无陡板铃铛排山脊

没有陡板的排山脊，因放置铃铛瓦（勾头、滴水瓦）而得名。见定额 3-348 和图 9-3-12。

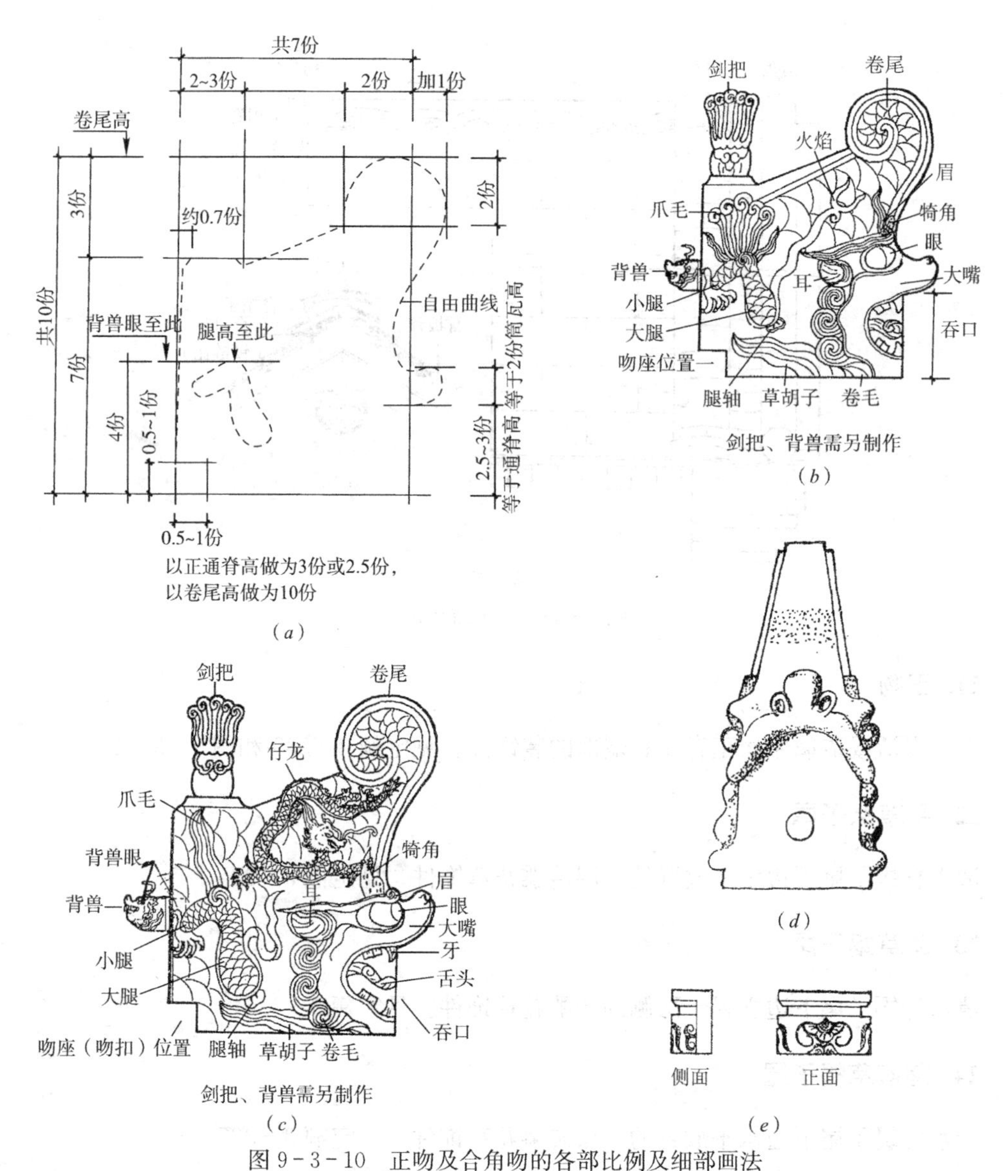

图 9-3-10 正吻及合角吻的各部比例及细部画法

(*a*) 辅助线画法；(*b*) 七～九样吻的画法；(*c*) 六样以上吻的画法；(*d*) 正吻的正立面；(*e*) 吻座正面及侧面

28. 披水排山脊

排山脊比较简单的一种做法，博缝砖上放置披水砖的排山脊。见定额 3-349 和图 9-3-13。

29. 披水梢垄

屋面瓦垄中靠近山墙博缝的一垄筒瓦叫梢垄。因外侧压住披水，故称披水梢垄。见定额 3-350 和图 9-3-14。

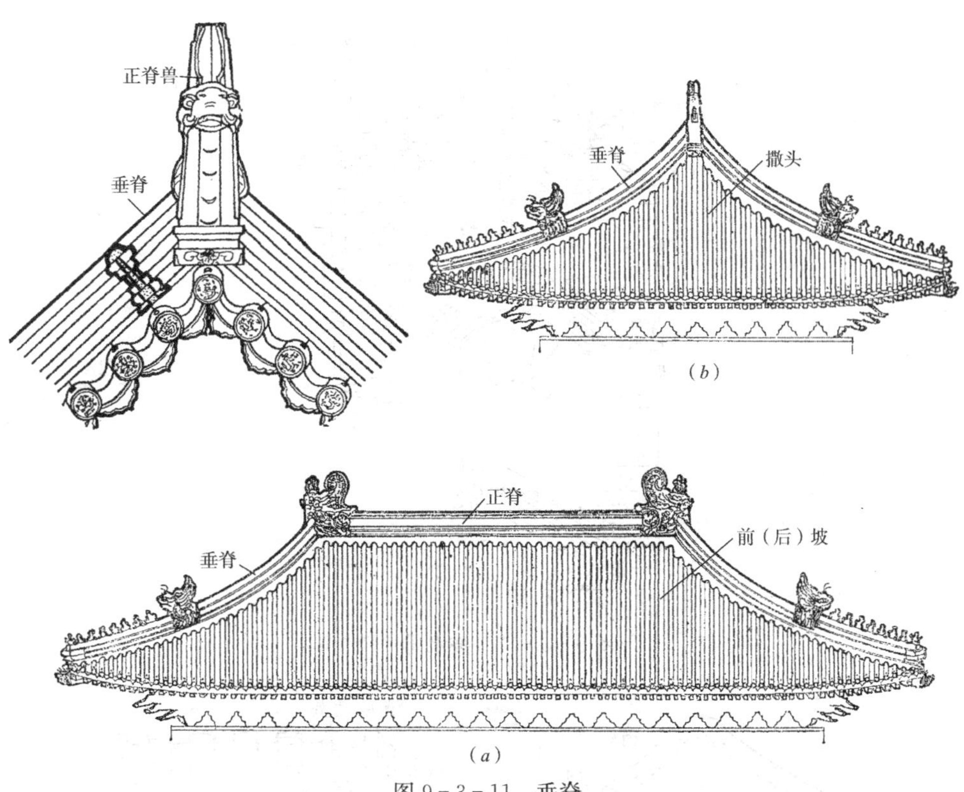

图 9-3-11 垂脊

(a) 正立面；(b) 侧立面

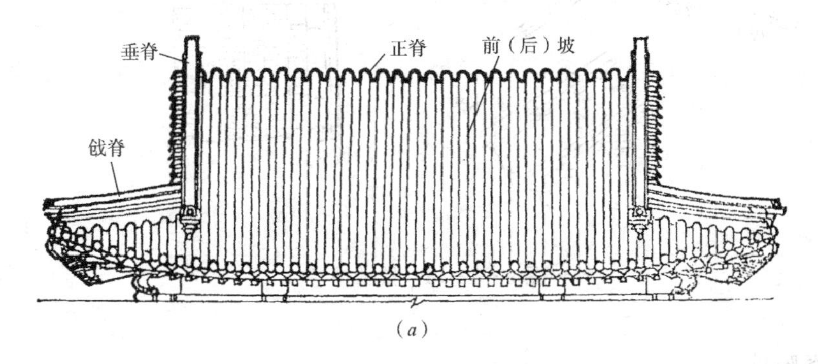

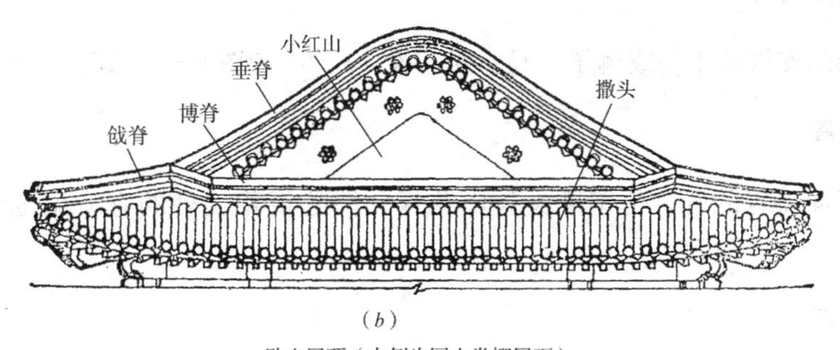

歇山屋顶（本例为圆山卷棚屋面）

图 9-3-12 戗（岔）脊

(a) 正立面；(b) 侧立面

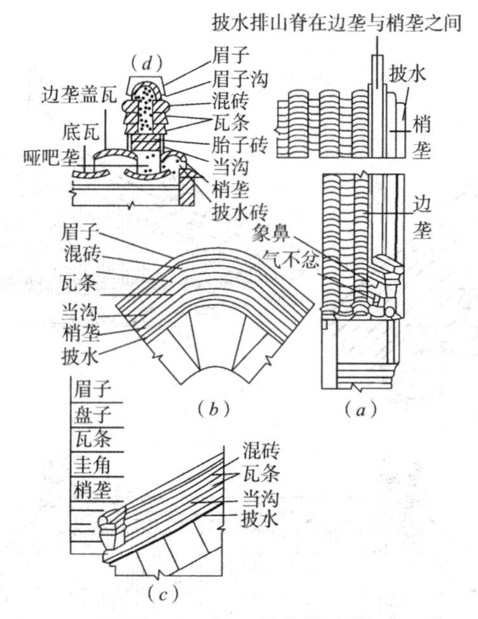

图 9-3-13　拔水排水脊

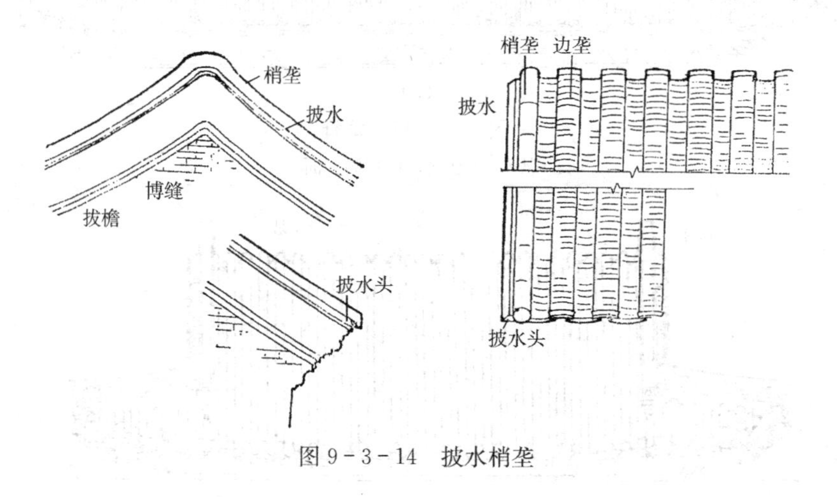

图 9-3-14　拔水梢垄

30. 垂脊附件

垂脊端部安放的小兽或狮子、马。见定额 3-351 和图 9-3-15。

31. 博脊

歇山屋面特有的脊，位于撒头与山花板、博缝板相交处的脊。见定额 3-534 和图 9-3-16。

32. 围脊

沿着下层屋面与木构架相交处的脊。见定额 3-528 和图 9-3-16。

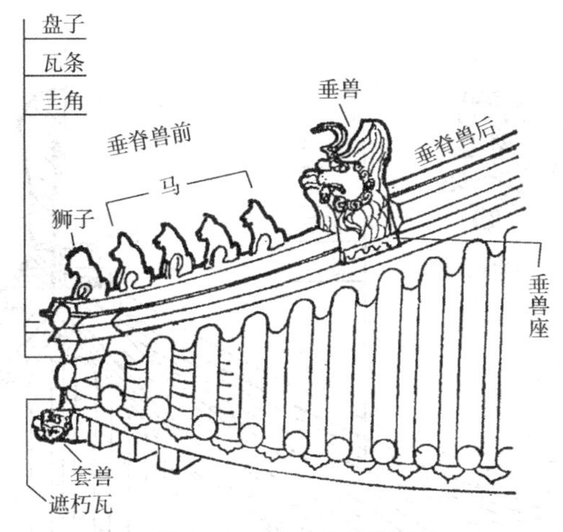

图 9-3-15 垂脊附件

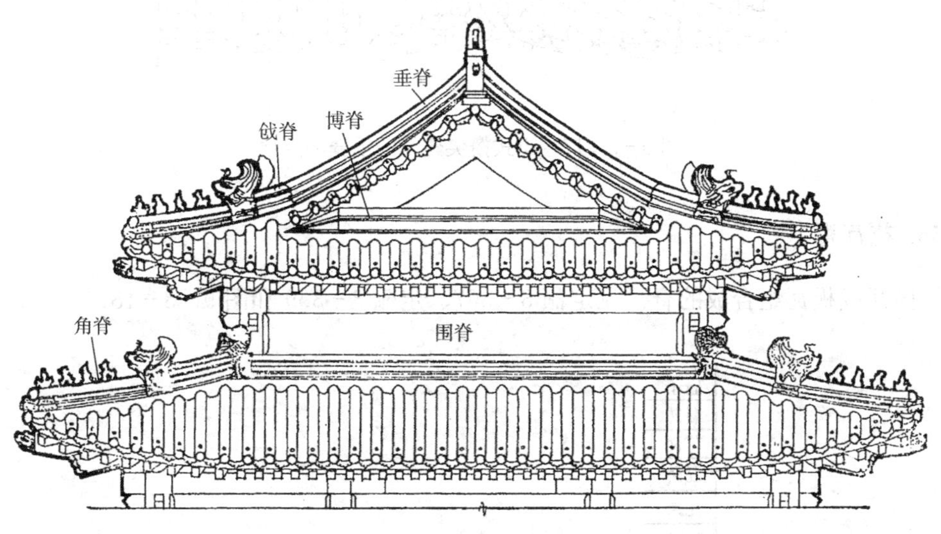

重檐屋顶（本例为尖山式歇山屋面）

图 9-3-16 博脊图示

33. 角脊

重檐屋面下层檐屋面转角处角梁上的脊。见定额 3-435 和图 9-3-16。

34. 合角吻

用于围脊转角处放置的吻或兽。见定额 3-539 和图 9-3-16。

35. 宝顶

也称“绝脊”，是攒尖屋面垂脊交汇处所做的脊。宝顶可分为宝顶珠与宝顶座两个部分。见定额 3-556、定额 3-560 和图 9-3-17。

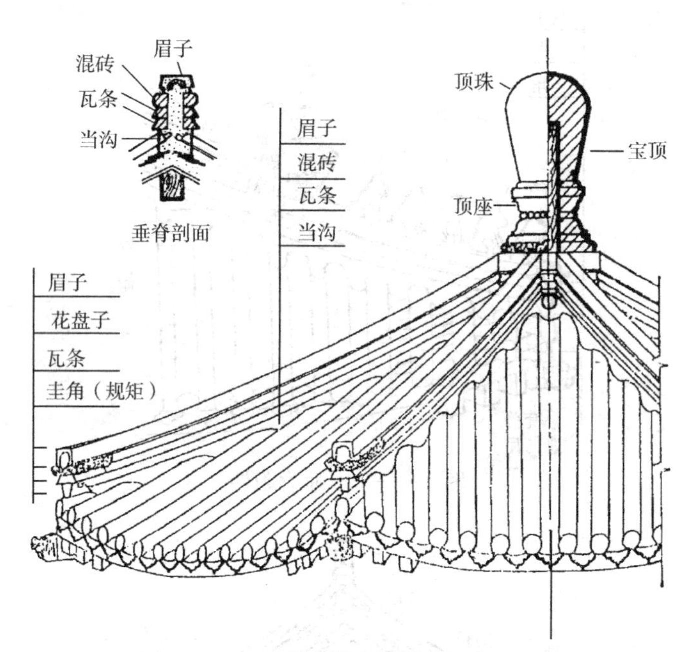

图 9-3-17 小式攒尖建筑的垂脊和宝顶

36. 花瓦脊

用筒瓦或板瓦组合成的脊。见定额 3-367、定额 3-369 和图 9-3-18。

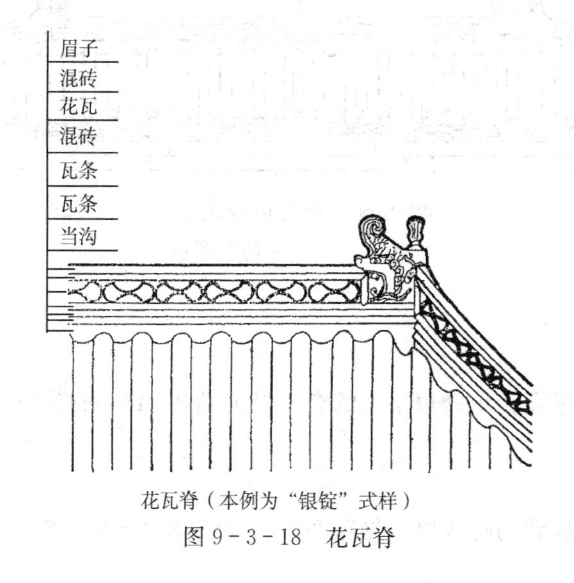

花瓦脊（本例为“银锭”式样）

图 9-3-18 花瓦脊

37. 窝角沟

转角屋面，阴角处所做的排水沟。见定额 3-174 和图 9-3-19。

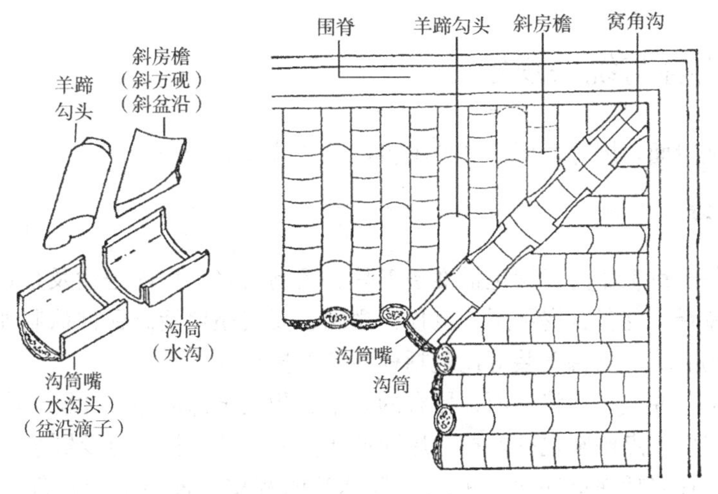

图 9-3-19　窝角沟

38. 墙帽正脊

用于墙头做法的正脊，比屋面做法的正脊有所简化；黑活多不使用陡板，琉璃脊多不使用正通脊而改用承奉连。见定额 3-393。

39. 披水排山脊罗锅

指圆山式的披水排山脊的最高部位，因圆弧栱起似罗锅而得名。见定额 3-478。

40. 竹节瓦面

圆亭屋面上使用的特殊瓦件。盖瓦垄与底瓦垄从下至上逐渐变细。见图 9-3-20。

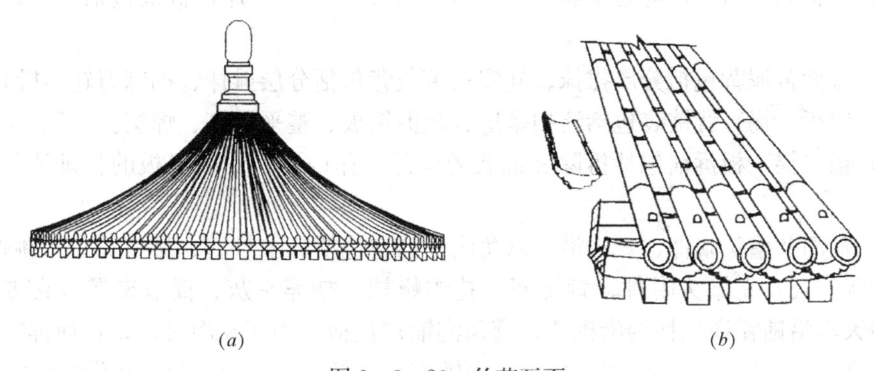

图 9-3-20　竹节瓦面

(*a*) 圆形做法屋顶；(*b*) 竹节瓦屋面

41. 削割瓦屋面，削割瓦屋脊

用琉璃坯子素烧后焖青的瓦件或脊件铺装的屋面或组合的屋脊。见定额 3-125。

9.4　工作内容与统一规定

本章包括瓦屋面，屋脊，屋面其他项目，共 3 节 565 个子目。

1. 工作内容

（1）本章各子目工作内容均包括准备工具、调制灰浆、场内运输及余料、废弃物的清运，其中布瓦屋脊、吻兽、蝎子尾、宝顶等摆砌、安装还包括砖瓦件砍制加工，琉璃瓦铺宄、琉璃脊摆砌、琉璃吻兽安装等还包括样活及清擦釉面。

（2）屋面除草冲垄包括将屋面、屋脊的杂草、积土全部清除，冲刷干净，勾抹打点。

（3）布瓦屋面打点刷浆包括除草、屋面冲垄、屋脊的勾抹打点及刷浆、绞脖。

（4）屋面查补包括除草冲垄，铲除空鼓酥裂的灰皮，抽换破损瓦件，归安松动的脊件，补抹夹垄灰或裹垄灰，以及瓦面、屋脊勾抹打点，不包括脊件的添配；其中布瓦屋面查补还包括刷浆绞脖。

（5）脊件添配包括拆除残损的脊件、补配新件，其中垂兽、岔兽添配均包括兽角，仙人添配包括仙人头。

（6）檐头整修、天沟沿整修、窝角沟整修包括归安及补换瓦件、勾抹打点，其中布瓦屋面檐头整修还包括刷浆绞脖。

（7）青灰背屋面查补包括清扫积土、冲刷、铲除空鼓酥裂的灰皮、补抹灰、刷浆。

（8）瓦面拆除、屋脊拆除包括拆除瓦件、脊件及宄瓦灰泥，挑选整理瓦件、脊件，运至场内指定地点分类码放。

（9）灰泥背拆除包括拆除灰背和泥背，不包括拆铅板（锡）背。

（10）铅板背拆除包括烫开焊口、分段揭除并将其运至场内指定地点存放。

（11）望板勾缝包括用麻刀灰将望板缝隙勾抹平整严实，抹护板灰包括望板勾缝及苫抹护板灰。

（12）屋面苫泥背包括分层摊抹、轧实；苫灰背包括分层摊抹、拍麻刀轧实擀光。

（13）铅板（锡）背铺装包括清扫基层、裁剪铅板、整平铺钉、焊接。

（14）铅（锡）板拆铺包括拆除和铺装的全部工作内容，及旧铅板的整理清扫、补焊钉眼。

（15）瓦面及檐头附件、天沟沿、窝角沟等铺宄包括分中号垄、排钉瓦口、挑选瓦件、挂线、铺灰宄瓦及宄檐头附件、背瓦翅、扎蛐蜒档、挂熊头灰、捉节夹垄（夹腮）或裹垄，其中天沟沿铺宄还包括沟沿砌砖；窝角沟铺宄包括宄沟底及沟沿；布瓦面铺宄还包括打瓦脸、刷浆、绞脖、瓦件沾浆，琉璃瓦面铺宄不包括檐头、中腰节及沟沿的钉帽安装。

（16）琉璃钉帽安装包括钉瓦钉、安钉帽。

（17）软瓦口砌抹包括砌砖（瓦）及抹灰。

（18）青灰背屋面砖瓦檐包括砌砖瓦檐及抹灰。

（19）屋面揭宄除包括瓦面拆除及铺宄的全部工作内容外，还包括旧瓦件挑选、整理、清扫，不包括屋脊挑修。

（20）调脊包括安脊桩、扎肩、摆砌脊件、分层填馅背里、附件安装、勾抹打点，其中铃铛排山脊还包括铺宼排山勾滴及安钉帽；披水排山脊还包括摆砌披水砖及披水头；布瓦屋脊还包括刷浆描线。

（21）正吻（兽）、合角吻（兽）、歇山垂兽、宝顶等安装包括安吻兽桩、扎肩、安吻兽座、拼装吻兽、镶扒锔、勾抹打点。

（22）布瓦清水脊蝎子尾包括扎肩、摆砌脊件、安草花盘子及蝎子尾。

（23）宝顶座、宝顶珠安装均包括分层拼装、填馅背里、镶扒锔。

2. 统一性规定及说明

（1）瓦屋面查补、檐头、天沟沿、窝角沟整修均已综合考虑了屋面及檐头、天沟沿、窝角沟各自的不同损坏程度，执行中不做调整；其中琉璃檐头、天沟沿、窝角沟整修均包括补配钉帽，若不发生时应扣减钉帽的价格。

（2）垂兽、岔兽添配已包括兽角，仙人添配已包括仙人头，均不得再执行兽角、仙人头添配定额，兽角、仙人头添配定额只适用于单独添配的情况。

（3）青灰背查补按青灰背屋面查补定额执行；青灰背屋面按屋面苫背相应定额执行。

（4）布瓦瓦面揭宼以新瓦件添配在30%以内为准，琉璃瓦瓦面揭宼以新瓦件添配在20%以内为准，瓦件添配量超过上述数量时，另执行相应的新瓦添配每增10%定额（不足10%亦按10%执行）。

（5）抹护板灰已包括望板勾缝，不得再另执行望板勾缝定额。

（6）屋面苫泥背以厚度平均4～6cm（含）为准，厚度平均在6～9cm（含）时，按定额乘以系数1.5执行；厚度平均在9～12cm（含）时，按定额乘以系数2.0执行，以此类推。

（7）苫灰背以每层厚度平均2～3.5cm（含）为准，厚度平均在3.5～5.0cm（含）时，按定额乘以系数1.5执行；厚度平均在5.0～7.0cm（含）时，按定额乘以系数2.0执行，以此类推。

（8）瓦面与角脊、戗（岔）脊及庑殿、攒尖垂脊相交处裁割角瓦所需增加的工料已包括在相应屋脊定额中，实际工程中不论屋顶形式及瓦面面积大小定额均不作调整。

（9）琉璃屋面以使用黄琉璃瓦件、脊件为准，如使用其他颜色的琉璃瓦应换算瓦件、脊件及相应灰浆价格，其用量不做调整。

（10）琉璃钉帽安装定额以在檐头中腰节安装为准，窝角沟双侧安装琉璃钉帽者按相应定额乘以1.4系数执行。铃铛排山脊定额已含钉帽安装，不得再单独执行琉璃钉帽安装定额。

（11）各种脊已分别综合了弧形、拱形等情况；其中角脊、戗（岔）脊及庑殿、攒尖垂脊定额均已包括瓦面与其相交处裁瓦所需增加的工料。

（12）琉璃博脊若采用围脊筒做法时按围脊定额执行，琉璃围脊若采用博脊承奉连做法时按博脊定额执行。

（13）布瓦屋脊除脊端附件及蝎子尾部分有雕饰外，其他均以无雕饰为准，需雕饰者另增加工料。

（14）布瓦屋脊砖件以在现场砍制为准，若购入已经砍制的成品砖件，应扣除砍砖工的人工费用，砖件用量乘以0.93系数，砖件单价按成品价格调整，其他不作调整。

9.5 工程量计算规则

1. 屋面除草冲垄、屋面打点刷浆、屋面查补、青灰背查补、苫灰泥背、瓦面揭宄、瓦面拆除、瓦面铺宄均按屋面面积以 m^2 为单位计算，不扣除各种脊所压占面积，屋角飞檐冲出部分不增加，同一屋顶瓦面做法不同时应分别计算面积，其中屋面除草冲垄、屋面打点刷浆、屋面查补的屋脊面积不再另行计算。屋面各部位边线及坡长规定如下：

(1) 檐头边线以图示木基层或砖檐外边线为准；

(2) 硬山、悬山建筑两山以博缝外皮为准；

(3) 歇山建筑拱山部分边线以博缝外皮为准，撒头上边线以博缝外皮连线为准；

(4) 重檐建筑下层檐上边线以重檐金柱（或重檐童柱）外皮连线为准；

(5) 坡长按脊中或上述上边线至檐头折线长计算。

2. 檐头、天沟沿均按长度以 m 为单位计算，其中硬山、悬山建筑按两山博缝外皮间净长计算，带角梁的建筑按仔角梁端头中点连接直线长计算，其中天沟沿以单侧沿为准，两侧沿累加计算。

3. 软瓦口砌抹、青灰背屋面砖瓦檐摆砌均按檐头长以 m 为单位计算。

4. 窝角沟按其走向按脊中至檐头中心线长度以 m 为单位计算，窝角沟附件安装以份为单位计算。

5. 脊件添配按添配的实际数量以件（份、对）为单位计算。

6. 屋脊均按脊中心线长度以 m 为单位计算，戗脊、角脊及庑殿、攒尖、硬山、悬山垂脊带垂（岔）兽者，以兽后口为界，兽前、兽后分别计算，其中：

(1) 歇山、硬山、悬山建筑正脊按两山博缝外皮间净长计算，庑殿建筑正脊按脊檩（扶脊木）图示长度计算，均扣除正吻（兽）、平草、跨草、落落草所占长度；

(2) 庑殿、攒尖垂脊按雷公柱中至角梁端点长计算，硬山、悬山垂脊按坡长计算，歇山垂脊按正脊中至兽座或盘子后口长度计算，分别扣除正吻（兽）、宝顶所占长度；

(3) 戗脊按博缝外皮至角梁端点长计算；

(4) 琉璃博脊按两挂尖端头间长度计算，不扣除挂尖所占长度，布瓦博脊按戗脊间净长计算；

(5) 围脊按重檐金柱（或重檐童柱）外皮间图示净长计算，扣除合角吻所占长度；

(6) 角脊按重檐角柱外皮至角梁端点长计算，扣除合角吻所占长度；

(7) 披水梢垄按坡长计算。

7. 排山脊卷棚部分以每山为一计量单位以份为单位计算。

8. 各种脊附件安装以单坡为一计量单位以条为单位计算。

9. 正吻、歇山垂兽、宝顶座、宝顶珠、平草、跨草、落落草均以份为单位计算，合角吻以对为单位计算。

10. 铅板背（锡背）按图示或实际面积以 m^2 为单位计算。

11. 琉璃屋面的中腰节安钉帽按中腰节横向长以 m 为单位计算，窝角沟双侧安钉帽按窝角沟长度计算。

9.6 难点提示

1. 在整修屋面工程中，补配已缺损脊件执行添配定额，松动掉落的脊件重新安装执行归安复位定额。

2. 脊高、吻兽高均以瓦条下皮（软当沟上皮）算起至脊、吻兽之上皮（最高点）。

3. 定额中材料用量的负值形式表现的各种异形琉璃件，在计划材料用量时应注意扣除与其相同数量的普通琉璃件。以定额 3－521 为例，在材料消耗量中负 2 是要扣去二个垂脊筒子，而使用一个搭头垂脊筒和一个戗尖垂脊筒，二者只能选择其一。

4. 屋面查补按瓦面做法分设了相应定额，不考虑查补的百分率（即屋面损坏的百分率）。不论屋面损坏程度如何，均执行同一定额。

5. 屋面揭宸定额是指将整个屋面揭拆后全部重瓦的概念，设立了基础添配率 30%和每增加 10%的辅助定额。如遇“局部揭宸”，设计文件应注明局部占整个屋面的百分率，同时还应注明“局部”面积内可用旧瓦或添配新瓦的百分率。

【例 9－6－1】 设计图纸要求对 2 号筒瓦屋面揭瓦，补配瓦件 70%。即可认定为将整个屋面全部拆除后重新做瓦面，新做的瓦面中有 70%的瓦件需要添配，有 30%的旧瓦件仍可再利用。执行定额 3－63，再执行定额 3－64，但定额 3－64 单价乘以 4 倍计算。

6. 削割瓦的各种调脊可参照相应的琉璃瓦的调脊定额执行，材料单价按市场价或按琉璃瓦价格作为暂估价报价。

7. 如图示未明确泥背的品种，一般可按小式建筑使用滑秸泥背，大式建筑使用麻刀泥背确定。泥背（或灰背）的平均厚度超过定额规定厚度时，用系数调整增加的厚度。

8. 布瓦屋面宝顶的砍制砖件不包括砖件的雕刻。布瓦屋面带陡板的脊均为不带雕刻做法，有雕刻时应另计雕刻费用。

9. 计算垂脊、岔脊附件时应根据图纸小兽（或狮子、马）的数量，完善定额基价。原定额基价是不完全价，不能直接选用。

10. 琉璃屋面使用的瓦件、脊件，由于颜色不同，存在价格差异，定额或造价信息所给价格均为黄色的参考价格，应按照市场价格完善预算基价。

9.7 习题演练

【习题 9－7－1】 某单檐古建筑，屋顶为庑殿形式，瓦、脊件均使用五样琉璃瓦。试列出屋面工程的各分项工程名称，并选择相应的定额。（注：按传统工艺。）

【解】（1）护板灰；　　定额 3－101。

（2）苫麻刀泥背；　　定额 3－103。

（3）苫青灰背；　　定额 3－106。

（4）瓦四样琉璃瓦；　　定额 3－146。

（5）琉璃檐头附件；　　定额 3－153。

(6) 调带吻兽正脊； 定额 3-376。

(7) 正吻安装； 定额 3-400。

(8) 调庑殿垂脊（兽前）； 定额 3-416。

(9) 调庑殿垂脊（兽后）； 定额 3-422。

(10) 庑殿垂脊附件； 定额 3-489。

【习题 9-7-2】某单檐古建筑，屋顶为悬山形式，使用 2 号筒板瓦捉节夹垄，正脊为过垄脊，垂脊为铃铛排山无陡板制作法。试列出屋面工程的各分项工程名称，并选择相应的定额。

【解】(1) 护板灰； 定额 3-101。

(2) 苫麻刀泥背； 定额 3-103。

(3) 苫青灰背； 定额 3-106。

(4) 屋面瓦 2 号筒瓦； 定额 3-111。

(5) 2 号筒瓦檐头附件； 定额 3-121。

(6) 筒瓦过垄脊增价； 定额 3-328。

(7) 无陡板垂脊（兽后）； 定额 3-348。

(8) 垂脊附件； 定额 3-361。

【习题 9-7-3】某古建筑屋面为硬山形式，使用 2 号合瓦，正脊跨草蝎子尾，两山披水梢垄。试列出屋面工程的各分项工程名称，并选择相应的定额。

【解】(1) 护板灰； 定额 3-101。

(2) 苫滑秸泥背； 定额 3-102。

(3) 苫青灰背； 定额 3-106。

(4) 屋面瓦 2 号合瓦； 定额 3-131。

(5) 2 号合瓦檐头附件； 定额 3-134。

(6) 调清水脊； 定额 3-331。

(7) 跨草蝎子尾； 定额 3-336。

(8) 披水梢垄； 定额 3-350。

(9) 披水梢垄附件； 定额 3-361。

【习题 9-7-4】如图图 9-7-1 所示为单檐四角亭，屋面使用七样琉璃瓦。试列出该屋面工程宼瓦，调脊的分项工程名称，并选择相应定额。

【解】(1) 宼七样琉璃瓦面； 定额 3-149。

(2) 七样琉璃瓦檐头附件； 定额 3-156。

(3) 调七样琉璃垂脊（兽前）； 定额 3-419。

(4) 调七样琉璃垂脊（兽后）； 定额 3-425。

(5) 七样琉璃垂脊附件； 定额 3-492。

(6) 七样宝顶座安装； 定额 3-3557。

(7) 七样宝顶珠安装； 定额 3-561。

(8) 檐头钉帽安装； 定额 3-162。

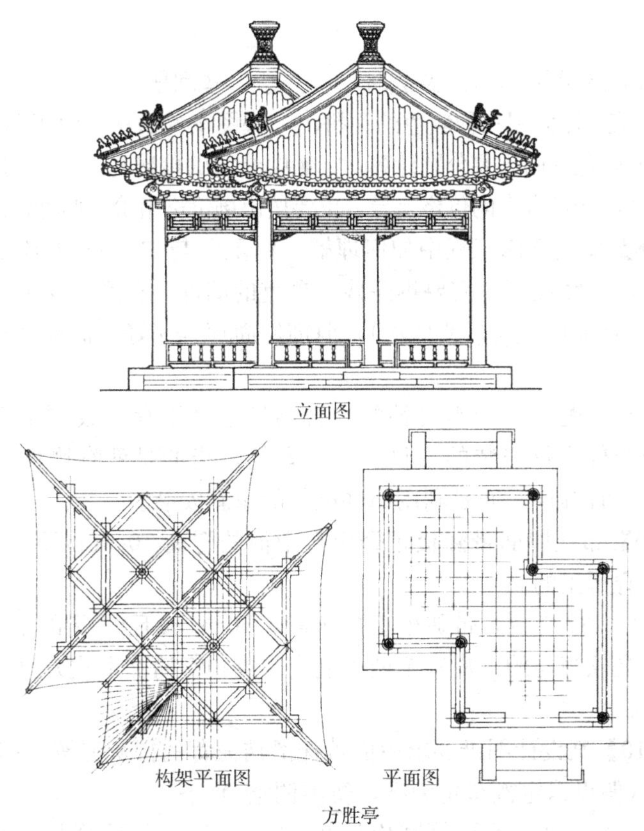

图 9-7-1 单檐四角亭

【习题 9-7-5】某硬山式古建筑，假如不考虑飞椽后尾重叠部分的望板，其余部分的望板面积与苫抹泥背、苫抹青灰背、宽瓦的面积相等吗？为什么？

【解】不相等。望板的面积要小于屋面苫背、宽瓦的面积。由于二者的计算规则不同，所以得出的面积也不相同。望板面积的计算规则是屋面坡长乘以面宽方向排山梁架中心至另一侧排山梁架中心的水平距离（即各间面宽尺寸之和）；而苫背、宽瓦面积的计算规则是屋面坡长乘以山墙博缝外皮至另一侧山墙博缝外皮之间的水平距离。很明显，苫背、宽瓦的面积要大于望板的面积。

【习题 9-7-6】如何理解“筒瓦屋面揭宽”的定额，执行时应注意哪些问题？

【解】筒瓦屋面揭宽是屋面维修的一种方法，多用于屋面年久失修，漏雨或屋面沉降变形的修缮。揭宽就是拆除后重新铺瓦，这种维修中大多存在许多旧瓦件仍然可以重新使用，只需添配部分新瓦就可以恢复原貌的问题。因此，定额设置了最基础旧瓦利用率，以定额 3-59 为例，新瓦添配 30%以内，实际告知还有 70%或 70%以上的旧瓦可以重新使用。执行此定额时只要添配的新瓦等于或小于 30%，定额均不能调整。如添配新瓦的量大于 30%；小于或等于 40%时，先执行一次基础定额 3-59，再执行一次递增性定额 3-60。但如果新添配的量是 51%时，应先执行一次 3-59 基础定额，再执行三次 3-60 的递增性定额，也就是把定额 3-60 的基价乘以 3 执行。

添配新瓦的量应在设计图纸中明确，有时图纸反应的是旧瓦利用率，反过来理解道理是相同的。

【习题 9-7-7】琉璃聚锦屋面做法时，应注意哪些问题?

【解】聚锦就是琉璃屋面用几种颜色的瓦拼出一些图案的做法。由于不同颜色的琉璃瓦价格不同，因此，不同颜色的面积要分别计算。定额中给定的琉璃瓦、脊件的价格只是黄色的价格。组价时除了要考虑颜色带来的价格差异，也要按市场价格组价，两种价差都要考虑到。

【习题 9-7-8】屋面整修工程中如何理解“添配”与“归安”?添配指屋脊饰件缺失或残损严重，已不能继续使用。需要拆除残损严重的旧件，补换（安装）新的屋脊饰件。

【解】归安指屋脊饰件松动（或掉落），但饰件尚存且完好，需要利用旧件重新安装的项目。

二者的区别在于补配项目中需要补配的脊饰件已经不存在或严重损坏，不能继续使用，需外购新的脊饰件进行安装的项目。而归安复位指的是就脊饰件尚存且可以继续使用，不需再购置新的脊饰件，而是利用旧件进行的重新安装。

【习题 9-7-9】布瓦屋面带陡板正脊定额中值的脊高 50cm 以下、60cm 以下、60cm 以上分别指的是屋脊哪里的高度?

【解】以定额 3-332 为例，带陡板正脊（高在 50cm 以下），指的是带陡板的正脊底层瓦条的下皮（也就是软当勾的上皮）至楣子上皮（或扣脊筒瓦上皮）之间的垂直距离。如图 9-7-2 所示。

【习题 9-7-10】某设计图纸要求屋面苫抹滑秸泥背的掺灰泥按 5∶5 配比。如何选择定额并进行换算?(假设以定额单价为准，暂不调整。)

【解】选择定额 3-102，原预算基价是 26.22 元/m^2，从预算基价的组成可知，其中 3∶7掺灰泥的定额消耗量是 0.0515m^3/m^2，单价是 28.90 元/m^3。从传统灰浆配合比表中得知其单价不含黄土泥的价格，仅指掺灰泥中 30%体积比中的白灰价格。现在要换算成 5∶5掺灰泥，也就是扩大白灰的用量，不考虑黄土泥的价格。元基价中白灰占 30%现在要换算成 50%，用 50%÷30%=1.67。将原来掺灰泥中的白灰用量乘以 1.67 倍后，重新组价即可；或者在原基价上再加上 28.90 元×67%×0.0515。

换算后的基价=26.22+(28.90×67%×0.0515)=27.22 元

也可简化计算=[(0.0515×28.90)÷3]×2+26.22=27.22 元。

【习题 9-7-11】如图 9-7-3 所示的八角单檐亭子有几条垂脊附件?

【解】此亭有几条垂脊就有几条垂脊附件，共有八条垂脊附件。

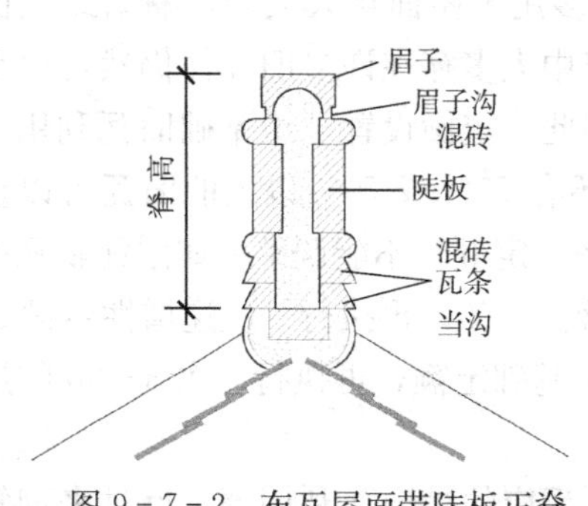

图 9-7-2 布瓦屋面带陡板正脊

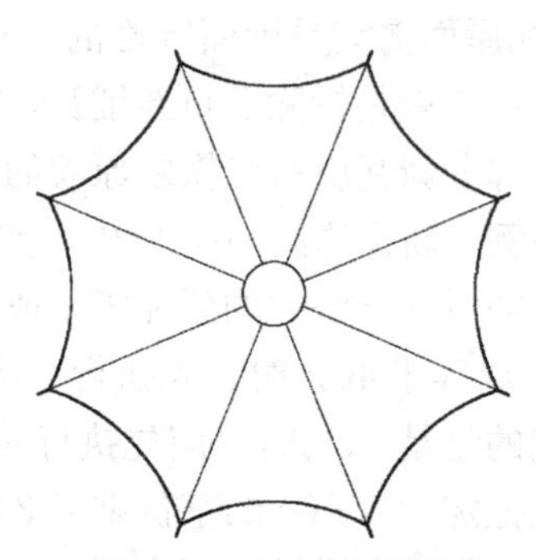

图 9-7-3 八角单檐亭

【习题 9-7-12】某硬山建筑，山尖为圆山时有几条垂脊附件？为什么？

【解】共有四条垂脊附件。因为定额规定垂脊附件不分尖山、圆山以单坡为准，按‘条’计算。

【习题 9-7-13】古建定额中瓦 2 号筒瓦捉节时使用的是 4∶6 掺灰泥。如设计图纸要求使用 5∶5 掺灰泥或 3∶7 掺灰泥，请分别计算新的预算基价？（注：各种单价暂以定额单价为准，不考虑黄土的价格）

【解】(1) 首先确定定额编号，瓦 2 号筒瓦（捉节夹垄）应选择定额 3-111，预算基价为 204.99 元。

(2) 分析原预算基价的构成，按相关规定换算。

原预算中使用 4∶6 掺灰泥的价格是 0.0918×47.90 元=4.40/m^3，

这个价格就是白灰的价格。用白灰价格除以 4 就是一份白灰价格。

一份白灰价格=4.40÷4=1.10 元

(1) 换算成 5∶5 掺灰泥=204.99+1.10=206.09 元

(2) 换算成 3∶7 掺灰泥=204.99−1.10=203.89 元。

各种掺灰泥材料消耗构成表　　表 9-7-1

灰土配合比	材料名称	计量单位	定额消耗量
3∶7	石灰	kg	196.20
	黄土	m^3	0.92
4∶6	石灰	kg	261.60
	黄土	m^3	0.78
5∶5	石灰	kg	327.00
	黄土	m^3	0.65
6∶4	石灰	kg	392.40
	黄土	m^3	0.53
7∶3	石灰	kg	457.80
	黄土	m^3	0.39

【习题 9-7-14】古建硬山、悬山屋面宼瓦的檐头附件有其单独的定额项目，计算工程量时还需要单独计算吗？有什么简便方法？为什么？

【解】遇硬山、悬山屋面檐头附件可以不再单独计算长度，直接使用大连檐计算出的长度即可。因为大连檐与檐头附件的工程量计算规则一致，减少计算工作，提高工作效率。

【习题 9-7-15】古建定额中正吻安装的计量单位是“份”，请问一座硬山建筑应有几份正吻？每份正吻都包括哪些分件？

【解】一座硬山建筑应有两份正吻。每一份正吻应包括正吻、箭把、背兽、背兽角。

【习题 9-7-16】古建定额中合角吻安装的计量单位是“份”，请问合角吻的一份都包括哪些分件？合角吻有背兽吗？

【解】合角吻的一份由四个分件组成。即二个（合角）单个的吻，二个（合角）单个的箭把。合角吻没有背兽。

【习题 9-7-17】古建屋面清水脊端头的平草、跨草、落落草如何区别？它们可以执行统一定额吗？

【解】水平放置的单层砖雕花饰叫平草。竖向放置的砖雕花饰叫跨草（砖的宽等于跨草的高）。二层水平叠落在一齐放置的砖雕花饰叫落落草。它们各自有对应的定额项目，不能执行同一定额。

【习题 9-7-18】古建调脊定额有些划分为兽前与兽后，也就是兽前与兽后要分别列项，各自的预算基价也不相同，为什么？

【解】因为这些脊的兽前与兽后的做法不同，所用的砖件（或琉璃件）也不相同。导致各自的材料品种、数量、人工消耗也不相同，要分别计算。例如：琉璃垂脊、戗脊等各自有各自的组合。因此，单位长度内的价格不同，应分别计算。

【习题 9-7-19】古建筑工程屋面苫抹泥背，当设计图纸无明确要求时，如何选用“苫抹滑秸泥背”和“苫抹麻刀泥背”？

【解】当设计图纸不明确时，可以掌握以下原则：一般小式房屋、民宅或建筑等级比较低的房屋，宜采用苫抹滑秸泥背的做法；而大式房屋或等级较高的建筑，宜采用苫抹麻刀泥背的做法。

【习题 9-7-20】某单檐四角亭子，屋面瓦七样琉璃瓦，垂脊为垂脊筒子做法，垂脊附件有 5 个小兽，请按定额基价换算每一条垂脊附件的价格？

【解】(1) 选择相关定额，定额 3-492 是七样垂脊筒子做法的垂脊附件定额。基价是 (620.01) 元/条，此处带括号的价格是不完全价。应根据图示要求确定小兽的数量，补充和完善原来的不完全价。

(2) 查定额 3-49 可知，小兽的价格是 41.60 元/个。每条垂脊上安放 5 个小兽。补充价为 (5×41.60=208.00 元)。

(3) 换算后的新基价=原预算基价+补充价

换算后的新基价=620.01+208.00=828.01 元

（注：换算这类基价时，只要求明确小兽的数量。用小兽的单价乘以小兽的数量所得的积，再与原预算基价相加，即为换算后的新基价。但是，小兽的数量不包括仙人。各个小兽的顺序、形式如何也可以不予考虑。实际工程中原预算基价的人工费、材料费、机械费应按照市场价格先行调整，再按照上述方法补充完善换算新基价。换算新基价时小兽的价格也应按照市场价格调整。）

【习题 9-7-21】以天安门城楼为例，顶层檐使用四样琉璃瓦，下层檐使用五样琉璃瓦。试列出屋面工程的各分项工程名称，并选择相应的定额？（注：按传统工艺从望板勾缝开始。）

【解】(1) 顶层檐项目（均为四样瓦、脊件）。

①护板灰，　　定额 3-101。
②苫麻刀泥背，　　定额 3-103。
③苫青灰背，　　定额 3-106。
④瓦四样琉璃瓦，　　定额 3-146。
⑤琉璃檐头附件，　　定额 3-153。
⑥调带吻兽正脊，　　定额 3-376。
⑦正吻安装，　　定额 3-400。
⑧调岔脊（兽前），　　定额 3-416。
⑨调岔脊（兽后），　　定额 3-422。

⑩岔脊附件，　　　　　　　　　　定额 3-495。
⑪铃铛排山脊（兽后），　　　　　定额 3-444。
⑫铃铛排山脊附件，　　　　　　　定额 3-495。
⑬调博脊，　　　　　　　　　　　定额 3-531。
⑭博脊附件，　　　　　　　　　　定额 3-543。
⑮檐头及中腰节安钉帽，　　　　　定额 3-159。

（2）下层檐项目（均为五样瓦、脊件）。

①护板灰，　　　　　　　　　　　定额 3-101。
②苫麻刀泥背，　　　　　　　　　定额 3-103。
③苫青灰背，　　　　　　　　　　定额 3-106。
④瓦五样琉璃瓦，　　　　　　　　定额 3-147。
⑤琉璃檐头附件，　　　　　　　　定额 3-154。
⑥调围脊，　　　　　　　　　　　定额 3-526。
⑦围脊合角吻安装，　　　　　　　定额 3-538。
⑧调角脊（兽前），　　　　　　　定额 3-417。
⑨调角脊（兽后），　　　　　　　定额 3-423。
⑩角脊附件，　　　　　　　　　　定额 3-490。
⑪檐口安钉帽，　　　　　　　　　定额 3-160。

【习题 9-7-22】琉璃剪边屋面执行定额应注意哪些问题？

【解】首先应由设计图纸上明确剪边是一勾几筒长，常见的有一勾一筒，一勾二筒，一勾三筒。这里的筒瓦颜色应与勾头瓦颜色相同。其后的琉璃瓦又是另一种颜色，不同颜色的瓦面，价格是不同的。以黄色剪边一勾二筒，绿色瓦面为例，会涉及四个定额项目。第一黄色琉璃瓦檐头附件。第二安黄色钉帽。第三黄色琉璃瓦的屋面。第四绿色琉璃瓦的屋面。其中檐头黄色琉璃瓦面的面积由勾头后面的筒瓦长决定。因此，一定要了解设计图纸上剪边做法勾头后面设几块筒瓦，才能准确计算各色琉璃瓦的面积。

9.8 巩固练习

1. 苫泥背厚度有何规定？超过规定厚度时价格如何调整？
2. 定额中 2#筒瓦屋面揭宽新瓦添配 30%以内指的是什么意思？
3. 某屋面为 2#合瓦做法，屋面面积是 120m² 设计图纸要求修缮时按添配 45%新瓦揭瓦，请问这时修缮工程的屋面面积是多少？应选择哪项定额？
4. 带陡板正脊的长度包括吻兽的长度吗？
5. 定额琉璃屋面是以黄色确定的预算基价，如实际使用孔雀蓝色的琉璃瓦，价格如何调整？
6. 屋面的坡长是如何计算出来的？原理是什么？
7. 望板勾逢的面积与苫泥背、苫灰背、宽瓦的面积相同吗？为什么？
8. 如何使用本章中带括号的预算基价？请举例说明。
9. 垂脊附件中小兽的数量各不相同，使用此定额时如何组价，如何考虑小兽的数量？

10. 硬山垂脊分为兽前、兽后两个定额，为什么要分设两个定额子目？兽前的长指哪里？兽后的长指哪里？二者的分界线又在哪里？

11. 屋面檐部五举，飞椽一头三尾时。水平长与斜长的关系如何？为什么？

12. 屋面挑顶拆除时，容易丢失哪些分项内容？

13. 削割瓦屋脊宜借用什么定额？

14. 剪边屋面如何计算面积？剪边的宽度如何确定？

15. 屋面宂瓦的面积可以直接借用望板的面积吗？为什么？

16. 某屋面琉璃剪边宽是900mm，其中含一个勾头两个筒瓦，剪边面积是长度乘以0.9m吗？为什么？

17. 某琉璃屋面用瓦是甲方供货，施工中设计变更要求在坡长1/2处加一排钉帽。乙方按规定计取了安钉帽的费用，同时因每陇底瓦有两块需要打孔，乙方又计取了底瓦打孔的费用。结算时甲方、审计方监理方均不同意乙方的做法。乙方的行为正确吗？为什么？

18. 砖宝顶基座如带雕刻，而定额规定砖宝顶包括砍磨砖件，报价时可以计算雕刻的费用吗？为什么？

19. 计算屋面曲线长时，檐头从木基层算起，正脊应计算到哪？脊部计算时哪些因素易丢失？

20. 戗脊兽前长度图示未标，无法计算时。如何确定戗脊的长度？

21. 琉璃歇山垂脊外侧的铃铛瓦，可否按檐头附件计算长度？为什么？

22. 带砖陡板的正脊，如有雕刻。如何计算费用？

23. 苫泥背使用的黄土，计算时取虚方还是实方？

24. 调哪些脊时要考虑脊的附件费用？

10　抹灰工程

10.1　定额编制简介

1. 本章共3节49个子目，按墙面、券底、须弥座、冰盘檐等不同的工程部位，不同的工艺做法各自分成抹灰面修补和抹灰两种情况划分项目。

2. 古建筑中的抹灰有两种方法：一种是底层、面层均用麻刀灰抹灰，俗称靠骨灰或刮骨灰，这种做法适用于室外抹灰。另一种是先用价格较低廉的掺灰泥抹底层、找平层（俗称大泥打底），然后再薄薄地抹一层麻刀石灰（或纸筋石灰），这种底层做法硬度较差、易损坏，目前多以白灰砂浆、水泥砂浆或混合砂浆代替。定额中依据这些情况将抹灰面分为靠骨灰、砂子灰底麻刀灰为罩面两类，分别划分项目。

3. 考虑到现存古建筑中许多墙体因年久歪闪走动或砖料表面“酥碱”等现象，在修缮施工中为了保证其抹灰面层的平整，所抹的找平底层平均厚度要增加，定额中设置了靠骨灰、砂子灰每增加5mm项目。修补抹灰面因属局部补抹，无须也无法考虑整个抹灰面的平整度，因而定额中未单独考虑底层增厚问题，而是在修补抹灰面的各项定额中综合考虑了这一因素。

4. 对传统抹灰的一些特殊要求，如抹灰前在墙面上做麻釘，以保证抹灰面与墙体牢固结合，抹灰后做假砖缝或轧竖向小抹子花，定额中均给予了相应考虑，编制了相应子目。另外将修缮工程中常见的墙帽补抹灰皮、券底、冰盘檐、须弥座补抹青灰，旧糙砖墙补抹勾缝等项目也编入本章中。

10.2　定额摘选

见表10-2-1～表10-2-6。

计量单位：m²　　**表10-2-1**

定　额　编　号					4-1	4-2	4-3	4-4	4-5
项　　目					墙面、券底修补靠骨灰				
					白灰	月白灰	青灰	红灰	黄灰
基　价（元）					**23.68**	**23.78**	**24.70**	**30.46**	**24.96**
其中	人工费（元）				18.06	18.06	18.88	18.06	18.06
	材料费（元）				4.36	4.46	4.50	11.14	5.64
	机械费（元）				1.26	1.26	1.32	1.26	1.26
名　　称			单位	单价（元）	数　　量				
人工	870007	综合工日	工日	82.10	0.220	0.220	0.230	0.220	0.220
材料	810214	大麻刀白灰	m³	200.10	0.0213	—	—	—	—
	810217	浅月白大麻刀灰	m³	204.50	—	0.0213	—	—	—
	810220	深月白大麻刀灰	m³	206.50	—	—	0.0213	—	—
	810223	大麻刀红灰	m³	518.20	—	—	—	0.0213	—

续表

定额编号					4-1	4-2	4-3	4-4	4-5
项目					墙面、券底修补靠骨灰				
					白灰	月白灰	青灰	红灰	黄灰
材料	810227	大麻刀黄灰	m^3	260.00	—	—	—	—	0.0213
	840004	其他材料费	元	—	0.10	0.10	0.10	0.10	0.10
机械	840023	中小型机械费	元	—	0.18	0.18	0.19	0.18	0.18
	888810	其他机具费	元	—	1.08	1.08	1.13	1.08	1.08

计量单位：m^2 **表 10-2-2**

定额编号					4-11	4-12	4-13	4-14	4-15
项目					墙面、券底修补砂子灰底抹灰面				
					白灰	月白灰	青灰	红灰	黄灰
基价（元）					**24.38**	**24.39**	**25.27**	**25.05**	**24.50**
其中	人工费（元）				18.88	18.88	19.70	18.88	18.88
	材料费（元）				4.18	4.19	4.19	4.85	4.30
	机械费（元）				1.32	1.32	1.38	1.32	1.32
名称			单位	单价（元）	数量				
人工	870007	综合工日	工日	82.10	0.230	0.230	0.240	0.230	0.230
材料	810214	大麻刀白灰	m^3	200.10	0.0021	—	—	—	—
	810217	浅月白大麻刀灰	m^3	204.50	—	0.0021	—	—	—
	810220	深月白大麻刀灰	m^3	206.50	—	—	0.0021	—	—
	810223	大麻刀红灰	m^3	518.20	—	—	—	0.0021	—
	810227	大麻刀黄灰	m^3	260.00	—	—	—	—	0.0021
	810012	1∶3石灰砂浆	m^3	163.32	0.0224	0.0224	0.0224	0.0224	0.0224
	840004	其他材料费	元	—	0.10	0.10	0.10	0.10	0.10
机械	840023	中小型机械费	元	—	0.19	0.19	0.20	0.19	0.19
	888810	其他机具费	元	—	1.13	1.13	1.18	1.13	1.13

计量单位：m^2 **表 10-2-3**

定额编号					4-16	4-17
项目					冰盘檐、须弥座补抹青灰	墙帽补抹
					m^2	m
基价（元）					**32.93**	**16.75**
其中	人工费（元）				25.45	9.85
	材料费（元）				6.55	6.21
	机械费（元）				0.93	0.69
名称			单位	单价（元）	数量	
人工	870007	综合工日	工日	82.10	0.310	0.120
材料	810220	深月白大麻刀灰	m^3	206.50	0.0310	0.0296
	840004	其他材料费	元	—	0.15	0.10
机械	840023	中小型机械费	元	—	0.10	0.10
	888810	其他机具费	元	—	0.83	0.59

计量单位：m^2　　表 10-2-4

定额编号				4-18	4-19	4-20	4-21	4-22	4-23
项目				墙面抹靠骨灰（厚15mm）					墙面抹靠骨灰每增厚5mm
				白灰	月白灰	青灰	红灰	黄灰	
基价（元）				**14.76**	**14.83**	**15.74**	**19.91**	**15.73**	**4.60**
其中	人工费（元）			10.67	10.67	11.49	10.67	10.67	3.28
	材料费（元）			3.34	3.41	3.45	8.49	4.31	1.09
	机械费（元）			0.75	0.75	0.80	0.75	0.75	0.23
名称		单位	单价（元）	数量					
人工	870007 综合工日	工日	82.10	0.130	0.130	0.140	0.130	0.130	0.040
材料	810214 大麻刀白灰	m^3	200.10	0.0162	—	—	—	—	—
	810217 浅月白大麻刀灰	m^3	204.50	—	0.0162	—	—	—	—
	810220 深月白大麻刀灰	m^3	206.50	—	—	0.0162	—	—	0.0052
	810223 大麻刀红灰	m^3	518.20	—	—	—	0.0162	—	—
	810227 大麻刀黄灰	m^3	260.00	—	—	—	—	0.0162	—
	840004 其他材料费	元	—	0.10	0.10	0.10	0.10	0.10	0.02
机械	840023 中小型机械费	元	—	0.11	0.11	0.11	0.11	0.11	0.03
	888810 其他机具费	元	—	0.64	0.64	0.69	0.64	0.64	0.20

计量单位：m^2　　表 10-2-5

定额编号				4-39	4-40	4-41	4-42	4-43
项目				麻面砂子灰（厚18mm）	象眼砂子灰镂花	抹灰后做假缝或轧竖向小抹子花	抹灰前做麻钉	铲灰皮
基价（元）				**16.41**	**493.92**	**13.08**	**8.48**	**3.54**
其中	人工费（元）			9.85	492.60	12.81	4.93	3.28
	材料费（元）			5.87	1.12	0.14	3.50	0.03
	机械费（元）			0.69	0.20	0.13	0.05	0.23
名称		单位	单价（元）	数量				
人工	870007 综合工日	工日	82.10	0.120	6.000	0.156	0.060	0.040
材料	810004 1∶2水泥砂浆	m^3	318.54	0.0062	—	—	—	—
	810005 1∶2.5水泥砂浆	m^3	289.39	0.0131	—	—	—	—
	810229 深月白浆	m^3	126.20	—	0.0021	—	—	—
	810214 大麻刀白灰	m^3	200.10	—	0.0021	—	—	—
	810217 浅月白大麻刀灰	m^3	204.50	—	0.0016	—	—	—
	040049 青灰	kg	0.35	—	—	0.1000	—	—
	460022 线麻	kg	29.00	—	—	—	0.0700	—
	090261 圆钉	kg	7.00	—	—	—	0.2100	—
	840004 其他材料费	元	—	0.10	0.10	0.10	—	0.03
材料	840023 中小型机械费	元	—	0.10	0.20	0.13	0.05	0.03
	888810 其他机具费	元	—	0.59	—	—	—	0.20

计量单位：m² 表 10-2-6

定额编号					4-44	4-45	4-46	4-47	4-48	4-49
项目					旧糙砖墙勾缝		旧毛石墙面勾凸缝		旧毛石墙面勾平缝	
					麻刀灰	白灰	青灰	水泥砂浆	青灰	水泥砂浆
基价（元）					**21.39**	**17.48**	**57.39**	**59.18**	**23.82**	**25.73**
其中	人工费（元）				19.70	16.09	51.72	51.72	20.53	20.53
	材料费（元）				0.31	0.26	2.05	3.84	1.85	3.76
	机械费（元）				1.38	1.13	3.62	3.62	1.44	1.44
名称			单位	单价（元）	数量					
人工	870007	综合工日	工日	82.10	0.240	0.196	0.630	0.630	0.250	0.250
材料	810219	浅月白小麻刀灰	m³	161.70	0.0016	—	—	—	—	—
	810228	老浆灰	m³	130.40	—	0.0016	—	—	—	—
	810218	浅月白中麻刀灰	m³	172.40	—	—	0.0097	—	0.0095	—
	810003	1∶1水泥砂浆	m³	390.44	—	—	—	0.0097	—	0.0095
	040049	青灰	kg	0.35	—	—	0.9270	—	0.4635	—
	840004	其他材料费	元	—	0.05	0.05	0.05	0.05	0.05	0.05
机械	840023	中小型机械费	元	—	0.20	0.16	0.52	0.52	0.21	0.21
	888810	其他机具费	元	—	1.18	0.97	3.10	3.10	1.23	1.23

10.3 定额名称注释

（1）靠骨灰：也称刮骨灰或刻骨灰，特点是其底层与面层均用麻刀灰。靠骨灰有多种颜色如白色、月白色、黄色和红色等。见定额4-18。

（2）虎皮石墙打点勾缝：旧虎皮石墙灰缝脱落，打点修理勾抹灰缝。见定额4-46、4-48。

（3）墙面砂子灰底麻刀灰罩面：基底抹16mm砂子灰，表面用木抹子搓毛，罩面灰用麻刀灰。见定额4-29。

（4）象眼抹青灰搂花：排山梁架象眼处抹青灰后用竹刀或锋利物划刻出花卉图案称搂花。见定额4-40。

（5）抹灰前做麻钉：将线麻用竹钉钉在墙面上，并留有一定的长度，有利于抹灰层与基底的结合的做法。见定额4-42。

（6）做假砖缝：抹灰后在灰的表面用搂子搁出假砖缝，也称划假缝。见定额4-41。

（7）轧竖向小抹子花：抹灰后未完全硬结前，用轧子反复竖向赶轧墙面，留有竖向的抹子痕迹。见定额4-4。

（8）旧糙砖墙勾缝：旧墙面灰缝脱落，重新用小麻刀灰打点勾缝。见定额4-44。

10.4 工作内容与统一规定

本章包括抹灰面修补，墙面抹灰及铲灰皮，墙面勾缝，共3节49个子目。

1. 工作内容

（1）本章各子目工作内容均包括准备工具、调制灰浆、场内运输及余料、废弃物的清运。

（2）抹灰面修补包括铲除空鼓残损灰皮并砍出麻刀口、清理浮土、刷水、打底找平、罩面轧光。

（3）抹灰包括清理墙面、刷水、打底找平、罩面轧光。

（4）象眼抹青灰镂花包括打底抹白灰、抹青灰、绘制画谱、镂花。

（5）旧砖墙及旧毛石墙勾缝打点包括清理墙面、剔除残损勾缝灰、勾缝并打点；旧毛石墙勾缝打点还包括补背塞。

2. 统一性规定及说明

（1）抹灰面修补定额适用于单片墙面局部补抹的情况，若单片墙（每面墙可由柱门、枋、梁等分割成若干单片）整体铲抹时，应执行铲灰皮和抹灰定额。

（2）抹灰面修补不分墙面、山花、象眼、穿插档、匾心、券底等部位，均执行同一定额。

（3）抹灰面修补及抹灰定额均已考虑了梁底、柱门抹八字线角、门窗洞口抹护角等因素；其中补抹青灰已综合了轧竖间小抹子花或做假砖缝等因素。

10.5 工程量计算规则

1. 墙面、券底等抹灰面修补按实际补抹面积累计计算，冰盘檐、须弥座抹灰面修补按实际补抹部分的垂直投影面积计算，墙帽补抹按实际补抹的长度计算。

2. 抹灰工程量均以建筑物结构尺寸计算，不扣除柱门、踢脚线、挂镜线、装饰线、什锦窗及 0.5m^2 以内孔洞所占面积，扣除 0.5m^2 以外门窗及孔洞所占面积，其内侧壁面积亦不增加，墙面抹灰各部位边界线见表 10-5-1：

墙面抹灰各部位的边界线表　　表 10-5-1

<table>
<tr><th>工程部位</th><th colspan="2">底边线</th><th colspan="2">上边线</th><th>左右竖向边线</th></tr>
<tr><td rowspan="2">室内抹灰</td><td>有墙裙</td><td>墙裙上皮</td><td>梁枋露明</td><td>梁枋下皮</td><td rowspan="2">砖墙里皮（不扣柱门），若以柱门为界分块者以柱中为准</td></tr>
<tr><td>无墙裙</td><td>地（楼）面上皮（不扣除踢脚板）</td><td>梁枋不露明</td><td>顶棚下皮（吊顶不抹灰者算至顶棚另加 20cm）</td></tr>
<tr><td rowspan="2">室内抹灰</td><td>下肩抹灰</td><td>台明上皮</td><td colspan="2" rowspan="2">墙帽或博缝出檐下皮</td><td rowspan="2">砖墙外皮棱线（垛的侧面积应计算）</td></tr>
<tr><td>下肩不抹灰</td><td>下肩上皮</td></tr>
<tr><td>槛墙抹灰</td><td colspan="2">地面上皮</td><td colspan="2">窗榻板下皮</td><td>同室内</td></tr>
<tr><td>棋盘心墙</td><td colspan="2">下肩上皮</td><td colspan="2">山尖清水砖下皮</td><td>墀头清水砖里口</td></tr>
</table>

3. 券底抹灰按券弧长乘以券洞长的面积以 m^2 为单位计算。

4. 冰盘檐、须弥座抹灰分别按盖板或上枋外边线长乘以其垂直高以 m^2 为单位计算。

5. 旧糙砖墙勾缝打点、旧毛石墙勾缝打点按垂直投影面积以 m^2 为单位计算。

6. 抹灰后做假砖缝或轧竖向小抹子花、象眼抹青灰镂花均按垂直投影面积以 m^2 为单位计算。

10.6 难点提示

1. 抹灰面修补中的补抹青灰定额已综合考虑了轧竖向小抹子花或作假砖缝的因素（定额4-3），如遇补抹青灰且需划假缝或做竖向小抹子花时，应执行定额4-3，不可再执行定额4-41抹灰后做假砖缝或轧竖向子抹子花定额。

2. 古建筑若遇顶棚抹灰，另执行修缮工程定额有关内容及规定。

3. 本章虎皮石打点勾缝仅适用于虎皮石墙面整修，不可与第二章中定额1-461～1-462勾缝定额相混用，第一章中的子目只适用于新砌筑的虎皮石墙勾缝。

4. 定额中墙面砂子灰底、麻刀灰罩面定额4-29～4-34等，所给定的打底灰浆（底子灰）为石灰砂浆。如果设计要求与此不符合时（如用水泥砂浆或混合砂浆）可按有关规定进行换算（换价不换量）。

5. 抹灰超过规定厚度时，应注意增厚子目的使用。

6. 定额4-41抹灰后做假砖缝或轧竖向小抹子花不包括抹灰，此项目仅指抹灰后的工艺，预算基价中主要构成是人工费，也就是划假缝或轧抹子花的人工费。

10.7 习题演练

【习题10-7-1】 五环内某围墙长120m，下肩虎皮石高0.95m。年久失修，勾缝灰脱落严重。上身从退花碱上皮至墙帽出檐砖下皮1.75m，冰盘檐高度0.56m，墙帽前后坡长合计1.48m。施工图要求下碱重新用青麻刀灰找补勾凸缝，上身铲掉原抹灰后新抹红灰，砖檐及墙帽铲掉旧灰重新抹青麻刀灰，求直接工程费？（单价均已定额价格为准）

【解】（1）计算工程量。

①下碱旧石墙勾缝＝120×0.95×2＝228m^2

②上身铲灰皮＝1.75×120×2＝420m^2

③上身抹灰＝1.75×120×2＝420m^2

④渣土外运＝420×0.03＝12.60m^3

⑤冰盘檐铲灰皮＝120×0.56×2＝134.40m^2

⑥冰盘檐抹灰＝120×0.56×2＝134.40m^2

⑦墙帽铲灰皮＝120×1.48＝177.80m^2

⑧墙帽抹灰＝120×1.48＝177.80m^2

⑨铲冰盘檐、墙帽渣土＝0.03×(134.40＋177.80)＝9.37m^3

（2）选择正确定额，求直接工程费。

①旧石墙勾缝定额4-46； 直接工程费＝57.39×228＝13084.92元

②上身铲灰皮定额4-43； 直接工程费＝3.54×420＝1486.80元

③上身抹灰定额4-20； 直接工程费＝15.74×420＝6610.80元

④渣土外运定额11-14；

直接工程费＝(12.60＋9.37)×65.39＝1448.48元

⑤冰盘檐铲灰皮定额4-43；直接工程费＝3.54×134.40＝475.78元

⑥冰盘檐抹灰定额 4-28；　直接工程费=23.43×134.40=3148.99 元

⑦墙帽铲灰皮定额 11-43；　直接工程费=3.54×177.80=629.42 元

⑧墙帽抹灰定额 4-20；　直接工程费=15.74×177.80=2798.57 元

(3) 直接工程费合计：

①+②+③+④+⑤+⑥+⑦+⑧+⑨=29683.76 元

【习题 10-7-2】某首层室内抹灰，已知石膏板顶棚下皮标高是 3.25m，室内有踢脚线高 0.15m。请问计算抹灰面积时高度是多少？为什么？

【解】此室内抹灰高度 H=3.25+0.2=3.45m。因为抹灰工程量计算规则规定“室内抹灰无墙裙时从室内地面上平算起，不扣除踢脚线所占高度。上皮算至顶棚后再加 0.20m”。因此，高度应是 3.45m。

【习题 10-7-3】古建维修中修补抹灰的形状往往是自然的不规则形状，随意性很大，实际工程中如何计量面积？原则是什么？

【解】自然形状无法按照几何形状进行计算，但应掌握一个原则“以自然形状的外接最小矩形为准”，求出矩形面积。

【习题 10-7-4】券洞内抹月白靠骨灰 18mm 厚，已知券的跨度是 2.60m，洞长 4m，如图 10-7-1 所示，求券洞内抹灰面积各是多少？选择相应定额，计算各分项工程的合计直接工程费。（暂以定额单价为准）

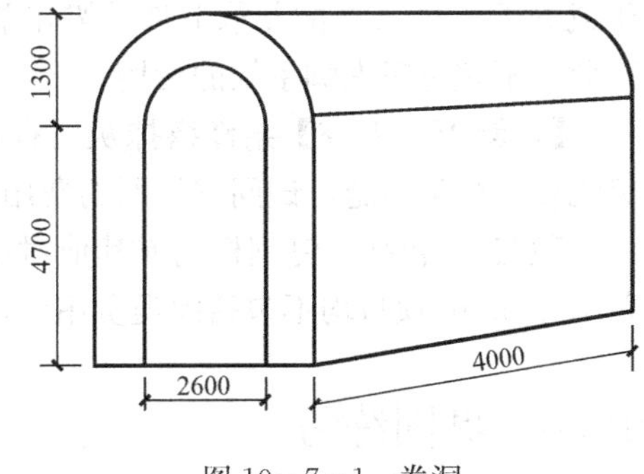

图 10-7-1　券洞

【解】(1) 洞内直墙抹灰面积=4.70×4×2=37.60m²

(2) 洞顶面积（券顶展开面积）=2.60×3.14×0.5×4=16.33m²

(3) 洞内直墙抹灰应选择定额 4—18；抹灰增厚应选择定额 4-23

(4) 洞顶抹灰应选择定额 4—24；抹灰增厚应选择定额 4-27

(5) 洞内直墙抹灰直接工程费=37.60×14.76=554.98 元

(6) 洞内直墙抹灰增厚直接工程费=37.60×4.60=172.96 元

(7) 洞顶抹灰直接工程费=16.33×18.22=297.53 元

(8) 洞顶抹灰增厚直接工程费=16.33×4.25=69.40 元

(9) 各分项工程的合计直接工程费=(5) +(6) +(7) +(8) =1094.87 元

【习题 10-7-5】定额第一章毛石墙勾缝与第四章旧毛石墙面勾缝有什么区别？选择定额时如何把握准确性？

【解】定额第一章的毛石墙勾缝项目适用于新砌筑的毛石墙体勾缝，也适用于旧毛石墙体拆除后重新砌筑的强体勾缝。第四章旧毛石墙面勾缝适用于旧墙体仍然存在时（非新砌筑）墙面灰缝脱落以及打点勾抹灰缝的修缮项目。

【习题 10-7-6】某古建修缮设计要求下碱抹青灰 25mm 划假砖缝。试列出分项工程名称并说明为什么？

【解】(1) 分项工程名称如下：

①下碱抹青灰；

②抹青灰增厚；

③抹灰后划假砖缝。

（2）因为基础定额 4 - 20 所指的厚度是小于或等于 20mm 的情形。这里实际抹灰厚度是 25mm，超过标准厚度 10mm。因此，要增设定额 4 - 23 的每增厚 5mm 的项目，基价乘以 2 计算。

抹灰后划假砖缝定额 4 - 41 仅指在抹完灰的基础上，只划假砖缝，材料费构成中也不含抹灰的材料，基价的主要构成是人工费，所以要列出三项分项工程名称。

【习题 10 - 7 - 7】 某房间室内面积 45m^2，顶棚高度 3.60m，试问室内墙面、顶棚抹灰时能否计取脚手架的费用？

【解】（1）首先应明确脚手架的费用属于措施费。措施费的设立由企业根据自身的管理水平和施工技术条件自行确定。这里是否计取由企业自主确定。

（2）定额编制时已综合考虑了修缮工程的特殊性，定额项目中已包括搭拆操作高度小于或等于 3.60m 高的非承重脚手架和单间面积小于或等于 50m^2 的满堂红非承重脚手架。因此，不宜再考虑脚手架的费用。

【习题 10 - 7 - 8】 某修缮抹灰工程，抹灰平均厚度为 25mm，但局部内凹过大，采取钉钢板网衬垫措施，试问钢板网的费用包含在抹灰价格里吗？

【解】 不包括。钉钢板网或其他衬垫措施也是为了解决局部增厚的问题。抹灰项目和每增厚 5mm 项目均不包括此类费用，发生时应另执行相应定额计算费用。

10.8　巩固练习

1. 抹灰时多大面积的孔洞可以不予扣除？多大面积的孔洞应该扣除？
2. 一般抹灰工作都包括哪些工作内容？
3. 抹灰基底钉钢板网包括在抹灰工作中吗？
4. 某围墙面全长 162m，上身高 1.55m，双面做法相同，试计算抹月白靠骨灰厚度为 23mm 时，计划用工是多少？
5. 某毛石护坡墙勾逢 122m^2，求计划用抹灰工多少工日？计划购买青灰多少 t？
6. 冰盘檐抹灰是按实际抹灰面积（展开面积）还是按投影面积计算？为什么？
7. 某室内地面到顶棚的高为 3100mm，踢脚线高 120mm，挂镜线高 100mm，计算抹灰面积时，高度应按多少计算？
8. 券顶抹灰面积如何按展开面积计算？
9. 须弥座抹灰面积按展开面积计算还是按垂直投影面积计算？
10. 古建筑室内抹灰，遇有柱门时是否扣除柱门所占面积？
11. 抹灰厚度超过定额规定厚度时如何计算价格？
12. 传统抹灰包括表面的最后刷浆吗？为什么？
13. 某旧墙灰皮脱落，为保证抹灰质量，施工图中图示旧墙先用水泥砂浆勾缝，再钉钢丝网，网上抹靠骨灰。哪些费用可以计取？为什么？
14. 某游廊上有什锦窗，抹灰时如何扣除其面积？
15. 施工图中图示抹灰做法与定额传统做法不符时，可否调整其预算基价？应掌握哪些原则？

16. 传统抹灰必须要钉麻钉吗？图示不明时你应如何把握？
17. 象眼抹灰搂划假砖缝，宜借用什么定额？
18. 某台基陡板是虎皮石砌筑，修缮工程中台基勾缝包括虎皮石勾缝吗？为什么？
19. 室内抹灰的水平长应扣除墙体里包金所占尺寸吗？为什么？
20. 铲旧灰皮时容易丢失的项目有哪些？举例说明？

11 木构架及木基层工程

11.1 定额编制简介

1. 由于明、清的官式建筑以木结构为主，因而本章是古建分册中篇幅最多的一章，共11节1471个子目。根据古建筑修缮工程实际情况，分别考虑划分了构部件局部剔补、包镶柱根或更换拼包木柱、墩接柱、抽换柱、添配假箍头、安装拉接加固铁件等无须分解拆砌木构架的修缮、加固项目；局部或整幢分解拆卸，更换其中已不能保证结构安全的构部件及配制缺损的构部件，然后重新组装的修缮项目。官式建筑的抬梁式木构架由于采用了榫卯结合，为修缮工中局部或整幢分解拆卸构部件以及更换新制作的构部件后重新组装创造了一定的方便条件，因而成为木构架系统修缮的主要手段。

2. 考虑到柱、枋、梁、檩等构件类安装、拆卸工料消耗受建筑物出檐层数的影响有一定的出入，需根据实际工程的情况单独调整，及某些构件本身并未损坏，而为更换与其相连的其他构件，需将其拆卸后重新复原安装等情况，不宜将其制作、安装组合划分项目。而是分为"制作"、"安装"、"拆卸"三项子目，并在木构件制作定额中考虑了使用截面相同的旧木构件，长改短重新制作榫的情况，编列了相应子目。而山花板、博缝板、挂檐板等构配件类及木基层的安装均是在构件类立架组装完成后，与其他工程项目综合利用脚手架及垂直运输工具，其"安装"、"拆卸"费用无须单独调整，因而组合成"制安"、"拆安"、"拆除"三项子目。实际工程中的构件类，凡因糟朽、损坏需更换时应执行拆卸、制作和吊装三项子目，已缺损需添配或零星小型添建（复建）工程则执行"制作""吊装"两项子目，其本身并未损坏，但因与其相交的构件损坏，需将其拆卸后再重新复原安装的，执行"拆卸"、"吊装"两项子目。构配件类及木基层，凡需更换时执行"拆除"及"制安"两项子目，已缺损需添配或零星小型添建（复建）工程执行制安一项子目；拆下经整理修补后原位重新安装的执行"拆安"一项子目。

3. 根据古建筑、仿古建筑木构架的组合特点，定额中还考虑了用天然原木草栿的情况，编列了相应子目。

4. 平面为圆形、扇面形的建筑物中的弧形构件，因其工料消耗无较接近的常值，因而未编列有关定额，对于目前已基本不用的一些做法，如拼攒构件、太平梁上雷公柱与吻桩连做等也未收编到定额中来。另外，墩接柱、抽换柱定额中只考虑了柱径在450mm以下单层建筑的情况，直径在450mm以上的柱墩接或抽换，因建筑物形体较大，支顶、绑戗均须做单独设计，无较规范的操作模式，其工料消耗无法用定额给予统一规定。实际工程中发生上述情况时均另做补充单价。

5. 本着相对集中便于查找的原则，定额中将牌楼及垂花门上的一些特殊构部件单独组成了一节内容；其余按构件、部件、木基层分别集中设置。

6. 定额中“普通枋类”指大额枋、桁檩枋、小额枋、跨空枋、棋枋、博脊枋、间枋、天花枋。

(1) 斗拱是中国古建筑结构中所特有的构造，包括砖石结构的建筑物在内，凡属重要的建筑物大多都有斗栱，它与建筑物的其他构造巧妙地结合在一起，形成一个有机整体。斗栱有木制、石制、砖制、琉璃制等多种，现在营造的一些仿古建筑中还有钢筋混凝土制的斗栱。在实际工程中石制斗栱、砖制斗拱不多见，钢筋混凝土斗栱尚无较规范的施工方法，因而定额中未做考虑，只编制了木制斗栱及琉璃斗栱的相关定额。由于琉璃斗栱属砌筑性质，且项目较少，因而划分到定额第一章“砌体工程”中。本章斗栱包括各种明清式木斗栱的零散维修、制作、安装及拆除等内容。

(2) 由于斗栱是属于木构架中的一部分，其安装要随木构件吊装共同进行，因而斗栱吊装的工料消耗也受建筑物出檐层数的影响有一定的出入。为此在项目划分时将斗栱制作、安装分别划分项目，以便于根据实际工程的情况计算吊装费用。又由于建筑的功能要求不同，斗栱与附件间的组合方式也不同，如许多敞亭无垫拱板，内檐无天花吊顶的建筑中的斗栱无里拽枋、井口枋等附件，因此在斗栱及附件制作一节中将斗栱制作与附件制作分开划分项目。在斗栱安装（拆卸）时拽枋、斗板等附件要随同斗栱本身同时安装（拆卸）。且斗栱的部分附件或有或无对斗栱的安装（拆卸）的工料消耗影响不大，因而在斗栱安装及拆除一节中未单独划分附件安装、拆除项目，而将其包括在斗栱安装、拆除定额中。

(3) 有斗栱建筑是以檐下斗栱的斗口尺寸为整个建筑物各构造间权衡制度的基本模数，斗栱各构件及至建筑物各构部件尺寸及整体规模或大或小均与斗口尺寸的选定有关。因整攒斗栱及附件工料消耗的增减随斗口尺寸变化有一定规律性，为减少篇幅，定额中每种斗栱只选取了一种规格，除牌楼斗栱以 50mm 斗口为准外，其他均以 80mm（营造尺二寸半）斗口为准，并在本章的统一规定及说明中列有随斗口尺寸变化工料消耗调整换算系数表。

11.2 定额摘选

单位：m^3 **表 11-2-1**

定额编号					5-1	5-2	5-3	5-4	5-5	5-6
项目					圆柱拆卸（柱径在）					
					20cm 以内	25cm 以内	30cm 以内	40cm 以内	50cm 以内	50cm 以外
基价（元）					**536.94**	**478.77**	**438.49**	**384.80**	**335.59**	**326.65**
其中	人工费（元）				492.60	439.24	402.29	353.03	307.88	299.67
	材料费（元）				4.93	4.39	4.02	3.53	3.08	3.00
	机械费（元）				39.41	35.14	32.18	28.24	24.63	23.98
名称			单位	单价（元）	数量					
人工	870007	综合工日	工日	82.10	6.000	5.350	4.900	4.300	3.750	3.650
材料	840004	其他材料费	元	—	4.93	4.39	4.02	3.53	3.08	3.00
机械	888810	中小型机械费	元	—	34.48	30.75	28.16	24.71	21.55	20.98
	840023	其他机具费	元	—	4.93	4.39	4.02	3.53	3.08	3.00

单位：m³ 表 11-2-2

定额编号					5-22	5-23	5-24	5-25	5-26	5-27
项目					檐柱、单檐金柱制作（柱径在）					
					20cm 以内	25cm 以内	30cm 以内	40cm 以内	50cm 以内	50cm 以外
基价（元）					**4380.64**	**3884.96**	**3528.07**	**3131.53**	**2893.60**	**2734.99**
其中	人工费（元）				2247.08	1775.00	1435.11	1057.45	830.85	679.79
	材料费（元）				2021.21	2021.21	2021.21	2021.21	2021.21	2021.21
	机械费（元）				112.35	88.75	71.75	52.87	41.54	33.99
名称			单位	单价（元）	数量					
人工	870007	综合工日	工日	82.10	27.370	21.620	17.480	12.880	10.120	8.280
材料	030191	原木（落叶松）	m³	1450.00	1.3500	1.3500	1.3500	1.3500	1.3500	1.3500
	030001	板方材	m³	1900.00	0.0230	0.0230	0.0230	0.0230	0.0230	0.0230
	840004	其他材料费	元	—	20.01	20.01	20.01	20.01	20.01	20.01
机械	888810	中小型机械费	元	—	89.88	71.00	57.40	42.30	33.23	27.19
	840023	其他机具费	元	—	22.47	17.75	14.35	10.57	8.31	6.80

单位：m³ 表 11-2-3

定额编号					5-65	5-66	5-67	5-68	5-69	5-70
项目					檐柱、单檐金柱、中柱、山柱吊装（柱径在）					
					20cm 以内	25cm 以内	30cm 以内	40cm 以内	50cm 以内	50cm 以外
基价（元）					**704.88**	**638.37**	**589.61**	**527.54**	**485.42**	**456.61**
其中	人工费（元）				578.81	517.23	472.08	414.61	375.61	348.93
	材料费（元）				79.76	79.76	79.76	79.76	79.76	79.76
	机械费（元）				46.31	41.38	37.77	33.17	30.05	27.92
名称			单位	单价（元）	数量					
人工	870007	综合工日	工日	82.10	7.050	6.300	5.750	5.050	4.575	4.250
材料	030001	板方材	m³	1900.00	0.0400	0.0400	0.0400	0.0400	0.0400	0.0400
	840004	其他材料费	元	—	3.76	3.76	3.76	3.76	3.76	3.76
机械	888810	中小型机械费	元	—	40.52	36.21	33.05	29.02	26.29	24.43
	840023	其他机具费	元	—	5.79	5.17	4.72	4.15	3.76	3.49

单位：根 表 11-2-4

定额编号		5-109	5-110	5-111	5-112	5-113	5-114
项目		圆柱墩接（柱径在）					
		21cm 以内		24cm 以内		27cm 以内	
		明柱	暗柱	明柱	暗柱	明柱	暗柱
基价（元）		**240.68**	**277.24**	**326.78**	**376.98**	**428.54**	**494.03**
其中	人工费（元）	147.78	157.63	201.97	215.10	266.99	282.75
	材料费（元）	81.08	107.00	108.65	144.67	140.19	188.66
	机械费（元）	11.82	12.61	16.16	17.21	21.36	22.62

续表

定额编号					5-109	5-110	5-111	5-112	5-113	5-114
项目					圆柱墩接（柱径在）					
					21cm以内		24cm以内		27cm以内	
					明柱	暗柱	明柱	暗柱	明柱	暗柱
名称			单位	单价（元）	数量					
人工	870007	综合工日	工日	82.10	1.800	1.920	2.460	2.620	3.252	3.444
材料	030191	原木（落叶松）	m^3	1450.00	0.0288	0.0465	0.0401	0.0647	0.0539	0.0870
	030028	木砖	m^3	1073.00	0.0120	0.0120	0.0190	0.0190	0.0260	0.0260
	091361	镀锌铁件	kg	7.89	3.2500	3.2500	3.6800	3.6800	4.1500	4.1500
	840004	其他材料费	元	—	0.80	1.06	1.08	1.43	1.39	1.87
机械	888810	中小型机械费	元	—	10.34	11.03	14.14	15.06	18.69	19.79
	840023	其他机具费	元	—	1.48	1.58	2.02	2.15	2.67	2.83

单位：根　　**表 11-2-5**

定额编号					5-145	5-146	5-147	5-148	5-149	5-150
项目					圆柱包镶柱根（柱径在）					方柱包镶柱根
					30cm以内	45cm以内	60cm以内	75cm以内	75cm以外	
基价（元）					**51.51**	**82.84**	**117.01**	**157.80**	**217.80**	**32.30**
其中	人工费（元）				29.56	44.33	59.11	73.89	98.52	19.70
	材料费（元）				19.58	34.97	53.17	78.00	111.39	11.02
	机械费（元）				2.37	3.54	4.73	5.91	7.89	1.58
名称			单位	单价（元）	数量					
人工	870007	综合工日	工日	82.10	0.360	0.540	0.720	0.900	1.200	0.240
材料	030001	板方材	m^3	1900.00	0.0090	0.0160	0.0240	0.0350	0.0500	0.0050
	090261	圆钉	kg	7.00	0.2000	0.4000	0.7000	1.1000	1.6000	0.1000
	110159	防腐油	kg	1.78	0.5000	0.8000	1.2000	1.7000	2.3000	0.4000
	840004	其他材料费	元	—	0.19	0.35	0.53	0.77	1.10	0.11
机械	888810	中小型机械费	元	—	2.07	3.10	4.14	5.17	6.90	1.38
	840023	其他机具费	元	—	0.30	0.44	0.59	0.74	0.99	0.20

单位：m^3　　**表 11-2-6**

定额编号					5-153	5-154	5-155	5-156
项目					大额枋、桁檩枋类构件拆卸（截面高在）			
					20cm以内	25cm以内	30cm以内	40cm以内
基价（元）					**277.43**	**246.10**	**219.25**	**205.83**
其中	人工费（元）				254.51	225.78	201.15	188.83
	材料费（元）				2.55	2.26	2.01	1.89
	机械费（元）				20.37	18.06	16.09	15.11
名称			单位	单价（元）	数量			
人工	870007	综合工日	工日	82.10	3.100	2.750	2.450	2.300
材料	840004	其他材料费	元	—	2.55	2.26	2.01	1.89
机械	888810	中小型机械费	元	—	17.82	15.80	14.08	13.22
	840023	其他机具费	元	—	2.55	2.26	2.01	1.89

单位：m³ 表 11-2-7

定额编号					5-179	5-180	5-181	5-182
项目					普通枋类构件制作（截面高在）			
					20cm 以内	25cm 以内	30cm 以内	40cm 以内
基价（元）					**2968.59**	**2790.15**	**2671.18**	**2532.40**
其中	人工费（元）				793.09	623.14	509.84	377.66
	材料费（元）				2135.85	2135.85	2135.85	2135.85
	机械费（元）				39.65	31.16	25.49	18.89
名称			单位	单价（元）	数量			
人工	870007	综合工日	工日	82.10	9.660	7.590	6.210	4.600
材料	030001	板方材	m³	1900.00	1.1130	1.1130	1.1130	1.1130
	840004	其他材料费	元	—	21.15	21.15	21.15	21.15
机械	888810	中小型机械费	元	—	31.72	24.93	20.39	15.11
	840023	其他机具费	元	—	7.93	6.23	5.10	3.78

单位：m³ 表 11-2-8

定额编号					5-186	5-187	5-188	5-189	5-190
项目					单端带三岔头箍头枋制作（截面高在）				
					20cm 以内	25cm 以内	30cm 以内	40cm 以内	40cm 以外
基价（元）					**3305.65**	**3047.90**	**2889.28**	**2691.01**	**2572.05**
其中	人工费（元）				1114.10	868.62	717.55	528.72	415.43
	材料费（元）				2135.85	2135.85	2135.85	2135.85	2135.85
	机械费（元）				55.70	43.43	35.88	26.44	20.77
名称			单位	单价（元）	数量				
人工	870007	综合工日	工日	82.10	13.570	10.580	8.740	6.440	5.060
材料	030001	板方材	m³	1900.00	1.1130	1.1130	1.1130	1.1130	1.1130
	840004	其他材料费	元	—	21.15	21.15	21.15	21.15	21.15
机械	888810	中小型机械费	元	—	44.56	34.74	28.70	21.15	16.62
	840023	其他机具费	元	—	11.14	8.69	7.18	5.29	4.15

单位：m³ 表 11-2-9

定额编号					5-230	5-231	5-232	5-233
项目					大额枋、桁檩枋类构件吊装（截面高在）			
					20cm 以内	25cm 以内	30cm 以内	40cm 以内
基价（元）					**344.54**	**308.74**	**272.94**	**255.05**
其中	人工费（元）				316.09	283.25	250.41	233.99
	材料费（元）				3.16	2.83	2.50	2.34
	机械费（元）				25.29	22.66	20.03	18.72
名称			单位	单价（元）	数量			
人工	870007	综合工日	工日	82.10	3.850	3.450	3.050	2.850
材料	840004	其他材料费	元	—	3.16	2.83	2.50	2.34
机械	888810	中小型机械费	元	—	22.13	19.83	17.53	16.38
	840023	其他机具费	元	—	3.16	2.83	2.50	2.34

单位：m³　　表 11-2-10

定额编号					5-305	5-306	5-307	5-308
项目					五架梁、卷棚六架梁制作（截面宽在）			
					30cm 以内	40cm 以内	50cm 以内	50cm 以内
基价（元）					**2756.52**	**2589.89**	**2490.76**	**2427.23**
其中	人工费（元）				591.12	432.42	338.01	277.50
	材料费（元）				2135.85	2135.85	2135.85	2135.85
	机械费（元）				29.55	21.62	16.90	13.88
名称			单位	单价（元）	数量			
人工	870007	综合工日	工日	82.10	7.200	5.267	4.117	3.380
材料	030001	板方材	m³	1900.00	1.1130	1.1130	1.1130	1.1130
	840004	其他材料费	元	—	21.15	21.15	21.15	21.15
机械	888810	中小型机械费	元	—	23.64	17.30	13.52	11.10
	840023	其他机具费	元	—	5.91	4.32	3.38	2.78

单位：m³　　表 11-2-11

定额编号					5-325	5-326	5-327	5-328	5-329
项目					双步梁制作（截面宽在）				
					25cm 以内	30cm 以内	40cm 以内	50cm 以内	50cm 以外
基价（元）					**2988.42**	**2849.63**	**2651.36**	**2552.22**	**2472.91**
其中	人工费（元）				811.97	679.79	490.96	396.54	321.01
	材料费（元）				2135.85	2135.85	2135.85	2135.85	2135.85
	机械费（元）				40.60	33.99	24.55	19.83	16.05
名称			单位	单价（元）	数量				
人工	870007	综合工日	工日	82.10	9.890	8.280	5.980	4.830	3.910
材料	030001	板方材	m³	1900.00	1.1130	1.1130	1.1130	1.1130	1.1130
	840004	其他材料费	元	—	21.15	21.15	21.15	21.15	21.15
机械	888810	中小型机械费	元	—	32.48	27.19	19.64	15.86	12.84
	840023	其他机具费	元	—	8.12	6.80	4.91	3.97	3.21

单位：m³　　表 11-2-12

定额编号					5-368	5-369	5-370	5-371
项目					五架梁、卷棚六架梁吊装（截面宽在）			
					30cm 以内	40cm 以内	50cm 以内	50cm 以内
基价（元）					**336.24**	**309.63**	**291.90**	**278.59**
其中	人工费（元）				266.83	242.20	225.78	213.46
	材料费（元）				48.06	48.06	48.06	48.06
	机械费（元）				21.35	19.37	18.06	17.07
名称			单位	单价（元）	数量			
人工	870007	综合工日	工日	82.10	3.250	2.950	2.750	2.600
材料	030001	板方材	m³	1900.00	0.0240	0.0240	0.0240	0.0240
	840004	其他材料费	元	—	2.46	2.46	2.46	2.46
机械	888810	中小型机械费	元	—	18.68	16.95	15.80	14.94
	840023	其他机具费	元	—	2.67	2.42	2.26	2.13

单位：块　表 11-2-13

定额编号					5-563	5-564	5-565	5-566	5-567	5-568
项目					额枋下卷草大雀替制安（长在）					
					60cm 以内	80cm 以内	100cm 以内	120cm 以内	140cm 以内	160cm 以外
基价（元）					**629.16**	**920.00**	**1359.38**	**1955.39**	**2716.48**	**3651.67**
其中	人工费（元）				555.82	777.49	1104.25	1536.09	2072.20	2712.58
	材料费（元）				45.55	103.64	199.92	342.50	540.67	803.46
	机械费（元）				27.79	38.87	55.21	76.80	103.61	135.63
名称			单位	单价（元）	数量					
人工	870007	综合工日	工日	82.10	6.770	9.470	13.450	18.710	25.240	33.040
	00001300	木工	工日	—	0.770	1.070	1.450	1.910	2.440	3.040
	00001400	雕刻工	工日	—	6.000	8.400	12.000	16.800	22.800	30.000
材料	030001	板方材	m^3	1900.00	0.0233	0.0539	0.1040	0.1783	0.2815	0.4184
	090261	圆钉	kg	7.00	0.1000	0.0100	0.0200	0.0200	0.0300	0.0400
	110132	乳胶	kg	6.50	0.0200	0.0200	0.0300	0.0300	0.0400	0.0400
	840004	其他材料费	元	—	0.45	1.03	1.98	3.39	5.35	7.96
机械	888810	中小型机械费	元	—	22.23	31.10	44.17	61.44	82.89	108.50
	840023	其他机具费	元	—	5.56	7.77	11.04	15.36	20.72	27.13

单位：m^3　表 11-2-14

定额编号					5-599	5-600	5-601	5-602	5-603
项目					普通圆檩制作（径在）				
					20cm 以内	25cm 以内	30cm 以内	40cm 以内	40cm 以外
基价（元）					**3627.21**	**3290.15**	**3052.23**	**2782.57**	**2616.02**
其中	人工费（元）				1529.52	1208.51	981.92	725.11	566.49
	材料费（元）				2021.21	2021.21	2021.21	2021.21	2021.21
	机械费（元）				76.48	60.43	49.10	36.25	28.32
名称			单位	单价（元）	数量				
人工	870007	综合工日	工日	82.10	18.630	14.720	11.960	8.832	6.900
材料	030191	原木（落叶松）	m^3	1450.00	1.3500	1.3500	1.3500	1.3500	1.3500
	030001	板方材	m^3	1900.00	0.0230	0.0230	0.0230	0.0230	0.0230
	840004	其他材料费	元	—	20.01	20.01	20.01	20.01	20.01
机械	888810	中小型机械费	元	—	61.18	48.34	39.28	29.00	22.66
	840023	其他机具费	元	—	15.30	12.09	9.82	7.25	5.66

单位：m^3　表 11-2-15

定额编号		5-654	5-655	5-656	5-657	5-658
项目		老角梁制作（截面宽在）				
		15cm 以内	20cm 以内	25cm 以内	30cm 以内	30cm 以外
基价（元）		**3815.41**	**3379.21**	**3121.46**	**2950.94**	**2744.74**
其中	人工费（元）	1548.41	1132.98	887.50	725.11	528.72
	材料费（元）	2189.58	2189.58	2189.58	2189.58	2189.58
	机械费（元）	77.42	56.65	44.38	36.25	26.44

续表

定额编号					5-654	5-655	5-656	5-657	5-658
项目					老角梁制作（截面宽在）				
					15cm以内	20cm以内	25cm以内	30cm以内	30cm以外
名称			单位	单价（元）	数量				
人工	870007	综合工日	工日	82.10	18.860	13.800	10.810	8.832	6.440
材料	030001	板方材	m^3	1900.00	1.1410	1.1410	1.1410	1.1410	1.1410
	840004	其他材料费	元	—	21.68	21.68	21.68	21.68	21.68
机械	888810	中小型机械费	元	—	61.94	45.32	35.50	29.00	21.15
	840023	其他机具费	元	—	15.48	11.33	8.88	7.25	5.29

单位：块 **表11-2-16**

定额编号					5-724	5-725	5-726	5-727	5-728	5-729
项目					桁檩垫板制作（截面高在）					
					15cm以内	20cm以内	25cm以内	30cm以内	40cm以内	40cm以外
基价（元）					**2906.90**	**2654.84**	**2591.82**	**2507.80**	**2455.28**	**2402.77**
其中	人工费（元）				594.81	368.22	311.57	236.04	188.83	141.62
	材料费（元）				2245.23	2245.23	2245.23	2245.23	2245.23	2245.23
	机械费（元）				66.86	41.39	35.02	26.53	21.22	15.92
名称			单位	单价（元）	数量					
人工	870007	综合工日	工日	82.10	7.245	4.485	3.795	2.875	2.300	1.725
材料	030001	板方材	m^3	1900.00	1.1700	1.1700	1.1700	1.1700	1.1700	1.1700
	840004	其他材料费	元	—	22.23	22.23	22.23	22.23	22.23	22.23
机械	888810	中小型机械费	元	—	60.91	37.71	31.90	24.17	19.33	14.50
	840023	其他机具费	元	—	5.95	3.68	3.12	2.36	1.89	1.42

单位：m^2 **表11-2-17**

定额编号					5-752	5-753	5-754	5-755
项目					有雕饰挂檐（落）板制安			
					雕云盘线纹	落地起万字	贴做博古花卉	板每增厚1cm
					板厚5cm			
基价（元）					**1402.56**	**1808.67**	**2241.34**	**27.10**
其中	人工费（元）				1164.26	1535.35	1906.44	3.94
	材料费（元）				130.68	130.68	157.23	22.80
	机械费（元）				107.62	142.64	177.67	0.36
名称			单位	单价（元）	数量			
人工	870007	综合工日	工日	82.10	14.181	18.701	23.221	0.048
	00001300	木工	工日	—	0.621	0.621	0.621	0.048
	00001400	雕刻工	工日	—	13.560	18.080	22.600	—
材料	030001	板方材	m^3	1900.00	0.0646	0.0646	0.0770	0.0115
	090261	圆钉	kg	7.00	0.3000	0.3000	0.4100	0.0100
	110132	乳胶	kg	6.50	0.7000	0.7000	1.0000	0.1000
	840004	其他材料费	元	—	1.29	1.29	1.56	0.23
机械	888810	中小型机械费	元	—	95.98	127.29	158.61	0.32
	840023	其他机具费	元	—	11.64	15.35	19.06	0.04

单位：m² 表 11-2-18

定额编号					5-766	5-767	5-768
项目					博缝板板制安		
					板厚 5cm		板每增厚 1cm
					悬山	歇山	
基价（元）					**283.32**	**256.76**	**31.31**
其中	人工费（元）				113.30	93.59	4.93
	材料费（元）				160.10	154.97	25.94
	机械费（元）				9.92	8.20	0.44
名称			单位	单价（元）	数量		
人工	870007	综合工日	工日	82.10	1.380	1.140	0.060
材料	030001	板方材	m³	1900.00	0.0800	0.0770	0.0131
	090261	圆钉	kg	7.00	0.2800	0.3700	0.0200
	110132	乳胶	kg	6.50	0.7000	0.7000	0.1000
	840004	其他材料费	元	—	1.59	1.53	0.26
机械	888810	中小型机械费	元	—	8.79	7.26	0.39
	840023	其他机具费	元	—	1.13	0.94	0.05

单位：见表 表 11-2-19

定额编号					5-813	5-814	5-815	5-816	5-817
项目					草架及穿梁制安	无雕饰立闸山花板制安		有雕饰立闸山花板制安	
						板厚 5cm	每增厚 1cm	板厚 5cm	每增厚 1cm
					m³	m²			
基价（元）					**8815.70**	**209.05**	**32.03**	**2013.41**	**62.70**
其中	人工费（元）				6403.80	57.47	4.11	1724.67	32.51
	材料费（元）				2091.71	146.92	27.60	146.92	27.60
	机械费（元）				320.19	4.66	0.32	141.82	2.59
名称			单位	单价（元）	数量				
人工	870007	综合工日	工日	82.10	78.000	0.700	0.050	21.007	0.396
	00001300	木工	工日	—	78.000	0.700	0.050	0.667	0.046
	00001400	雕刻工	工日	—	—	—	—	20.340	0.350
材料	030001	板方材	m³	1900.00	1.0900	0.0748	0.0136	0.0748	0.0136
	090261	圆钉	kg	7.00	—	0.2000	0.1200	0.2000	0.1200
	110132	乳胶	kg	6.50	—	0.3000	0.1000	0.3000	0.1000
	840004	其他材料费	元	—	20.71	1.45	0.27	1.45	0.27
机械	888810	中小型机械费	元	—	256.15	4.09	0.28	124.57	2.26
	840023	其他机具费	元	—	64.04	0.57	0.04	17.25	0.33

单位：m³ 表 11-2-20

定额编号		5-836	5-837	5-838	5-839	5-840
项目		承重制作（截面宽在）				
		25cm 以内	30cm 以内	40cm 以内	50cm 以内	50cm 以外
基价（元）		**2928.93**	**2829.81**	**2681.09**	**2552.22**	**2472.91**
其中	人工费（元）	755.32	660.91	519.28	396.54	321.01
	材料费（元）	2135.85	2135.85	2135.85	2135.85	2135.85
	机械费（元）	37.76	33.05	25.96	19.83	16.05

续表

定额编号				5-836	5-837	5-838	5-839	5-840
项目				承重制作（截面宽在）				
				25cm以内	30cm以内	40cm以内	50cm以内	50cm以外
名称		单位	单价（元）	数量				
人工	870007 综合工日	工日	82.10	9.200	8.050	6.325	4.830	3.910
材料	030001 板方材	m^3	1900.00	1.1130	1.1130	1.1130	1.1130	1.1130
	840004 其他材料费	元	—	21.15	21.15	21.15	21.15	21.15
机械	888810 中小型机械费	元	—	30.21	26.44	20.77	15.86	12.84
	840023 其他机具费	元	—	7.55	6.61	5.19	3.97	3.21

单位：m^2 **表 11-2-21**

定额编号				5-858	5-859	5-860	5-861	5-862
项目				木楼板拆安		木楼板制安		
				板厚4cm	每增厚1cm	板厚4cm	每增厚1cm	安装后净面磨平
基价（元）				**32.26**	**3.68**	**158.50**	**29.40**	**10.44**
其中	人工费（元）			28.82	3.28	35.47	2.46	9.85
	材料费（元）			1.13	0.14	121.26	26.82	0.10
	机械费（元）			2.31	0.26	1.77	0.12	0.49
名称		单位	单价（元）	数量				
人工	870007 综合工日	工日	82.10	0.351	0.040	0.432	0.030	0.120
材料	090261 圆钉	kg	7.00	0.1600	0.0200	0.1600	0.0200	—
	030001 板方材	m^3	1900.00	—	—	0.0626	0.0139	—
	840004 其他材料费	元	—	0.01	—	1.20	0.27	0.10
机械	888810 中小型机械费	元	—	2.02	0.23	1.42	0.10	0.39
	840023 其他机具费	元	—	0.29	0.03	0.35	0.02	0.10

单位：见表 **表 11-2-22**

定额编号				5-896	5-897	5-898	5-899	5-900	5-901
项目				龙凤板、花板拆卸		垂花门折柱间花板制作		牌楼龙凤板、花板制作	
				厚4cm	每增厚1cm	起鼓馊雕	不起鼓馊雕	厚4cm	每增厚1cm
				m^2		块		m^2	
基价（元）				**17.45**	**3.48**	**163.71**	**154.89**	**4095.66**	**519.37**
其中	人工费（元）			16.01	3.20	148.60	142.03	3805.34	473.31
	材料费（元）			0.16	0.03	7.68	5.76	100.06	22.40
	机械费（元）			1.28	0.25	7.43	7.10	190.26	23.66
名称		单位	单价（元）	数量					
人工	870007 综合工日	工日	82.10	0.195	0.039	1.810	1.730	46.350	5.765
	00001300 木工	工日	—	—	—	0.115	0.035	1.150	0.115
	00001400 雕刻工	工日	—	—	—	1.695	1.695	45.200	5.650
材料	030001 板方材	m^3	1900.00	—	—	0.0040	0.0030	0.0518	0.115
	110132 乳胶	kg	6.50	—	—	—	—	0.1000	0.0500
	840004 其他材料费	元	—	0.16	0.03	0.08	0.06	0.99	0.22
机械	888810 中小型机械费	元	—	1.12	0.22	5.94	5.68	152.21	18.93
	840023 其他机具费	元	—	0.16	0.03	1.49	1.42	38.05	4.73

单位：攒 表 11－2－23

定额编号					5－935	5－936	5－937	5－938
项目					昂翘、平座、内里品字斗栱拨正归安（8cm斗口）			
					三踩	五踩	七踩	九踩
基价（元）					**15.97**	**31.93**	**47.87**	**63.84**
其中	人工费（元）				14.78	29.56	44.33	59.11
	材料费（元）				0.15	0.30	0.44	0.59
	机械费（元）				1.04	2.07	3.10	4.14
名称			单位	单价（元）	数量			
人工	870007	综合工日	工日	82.10	0.180	0.360	0.540	0.720
材料	840004	其他材料费	元	—	0.15	0.30	0.44	0.59
机械	888810	中小型机械费	元	—	0.89	1.77	2.66	3.55
	840023	其他机具费	元	—	0.15	0.30	0.44	0.59

单位：攒 表 11－2－24

定额编号					5－1038	5－1039	5－1040	5－1041	5－1042	5－1043
项目					单昂斗栱制作（8cm斗口）			单翘单昂斗栱制作（8cm斗口）		
					三踩			五踩		
					平身科	柱头科	角科	平身科	柱头科	角科
基价（元）					**977.95**	**872.47**	**2254.32**	**1626.59**	**1559.76**	**4662.79**
其中	人工费（元）				635.54	539.64	1297.18	1006.55	908.68	2666.12
	材料费（元）				296.85	294.10	864.11	547.87	585.88	1805.39
	机械费（元）				45.56	38.73	93.03	72.17	65.20	191.28
名称			单位	单价（元）	数量					
人工	870007	综合工日	工日	82.10	7.741	6.573	15.800	12.260	11.068	32.474
	00001300	木工	工日	—	7.375	6.573	15.434	11.894	11.068	32.108
	00001400	雕刻工	工日	—	0.366	—	0.366	0.366	—	0.366
材料	030001	板方材	m^3	1900.00	0.1528	0.1520	0.4460	0.2832	0.3036	0.9352
	110132	乳胶	kg	6.50	0.1500	0.1500	0.4500	0.2700	0.2700	0.8000
	090261	圆钉	kg	7.00	0.0300	0.0300	0.0600	0.0300	0.0400	0.0900
	460078	细麻绳（连绳）	kg	12.00	0.2000	0.1000	0.4000	0.2000	0.1000	0.4000
	840004	其他材料费	元	—	2.94	2.91	8.56	5.42	5.80	17.88
机械	888810	中小型机械费	元	—	39.20	33.33	80.06	62.10	56.11	164.62
	840023	其他机具费	元	—	6.36	5.40	12.97	10.07	9.09	26.66

单位：攒 表 11－2－25

定额编号		5－1083	5－1084	5－1085	5－1086	5－1087	5－1088
项目		牌楼斗栱制作（8cm斗口）					
		五踩单翘单昂		五踩重昂		七踩单翘重昂	
		平身科	角科	平身科	角科	平身科	角科
基价（元）		**949.78**	**3096.46**	**1000.26**	**3194.14**	**1252.34**	**5353.44**
其中	人工费（元）	754.50	2310.29	792.27	2371.05	952.36	3993.34
	材料费（元）	140.75	619.24	150.74	651.77	231.17	1071.55
	机械费（元）	54.53	166.93	57.25	171.32	68.81	288.55

续表

定额编号					5-1083	5-1084	5-1085	5-1086	5-1087	5-1088
项目					牌楼斗栱制作（8cm斗口）					
					五踩单翘单昂		五踩重昂		七踩单翘重昂	
					平身科	角科	平身科	角科	平身科	角科
名称			单位	单价（元）	数量					
人工	870007	综合工日	工日	82.10	9.190	28.140	9.650	28.880	11.600	48.640
材料	030001	板方材	m^3	1900.00	0.0715	0.3184	0.0767	0.3355	0.1176	0.5517
	110132	乳胶	kg	6.50	0.1500	0.4500	0.1500	0.4500	0.2500	0.7500
	090261	圆钉	kg	7.00	0.0196	0.0600	0.0200	0.0200	0.0300	0.0900
	460078	细麻绳（连绳）	kg	12.00	0.2000	0.4000	0.2000	0.4000	0.3000	0.6000
	840004	其他材料费	元	—	1.39	6.13	1.49	6.45	2.29	10.61
机械	888810	中小型机械费	元	—	46.98	143.83	49.33	147.61	59.29	248.62
	840023	其他机具费	元	—	7.55	23.10	7.92	23.71	9.52	39.93

单位：攒　　**表 11-2-26**

定额编号					5-1100	5-1101	5-1102	5-1103	5-1104	5-1105
项目					一斗三升斗拱（8cm斗口）			一斗二升交麻叶斗栱制作（8cm斗口）		
					平身科	柱头科	角科	平身科	柱头科	角科
基价（元）					**218.40**	**259.15**	**1040.69**	**569.49**	**259.15**	**1040.50**
其中	人工费（元）				140.39	160.83	624.86	372.98	160.83	624.86
	材料费（元）				67.88	86.69	370.89	169.78	86.69	370.70
	机械费（元）				10.13	11.63	44.94	26.73	11.63	44.94
名称			单位	单价（元）	数量					
人工	870007	综合工日	工日	82.10	1.710	1.959	7.611	4.543	1.959	7.611
	00001300	木工	工日	—	1.710	1.959	6.431	3.363	1.959	6.431
	00001400	雕刻工	工日	—	—	—	1.180	1.180	—	1.180
材料	030001	板方材	m^3	1900.00	0.0342	0.0440	0.1921	0.0873	0.0440	0.1920
	110132	乳胶	kg	6.50	0.0500	0.0500	0.0500	0.0500	0.0500	0.0500
	090261	圆钉	kg	7.00	0.1000	0.1000	0.1000	0.1000	0.1000	0.1000
	460078	细麻绳（连绳）	kg	12.00	0.1000	0.1000	0.1000	0.1000	0.1000	0.1000
	840004	其他材料费	元	—	0.67	0.86	3.67	1.68	0.86	3.67
机械	888810	中小型机械费	元	—	8.73	10.02	38.69	23.00	10.02	38.69
	840023	其他机具费	元	—	1.40	1.61	6.25	3.73	1.61	6.25

单位：攒　　**表 11-2-27**

定额编号		5-1137	5-1138	5-1139	5-1140	5-1141	5-1142
项目		昂翘、平座、内里品字斗栱安装（8cm斗口）					
		三踩			五踩		
		平身科	柱头科	角科	平身科	柱头科	角科
基价（元）		**96.57**	**145.41**	**289.68**	**162.86**	**244.30**	**488.61**
其中	人工费（元）	88.59	133.41	265.76	149.42	224.13	448.27
	材料费（元）	0.89	1.33	2.66	1.49	2.24	4.48
	机械费（元）	7.09	10.67	21.26	11.95	17.93	35.86

续表

定额编号					5-1137	5-1138	5-1139	5-1140	5-1141	5-1142
项目					昂翘、平座、内里品字斗栱安装（8cm斗口）					
					三踩			五踩		
					平身科	柱头科	角科	平身科	柱头科	角科
名称			单位	单价（元）	数量					
人工	870007	综合工日	工日	82.10	1.079	1.625	3.237	1.820	2.730	5.460
材料	840004	其他材料费	元	—	0.89	1.33	2.66	1.49	2.24	4.48
机械	888810	中小型机械费	元	—	6.20	9.34	18.60	10.46	15.69	31.38
	840023	其他机具费	元	—	0.89	1.33	2.66	1.49	2.24	4.48

单位：攒　　表 11-2-28

定额编号					5-1157	5-1158	5-1159	5-1160	5-1161
项目					牌楼斗栱安装（5cm斗口）				
					三踩	五踩		七踩	
						平身科	角科	平身科	角科
基价（元）					**13.97**	**114.02**	**342.04**	**162.86**	**488.61**
其中	人工费（元）				12.81	104.60	313.79	149.42	448.27
	材料费（元）				0.13	1.05	3.14	1.49	4.48
	机械费（元）				1.03	8.37	25.11	11.95	35.86
名称			单位	单价（元）	数量				
人工	870007	综合工日	工日	82.10	0.156	1.274	3.822	1.820	5.460
材料	840004	其他材料费	元	—	0.13	1.05	3.14	1.49	4.48
机械	888810	中小型机械费	元	—	0.90	7.32	21.97	10.46	31.38
	840023	其他机具费	元	—	0.13	1.05	3.14	1.49	4.48

单位：m　　表 11-2-29

定额编号					5-1252	5-1253	5-1254	5-1255	5-1256	5-1257
项目					圆直椽制安（椽径在）					
					6cm以内	7cm以内	8cm以内	9cm以内	10cm以外	11cm以外
基价（元）					**17.01**	**21.09**	**24.44**	**29.30**	**33.41**	**39.09**
其中	人工费（元）				7.47	8.54	8.54	9.61	9.61	10.67
	材料费（元）				8.59	11.46	14.80	18.44	22.54	27.03
	机械费（元）				0.95	1.09	1.10	1.25	1.26	1.39
名称			单位	单价（元）	数量					
人工	870007	综合工日	工日	82.10	0.091	0.104	0.104	0.117	0.117	0.130
材料	030001	板方材	m^3	1900.00	0.0044	0.0059	0.0076	0.0095	0.0116	0.0139
	090261	圆钉	kg	7.00	0.0200	0.0200	0.0300	0.0300	0.0400	0.0500
	840004	其他材料费	元	—	0.09	0.11	0.15	0.18	0.22	0.27
机械	888810	中小型机械费	元	—	0.88	1.00	1.01	1.15	1.16	1.28
	840023	其他机具费	元	—	0.07	0.09	0.09	0.10	0.10	0.11

单位：根　　表 11-2-30

定额编号					5-1308	5-1309	5-1310	5-1311	5-1312
项目					飞椽制安（椽径在）				
					10cm 以内	11cm 以内	12cm 以内	13cm 以内	14cm 以外
基价（元）					**39.57**	**51.30**	**63.43**	**77.46**	**94.45**
其中	人工费（元）				12.81	15.76	17.73	19.70	22.66
	材料费（元）				24.99	33.38	43.24	54.94	68.64
	机械费（元）				1.77	2.16	2.46	2.82	3.15
名称			单位	单价（元）	数量				
人工	870007	综合工日	工日	82.10	0.156	0.192	0.216	0.240	0.276
材料	030001	板方材	m^3	1900.00	0.0128	0.0171	0.0222	0.0283	0.0354
	090261	圆钉	kg	7.00	0.0600	—	—	—	—
	090260	铁钉	kg	7.00	—	0.0800	0.0900	0.0900	0.1000
	840004	其他材料费	元	—	0.25	0.33	0.43	0.54	0.68
机械	888810	中小型机械费	元	—	1.64	2.00	2.28	2.62	2.92
	840023	其他机具费	元	—	0.13	0.16	0.18	0.20	0.23

单位：根　　表 11-2-31

定额编号					5-1335	5-1336	5-1337	5-1338
项目					翘飞椽制安（椽径在 10cm 以内）			
					头、二、三、翘	四、五、六翘	七、八、九翘	九翘以上
基价（元）					**139.43**	**110.23**	**83.69**	**60.90**
其中	人工费（元）				57.14	43.35	31.53	21.67
	材料费（元）				73.94	60.51	47.65	36.14
	机械费（元）				8.35	6.37	4.51	3.09
名称			单位	单价（元）	数量			
人工	870007	综合工日	工日	82.10	0.696	0.528	0.384	0.264
材料	030001	板方材	m^3	1900.00	0.0382	0.0312	0.0245	0.0185
	090261	圆钉	kg	7.00	0.0900	0.0900	0.0900	0.0900
	840004	其他材料费	元	—	0.73	0.60	0.47	0.36
机械	888810	中小型机械费	元	—	7.78	5.94	4.19	2.87
	840023	其他机具费	元	—	0.57	0.43	0.32	0.22

单位：m^3　　表 11-2-32

定额编号		5-1388	5-1389	5-1390	5-1391	5-1392	5-1393
项目		顺望板制安			带柳叶缝望板制安		
		厚 2.1cm	厚 2.5cm	每增厚 0.5cm	厚 2.1cm	厚 2.5（2.2）cm	每增厚 0.5cm
基价（元）		**81.73**	**95.95**	**17.61**	**68.99**	**81.22**	**14.96**
其中	人工费（元）	8.87	9.20	0.33	6.90	7.22	0.33
	材料费（元）	71.89	85.75	17.24	61.37	73.24	14.60
	机械费（元）	0.97	1.00	0.04	0.72	0.76	0.03

续表

定额编号					5-1388	5-1389	5-1390	5-1391	5-1392	5-1393
项目					顺望板制安			带柳叶缝望板制安		
					厚2.1cm	厚2.5cm	每增厚0.5cm	厚2.1cm	厚2.5（2.2）cm	每增厚0.5cm
名称			单位	单价（元）	数量					
人工	870007	综合工日	工日	82.10	0.108	0.112	0.004	0.084	0.088	0.004
材料	030001	板方材	m^3	1900.00	0.0368	0.0438	0.0088	0.0315	0.0375	0.0075
	090261	圆钉	kg	7.00	0.1800	0.2400	0.0500	0.1300	0.1800	0.0300
	840004	其他材料费	元	—	0.71	0.85	0.17	0.61	0.73	0.14
机械	888810	中小型机械费	元	—	0.88	0.91	0.04	0.65	0.69	0.03
	840023	其他机具费	元	—	0.09	0.09	—	0.07	0.07	—

单位：m　　**表 11-2-33**

定额编号					5-1403	5-1404	5-1405	5-1406	5-1407
项目					大连檐制安（椽径在）				
					10cm以内	12cm以内	14cm以内	16cm以内	18cm以外
基价（元）					**25.14**	**33.14**	**42.54**	**54.14**	**65.92**
其中	人工费（元）				7.88	8.87	9.85	11.82	12.81
	材料费（元）				16.52	23.43	31.75	41.18	51.87
	机械费（元）				0.74	0.84	0.94	1.14	1.24
名称			单位	单价（元）	数量				
人工	870007	综合工日	工日	82.10	0.096	0.108	0.120	0.144	0.156
材料	030001	板方材	m^3	1900.00	0.0085	0.0121	0.0164	0.0212	0.0267
	090261	圆钉	kg	7.00	0.0300	0.0300	0.0400	0.0700	0.0900
	840004	其他材料费	元	—	0.16	0.23	0.31	0.41	0.51
机械	888810	中小型机械费	元	—	0.66	0.75	0.84	1.02	1.11
	840023	其他机具费	元	—	0.08	0.09	0.10	0.12	0.13

11.3 定额名称注释

1. 柱类名称

（1）檐柱：承托房屋檐部荷载的柱子。选择定额5-22，见图11-3-1。

（2）单檐金柱：檐柱以内的柱子，且承托檐头以上屋面荷载的柱子；小式也叫“老檐柱”。选择定额5-23，见图11-3-1。

（3）童柱：一种矮柱，柱下脚常落在梁背上，上端承托梁枋等构件，童柱柱根也多与墩斗相连。选择定额5-40，见图11-3-2。

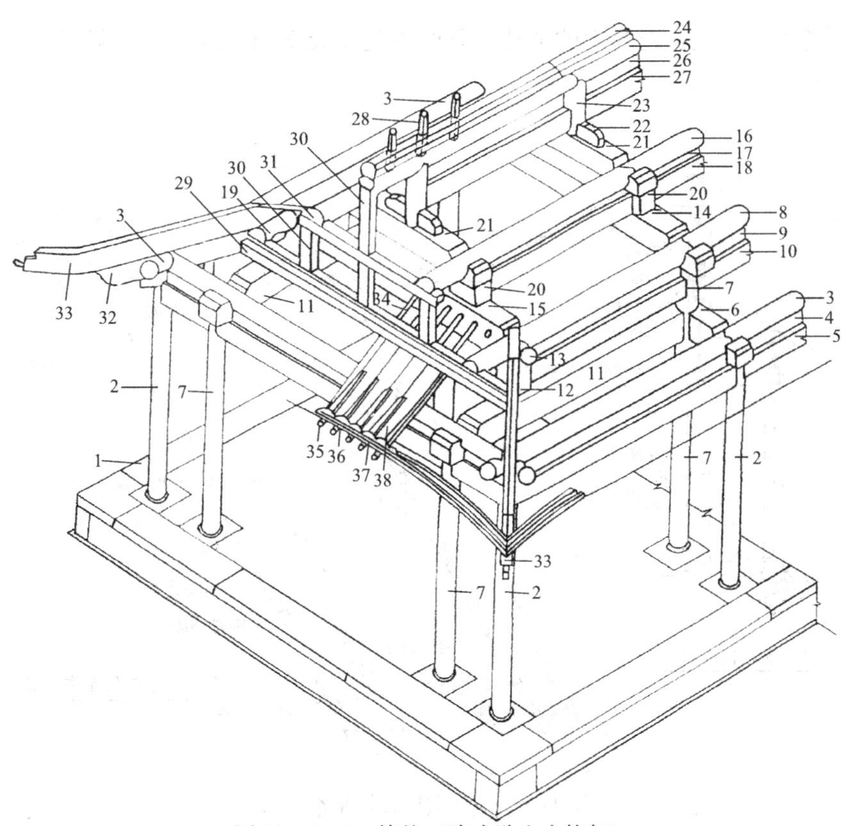

图 11-3-1 檐柱（清式歇山木构架）

1—台基；2—檐柱；3—檐檩；4—檐垫板；5—檐枋；6—抱头梁；7—金柱；8—下金檩；9—下金垫板；10—下金枋；11—顺扒梁；12—交金墩；13—假桁头；14—五架梁；15—踩步金；16—上金檩；17—上金垫板；18—上金枋；19—挑山檩；20—柁墩；21—三架梁；22—角背；23—脊瓜柱；24—扶脊木；25—脊檩；26—脊垫板；27—脊枋；28—脊椽；29—踏脚木；30—草架柱子；31—穿梁；32—老角梁；33—子角梁；34—檐椽；35—飞檐椽；36—连檐；37—瓦口；38—望板

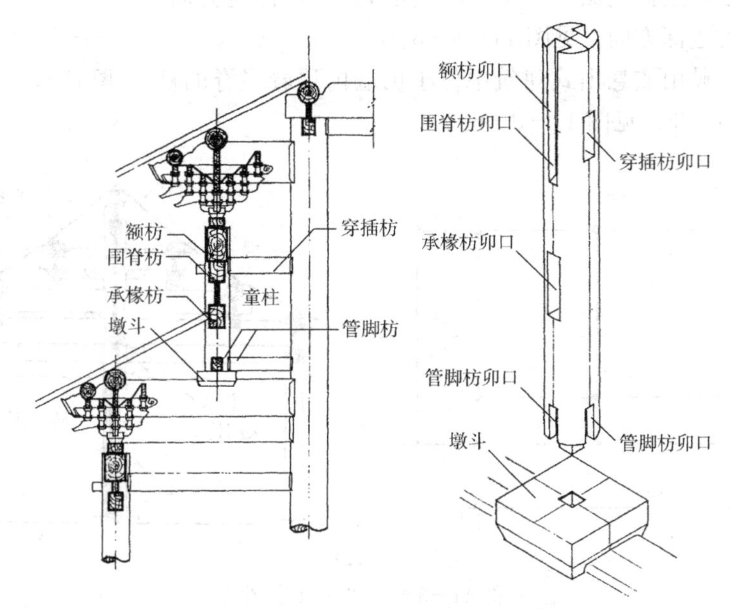

图 11-3-2 童柱的构造及制作

（4）重檐金柱：重檐建筑中的金柱。重檐建筑如天安门、鼓楼、正阳门等。选择定额5-28，见图11-3-3。

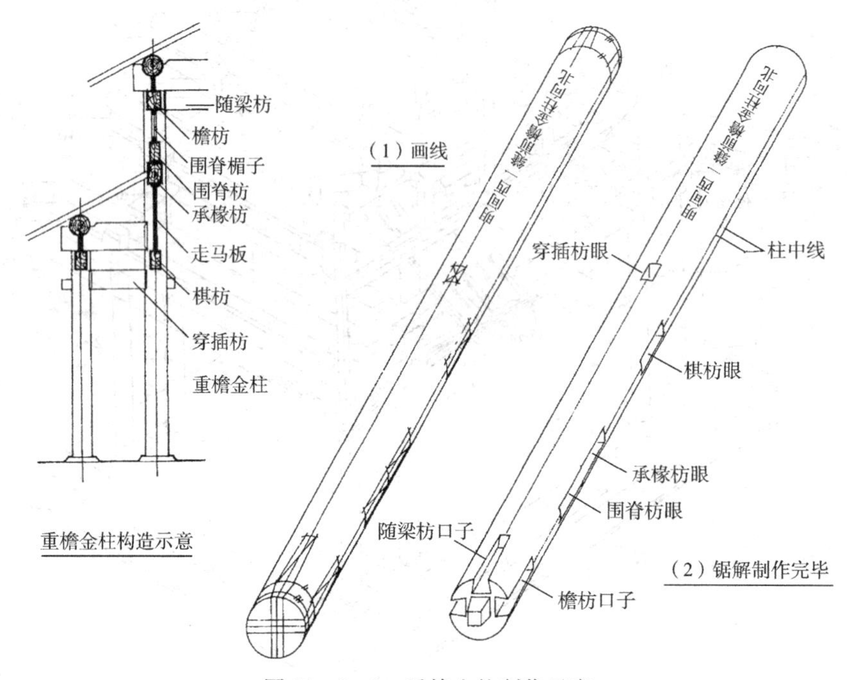

图11-3-3　重檐金柱制作示意

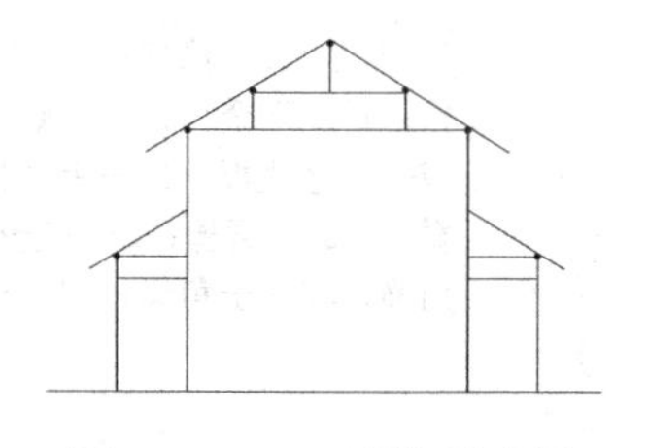
图11-3-4　通柱示意图

（5）通柱：重檐建筑中从下至上不断开的柱子，又可分为通檐柱与通金柱等。选择定额5-29，见图11-3-4。

（6）中柱：建筑物纵轴线上，顶着屋脊的柱子（而不是山墙里的中间柱子）选择定额5-34。纵向是古建筑的面宽方向，横向是古建筑的进深方向。见图11-3-5。

（7）山柱：硬山或悬山式建筑中位于山墙内顶着屋脊的柱子。选择定额5-35，见图11-3-6。

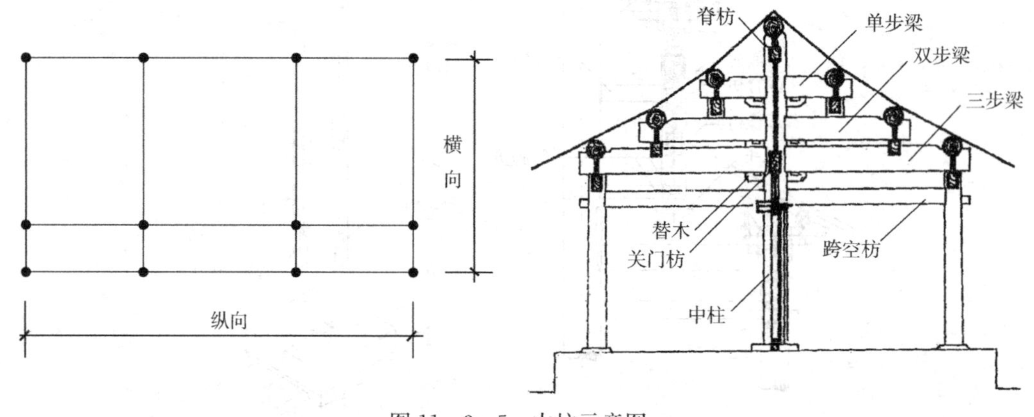

图11-3-5　中柱示意图

(8) 圆擎檐柱："擎"向上托举之意；此指当建筑物出檐较大，立置于檐柱前边，用于承托檐头荷载的辅助性圆柱子，选择定额 5－45。

注意：擎檐柱没有抱头梁、穿插枋，但柱上端常托顶一根枋木，（与大连檐平行）枋木承托檐椽，擎檐柱截面多呈正方形，四角做梅花线，柱间装栏杆，也可称封廊柱。有时转角处，因角梁斜出挑较大，仅在角梁处设擎檐柱，一些重檐建筑的二层檐即是此制作法，例如北京的正阳门、鼓楼、永定门。

(9) 牌楼戗柱：也称"戗木"，是斜支于牌楼柱的斜柱子，选择定额 6－220，见图 11－3－7。例如颐和园东宫门前牌楼。

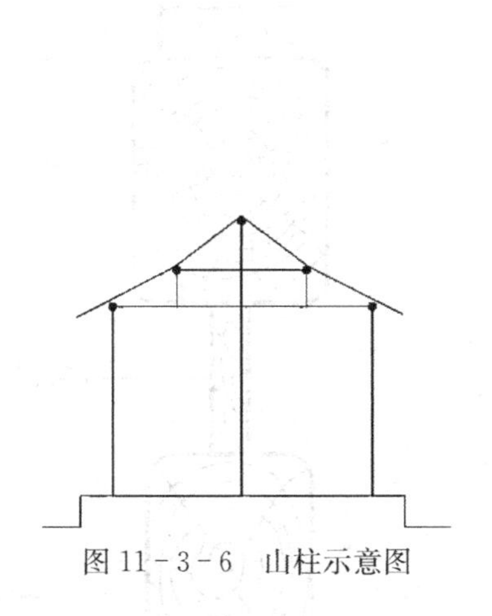

图 11－3－6 山柱示意图

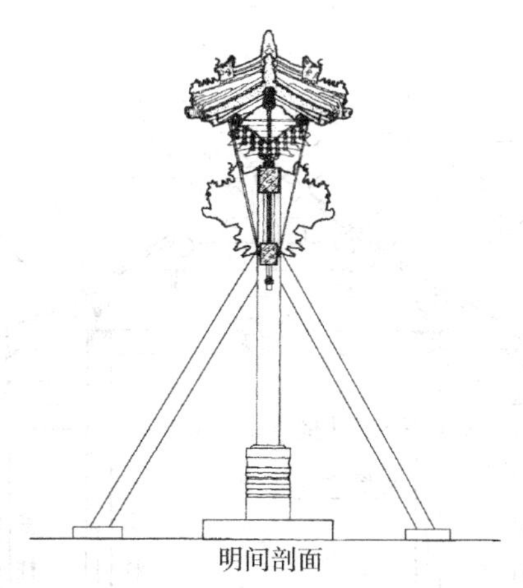

图 11－3－7 四柱三间三楼柱不出头牌楼

(10) 梅花柱：常用于垂花门，游廊，截面呈正方形，四角有梅花线条的柱子。选择定额 5－49，见图 11－3－8。

(11) 封廊柱：也称擎檐柱，建筑物外廊处，截面呈矩形的柱。选择定额 5－50。

(12) 方擎檐柱：截面呈正方形的擎檐柱。选择定额 5－52。

图 11－3－8 梅花柱

(13) 抱柱：属于槛框类，截面呈长方形，多与檐柱相抱，起辅助作用的檐柱。选择定额 5－53，见图 11－3－9。

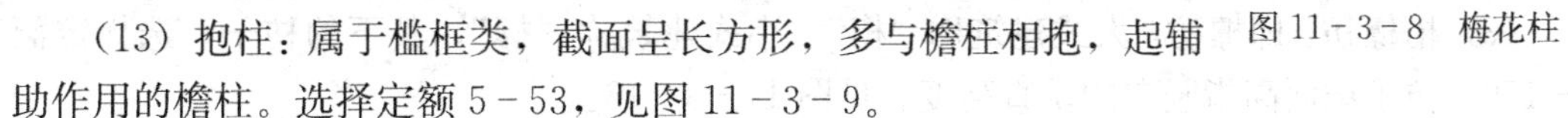

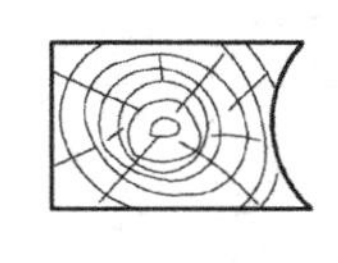

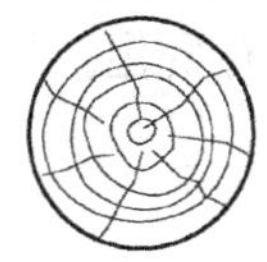

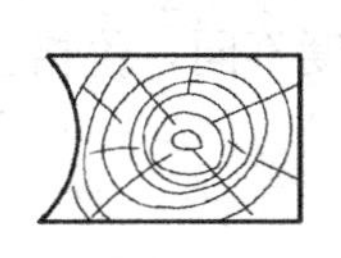

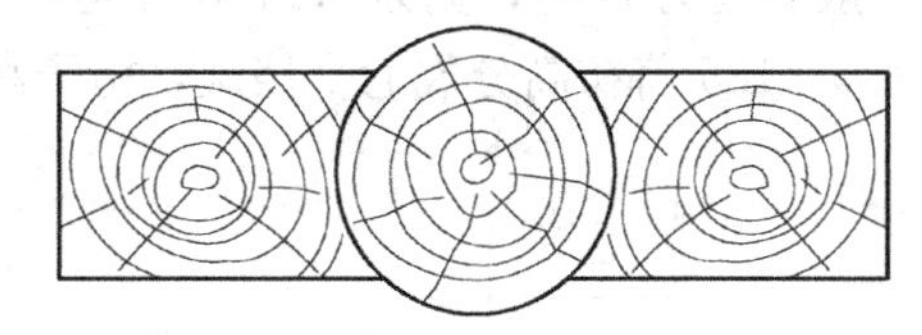

图 11－3－9 抱柱

例如北京的正阳门城楼。注意：抱柱类似于抱框，但其中间无装修。

(14) 草架柱子：歇山建筑山面踏脚木之上的柱子，承托脊檩上金檩。选择定额 5－813，见图 11－3－1。

(15) 草栿柱：利用原木稍加锛砍即使用的柱子。此类柱多见于地方性或早期建筑中。定额 5－56。

(16) 瓜柱：位于梁或顺梁上，支撑起上一层梁的矮柱。位于金步的瓜柱称金瓜柱，位于脊步的称脊瓜柱。定额 5-459，见图 11-3-10。

2. 枋类名称

(1) 普通大额枋：檐柱头之间的联系构件或平板枋以下的构件。选择定额 5-179，见图 11-3-11。

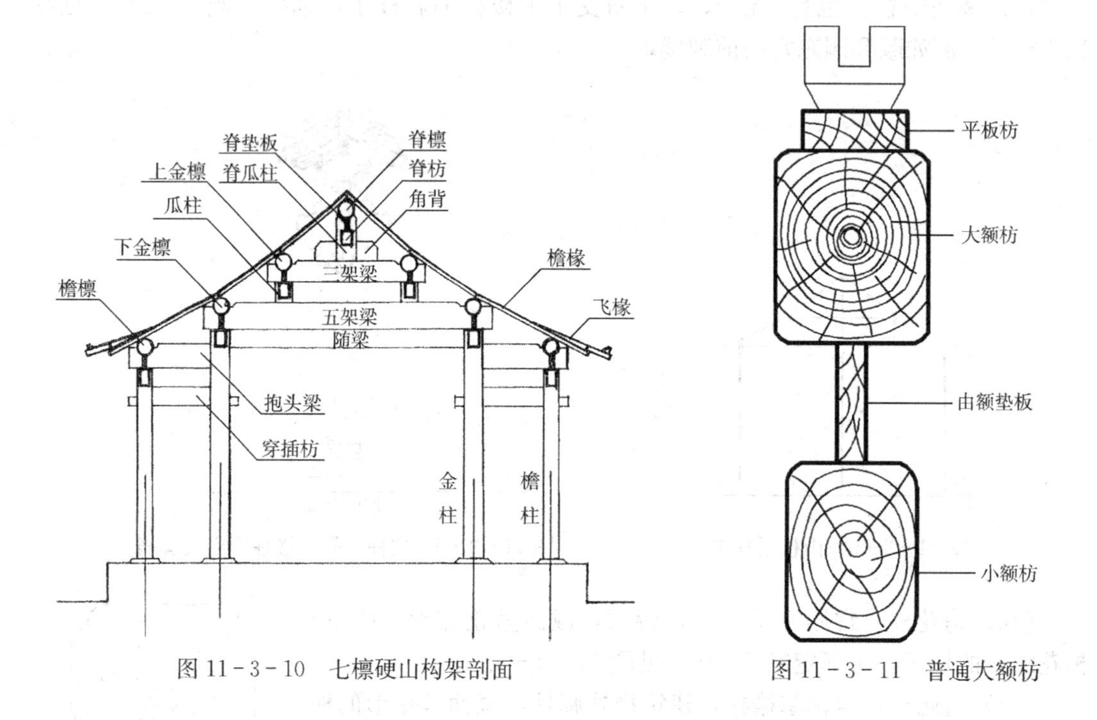

图 11-3-10　七檩硬山构架剖面

图 11-3-11　普通大额枋

(2) 单额枋：檐柱之间仅用一根额枋（无大额枋、无由额垫板时）。选择定额 5-179，见图11-3-12。

(3) 桁檩枋：即檩枋，大式建筑称“桁”，小式建筑称“檩”，其下的枋子。选择定额 5-179。枋子截面高指竖向的垂直高度。见图 11-3-13。

一般高度为 D 时，宽为 $0.8D$，如是二个数相乘，数值小的是宽，大的是高。定额 5-179 ～ 5-185 将枋高分成七个档次，枋子高度不同，价格会有变化。

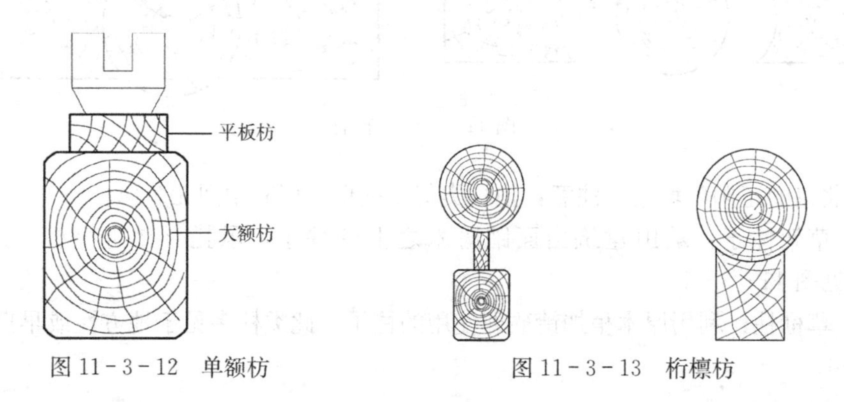

图 11-3-12　单额枋

图 11-3-13　桁檩枋

(4) 一端带三岔头的大额枋、单额枋：在大额枋或单额枋的一端做成三岔头的形式。此类枋子多用于建筑物转角处，枋子三岔头需伸出柱头外的作法。选择定额 5－186，见图 11－3－14。

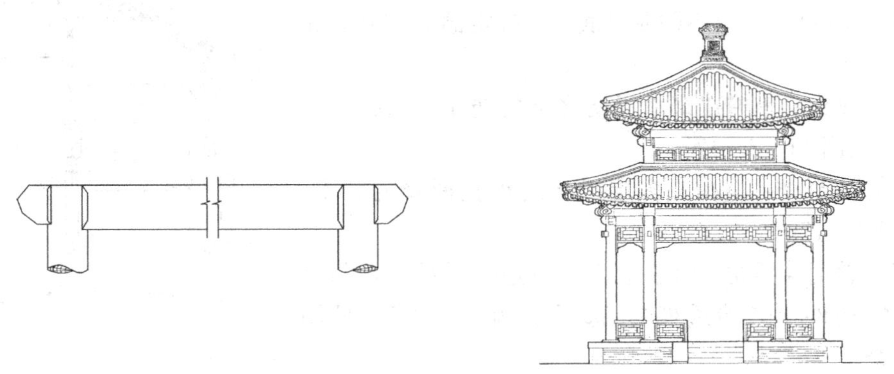

图 11－3－14 重檐四角亭基本构选

(5) 二端带三岔头的枋、箍头枋：与上边构件大致相同，只是枋的左右二端都做成三岔头的形式，选择定额 5－191，见图 11－3－15。例如：四柱的四方亭的檐枋二端都要做成三岔头，五、六、八方亭也如此。

图 11－3－15 单檐四角亭正立面

(6) 一端带霸王拳箍头的额枋：道理同一端带三岔头的额枋相同，只是将三岔头改成霸王拳形式。选择定额 5－195，见图 11－3－16。

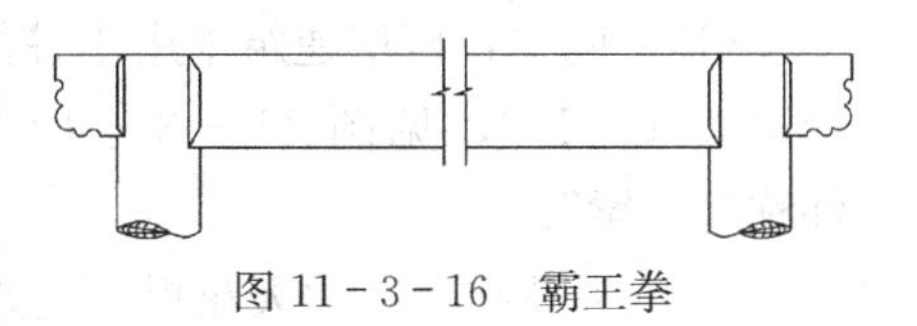

图 11－3－16 霸王拳

(7) 二端带霸王拳箍头的额枋：道理同二端带三岔头的额枋相同，只是将三岔头改成霸王拳。选择定额 5－199，见图 11－3－17。

(8) 普通小额枋：檐柱之间联系构件，位于大额枋和由额垫板之下的枋子。定额 5-179，见图 11-3-11。

(9) 跨空枋：进深方向（与大梁平行）大梁下的联系件，作用同穿插枋。但不贴靠梁底，选择定额 5-179，见图 11-3-5。

(10) 棋枋：重檐建筑承椽枋之下的枋子。选择定额 5-179，见图 11-3-17。

(11) 博脊枋：重檐或多层檐建筑承托博脊的方木。选择定额 5-179。

(12) 普通穿插枋：用于抱头梁下边，联系檐柱与金柱之间的构件（二端透榫）。选择定额 5-205，见图 11-3-18。

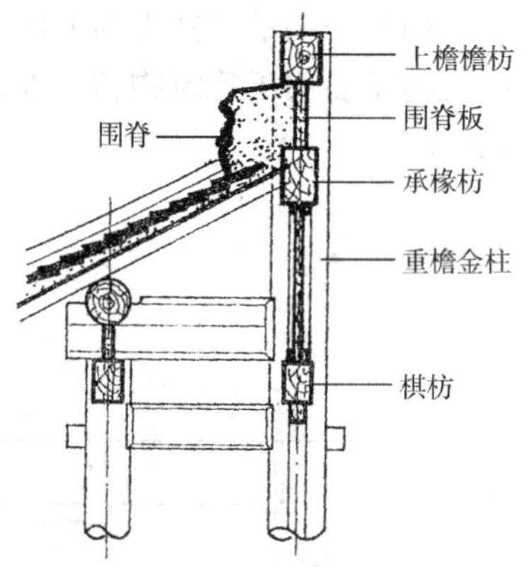

图 11-3-17 承椽枋及其构造

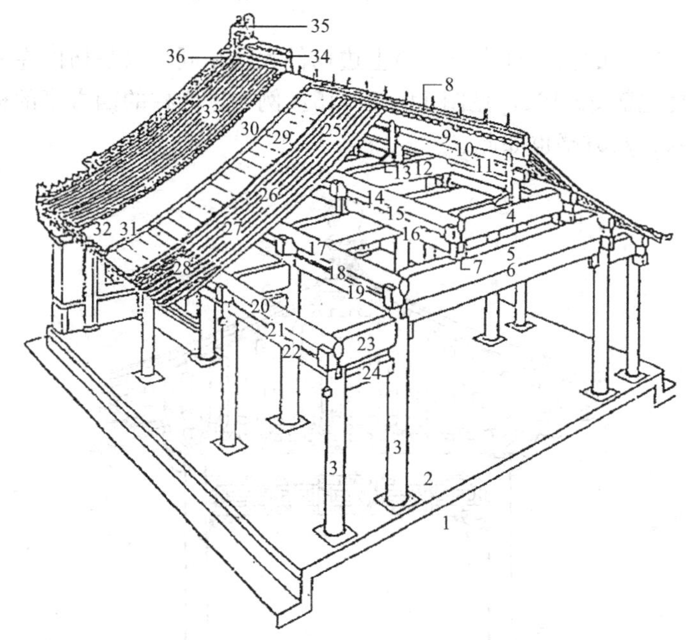

图 11-3-18 清官式一般房屋构架剖视图

1—台基；2—柱础；3—柱；4—三架梁；5—五架梁；6—随梁枋；7—瓜柱；8—扶脊木；9—脊檩；10—脊垫板；11—脊枋；12—脊瓜柱；13—角背；14—上金檩；15—上金垫板；16—上金枋；17—老檐檩；18—老檐垫板；19—老檐枋；20—檐檩；21—檐垫板；22—檐枋；23—抱头梁；24—穿插枋；25—脑椽；26—花架椽；27—檐椽；28—飞椽；29—望板；30—苫背；31—连檐；32—瓦口；33—筒板瓦；34—正脊；35—吻兽；36—垂兽

(13) 间枋：楼房建筑中用于柱间面宽方向，联系柱与柱并与承重梁交圈的构件。选择定额 5-179，见图 11-3-19。古建中面宽方向的构件称之“枋”，进深方向构件称之“梁”。

(14) 天花枋：支承天花板、支条、贴梁的构件两端交于金柱中（进深方向称“天花梁”）。选择定额 5-179，见图 11-3-20。天花枋与天花梁截面高不同，但上皮均为一平，与天花上皮平。

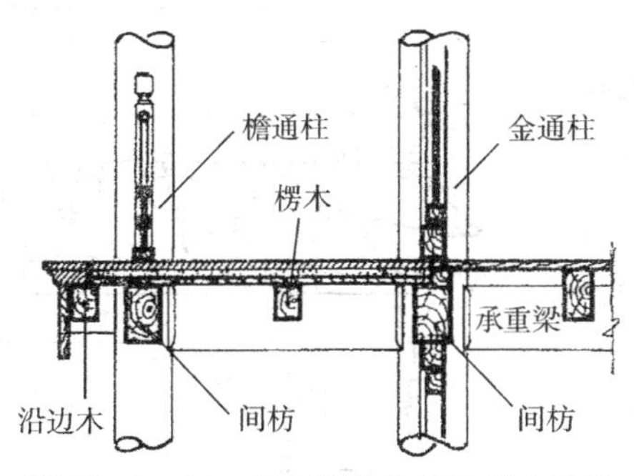

图 11-3-19　承重梁的位置和基本构造

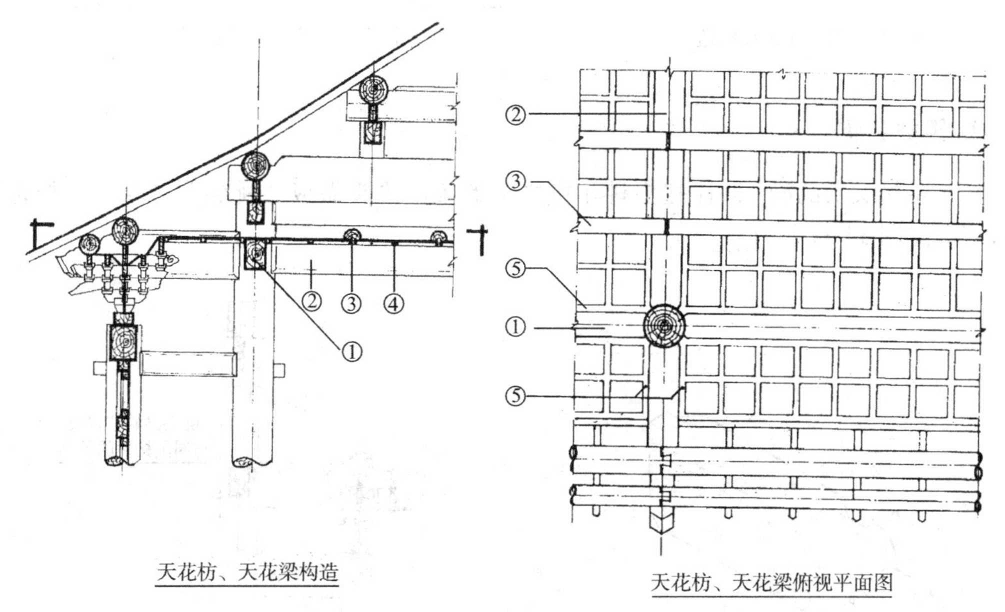

图 11-3-20　天花枋、天花梁的构造与制作

1—天花枋；2—天花梁；3—帽儿梁；4—支条；5—贴梁

(15) 带麻叶头的小额枋、穿插枋：小额枋或穿插方一头制作成麻叶头形式。定额 5-208，见图 11-3-21。

(16) 承椽枋：重檐建筑，承接下层檐檐椽后尾的枋子（有椽窝）。选择定额 5—220，见图 11-3-22。

(17) 平板枋：也称座斗枋，大额枋之上，斗栱之下的枋子（水平垫木）。选择定额 5-225，见图 11-3-23。

图 11-3-21　麻叶头

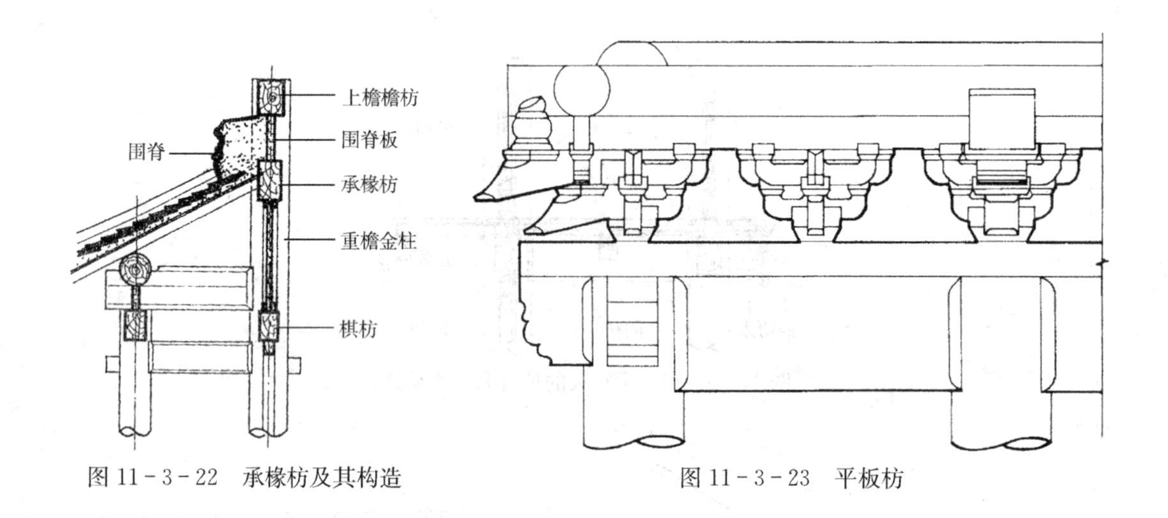

图 11-3-22　承椽枋及其构造　　　图 11-3-23　平板枋

3. 梁类名称

（1）带桃尖头的梁：檐柱柱头科斗栱之上的梁，梁头做成“桃尖”形状。选择定额 5-275，见图 11-3-24。

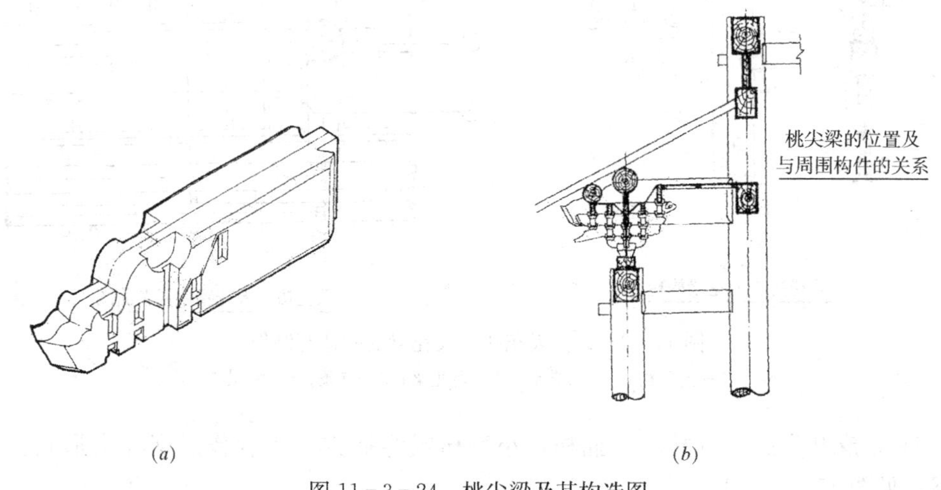

(a)　(b)

图 11-3-24　桃尖梁及其构造图

（2）垂花门麻叶头梁：按垂花门的形式分为三种，独立式、廊罩式、一殿一卷式，是专门用于垂花门上的梁。定额 5—293、5—295、5—297。

（3）天花梁：进深方向的梁与天花枋对应同高度，但方向不同，选择定额 5—281，见图 11-3-25。

（4）一端带麻叶头的梁：将梁的一头做成麻叶头状的梁，多用于垂花门上。选择定额 5-285 。

（5）二端带麻叶头的梁：将梁的二个端头都做成麻叶头状的梁。选择定额 5-289 。

（6）九架梁：进深方向的梁，因其上承托九根檩子称为九架梁。选择定额 5-299，见图 11-3-26。

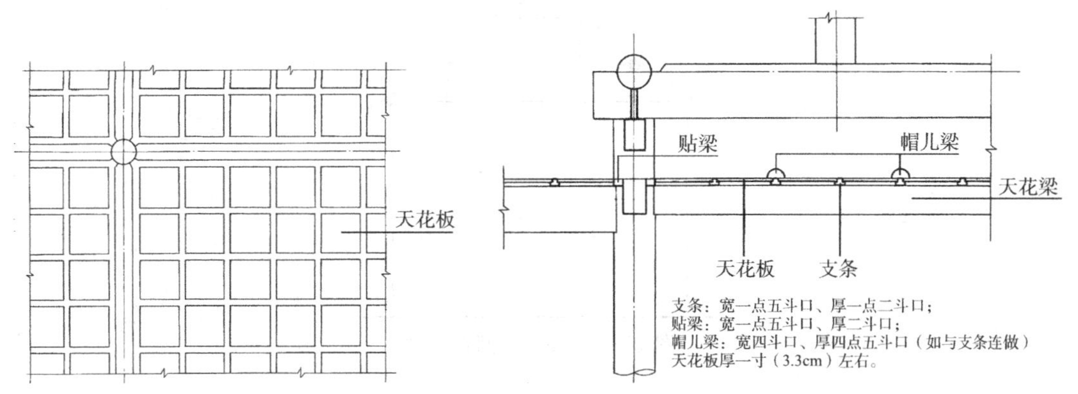

图 11－3－25　天花梁及其构造

（7）卷棚八架梁：梁上承托八根檩子称八架梁，且设有二条平行的脊檩，用于圆山式建筑选择定额5－302，见图 11－3－27。

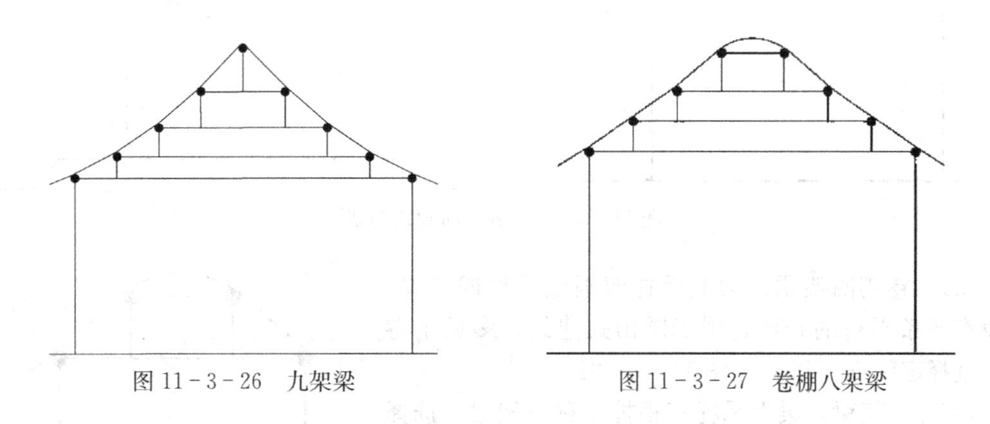

图 11－3－26　九架梁　　图 11－3－27　卷棚八架梁

（8）七架梁：梁上承托七根檩子称七架梁。选择定额 5－303，见图 11－3－28。

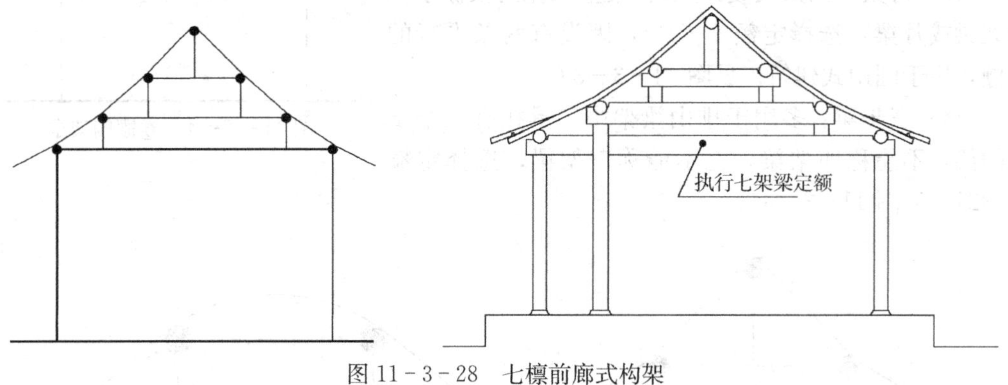

图 11－3－28　七檩前廊式构架

（9）卷棚六架梁：梁上承托六根檩子称六架梁，且设有二条平行的脊檩，用于圆山式建筑。选择定额 5－305，见图 11－3－29。

（10）五架梁：梁上承托五根檩子称五架梁。选择定额 5－306，见图 11－3－30。

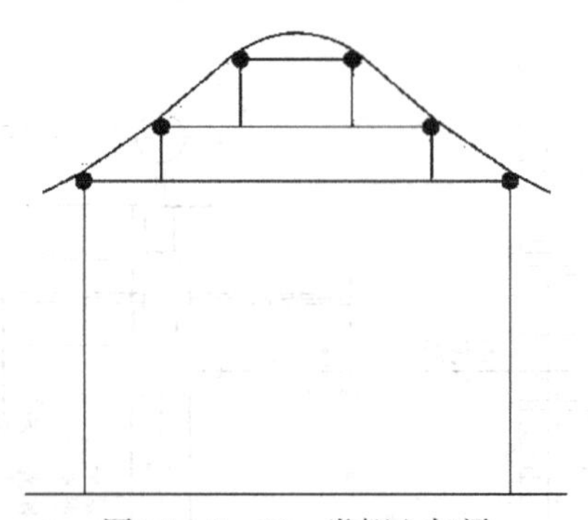

图 11-3-29　卷棚六架梁

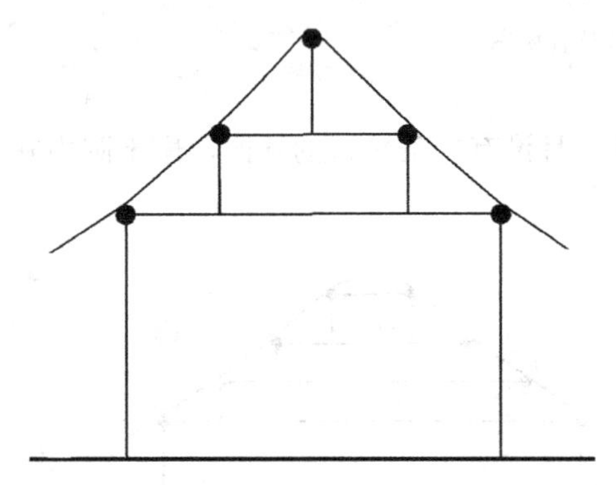

图 11-3-30　五檩前廊式构架

（11）卷棚四架梁：梁上承托四根檩子称四架梁，且设有两条平行的脊檩，用于圆山式建筑，多见于游廊。选择定额 5-309，见图 11-3-31。

（12）三架梁：梁上承托三根檩子称三架梁。选择定额5-313，见图 11-3-32。

（13）月梁（两架梁或顶梁）：梁上承托两根檩子称两架梁或月梁，选择定额 5-317，因设有两条平行的脊檩，用于圆山式建筑。见图 11-3-33。

（14）三步梁：多用于排山梁架中，承托有三个步架的梁，不能称四架梁，也不能称三架梁，选择定额 5-321，见图 11-3-34。

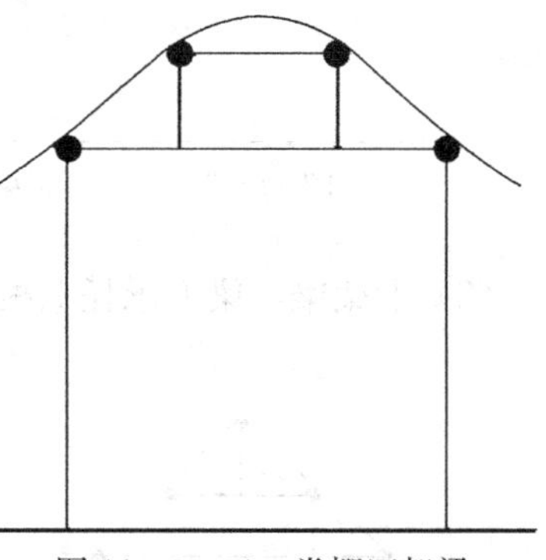

图 11-3-31　卷棚四架梁

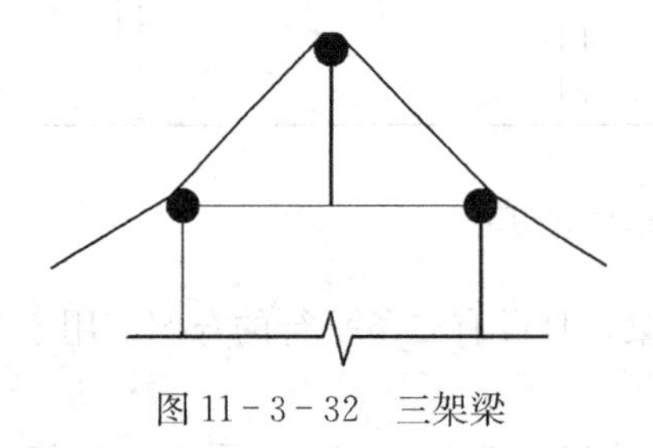

图 11-3-32　三架梁

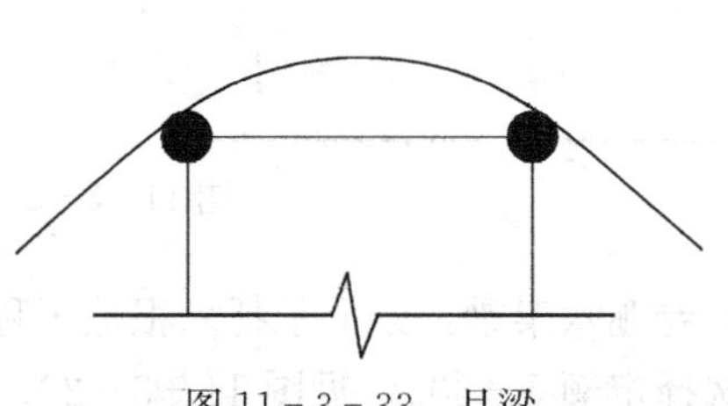

图 11-3-33　月梁

(15) 双步梁：多用于排山梁中，其上承托有二个步架的梁，选择定额 5-325，见图11-3-34。

(16) 单步梁：多用于排山梁架中，其上只承托有一个步架的梁，选择定额 5-330，见图 11-3-34。

(17) 抱头梁：檐柱与金柱之间只有一个步架的梁，一端放在檐柱上，另一端插入金柱中，选择定额 5-331，见图 11-3-35。

(18) 斜抱头梁：山面也出廊的建筑，位于转角处的附加抱头梁，选择定额 5-331，见图 11-3-36。

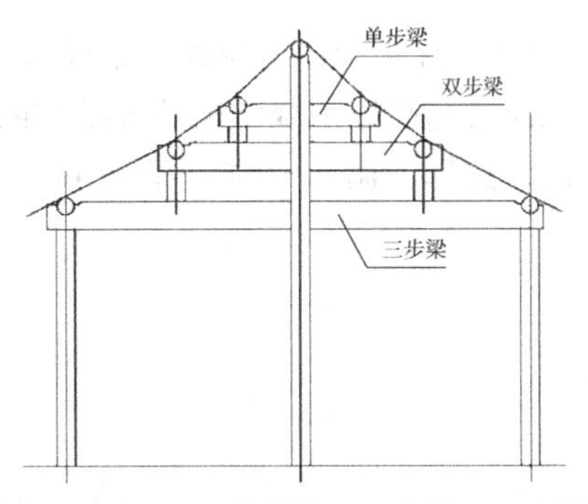

图 11-3-34 单步梁、双步梁、三步梁

(19) 抱头假梁头：假抱头梁，只有一个假梁头，选择定额 5-418，见图11-3-37。

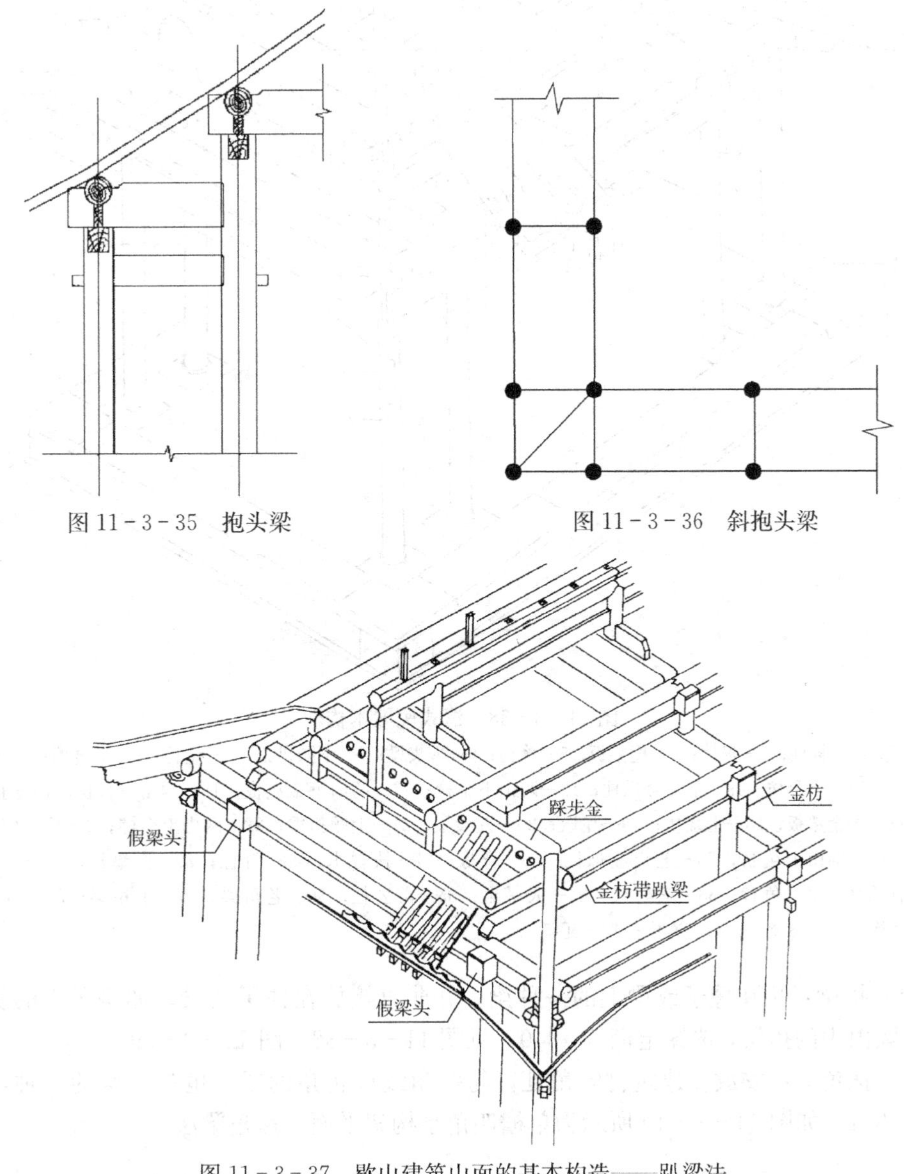

图 11-3-35 抱头梁

图 11-3-36 斜抱头梁

图 11-3-37 歇山建筑山面的基本构造——趴梁法

（20）踩步金：也叫踩步梁或踩步柁。歇山大木在稍间顺梁以上，与其他梁平行，与第二层梁同高以承载歇山部分结构的梁，两端多做成假檩头与下金檩相交，放置在交金墩上面，选择定额 5-335，见图 11-3-37。

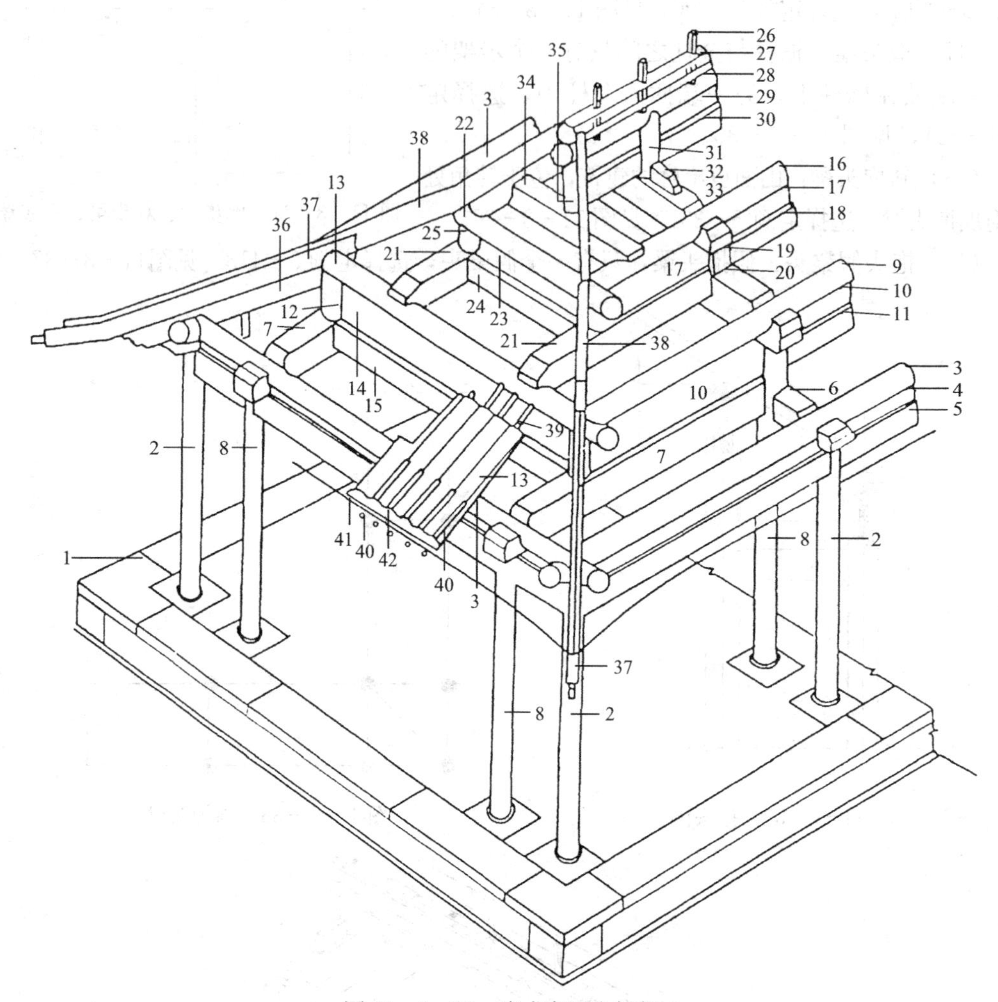

图 11-3-38 清式庑殿木构架

1—台基；2—檐柱；3—檐檩；4—檐垫板；5—檐枋；6—抱头梁；7—下顺扒梁；8—金柱；9—下金檩；10—下金垫板；11—下金枋；12—下交金瓜柱；13—两山下金檩；14—两山下金垫板；15—两山下金枋；16—上金檩；17—上金垫板；18—上金枋；19—柁墩；20—五架梁；21—上顺扒梁；22—两山上金檩；23—两山上金垫板；24—两山上金枋；25—上交金瓜柱；26—脊椽；27—扶脊木；28—脊檩；29—脊垫板；30—脊枋；31—脊瓜柱；32—角背；33—三架梁；34—太平梁；35—雷公柱；36—老角梁；37—子角梁；38—由戗；39—檐椽；40—飞檐椽；41—连檐；42—瓦口

（21）扒梁：扒在檩子或梁上的一种梁，并非直接放在柱子的梁。如亭子中的长、短扒梁，歇山中的扒梁，选择定额 5-340，见图 11-3-38、图 11-3-39。

（22）抹角梁：安放在建筑物转角处，与斜角线成正角的梁，也是扒梁的一种，选择定额 5-341。如图 11-3-40 所示为单檐四角亭构架平面（抹角梁法）。

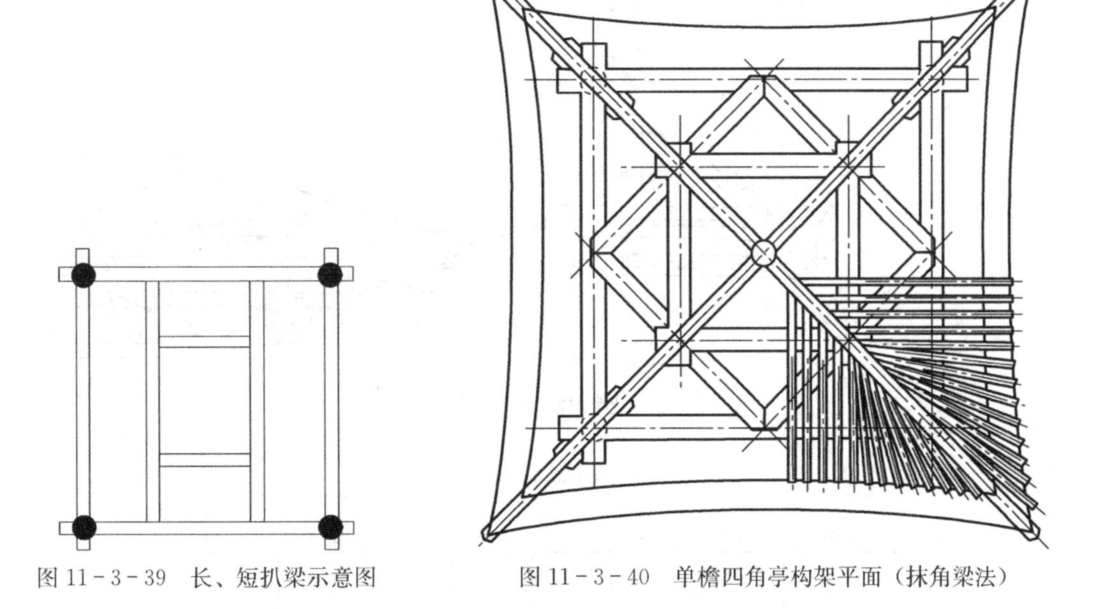

图 11-3-39 长、短扒梁示意图　　图 11-3-40 单檐四角亭构架平面（抹角梁法）

（23）太平梁：扒梁的一种，安放在前两个上金檩子上，与三架梁作用相同，承托雷公柱子，是庑殿建筑中特有的梁，选择定额 5-340，见图 11-3-41。

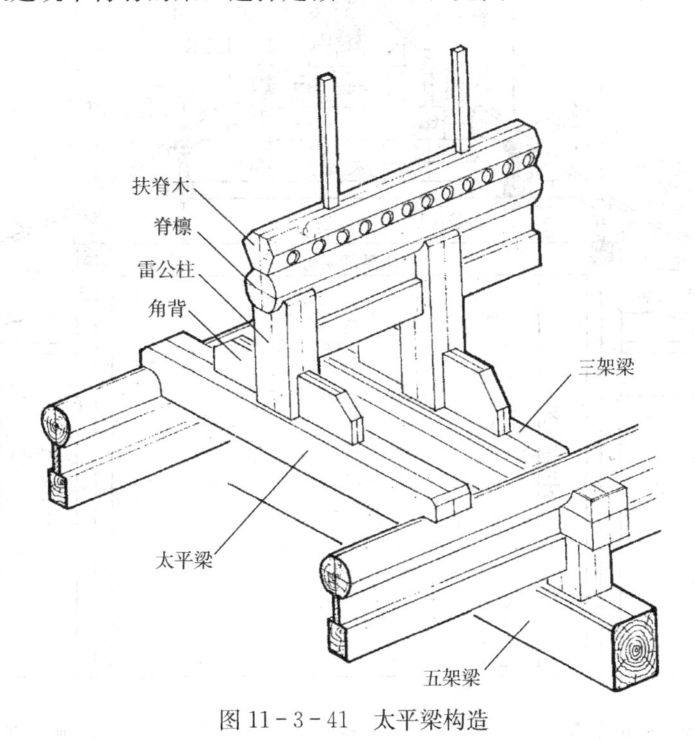

图 11-3-41 太平梁构造

（24）老角梁：屋面转角挑出的上下两层斜梁，居下者为老角梁，选择定额 5-654，见图 11-3-42。

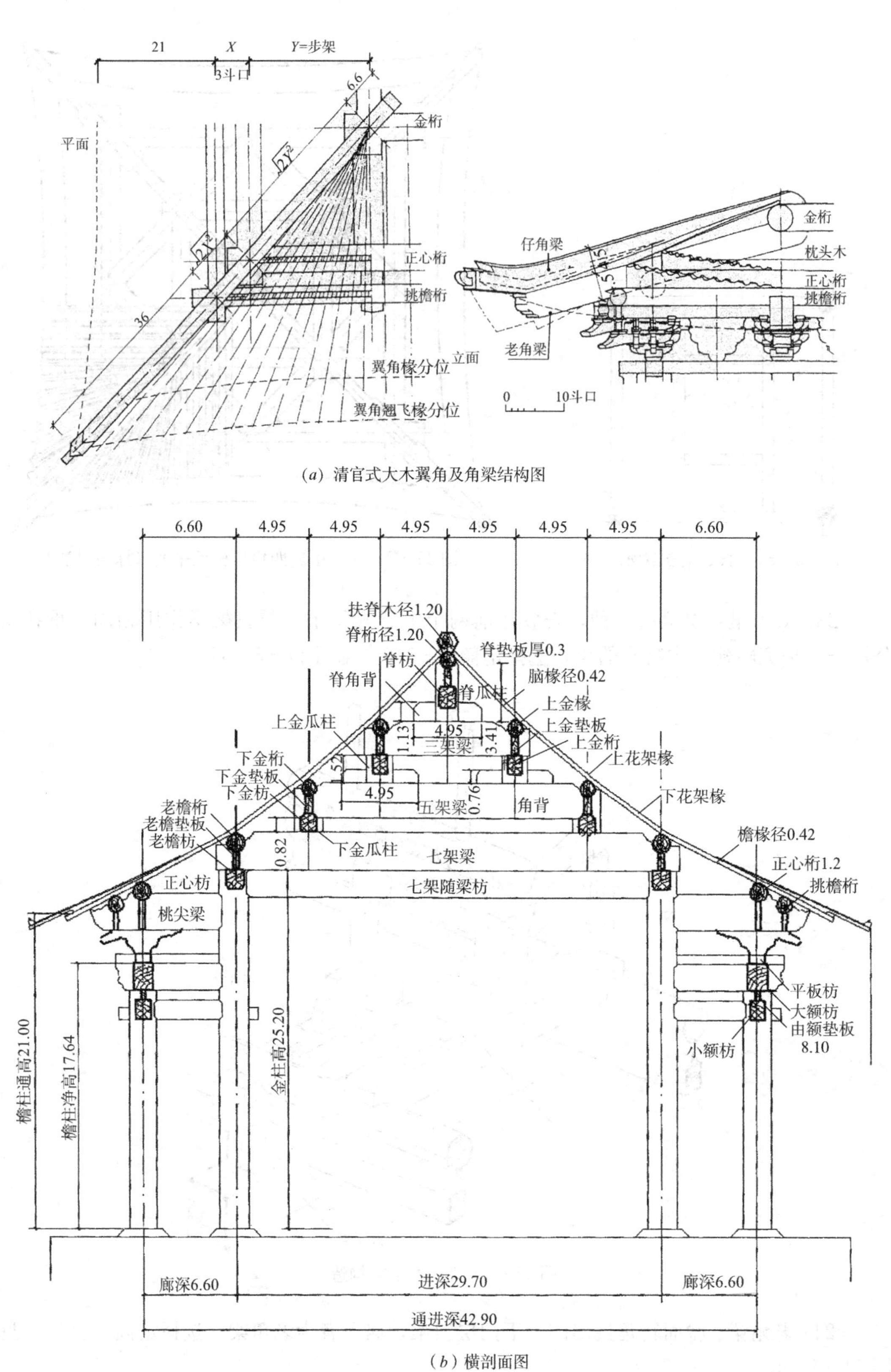

(*a*) 清官式大木翼角及角梁结构图

(*b*) 横剖面图

图 11-3-42（一）

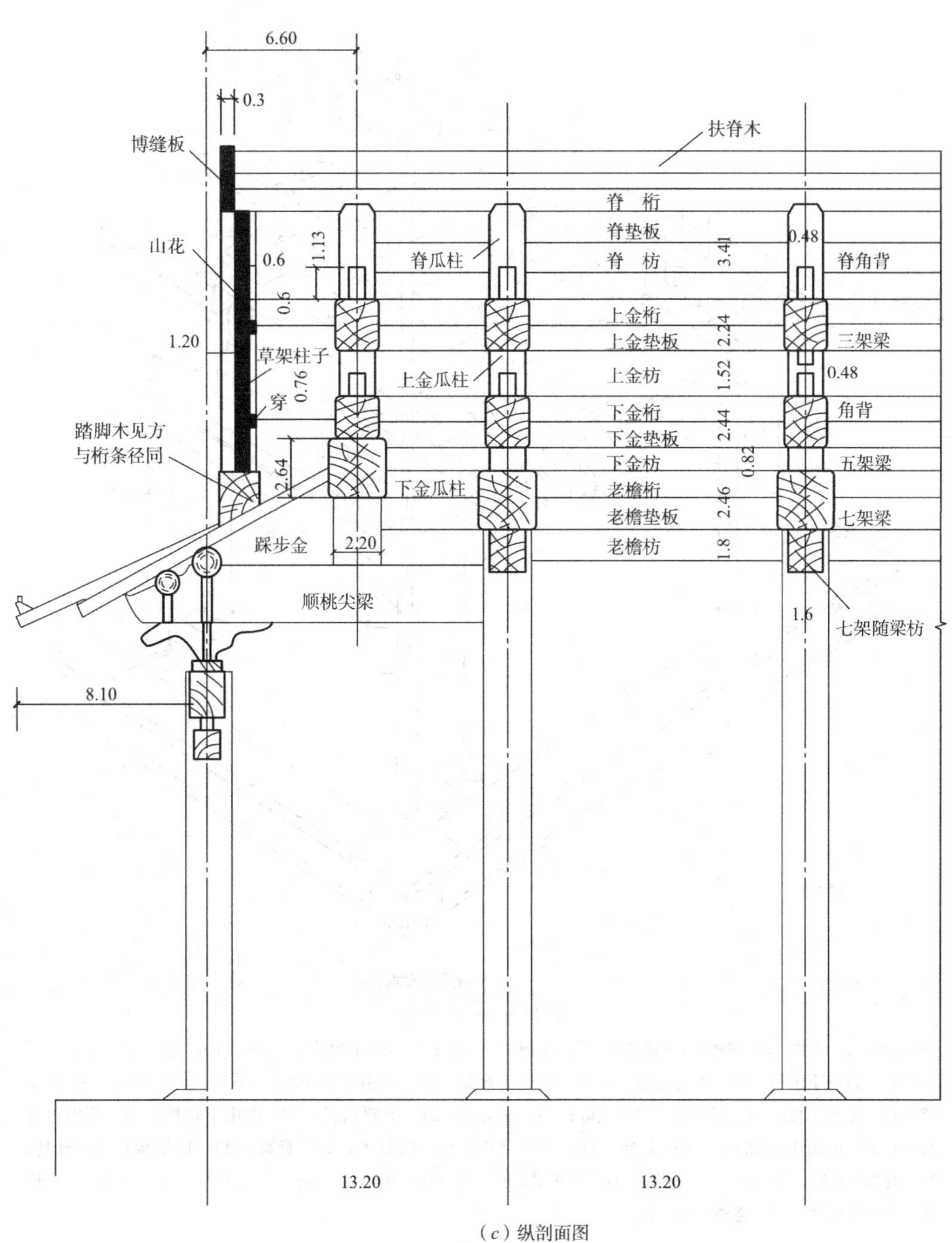

(c) 纵剖面图

图 11-3-42（二）

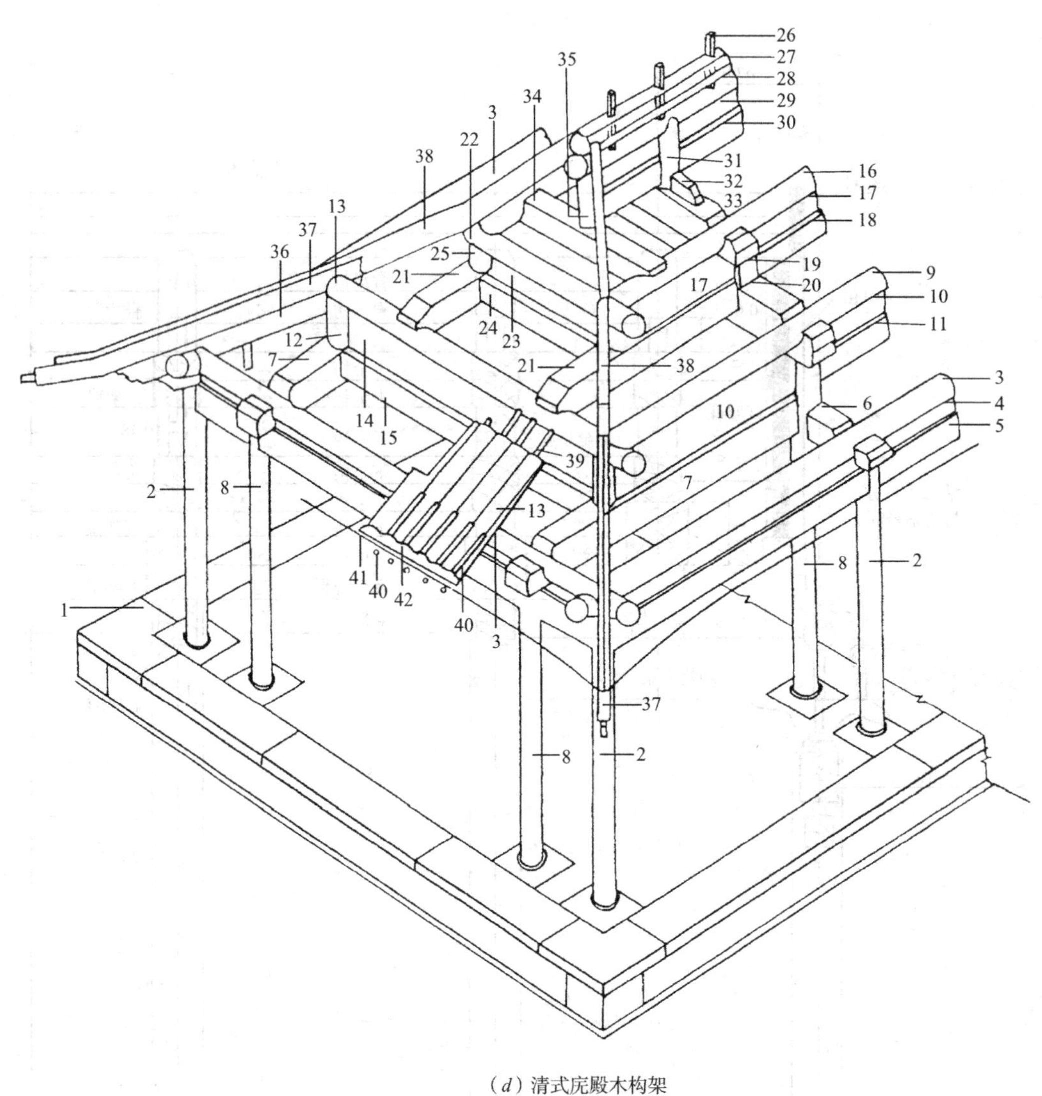

（*d*）清式庑殿木构架

图 11－3－42（三）

1—台基；2—檐柱；3—檐檩；4—檐垫板；5—檐枋；6—抱头梁；7—下顺扒梁；8—金柱；9—下金檩；10—下金垫板；11—下金枋；12—下交金瓜柱；13—两山下金檩；14—两山下金垫板；15—两山下金枋；16—上金檩；17—上金垫板；18—上金枋；19—柁墩；20—五架梁；21—上顺扒梁；22—两山上金檩；23—两山上金垫板；24—两山上金枋；25—上交金瓜柱；26—脊椽；27—扶脊木；28—脊檩；29—脊垫板；30—脊枋；31—脊瓜柱；32—角背；33—三架梁；34—太平梁；35—雷公柱；36—老角梁；37—子角梁；38—由戗；39—檐椽；40—飞檐椽；41—连檐；42—瓦口

（25）仔角梁：屋面转角挑出的上下两层斜梁，居上者为仔角梁。压金、扣金、插金是它的三种做法。

压金仔角梁：老角梁尾部刻檩椀压在金檩上，仔角梁做成大飞椽形式的做法，选择定额 5－664，见图 11－3－43。

扣金仔角梁：仔角梁尾部下面刻檩椀，扣压在金檩上的做法，选择定额 5－659，见图 11－3－44。

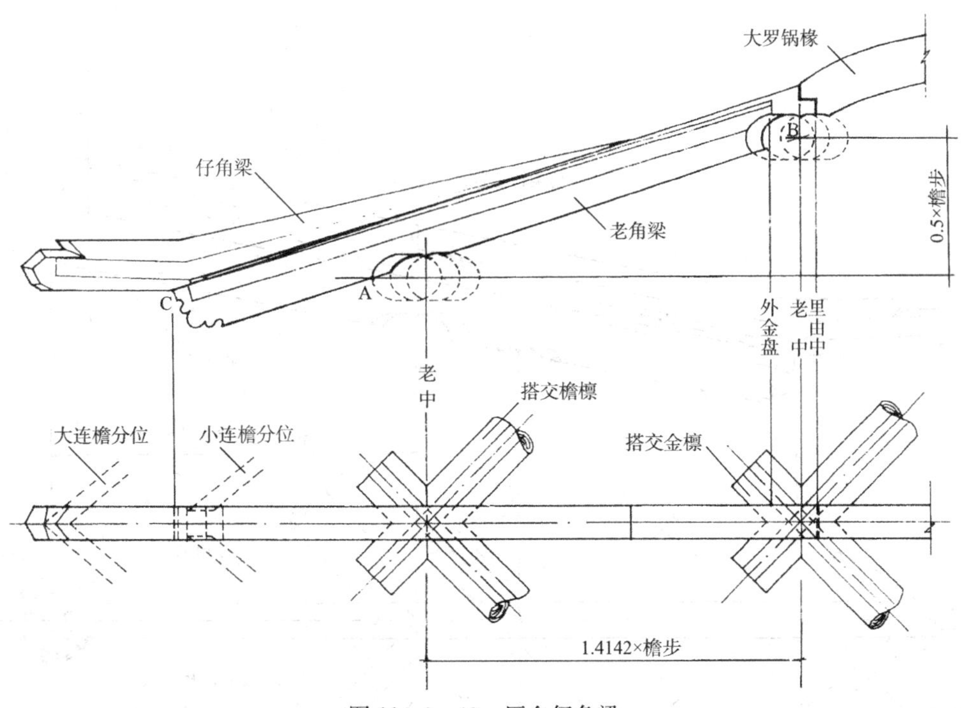

图 11-3-43 压金仔角梁

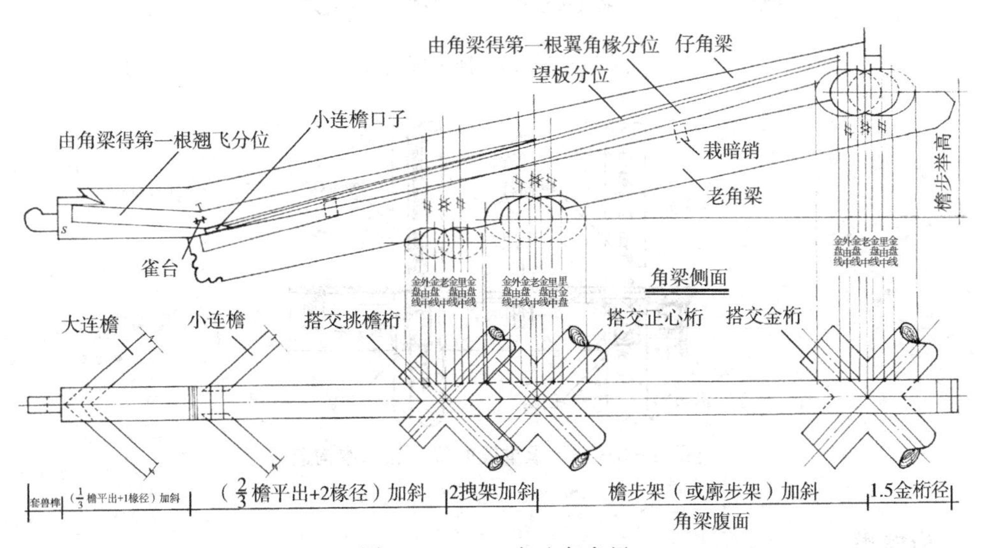

图 11-3-44 扣金仔角梁

插金仔角梁：老角梁、仔角梁后尾做榫，插入金柱内的做法，选择定额 5-659，见图 11-3-45。

(26) 窝角仔角梁：转角建筑，阴角处的仔角梁，选择定额 6-673。

(27) 由戗：也称续角梁，攒尖或庑殿建筑角梁后尾续接的角梁，选择定额 5-682，见图 11-3-42 (d)。

(28) 承重（梁）：楼房建筑中为承托楞木、木楼板的梁，沿进深方向放置，与间枋对应，选择定额 5-836，见图 11-3-46。

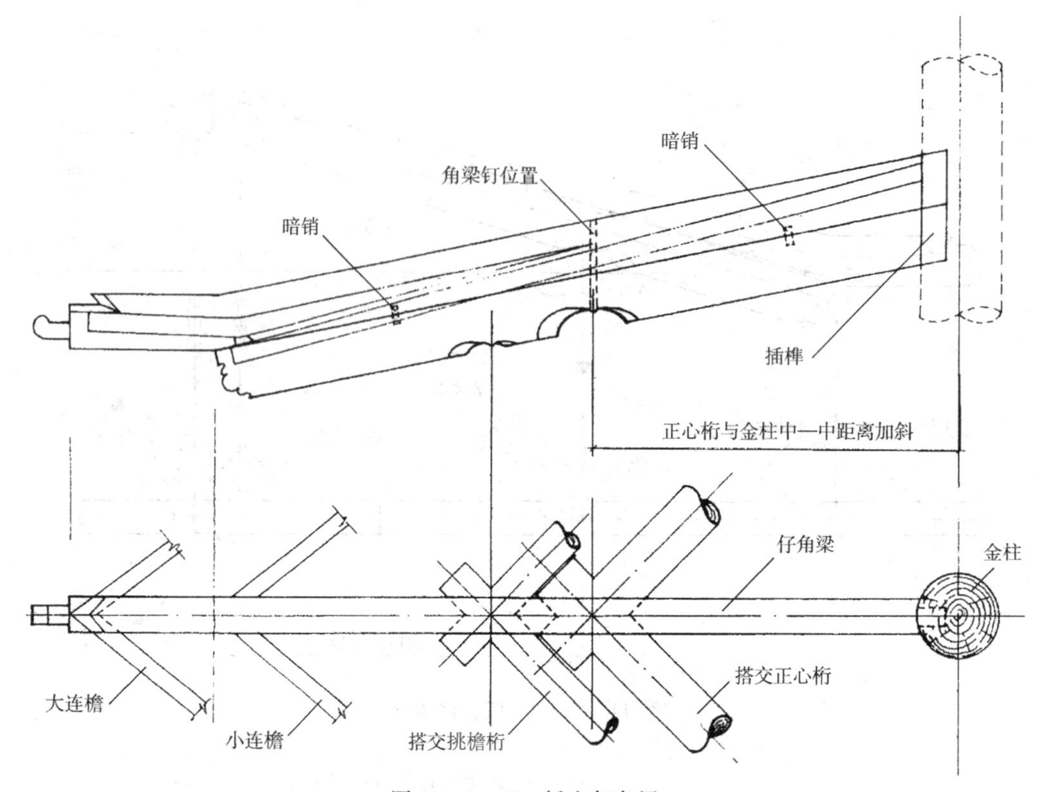

图 11-3-45　插金仔角梁

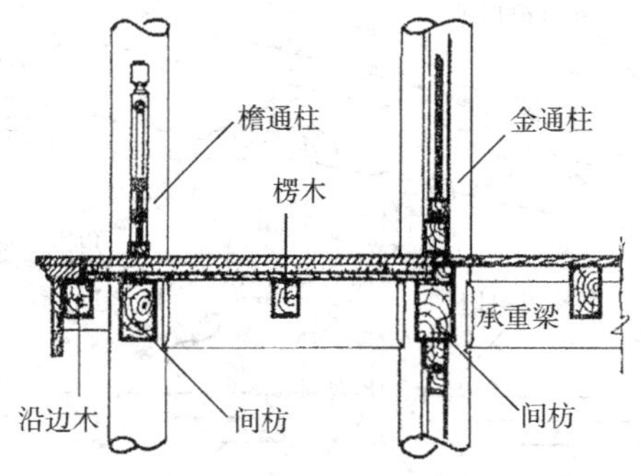

图 11-3-46　承重梁的位置和基本构造

4. 桁檩类

(1) 普通圆檩（桁）：安放在梁头之上，架设椽子的木构件，选择定额 5-599，见图 11-3-47。

(2) 单端带搭交檩头的圆檩：将檩的一端做成搭交檩头的形式，选择定额 5-604，见图 11-3-48。

如三间房前后左右出廊子时，次间面宽方向的 A 檐檩。

(3) 双端带搭交檩头圆檩：将檩的两端做成搭交檩头的形式，选择定额 5-609，见图 11-3-49。

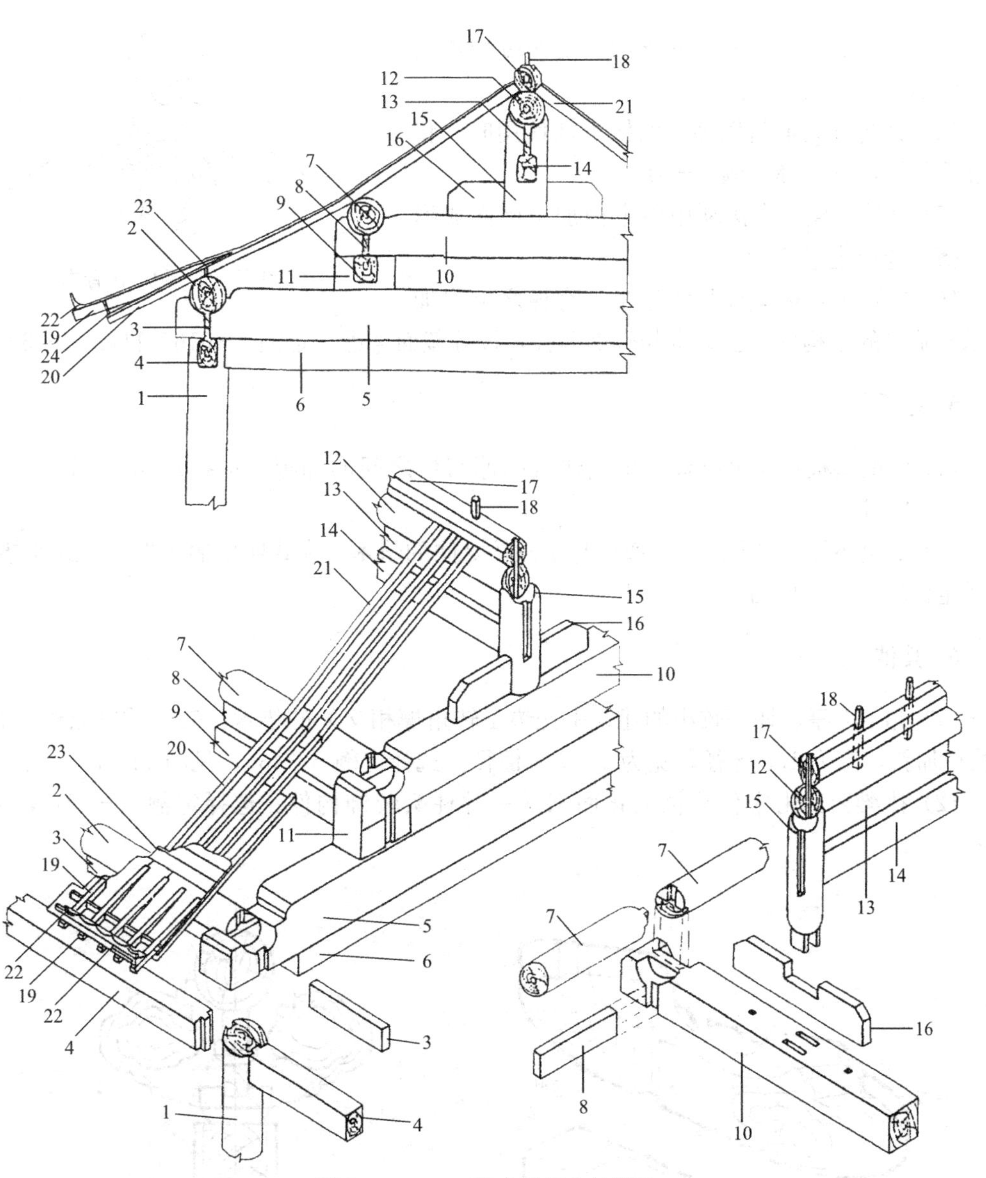

图 11-3-47　清式梁架分件做法

1—檐柱；2—檐檩；3—檐垫板；4—檐枋；5—五架梁；6—随梁枋；7—金檩；8—金垫板；9—金枋；10—三架梁；11—柁墩；12—脊檩；13—脊垫板；14—脊枋；15—脊瓜柱；16—角背；17—扶脊木（用六角形或八角形）；18—脊椽；19—飞檐椽；20—檐椽；21—脑架椽；22—瓦口与连檐；23—望板与裹口木；24—小连檐与闸挡板

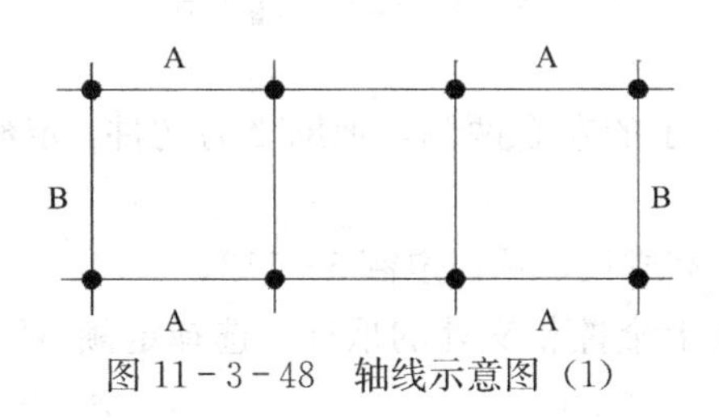

图 11-3-48　轴线示意图（1）

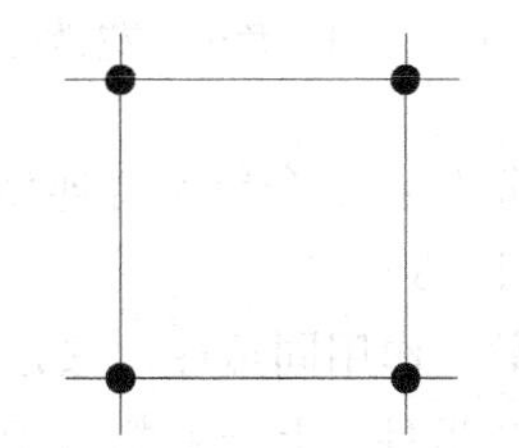

图 11-3-49　轴线示意图（2）

如四、五、六、八方亭的檐檩就是两端带搭交檩头的檩。

(4) 旧檩改短重新做椽：旧檩重新使用时，将长檩重新做椽，选择定额 5-614。

(5) 草袱圆檩：直接利用原木稍加锛砍而成形的圆檩。选择定额 5-615。

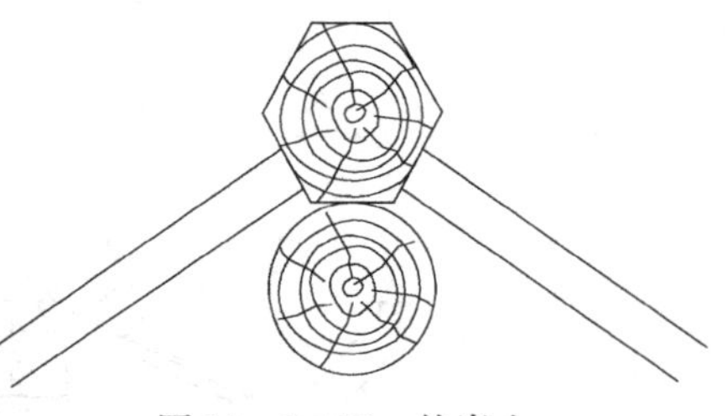

图 11-3-50 扶脊木

(6) 扶脊木：横截面呈六边形，脊檩之上附加的承托脑椽的木构件，扶脊木与脊檩等长，按等截面考虑。定额 5-616，见图 11-3-50。

5. 垫板类

(1) 桁檩垫板：也叫垫板，小式建筑中檩与枋之间的隔板，选择定额 5-724，见图 11-3-42 (b)。

(2) 由额垫板：位于柱间大额枋与小额枋之间的垫木，大式叫由额垫板，小式叫垫板，选择定额5-730，见图 11-3-11。

6. 其他

(1) 角云：亭、榭等较小的建筑中托垫于转角檩相交处的垫木，表面雕饰云纹。长为3檩径加斜，高为1.3檩径，宽为1～1.1檩径。选择定额 5-436，见图 11-3-51。

(2) 捧梁云：由宋代斗栱演化而来的一种柱头装饰构件。选择定额 5-437，见图 11-3-52。

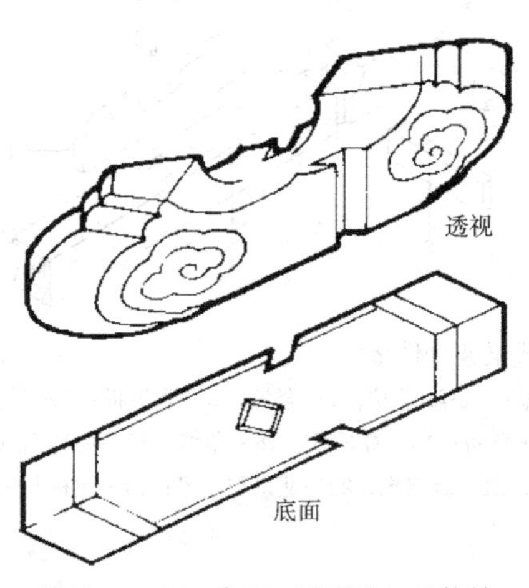

图11-3-51 角云（花梁头）及桁椀

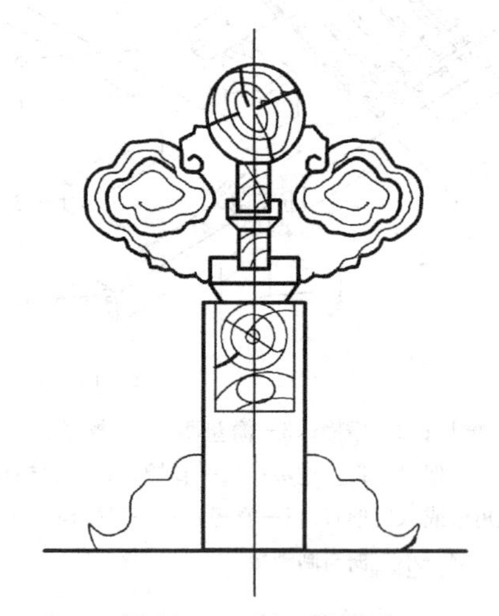

图 11-3-52 捧梁云

(3) 通雀替：二个单雀替连做，位于同一柱子的左右两侧，辅助受力构件，定额 5-582，见图 11-3-53。

(4) 柁墩：作用同瓜柱，只是构件的高小于宽或长，选择定额 5-512。

(5) 交金瓜柱：上金顺扒梁上，正面及山面上金檩相交处的爪柱。选择定额 5-519，见图 11-3-54。

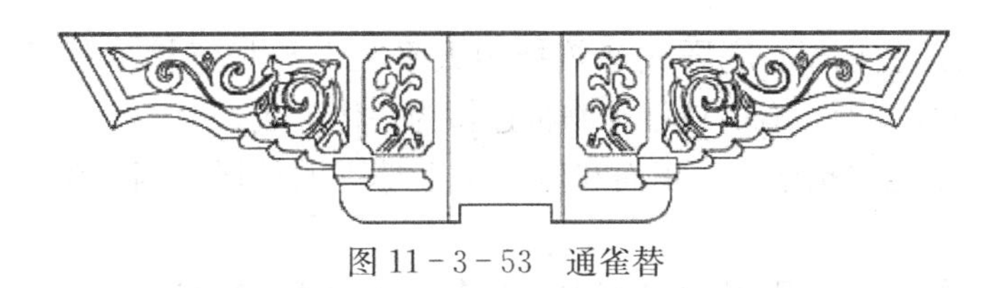

图 11-3-53 通雀替

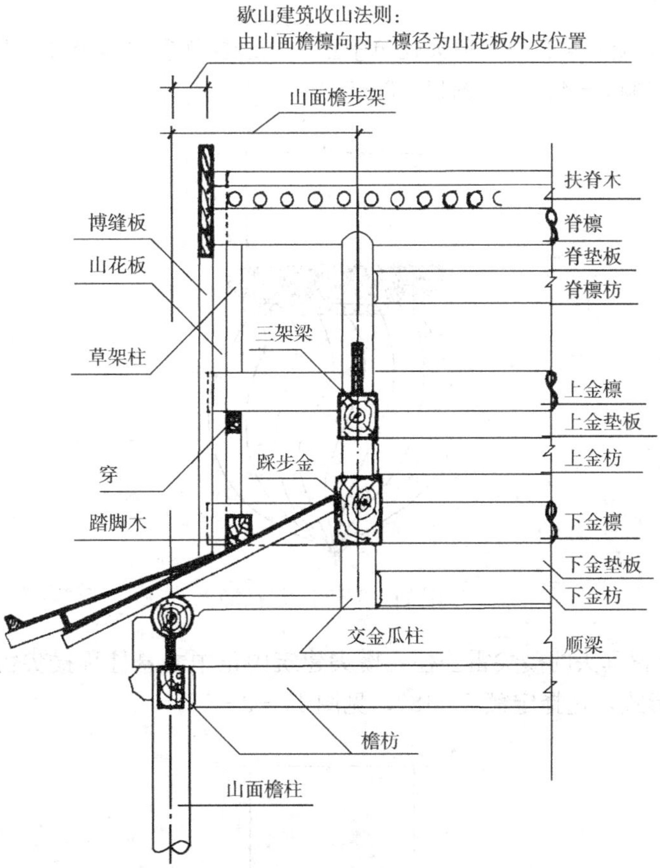

歇山建筑收山法则：
由山面檐檩向内一檩径为山花板外皮位置
山面檐步架
扶脊木
博缝板
脊檩
山花板
脊垫板
脊檩枋
草架柱
三架梁
上金檩
上金垫板
穿
上金枋
踩步金
踏脚木
下金檩
下金垫板
下金枋
交金瓜柱
顺梁
檐枋
山面檐柱

图 11-3-54 歇山建筑的山面构造及收山法则

(6) 角背：瓜柱高度较大时，瓜柱脚下的辅助构件，与瓜柱相交于梁背上，起稳定瓜柱作用，选择定额 5-533；将角背雕刻成荷叶形状的称荷叶角背，选择定额 5-537，见图 11-3-55。

角背长为一步架，高为 1/2～1/3 瓜柱的高，厚为自身高的 1/3。

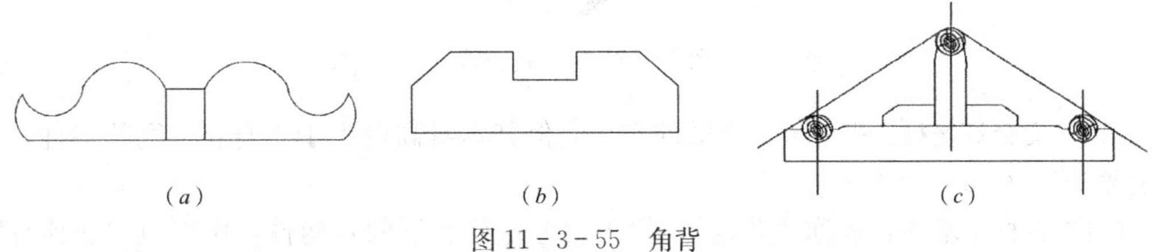

图 11-3-55 角背

(*a*) 荷叶角背；(*b*) 普通角背；(*c*) 角背与梁架关系

（7）太平梁上雷公柱子：庑殿式建筑推山太平梁上承托脊檩的柱子，选择定额 5－480，见图 11－3－42（d）。有时此柱与吻桩连做为一体形式。

（8）交金墩：下金顺扒梁上，正面和侧面下金檩下的柁墩，因交汇于金步称交金墩，选择定额 5－519。

（9）攒尖雷公柱子：用于攒尖建筑中，与各个由戗相交的悬空柱子。因柱头雕刻不同，定额分为两种。

① 风摆柳垂头攒尖雷公柱：攒尖建筑中正中之悬柱称攒尖雷公柱，其柱下端头雕成风摆柳形式，选择定额 5－485，见图11－3－56。

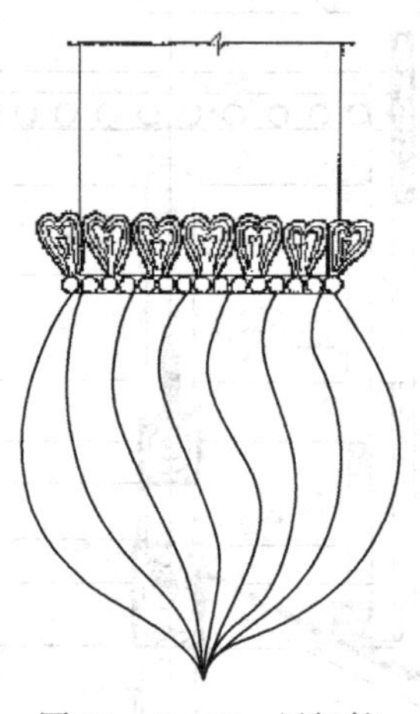

图 11－3－56　风摆柳

② 带连瓣芙蓉垂头的攒尖雷公柱：攒尖建筑中正中之悬柱称攒尖雷公柱，其柱下端头雕成莲瓣芙蓉形式，选择定额 5－489，见图 11－3－57。

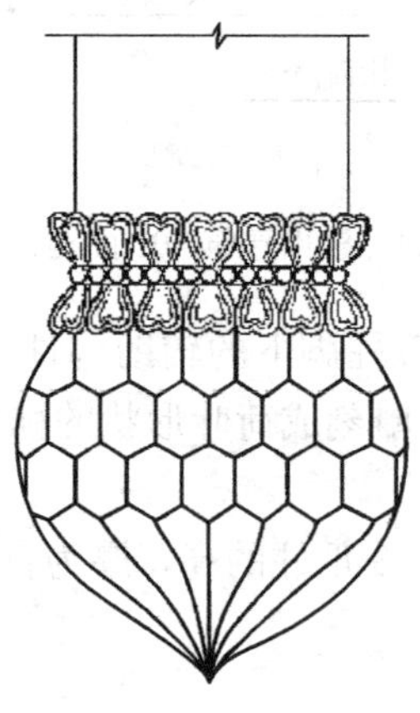

图 11－3－57　莲花瓣

（10）交金灯笼柱：相当于交金墩的作用，但其本身高度大于本身长、宽的构件，选择定额 5－486、5－489。

（11）童柱下墩斗：也称“斗盘”，位于梁上童柱底下的木构件，作用似“柱顶石”，选择定额 5－549，见图 11－3－58。

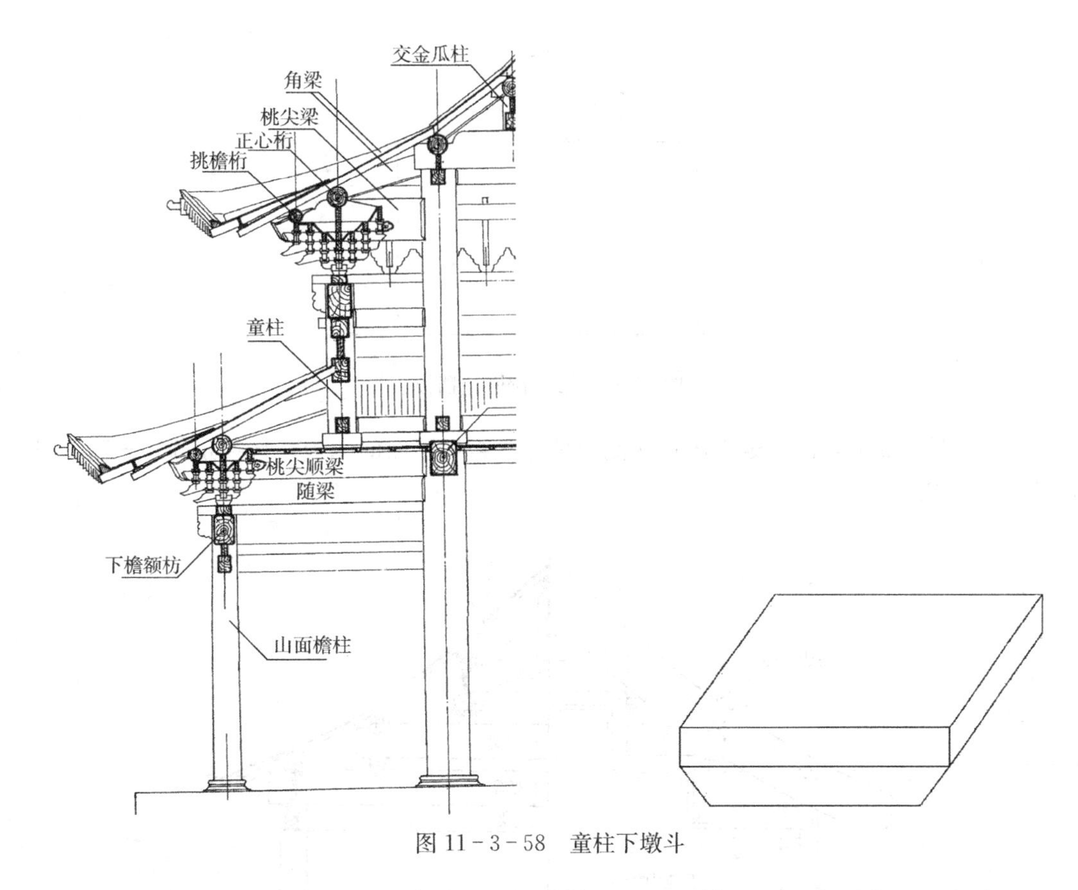

图 11-3-58 童柱下墩斗

(12) 无雕立闸山花板：歇山建筑屋顶两端前、后两坡博缝间三角形内，竖向放置的木板表面无雕饰。选择定额 5-814。

(13) 有雕立闸山花板：同上，但木板表面带有雕刻，如："椀花结带"等。定额 5-816，见图 11-3-59，在山花位置雕刻椀花结带。

(14) 镶嵌象眼山花板：悬山建筑山墙上瓜柱、梁上皮与椽子三者所围的三角形封堵的板子。选择定额 5-744，见图 11-3-60。

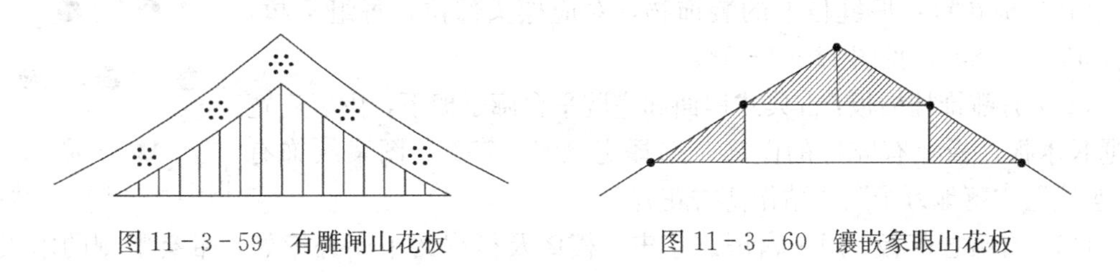

图 11-3-59 有雕闸山花板　　图 11-3-60 镶嵌象眼山花板

(15) 博脊板：清式建筑，重檐的上额枋和承椽枋之间的板子（不是博脊后边的板子），选择定额 5-746 。

(16) 棋枋板：楼房建筑中，棋枋之上的"垫板"称棋枋板，或称为棋枋之上的板子，选择定额 5-746，见图 11-3-22。

(17) 镶嵌柁挡板：上、下梁之间与瓜柱里侧所围的矩形空间所封挡板，选择定额 5-746，见图 11-3-61。

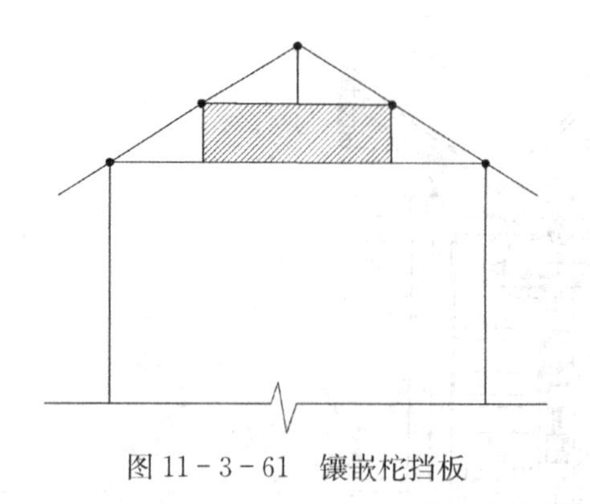

图 11-3-61 镶嵌柁挡板

（18）博缝板：悬山、歇山屋顶两侧保护檩头封护屋面的木板，选择定额 5-766，见图 11-3-62。

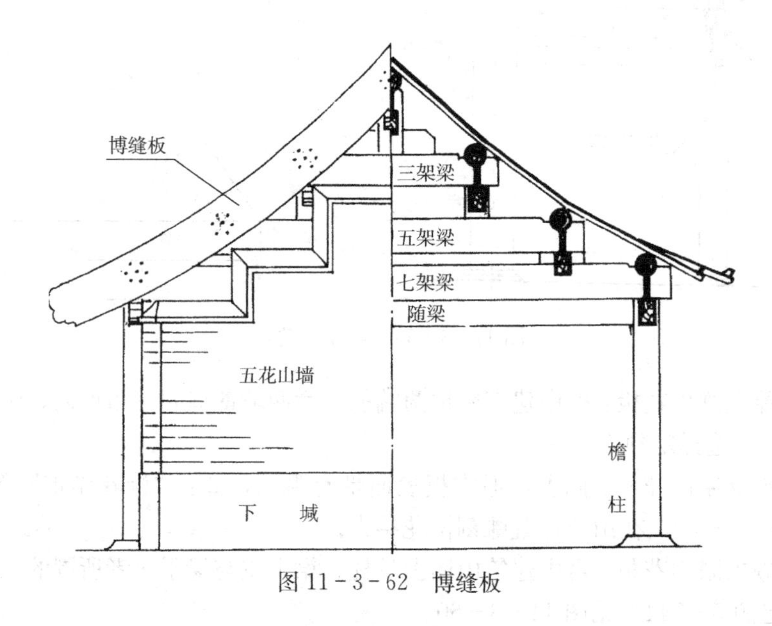

图 11-3-62 博缝板

（19）梅花钉：博缝板上的装饰物，对应檩头部位，每组 7 枚，选择定额 5-806，见图 11-3-63。

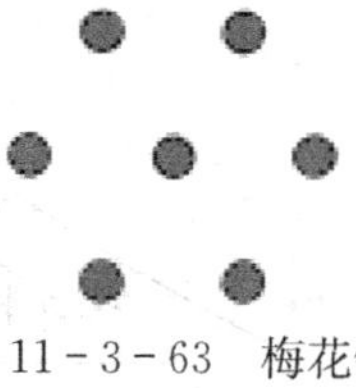

（20）有雕饰挂檐板：古典式铺面和宅院平台廊子檐下，围以扁宽的通长木板，板上有雕饰的图案，选择定额 5-752 。图案纹饰有“云盘线”、“落地万子”、“贴作博古花卉”。

图 11-3-63 梅花钉

（21）有雕挂落板：用于宫殿、宇宙、楼阁及楼房的平座外檐处，带有雕刻的木板 。这里也称挂落板，选择定额 5-752。

（22）滴珠板：将雕有云盘线的挂落板下边沿云盘线的轮廓挖锯成云头状的挂落板，选择定额 5-759，见图 11-3-64 。

（23）挂檐板铁件：用型钢加工成的连接铁件，多不露明将挂檐板与其他木件连在一起，选择定额 5-761。

（24）踏脚木：歇山建筑中固定在两山椽子之上，承托草架柱子的木件，选择定额 5-828，见图 11-3-65。

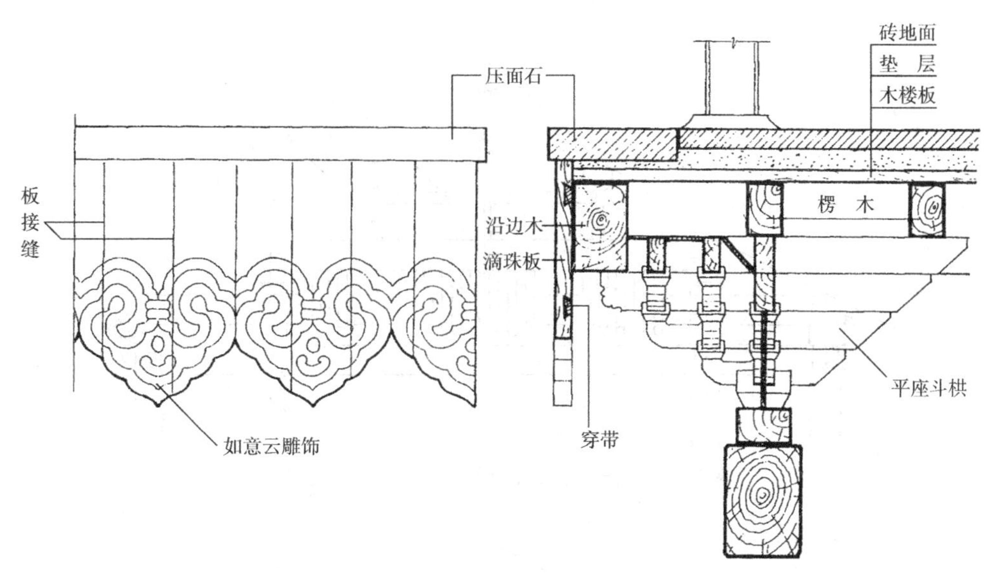

图 11-3-64 滴珠板等件的构造和制作

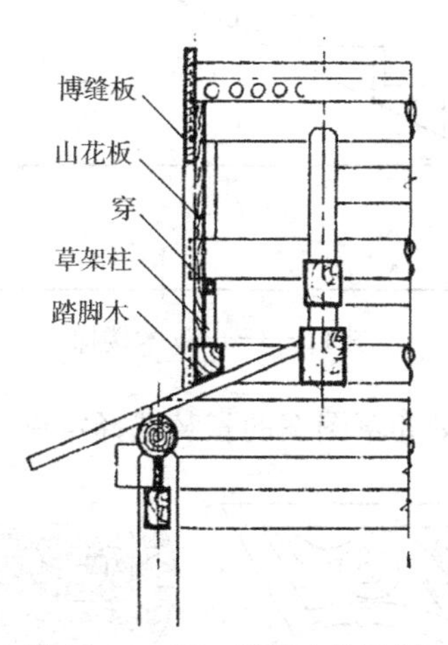

图 11-3-65 踏脚木构造图

(25) 草架及穿梁（草架柱子及穿）：歇山山花内站立于踏脚木之上，支托挑出檩头的矮柱子，每根柃下设有一根草架柱。

穿梁：草架柱子之间的水平拉接梁，选择定额 5-813，见图 11-3-66。

(26) 楞木：沿面宽方向放置，与承重梁垂直相交的木件，用来承托楼板的龙骨，定额 5-854，见图 11-3-46。

(27) 木楼板：传统建筑使用的木质楼板，选择定额 5-860。安装后净面磨平，指木楼板铺装完成后，用刨子刨平，定额 5-862。

(28) 木楼梯：传统建筑的木质楼梯，由踏板、立板、楼梯斜梁、休息平台、梁、柱等组成，选择定额 5-864，见图 11-3-67。

注：α 角是楼梯与地面的夹角。

(29) 额枋下云龙大雀替：雕刻云朵与龙图案的雀替，选择定额 5-557。

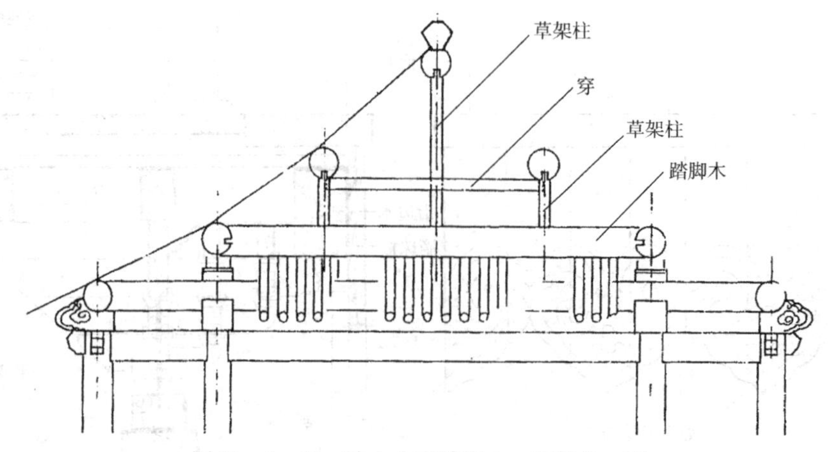

图 11-3-66　歇山山面踏脚木、草架柱、穿

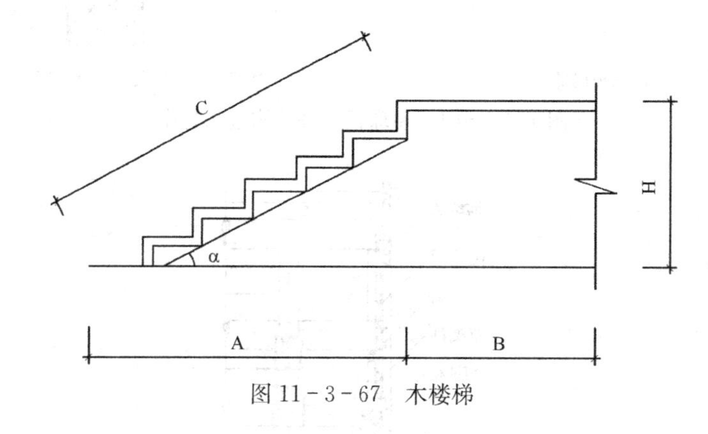

图 11-3-67　木楼梯

(30) 额枋下卷草雀替：雕刻卷草图案的雀替选择定额 5-563，见图 11-3-68。

图 11-3-68　额枋下雀替，云龙大雀替

(31) 卷草骑马雀替：两个单雀替连在一起制作，选择定额 5-575，见图 11-3-69 。

图 11-3-69　骑马雀替

(32) 菱角木：棂星门上的构件，选择定额 5-588，见图 11-3-70。

(33) 雀替下云墩：雀替栱子下边的云朵型饰件，选择定额 5-581，见图11-3-71。

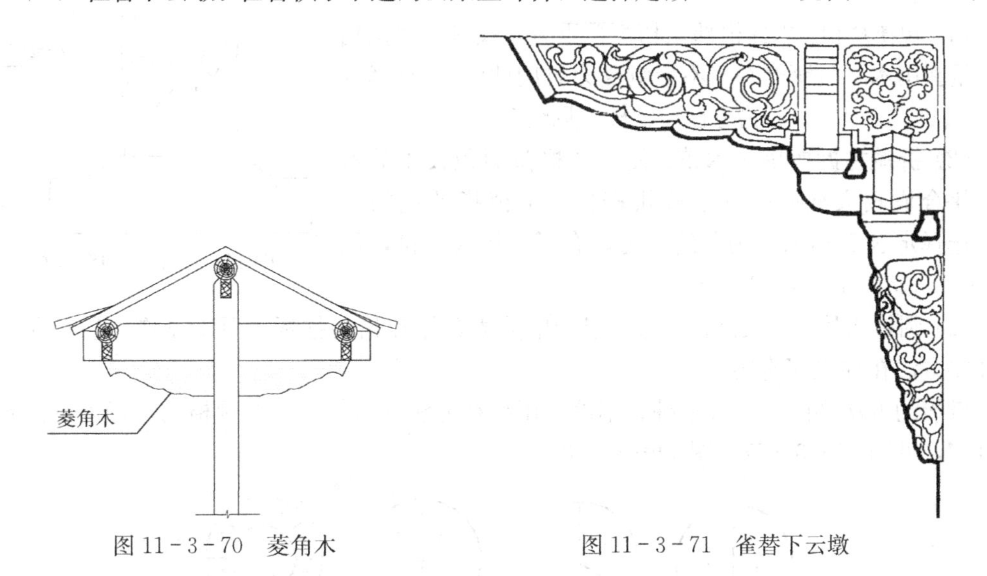

图 11-3-70 菱角木　　　　图 11-3-71 雀替下云墩

(34) 燕尾枋：悬山出稍部位的垫板伸出柁头的部分，选择定额 5-256。

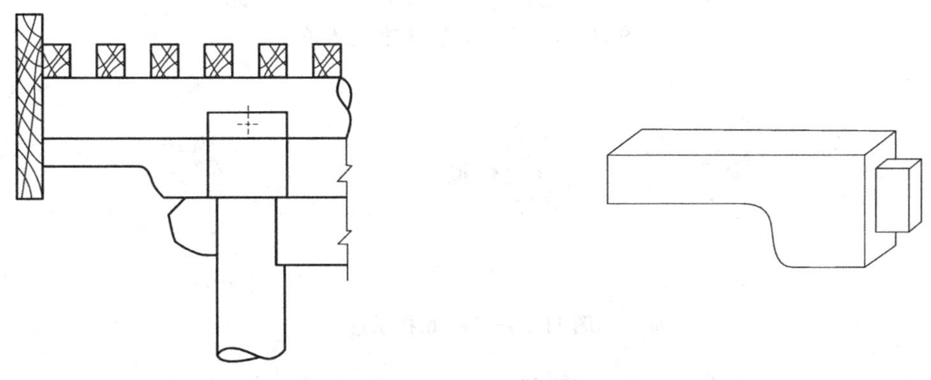

图 11-3-72 燕尾枋

(35) 替木：当檩下无檩柱时，在檩底设的短方木，安装时将替木卧于梁头，反钉在檩上（设梢钉）起拉接作用，多见于小式排山梁架与山墙中柱的拉接，选择定额 5-586。见图 11-3-73（替木长＝3D　高＝厚＝（1/3）D）

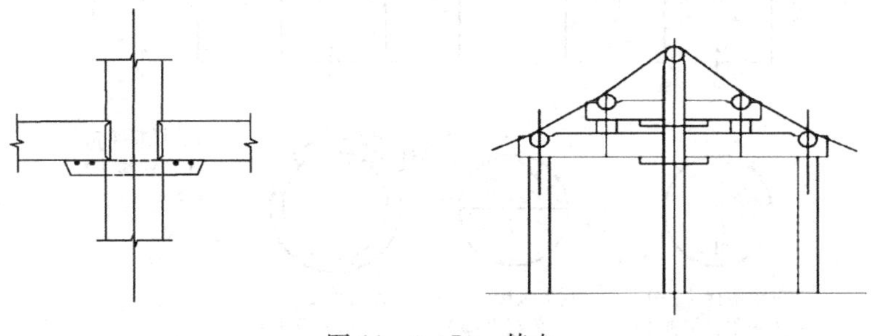

图 11-3-73 替木

7. 大木维修名称

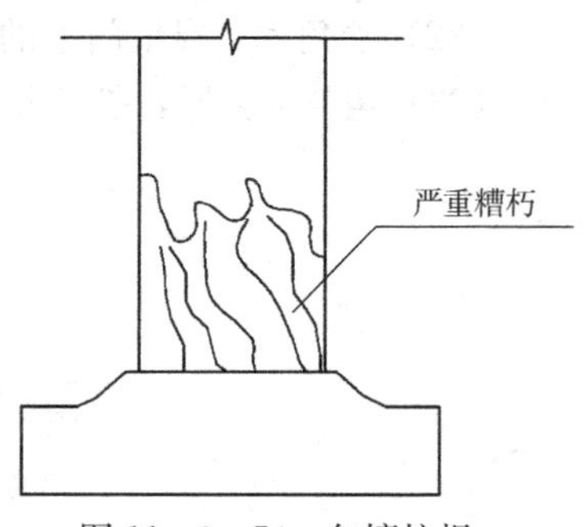

图 11-3-74 包镶柱根

(1) 包镶柱根：木柱根部糟朽不严重时，仅剔除表面糟朽，重新用木材包镶贴补（不影响受力时用此法）。选择定额 5-145、5-150，分为方柱与圆柱，见图 11-3-74。

(2) 拼攒柱拆换拼包木植：使用几根截面积较小的木料，拼合成较大截面的柱子称拼攒柱，木植指外包的木料，选择定额 5-151。为节约木材，有时二拼或三拼，见图 11-3-75、图 11-3-76。

(3) 圆柱墩接：柱根糟朽严重，已影响受力，锯掉糟朽柱根，重新制作一段柱子，采用榫接方法在柱根部连接。

墩接的方法榫的形式有多种，不论采用哪种方法均执行同一个规格的定额，选择定额 5-115，见图 11-3-77、图 11-3-78。

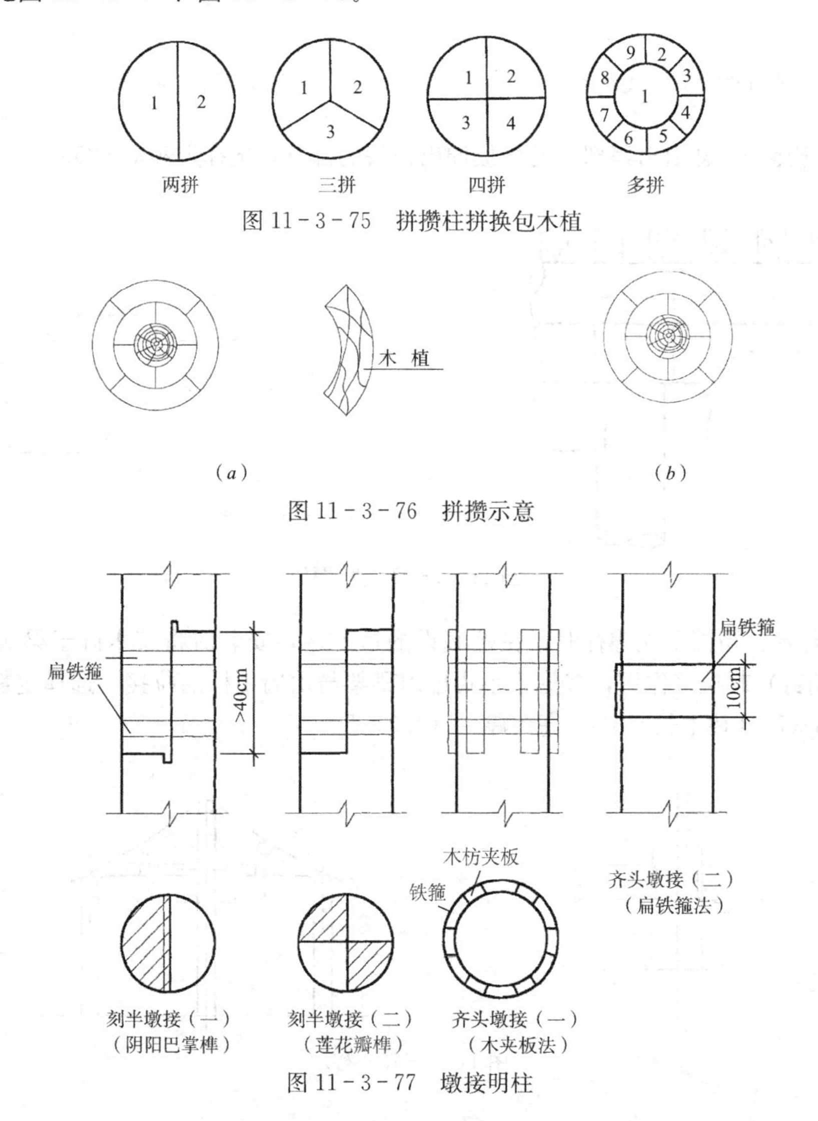

图 11-3-75 拼攒柱拼换包木植

(a) (b)

图 11-3-76 拼攒示意

图 11-3-77 墩接明柱

(4) 抽换柱子：柱子损坏严重，已影响到结构安全，将损坏的柱子抽退出来，重新做一根新柱子，替换原来旧柱进行安装。选择定额 5－104。

(5) 构件剔补：木件表面糟朽、损坏，剔除糟朽损坏部分，重新用木料修补。被剔补的木构件不分截面形状。选择定额 5－1444。

单块面积是 0.1m^2 以内指 $S \leqslant 0.1m^2$ 的面积，形状不规则时，以最小外接矩形为准。

(6) 圆形构部件剔槽安铁箍：指圆形构件类安铁箍，安装前在木件上剔槽使铁箍外皮与柱身平或略凹，以便做地仗灰。选择定额 5－1453。

(7) 圆（方）形构部件明安铁箍：构件上直接加扁铁打箍，柱子可以不用做地仗或封砌在墙里的做法。选择定额 5－1456、5－1462。

(8) 剔槽安拉扁铁：先剔槽后安拉接扁铁的方法，构件多做地仗。选择定额 5－1463。

(9) 明安拉接扁铁：直接钉拉接扁铁，构件可能位于顶棚内或不露明处。选择定额5－1466。

(10) 钉铁扒锯：榫卯开口较小，用钢筋加工成扒锯，直接钉在榫卯的接合部位，加强榫卯的结合。扒锯子用 6～8mm 钢筋加工，端头打磨尖。选择定额 5－1469，见图 11－3－79。

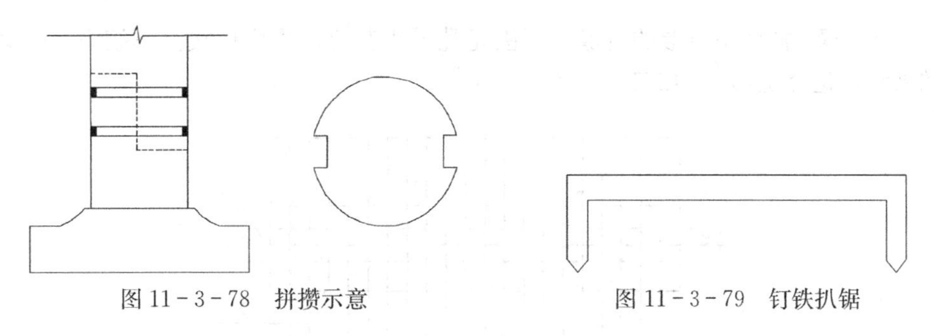

图 11－3－78　拼攒示意　　图 11－3－79　钉铁扒锯

8. 屋面木基层构件

(1) 圆直椽制安：截面呈圆形的直椽，钉于檩上，承托屋面荷载的杆件，选择定额 5－1254，见图 11－3－80。

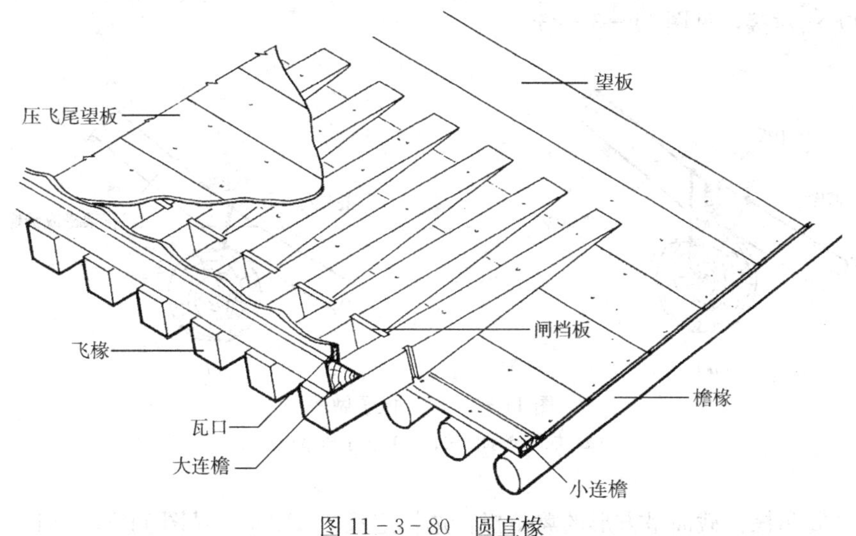

图 11－3－80　圆直椽

(2) 圆翼角椽：位于翼角部分的圆椽，椽尾成楔形，放射状排列，多用单数。每根椽长按正身檐椽长计算，选择定额 5－1268，见图 11－3－81。

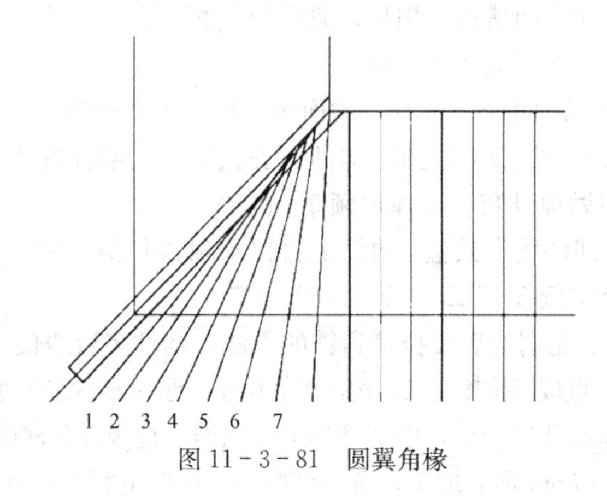

图 11－3－81 圆翼角椽

(3) 方直椽：截面呈方形的直椽。不刨光乱插头花钉，采用搭接法不绞掌，交叉搭于檩上的做法，选择定额 5－1281，见图 11－3－82。

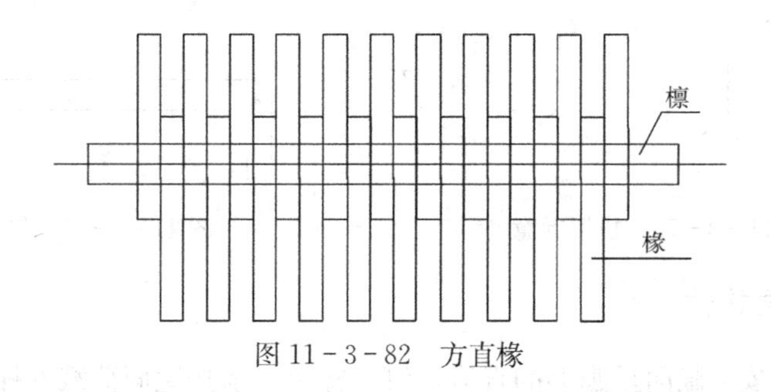

图 11－3－82 方直椽

(4) 方直椽刨光顺接铺钉：椽子四面刨光，头对尾的对接铺钉，选择定额 5－1287 。用绞掌的方法对接，见图 11－3－83。

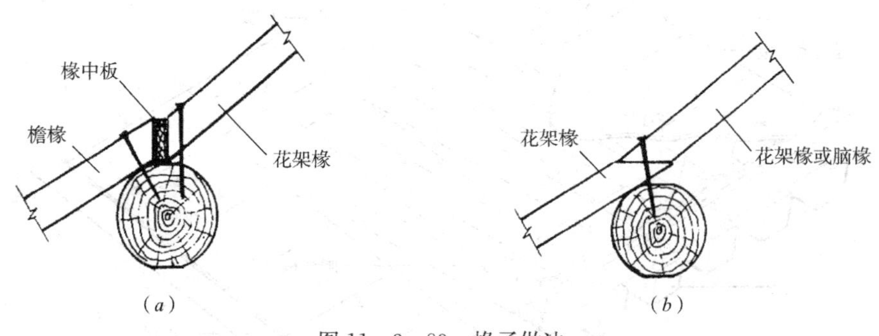

图 11－3－83 椽子做法

(a) 椽子交掌做法；(b) 椽子压掌做法

(5) 方翼角椽：截面呈方形的翼角椽，选择定额 5－1293，见图 11－3－84。

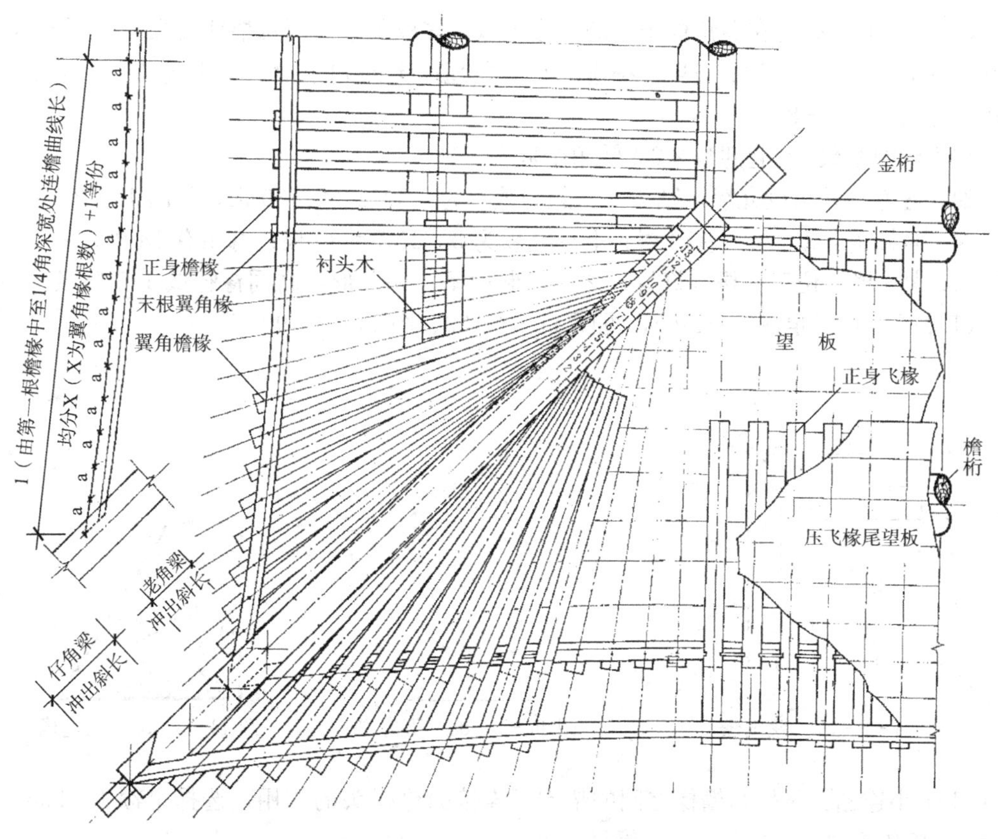

图 11-3-84 翼角、翘飞椽安装平面示意

(6) 罗锅椽：双脊檩上用的椽子，栱形如罗锅状，5-1298，图 11-3-85。

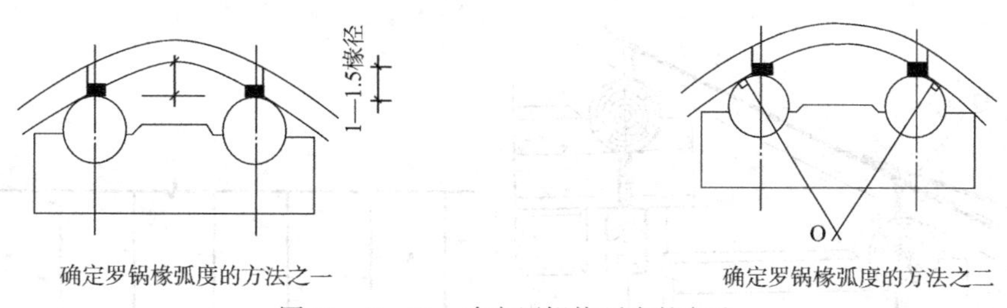

图 11-3-85 确定罗锅椽弧度的方法

(7) 飞椽：叠附在檐椽上向外挑出，后尾成楔形状的椽子。飞椽略向上翘起（35 举），使出挑深远的屋檐“成反宇之势”更有利于采光，举架缓冲可将屋面排水抛出更远。古人云：“上反宇盖载，激曰景（影）而纳光，上尊而宇卑（碑），吐水疾而溜远”。这里的椽径指椽子的“高”。飞椽的楔形尾长多为一头二尾半或一头三尾，选择定额 5-1306，见图 11-3-86。

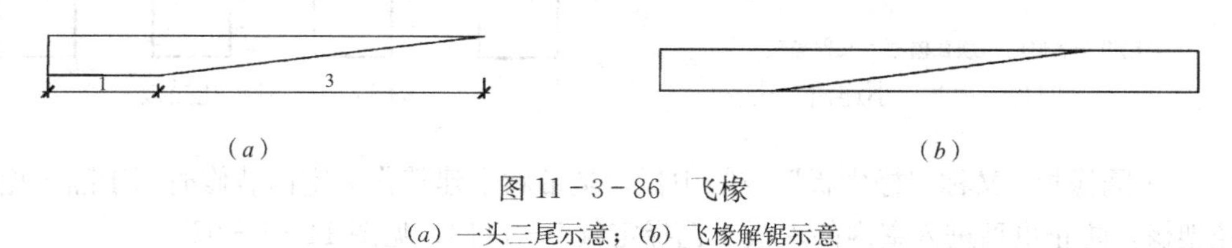

图 11-3-86 飞椽

(*a*) 一头三尾示意；(*b*) 飞椽解锯示意

(8) 翘飞椽：叠附在翼角椽子上的异形飞椽，多取单数。因每根翘飞椽用工、料不同，定额又分为头、二、三翘；四～六翘；七～九翘；十四翘十七；十七翘以上。定额 5-1320，见图 11-3-87。

翘飞椽的根数 = 起翘数×2×转角个数。

如：五方亭转角设九翘，则头～三翘的数量为：3×2×5=30 根；见图 11-3-88。

四～六翘为：3×2×5=30 根；七～九翘为 3×2×5=30 根；每角有 18 根。

(9) 大连檐：位于飞椽（檐椽）之上，断面呈“梯”形，高同椽径或 1/3 檩径，一椽径=(1/3)D。选择定额 5—1402，见图 11-3-89、图 11-3-90。

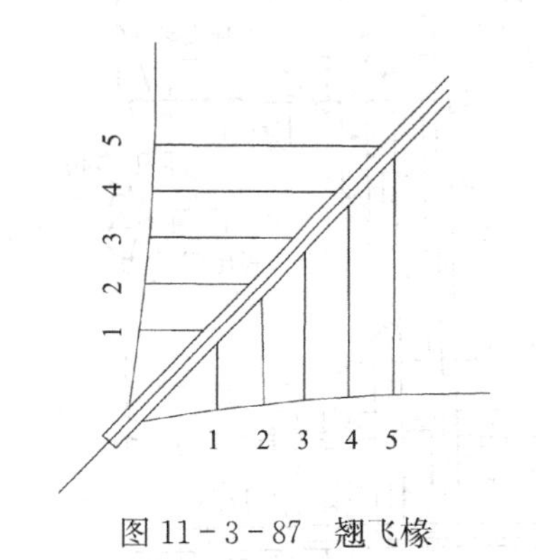

图 11-3-87 翘飞椽

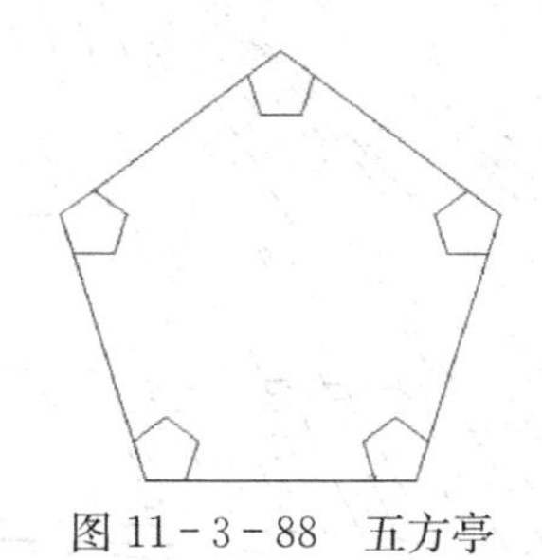
图 11-3-88 五方亭

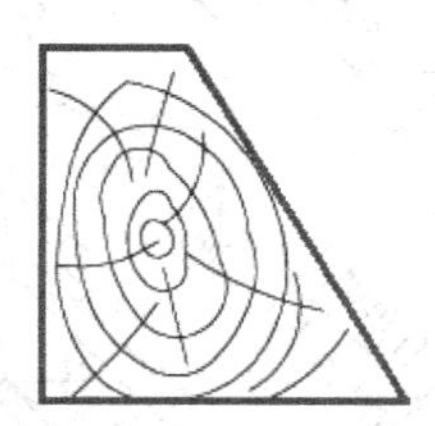
图 11-3-89 大连檐

(10) 小连檐：飞椽与檐椽之间的垫木，连接檐椽椽头的作用，选择定额 6-955。厚度=1.5 倍望板厚，望板厚=1/5 椽径。见图 11-3-90。

(11) 闸挡板（椽径）：封护飞椽椽档，固定飞椽位置的木件，选择定额 5-1417，见图 11-3-91。

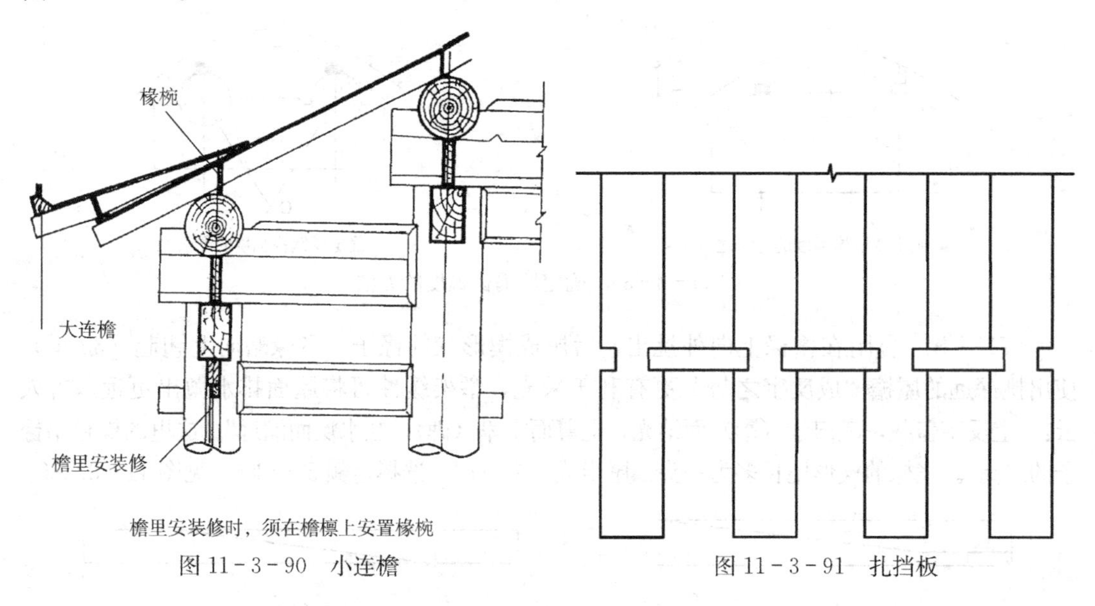

图 11-3-90 小连檐

图 11-3-91 扎挡板

(12) 隔椽板：又称“椽中板”或闯中板，是带廊子建筑作为室内装修时用于隔开檐椽及花架椽，防止虫鸟进入室内的木板。选择定额 5-1419，见图 11-3-92。

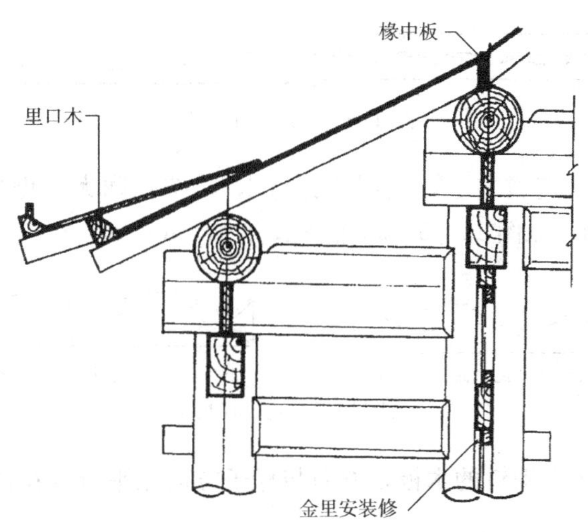

图 11－3－92 金里安装修时，在檐椽与花架椽之间安椽中板

(13) 圆椽椽椀：檩上承椽之木，中间挖孔，以固定圆椽子，有方、圆之分。选择定额 5－1421、5－1427，见图 11－3－93。

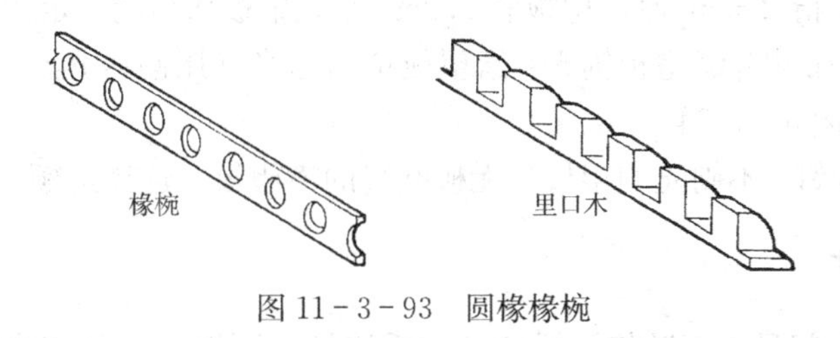

图 11－3－93 圆椽椽椀

(14) 里口木：早期建筑中常将小连檐与闸挡板连做为一体。定额 5－1408，见图 11－3－93。

(15) 机枋条：卷棚（双脊檩）顶的脊檩上，罗锅椽子所垫木条，游廊及过龙脊双檩时有此构件。选择定额 5－1430，见图 11－3－94。

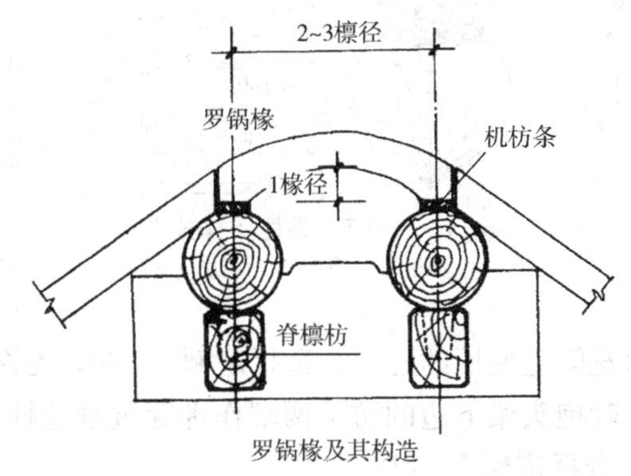

图 11－3－94 机枋条位置图

(16) 枕头木：钉在檐檩的金盘上，将翼角椽衬垫起来的垫木，厚按 1 椽经，选择定额 5－1437，见图 11－3－95 右图。注意：一个无斗栱四角亭有 8 块；一个八角亭有 16 块。

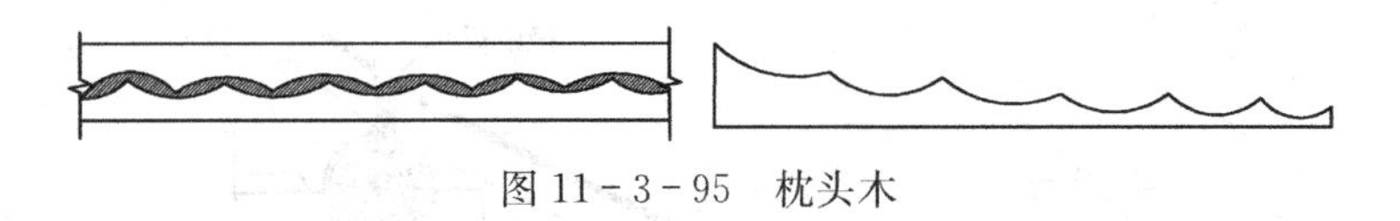
图 11-3-95　枕头木

(17) 瓦口：位于大连檐之上，也叫“瓦口木”。按瓦陇大小做成“椀子”承托滴水瓦。选择定额 5-1434，见图 11-3-95 左图、图 11-3-96。

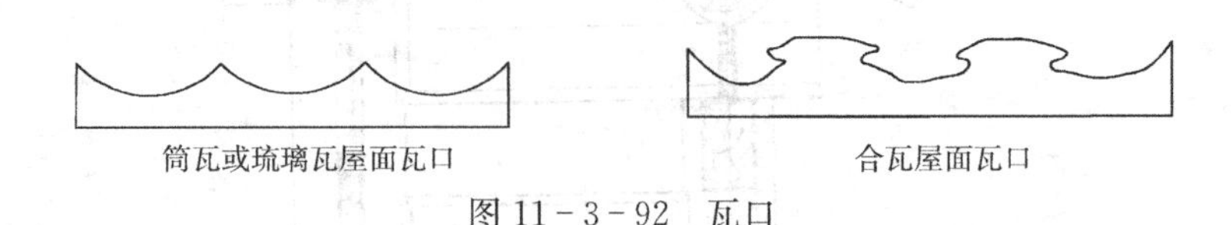

图 11-3-92　瓦口

(18) 顺望板：椽子上铺钉的木板，方向与椽子方向相平行（在椽背上接缝），选择定额 5-1388。

(19) 带柳叶缝望板：横望板常见，与椽子垂直铺钉，接缝处做成坡口，坡口相互叠压。定额 5-1391，见图 11-3-80。

注释：望板厚 2.1（1.8）cm 指 2.1cm 厚毛望板和 1.8cm 厚光望板。

2.5（2.2）cm 指 2.5cm 厚毛望板和 2.2cm 厚光望板均为同一定额子目。

(20) 顺望板，带柳叶缝望板刨光：指望板单面刨光（压刨压光）。一般露明处的望板需要刨光，选择定额 5-1394。

(21) 毛望板铺钉：不刨光的望板，无柳叶缝的横望板。选择定额 5-1396。

9. 垂花门构件

(1) 垂柱：垂花门悬于麻叶抱头梁两端的垂连柱，下端有各种雕饰的垂头。选择定额 5-57，见图 11-3-97。

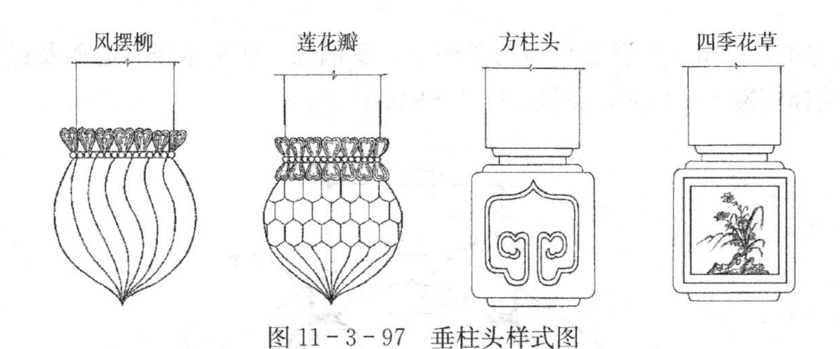

图 11-3-97　垂柱头样式图

(2) 垂柱头样式

(3) 中柱：独立式垂花门上使用的柱子。选择定额 5-60，见图 11-3-99。

(4) 麻叶穿插枋：麻叶抱头梁下边的枋子两端作榫穿过垂莲柱，起悬挑垂柱作用，出头小。榫头呈麻叶头状。选择定额 5-212。

(5) 独立柱式垂花门 ：只有二根柱子的垂花门。见图 1-3-99 左图。

(6) 一殿一卷式垂花门：有二个屋面，六根柱子的垂花门。见图 11-3-99 右图。

(7) 廊罩式垂花门：只有一个屋面，有四根柱子的垂花门。见图 11-3-100。

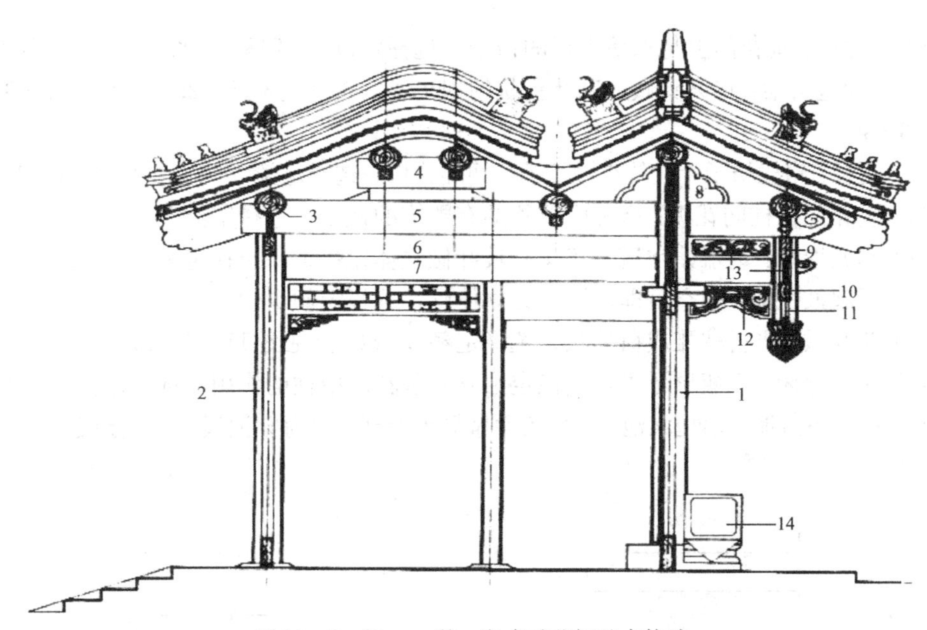

图 11-3-98 一殿一卷式垂花门基本构造

1—前檐柱；2—后檐柱；3—檩；4—月梁；5—麻叶抱头梁；6—垫板；7—麻叶穿插枋；8—角背；9—檐枋；10—帘栊枋；11—垂帘柱；12—骑马雀替；13—花板；14—门枕

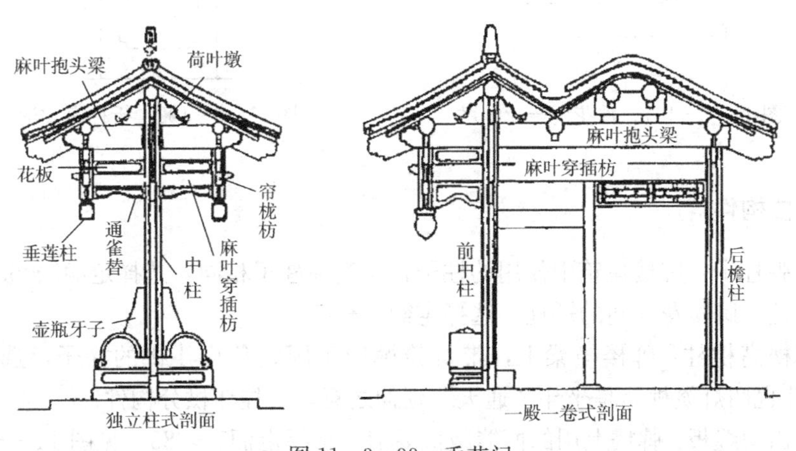

图 11-3-99 垂花门

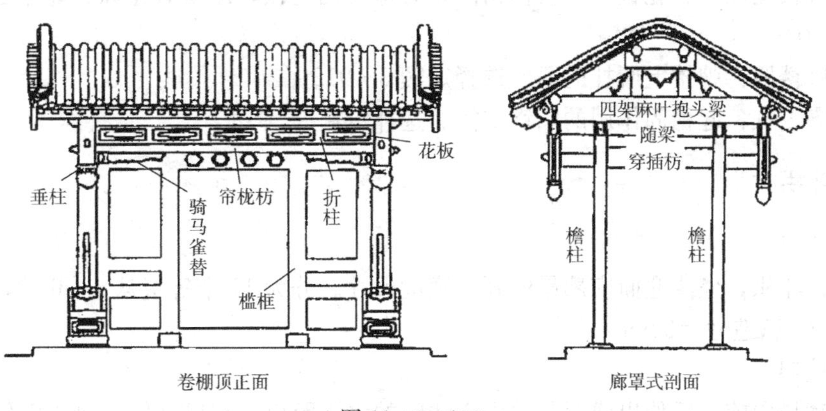

图 11-3-100

(8) 帘栊枋：垂花门上与檐枋平行的枋子。选择定额 5－218，见图 11－3－100 左图。

(9) 麻叶抱头梁：将梁头做成麻叶头状的抱头梁。选择定额 5－293，见图 11－3－99、图 11－3－100。

(10) 折柱：帘栊枋子上立的小矮柱子，间隔花板。选择定额 5－871，见图 11－3－100。

(11) 垂花门折柱间花板：折柱间放置的有雕饰的板子。选择定额 5－898。

(12) 起鼓镂雕：透雕镂空后，将花卉枝叶做立体化雕饰。选择定额 5－898。

(13) 不起鼓镂雕：镂空后即成活，无立体感。选择定额 5－899。

(14) 荷叶墩：将折柱雕成荷叶状。选择定额 5－867。见图 11－3－101。

(15) 壶瓶抱牙：壶瓶形牙子，起稳定独立式垂花门中柱的作用。选择定额 5－909。

(16) 折柱不落池与落地棠池：折柱表面做简单雕刻，落海棠池线条。选择定额 5－871、5－872。

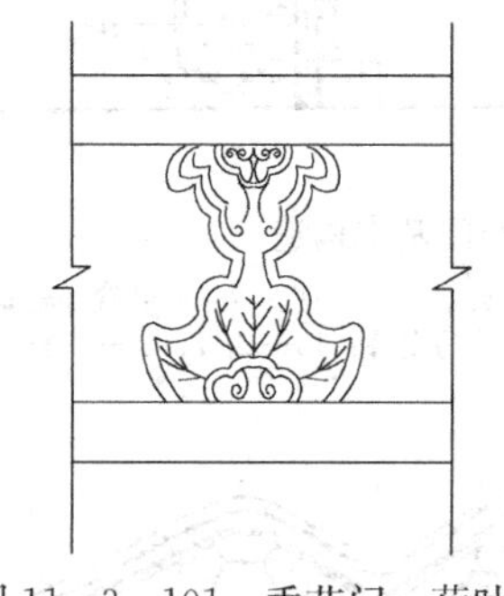

图 11－3－101 垂花门一荷叶墩

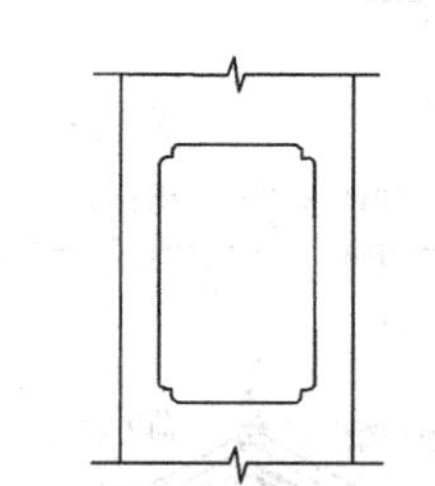

图 11－3－102 折柱海棠池

10. 牌楼构件

(1) 楼牌柱子：牌楼建筑中使用的柱子，与其他柱子相同，选择定额5－63。

(2) 折柱：牌楼花板间的矮柱。选择定额 5－873。

(3) 牌楼高栱柱：牌楼横梁上，带灯笼榫用于固定角科斗栱的柱子，选择定额 5－878。通天斗也叫灯笼榫，是坐斗“通天”延伸之意，上挂斗栱分构件。

(4) 坠山博缝板：牌楼上用的博缝版似菱形。选择定额5－783，见图 11－3－103。

(5) 牌楼龙凤板、花板：牌楼横枋间带有雕刻的花板，图案有龙凤、花草之分。选择定额 5－900。

(6) 牌楼匾：牌楼上所挂的匾。选择定额 5－912。

(7) 霸王杠：起稳固作用的圆钢支撑。选择定额 5－918。

11. 斗栱类

(1) 斗口

平身科斗栱，坐斗迎面安翘昂的开口宽度尺寸。分为 11 个等级从 1～6 寸，每半寸为一个等级（1 营造寸＝32mm)。

(2) 拽架

斗栱翘昂向前、后伸出或踩与踩中心线间的水平距离，有里（外）拽架之分。

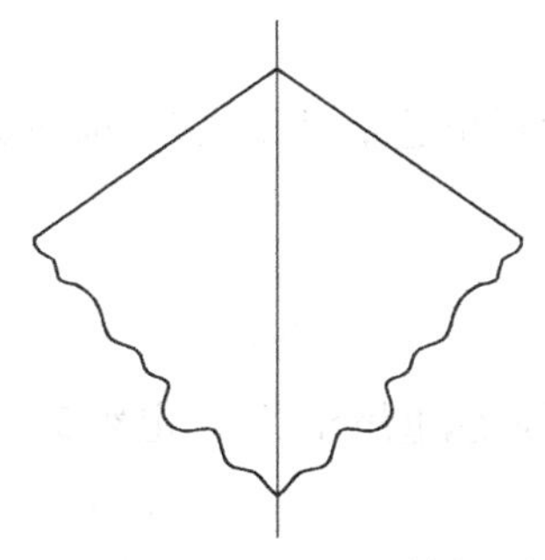
图 11-3-103 坠山博缝板

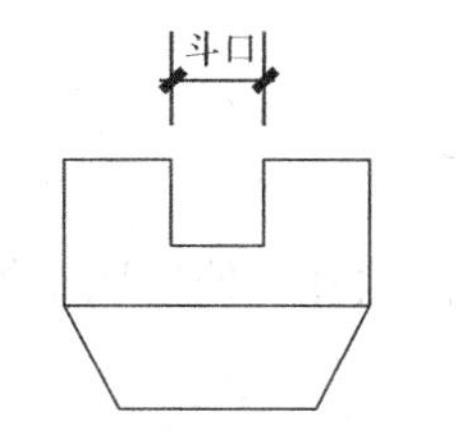

图 11-3-104 斗口示意图

(3) 斗栱出踩

以正心栱为中心线向里外支出一拽架，就是三踩斗栱。

所谓踩就是一个拽架，一个拽架等于 3 斗口。里外各增加各一拽架，即增加二踩就是五踩斗栱，以此类推。若里拽架少于外拽架时，则以外拽架乘以 2，再加正心一踩定踩数。如里拽架有 2 个，外拽架有 3 个，则为 3×2+1=7，即为七踩斗栱。选择定额 5-1038、5-1041、5-1047。见图 11-3-106。

(4) 柱头科斗栱

位于柱头上的斗栱(转角柱除外)。选择定额 5-1042，见图 11-3-23。

(5) 平身科斗栱

位于柱头科之间的斗栱。选择定额 5-1041，见图 11-3-23。

(6) 角科斗栱

位于转角处柱头上的斗栱。选择定额 5-1043，见图 11-3-23。

(7) 昂翘斗栱

用昂和翘做悬挑，横向施栱方，层层叠垛，以支撑出檐的荷载。有三踩、五踩、七踩、九踩。选择定额 5-1038、5-1041、5-1047、5-1050。见图 11-3-105、图 11-3-106、图 11-3-107、图 11-3-108。

(8) 三踩斗栱

从中向内(里)伸出一翘，向外伸出一昂，称“三踩单昂斗栱”。选择定额 5-1038，见图 11-3-105。

(9) 五踩斗栱

翘昂自大斗向内外各伸出两个拽架，称“五踩单翘单昂斗栱”。选择定额 5-1041，见图 11-3-106。

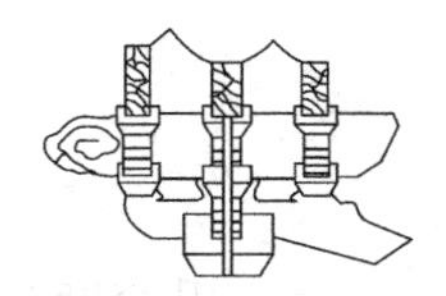
图 11-3-105 三踩单吊斗拱

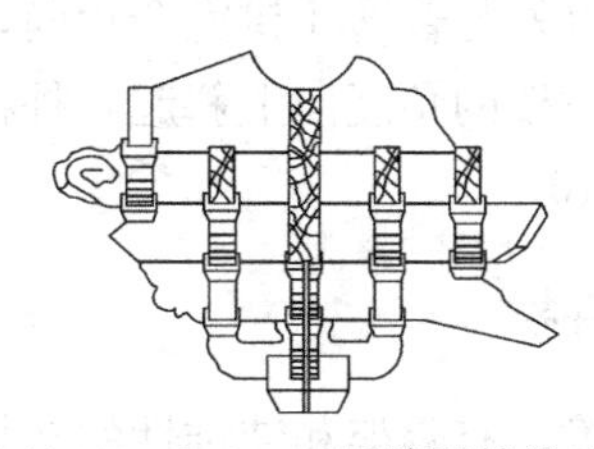
图 11-3-106 五踩单翘单昂斗拱

（10）七踩斗栱

昂翘自大斗向内、外各伸出三个拽架，称“七踩单翘重昂斗栱”。选择定额 5－1047，见图 11－3－107。

12. 九踩斗栱

昂翘自大斗向内外各伸出四个拽架，称“九踩重翘重昂斗栱”。定额 5－1050，图 11－3－108。

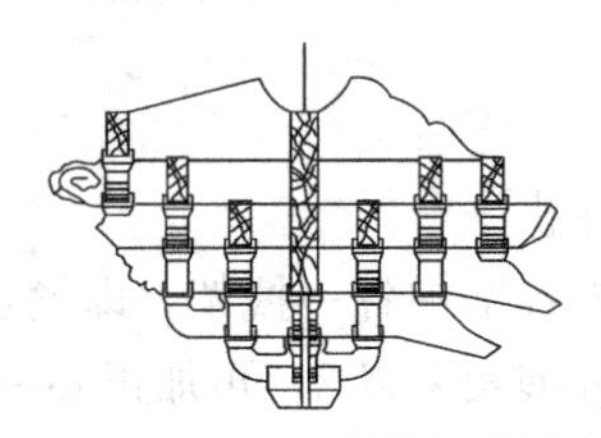

图 11－3－107　七踩单翘重昂斗拱

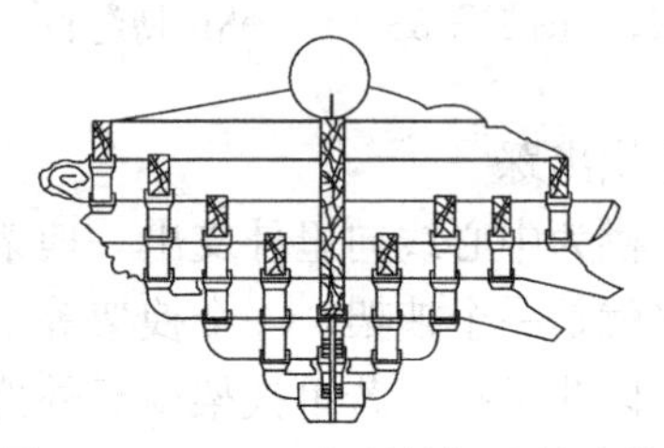

图 11－3－108　九踩单翘重昂斗拱

13. 平座斗栱：

用于城楼，楼阁的上层平座之下的斗栱。其外部为带有翘昂的斗栱，后尾多为枋子，直接延伸至金柱上。选择定额 5－1053。

14. 内里品字斗栱

斗栱内外拽架相同，在出挑的方向上只用翘不用昂，仰视如“品”字形，多用于大殿金柱之上，两侧承托天花方。选择定额 5－1067，见图 11－3－109。

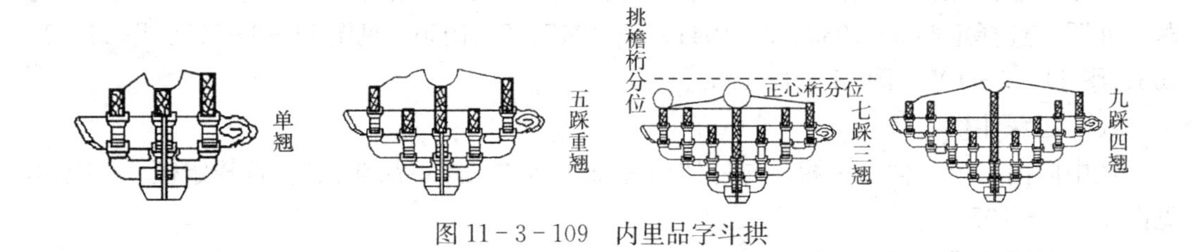

图 11－3－109　内里品字斗拱

15. 溜金斗栱

自中心线以外与普通斗栱完全相同，中线以里、自要头以上，连撑头木和桁椀都在后尾加长，顺着举架的角度向上斜起“秤杆”作用以承托上一架的桁檩。选择定额 5－1075，见图 11－3－110。

16. 麻叶斗栱

多用于外檐，有隔架和装饰性的斗栱。如：一斗三升、一斗二升交麻叶、单翘麻叶云栱等多种。选择定额 5－1100、11－3－1103，见图 11－3－111。

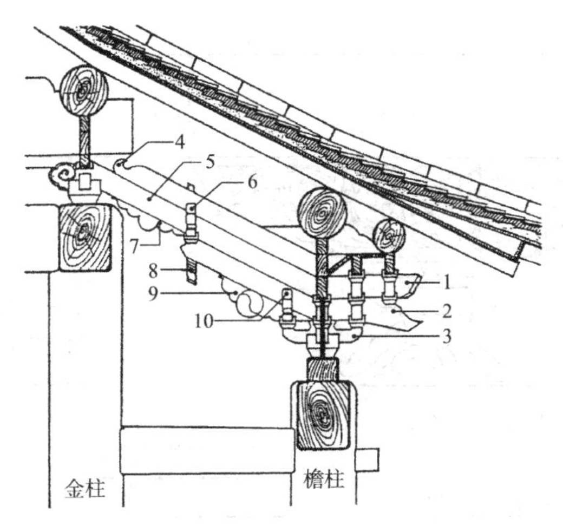

图 11-3-110 溜金斗栱构造图

1—蚂蚱头；2—昂；3—翘；4—撑头后带夔龙尾；5—蚂蚱头后起秤杆；6—三福云；7—菊花头；8—复莲梢；9—菊花头带太极图；10—三福云

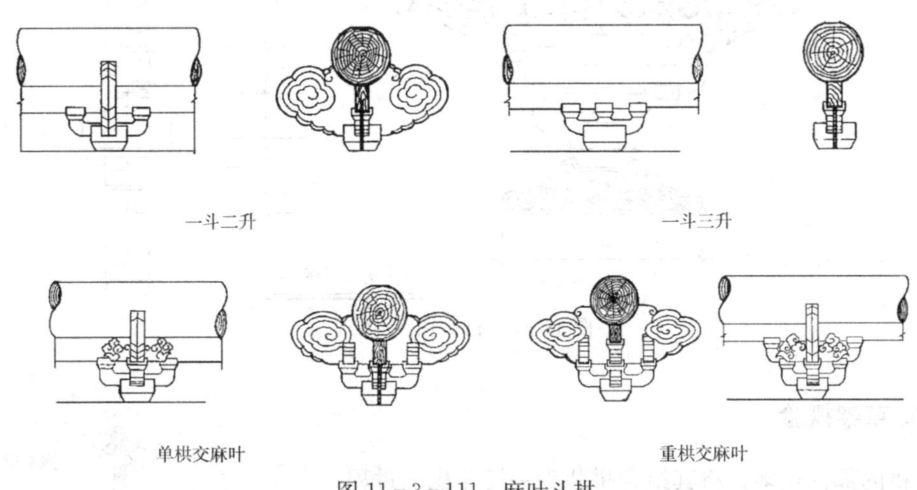

图 11-3-111 麻叶斗拱

17. 隔架斗栱

较大建筑中，大梁与随梁间（跨空枋）或天花梁与天花方之间安放一攒或多攒斗栱状的构件称为隔架斗栱。选择定额 5-1108、5-1107，见图 11-3-112。

18. 丁头栱

宋式木作名称，栱尾设榫入柱或至铺坐正心的半截华栱，丁头栱向前传跳，用以承托梁的首尾或枋木端头，以减少梁的净跨，分散梁端剪力。选择定额 5-1110，见图 11-3-113。

19. 垫栱板

每攒斗栱之间封挡的木板。分为有雕刻与无雕刻。选择定额 5-1111、5-1113。

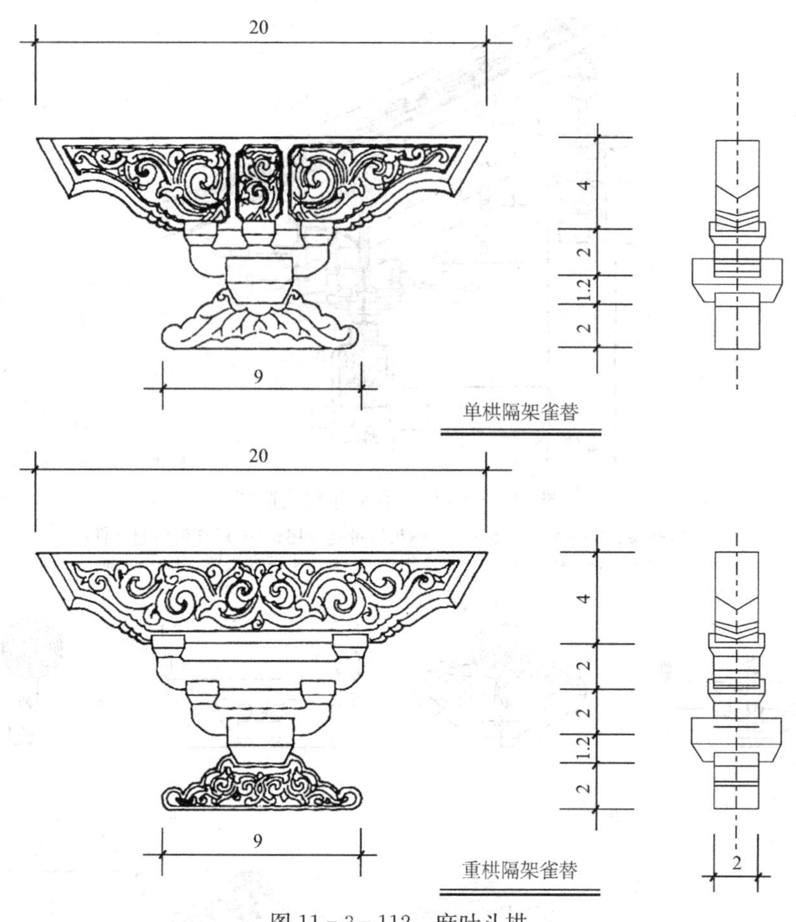

图 11－3－112　麻叶斗拱

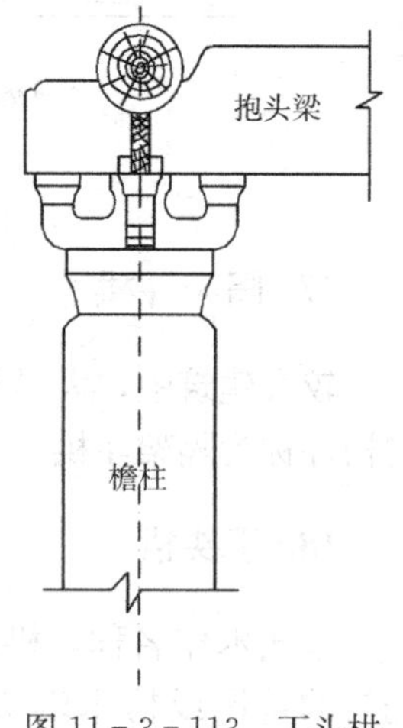

图 11－3－113　丁头栱

20. 草架摆验

斗栱的部件很多，将其组合拼装为一攒斗栱的过程。

21. 斗栱附件

整攒斗栱以外的垫栱板、斗栱上的枋子、盖斗板等称之斗栱附件。斗栱附件分为里拽和外拽，选择定额 5－1117。

22. 斗栱拨正归安

拆至檩子不拆斗栱，对走闪位移的斗栱进行找正归安稳固的方法。选择定额 5－936。

23. 三幅云栱

溜金斗栱后尾或其他斗栱中，横栱是翼形栱的一种。两端雕刻成三朵祥云如意图案，多不承重，起装饰作用。选择定额 5－1196。

11.4 工作内容与统一规定

本章包括柱类构件，枋类构件，梁架构件，雀替类构件，桁檩、角梁，板类构件，楼层构件，其他构件，斗栱，屋面木基层，木构件修补加固等，共11节1471个子目。

1. 工作内容

(1) 本章各子目工作内容均包括准备工具、场内运输及余料、废弃物的清运。

(2) 本章各类木构件制作均包括排制丈杆样板、弹线画线、锯裁成型、刨光、做榫卯、雕凿、弹安装线、编写安装号、试装等，其中圆形截面的构件制作还包括砍节子、剥刮树皮、砍圆；木构件吊装（安装）均包括垂直起重、翻身就位、修整榫卯、人位、校正、钉拉杆，挪移抱杆及完成吊装后拆拉杆等；木构件拆卸包括安全支护及监护、编号、起退销钉或拉接铁件、分解出位、垂直起重、运至场内指定地点分类存放及挪移抱杆等。

(3) 柱类构件中垂头柱制作包括垂头雕刻，牌楼边柱、高栱柱包括与其相连的角科斗栱通天斗制作。

(4) 抽换柱包括安全支护及监护、抽出损坏的旧柱、安装新柱，不包括所配换的新柱制作；抽换单檐建筑的金柱不包括抱头梁、穿插枋、檐枋、檐柱等相关构件的拆安。

(5) 柱墩接包括安全支护及监护、锯截糟朽柱脚、做墩接榫、预制接脚、安装接脚及铁箍。

(6) 包镶柱根包括剔除糟朽部分、钉拼包木植、修整、涂刷防腐油，不包括安铁箍。

(7) 拼攒柱拆换拼包木植包括安全支护及监护、起退铁箍及糟朽木植、配换新料、修整、剔槽安装铁箍、刷防腐油等。

(8) 垂头柱补换四季花草贴脸包括拆除损坏的贴脸，雕作并安装新贴脸。

(9) 枋类构件中麻叶榫头穿插枋制作包括雕刻麻叶头，搭角额（檩）枋制作包括雕凿霸王拳或三岔头，承椽枋制作包括剔凿椽窝。

(10) 梁类构件中普通梁头制作包括扫眉、描眉，桃尖梁头、麻叶梁头制作包括雕刻，采步金制作包括剔凿椽窝。

(11) 瓜柱类构件中带垂头的雷公柱、交金柱包括雕凿垂头。

(12) 童柱下墩斗制作包括铁箍制安。

(13) 雀替制安包括放样、锯裁成型、雕刻纹饰、安装；额枋下雀替制安还包括翘栱制做安装，不包括三幅云棋、麻叶云栱制安。

(14) 扶脊木制作包括剔凿椽窝及吻桩、脊桩卯眼。

(15) 角梁制作包括放大样，仔角梁安装包括砍梁背、钉角梁钉。

(16) 博缝板、挂檐板、挂落板、滴珠板等制安包括拼缝、穿带、刨光、裁锯成型、制作接头榫卯、雕刻纹饰或剔挂落砖的胆卡口、挂线调直找平钉牢及铁件的制作安装，其中博缝板还包括锯挖博缝头、剔挖檩窝；拆安包括拆卸、重新拼缝穿带、修整接头缝、重新安装。

(17) 博脊板、棋枋板、柁挡板、象眼山花板制作包括拼板或做企口缝、刨光、裁锯成型及制作边缝压条；安装包括修整边缝（含檩窝）、入位安装及钉边缝压条，拼装者还包括企口缝的修整。

（18）立闸山花板制安包括裁板、做企口缝、雕刻纹饰、挖檩窝、钉装并找平；拆安包括拆卸、修整、重新安装。

（19）木楼板制作安装包括裁制、做企口缝、铺钉；安装后净面磨平包括刮刨和磨平。

（20）木楼梯制安包括帮板、踢板、踩板及铁件的制作组装，整梯安装；拆修安包括拆卸、解体、更换损坏的踢板、踩板及铁件、重新组装、整梯安装；木楼梯补配踢板、踩板包括拆除损坏的踢板、踩板，制作安装新踢板、踩板；拆除包括拆卸、分解、运至场内指定地点存放。

（21）牌楼边柱、高栱柱制作均包括与之相连的通天斗制作。

（22）花板制安包括拼板、刨光、裁锯成型、雕刻纹饰、安装。

（23）牌楼匾制安包括拼心板、做边框、安装，不包括匾心刻字。

（24）构部件剔补包括将糟朽部位剔除，用同硬度木料补镶严实平整。

（25）安装加固铁件包括铁件制作、修整，剔槽安装者包括按铁件的宽厚在木构件上剔出卧槽，明安者包括清除施工部位木构件表面的麻灰。

（26）斗栱检修包括检查斗栱各部件、附件的损坏情况，统计需添配的部件、附件，进行简单修理及用圆钉、木螺钉加固。

（27）斗栱添配部件、附件包括清除已损坏部件、附件的残存部分，配制安装相应新部件、附件。

（28）昂嘴剔补包括剔除损坏的昂嘴头，铲刨平整，配制安装新昂嘴头。

（29）斗栱拨正归安包括桁檩拆除后，对歪闪移位的斗栱进行复位整修，不包括部件、附件的添配。

（30）斗栱拆修包括将整攒斗栱拆下、解体整理、添换缺损的部件及草架摆验，不包括附件添配。

（31）斗栱拆除包括斗栱部件及附件全部拆除，运至场内指定地点存放。

（32）斗栱制作包括坐斗、翘、昂、耍头、撑头、桁椀、栱、升斗、销等全部部件的制作，挖栱翘眼，雕麻叶云、三福云，草架摆验；不包括垫栱板、枋、盖斗扳等附件制作；其中隔架雀替斗栱制作还包括荷叶墩制作，牌楼角科斗栱不包括与高栱柱或边柱相连的通天斗。

（33）昂翘斗栱、平座斗栱、溜金斗栱正心及外拽附件制作包括正心枋、外拽枋、挑檐枋及外拽盖（斜）斗板等的制作。

（34）昂翘斗栱、平座斗栱里拽附件制作包括里拽枋、井口枋及里拽盖（斜）斗板的制作。

（35）内里品字斗栱正心附件制作包括正心枋制作。

（36）内里品字斗栱两拽附件制作包括拽枋、井口枋及两拽盖（斜）斗板的制作。

（37）牌楼斗栱正心及两拽附件包括正心枋、拽枋、挑檐枋及盖（斜）斗板。

（38）垫栱板制作包括拼板，裁锯成型，有金钱眼的垫栱板还包括雕刻金钱眼。

（39）斗栱安装包括斗栱全部部件及附件的安装。

（40）斗栱保护网拆除包括摘下运至场内指定地点存放。

(41) 斗栱保护网安装包括网的整理、缝连及钉装。

(42) 斗栱保护网拆安包括摘下、整理、缝补断丝、缝连、重新钉装。

(43) 各种椽制作均包括锯裁成型、刨光、做接头，安装包括排椽档铺钉及挂线盘截檐椽头、飞椽头，其中翘飞椽、翼角椽、罗锅椽制作还包括放样、排制丈杆、制作放线卡匣及画线样板。

(44) 椽类拆钉包括拆椽、整理、排椽档、重新铺钉；旧椽长改短重新铺钉包括锯截、排椽档、铺钉。

(45) 椽类拆除包括拆椽及拆闸挡板、椽椀、隔椽板、机枋条等附件。

(46) 大连檐制安、小连檐制安均包括锯裁成型、刨光、挂线钉装，翼角大连檐、小连檐制安还包括锯缝、浸泡、摽绑钉装。

(47) 大连檐拆安、拆除均包括瓦口的拆除。

(48) 里口木制安包括锯裁成型、刨光、排椽档、锯剔飞椽口、挂线钉装。

(49) 隔椽板、椽椀制安均包括锯裁成型、刨光，其中椽椀制安还包括排椽档、挖椀口。

(50) 闸挡板制安包括刨光、锯裁、修整安装。

(51) 瓦口制作包括套样板、刨光、锯裁。

(52) 望板制安包括裁望板、铺钉，其中顺望板制安包括按椽档分块裁制，带柳叶缝望板制安包括裁柳叶缝。

(53) 望板拆除、拆钉均包括拆小连檐。

2. 统一性规定及说明

(1) 定额中各类构、部件分档规格均以图示尺寸（即成品净尺寸）为准，柱径以与柱础或墩斗接触的底面直径为准，扶脊木按其下脊檩径分档。

(2) 墩接柱的接腿长度以明柱不超过柱高的 1/5，暗柱不超过柱高的 1/3 为准。

(3) 柱类构件抽换不分方柱圆柱，均执行该定额。

(4) 新配制的木构件除另有注明者外，均不包括安铁箍等加固铁件，实际工程需要时另按安装加固铁件定额执行。

(5) 直接使用原木经截配、剥刮树皮、稍加修整即弹线、作榫卯、梁头的柱、梁、瓜柱、檩等均执行“草袱”定额。

(6) 各种柱拆卸、制作、安装及抽换定额已综合考虑了角柱的情况，实际工程中遇有角柱拆卸、制作、安装、抽换，定额均不调整。

(7) 木构件拆卸、吊装定额已综合考虑了重檐或多层檐建筑的情况，实际工程中不论其出檐层数，定额均不作调整。

(8) 牌楼边柱上端不论有无通天斗均与牌楼明柱执行同一定额。

(9) 下端带有垂头的悬挑童柱，执行攒尖雷公柱、交金灯笼柱定额。

(10) 实际工程中遇有需拼攒制作柱时，其费用另计。

(11) 带斗底昂嘴随梁制作、吊装、拆卸均执行带桃尖头梁定额。

(12) 枋类构件吊装定额，大额枋、单额枋、桁檩枋类系指一端或两端榫头交在卯口中的枋及随梁，常见的有大额枋、单额枋、桁檩枋等；小额枋、跨空枋类系指两端榫头均需插入柱身卯眼的枋及随梁，常见的有小额枋、跨空枋、棋枋、博脊枋、天花枋、承椽枋等。

(13) 三架梁至九架梁、单步梁至三步梁的梁头需挖翘栱者，按带麻叶头梁定额执行。

(14) 除草袱瓜柱外，各种瓜柱以方形截面为准，若遇圆形截面者定额不调整。

(15) 太平梁上雷公柱若与吻桩连作者另行计算；实际工程中更换脊檩若遇太平梁上雷公柱与吻桩连作的情况，需在檩木端头凿透眼时执行带搭角头圆檩定额。

(16) 檩木一端或两端带搭角头（包括脊檩一端或两端凿透眼）均以单根檩木为准。

(17) 额枋下雀替的翘栱以单翘为准，不带翘者定额不调整，重翘者与本章第九节中的丁头栱制作定额合并执行；所需安装的三幅云栱、麻叶云栱另按本章第九节中三幅云栱添配、麻叶云栱添配定额执行。

(18) 桁檩垫板与燕尾枋连作者分别执行桁檩垫板和燕尾枋定额。

(19) 挂檐板和挂落板不论横拼、竖拼均执行同一定额；其外虽安装砖挂落，但无须做胆卡口者执行普通挂檐（落）板定额。

(20) 木楼板安装后净面磨平定额，只适用于其上无砖铺装、直接油饰的做法。

(21) 木楼梯以其帮板与地面夹角小于45°为准。帮板与地面夹角大于45°小于60°时按定额乘以1.4系数执行，帮板与地面夹角大于60°时按定额乘以2.7系数执行；木楼梯转折处休息平台柱、按本章梅花柱定额执行，休息平台梁按本章楞木定额执行，休息平台板按本章木楼板定额执行。在侧梁上钉三角木铺装踏步板、踢板的新式木楼梯，按北京市房屋修缮工程计价依据《土建工程预算定额》相应项目及相关规定执行。

(22) 牌楼匾刻字另按本定额第七章油饰彩绘工程中相应项目及相关规定执行。

(23) 斗栱检修适用于建筑物的构架基本完好，无须拆动的情况下，对斗栱所进行的检查、简单整修加固；斗栱拨正归安定额适用于木构架拆动至檩木，不拆斗栱的情况下，对斗栱进行复位整修及加固。

(24) 斗栱检修、斗栱拨正归安其所需添换的升斗、斗耳、单才栱、麻叶云栱、三幅云栱、宝瓶、盖（斜）斗板及枋等另执行斗栱部件、附件添配相应定额。

(25) 斗栱检修、斗栱拨正归安定额均以平身科、柱头科为准，牌楼斗栱角科检修及拨正归安按牌楼斗栱平身科检修、拨正归安相应定额乘以3.0系数执行，其他类斗栱角科按其相应平身科、柱头科定额乘以2.0系数执行。

(26) 斗栱拆修定额适用于将整攒斗栱拆下进行修理的情况，定额已综合了缺损部件添换的工料在内，实际工程中不论添换多少定额均不做调整，也不得再另执行部件添配定额；斗栱拆修若需添换正心枋、拽枋、挑檐枋、井口枋及盖斗板、斜斗板等附件，另执行相应附件添配定额。

(27) 昂嘴剔补定额以平身科昂嘴为准，柱头科昂嘴、角科斜昂嘴及由昂嘴剔补按相应定额乘以2.5系数执行。

(28) 正心枋、拽枋、挑檐枋、井口枋配换定额已综合考虑了各种枋截面不同、形制不同的工料差别，实际工程中不论配换哪种枋均执行同一定额。

(29) 昂翘、平座斗栱的里拽及内里品字斗栱两拽均以使用单才栱为准，若改用麻叶云栱、三幅云栱定额不作调整。

(30) 角科斗栱带枋的部件，以科中为界，外端的工料包括在角科斗栱之内，里端的枋另按附件计算。

(31) 斗栱里拽或内里品字斗栱正心若使用压斗枋，压斗枋执行本章槫木相应定额，不再执行斗栱里拽附件和内里品字斗栱正心附件定额。

(32) 斗栱拆除、拨正归安、拆修、制作、安装定额，除牌楼斗栱以5cm斗口为准外，其他斗栱均以8cm斗口为准，实际工程中斗口尺寸与定额规定不符时按表11-4-1规定的系数调整：

表11-4-1

斗口项目		4cm	5cm	6cm	7cm	8cm	9cm	10cm	11cm	12cm	13cm	14cm	15cm
昂翘斗栱、平座斗栱、内里品字斗栱、溜金斗栱、麻叶斗栱、隔架斗栱、丁头栱	人工调整系数	0.64	0.7	0.78	0.88	1	1.14	1.3	1.48	1.68	1.9	2.14	2.4
	机械调整系数	0.64	0.7	0.78	0.88	1	1.14	1.3	1.48	1.68	1.9	2.14	2.4
	材料调整系数	0.136	0.257	0.434	0.678	1	1.409	1.918	2.536	3.225	4.145	5.156	6.315
牌楼斗栱	人工调整系数	0.9	1	1.12	1.26	1.43							
	机械调整系数	0.9	1	1.12	1.26	1.43							
	材料调整系数	0.53	1	1.688	2.637	3.89							

(33) 望板、连檐制安及拆安定额均以正身为准，翼角部分望板、连檐制安及拆安按定额乘以1.3系数执行；同一坡屋面望板、连檐正身部分的面积（长度）小于翼角部分的面积（长度）时，正身部分与翼角翘飞部分的工程量合并计算，定额乘以1.2系数执行。

(34) 顺望板、柳叶缝望板制安项目所标注的厚度，括弧外为刨光前厚度，括弧内为刨光后的厚度。

11.5 工程量计算规则

1. 柱类构件按体积以m^3为单位计算，其截面积均以底端面为准（方柱按见方面积计算），柱高按图示由柱础或墩斗上皮算至梁、平板枋或檩下皮，插扦柱、牌楼柱下埋部分按实长计入柱高中；其中牌楼柱下埋无图示时下埋长按夹杆石露明高计算，上端连作通天斗者，柱高计至通天斗（边楼脊檩）上皮。

2. 柱墩接、包镶柱根按图示数量以根为单位计算。

3. 拼攒柱拆换拼包木植按更换部分表面面积以m^2为单位计算，更换两层或两层以上时分层累计计算。

4. 垂头柱补换四季花草贴脸按补换的数量以块为单位计算。

5. 枋、梁、承重、槫木、沿边木按体积以m^3为单位计算，其截面积除草栿梁外均按宽乘以全高计算，草栿梁截面积计算同圆柱截面积计算，长度按以下规定计算：

(1) 枋类端头为半榫或银锭榫的长度按轴线间距计算，端头为透榫或箍头榫的长度计至榫头外端，透榫露明长度无图示者按半柱径计；

(2) 梁类构件中两端均有梁头者按图示全长计算，端头插入柱身或趴于其他构件上的半榫或趴梁榫计算至柱中轴线，插入柱身的透榫计算方法同枋类透榫；

(3) 承重出挑部分长度计算至挂落板外皮；

(4) 踏脚木按外皮长两端计算至角梁中线；

(5) 楞木、沿边木长度按轴线间距计算，沿边木转角处按外皮长计算至斜向梁的中心线。

6. 假梁头、角云、捧梁云、通雀替、角背、柁墩、交金墩及童柱下墩斗均按全长乘以全高乘以宽（厚）的体积以 m^3 为单位计算。

7. 瓜柱、交金瓜柱太平梁上雷公柱按截面积乘以柱高的体积以 m^3 为单位计算，其中金瓜柱、交金瓜柱柱高按上下梁间图示净高计算，脊瓜柱、太平梁上雷公柱高按三架梁或太平梁与脊檩间图示净高计算。

8. 交金灯笼柱、攒尖雷公柱按圆形截面积乘以柱高的体积以 m^3 为单位计算，攒尖雷公柱长度无图示者按其本身径的 7 倍计算，截面为多边形的攒尖雷公柱按其外接圆计算截面积。

9. 额枋下雀替、替木、菱角木以块为单位计算。

10. 桁檩、扶脊木按圆形截面积乘以长度的体积以 m^3 为单位计算，其长度按每间梁架轴线间距计算，搭角出头部分按实计入，悬山出挑、歇山收山者，山面算至博缝板外皮，硬山建筑山面计算至排山梁架外皮；扶脊木截面积按其下脊檩截面积计算。

11. 角梁按截面积乘以长度的体积以 m^3 为单位计算，老角梁长度以檐步架水平长＋檐椽平出＋2 椽径＋后尾榫长为基数，仔角梁长度以檐步架水平长＋飞椽平出＋3 椽径＋后尾榫长为基数，正方角乘以 1.5、六方角乘以 1.26、八方角乘以 1.2 计算长度，其后尾榫长按 1 柱径或 1 檩径计算。

12. 压金仔角梁以根为单位计算。

13. 由戗按截面积乘以长度的体积以 m^3 为单位计算。

14. 桁檩垫板、由额垫板按截面积乘以长度的体积以 m^3 为单位计算，其长度按每间梁架轴线间距计算。

15. 博脊板、棋枋板、柁挡板按垂直投影面积以 m^2 为单位计算；象眼山花板按三角形垂直投影面积以 m^2 为单位计算，不扣除桁檩窝所占面积。

16. 挂檐板、挂落板按垂直投影面积以 m^2 为单位计算；滴珠板按突尖处竖直高乘以长度的面积以 m^2 为单位计算。

17. 博缝板按屋面坡长（上口长）乘以板宽的面积以 m^2 为单位计算；梅花钉以个为单位计算。

18. 立闸山花板按三角形面积以 m^2 为单位计算，其底边周长同踏脚木，竖向高由踏脚木上皮算至脊檩上皮另加 1.5 椽径计算。

19. 踏脚木按截面高乘以截面宽乘以中线长的体积以 m^3 为单位计算，踏脚木中线长度两端计算至角梁中线。

20. 木楼板按水平投影面积以 m^2 为单位计算，不扣除柱所占面积。

21. 木楼梯按水平投影面积以 m^2 为单位计算。木楼梯补换踏步板按累计长度以 m 为单位计算。

22. 折柱、高棋柱以根为单位计算；壶瓶抱牙及垂花门荷叶墩以块为单位计算。

23. 龙凤板、花板、牌楼匾按垂直投影面积以 m^2 为单位计算。

24. 牌楼霸王杆按质量以千克为单位计算，牌楼云冠以份为单位计算。

25. 斗栱检修、斗栱拨正归安、斗栱拆修、斗栱拆除、斗栱制作、斗栱安装均以攒为单位计算，丁头栱制作包括小斗在内以份为单位计算。

26. 斗栱附件制作以档为单位计算（每相邻的两攒斗栱科中至科中为一档）；垫栱板制作以块为单位计算。

27. 昂嘴雕如意云头及昂嘴剔补均以个为单位计算。

28. 斗栱部件添配以件为单位计算。

29. 挑檐枋、井口枋、正心枋、拽枋配换按长度以 m 为单位计算，不扣除梁所占长度，角科位置算至科中；盖（斜）斗板添配以块为单位计算。

30. 斗栱保护网的拆除、拆安及安装均按网展开面积以 m^2 为单位计算。

31. 直椽按檩中至檩中斜长以 m 为单位累计计算，檐椽出挑算至小连檐外边线，后尾装入承椽枋者算至枋中线，封护檐檐椽算至檐檩外皮线，翼角椽单根长度按其正身檐椽单根长度计算。

32. 大连檐按长度以 m 为单位计算，硬、悬山建筑两端算至博缝板外皮，带角梁的建筑按仔角梁端头中点连线长分段计算。

33. 瓦口按长度以 m 为单位计算，其中檐头瓦口长度同大连檐长，排山瓦口长度同博缝板长。

34. 小连檐、里口木、闸挡板按长度以 m 为单位计算，硬山建筑两端算至排山梁架外皮线，悬山建筑算至博缝板外皮，带角梁的建筑按老角梁端头中点连接分段计算，闸档板不扣椽所占长度。

35. 椽椀、隔椽板、机枋条按每间梁架轴线至轴线间距以 m 为单位计算，悬山出挑、歇山收山者山面算至博缝板外皮，硬山建筑山面算至排山梁架外皮线。

36. 枕头木以块为单位计算。

37. 望板按屋面不同几何形状的斜面积以 m^2 为单位计算，飞椽、翘飞椽椽尾重叠部分应计算在内，不扣除连檐、扶脊木、角梁所占面积，屋角冲出部分亦不增加；同一屋顶望板做法不同时应分别计量。各部位边界线及屋面坡长规定如下：

（1）檐头边线出檐者以图示木基层外边线为准，封护檐以檐檩外皮线为准；

（2）硬山建筑两山以排山梁架轴线为准，悬山建筑两山以博缝板外皮为准；

（3）歇山建筑栱山部分边线以博缝板外皮为准，撒头上边线以踏脚木外皮线为准；

（4）重檐建筑下层檐上边线以承椽枋中线为准；

（5）坡长按脊中或上述上边线至檐头大连檐外皮折线长计算；

（6）飞椽、翘飞椽椽尾重叠部分下边线以小连檐外边线为准，上边线以飞椽尾端连线为准。

38. 望板涂刷防腐剂，按望板面积扣除飞椽、翘飞椽椽尾叠压部分的面积，以 m^2 为单位计算。

39. 木构造（不包括望板）贴靠砖墙等部位涂刷防腐剂，按展开面积以 m^2 为单位计算。

11.6 难点提示

1. 定额中墩接柱子的接腿高度是按明柱子不超过柱高的 1/5，暗柱子不超过柱高的 1/3 考虑工料消耗的。实际工程中若墩接腿的高度超过上述规定时，应考虑用合理的系数调整或制作工料消耗分析表，申请做补充定额。

2. 望板计算面积时应包括飞椽尾叠压的部分，望板刨光面积应符合设计要求，一般露明处的望板均做刨光。

3. 椽子、飞椽确定根数时，如果设计无明确要求应按一椽一档考虑，翘飞椽无明确起翘根数时，计算的结果宜密不宜疏且取奇数。

4. 计算木楼梯时应该算地面与楼梯邦板的夹角。当夹角大于45°时，应该按有关规定调整系数。

5. 墩接柱子包括加固铁件的制安费用，已包括铁件的制作费用，铁件制作不可另行计算费用。

6. 墩接暗柱子应考虑相邻墙体的拆除、砌筑，石构件拆安，抹灰等相关工作内容。

7. 大木构件吊装若配合使用大型机械，应按定额总说明第九条规定执行。

8. 屋面坡长是若干个三角形的斜边之和，檐头一般按“五举”时，飞椽应按“三五举”考虑。后檐封护檐时，后檐瓦面的坡长不是后檐椽子的长。

9. 老角梁的长度要考虑两次加斜的变化加上后尾榫长为实际老角梁的长，或按计算规则计算其长度。

10. 本章大木构件制作时，若因现场狭小或其他原因需在专业加工厂或施工现场外集中加工制作后运到现场安装时，所发生的成品运输费应在材料费中考虑。

11. 本章斗栱不分明式、清式，因其变化不大，均执行统一定额。

12. 斗栱的制作与安装的工作范围不同，设置分项项目名称时不要丢项。

13. 斗栱的归安拨正工作范围指对斗栱进行复位整修，不包括残缺部件、附件的重新添配，添配项目发生时应另按添配定额执行。

14. 设计斗栱材质如与定额规定不符合时，允许换算其基价，硬木斗栱还应允许换算木材消耗量，木材折算量和人工、机械的消耗量。

11.7 习题演练

【习题 11-7-1】 如何认定墩接柱子是否发生拆砌墙项目？如何认定其工程量？为什么？

【解】 墩接柱子有明柱子和暗柱子之分，暗柱子墩接必须要有墙体的拆除与恢复。如埋在墙体内的中柱、山柱、后檐柱、角柱等。拆砌墙是为了满足墩接时操作有一定的工作空间。一般小式房屋暗柱子拆除高度约为柱高的1/3再加500mm，宽度约为从柱子外皮向左右各返600mm，才能满足操作过程需用的空间。许多情况下因墩接柱子而产生的墙体拆除和恢复的费用往往高于墩接柱子自身费用。因此，这些费用必须要考虑到。

【习题 11-7-2】 墩接柱子包括哪些工作内容？如何理解墩接柱子的定额？

【解】 墩接柱子包括一般的安全支顶及监护、锯掉旧柱脚、做墩接榫、预制新的接脚、安装接脚及铁箍的安装。不包括刷防腐和铁箍的制作，不包括相邻墙体的拆除与恢复。

墩接柱子定额分为明柱子墩接与暗柱子墩接，后者难度较大。因此基价不同。但墩接时接榫的形式有多种，不论采用哪种，定额均不做调整。

【习题 11-7-3】 某硬山式古建筑，前后带飞椽，大连檐、小连檐、瓦口以及闸挡板四项的长度相等吗？定额计算工程量时长度相等吗？为什么？

【解】实际长度不相等，但大连檐与瓦口长度相等。小连檐与闸挡板长度相等。而计算工程量时二者的长度也不相等。因大连檐与瓦口计算规则相同，小连檐与闸挡板计算规则相同。

【习题 11-7-4】

某重檐八角亭如图 11-7-1 所示，假设上层檐椽子直径是 75mm，翘飞椽为七翘。下层檐椽子直径是 85mm，翘飞椽为九翘。试计算此亭子翘飞椽的工程量，并选择相关定额。

上层翘飞平面示意和下层翘飞平面示意，见图图 11-7-2。

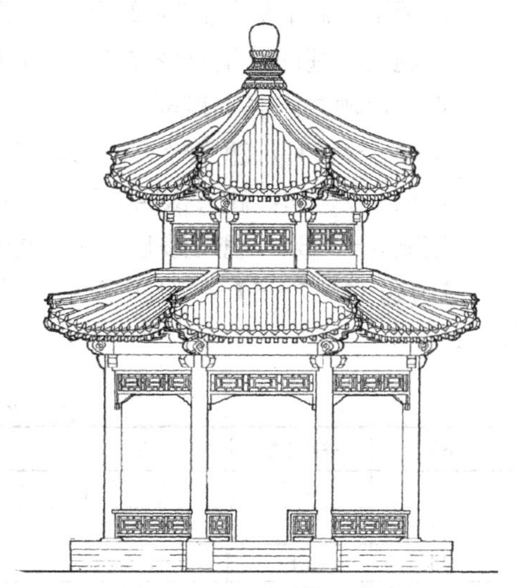

图 11-7-1 重檐八角亭

【解】(1) 上层檐。

从翘飞椽排列平面可知，每个转角有 1、2、3、4、5、6、7 翘的翘飞椽各两根。一个转角的翘飞椽共有 14 根，该亭子有八个转角，所有翘飞椽的根数为：14×8=112 根

选择定额 5-1327，包含头翘、二翘、三翘。

选择定额 5-1328，包含四翘、五翘、六翘。

选择定额 5-1329，包含七翘、八翘、九翘。

其中：头翘至三翘的数量：3×2×8=48 根

四翘至六翘的数量：3×2×8=48 根

七翘的数量：1×2×8=16 根（此图无八、九翘）

选择定额并注明工程量：

定额 5-1327，翘飞椽头、二、三翘制安（直径 80mm 以内），数量为 48 根

定额 5-1328，翘飞椽四、五、六翘制安（直径 80mm 以内），数量为 48 根

定额 5-1329，翘飞椽七翘制安（直径 80mm 以内），数量为 16 根

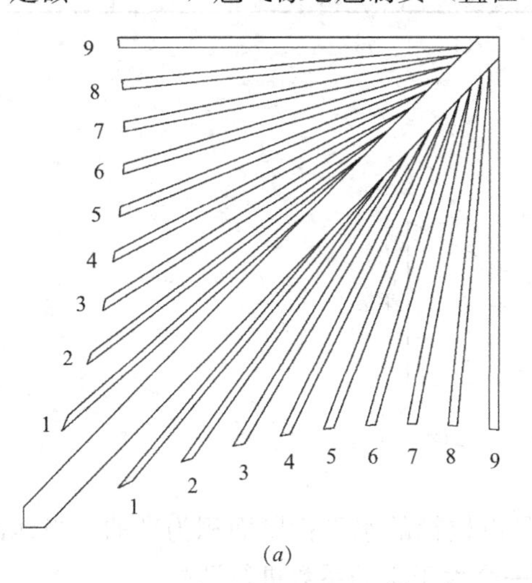

(a)

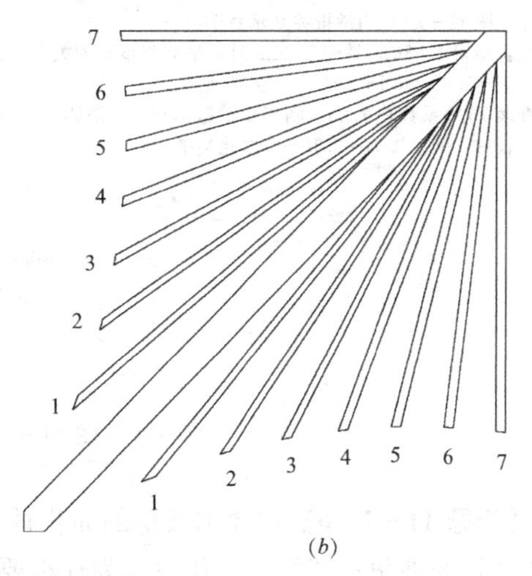

(b)

图 11-7-2 翘飞平面示意

(a) 下层九翘；(b) 上层七翘

（2）下层檐。

翘飞椽总根数：9×2×8=144根

头翘至三翘的数量：3×2×8=48根。

四翘至六翘的数量：3×2×8=48根。

七翘至九翘的数量：3×2×8=48根。

选择定额并注明工程量：

定额5-1331，翘飞椽头、二、三翘制安（直径90mm以内），数量为48根

定额5-1332，翘飞椽四、五、六翘制安（直径90mm以内），数量为48根

定额5-1333，翘飞椽七、八、九翘制安（直径90mm以内），数量为48根

【习题11-7-5】举架折算系数表（假设步架为1，步架与斜长的系数见表11-7-1）

步架与斜长的系数　　　　**表11-7-1**

举架	举架系数	举架	举架系数	举架	举架系数	举架	举架系数
35	1.06	59	1.16	74	1.24	89	1.34
45	1.10	60	1.17	75	1.25	90	1.35
46	1.10	61	1.17	76	1.26	91	1.35
47	1.10	62	1.18	77	1.26	92	1.36
48	1.11	63	1.18	78	1.27	93	1.37
49	1.11	64	1.19	79	1.27	94	1.37
50	1.12	65	1.19	80	1.28	95	1.38
51	1.12	66	1.20	81	1.29	96	1.39
52	1.13	67	1.20	82	1.29	97	1.39
53	1.13	68	1.21	83	1.30	98	1.40
54	1.14	69	1.21	84	1.31	99	1.41
55	1.14	70	1.22	85	1.31	100	1.41
56	1.15	71	1.23	86	1.32	101	1.42
57	1.15	72	1.23	87	1.33	102	1.43
58	1.16	73	1.24	88	1.33	103	1.44

注：图11-7-3为举折关系示意图

如：步架1.68m，举架1.26m时，举架与步架的关系是：

1.26÷1.68=0.75（即75%或75举）

查表75举系数是1.25。则当步架是1.68m，举架是75举时，

斜长=1.68×1.25=2.10m，以此类推。

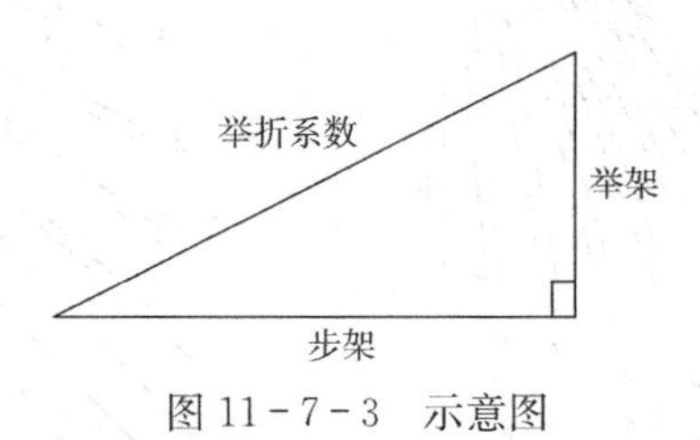

图11-7-3　示意图

【习题11-7-6】古建木楼梯的面积计算是以楼梯的水平投影面积为准的。当地面与楼梯邦板的夹角角度发生变化时，为什么要用一个大于1的系数进行调整？

【解】因为当楼梯斜长不变，宽度不变时，楼梯邦板与地面的夹角越大，所得的水平

投影面积就越小。为了保证定额水平的合理，满足人工、材料、机械的科学消耗。因此，要用一个大于1的系数进行调整，相对减少了定额项目的设置。

【习题11-7-7】某单檐八方亭子，翘飞按13翘设计，檐步架1.50m，檐椽水平出为1.05m，檐步为五举，檐椽直径105mm。求此亭子的翼角椽有多长？翼角椽的直接工程费是多少（暂以定额单价为准）?

【解】(1) 首先求出檐椽的斜长。因为檐椽长等于翼角椽长。

檐椽水平长=1.50+1.05=2.55m，查表五举系数是1.12。则檐椽斜长=2.55×1.12=2.86m

(2) 求翼角椽的根数=13×2×8=208根

单根翼角椽长=单根檐椽长

翼角椽总长=208×2.86=594.88m

(3) 选择定额，计算直接工程费。

选择定额5-1270

翼角椽的直接工程费=594.88×53.40=31766.59元

注：八角亭子有八个转角，每个转角处有一个角梁。角梁左右各有翼角椽子13根。也就是每个转角处有翼角椽子26根。亭子共有八个转角，所以总根数=26×8=208根(或者13×2×8=208根)。

【习题11-7-8】工程招投标时，经常需要将工程所有木材折算成原木的体积，定额中给定的木材共有三种规格名称，即原木、板枋材、规格料，如何将板枋材、规格料折算成原木的体积?

【解】折算关系可按表11-7-2系数计算。

木材折算表 **表11-7-2**

	锯成材		门窗松木规格料		门窗硬木规格料	
	原木数量	锯成材数量	原木数量	规格料数量	原木数量	规格料数量
指标换算量	1.52	1	2.30	1	4.50	1
出材率	1	0.658	1	0.435	1	0.222

【习题11-7-9】某古建筑面宽有三间，次间轴线间距3660mm，明间面宽3900mm，排山梁架是五架梁，梁宽300mm，梁高400mm，檩径260mm，求檩子制作与安装的直接工程费。求此分项工程应消耗多少原木?

【解】(1) 求檩子的长度。

檩子长=2×3660+3900+2×300/2=11520mm=11.52m

注：排山梁架的檩子长=各间轴线之和+左右排山梁架各1/2的梁宽，即2×300/2 。

(2) 求檩子的根数。

五架梁有檩子5道（每道有3根）。

① 檩子的体积=5×11.52×0.13×0.13× 3.14=3.06m^3

② 求檩子的直接工程费

a. 檩子制作选择定额5-601；预算基价是3052.23元。

檩子制作的直接工程费 ＝3.06×3052.23＝9339.82元

b. 檩子安装选择定额5－622；预算基价是290.85元

檩子安装的直接工程费＝3.06×290.85＝890.00元

③ 求檩子应消耗多少原木？

参照定额5－601计算，

a. 消耗原木＝3.06×1.35＝4.13m^3

b. 消耗板枋材＝3.06×0.023＝0.07m^3，板枋材折合原木的系数是1.52。

消耗板枋材折合原木＝0.07×1.52＝0.11m^3

c. 两者合计消耗原木＝4.13＋0.11 ＝4.24m^3

【习题11－7－10】古建筑木结构加固工程，经常采用铁件加固，用型钢根据需要制成各种铁件。请问加固铁件以什么为计量单位？计算原理是什么？应选用什么定额？

【解】加固铁件的计量单位是“千克”（kg）。计算原理应按照设计图纸要求，分别计算出各种型钢的质量。将一份加固铁件所用的各种型钢重量相加，再乘以相同铁件的份数，即为该铁件的总质量。不同种类的铁件要分别计算，各种铁件的质量之和就是加固铁件的总质量。

加固铁件按被加固的构件截面形状分为矩形和圆形。安装中又分为明装与剔槽安装。按铁件的紧固方式不同，再选择相应定额。

【习题11－7－11】古建筑木柱子与柱顶石接触的榫头有四种形式：第一种柱子底部无榫，直接放在鼓径上面；第二种柱子底部做成管脚榫，榫头插入柱顶石的管脚孔内；第三种柱子底部做成插钎榫，榫头插入柱顶石的插钎孔内；第四种将柱子做成通柱，在柱顶石处不断开。柱顶石做成套顶，柱子从套顶中穿过。以上情况柱子的高度从根部如何计算？

【解】第一、二种情况，柱子高从柱顶石圆盘鼓径上皮算起，不论榫头有无或大小，榫头的高均不计入柱高。

第三、四种情况，柱子插钎榫高和埋入套顶部分的高均计入柱高。

【习题11－7－12】古建筑室内无吊顶时，如何确定木望板是否需要刨光？哪些部位应使用刨光望板？哪些部位应使用毛望板？

【解】设计有要求时按设计要求确定，设计无要求时应掌握以下原则。

古建筑室内或廊步无吊顶（天花）制作法时，凡仰视可以见到的望板应做刨光处理，即望板露明均应刨光。室内或廊步有吊顶（天花）制作法时，望板不露明时不刨光，檐步以外的望板仍需刨光。不论室内有无吊顶，凡飞椽椽尾处重叠的第二层望板均不用刨光。掌握这些原则就可以确定望板刨光的面积是多少。

【习题11－7－13】古建筑的椽子一般按斜长计算，请问计算斜长有几种方法？哪种方法比较快捷？

【解】第一种：使用勾股定理的方法。已知步架、举架求出斜长。

第二种：使用解三角函数的方法。量出直角三角形中除直角以外的任意一个角的角度，利用步架或举架求出三角形的斜长。

第三种：使用系数法。求出举折的百分率，再查找利用举折率求斜长的系数表，用水平长乘以表中对应的系数直接求出斜长。

每种方法因人而异，一般第三种方法比较快捷。

【习题 11－7－14】 古建筑木楼梯工程量是以水平投影面积为准的。当楼梯邦板与地面的夹角大于 45°时，用大于 1 的系数调整，为什么？

【解】 定额预算基价的编制是以楼梯邦板与地面夹角小于或等于 45°时考虑的。这时人工、材料、机械的消耗完全可以满足实际的需要。但是，古建筑楼梯不同于现代建筑楼梯，古建筑楼梯的使用功能也与现代建筑楼梯有很大不同，有时很陡，楼梯邦板与地面的夹角甚至大于 60°。这样在宽度不变的情况下，楼梯邦板与地面的夹角越大时，所得的水平投影就越小。于是就产生了当水平投影面积相等时，楼梯的斜长并不相等的情况。斜长越长，耗用的费用也就越多。为了简化计算，保证在各种情况下人工、材料、机械的消耗都能合理，因此要用大于 1 的系数对预算基价进行调整。

【习题 11－7－15】 大木构件的柱子、梁、枋、檩子因年久失修，表面出现局部残损。但未影响到结构安全。设计要求对大木构件进行剔补修理，请问如何选择定额？如何确定工程数量？

【解】（1）大木构件剔补应执行木构件单独剔补定额 5－1444 至 5－1447。剔补定额是按剔补单块面积分类的，被剔补的构件截面不论方形或圆形均执行同一定额。

（2）工程量的确定以设计图纸给出的数量为准。有时图纸未明确数量，可以按照实际剔补的"块"数确定。但应在剔补前请示设计、甲方、监理方共同确认计划剔补的数量。各方在工程量确认单上签字后，工程量才算被确认。才可以实施剔补。

（3）定额中划分的 $0.05m^2$ 以内；$0.1m^2$ 以内；……；$0.3m^2$ 以内如何确认？剔补定额按所剔补的单块面积划分为四类。实际剔补中各部位损坏程度不同，形状各异。单块面积应以所剔补形状的最小外接矩形确定。是多少 m^2 就对应执行那个定额。单块面积大于 $0.30m^2$ 时，可考虑用系数法合理调整预算基价。

【习题 11－7－16】 某单檐四方亭，面宽尺寸等于 3.60m，檐檩直径 0.26m。经计算该檐檩制作的直接工程费是 2197.61 元。请测算此结果正确吗？（价格暂以定额原价计算）

【解】（1）首先计算檐檩制作的工程量

$V=S\times L\times$根数　　　　$S=R^2\times3.14=(0.26\times0.5)^2\times3.14=0.05m^2$

根数为 4 根，　　　　$L=3.60+2(1.5\times0.26)=4.38m$

注：四方亭的檐檩应做成十字搭交形式，每端搭交檩头的长等于 1.5 檩径。

$V=0.05\times4.38\times4=0.88m^3$

（2）选择定额 5－611（注：这里应选择两端带搭交檩头的圆檩制作）

定额预算基价为 3270.33 元/m^3。

（3）直接工程费＝工程量×预算基价

＝0.88×3270.33＝2877.89 元

（4）经测算原工程直接费不正确。

分析原工程直接费 2197.61 的来源。

① 工程量计算：$V=S\times L\times4$ 根

$S=(0.26\times0.5)^2\times3.14=0.05m^2$

$L=3.60m$　　　　$V=0.05\times3.60\times4=0.72m^3$

②选择定额 5－601　定额预算基价为 3052.23 元/m^3。

③直接工程费＝工程量×预算基价

$=0.72\times3052.23=2197.61$ 元

【错误分析】①檩子长度只计算到轴线截止，未加上搭交檩的檩头长。②选择定额按照普通圆檩确定，应选择两端带搭交檩头的圆檩制作定额。

【习题 11-7-17】庑殿式建筑，如果遇到吻桩与雷公柱子连做时，见图 11-7-4，如何计算工程量？

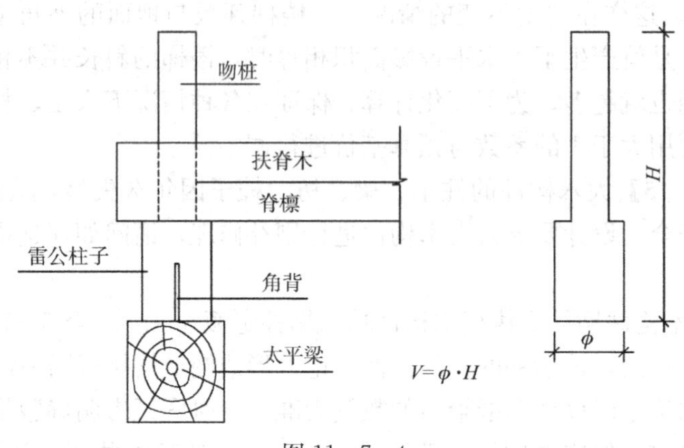

图 11-7-4

【解】吻桩与太平梁上的雷公柱子连做时，每段的直径不同。雷公柱子的直径最大，因为它承载着脊檩、扶脊木的荷载，属于承重构件。连做时它要穿过脊檩与扶脊木，穿过的部分较雷公柱子的直径小了许多。另外，作为吻桩部分的直径也小于雷公柱子的直径。但是，在加工此构件时，木料的大头直径要满足雷公柱子底端直径的需要。这种需要是合理的最低消耗需要。因此，计算雷公柱子与吻桩连做时构件的体积，应取该构件最大截面积乘以构件的全高，才能满足合理的最低材料消耗。

【习题 11-7-18】木椽子的长度按斜长计算。一般椽子与木檩搭接时，计算到檩子的檩中为止。这种计算规则绝对吗？还有其他规则存在吗？

【解】这种规则不是绝对的，它只代表大部分的情况，特殊情况就不是此规则。例如，后檐墙是封护檐做法时，后檐椽的斜长下端算至后檐檩外皮为止。

【习题 11-7-19】墩接柱子时加固铁箍使用普通扁钢制作，刷二道防锈漆。请问，这时的刷防锈漆可以计取金属刷防锈漆项目吗？

【解】定额给定的铁箍是镀锌铁件（型钢），如改用普通型钢刷防锈漆，可以不再选择刷防锈漆的定额，两者不增不减，相互抵消，不再调整。

【习题 11-7-20】墩接柱子时，如果设计要求墩接腿的高度超过明柱子 $H\leqslant1/5$；暗柱子 $H\leqslant1/3$，如何确定预算基价？

【解】定额是按照明柱子腿高 $H\leqslant1/5$；暗柱子腿高 $H\leqslant1/3$ 以内编制的。如果设计要求的接腿高度超过此限值时，宜采用系数调整预算基价。系数的确定可以用设计要求的墩接腿高除以该柱子 1/3 或 1/5 的柱高求得。用此系数乘以对应的定额预算基价。这样做比较合理，也有依据可循。

如：设计要求某根直径 320mm，柱高 3500mm 的明柱子墩接，墩接腿高度是 1800mm。理论上此柱墩接腿的最大值是 $3500\div5=700$mm，实际高度与理论高度相差 $1800\div700=2.57$

倍。用 2.57 乘以对应定额的预算基价即可。文物古建筑修缮工程经常出现这种情况，用此方法调整比较合理。

【习题 11－7－21】 如何认定墩接柱子是否发生拆砌墙项目？如何认定其工程量？为什么？

【解】 墩接柱子有明柱子和暗柱子之分，暗柱子墩接必须要有墙体的拆除与恢复。如埋在墙体内的中柱、山柱、后檐柱、角柱等。拆砌墙是为了满足墩接时操作有一定的工作空间。一般小式房屋暗柱子拆除高度约为柱高的 1/3 再加 500mm，宽度约为从柱子外皮向左右各返 600mm，才能满足操作过程需用的空间。许多情况下因墩接柱子而产生的墙体拆除和恢复的费用往往高于墩接柱子自身费用。因此，这些费用必须要考虑到。

【习题 11－7－22】 小式无斗栱建筑设计文件未注明翘飞椽根数时，如何计算翘飞椽的根数？

【解】（1）计算原则

翘飞椽的数量＝[廊（檐）步架尺寸＋檐平出尺寸]÷(一椽一档尺寸)

（2）例：某古建筑檐步架 1200mm，檐平出 900mm，檐椽直径 100mm，求翘飞椽应设计几根？

翘飞椽数量＝(1200＋900)÷（100×2)＝10.50 根≈11 根（即 11 翘）

【习题 11－7－23】 大式带出采斗栱的建筑如何设计翘飞椽的数量？

【解】（1）计算原则

翘飞椽的数量＝[廊（檐）步架尺寸＋斗栱出采尺寸＋檐平出尺寸]÷(一椽一档尺寸)

（2）例：某古建筑檐步设五采斗栱，斗口 80mm，檐步架 1760mm，五采斗栱出挑 2 采（即正心桁至挑檐桁之间的水平距离），每出挑 1 采为 3 斗口，出挑 2 采为 6 斗口，总出挑为 480mm。檐步水平出挑为 1680mm，椽径 120mm，求此时应设计多少根翘飞椽？

翘飞椽的数量＝(1760＋480＋1680)÷(120×2)＝16.33≈17 根

即应设计 17 根翘飞椽

注：计算翘飞椽时所得的商必须取奇数。如商为偶数或带小数时，则以该偶数为准增加 1 根，变为奇数；如商为奇数的整数，可以直接使用；如商是奇数带小数，小数在 0.50 以内时，仍可以取原奇数。小数大于 0.50 时，可将奇数带小数用四舍五入法变为偶数，再增加 1 根，仍取奇数。掌握宜密不宜疏的原则。

【习题 11－7－24】 某清式悬山古建筑三间房，明间面宽 3600mm，次间面宽 3300mm，椽径 80mm，出稍尺寸为 640mm，博缝板厚 80mm，求前后檐应设计多少根飞椽？

【解】（1）首先求出应在什么范围内排设飞椽。按传统要求应在博缝板里侧至另一侧博缝板里侧排设飞椽。

已知出稍尺寸为 640mm，折合 8 椽径，出稍尺寸指的是角柱中心至博缝板中心的水平距离。面宽方向轴线之和＝3300＋3300＋3600＝10200

这时博缝板中心至另一侧博缝板中心间的水平距离

＝640＋640＋10200＝11480mm。

搏缝板里皮之距＝11480－2×80/2＝11400mm＝11.40m（左右各减去半个板厚）

（2）飞椽数量＝应排设飞椽的水平距离÷(一椽一当尺寸)

＝11.40÷(0.10×2)＝57≈58 根

前后坡合计=2×58=116 根

注：求飞椽数量必须取偶数，宜密不宜疏。

【习题 11-7-25】某游廊 12 间，每间面宽尺寸 3.50m，无转角廊。端头为悬山做法，出稍为四椽四当，椽径 65×65，求前后檐飞椽数量？求罗锅椽数量？

【解】(1) 先求每一间飞椽数量

一间数量=3.50÷(0.065×2)=26.90 根≈28 根×2 坡=56 根

(2) 每端出稍有 4 根飞椽，也就是一坡有飞椽 4 根，二坡有 8 根。左右两端共有 16 根。

(3) 飞椽总数量=56 根/间×12 间+16 根=688 根

(4) 罗锅椽为飞椽数量的 1/2

罗锅椽数量=688×1/2=344 根

【习题 11-7-26】古建筑斗栱的拆除、整修、制作与安装定额均以 80mm 的斗口为准而编制的。如果斗口尺寸大于 150mm 时，如何调整预算基价？

【解】预算第七章“统一规定及说明”中设有一个表格。当房屋斗口尺寸不等于 80mm 时，给定了一个调整系数表。分析此表可知，斗口为 150mm 时的人工调整系数和机械调整系数均是 2.40。同理斗口为 140mm 时的人工、机械调整系数是 2.14。斗口为 130mm 时的调整系数是 1.90。斗口为 120mm 是的调整系数是 1.68，……，从以上系数分析得出：

2.40÷2.14=1.12　　2.14÷1.90=1.13　　1.90÷1.68=1.13

这样可以推断出斗口每大出 10mm，调整系数就向上调整 1.12 至 1.13。

假设斗口为 160mm 时，

则调整系数=2.40×(1.12+1.13)×50%=2.70，假设斗口为 170mm 时，

调整系数=2.70×(1.12+1.13)×50%=3.04

以此类推。即斗口每增大于 10mm 时，在相邻的调整系数基础上再上调 12.50%。这样调整延续了定额的科学性与合理性，具有一定的道理。

【习题 11-7-27】定额普通枋类构件制作都包含哪些构件？

【解】定额 5-179～5-182 普通枋类构件制作指各类桁檩枋、与直榫的小额枋、跨空枋、棋枋、间枋博脊枋天花枋等。

【习题 11-7-28】古建预算定额中的斗口是按照什么标准确定的？斗口发生变化时如何确定预算基价？

【解】一般斗栱的斗口是按照 8cm 为准确定的。牌楼斗栱斗口是按照 5cm 为准确定的。斗口发生变化时按定额斗口尺寸变化表格调整系数。

【习题 11-7-29】斗栱的制作与安装分别设有二个子目，它们的工作范围相同吗？为什么？

【解】不相同。因为斗栱制作包括翘、昂、耍头、撑头、桁椀、栱、升、梢等全部部件的制作。不包括垫栱板、枋、盖斗板等附件的制作。但斗栱安装包括全部部件的安装也包括斗栱附件的安装。因此，二者的工作范围不相同。

【习题 11-7-30】斗栱检修时若个别部件（如斗耳、单材栱、昂嘴头）损坏严重，需重新添配，所添配的部件应另行执行单独添配部件、附件的定额。

【解】斗栱整修不包括部件添配，若部件缺失或严重损坏时，需重新添配，所添配的

部件应另行执行单独添配部件、附件的定额。

【习题 11-7-31】斗栱安装定额对不同高度时的安装有何规定？

【解】本版新定额斗栱安装，包括牌楼斗栱均已考虑了各层檐的安装和檐口高度不同时的因素，不论何种情况不允许用系数调整定额。这点与以往定额有所不同。

11.8 巩固练习

1. 大木件剔补面积遇不规则形状时如何计算面积？

2. 墩接柱子安装铁箍的人工费用可否单独计取？铁箍加工制作的人工费用可否单独计取？

3. 计算柱子体积时，柱高包括馒头榫和管脚榫的高度吗？柱子体积计算的截面积是取最大截面面积，还是最小截面面积？还是平均面积？

4. 某游廊有 35 间（无转角廊子），进深尺寸为 1650mm，檩径为 200mm，四架梁截面 200mm×260mm，求四架梁的体积？

5. 如何计算悬山建筑椽子的根数？

6. 扶脊木截面为不规则六方形，计算扶脊木体积时，其截面积如何计算？

7. 如何区分什么是明柱墩接？什么是暗柱墩接？墩接柱子的接榫方式不同时，定额可以调整吗？

8. 大木构件安装若使用轮式起重吊车配合，吊车台班费用应如何计取？

9. 椽子若使用杉木制作，可否换算调整预算基价？调整的原则是什么？

10. 某建筑檐步架为 1100mm，檐平出为 650mm。求该檐椽的实际长度是多少？

11. 一座重檐无斗栱六角亭子，有多少块枕头木？枕头木的规格以什么为准？

12. 钉望板时扣不扣扶脊木、角梁所占压面积？飞椽压后尾的宽度无图示时应按多宽计算？

13. 墩接柱子最容易丢失的工作内容有哪些？

14. 为加快施工进度，乙方在工程报价中考虑了用汽车吊配合安装大木构件。计取了费用，乙方的做法正确吗？甲方如何认定这笔费用？

15. 某投标工程，标书要求本计算工程使用原木的总量。而各分项工程计算出的木材有原木、板枋材和门窗规格料，请问三者之间如何折算？（注：木材为松木）

16. 某四方亭（无天花），计算出的木望板面积假设是 48m^2，望板刨光面积也是 48m^2 吗？为什么？

17. 如何确定木楼梯邦板与地面夹角的角度。计算方法是什么？

18. 歇山建筑（木博缝板），瓦面、椽头附件的长就是瓦口的长，正确吗？为什么？

19. 定额 5-22 中的板枋材是什么地方的用料？而定额 2-205 中的板枋材又是什么地方的用料？二者有什么区别？

20. 后檐如为封护檐做法时，计算后檐的坡长，从正脊的假想中心线算至何处为止？后檐的椽子长就是后檐屋面的坡长吗？为什么？

21. 计算柱子高度时，下皮从室内地面算起正确吗？为什么？

22. 木构件刷防腐或耐火涂料时，计算面积应掌握哪些原则？

23. 树种不同时，原木折算板枋材的系数是一样的吗？为什么？

24. 原木木材计算体积时，要按国家规定，计算时应掌握哪些原则？

25. 某修缮工程拆下的旧望板经截头、裁边。被乙方使用了一部分。结算时乙方计算了旧望板的截头、裁边所用人工费，这样做合理吗？为什么？

26. 斗栱的制作与安装工作范围上有何不同？

27. 斗栱若使用硬杂木制作，预算基价如何调整？

28. 斗栱附件的添配工作范围是什么？如何执行定额？

29. 四方亭柱头上的斗栱制作按柱头科还是按角科选择定额？为什么？

30. 斗栱安装如遇五层檐时，如何调整预算价格？

31. 定额中普通斗栱的斗口是按多大编制的？牌楼斗栱按多大编制的？斗口不同时如何确定预算基价？

32. 普通五踩单翘单昂斗栱，斗口 17cm 时如何选择定额？

33. 垫栱板制作时，如遇设计要求镂挖花饰时，如何选择定额？

34. 某牌楼斗栱，图示设计有半攒斗栱，试问半攒斗栱如何执行定额？

35. 宋代斗拱制作，如借用古建定额应注意哪些问题？

36. 斗拱检修定额适用于斗拱哪种情况的维修？维修中对缺失、残损构件如何计取费用？

37. 某仿古建筑斗栱只做外拽，计算费用时按整攒斗拱加的 1/2 计算合理吗？为什么？

38. 某古建角科斗拱与平身科斗拱连做时，如何确定斗拱的攒数？

39. 某牌楼斗拱斗口是 6.50cm，求五踩单翘单昂制作一攒需要多少工日？

40. 某建筑七踩单翘重昂斗拱，斗口为 19.2cm，求制作一攒平身科斗拱需用多少工日？

41. 斗拱制作与安装在工作内容上有哪些原则不同？

42. 斗拱拨正归安包括檩子拆除后的复位整修，拆檩子的费用也在其中包括吗？为什么？

43. 斗拱若用水曲柳制作时，换算价格应注意哪些问题？

44. 牌楼斗拱安装按单层檐还是双层檐计算，可用系数调整吗？

45. 隔架斗拱的木雕刻，可以单独计取雕刻费吗？

12 木装修工程

12.1 定额编制简介

1. 本章设有10节510个子目。包含传统木装修及裱糊工程。由于明清建筑中的木装修门类繁多、形式复杂、千变万化，设计的随意性很大，定额中仅考虑了满足建筑物基本功能的常用门窗、隔扇、座凳、倒挂眉子、栏杆、什锦窗、墙及天棚等修理、配换项目。对带有艺术创作性质的装修类，如藻井、壁龛、花罩、多宝格等，因其个性较强、繁简不一，且无定型修理方法，定额中未予考虑。本章按装修的门类分别划分项目，考虑到槛框与门窗扇等之间有多种组合方式，而将槛框分解出来单独划分项目。定额中根据各类装修或固定能开启活动的不同情况，对其固定部分划分了检查加固、拆安、制安、拆除等项目，对能开启的活动部分划分了检修、整修、拆修安、制作、安装、拆除等项目。

2. 明清建筑中的槛框可分为内檐槛框、外檐槛框、大门槛框、屏门槛框，每一类槛框又可分为上槛、中槛、下槛（门槛）、风槛、腰槛（枋）、抱框、门栊（通联楹）等，其中除门栊外，各种槛框间虽然存在一定的差异，但出入不大。因而定额中将其综合在一起，按槛框的厚度分档划分项目，并将门簪、楹斗、门头板、余塞板等槛框附属件及窗榻板、筒子板、过木等项目编列在一起，组成一节。

3. 古建筑中同一种门窗可有木转轴铰接、合页铰接、鹅项碰铁铰接或销钉固定等多种安装方式，因此定额中将各种门窗扇的制作、安装分开划分项目。隔扇、槛窗、风门、支摘窗扇、随支摘窗夹门等门窗扇又可能有多种形制，如隔扇有四抹、五抹、六抹之分，使其绦环板有一块、二块、三块之别，且其裙板、绦环板又可能有雕饰或无雕饰，单面雕饰或双面雕刻，雕饰的图案内容又有多种，至于其心屉形式就更富于变化了，这些因素使得隔扇制作的工料消耗相对产生较大浮动，若将其全部综合在一起考虑，将会与实际工程产生较大差距，若根据不同情况分别组合列项，根据数学中的排列组合原理计算，可知定额篇幅将会大大增加，且主观上也不能将各种变化一一排列出来。在关于门窗扇制作定额中，除支摘窗扇的边抹基本上无变化，可将其与心屉组合在一起，按心屉的形制划分项目外，其余带心屉的门窗扇如隔扇、槛窗、风门、随支摘窗夹门等均将其心屉分解出来单独列项，同时将或有或无的心板雕饰，可以选用或不选用的面叶、人字叶及心屉上的卡子花也单独列项（定额中将此类门窗及装修的附件相对集中组成了一节）。

4. 由于座凳、倒挂眉子、栏杆除其棂条组合的花式变化外，基本上无其他变化，安装方式也单一，均是用圆钉或铁件将其固定在建筑物上，因而定额中将座凳、倒挂眉子、栏杆的制作与安装组合在一起，将其棂条所组合的花饰编列子目。

5. 什锦窗可有单面、双面两种情况，其贴脸可以是木制的，也可以用砖料砍制或用灰浆抹制，其仔屉可有可无，因而定额中将什锦窗分解成筒座、贴脸、仔屉三项编列子目。砖料砍制的贴脸划分到“砌筑工程”中，用灰浆抹制的很少见，定额中未做考虑。

6. 天棚项目中除考虑了传统的井口天花、软天花（木顶格白樘箅子）外，还根据古建筑中已出现的用胶合板吊顶，将其压条加宽加厚并按天花支条的形制企线仿井口天花的实际情况，编制了仿井口天花压条制安定额。

7. 新做裱糊纸天棚白杆骨架按面层纸的种类分设定额。梁、柱、槛框按表面盖面材料种类分设子目。

8. 白樘箅子，设立了铲除旧底与各类绫、锻、纱、布、麻布及各种纸的裱糊面层。

9. 墙面、门窗按面层材料种类分设定额，同时设立碧纱橱心替装纱和更换纱的定额。

12.2 定额摘选

单位：m^2 **表 12-2-1**

定额编号					6-86	6-87	6-88	6-89	6-90
项目					松木隔扇制作（不含心屉）				
					四抹（边抹看面宽在）			五抹（边抹看面宽在）	
					6cm 以内	8cm 以内	8cm 以外	6cm 以内	8cm 以内
基价（元）					**311.69**	**331.73**	**356.35**	**343.05**	**364.75**
其中	人工费（元）				123.15	104.27	85.38	142.03	123.15
	材料费（元）				178.69	219.12	264.14	189.66	231.75
	机械费（元）				9.85	8.34	6.83	11.36	9.85
名称			单位	单价（元）	数量				
人工	870007	综合工日	工日	82.10	1.500	1.270	1.040	1.730	1.500
材料	030184	松木规格料	m^3	4126.60	0.0427	0.0524	0.0632	0.0453	0.0554
	110132	乳胶	kg	6.50	0.1100	0.1100	0.1100	0.1300	0.1300
	840004	其他材料费	元	—	1.77	2.17	2.62	1.88	2.29
机械	888810	中小型机械费	元	—	1.23	1.04	0.85	1.42	1.23
	840023	其他机具费	元	—	8.62	7.30	5.98	9.94	8.62

单位：m^2 **表 12-2-2**

定额编号					6-103	6-104	6-105	6-106
项目					隔扇转轴铰接安装（边抹看面宽在）			
					6cm 以内	8cm 以内	10cm 以内	10cm 以外
基价（元）					**95.84**	**100.61**	**106.54**	**112.08**
其中	人工费（元）				58.70	54.43	51.23	48.03
	材料费（元）				32.44	41.83	51.21	60.21
	机械费（元）				4.70	4.35	4.10	3.84
名称			单位	单价（元）	数量			
人工	870007	综合工日	工日	82.10	0.715	0.663	0.624	0.585
材料	030184	松木规格料	m^3	4126.60	0.0073	0.0096	0.0119	0.0141
	091356	自制古建筑门窗五金	kg	8.10	0.0400	0.0400	0.0400	0.0400
	090261	圆钉	kg	7.00	0.0600	0.0600	0.0600	0.0600
	840004	其他材料费	元	—	1.57	1.47	1.36	1.28
机械	888810	中小型机械费	元	—	0.59	0.54	0.51	0.48
	840023	其他机具费	元	—	4.11	3.81	3.59	3.36

单位：m^2 **表 12-2-3**

定额编号					6-164	6-165	6-166	6-167
项目					隔扇、槛窗心屉制安			
					步步锦单层心屉（棂条宽在）		步步紧双层心屉（棂条宽在）	
					1.5cm以内	1.5cm以外	1.5cm以内	1.5cm以外
基价（元）					**381.57**	**328.29**	**674.61**	**577.43**
其中	人工费（元）				305.41	246.30	536.93	433.49
	材料费（元）				51.73	62.29	94.72	109.27
	机械费（元）				24.43	19.70	42.96	34.67
名称			单位	单价（元）	数量			
人工	870007	综合工日	工日	82.10	3.720	3.000	6.540	5.280
材料	030184	松木规格料	m^3	4126.60	0.0122	0.0147	0.0222	0.0256
	090261	圆钉	kg	7.00	0.0600	0.0700	0.0600	0.0700
	110132	乳胶	kg	6.50	0.0700	0.0800	0.1200	0.1300
	091356	自制古建筑门窗五金	kg	8.10	—	—	0.1200	0.1500
	840004	其他材料费	元	—	0.51	0.62	0.94	1.08
机械	888810	中小型机械费	元	—	3.05	2.46	5.37	4.33
	840023	其他机具费	元	—	21.38	17.24	37.59	30.34

单位：m^2 **表 12-2-4**

定额编号					6-228	6-229	6-230	6-231	6-232
项目					支摘窗扇制作（含心屉）				
					琉璃屉固定扇	正方格	斜方格	十字海棠花	灯笼框
基价（元）					**353.71**	**422.84**	**453.43**	**514.84**	**371.00**
其中	人工费（元）				198.27	236.04	264.36	330.86	207.71
	材料费（元）				139.58	167.92	167.92	157.51	146.67
	机械费（元）				15.86	18.88	21.15	26.47	16.62
名称			单位	单价（元）	数量				
人工	870007	综合工日	工日	82.10	2.415	2.875	3.220	4.030	2.530
材料	030184	松木规格料	m^3	4126.60	0.0332	0.0400	0.0400	0.0375	0.0349
	090261	圆钉	kg	7.00	0.0600	0.0600	0.0600	0.0600	0.0600
	110132	乳胶	kg	6.50	0.1200	0.1200	0.1200	0.1200	0.1200
	840004	其他材料费	元	—	1.38	1.66	1.66	1.56	1.45
机械	888810	中小型机械费	元	—	1.98	2.36	2.64	3.31	2.08
	840023	其他机具费	元	—	13.88	16.52	18.51	23.16	14.54

单位：m^2 **表 18-2-5**

定额编号		6-258	6-259	6-260	6-261	6-262	6-263
项目		实踏大门		撒带大门		攒边门	
		厚 8cm	每增厚 1cm	边厚 6cm	每增厚 1cm	边厚 6cm	每增厚 1cm
基价（元）		**940.09**	**97.37**	**435.45**	**65.61**	**533.06**	**47.21**
其中	人工费（元）	423.64	39.41	167.48	29.56	295.56	14.78
	材料费（元）	482.56	54.81	254.58	33.68	213.85	31.25
	机械费（元）	33.89	3.15	13.39	2.37	23.65	1.18

续表

定额编号				6-258	6-259	6-260	6-261	6-262	6-263
项目				实踏大门		撒带大门		攒边门	
				厚8cm	每增厚1cm	边厚6cm	每增厚1cm	边厚6cm	每增厚1cm
名称		单位	单价（元）	数量					
人工	870007 综合工日	工日	82.10	5.160	0.480	2.040	0.360	3.600	0.180
材料	030184 松木规格料	m^3	4126.60	0.1111	0.0127	0.0564	0.0077	0.0484	0.0074
	091356 自制古建筑门窗五金	kg	8.10	0.3700	0.0700	0.3700	0.0340	0.2700	0.0500
	090261 圆钉	kg	7.00	0.0100	—	0.0100	—	0.0100	—
	110132 乳胶	kg	6.50	2.5000	0.2000	2.5000	0.2000	1.5000	—
	840004 其他材料费	元	—	4.78	0.54	2.52	0.33	2.12	0.31
机械	888810 中小型机械费	元	—	4.24	0.39	1.67	0.30	2.96	0.15
	840023 其他机具费	元	—	29.65	2.76	11.72	2.07	20.69	1.03

单位：m^2 **表12-2-6**

定额编号				6-329	6-330	6-331	6-332	6-333	6-334
项目				坐凳、倒挂楣子制安					
				步步紧心屉		灯笼锦心屉		盘肠锦心屉	
				软樘	硬樘	软樘	硬樘	软樘	硬樘
基价（元）				**487.00**	**524.96**	**410.02**	**448.81**	**618.44**	**655.55**
其中	人工费（元）			317.23	336.94	248.27	267.97	435.46	455.16
	材料费（元）			144.39	161.06	141.89	159.40	148.15	163.98
	机械费（元）			25.38	26.96	19.86	21.44	34.83	36.41
名称		单位	单价（元）	数量					
人工	870007 综合工日	工日	82.10	3.864	4.104	3.024	3.264	5.304	5.544
材料	030184 松木规格料	m^3	4126.60	0.0343	0.0383	0.0337	0.0379	0.0352	0.0390
	090261 圆钉	kg	7.00	0.1100	0.1100	0.1100	0.1100	0.1100	0.1100
	110132 乳胶	kg	6.50	0.1000	0.1000	0.1000	0.1000	0.1000	0.1000
	840004 其他材料费	元	—	1.43	1.59	1.40	1.58	1.47	1.62
机械	888810 中小型机械费	元	—	3.17	3.37	2.48	2.68	4.35	4.55
	840023 其他机具费	元	—	22.21	23.59	17.38	18.76	30.48	31.86

单位：块 **表12-2-7**

定额编号				6-403	6-404	6-405	6-406
项目				天花井口制安（见方在）			
				50cm以内	60cm以内	70cm以内	80cm以内
基价（元）				**77.25**	**107.45**	**142.41**	**182.60**
其中	人工费（元）			29.56	39.41	50.25	62.40
	材料费（元）			45.32	64.89	88.14	115.21
	机械费（元）			2.37	3.15	4.02	4.99
名称		单位	单价（元）	数量			
人工	870007 综合工日	工日	82.10	0.360	0.480	0.612	0.760
材料	030184 松木规格料	m^3	4126.60	0.0107	0.0153	0.0208	0.0272
	090261 圆钉	kg	7.00	0.0100	0.0100	0.0100	0.0200
	110132 乳胶	kg	6.50	0.0100	0.1600	0.2100	0.2600
	840004 其他材料费	元	—	0.45	0.64	0.87	1.14

续表

定额编号					6-403	6-404	6-405	6-406
项目					天花井口制安（见方在）			
					50cm 以内	60cm 以内	70cm 以内	80cm 以内
机械	888810	中小型机械费	元	—	0.30	0.39	0.50	0.62
	840023	其他机具费	元	—	2.07	2.76	3.52	4.37

单位：m **表 12-2-8**

定额编号					6-414	6-415	6-416	6-417
项目					天花支条、贴梁制安（条宽在）			
					7.5cm 以内	9cm 以内	10.5cm 以内	12cm 以内
基价（元）					**53.87**	**71.90**	**93.20**	**118.02**
其中	人工费（元）				18.06	19.70	21.67	23.81
	材料费（元）				34.37	50.62	69.79	92.30
	机械费（元）				1.44	1.58	1.74	1.91
名称			单位	单价（元）	数量			
人工	870007	综合工日	工日	82.10	0.220	0.240	0.264	0.290
材料	030184	松木规格料	m^3	4126.60	0.0082	0.0121	0.0167	0.0221
	090233	镀锌铁丝 8#～12#	kg	6.25	0.0300	0.0300	0.0300	0.0300
	840004	其他材料费	元	—	0.34	0.50	0.69	0.91
机械	888810	中小型机械费	元	—	0.18	0.20	0.22	0.24
	840023	其他机具费	元	—	1.26	1.38	1.52	1.67

12.3 定额名称注释

（1）槛框类：指各种门窗、板墙的槛框，主要指上槛，中槛、下槛、风槛抱框间柱、腰枋、通连盈等。定额将槛框按厚度分为 12 种规格。选择定额 6-7。见图 12-3-1。

（2）门栊：作用同通连盈，只是将不贴靠门的一边挖弯起雕边线。选择定额 6-19。图 12-3-3。

（3）隔扇：也称隔扇门。一般每间为四扇或六扇，由边抹，心屉和裙板、绦环板组成。隔扇因抹的多少可分为四抹、五抹、六抹，选择定额 6-86。见图 12-3-1、图 12-3-4。

（4）帘架风门：与帘架配合使用的门。选择定额 6-86。见图 12-3-4。

（5）余塞腿子：位于风门两侧窄小的死门。选择定额 6-86。见图 12-3-4。

（6）随支摘窗夹门：配合支摘窗使用的门。选择定额 6-86。见图 12-3-6。

（7）槛窗：槛墙上的一种中式窗，形似隔扇，与隔扇门配套使用。选择定额 6-123。见图 12-3-1。

（8）横披窗：分隔扇横披与槛窗横披，位于隔扇或槛窗上面的固定窗。选择定额 6-119。见图 12-3-1。

（9）支摘窗：传统窗的一种，上为支窗下为摘窗。多用于小式民宅或殿堂的次间。选择定额 6-232。见图 12-3-6。

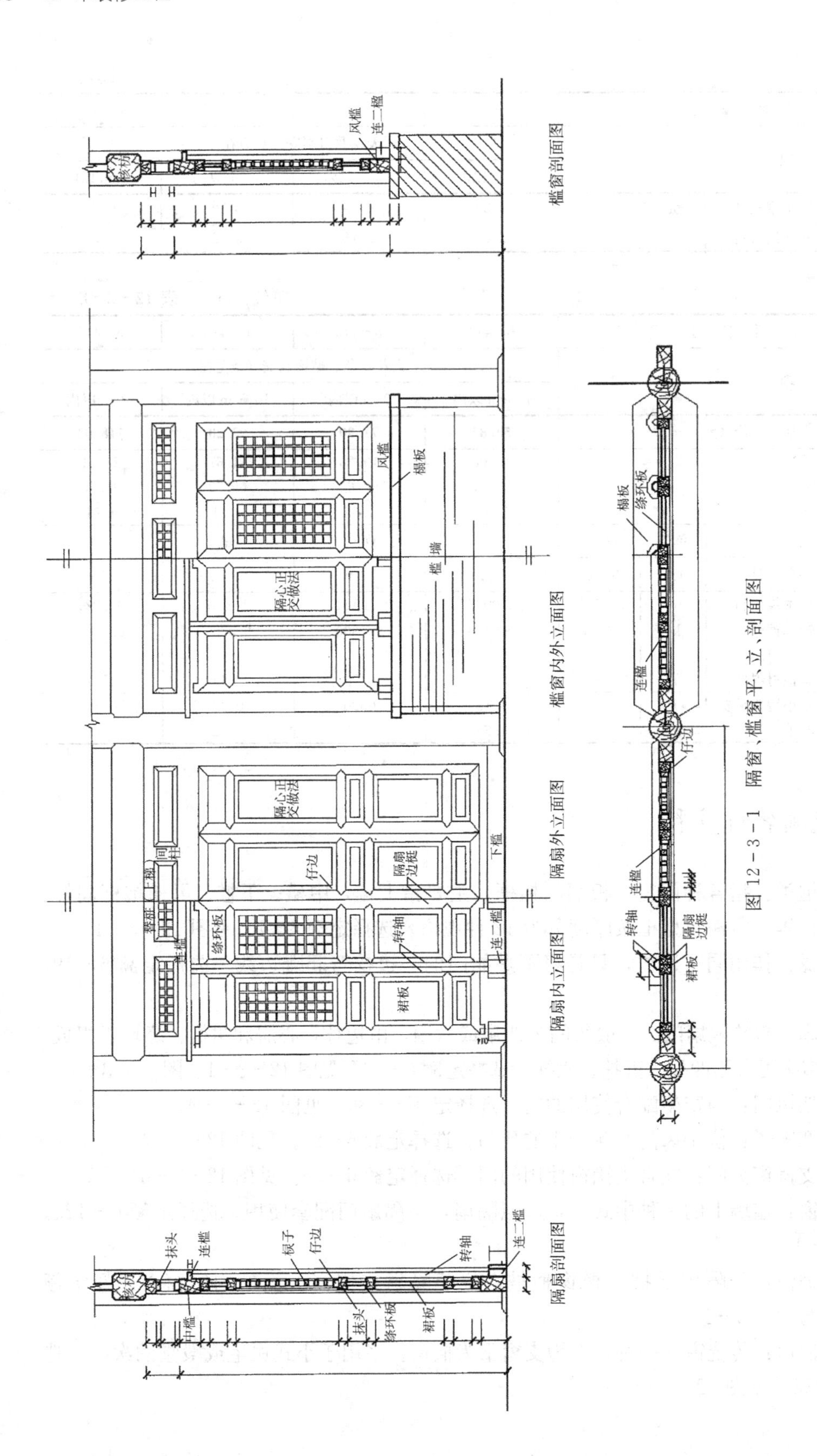

图12-3-1 隔窗、槛窗平、立、剖面图

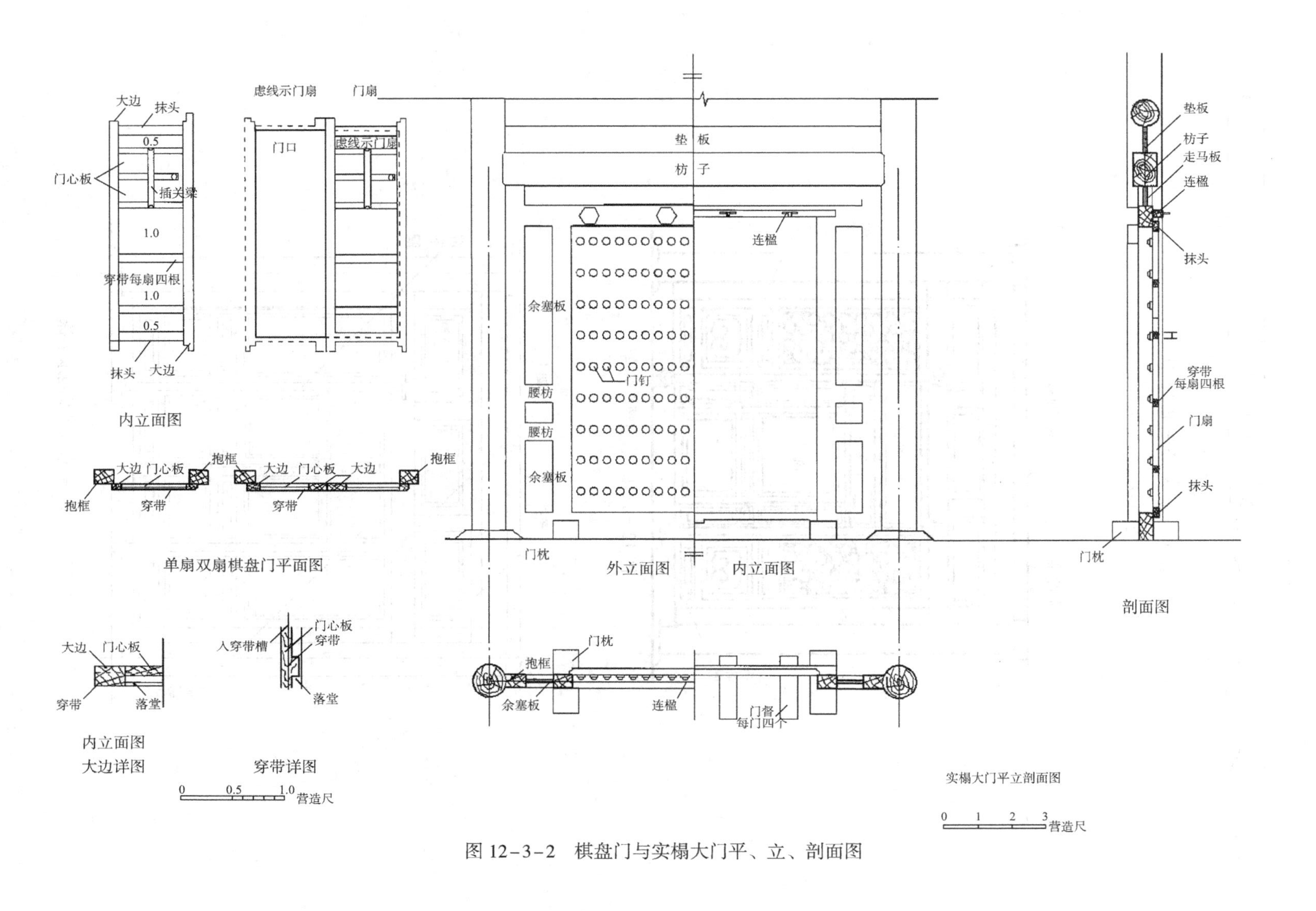

图 12-3-2 棋盘门与实榻大门平、立、剖面图

(*a*)　　　　(*b*)

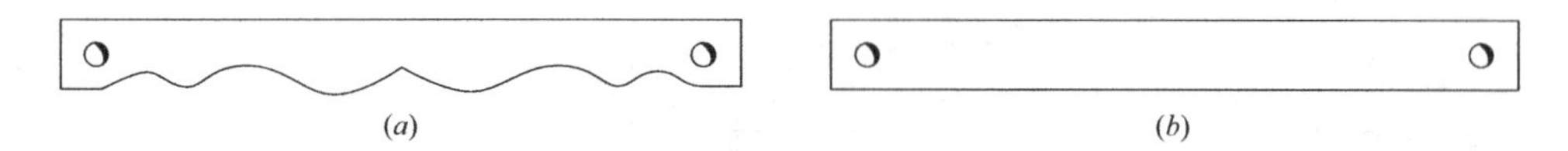

图 12-3-3　通连楹与门栊
（*a*）门栊；（*b*）通连楹

荷叶栓斗
隔扇横披
帘架框
帘架横披
隔扇
帘架眉子
帘架余塞腿子
风门
荷叶墩

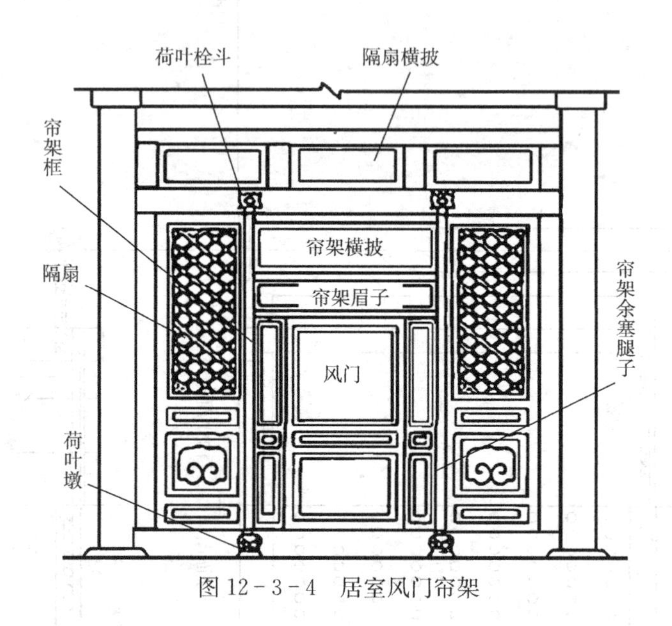

图 12-3-4　居室风门帘架

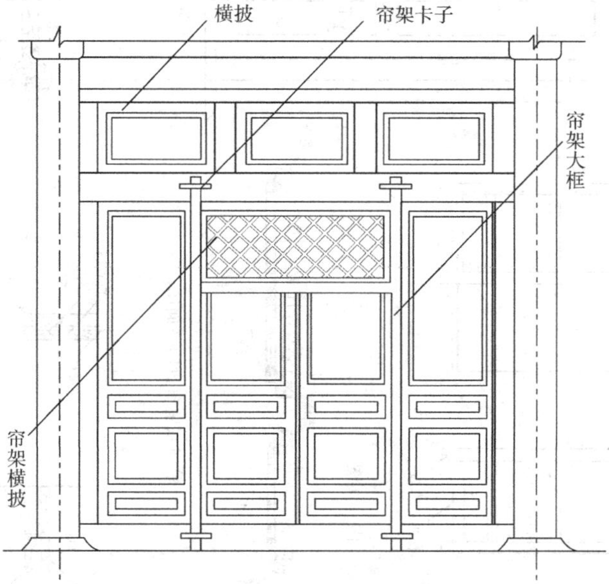

横披
帘架卡子
帘架大框
帘架横披

图 12-3-5　殿堂帘架及隔扇边抹

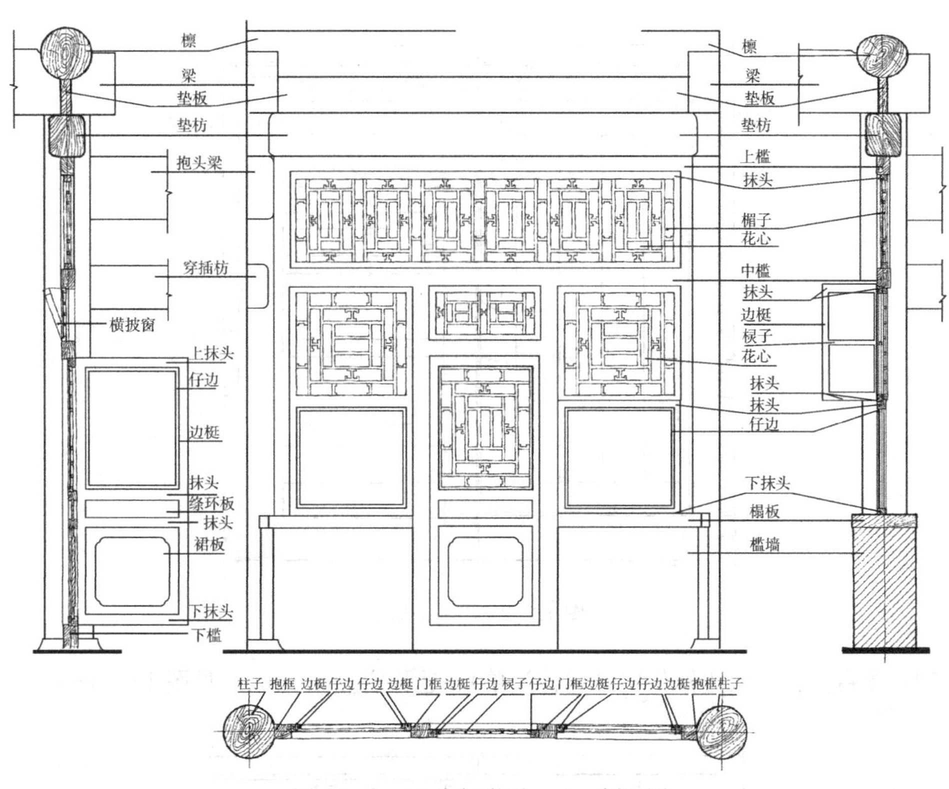

图 12-3-6　夹门窗平、立、剖面图

(10) 实踏门：等级最高、体量最大的门，用厚板拼成，缝间用龙凤榫或企口榫穿带连为一体。选择定额 6-258。见图 12-3-7。

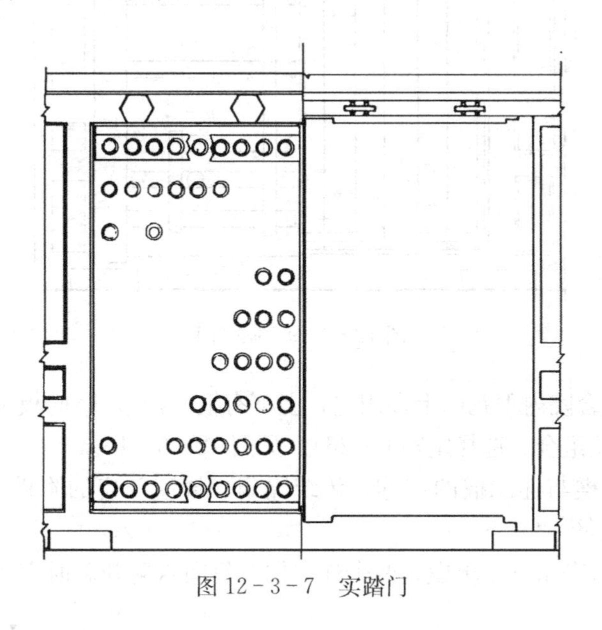

图 12-3-7　实踏门

(11) 攒边门：体量较小的实踏门，四周圈边。选择定额 6-262。见图 12-3-8。

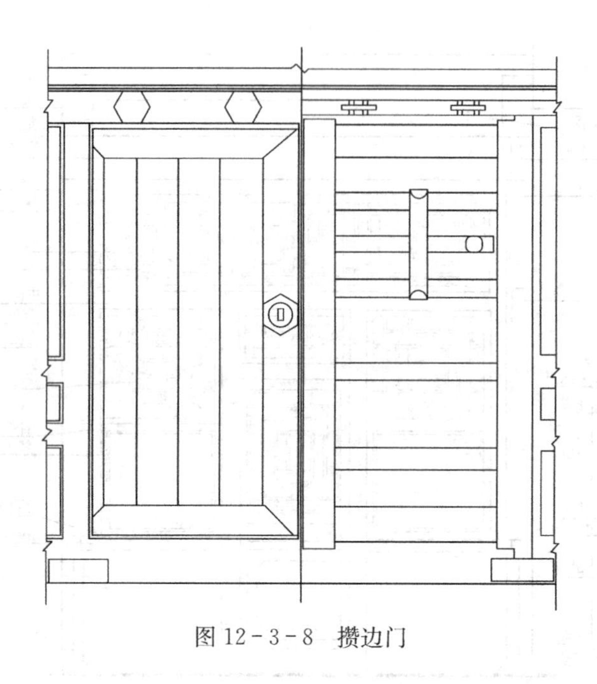

图 12-3-8 攒边门

（12）撒带门：不圈边框的门（比较简单）。选择定额 6-260。见图 12-3-9。

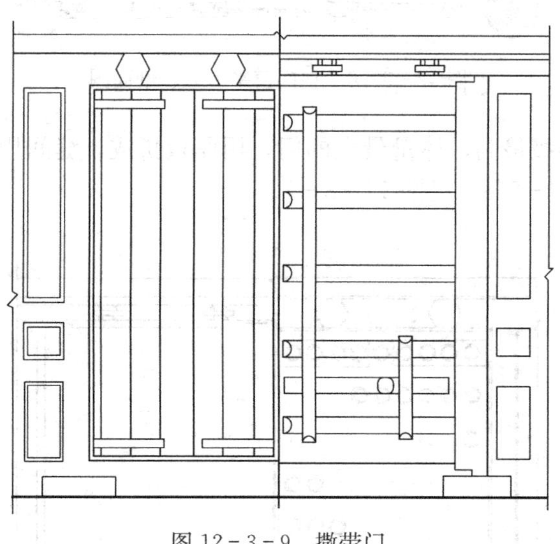

图 12-3-9 撒带门

（13）屏门：四合院内垂花门上多用之，上下有框（抹），竖向板穿横带，每樘四扇薄板拼成，用鹅项碰铁组合。选择定额 6-264。见图 12-3-10。

（14）楹斗：单楹与连二楹的统称，传统隔扇、槛窗开启的附件，用于承托门窗轴。选择定额 6-28。见图 12-3-11。

每间四扇开启时需用三个单楹，两个连二楹。每间六扇开启时需用五个单楹，两个连二楹。

（15）门头板：门头板也称迎风板、走马板。指大门上方面积较大的板子。选择定额 6-43。见图 12-3-2。

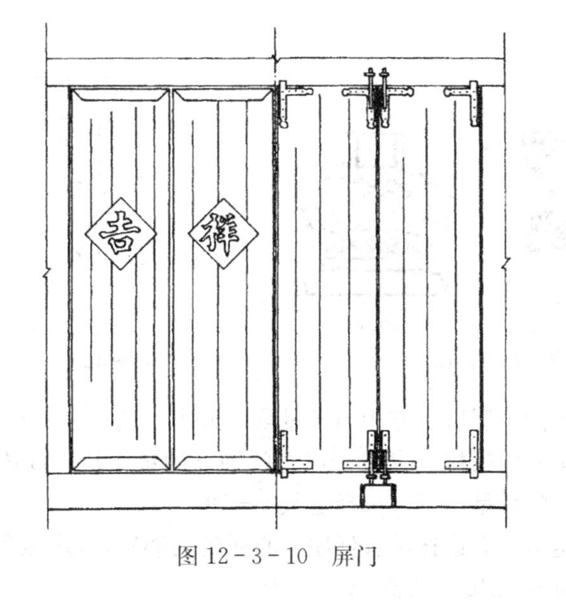

图 12-3-10 屏门

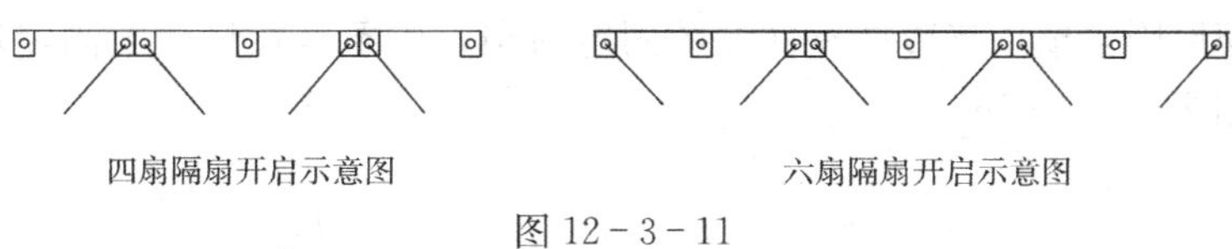

图 12-3-11

(16) 余塞板：大门两侧，槛框之间封护的板子。选择定额 6-43。见图 12-3-2。

(17) 窗榻板：也称窗台板，位于槛墙顶部的窗台板。选择定额 6-54。见图 12-3-6。

(18) 帘架大框：为悬挂竹（棉）帘子而后设置的槛框。选择定额 6-67。见图 12-3-5。

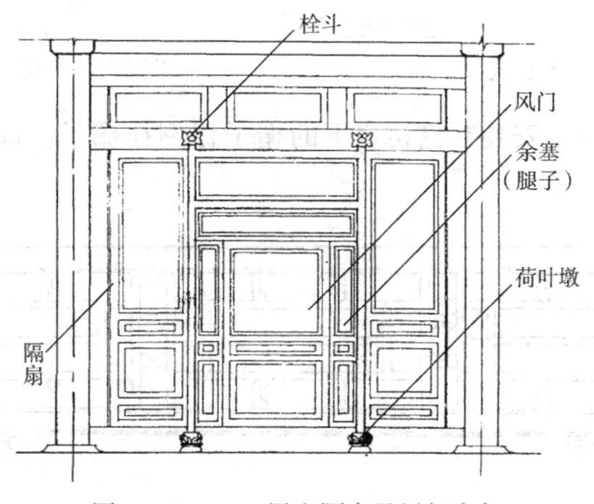

图 12-3-12 居室隔扇及风门帘架

(19) 帘架荷叶墩与荷花拴斗：二者专门用于帘架上的装饰件。荷叶墩在下，拴斗在上。选择定额 6-70。见图 12-3-12、图 12-3-13。

(20)（廊门）筒子板：山墙廊步门洞口镶嵌的木板。选择定额 6-48。见图 12-3-14。

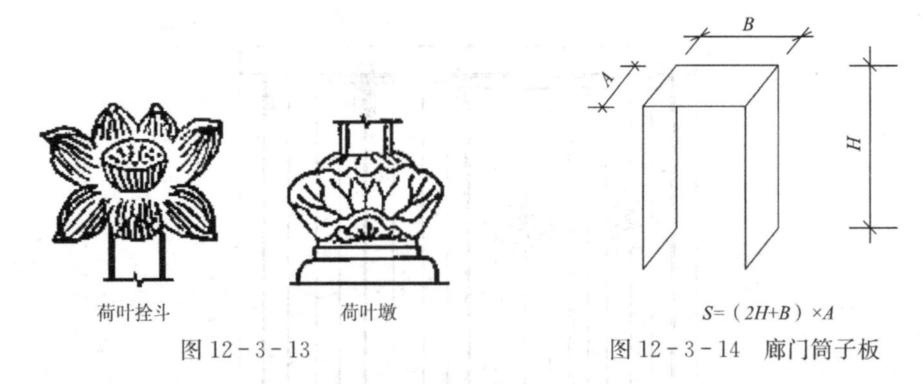

图 12-3-13

图 12-3-14　廊门筒子板

（21）过木：用于门窗洞口上方相当于过梁的方木。选择定额 6-59。

（22）木门枕：木质的门枕，大门开启时门轴下的垫木块。成语“户枢不蠹，流水不腐”中的“户枢”，讲的就是这里。选择定额 6-58。

（23）无心屉固定扇：有边抹没有仔屉、心屉的玻璃扇。（用压条卡住玻璃，将压条钉在边抹上）。选择定额 6-240。见图 12-3-15。

（24）玻璃屉固定扇：有边抹有仔屉的固定窗扇，压条钉在仔边上固定玻璃。选择定额 6-228。见图 12-3-16。

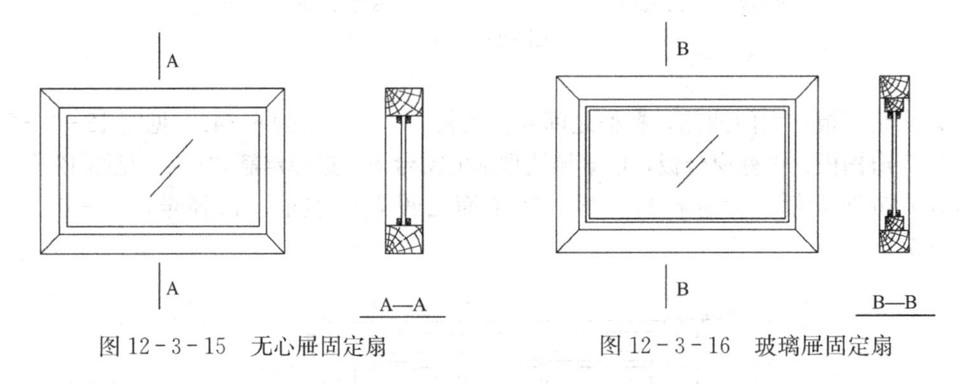

图 12-3-15　无心屉固定扇

图 12-3-16　玻璃屉固定扇

（25）倒挂楣子软樘：安装在檐枋之下的楣子称倒挂楣子。选择定额 6-329。见图 12-3-17。

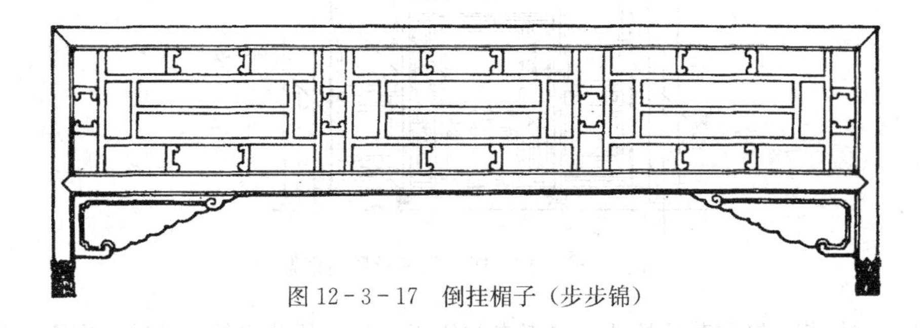

图 12-3-17　倒挂楣子（步步锦）

（26）倒挂楣子硬樘：边庭比软樘多几根的楣子。选择定额 6-330。见图 12-3-18。

（27）座凳楣子：檐柱间安装在下面的楣子，上面设座凳面，供人休息之用。选择定额 6-330。见图 12-3-19。

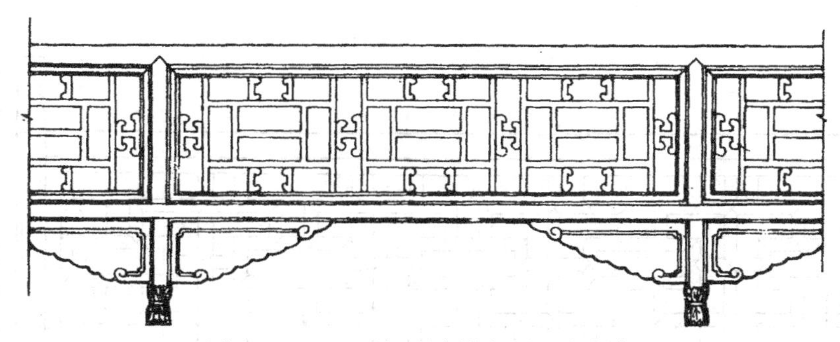
图 12-3-18 硬三樘倒挂楣子（步步锦）

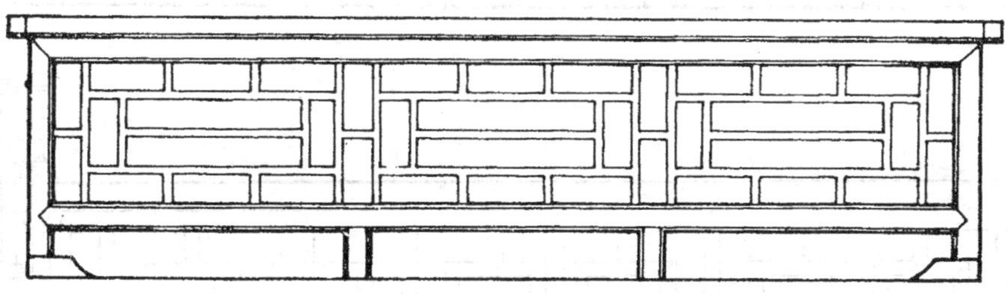
图 12-3-19 座凳楣子（步步锦）

（28）座凳面：见座凳楣子。选择定额 6-322。见图 12-3-19。

（29）白菜头：倒挂楣子大边下端头的雕刻花饰。选择定额 6-349。见图 12-3-20。

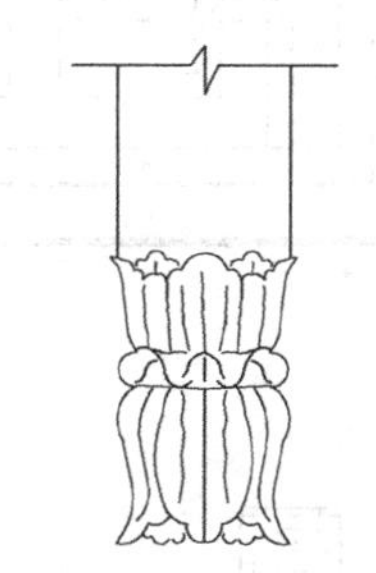
图 12-3-20 白菜头

（30）寻仗栏杆：带荷叶净瓶与寻仗的木栏杆。选择定额 6-366。见图 12-3-21。

（31）花栏杆：由条子组成的各式花饰栏杆。选择定额 6-367。见图 12-3-22。

（32）直挡栏杆：花心只设竖向立杆，比较简易的栏杆。选择定额 8-278、定额6-368。见图 12-3-23。

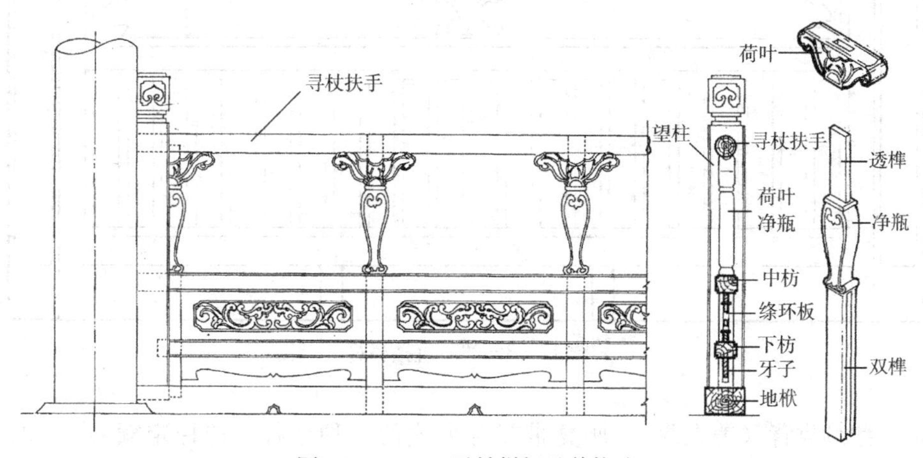

图 12-3-21 寻杖栏杆及其构造

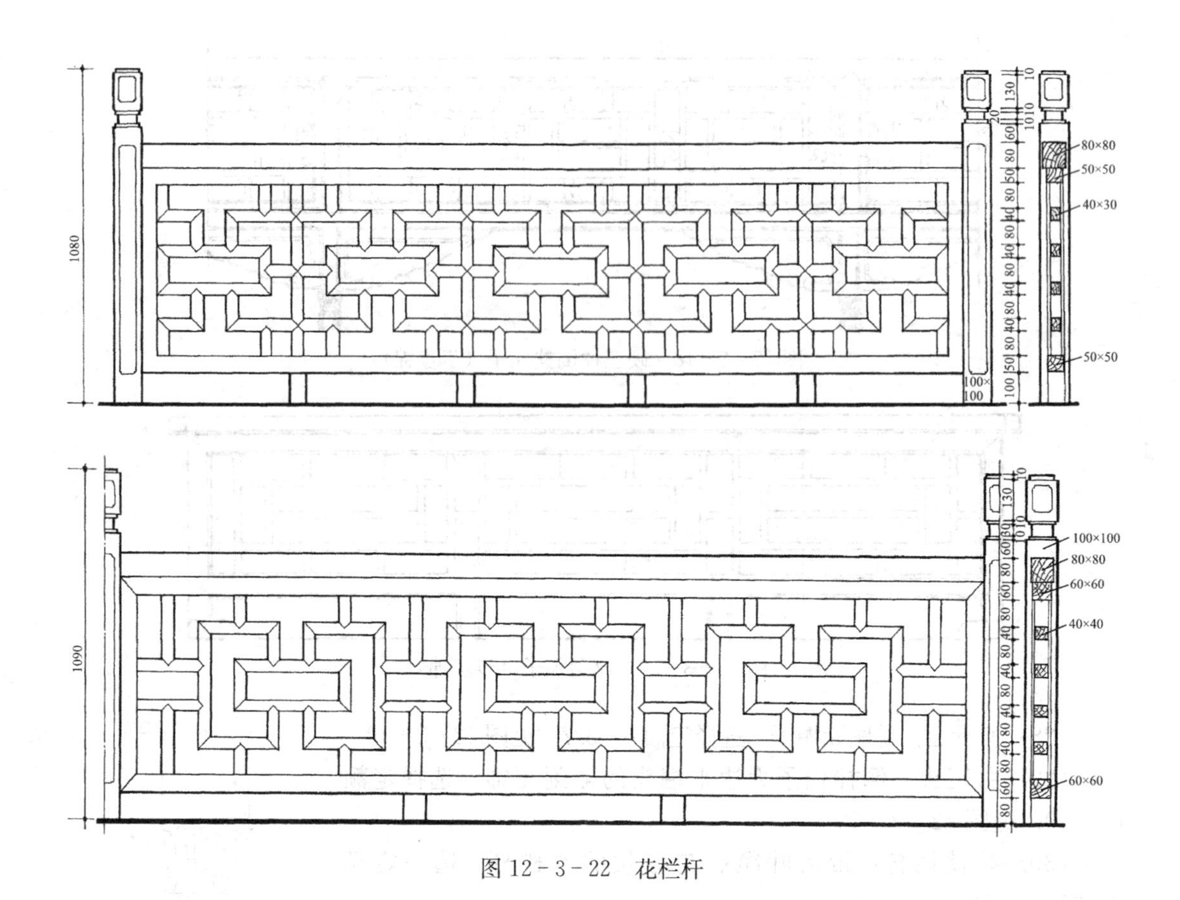

图 12-3-22　花栏杆

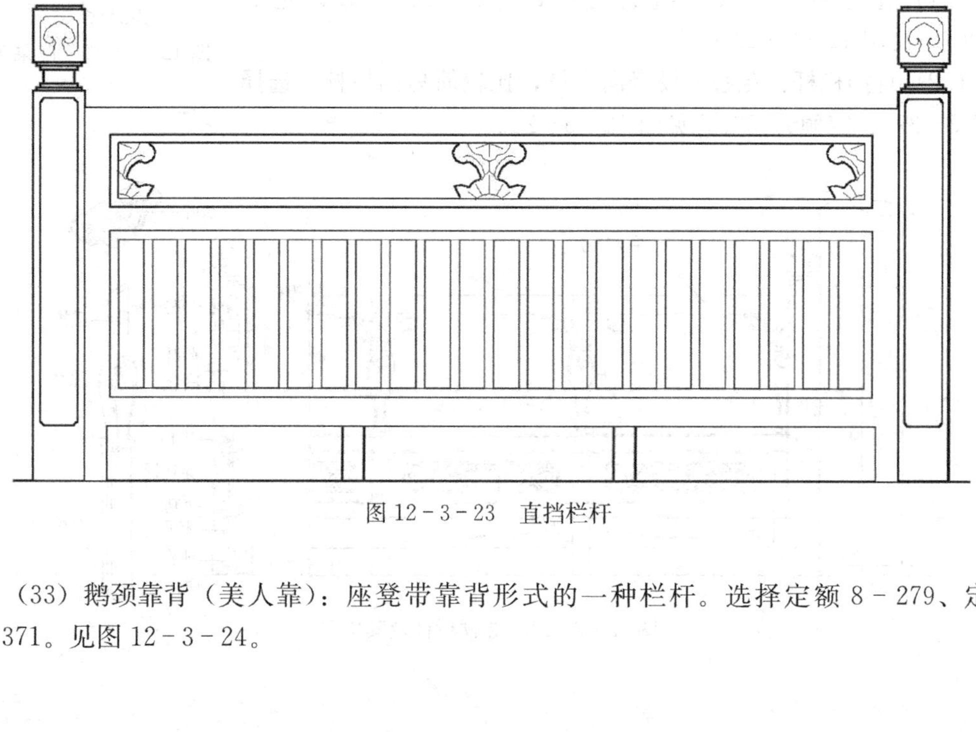

图 12-3-23　直挡栏杆

(33) 鹅颈靠背（美人靠）：座凳带靠背形式的一种栏杆。选择定额 8-279、定额 6-371。见图 12-3-24。

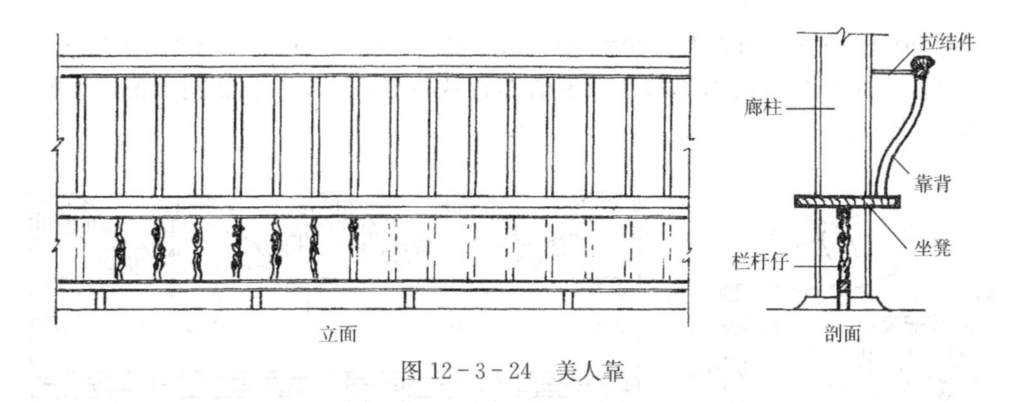

图 12-3-24 美人靠

（34）木望柱：木栏杆两侧的柱子。选择定额 6-359。见图 12-3-25。

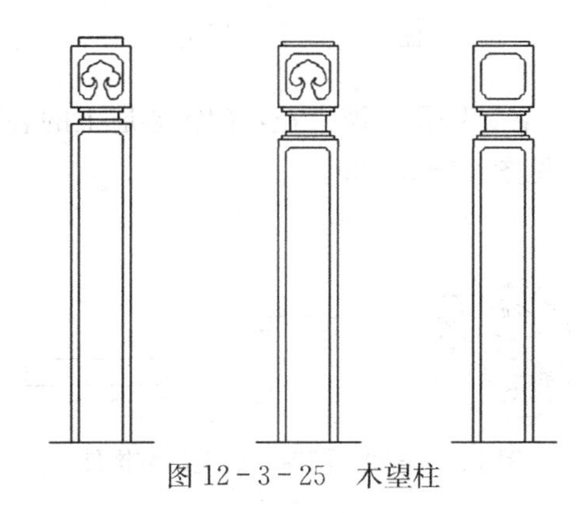
图 12-3-25 木望柱

（35）支摘窗纱屉：只有边抹（无仔屉）用压条钉窗纱，嵌在支摘窗支窗的里侧的纱屉。选择定额 6-241。

（36）直折线型边框什锦窗：边框为直线或折线形的什锦窗。选择定额 6-294。见图 12-3-26。

图 12-3-26 直折线型边框什锦窗

（37）曲线型边框：边框为曲线形或弧形的什锦窗。选择定额 6-297。见图 12-3-27。

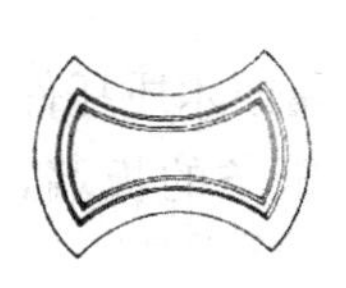

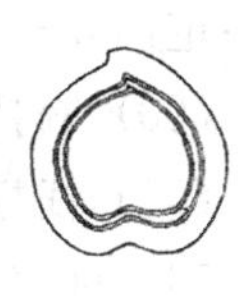
图 12-3-27 曲线型边框

（38）桶座：木质什锦窗套（随墙厚）。选择定额 6－313。见图 12－3－28。

（39）贴脸：用较宽的木条随什锦窗的形状做一个口，贴在什锦窗外侧。选择定额 6－303。见图 12－3－28。

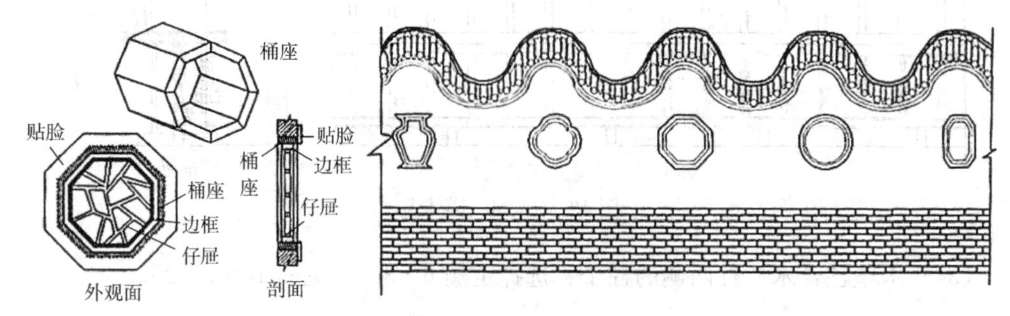

图 12－3－28 桶座

（40）卡子花、团花、工字、卧蚕、海棠花：门窗心屉上的装饰件。选择定额 6－282、6－286、6－288、6－290。见图 12－3－29。

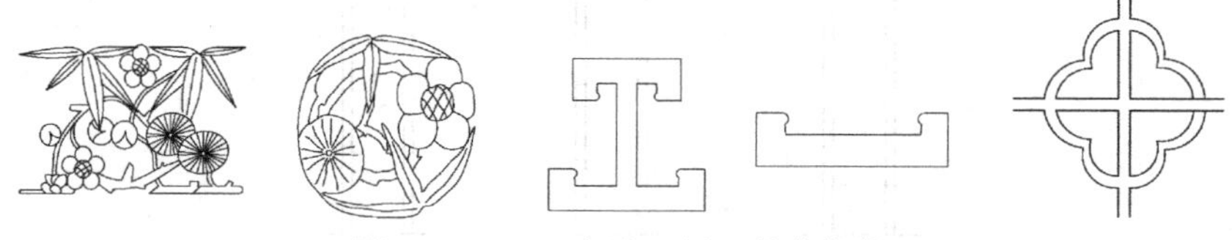

图 12－3－29 门窗心屉上的装饰件

（41）花栏杆荷叶墩：指花栏杆扶手下边的装饰件。选择定额 6－369。见图 12－3－30。

（42）木门钉：实榻门上装饰的木门钉。选择定额 6－276。

（43）栓杆与门栓（闩）：竖向用称为栓杆，横向用称为门闩。定额分为隔扇栓杆与槛窗栓杆。选择定额 6－209、6－217。

（44）隔扇面叶：隔扇上面的铜装饰件。选择定额 6－272。见图 12－3－31（左）。

（45）大门包叶：在大门底部起保护门板的作用。选择定额 6－273。见图 12－3－31（右）。

（46）壶瓶形护口：大门中间保护门扇所钉包的金属板。选择定额 6－278。见图 12－3－32。

（47）普通平匾、带边框平匾：这是匾的两种形式。选择定额 6－446、6－448。

（48）如意毗卢帽斗形匾：高等级匾的一种形式。选择定额 6－434。见图 12－3－33。

（49）云龙毗卢帽斗形匾：用于宫殿中等级很高的一种匾，边框雕刻云朵和龙的图案。选择定额 6－440。

（50）匾托：架匾用的金属或木质托件。选择定额6－452。见图 12－3－34。

（51）栈板墙：表面带木压条的板墙，多用于钟鼓楼山门等的木质外墙。选择定额 6－376。见图 12－3－35。

（52）隔墙板与护墙板：起室内分隔作用的板墙（障日板）或靠墙封护的板墙。选择定额 6－392、6－388。

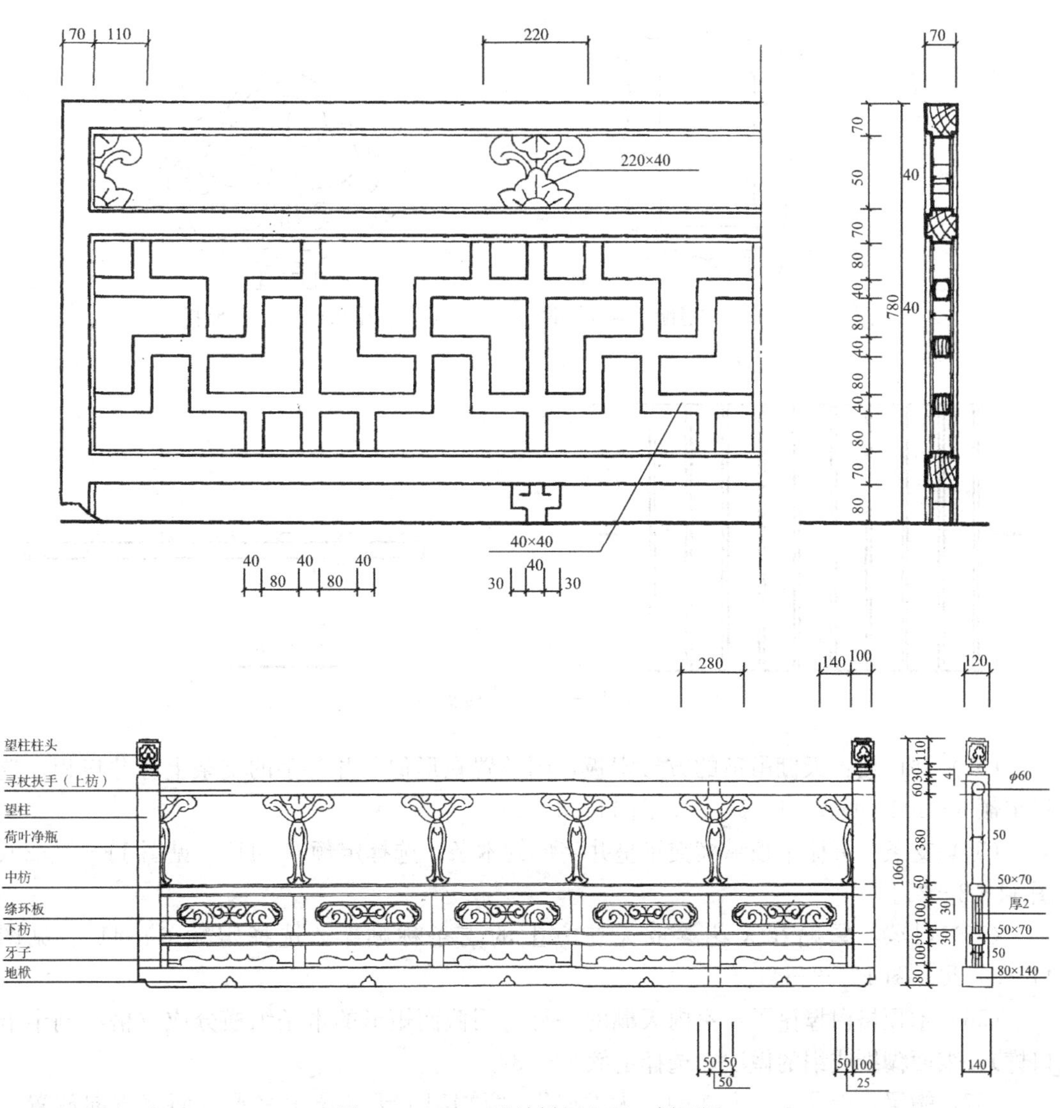

图 12-3-30　寻杖栏杆立面、剖面图

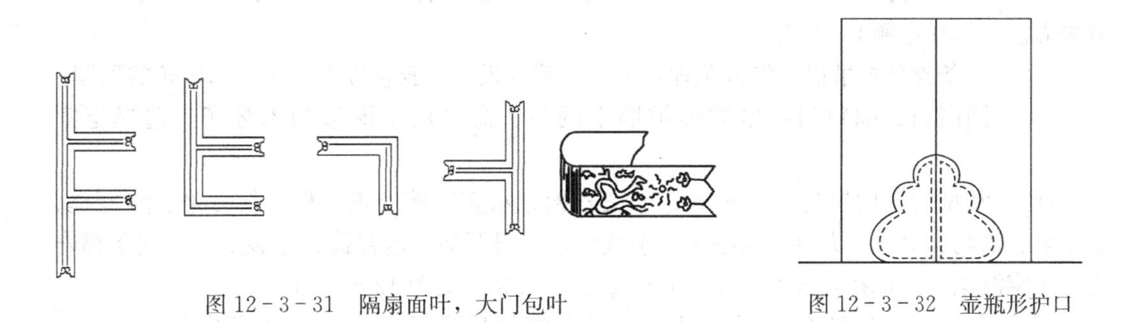

图 12-3-31　隔扇面叶，大门包叶

图 12-3-32　壶瓶形护口

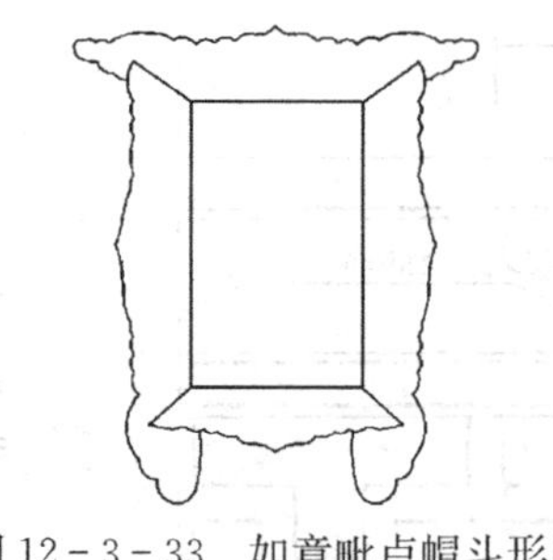

图 12-3-33 如意毗卢帽斗形匾

图 12-3-34 匾托

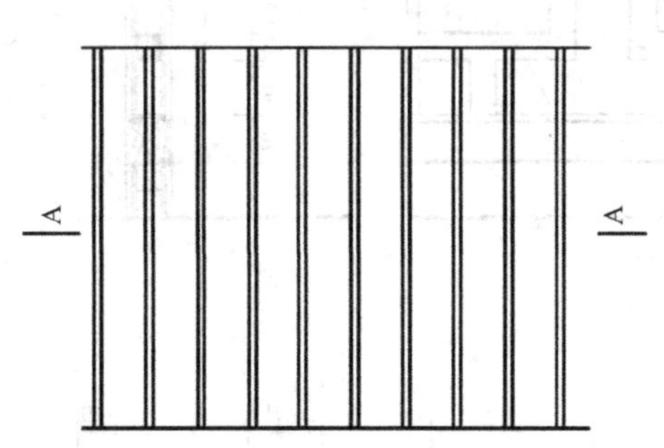

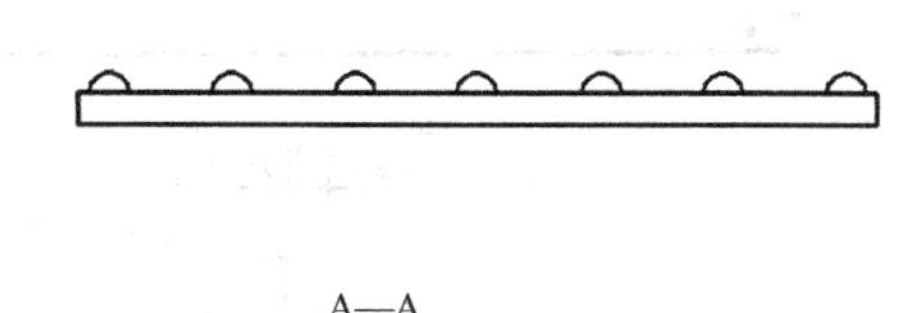

图 12-3-35 栈板墙

(53) 井口板：天棚吊顶的方形木板，因放置在形似“井”字的支条上称井口板。选择定额 6-404。见图 11-3-20、图 11-3-25。

(54) 支条：天棚吊顶纵横交错呈井字形的木条。选择定额 6-415。见图 11-3-20、图 11-3-25。

(55) 贴梁：紧贴在天花梁或天花方上的支条称贴梁。选择定额 6-415。见图 11-3-20、图 11-3-25。

(56) 木顶格白樘篦子：室内天棚的一种，用截面矩形的木条纵横分成方格（刻半卡口榫），表面糊纸或绢的做法，选择定额 6-432。

(57) 帽梁：天花支条上面的“大龙骨”，两端架上天花梁上（平行面宽方向放置）。选择定额 6-428。见图 11-3-20、图 11-3-25。

(58) 带压条仿井口天花：先吊龙骨再满钉胶合板，最后用木压条分格，形成仿天花效果做法。选择定额 6-422。

(59) 压条胶合板吊顶：先钉龙骨，再满钉胶合板，在胶合板上分格钉木压条的顶棚。

(60) 圜门口、圜窗口：木质维护墙上的门、窗口用于圈边的木牙子。选择定额 6-381、6-378。

(61) 常见传统门窗的心屉形式：三交六椀、双交四椀、正方格、斜方格、灯笼框、步步紧、盘肠、套方、万字、拐字锦、金线如意、斜万字、龟背锦、冰裂纹、直棂条福寿锦、十字海棠花。选择定额 6-142、6-145、6-148。见图 12-3-36。

(62) 花牙子，骑马花牙子：倒挂眉子上的木质透雕装饰件。选择定额 6-352、6-356。见图 12-3-37。

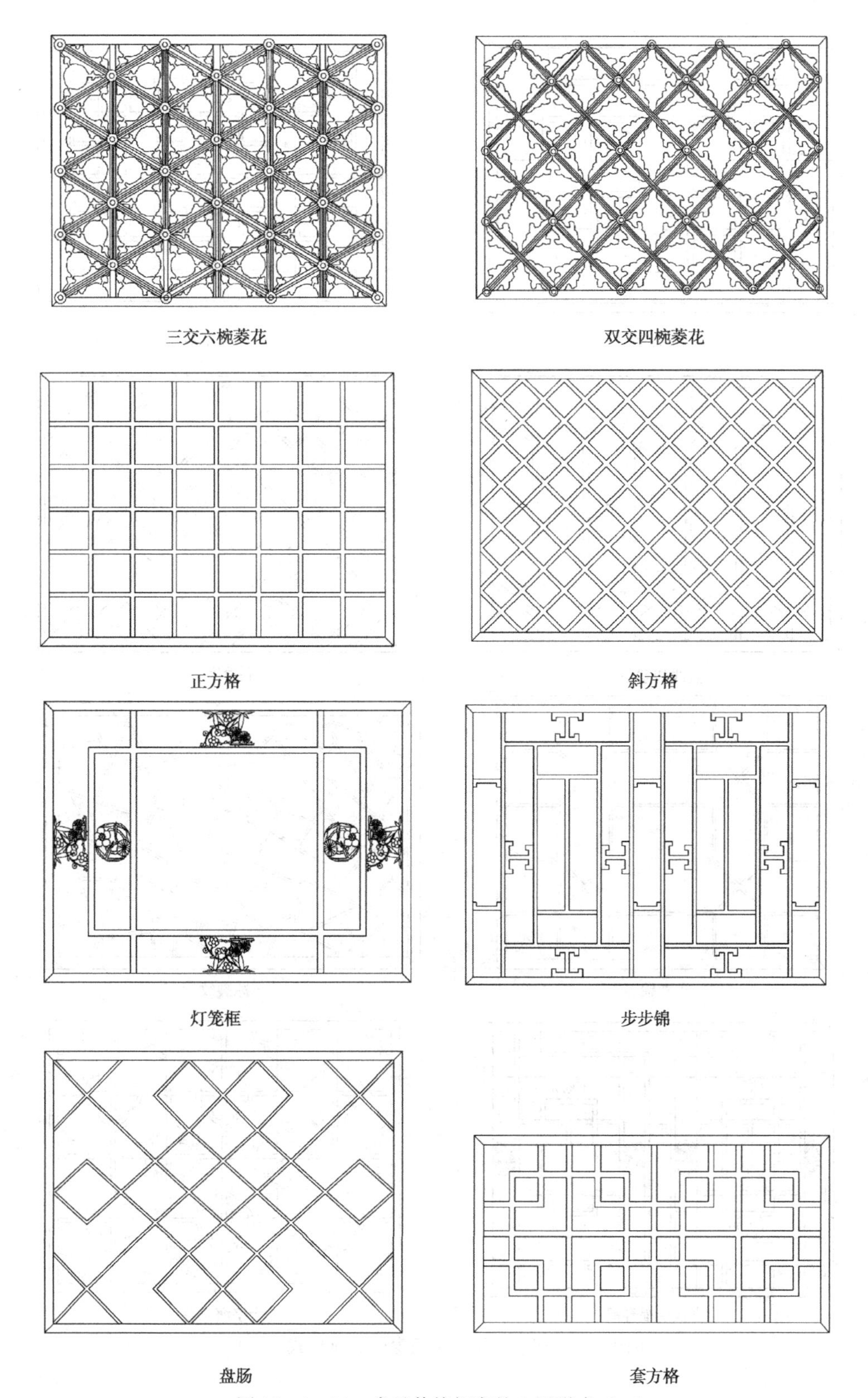

图 12-3-36 常见传统门窗的心屉形式（一）

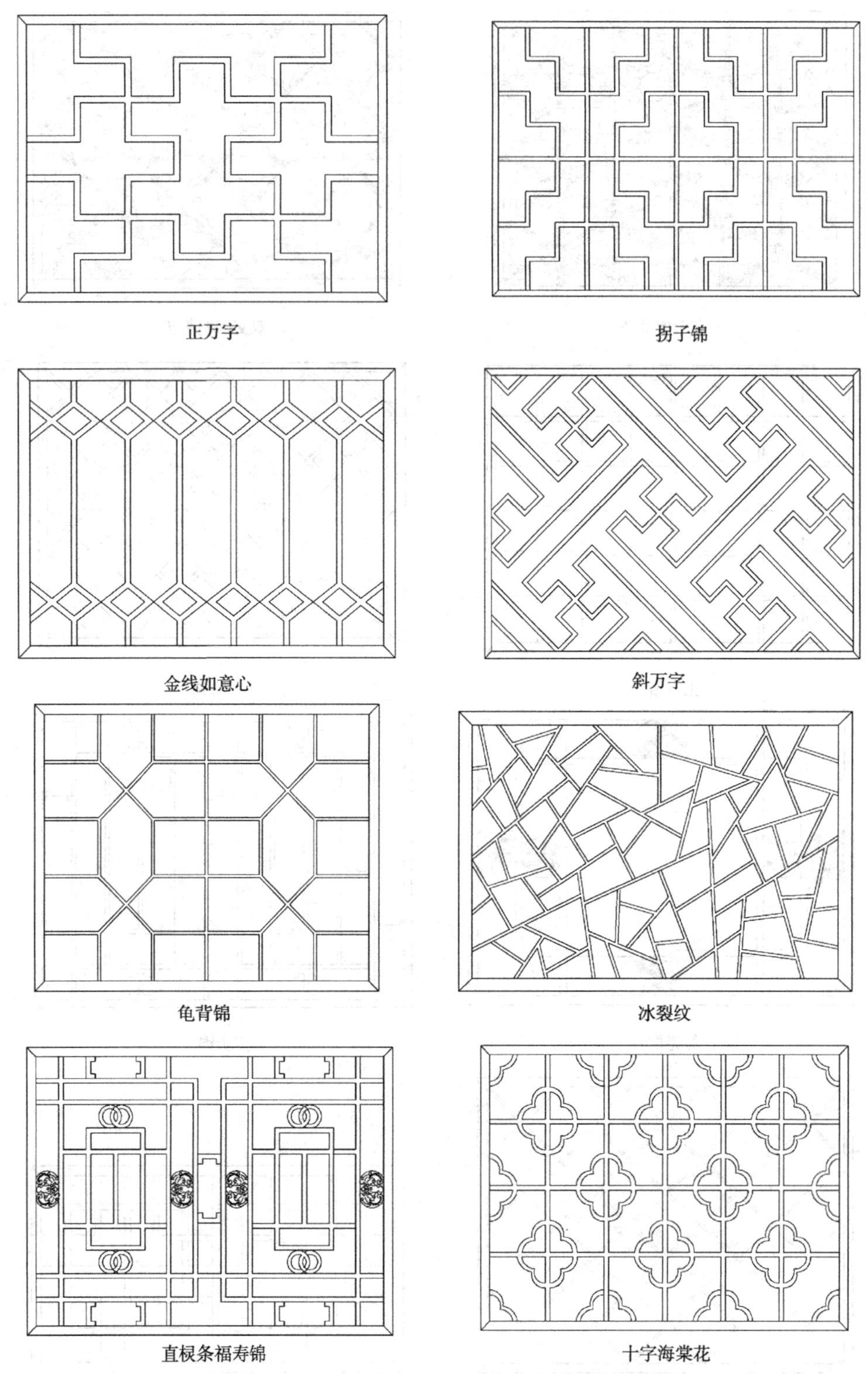

图 12-3-36 常见传统门窗的心屉形式（二）

图 12-3-37 花牙子和骑马花牙子

12.4 工作内容与统一规定

本章包括槛框，帘架大框，门窗扇，什锦窗，坐凳、倒挂楣子，栏杆，木板墙，天棚，匾额，糊饰，共 10 节 510 个子目。

1. 工作内容

（1）本章各子目工作内容均包括准备工具、选料、下料、场内运输及余料、废弃物的清运。

（2）检查加固包括检查并记载损坏情况，用木螺钉、圆钉、木楔等进行加固；其中槛框、通连楹、门栊检查加固包括门簪、楹斗、门枢护口、木门枕等附件的加固，门头板、余塞板检查加固包括补配边缝压条，筒子板检查加固包括木贴脸的加固，帘架大框检查加固包括配换卡子及紧固荷叶墩、荷花栓斗，栏杆检查加固包括望柱的检查加固，鹅颈靠背检查加固包括添配拉结铁件。

（3）检查包括检查并记载损坏情况，用木螺钉、圆钉、木楔等进行加固，以及添换小五金件、刮刨口缝等简单修理；其中什锦窗检修包括心屉、贴脸及桶座的检修，不包括心屉补换棂条。

（4）整修包括拆卸、整治扭翘窜角、添配小五金及重新安装。

（5）拆安包括拆卸、修整榫卯、重新安装。其中槛框、通连楹、门栊拆安包括楹斗、门簪、门枢护口、木门枕等附件的拆安，门头板、余塞板拆安包括拼帮及添换边缝压条，筒子板、窗榻板、坐凳面拆安包括拼帮、重新穿带或紧带，帘架大框拆安包括更换卡子及拆装荷叶墩、荷花栓斗、木护墙板拆安包括补换龙骨。

（6）拆修安包括拆卸解体，配换缺损的部件，重新组攒，补换转轴及套筒踩钉、鹅项碰铁、合页、销子、拉环、挺钩及插销等小五金件、重新安装；其中隔扇、槛窗、支摘窗扇拆修安不包括裙板、绦环板的雕刻及心屉的修理；大门扇及屏门扇拆修安包括拼帮、重新穿带，不包括门钉、包叶、壶瓶形护口的补换；栏杆拆修安包括望柱的拆修安及柱脚铁件的添配，寻杖栏杆拆修安还包括所配换部件的雕刻；天花井口板拆修安包括摘下、重新拼缝穿带；木顶格白樘篦子拆修安包括补换棂条及吊挂。

（7）门窗扇、楣子补换棂条包括修换仔边、补换棂条、重新组攒、安装，不包括卡子花类雕饰件及十字海棠花瓣的补配，其中菱花心屉补换棂条还包括补换菱花扣。

（8）倒挂楣子补换白菜头包括锯截损毁的白菜头，雕作配换新白菜头。

（9）本章拆除项目包括拆下、运至场内指定地点分类存放，其中槛框、通连楹、门栊拆除包括楹斗、门簪、木门枕等附件的拆除，帘架大框拆除包括拆卡子及荷叶墩、荷花栓斗，栏杆拆除包括望柱的拆除，栈板墙拆除包括拆圜窗口、圜门口及牙子，天花支条及贴梁、木顶格白樘篦子拆除包括吊挂。

（10）本章制作项目均包括选料、截配料、刨光、画线制作成型、组攒等全部内容；雕刻或雕作项目包括拓样或绘稿、雕刻成型；本章安装项目包括组攒安装或整体安装，其中贴靠砖墙、地面的木装修安装包括下木砖及涂刷防腐涂料。贴靠木结构的装修安装包括在木构件上剔凿安装卯眼，门窗扇等安装包括铰接件（或销子）及拉环、挺钩及插销等小五金件的安装；制安包括制作与安装的全部工作内容。

（11）槛框、通连楹、门栊制安包括企口、企线、做榫卯及溜销、剔凿门簪卯眼及门枢孔、钉拆护口条，其中框制安还包括砍抱豁，门栊制安还包括挖弯企雕边线。

（12）槛框包铜皮包括铜板的裁切加工及钉装；拆钉铜皮包括拆除铜板、修整并重新钉装；拆换铜皮包括拆除旧铜板并钉装新铜板。

（13）楹斗制安包括剔凿门枢孔；门簪制安包括做榫卯及销子，侧面企梅花线脚，端面雕刻；木门枕制安包括剔凿槛豁及海窝眼、制安海窝。

（14）门头板、余塞板制安包括裁口拼装、制安边缝压条。

（15）窗榻板、筒子板、坐凳面制安包括拼缝、穿带、做榫卯、安装。

（16）帘架大框制安包括制安卡子；荷叶墩、荷花栓斗制安包括雕刻。

（17）隔扇、槛窗制作包括边抹、裙板、绦环板的制作、组攒加楔，不包括裙板、绦环板的雕刻及心屉的制作。

（18）隔扇及槛窗心屉制安包括仔边、棂条的制作、组攒加楔及安卡子花类雕饰件，不包括卡子花类雕饰件的雕作；其中菱花心屉包括安菱花扣，十字海棠花心屉包括海棠花瓣的制安。

（19）支摘窗制作、楣子制作包括边抹、心屉的制作、组攒加楔及安卡子花类雕饰件，不包括卡子花类雕饰件的制安；其中十字海棠花心屉包括海棠花瓣制安，支摘纱窗制作包括钉纱；楣子制作包括框外延伸部分及楣子腿，不包括白菜头的雕刻。

（20）实榻大门扇、撒带大门扇及屏门扇制作包括拼板、穿带，攒边门扇制作包括组攒加楔，做木插销。

（21）门窗扇安装采用转轴铰接的包括制安转轴及套筒踩钉，鹅项碰铁铰接的包括制安鹅项碰铁，合页铰接的包括制安合页，销子固定的包括制安销子及剔凿销子眼。

（22）门窗扇制作、安装不包括栓杆、门钹（兽面）门钉、面叶、包叶、壶瓶形护口的制安。

（23）什锦窗制安包括套样，其窗屉制安包括边抹心屉及安卡子花类雕饰件，不包括卡子花类雕饰件的雕作。

（24）栏杆制安不包括望柱制安；寻杖栏杆制安包括扶手、边框、心板、走水牙子、净瓶等制作及雕刻，组攒安装；花栏杆、直档栏杆制安包括扶手、边框、棂条等制作、组攒安装，不包括荷叶墩雕作。

(25) 望柱制安包括雕刻柱头、梅花灵棱线、海棠池，制安柱脚铁件。

(26) 鹅颈靠背（美人靠）制安包括扶手、鹅颈棂条制作组攒，在座凳面上剔凿卯眼安装及制安拉结铁件。

(27) 栈板墙补换压缝引条包括拆除破损引条、制安新引条；栈板墙制安包括栈板、压缝引条的制作及安装，不包括圜门口、圜窗口及牙子的制安；圜门口、圜窗口制安包括套样制作成型、安装；圜门、圜窗牙子制安包括雕作及定位安装。

(28) 木护墙板补换面板包括拆除破损旧面板、修补龙骨、制安新面板。

(29) 井口天花支顶加固支护、松开吊挂、支顶、重新吊挂及吊挂件的添换、撤除支护。

(30) 天花井口板制安包括拼板穿带、制作成型及安装。

(31) 天花支条及贴梁制安包括企线、企口、做榫卯、安装及吊挂制安；仿井口天花压条制安包括企线、分格钉装。

(32) 木顶格白樘篦子制作包括边框、棂条制作、组攒加楔，安装包括制安吊挂。

(33) 匾额制作包括拼板穿带、制作成型，不包括刻字，其中毗卢帽斗形匾和雕花边框平匾包括毗卢帽、匾边框的雕刻。

(34) 匾托、匾钩补换包括拆除损毁的旧匾托、匾钩，制作并安装新匾托、匾钩。

(35) 白杆骨架纸天棚新作包括定位拴骨架、裁纸、分层裱糊、圈边掩缝及检查口制作、通风孔簇花，其中银花纸面层裱糊还包括拼花拼缝。白杆骨架纸天棚拆除包括撕除面层、拆除骨架。

(36) 裱糊包括清理基层、修补细小空隙、钉帽拆除、裁纸（布）分层裱糊、圈边掩缝，其中花饰面层裱糊还包括拼花拼缝。各种糊饰层揭除包括揭除所有裱糊层、焖水洗挠干净。

(37) 心屉装纱包括摘安心屉、清理基层、裁纱、糊纱。心屉换纱除包括上述内容外还包括撕除旧纱。

2. 统一性规定及说明

(1) 槛框包括上槛、中槛、下槛、风槛、抱框、间框（柱）、腰枋。

(2) 槛框、通连楹及门栊检查加固、拆安、拆除、制安定额已综合考虑了隔扇、槛窗、支摘窗、屏门、大门及内檐隔扇装修的不同情况，其中通连楹和门栊在实际工程中挖弯企雕边线者执行门栊定额，否则执行通连楹定额。帘架大框下槛亦执行相应槛框定额。

(3) 槛框、通连楹、门栊及帘架大框检查加固、拆安、拆除定额已包括附属的楹斗、门簪、荷叶墩、荷花栓斗等附件在内，楹斗、门簪、荷叶墩、荷花栓斗等检查加固、拆安、拆除不得再另行计算。槛框、通连楹、门栊及帘架大框检查加固、拆安需添换的楹斗、门簪、荷叶墩、荷花栓斗另按本章相应制安定额执行。

(4) 楹斗不分单楹、连二楹或栓斗按不同规格执行相应定额，门簪以其外端面形制为准执行定额。

(5) 筒子板的侧板、顶板执行同一定额，若需钉木贴脸或配换木贴脸另按本定额《土建工程》相应定额及相关规定执行。

(6) 帘架风门及余塞腿子、随支摘窗夹门按隔扇相应定额执行；随隔扇、槛窗的横披窗及帘架横披窗按槛窗相应定额执行；随支摘窗的横披窗按支摘窗相应定额执行。

(7) 隔扇、槛窗拆除不分松木、硬木执行同一定额。

(8) 隔扇、槛窗的裙板、绦环板雕刻以松木单面雕刻为准，松木双面雕刻按定额乘以2.0系数执行，硬木单面雕刻按定额乘以1.8系数执行，硬木双面雕刻按定额乘以3.6系数执行。

(9) 门窗扇合页铰接安装者执行鹅项碰铁铰接安装定额。

(10) 门窗心屉有无仔边，定额均不作调整；码三箭心屉按正方格心屉相应定额执行；心屉补换棂条定额均以单层心屉为准，其单扇棂条损坏量超过40%时按心屉制安定额执行。

(11) 什锦窗洞口面积按贴脸里口水平长乘以垂直高计算，桶座不分是否通透均执行同一定额。

(12) 坐凳面需安装拉结铁件者另按本分册第五章“木构架及木基层工程”中木构件安装加固铁件相应定额及相关规定执行。

(13) 井口天花支顶加固适用于梁架间整体支顶加固的情况。

(14) “仿井口天花”又称“假硬天花”，系整体吊顶后分格钉装压条以达井口天花之观感的工程做法，其吊顶执行北京市房屋修缮工程计价依据《土建工程预算定额》相应项目及相关规定，压条制安或补换执行本章“仿井口天花压条制安、补换”定额。

(15) 匾额刻字按本定额第七章“油饰彩绘工程”中相应定额及相关规定执行；匾托、匾钩制安与补换执行同一定额。

(16) 梁柱槛框裱糊包括柱、枋、梁、檩、垫板等木构件及槛框、榻板，并以包括楹斗糊饰的工料机消耗在内，楹斗糊饰不再另行计算；门窗扇裱糊以室内面糊饰为准，包括边抹、裙板、绦环板及转轴，不包括心屉；心屉若需糊饰执行木顶格裱糊相应定额。

12.5　工程量计算规则

1. 槛框、通连楹、门栊按长度以m为单位计算，其中抱框、间框（柱）、腰枋按净长计算，槛、通连楹、门栊按轴线间距计算；随墙门的槛、通连楹、门栊长度按露明长加入墙长度计算，入墙长度有图示者按图示计算，无图示者两端各按本身厚2份计算。

2. 槛框拆钉铜皮、拆换铜皮、包钉铜皮均按展开面积以m^2为单位计算，计算面积时框按净长计算，槛按露明长计算。

3. 封护檐随墙窗框按垂直投影面积以m^2为单位计算，框外延伸部分面积不增加。

4. 楹斗、门簪、木门枕及帘架荷叶墩、荷花栓斗以件（块）为单位计算。

5. 门头板、余塞板按露明垂直投影面积以m^2为单位计算。

6. 筒子板的侧板按垂直投影面积、顶板按水平投影面积，以m^2为单位计算。

7. 窗榻板、坐凳面均按柱中至柱中长（扣除出入口处长度）乘以上面宽的面积以m^2为单位计算，坐凳出入口处的膝盖腿应计算到坐凳面面积中。

8. 过木按体积以m^3为单位计算，长度无图示者按洞口宽度乘以1.4计算。

9. 帘架大框按垂直投影面积以m^2为单位计算，其下端以地面上皮为准，框外延伸部分面积不增加。

10. 各种门窗扇、楣子按垂直投影面积以 m^2 为单位计算，门枢、白菜头、楣子腿等框外延伸部分均不计算面积。

11. 裙板、绦环板雕刻按露明垂直投影面积以 m^2 为单位计算。

12. 隔扇、槛窗心屉制安补换棂条均按仔边外皮（边抹里口）围成的面积以 m^2 为单位计算，双面夹纱（玻）心屉双面均需补换棂条者按两面计算。

13. 门钹、门钉、面叶、包叶、壶瓶形护口、铁门栓、栓杆及工字、握拳、卡子花等分别以件、个、根为单位计算。

14. 支摘窗挺钩补配以份为单位计算；菱花扣单独添配以百个为单位计算；心屉海棠花瓣补配以件为单位计算（一个完整的海棠花由四瓣组成，每瓣算一件）。

15. 什锦窗桶座、贴脸、心屉分别以座、份、扇为单位计算，通透什锦窗双面做木贴脸、心屉者按两份、扇计算。

16. 倒挂楣子白菜头补配及雕刻均以个为单位计算。

17. 花牙子、骑马牙子以块为单位计算。

18. 望柱按柱身截面积乘以全高的体积以 m^3 为单位计算。

19. 栏杆按地面或楼梯帮板上皮至扶手上皮间竖直高乘以长（不扣除望柱所占长度）的面积以 m^2 为单位计算；花栏杆荷叶墩以块为单位计算。

20. 鹅颈靠背（美人靠）按上口长以 m 为单位计算。

21. 栈板墙补换压缝引条按所补换引条的长度累计以 m 为单位计算。

22. 栈板墙、护墙板、隔墙板均按垂直投影面积以 m^2 为单位计算，扣除门窗洞口所占面积。

23. 匾门口、匾窗口以份为单位计算；匾门、匾窗牙子以块为单位计算。

24. 斗形匾以块为单位计算，平匾按正面投影面积以 m^2 为单位计算。

25. 匾托以件为单位计算，匾钩按质量以 kg 为单位计算。

26. 井口天花支顶加固按井口枋里皮围成的面积以 m^2 为单位计算，扣除梁枋所占面积。

27. 天花井口板分规格以块为单位计算。

28. 天花支条、贴梁、仿井口天花压条均按其中心线长度累计以 m 为单位计算。

29. 帽儿梁按最大截面积乘以梁架中至中长的体积以 m^3 为单位计算。

30. 木顶格白樘篦子按面积以 m^2 为单位计算，其平装者按水平投影面积计算，斜装者按斜投影面积计算。

31. 白杆骨架纸天棚“平”、“切”分别按水平投影面积和斜投影面积以 m^2 为单位计算，扣除梁枋等所占面积；木顶格糊饰按木顶格白樘篦子面积计算。

32. 梁柱槛框糊饰按面积以 m^2 为单位计算，扣除墙体、天花顶棚等所掩盖面积，其中：

（1）柱按其底面周长乘以柱露明高计算面积，枋、梁按其露明高与底面宽之和乘以净长计算面积，均扣除槛框、墙体所掩盖面积；垫板按截面高乘以净长计算面积；檐檩按糊饰宽度乘以净长计算面积。

（2）槛框按截面周长乘以长度计算面积，其中槛长以柱间净长为准，框及间柱长以上下两槛间净长为准；扣除贴靠柱、枋、梁、榻板、墙体、地面等侧的面积，楹斗、门簪等附件不再另行计算；带门栊的上槛不扣除门栊所压占面积，门栊只计算底面的面积。

(3) 窗榻板按室内露明宽与厚之和乘以净长计算面积。

33. 墙面糊饰按垂直投影面积以 m^2 为单位计算，不扣除柱门、踢脚线、挂镜线、装饰线及 $0.5m^2$ 以内孔洞所占面积，扣除 $0.5m^2$ 以外门窗洞口及孔洞所占面积，其侧壁不增加。

34. 门窗扇糊饰按垂直投影面积以 m^2 为单位计算，边框外延伸部分及转轴面积不增加。

35. 心屉装纱、换纱按心屉仔边外皮（边抹里口）围成的面积以 m^2 为单位计算。

12.6 难点提示

1. 槅子做法虽有软樘与硬樘之分，定额也按此分类；但又按槅子心屉种类分类。

2. 门栊与通联楹的主要区别在于门栊的外边缘要企雕边线，而通联楹形似槛框，二者的作用相同，但应分别执行对应的定额子目。

3. 门簪不论截面呈六边形，八边形，带不带梅花线角，规矩按其外接圆径分档以其外端面（正立面）形制为准执行定额，如遇素面平做的执行起素边定额。

4. 除隔扇、槛窗、帘架风门及余塞腿子，随支摘窗夹门的裙板，绦环板雕刻本章设有雕刻子目外，其余的雕刻所需工料已包括在有关子目中。如雀替、龙凤花板，花牙子、卡子花的制安均已包括雕刻的工料。

5. 卡子花、工字、握拳的分档不是以棂条空隙尺寸分档，而是以相邻的棂条中心到中心的尺寸分档。不论方形、圆形均按雕刻内容分类，如意云执行工字定额。十字海棠花的一个完整的圆花（四拼）为一组整花，每个整花为一份，每份由4件组成。

6. 修补棂条以单层心屉为准，其每一单扇门、窗棂条损坏量超过40%时，按心屉的新作制安定额执行，也就是心屉损坏面积大于40%时按心屉整个面积执行新作定额。

损坏的40%仅指木装修拆前的损坏程度，不包括维修中不可避免的再次损坏。也不准将各个心屉棂条缺损量合并计算。此原则适用于带棂条的各种木装修构件。

7. 木栏杆计算面积时不扣除木望柱所占宽度；但木望柱也有其对应的定额，木望柱可再按体积计算，仍计算木望柱的费用。

8. 什锦窗洞口面积中的水平长，指异形、圆形的最长值。高指异形图形的最大值。或按异形图形的最小外接矩形计算。

9. 门窗检修的工程量应指所有门窗检修前总的数量，不是被检修中有问题的门窗数量。

10. 通连楹、单连楹、连二楹在门窗中的作用相同，但执行定额不同。通连楹按“米”执行槛框、通连楹定额。单楹、连二楹按“件”执行楹斗定额。

11. 支摘窗的挺勾应参照定额6－280计算其价格。

12. 槛框包铜皮指铜钉无图案做法，如铜钉有图案要求允许调整铜钉用量和定额用工。

13. 天棚非平面时，应按实际面积计算，即斜（坡）面不能按水平投影计算，而应按斜面的实际面积计算。

14. 墙面裱糊不论阴阳角多少，均不允许调整定额水平。

15. 墙面、顶棚的镶边不论宽度如何，都应以长度计算，不允许改变工程量计量单位或用系数调整。

16. 裱糊使用的材料与定额不符合时，允许换算材料单价、人工、材料消耗不允许调整。

17. 局部新做与维修旧天棚同时发生在一间房屋内时，应分别计算面积，分别执行相应定额，不允许二者面积合计后选择较高的定额项目。

12.7 习题演练

【习题 12-7-1】古建帘架上的横披窗应执行什么定额？隔扇上的横披窗应执行什么定额？中式门的门亮子应执行什么定额？

【解】帘架上的横披窗、隔扇上的横披窗、中式门上的门亮子均应执行槛窗定额。

【习题 12-7-2】某四合院有松木隔扇 60 扇，松木槛窗 120 扇。设计说明描述约有 50% 开启不灵活，要求对隔扇、槛窗进行检修，请问隔扇、槛窗检修的工程量是多少？为什么？

【解】隔扇、槛窗检修的工程量＝60＋120＝180 扇

因为检修门窗工程量的计算规则是以全部被检修的门窗数量为准。包括开启灵活与开启不灵活两类。不论其中预计有多少需要修理的门窗扇，均以门窗扇实物的总数为准。因此，这里的检修数量是 180 扇，而不是 90 扇。

【习题 12-7-3】古建筑隔扇、大门经常在门轴下安装铁套统，门枕上安海窝，通连楹上安贴护口。请问出现这些开启配件后，如何计算铁件的制作与安装价格？

【解】这些铁件要参照设计图纸分别计算出使用的质量，定额可参照执行“大木加固铁件”定额，计算铁件的制作费用。安装定额子目中虽有自制古建门窗五金，但这是仅指拉环，挺钩及插销等小五金件。设计图中应有彩钉，套筒详图，应另行计算。安装海窝的人工费用已包含在木门枕制安项目内。安装套统、护口可借用相关定额，另行计算安装的人工费用。

【习题 12-7-4】古建筑木楼梯制作，设计图纸要求带有木栏杆。而木楼梯的面积是按水平投影计算楼梯工程量的。这个工程量中包括木栏杆的制作与安装吗？木栏杆应如何处理？

【解】木楼梯制安的水平投影面积中不包括木栏杆的制安。设计要求做木栏杆时，应另按木装修中的栏杆制安执行。并分别计算木望柱与木栏杆的工程量，选择相应定额确定价格。

【习题 12-7-5】如图 12-7-1 所示，计算隔扇、槛窗的心屉面积？这三种心屉制作时分别适用哪些定额子目？（左图 8 扇，中图 4 扇，右图 16 扇）

【解】甲图心屉面积＝0.75×1.55×8 樘＝9.30m^2

乙图心屉面积＝0.72×1.65×4 樘＝4.75m^2

丙图心屉面积＝0.73×1.60×16 樘＝18.69m^2

甲、乙、丙图心屉面积之和＝9.30＋4.75＋18.69＝32.74m^2

甲图心屉适用步步锦心屉定额，乙图心屉适用拐子锦定额，丙图适用灯笼框定额。

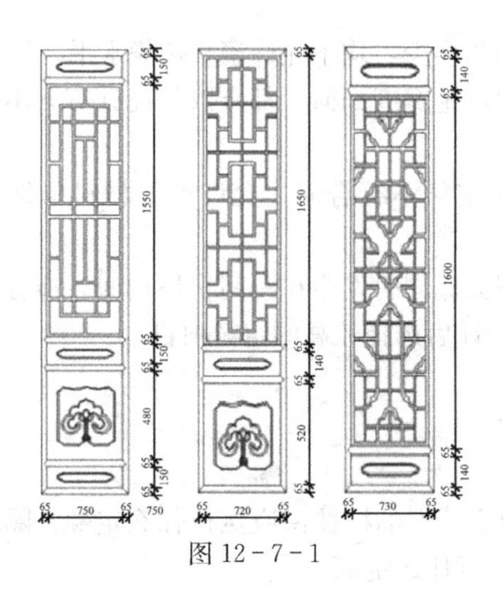

图 12-7-1

【习题 12-7-6】如图 12-7-1 所示，隔扇、槛窗安装二层 3mm 厚普通光玻璃，求安装玻璃的面积？

【解】如图所示安装玻璃的面积就是隔扇、槛窗心屉的面积。

安装玻璃面积=32.74×2 层=65.48m^2

【习题 12-7-7】古建木装修安装玻璃一般采用什么方法？双层玻璃与中空玻璃是同一个概念吗？为什么？

【解】古建木装修安装玻璃大多采用木压条的形式，将玻璃安装在仔屉内，有单层与双层之分。

双层玻璃一般可指普通平板光玻璃安装二层，二层玻璃中间用木压条分隔，玻璃外边用压条钉牢；或将仔屉做成双裁口，各层玻璃的外边再用木条压住。

中空玻璃是一种特殊玻璃，由生产厂家按设计要求事先在厂内加工预制。中空玻璃中间有一个惰性气体隔层，隔层两侧是特种光玻璃，四周有橡胶密封条，防止惰性气体泄漏。中间的惰性气体隔气层有很好的保温、隔热功能。中空玻璃必须在工厂预制，不能现场裁割。双层玻璃与中空玻璃根本不是一个概念，两者的价格悬殊很大，必须加以明确区分。

【习题 12-7-8】古建筑木装修油漆贴金工艺的隔扇、槛窗两炷香贴金和皮条线贴金的计算规则是什么？为什么？

【解】隔扇、槛窗两炷香贴金和皮条线贴金的计算规则是以隔扇、槛窗边抹外围所围面积计算的。其道理与菱花扣贴金，裙板、绦环板贴金道理相同。按照其贴金部位的满外尺寸计算面积。

【习题 12-7-9】什么叫“一平一切”顶棚？

【解】“一平”指的是一个大的平面，往往是主要部分，“一切”指的是将大平面的某一个边做成坡形（斜顶）。顶棚的组合是由一个平顶一个斜顶组成时叫“一平一切”顶棚。

【习题 12-7-10】什么叫“一平二切”？

【解】“一平”指的是最大的面是平面，与平面相交的有二个斜面的“二切”，顶棚的组合是由一个平面加二个斜面组成的叫“一平二切”顶棚。

【习题 12－7－11】 顶棚有斜面时（“一平一切”或“一平二切”）如何计算裱糊顶棚的工程量？

【解】 遇有斜顶棚时，应按斜面的实际面积（斜面的展开面积）计算，不能按顶棚的水平投影面积计算。

【习题 12－7－12】 裱糊顶棚中遇有检查口、灯杆等时应如何调整定额？

【解】 裱糊顶棚中不论顶棚中有多少个检查口、灯杆，均不允许调整定额，定额在确定预算基价时已综合考虑了这些不利因素，故不允许再调整。

【习题 12－7－13】 裱糊顶棚的面层用料与定额规定不符合时，如何执行定额？

【解】 表层材料若与定额规定不符合时，允许换算材料。换算的原则是材料单价可以换算，但材料用量及人工均不允许调整。

12.8 巩固练习

1. 某门口宽 1200mm，过木高度 150mm，过木宽同墙厚为 450mm，求过木的工程量。

2. 某次间面宽 3300mm，踏板宽 320mm，踏板厚 95mm，试计算三间房前后檐次间带装修时榻板的工程量为多少？选择正确的定额子目，计算直接工程费为多少？（暂按定额原价计算）

3. 帘架横披窗，支摘窗横披窗、隔扇、槛窗横披窗应选用什么定额子目？

4. 隔扇、槛窗、支摘窗安装玻璃的面积如何计算？

5. 某四合院有松木隔扇 60 扇，松木槛窗 80 扇，设计要求全部进行检修，检修中只发现隔扇槛窗中各有 24 扇开启不灵，需要刮刨边缝，其他完好，未进行修理。试求结算时的检修工程量。选择正确的定额，并计算直接工程费。（暂按定额价计算）如人工单价调整为 60 元/工日，求新的人工费与定额人工费之差为多少？

6. 隔扇、槛窗、支摘窗，如心屉花饰相同时，制作时哪个不包括心屉的制作？哪个包括心屉的制作？为什么？

7. 某间天棚吊顶，面宽方向有 7 块井口板，进深方向有 11 块井口板，已知面宽方向支条长 2800mm，进深方向支条长 6100mm，请计算支条的工程量。当支条宽为 50mm 时，计算支条的直接工程费（暂按定额原价）。

8. 什锦窗的图形变化丰富，如何计算什锦窗的面积？

9. 某游廊有 26 间，面宽 3200mm，柱径 200mm，檐枋下均设置 650mm 高倒挂楣子，500mm 高座凳楣子，试计算倒挂楣子、座凳楣子、花牙子的工程量。

10. 栈板墙、护墙板、隔墙板三者做法上有什么区别？计量单位是什么？厚度超过定额规定厚度 20mm 时，如何确定预算单价？

11. 天棚吊顶有斜面时，如何计算天棚的裱糊面积？

12. 天棚裱糊使用的材料与预算定额中的材料不相符合时，如何确定预算基价？

13. 裱糊墙面时，墙面的阴阳角过多，可以将定额水平调整吗？

14. 裱糊天棚时遇有检查口，检查口的面积是否予以扣除？

15. 木装修施工图中如何区分门栊与通连楹？

16. 门窗检修的工程量是按现有损坏的门窗数量还是按全部门窗数量？为什么？

17. 中间有空气隔层的玻璃就是中空玻璃吗？为什么？

18. 图 12-3-6 中门上亮的制安应选择什么定额？主要有哪些分项工程内容？

19. 抱柱什么情况下宜借用槛框定额？什么情况下宜借用方柱定额？

20. 裙板、绦环板的素线响云如做凹刻宜执行什么定额？

21. 支摘窗的挺钩宜按什么定额执行？如何确定工程量？

22. 既有直线又有曲线的什锦窗按哪类边框定额执行？如扇面窗。

23. 门下槛包铜皮组价时应注意哪些问题？

24. 某城门制作一根大门栓，门栓宜借用什么？

25. 同一间天棚有局部修补也有局部新做，如何选择定额？

26. 墙面镶色边宽度过大时，可以用系数调整定额吗？为什么？

27. 遇有一平四切裱糊天棚，可以调整定额水平吗？

28. 裱糊工程使用的脚手架可否计算费用？

29. 某天棚脚手架从搭设到拆完共计 15 天。脚手架的租金按 15 天计算正确吗？为什么？

30. 以定额 6-489 为例，假如人工费以 136 元/工日为准，银花纸每张 2.26 元，淀粉 4.2 元/kg，求调价后的预算基价。

31. 某裱糊天棚按传统方法估算工期应为 15 天。甲方为赶工期，要求 10 天完成，甲方承诺 10 天完成有奖励，甲方的做法正确吗？为什么？

32. 现代内装修的贴壁纸，可以借鉴裱糊定额吗？

33. 因裱糊工艺快要失传，乙方将裱糊用工的人工单价按 260 元/工日计算。乙方的做法正确吗？为什么？

34. 平顶裱糊的面积可以按照地面面积计算吗？为什么？

35. 维修顶棚包括骨架的整修吗？为什么？

36. 墙边拉色线边，心内糊纸，如何选择定额？

37. 因裱糊施工，乙方对室内家具陈设进行遮盖，这些费用可以计取吗？如何计取？

38. 某裱糊工程造价为 6.50 万元，其中乙方计取了冬雨期施工费。二次搬运费，安全文明施工费，临时措施费，结算审计时，审计方提出许多费用没有发生，不同意计算这些费用。乙方的做法正确吗？为什么？

39. 某裱糊工程，乙方报价时考虑到情况的特殊性将措施费中许多项目的费率提高了 35%，乙方的做法正确吗？为什么？

40. 某裱糊天棚已完工，但未验收。甲方电工装灯时不小心损坏了天棚。甲方以未验收为由责令乙方维修，乙方同意维修，但要求甲方支付费用。哪方的要求合理？哪方的要求不合理？为什么？

41. 如上事件所述，甲方同意支付维修顶棚的费用，乙方还可提出其他赔偿要求吗？为什么？

13 油饰彩绘工程

13.1 定额编制简介

1. 本章包括山花、博缝、挂檐板、挂落板、椽望、上架木构、下架木构、斗栱、传统木装修等油饰彩画的基层处理，油漆彩画贴金等13节1156个子目。

2. 本章包括古建传统工艺地仗。因地仗做在木基底时可分为平面（无雕刻）和雕刻面，所耗用工料会有差异，因此按木基底不同分设各种地仗。

3. 油漆和彩画与地仗划分方法相同，分别按使用部位和彩画种类分节设立项目，又按使用油漆材料的不同设立了相应项目。

4. 本章贴金，分设不同构件贴金子目，又按贴金材料的不同设立了相应项目。

5. 地仗多按有无麻（布）分为麻布地仗与单皮灰地仗，并按传统做法设立了地仗的各种项目。

6. 彩画项目按传统古建彩画的分类（按形式分类）设立了和玺彩画、旋子彩画、苏式彩画和其他彩画等几大类型，又按分类彩画的构图、形式、等级等分为若干项目，以对应实际工程的需要。

7. 配合传统彩画贴金，按各类彩画使用饰金材料的不同分别设立了贴库金、贴赤金、贴铜箔和描金箔漆的贴金子目。

8. 各类彩画构图丰富、变化复杂、色彩、用金量随意性较大，编制时主要考虑了各类彩画图案及内容的特征（详彩画特征表）确立定额水平。

9. 斗栱的型式变化复杂，各种斗栱又因斗口尺寸不同，变化很大，定额中将斗栱按外形分类，斗口尺寸变化用系数调整的方法计算斗栱的展开面积。

10. 斗栱盖斗板的面积与斗栱展开面积有一定比例关系，按斗栱展开面积的百分率确定盖斗板面积。

11. 斗栱掏里面积与斗栱展开面积有一定比例关系，面积计算方法与盖斗板相同。

12. 斗栱油饰按斗口尺寸和所用材料划分，不论哪种型式的斗栱均为同一子目。

13. 古建传统门窗型式变化复杂，定额中将心屉棂条分为菱花心屉与直棂条心屉，再按地仗做法分类设立心屉地仗定额子目。

14. 各种大门不分型式均按地仗做法分类设立大门地仗子目。

15. 各种门窗楣子栏杆不论心屉形式如何，分为棂花心屉和直棂条心屉，按使用油漆材料不同分设油漆子目。

16. 支条井口板彩画按彩画种类分别设立子目，又按饰金的种类分别设立子目。

17. 各种匾额按外形分类，再按地仗不同做法分类，按饰金的种类做法分别设立定额子目。

13.2　定额摘选

单位：m^2　　**表 13-2-1**

定额编号				7-24	7-25	7-26	7-27	7-28	7-29
项目				无雕饰天花板					
				搓颜料光有			涂刷醇酸磁漆		
				三道	四道	搓两道扣抹道	三道	四道	刷两道扣抹道
基价（元）				**40.42**	**51.67**	**39.05**	**24.15**	**30.77**	**23.79**
其中	人工费（元）			27.09	34.48	27.83	18.23	23.15	18.72
	材料费（元）			12.92	16.67	10.80	5.65	7.27	4.79
	机械费（元）			0.41	0.52	0.42	0.27	0.35	0.28
名称		单位	单价（元）	数量					
人工	870007 综合工日	工日	82.10	0.330	0.420	0.339	0.222	0.282	0.228
材料	460001 血料	kg	3.50	0.0710	0.0870	0.0710	0.0710	0.0870	0.0710
	110064 滑石粉	kg	0.82	0.1240	0.1530	0.1240	0.1240	0.1530	0.1240
	460066 颜料光油	kg	38.00	0.3220	0.4150	0.2660	—	—	—
	110172 汽油	kg	9.44	0.0220	0.0320	0.0220	—	—	—
	110001 醇酸磁漆	kg	19.00	—	—	—	0.2630	0.3380	0.2180
	110002 醇酸稀释剂	kg	11.70	—	—	—	0.0190	0.0260	0.0190
	840004 其他材料费	元	—	0.13	0.17	0.13	0.08	0.11	0.08
机械	840023 其他机具费	元	—	0.41	0.52	0.42	0.27	0.35	0.28

单位：m^2　　**表 13-2-2**

定额编号				7-59	7-60	7-61	7-62	7-63
项目				歇山博缝板				
				做两麻一布七灰地仗	做一麻一布六灰地仗	做两麻六灰地仗	做一麻五灰地仗	做一布五灰地仗
基价（元）				**399.59**	**307.42**	**327.88**	**239.29**	**218.33**
其中	人工费（元）			177.34	130.05	145.32	101.48	85.71
	材料费（元）			213.38	170.87	175.29	132.74	128.33
	机械费（元）			8.87	6.50	7.27	5.07	4.29
名称		单位	单价（元）	数量				
人工	870007 综合工日	工日	82.10	2.160	1.584	1.770	1.236	1.044
材料	460001 血料	kg	3.50	11.5970	9.5450	10.0740	8.0220	7.4940
	460004 砖灰	kg	0.55	9.9320	8.7690	9.0730	7.9100	7.6070
	040023 石灰	kg	0.23	0.1030	0.0810	0.0870	0.0630	0.0570
	460020 面粉	kg	1.70	0.5790	0.4510	0.4830	0.3550	0.3220
	460005 灰油	kg	34.00	3.2490	2.5310	2.7100	1.9910	1.8120
	460072 光油	kg	31.00	0.3810	0.3810	0.3810	0.3810	0.3810

续表

定额编号					7-59	7-60	7-61	7-62	7-63
项目					歇山博缝板				
					做两麻一布七灰地仗	做一麻一布六灰地仗	做两麻六灰地仗	做一麻五灰地仗	做一布五灰地仗
材料	110240	生桐油	kg	32.00	0.2890	0.2890	0.2890	0.2890	0.2890
	460007	精梳麻	kg	28.00	0.6880	0.3340	0.6880	0.3440	—
	460032	亚麻布	kg	10.40	1.2900	1.2900	—	—	1.2900
	840004	其他材料费	元	—	2.11	1.69	1.74	1.31	1.27
机械	840023	其他机具费	元	—	8.87	6.50	7.27	5.07	4.29

单位：个 **表 13-2-3**

定额编号					7-88	7-89	7-90	7-91
项目					博缝板梅花钉贴金			
					饰库金	饰赤金	饰铜箔	描金箔漆
基价（元）					**219.13**	**167.68**	**75.09**	**7.92**
其中	人工费（元）				34.97	36.95	39.90	1.48
	材料费（元）				183.29	129.81	34.19	6.40
	机械费（元）				0.87	0.92	1.00	0.04
名称			单位	单价（元）	数量			
人工	870007	综合工日	工日	82.10	0.426	0.450	0.486	0.018
材料	110001	醇酸磁漆	kg	19.00	0.0120	0.0120	0.0120	0.0120
	460008	金胶油	kg	32.00	0.0350	0.0350	0.0350	—
	460074	金箔（库金）93.3*93.3	张	5.90	30.7660	—	—	—
	460073	金箔（赤金）83.3*83.3	张	3.30	—	38.8040	—	—
	460071	铜箔	张	1.20	—	—	26.7750	—
	460069	铜箔罩面漆	kg	19.00	—	—	0.0170	—
	460068	金箔漆	kg	90.00	—	—	—	0.0670
	840004	其他材料费	元	—	0.42	0.41	0.39	0.14
机械	840023	其他机具费	元	—	0.87	0.92	1.00	0.04

单位：m^2 **表 13-2-4**

定额编号					7-215	7-216	7-217	7-218	7-219	7-220
项目					椽望做三道灰地仗（椽径在）			椽望做两道灰地仗（椽径在）		
					7cm 以内	12cm 以内	12cm 以外	7cm 以内	12cm 以内	12cm 以外
基价（元）					**98.45**	**94.31**	**89.66**	**71.12**	**68.54**	**64.92**
其中	人工费（元）				57.63	53.69	49.26	43.84	41.38	37.93
	材料费（元）				37.94	37.94	37.94	25.09	25.09	25.09
	机械费（元）				2.88	2.68	2.46	2.19	2.07	1.90
名称			单位	单价（元）	数量					
人工	870007	综合工日	工日	82.10	0.702	0.654	0.600	0.534	0.504	0.462

续表

定额编号				7-215	7-216	7-217	7-218	7-219	7-220
项目				椽望做三道灰地仗（椽径在）			椽望做两道灰地仗（椽径在）		
				7cm以内	12cm以内	12cm以外	7cm以内	12cm以内	12cm以外
名称		单位	单价（元）	数量					
材料	460001	血料	kg	3.50	3.8220	3.8220	3.8220	2.2470	2.2470	2.2470
	460004	砖灰	kg	0.55	3.5210	3.5210	3.5210	2.0740	2.0740	2.0740
	040023	石灰	kg	0.23	0.0100	0.0100	0.0100	—	—	—
	460020	面粉	kg	1.70	0.0530	0.0530	0.0530	—	—	—
	460005	灰油	kg	34.00	0.2960	0.2960	0.2960	—	—	—
	460072	光油	kg	31.00	0.1620	0.1620	0.1620	0.2250	0.2250	0.2250
	110240	生桐油	kg	32.00	0.2210	0.2210	0.2210	0.2460	0.2460	0.2460
	110172	汽油	kg	9.44	—	—	—	0.1050	0.1050	0.1050
	840004	其他材料费	元	—	0.38	0.38	0.38	0.25	0.25	0.25
机械	840023	其他机具费	元	—	2.88	2.68	2.46	2.19	2.07	1.90

单位：m^2 **表13-2-5**

定额编号					7-224	7-225	7-226
项目					椽望涂刷颜料光油		
					单色	红帮绿底	刷两道扣抹道
基价（元）					**78.09**	**84.09**	**81.83**
其中	人工费（元）				50.74	56.65	57.14
	材料费（元）				26.59	26.59	23.83
	机械费（元）				0.76	0.85	0.86
名称			单位	单价（元）	数量		
人工	870007	综合工日	工日	82.10	0.618	0.690	0.696
材料	460001	血料	kg	3.50	0.1430	0.1430	0.1430
	110064	滑石粉	kg	0.82	0.2490	0.2490	0.2490
	460066	颜料光油	kg	38.00	0.6440	0.6440	0.5660
	110172	汽油	kg	9.44	0.0440	0.0440	0.0440
	840004	其他材料费	元	—	1.00	1.00	1.20
机械	840023	其他机具费	元	—	0.76	0.85	0.86

单位：m^2 **表13-2-6**

定额编号		7—274	7—275	7—276	7—277	7—278	7—279
项目		上架木构件做两麻六灰地仗	上架木构件做一麻一布六灰地仗（檐柱径在）		上架木构件做一麻五灰地仗（檐柱径在）		
			50cm以内	50cm以外	25cm以内	50cm以内	50cm以外
基价（元）		**265.16**	**240.90**	**240.18**	**183.88**	**181.39**	**184.86**
其中	人工费（元）	109.85	99.51	89.65	85.71	73.89	67.98
	材料费（元）	149.82	136.41	146.05	93.88	103.81	113.48
	机械费（元）	5.49	4.98	4.48	4.29	3.69	3.40

续表

定额编号					7—274	7—275	7—276	7—277	7—278	7—279
项目					上架木构件做两麻六灰地仗	上架木构件做一麻一布六灰地仗（檐柱径在）		上架木构件做一麻五灰地仗（檐柱径在）		
						50cm 以内	50cm 以外	25cm 以内	50cm 以内	50cm 以外
名称			单位	单价（元）	数量					
人工	870007	综合工日	工日	82.10	1.338	1.212	1.092	1.044	0.900	0.828
材料	460001	血料	kg	3.50	8.6100	7.7280	8.1590	5.9750	6.4260	6.8570
	460004	砖灰	kg	0.55	7.7540	7.0630	7.4950	5.8860	6.3290	6.7610
	040023	石灰	kg	0.23	0.0740	0.0630	0.0690	0.0420	0.0480	0.0540
	460020	面粉	kg	1.70	0.4130	0.3510	0.3850	0.2330	0.2690	0.3030
	460005	灰油	kg	34.00	2.3160	1.9700	2.1630	1.3090	1.5080	1.7020
	460072	光油	kg	31.00	0.3260	0.3260	0.3260	0.3260	0.3260	0.3260
	110240	生桐油	kg	32.00	0.2470	0.2470	0.2470	0.2470	0.2470	0.2470
	460007	精梳麻	kg	28.00	0.5880	0.2520	0.2940	0.2100	0.2520	0.2940
	460032	亚麻布	m^2	10.40	—	1.1030	1.1030	—	—	—
	840004	其他材料费	元	—	1.48	1.35	1.45	0.93	1.03	1.12
机械	840023	其他机具费	元	—	5.49	4.98	4.48	4.29	3.69	3.40

单位：m^2　　**表 13-2-7**

定额编号					7-293	7-294	7-295	7-296	7-297	7-298
项目					上架木构件搓颜料光油			上架木构架醇酸磁漆		
					三道	四道	搓两道扣抹道	三道	四道	刷两道扣抹道
基价（元）					**39.40**	**50.13**	**38.43**	**22.91**	**28.80**	**22.71**
其中	人工费（元）				26.11	33.00	26.60	17.24	21.67	17.73
	材料费（元）				12.90	16.63	11.43	5.41	6.80	4.71
	机械费（元）				0.39	0.50	0.40	0.26	0.33	0.27
名称			单位	单价（元）	数量					
人工	870007	综合工日	工日	82.10	0.318	0.402	0.324	0.210	0.264	0.216
材料	460001	血料	kg	3.5	0.0710	0.0870	0.0710	0.0710	0.0870	0.0710
	10064	滑石粉	kg	0.82	0.1240	0.1530	0.1240	0.1240	0.1530	0.1240
	460066	颜料光油	kg	38.00	0.3220	0.4150	0.2830	—	—	—
	110172	汽油	kg	9.44	0.0200	0.0290	0.0200	0.0160	—	—
	110583	醇酸磁漆	kg	17.50	—	—	—	0.2650	0.3420	0.2340
	110002	醇酸稀释剂	kg	11.70	—	—	—	0.0160	0.0240	0.0160
	840004	其他材料费	元	—	0.13	0.16	0.14	0.08	0.10	0.0800
机械	840023	其他机具费	元	—	0.39	0.50	0.40	0.26	0.33	0.27

单位：m² 表 13-2-8

定额编号				7-318	7-319	7-320	7-321
项目				金琢墨龙凤和玺彩画绘制			
				饰库金（檐柱径在）		饰赤金（檐柱径在）	
				50cm 以内	50cm 以外	50cm 以内	50cm 以外
基价（元）				**732.75**	**677.13**	**615.36**	**566.55**
其中	人工费（元）			253.20	221.18	257.14	225.12
	材料费（元）			474.49	451.53	353.08	336.93
	机械费（元）			5.06	4.42	5.14	4.50
名称		单位	单价（元）	数量			
人工	870007 综合工日	工日	82.10	3.084	2.694	3.132	2.742
材料	460009 巴黎绿	kg	480.00	0.1220	0.1220	0.1220	0.1220
	110237 群青	kg	15.00	0.0490	0.0490	0.0490	0.0490
	460002 银珠	kg	89.00	0.0100	0.0100	0.0100	0.0100
	110209 章丹	kg	13.80	0.0480	0.0480	0.0480	0.0480
	110241 石黄	kg	3.20	0.0100	0.0100	0.0100	0.0100
	110246 松烟	kg	2.30	0.0100	0.0100	0.0100	0.0100
	460067 无光白乳胶漆	kg	13.00	0.1200	0.1200	0.1200	0.1200
	110064 滑石粉	kg	0.82	0.1200	0.1200	0.1200	0.1200
	110010 大白粉	kg	0.35	0.1400	0.1400	0.1400	0.1400
	110132 乳胶	kg	6.50	0.1570	0.1570	0.1570	0.1570
	460072 光油	kg	31.00	0.0100	0.0100	0.0100	0.0100
	110001 醇酸磁漆	kg	19.00	0.0270	0.0270	0.0270	0.0270
	460008 金胶油	kg	32.00	0.0780	0.0740	0.0780	0.0740
	460074 金箔（库金）93.3*93.3	张	5.90	68.9140	65.0520	—	—
	460073 金箔（赤金）83.3*83.3	张	3.30	—	—	86.4070	81.5650
	840004 其他材料费	kg	—	0.95	0.90	0.99	0.94
机械	840023 其他机具费	元	—	5.06	4.42	5.14	4.50

单位：m² 表 13-2-9

定额编号				7-350	7-351	7-352	7-353
项目				金琢墨石碾玉旋子彩画绘制			
				饰库金（檐柱径在）		饰赤金（檐柱径在）	
				50cm 以内	50cm 以外	50cm 以内	50cm 以外
基价（元）				**503.67**	**464.10**	**447.56**	**413.30**
其中	人工费（元）			226.60	205.41	232.01	210.83
	材料费（元）			272.54	254.58	210.91	198.25
	机械费（元）			4.53	4.11	4.64	4.22
名称		单位	单价（元）	数量			
人工	870007 综合工日	工日	82.10	2.760	2.502	2.826	2.568
材料	460009 巴黎绿	kg	480.00	0.1220	0.1220	0.1220	0.1220
	110237 群青	kg	15.00	0.0490	0.0490	0.0490	0.0490
	460002 银珠	kg	89.00	0.0100	0.0100	0.0100	0.0100
	110209 章丹	kg	13.80	0.0480	0.0480	0.0480	0.0480

续表

定额编号					7-350	7-351	7-352	7-353
项目					金琢墨石碾玉旋子彩画绘制			
					饰库金（檐柱径在）		饰赤金（檐柱径在）	
					50cm 以内	50cm 以外	50cm 以内	50cm 以外
材料	110241	石黄	kg	3.20	0.0100	0.0100	0.0100	0.0100
	110246	松烟	kg	2.30	0.0150	0.0150	0.0150	0.0150
	460067	无光白乳胶漆	kg	13.00	0.1200	0.1200	0.1200	0.1200
	110064	滑石粉	kg	0.82	0.1200	0.1200	0.1200	0.1200
	110010	大白粉	kg	0.35	0.1400	0.1400	0.1400	0.1400
	110132	乳胶	kg	6.50	0.1570	0.1570	0.1570	0.1570
	460072	光油	kg	31.00	0.0100	0.0100	0.0100	0.0100
	110001	醇酸磁漆	kg	19.00	0.0140	0.0140	0.0140	0.0140
	460008	金胶油	kg	32.00	0.0400	0.0360	0.0400	0.0360
	460074	金箔（库金）93.3 * 93.3	张	5.90	35.0000	31.9830	—	—
	460073	金箔（赤金）83.3 * 83.3	张	3.30	—	—	43.8850	40.1010
	840004	其他材料费	kg	—	0.54	0.51	0.59	0.55
机械	840023	其他机具费	元	—	4.53	4.11	4.64	4.22

单位：m² **表 13-2-10**

定额编号					7-354	7-355	7-356	7-357	7-358	7-359
项目					金线大点金龙锦枋心旋子彩画绘制					
					饰库金（檐柱径在）			饰赤金（檐柱径在）		
					25cm 以内	50cm 以内	50cm 以外	25cm 以内	50cm 以内	50cm 以外
基价（元）					**489.02**	**460.06**	**423.28**	**430.51**	**403.65**	**371.14**
其中	人工费（元）				206.89	185.55	163.54	211.82	190.47	168.47
	材料费（元）				277.99	270.80	256.47	214.45	209.37	199.3
	机械费（元）				4.14	3.71	3.27	4.24	3.81	3.37
名称			单位	单价（元）	数量					
人工	870007	综合工日	工日	82.10	2.520	2.260	1.992	2.580	2.320	2.052
材料	460009	巴黎绿	kg	480.00	0.1200	0.1200	0.1200	0.1200	0.1200	0.1200
	110237	群青	kg	15.00	0.0480	0.0480	0.0480	0.0480	0.0480	0.0480
	460002	银珠	kg	89.00	0.0100	0.0100	0.0100	0.0100	0.0100	0.0100
	110209	章丹	kg	13.80	0.0480	0.4800	0.0480	0.0480	0.0480	0.0480
	110241	石黄	kg	3.20	0.0100	0.0100	0.0100	0.0100	0.0100	0.0100
	110246	松烟	kg	2.30	0.0100	0.0100	0.0100	0.0100	0.0100	0.0100
	460067	无光白乳胶漆	kg	13.00	0.1200	0.1200	0.1200	0.1200	0.1200	0.1200
	110064	滑石粉	kg	0.82	0.1200	0.1200	0.1200	0.1200	0.1200	0.1200
	110010	大白粉	kg	0.35	0.1400	0.1400	0.1400	0.1400	0.1400	0.1400
	110132	乳胶	kg	6.50	0.1560	0.1560	0.1560	0.1560	0.1560	0.1560
	460072	光油	kg	31.00	0.0100	0.0100	0.0100	0.0100	0.0100	0.0100
	110001	醇酸磁漆	kg	19.00	0.0140	0.0140	0.0140	0.0140	0.0140	0.0140
	460008	金胶油	kg	32.00	0.0410	0.0390	0.0370	0.0410	0.0390	0.0370
	460074	金箔（库金）93.3 * 93.3	张	5.90	36.0860	34.8790	32.4660	—	—	—
	460073	金箔（赤金）83.3 * 83.3	张	3.30	—	—	—	45.2460	43.7330	40.7070
	840004	其他材料费	kg	—	0.55	0.54	0.51	0.60	0.58	0.56
机械	840023	其他机具费	元	—	4.14	3.71	3.27	4.24	3.81	3.37

单位：m² 表 13-2-11

定额编号					7-407	7-408	7-409	7-410
项目					雅伍墨 龙黑叶子花枋心旋子彩画绘制（檐柱径在）		雅伍墨素枋心旋子彩画绘制（檐柱径在）	
					25cm 以内	25cm 以外	25cm 以内	25cm 以外
基价（元）					176.19	173.17	170.16	167.15
其中	人工费（元）				123.64	120.69	117.73	114.78
	材料费（元）				50.08	50.07	50.08	50.07
	机械费（元）				2.47	2.41	2.35	2.30
名称			单位	单价（元）	数量			
人工	870007	综合工日	工日	82.10	1.506	1.470	1.434	1.398
材料	460009	巴黎绿	kg	480.00	0.0940	0.0940	0.0940	0.0940
	110237	群青	kg	15.00	0.0380	0.0380	0.0380	0.0380
	460002	银珠	kg	89.00	0.0100	0.0100	0.0100	0.0100
	110209	章丹	kg	13.80	0.0480	0.0480	0.0480	0.0480
	110241	石黄	kg	3.20	0.0100	0.0100	0.0100	0.0100
	110246	松烟	kg	2.30	0.0200	0.0150	0.0200	0.0150
	460067	无光白乳胶漆	kg	13.00	0.1100	0.1100	0.1100	0.1100
	110132	乳胶	kg	6.50	0.0800	0.0800	0.0800	0.0800
	460072	光油	kg	31.00	0.0100	0.0100	0.0100	0.0100
	840004	其他材料费	元	—	0.50	0.50	0.50	0.50
机械	840023	其他机具费	元	—	2.47	2.41	2.35	2.30

单位：m² 表 13-2-12

定额编号					7-423	7-424	7-425	7-426
项目					金线片金箍头片金卡子苏式彩画绘制			
					饰库金（檐柱径在）		饰赤金（檐柱径在）	
					25cm 以内	25cm 以外	25cm 以内	25cm 以外
基价（元）					544.28	527.72	498.70	475.54
其中	人工费（元）				308.86	294.08	312.31	297.53
	材料费（元）				239.24	227.76	180.14	172.06
	机械费（元）				6.18	5.88	6.25	5.95
名称			单位	单价（元）	数量			
人工	870007	综合工日	工日	82.10	3.762	3.582	3.804	3.624
材料	460009	巴黎绿	kg	480.00	0.0620	0.0620	0.0620	0.0620
	110237	群青	kg	15.00	0.0220	0.0220	0.0220	0.0220
	460002	银珠	kg	89.00	0.0130	0.0130	0.0130	0.0130
	110209	章丹	kg	13.80	0.0670	0.0670	0.0670	0.0670
	110323	氧化铁红	kg	7.88	0.0200	0.0200	0.0200	0.0200
	110241	石黄	kg	3.20	0.0100	0.0100	0.0100	0.0100

续表

定额编号					7-423	7-424	7-425	7-426
项目					金线片金箍头片金卡子苏式彩画绘制			
					饰库金（檐柱径在）		饰赤金（檐柱径在）	
					25cm 以内	25cm 以外	25cm 以内	25cm 以外
材料	110246	松烟	kg	2.30	0.0100	0.0100	0.0100	0.0100
	460083	国花色	只	1.00	3.0000	3.0000	3.0000	3.0000
	460067	无光白乳胶漆	kg	13.00	0.2090	0.2090	0.2090	0.2090
	110064	滑石粉	kg	0.82	0.1200	0.1200	0.1200	0.1200
	110010	大白粉	kg	0.35	0.1400	0.1400	0.1400	0.1400
	110132	乳胶	kg	6.50	0.1210	0.1210	0.1210	0.1210
	460072	光油	kg	31.00	0.0100	0.0100	0.0100	0.0100
	110001	醇酸磁漆	kg	19.00	0.0130	0.0130	0.0130	0.0130
	460008	金胶油	kg	32.00	0.0380	0.0360	0.0380	0.0360
	460074	金箔（库金）93.3*93.3	张	5.90	33.5520	31.6210	—	—
	460073	金箔（赤金）83.3*83.3	张	3.30	—	—	42.0690	39.6470
	840004	其他材料费	kg	—	0.48	0.45	0.50	0.48
机械	840023	其他机具费	元	—	6.18	5.88	6.25	5.95

单位：m² 　　**表 13-2-13**

定额编号					7-444	7-445	7-446	7-447
项目					金线掐箍头搭包袱苏式彩画绘制			
					饰库金（檐柱径在）		饰赤金（檐柱径在）	
					25cm 以内	25cm 以外	25cm 以内	25cm 以外
基价（元）					**381.58**	**363.55**	**367.37**	**349.87**
其中	人工费（元）				287.19	272.90	290.14	275.36
	材料费（元）				88.65	85.19	71.43	69.00
	机械费（元）				5.74	5.46	5.80	5.51
名称			单位	单价（元）	数量			
人工	870007	综合工日	工日	82.10	3.498	3.324	3.534	3.354
材料	460009	巴黎绿	kg	480.00	0.0500	0.0500	0.0500	0.0500
	110237	群青	kg	15.00	0.0180	0.0180	0.0180	0.0180
	110209	章丹	kg	13.80	0.0240	0.0240	0.0240	0.0240
	110246	松烟	kg	2.30	0.0100	0.0100	0.0100	0.0100
	460083	国画色	只	1.00	1.5000	1.5000	1.5000	1.5000
	460067	无光白乳胶漆	kg	13.00	0.1200	0.1200	0.1200	0.1200

续表

定额编号					7-444	7-445	7-446	7-447
项目					金线掐箍头搭包袱苏式彩画绘制			
					饰库金（檐柱径在）		饰赤金（檐柱径在）	
					25cm以内	25cm以外	25cm以内	25cm以外
材料	460001	血料	kg	3.50	0.0240	0.0240	0.0240	0.0240
	110064	滑石粉	kg	0.82	0.1190	0.1190	0.1190	0.1190
	110010	大白粉	kg	0.35	0.0910	0.0910	0.0910	0.0910
	110132	乳胶	kg	6.50	0.0820	0.0820	0.0820	0.0820
	460072	光油	kg	31.00	0.0060	0.0060	0.0060	0.0060
	110001	醇酸磁漆	kg	19.00	0.0920	0.0920	0.0920	0.0920
	110002	醇酸磁漆稀释剂	kg	11.70	0.0060	0.0060	0.0060	0.0060
	460008	金胶油	kg	32.00	0.0110	0.0100	0.0110	0.0100
	460074	金箔（库金）93.3*93.3	张	5.90	9.7760	9.1970	—	—
	460073	金箔（赤金）83.3*83.3	张	3.30	—	—	12.2570	11.5310
	840004	其他材料费	kg	—	0.18	0.17	0.20	0.19
机械	840023	其他机具费	元	—	5.74	5.46	5.80	5.51

单位：m² **表 13-2-14**

定额编号					7-538	7-539	7-540	7-541	7-542	7-543
项目					雀替做地仗			花板做地仗		
					三道灰	二道灰	捉中灰、找细灰	三道灰	二道灰	捉中灰、找细灰
基价（元）					**162.13**	**123.79**	**63.75**	**178.63**	**136.99**	**73.35**
其中	人工费（元）				112.31	84.73	35.47	113.30	85.71	35.96
	材料费（元）				46.45	36.52	27.22	61.93	48.71	36.31
	机械费（元）				3.37	2.54	1.06	3.40	2.57	1.08
名称			单位	单价（元）	数量					
人工	870007	综合工日	工日	82.10	1.368	1.032	0.432	1.380	1.044	0.438
材料	460001	血料	kg	3.50	3.1940	2.2320	0.8390	4.2590	2.9760	1.1190
	460004	砖灰	kg	0.55	2.8850	1.9160	0.6320	3.8470	2.5550	0.8420
	040023	石灰	kg	0.23	0.0190	0.0160	0.0160	0.0250	0.0210	0.0210
	460020	面粉	kg	1.70	0.1050	0.0870	0.0870	0.1400	0.1160	0.1160
	460005	灰油	kg	34.00	0.5880	0.4880	0.4880	0.7840	0.6510	0.6510
	460072	光油	kg	31.00	0.1990	0.1990	0.0820	0.2650	0.2650	0.1090
	110240	生桐油	kg	32.00	0.2150	0.1370	0.1370	0.2870	0.1830	0.1830
	840004	其他材料费	元	—	0.46	0.36	0.27	0.61	0.48	0.36
机械	840023	其他机具费	元	—	3.37	2.54	1.06	3.40	2.57	1.08

单位：m² 表 13-2-15

定额编号					7-683	7-684	7-685
项目					斗栱、垫栱板做三道灰地仗（斗口在）		
					6cm 以内	8cm 以内	8cm 以外
基价（元）					**49.62**	**46.51**	**43.41**
其中	人工费（元）				31.53	28.57	25.62
	材料费（元）				16.51	16.51	16.51
	机械费（元）				1.58	1.43	1.28
名称			单位	单价（元）	数量		
人工	870007	综合工日	工日	82.10	1.368	0.348	0.312
材料	460001	血料	kg	3.50	1.6380	1.6380	1.6380
	460004	砖灰	kg	0.55	1.4800	1.4800	1.4800
	040023	石灰	kg	0.23	0.0030	0.0030	0.0030
	460020	面粉	kg	1.70	0.0160	0.0160	0.0160
	460005	灰油	kg	34.00	0.0910	0.0910	0.0910
	460072	光油	kg	31.00	0.1020	0.1020	0.1020
	110240	生桐油	kg	32.00	0.1100	0.1100	0.1100
	840004	其他材料费	元	—	0.16	0.16	0.16
机械	840023	其他机具费	元	—	1.58	1.43	1.28

单位：m² 表 13-2-16

定额编号					7-698	7-699	7-700	7-701	7-702	7-703
项目					斗栱平金彩画绘制					
					饰库金（斗口在）			饰赤金（斗口在）		
					6cm 以内	8cm 以内	8cm 以外	6cm 以内	8cm 以内	8cm 以外
基价（元）					**327.12**	**267.00**	**225.06**	**273.16**	**222.32**	**185.68**
其中	人工费（元）				87.03	59.11	35.47	87.85	60.10	36.45
	材料费（元）				238.35	206.71	188.88	183.55	161.02	148.50
	机械费（元）				1.74	1.18	0.71	1.76	1.20	0.73
名称			单位	单价（元）	数量					
人工	870007	综合工日	工日	82.10	1.060	0.720	0.432	1.070	0.732	0.444
材料	460009	巴黎绿	kg	480.00	0.1010	0.1010	0.1010	0.1010	0.1010	0.1010
	110237	群青	kg	15.00	0.0400	0.0400	0.0400	0.0400	0.0400	0.0400
	460002	银珠	kg	89.00	0.0030	0.0030	0.0030	0.0030	0.0030	0.0030
	110246	松烟	kg	2.30	0.0100	0.0100	0.0100	0.0100	0.0100	0.0100
	460067	无光白乳胶漆	kg	13.00	0.0910	0.0910	0.0910	0.0910	0.0910	0.0910
	110132	乳胶	kg	6.50	0.0800	0.1530	0.1530	0.1530	0.1530	0.1530
	460072	光油	kg	31.00	0.0100	0.0100	0.0100	0.0100	0.0100	0.0100
	110001	醇酸磁漆	kg	19.00	0.0120	0.0120	0.0120	0.0120	0.0120	0.0120
	460008	金胶油	kg	32.00	0.0350	0.0350	0.0350	0.0350	0.0350	0.0350
	460074	金箔（库金）93.3×93.3	张	5.90	31.3790	25.9480	22.9310	—	—	—
	460073	金箔（赤金）83.3×83.3	张	3.30	—	—	—	39.3450	32.5350	28.7520
	840004	其他材料费	元	—	0.48	0.41	0.38	0.51	0.45	0.41
机械	840023	其他机具费	元	—	1.74	1.18	0.71	1.76	1.20	0.73

单位：m^2 **表 13-2-17**

定额编号				7-767	7-768	7-769	7-770	7-771	7-772
项目				菱花心屉隔扇、槛窗做地仗					
				边抹心板一麻五灰、心屉三道灰	边抹心板一布五灰、心屉三道灰	边抹一麻五灰、心板糊布条三道灰、心屉三道灰	边抹心板糊布条三道灰、心屉三道灰	边抹、心板心屉三道灰地仗	边抹心板三道灰、心屉二道灰
基价（元）				**625.38**	**625.40**	**485.62**	**408.80**	**383.33**	**351.44**
其中	人工费（元）			415.75	399.99	307.38	297.53	275.86	246.30
	材料费（元）			193.00	209.41	165.94	99.37	96.44	95.29
	机械费（元）			16.63	16.00	12.30	11.90	11.03	9.85
名称		单位	单价（元）	数量					
人工	870007 综合工日	工日	82.10	5.064	4.872	3.744	3.624	3.360	3.000
材料	460001 血料	kg	3.50	13.8000	13.4320	12.5070	8.6910	8.4770	8.4770
	460004 砖灰	kg	0.55	13.4840	12.9780	12.2150	0.9340	8.5340	8.5340
	040023 石灰	kg	0.23	0.0850	1.5960	0.0720	0.2200	0.0280	0.1780
	460020 面粉	kg	1.70	0.4690	0.4500	0.4480	0.1740	0.1600	0.1600
	460005 灰油	kg	34.00	2.6410	2.5400	2.2250	0.9930	0.9080	0.9080
	460072 光油	kg	31.00	0.4770	0.7650	0.7340	0.6430	0.6430	0.6430
	110240 生桐油	kg	32.00	0.5780	0.5780	0.1550	0.3140	0.3140	0.2770
	460007 精梳麻	kg	28.00	0.4100	—	0.3050	—	—	—
	460032 亚麻布	m^2	10.40	—	2.2580	0.1080	0.3240	—	—
	840004 其他材料费	元	—	1.91	2.07	1.64	0.98	0.95	0.94
机械	840023 其他机具费	元	—	16.63	16.00	12.30	11.90	11.03	9.85

单位：m^2 **表 13-2-18**

定额编号				7-788	7-789	7-790	7-791	7-792
项目				菱花心屉隔扇、槛窗涂刷醇酸调和漆			直棂条心屉隔扇、槛窗涂刷颜料光油	
				三道	搓两道扣末道	旧漆皮上刷两道	三道	搓两道扣末道
基价（元）				**79.09**	**79.18**	**13.94**	**112.97**	**112.14**
其中	人工费（元）			63.05	64.04	4.27	83.74	84.73
	材料费（元）			15.09	14.18	9.61	27.97	26.14
	机械费（元）			0.95	0.96	0.06	1.26	1.27
名称		单位	单价（元）	数量				
人工	870007 综合工日	工日	82.10	0.768	0.780	0.052	1.0200	1.032
材料	460001 血料	kg	3.5	0.1800	0.1800	0.0900	0.1420	0.1420
	110064 滑石粉	kg	0.82	0.3170	0.3170	0.1580	0.2510	0.2510
	110583 醇酸磁漆	kg	17.40	0.7720	0.7180	0.5040	—	—
	110002 醇酸稀释剂	kg	11.70	0.0470	0.0470	0.0220	—	—
	460066 颜料光油	kg	38.00	—	—	—	0.6990	0.6500
	110172 汽油	kg	9.44	—	—	—	0.0450	0.0450
	840004 其他材料费	元	—	0.22	0.25	0.14	0.28	0.31
机械	840023 其他机具费	元	—	0.95	0.96	0.06	1.26	1.27

单位：m² 表 13-2-19

定额编号				7-840	7-841	7-842	7-843	7-844
项目				支摘窗扇		支摘窗扇		
				砍挠见木	清理除铲	边抹糊布条做三道灰、心屉三道灰	边抹、心屉做三道灰地仗	边抹做三道灰、心屉做二道灰
基价（元）				**72.41**	**8.83**	**324.14**	**300.23**	**265.41**
其中	人工费（元）			68.96	8.37	280.78	260.09	231.52
	材料费（元）			2.07	0.29	32.13	29.74	24.63
	机械费（元）			1.38	0.17	11.23	10.40	9.26
名称		单位	单价（元）	数量				
人工	870007	综合工日	工日	82.10	0.840	0.102	3.420	3.168	2.820
材料	460001	血料	kg	3.50	—	—	3.0200	2.9480	2.4550
	460004	砖灰	kg	0.55	—	—	2.6630	2.6630	2.1660
	040023	石灰	kg	0.23	—	—	0.0060	0.0050	0.0030
	460020	面粉	kg	1.70	—	—	0.0340	0.0280	0.0200
	460005	灰油	kg	34.00	—	—	0.1930	0.1650	0.1130
	460072	光油	kg	31.00	—	—	0.1830	0.1830	0.1830
	110240	生桐油	kg	32.00	—	—	0.1980	0.1980	0.1580
	460032	亚麻布	m²	10.40	—	—	0.1100	—	—
	840004	其他材料费	元	—	2.07	0.29	0.32	0.29	0.24
机械	840023	其他机具费	元	—	1.38	0.17	11.23	10.40	9.26

单位：m² 表 13-2-20

定额编号				7-862	7-863	7-864	7-865	7-866
项目				实踏大门、屏门做地仗				
				两麻六灰	一麻五灰	一布五灰	一布四灰	单披灰
基价（元）				**659.08**	**551.01**	**525.95**	**447.56**	**363.46**
其中	人工费（元）			266.00	191.13	169.45	151.72	118.22
	材料费（元）			379.78	350.32	348.03	288.25	239.33
	机械费（元）			13.30	9.56	8.47	7.59	5.91
名称		单位	单价（元）	数量				
人工	870007	综合工日	工日	82.10	3.240	2.328	2.064	1.848	1.440
材料	460001	血料	kg	3.50	22.2530	19.8450	16.6960	15.2150	13.4150
	460004	砖灰	kg	0.55	20.0860	20.0860	16.9010	15.0780	15.0780
	040023	石灰	kg	0.23	0.1860	0.1860	0.1740	0.1360	0.1230
	460020	面粉	kg	1.70	1.0400	1.0400	0.9710	0.7640	0.6930
	460005	灰油	kg	34.00	5.8370	5.8370	5.8370	4.2890	3.9030
	460072	光油	kg	31.00	0.8200	0.8200	0.9000	0.9000	0.9000
	110240	生桐油	kg	32.00	0.6220	0.6220	0.6220	0.6220	0.6220
	460007	精梳麻	kg	28.00	1.4820	0.7410	—	—	—
	460032	亚麻布	m²	10.40	—	—	2.7780	2.7780	—
	840004	其他材料费	元	—	3.76	3.47	3.45	2.85	2.37
机械	840023	其他机具费	元	—	13.30	9.56	8.47	7.59	5.91

单位：m² 表 13-2-21

定额编号				7-879	7-880	7-881	7-882
项目				门钉饰库金		门钉饰赤金	
				九路钉	七路钉	九路钉	七路钉
基价（元）				**291.38**	**229.07**	**223.56**	**175.63**
其中	人工费（元）			52.71	40.89	55.17	42.86
	材料费（元）			237.62	187.36	167.29	131.91
	机械费（元）			1.05	0.82	1.10	0.86
名称			单位	单价（元）	数量		
人工	870007	综合工日	工日	82.10	0.642	0.498	0.672	0.522
材料	110001	醇酸磁漆	kg	19.00	0.0380	0.0290	0.0380	0.290
	460008	金胶油	kg	32.00	0.0450	0.0360	0.0450	0.0360
	460074	金箔（库金）93.3×93.3	张	5.90	39.8282	31.3792	—	—
	460073	金箔（赤金）93.3×93.3	张	3.30	—	—	49.9376	39.3452
	840004	其他材料费	元	—	0.47	0.52	0.33	0.37
机械	840023	其他机具费	元	—	1.05	0.82	1.10	0.86

单位：m² 表 13-2-22

定额编号					7-977	7-978	7-979	7-980	7-981
项目					寻杖栏杆			棂条心栏杆、直档栏杆	
					做一麻五灰地仗	边抹做一麻五灰、其他做三道灰	边抹糊布条做四道灰、其他做三道灰	做四道灰地仗	做三道灰地仗
基价（元）					**574.63**	**448.64**	**396.88**	**488.88**	**365.90**
其中	人工费（元）				376.35	295.56	275.86	349.42	262.06
	材料费（元）				183.23	141.26	109.99	125.48	93.36
	机械费（元）				15.05	11.82	11.03	13.98	10.48
名称			单位	单价（元）	数量				
人工	870007	综合工日	工日	82.10	4.584	3.600	3.360	4.256	3.192
材料	460001	血料	kg	3.50	12.2440	9.6430	8.0710	8.7430	7.1870
	460004	砖灰	kg	0.55	12.2150	9.6200	8.4770	9.5400	7.3500
	040023	石灰	kg	0.23	0.0790	0.0590	0.0420	0.0490	0.0260
	460020	面粉	kg	1.70	0.4430	0.3280	0.2330	0.2770	0.1460
	460005	灰油	kg	34.00	2.4860	1.8430	1.3100	1.5540	0.8210
	460072	光油	kg	31.00	0.6350	0.6100	0.6100	0.6350	0.6350
	110240	生桐油	kg	32.00	0.4810	0.3720	0.3720	0.4810	0.4810
	460007	精梳麻	kg	28.00	0.4100	0.2420	—	—	—
	460032	亚麻布	m²	10.40	—	—	0.0220	—	—
	840004	其他材料费	元	—	1.81	1.40	1.09	1.24	0.92
机械	840023	其他机具费	元	—	15.05	11.82	11.03	13.98	10.84

单位：m² 表 13-2-23

定额编号					7-1031	7-1032	7-1033	7-1034
项目					井口板			
					做一麻五灰地仗	做一布五灰地仗	糊布条做四道灰地仗	做三道灰地仗
基价（元）					**172.91**	**159.77**	**132.59**	**80.84**
其中	人工费（元）				87.85	70.93	54.19	41.38
	材料费（元）				80.67	85.29	75.69	37.39
	机械费（元）				4.39	3.55	2.71	2.07
名称			单位	单价（元）	数量			
人工	870007	综合工日	工日	82.10	1.070	0.864	0.660	0.504
材料	460001	血料	kg	3.50	5.1380	4.9760	4.4700	2.9800
	460004	砖灰	kg	0.55	5.0620	5.0550	4.2070	3.0650
	040023	石灰	kg	0.23	0.0360	0.0340	0.0300	0.0120
	460020	面粉	kg	1.70	0.2000	0.2030	0.1660	0.0640
	460005	灰油	kg	34.00	1.1260	1.1410	0.9300	0.3620
	460072	光油	kg	31.00	0.2790	0.2820	0.2790	0.2520
	110240	生桐油	kg	32.00	0.2110	0.2140	0.2110	0.146
	0460007	精梳麻	kg	28.00	0.1810	—	—	—
	460032	亚麻布	m²	10.40	—	0.9150	0.9300	—
	840004	其他材料费	元	—	0.80	0.84	0.75	0.37
机械	840023	其他机具费	元	—	4.39	3.55	2.71	2.07

单位：m² 表 13-2-24

定额编号					7-1080	7-1081	7-1082	7-1083
项目					支条烟琢墨燕尾彩画绘制			
					饰库金（边长在）		饰赤金（边长在）	
					50cm 以内	50cm 以外	50cm 以内	50cm 以外
基价（元）					**279.62**	**264.54**	**246.04**	**230.97**
其中	人工费（元）				87.85	73.07	88.67	73.89
	材料费（元）				190.01	190.01	155.60	155.60
	机械费（元）				1.76	1.46	1.77	1.48
名称			单位	单价（元）	数量			
人工	870007	综合工日	工日	82.10	1.070	0.890	1.080	0.900
材料	460009	巴黎绿	kg	480.00	0.1470	0.1470	0.1470	0.1470
	110237	群青	kg	15.00	0.0100	0.0100	0.0100	0.0100
	460002	银珠	kg	89.00	0.0100	0.0100	0.0100	0.0100
	110209	章丹	kg	13.80	0.0100	0.0100	0.0100	0.0100
	110241	石黄	kg	3.20	0.0100	0.0100	0.0100	0.0100

续表

定额编号					7-1080	7-1081	7-1082	7-1083
项目					支条烟琢墨燕尾彩画绘制			
					饰库金（边长在）		饰赤金（边长在）	
					50cm以内	50cm以外	50cm以内	50cm以外
材料	110246	松烟	kg	2.30	0.0100	0.0100	0.0100	0.0100
	460067	无光白乳胶漆	kg	13.00	0.0190	0.0190	0.0190	0.0190
	110064	滑石粉	kg	0.82	0.0770	0.0770	0.0770	0.0770
	110010	大白粉	kg	0.35	0.1400	0.1400	0.1400	0.1400
	110132	乳胶	kg	6.50	0.1440	0.1440	0.1440	0.14404
	60072	光油	kg	31.00	0.0100	0.0100	0.0100	0.0100
	110001	醇酸磁漆	kg	19.00	0.0090	0.0090	0.0090	0.0090
	460008	金胶油	kg	32.00	0.0220	0.0220	0.0220	0.0220
	460074	金箔（库金）93.3×93.3	张	5.90	19.5520	19.5520	—	—
	460073	金箔（库金）83.3×83.3	张	3.30	—	—	24.5150	24.5150
	840004	其他材料费	元	—	0.38	0.38	0.43	0.43
机械	840023	其他机具费	元	—	1.76	1.46	1.77	1.48

单位：m² 表13-2-25

定额编号					7-1127	7-1128	7-1129	7-1130	7-1131	7-1132
项目					匾额、抱柱对					
					雕刻边框做单皮灰			素边框（无边框）及匾心		
					匾心做两麻六灰	匾心做一麻五灰	匾心做单披灰	做两麻六灰地仗	做一麻五灰地仗	做单披灰地仗
基价（元）					**815.57**	**766.01**	**504.23**	**922.95**	**767.34**	**473.91**
其中	人工费（元）				615.75	546.79	374.38	669.94	561.56	344.82
	材料费（元）				169.03	191.88	111.13	219.51	177.70	111.13
	机械费（元）				30.79	27.34	18.72	33.50	28.08	17.24
名称			单位	单价（元）	数量					
人工	870007	综合工日	工日	82.10	7.500	6.660	4.560	8.160	6.840	4.200
材料	460001	血料	kg	3.50	11.0630	9.7400	8.1080	14.0180	11.9130	8.1080
	460004	砖灰	kg	0.55	11.2640	10.1040	8.5300	11.6790	11.6530	8.5300
	040023	石灰	kg	0.23	0.0720	0.0550	0.0370	0.1060	0.0780	0.0370
	460020	面粉	kg	1.70	0.3970	0.3050	0.2050	0.5890	0.4370	0.2050
	460005	灰油	kg	34.00	2.2280	2.2280	1.1520	3.3040	2.4570	1.1520
	460072	光油	kg	31.00	0.6660	1.3450	0.6470	0.6850	0.6850	0.6470
	110240	生桐油	kg	32.00	0.5430	0.5430	0.5430	0.5430	0.5430	0.5430
	460007	精梳麻	kg	28.00	0.2850	0.5350	—	0.353	0.176	—
	840004	其他材料费	元	—	1.67	1.90	1.10	2.17	1.76	1.10
机械	840023	其他机具费	元	—	30.79	27.34	18.72	33.50	28.08	17.24

单位：m² 表 13-2-26

定额编号					7-1136	7-1137	7-1138	7-1139
项目					毗卢帽斗形匾 匾心扫青			
					雕刻边框油漆地		如意边框红地金线	
					饰库金	饰赤金	饰库金	饰赤金
基价（元）					**2227.32**	**1795.87**	**539.67**	**431.29**
其中	人工费（元）				630.53	660.08	137.93	139.90
	材料费（元）				1584.18	1122.59	398.98	288.59
	机械费（元）				12.61	13.20	2.76	2.80
名称			单位	单价（元）	数量			
人工	870007	综合工日	工日	82.10	7.680	8.040	1.680	1.704
材料	110237	群青	kg	15.00	0.0410	0.0410	0.0410	0.0410
	110132	乳胶	kg	6.50	0.0410	0.0410	0.0410	0.0410
	460072	光油	kg	31.00	0.0100	0.0100	0.0100	0.0100
	460066	颜料光油	kg	38.00	0.6110	0.6110	0.6490	0.6490
	110001	醇酸磁漆	kg	19.00	0.1030	0.1030	0.0250	0.0250
	460008	金胶油	kg	32.00	0.2950	0.2950	0.0710	0.0710
	460074	金箔（库金）93.3×93.3	张	5.90	261.9000	—	62.6400	—
	460073	金箔（赤金）93.3×93.3	张	3.30	—	328.3800	—	78.5400
	840004	其他材料费	元	—	3.16	3.13	0.80	0.81
机械	840023	其他机具费	元	—	12.61	13.20	2.76	2.80

单位：10m 表 13-2-27

定额编号					2-41	2-42	2-43	2-44	2-45	2-46
项目					双排齐檐脚手架					
					二步	三步	四步	五步	六步	七步
基价（元）					**(209.67)**	**(233.71)**	**(274.60)**	**(338.10)**	**(409.22)**	**(495.19)**
其中	人工费（元）				145.32	160.10	188.83	231.52	292.28	362.88
	材料费（元）				(21.36)	(21.86)	(22.36)	(22.79)	(23.14)	(23.93)
	机械费（元）				42.99	51.75	63.41	83.79	93.80	108.38
名称			单位	单价（元）	数量					
人工	870007	综合工日	工日	82.10	1.770	1.950	2.300	2.820	3.560	4.420
材料	01-074	钢管	m	—	(191.5040)	(265.3240)	(356.1440)	(525.2880)	(575.0320)	(654.1920)
	15-057	木脚手板	块	—	(18.3750)	(18.3750)	(18.3750)	(18.3750)	(18.3750)	(18.3750)
	86-001	扣件	个	—	(47.2500)	(71.4000)	(94.5000)	(110.3000)	(127.1000)	(165.9000)
	83-002	底座	个	—	(13.7000)	(13.7000)	(13.7000)	(13.7000)	(13.7000)	(13.7000)
	090233	镀锌铁丝 8#`12#	kg	6.25	3.0100	3.0100	3.0100	3.0100	3.0100	3.0100
	840004	其他材料费	元	—	2.55	3.05	3.55	3.98	4.33	5.12
机械	800007	载重汽车 5t	台班	193.50	0.1700	0.2100	0.2600	0.3500	0.3800	0.4300
	888810	中小型机械费	元	—	7.12	7.84	9.25	11.34	14.31	17.77
	840023	其他机具费	元	—	2.97	3.27	3.85	4.72	5.96	7.40

单位：座　　表 13-2-28

定额编号					2-85	2-86	2-87
项目					大木安装起重脚手架		
					6m 以内	7m 以内	8m 以内
基价（元）					**(542.37)**	**(598.98)**	**(656.74)**
其中	人工费（元）				472.90	517.23	561.56
	材料费（元）				(14.21)	(21.10)	(29.52)
	机械费（元）				55.26	60.65	65.66
名称			单位	单价（元）	数量		
人工	870007	综合工日	工日	82.10	5.760	6.300	6.840
材料	01-074	钢管	m	—	(163.2000)	(240.0000)	(332.4000)
	15-057	木脚手板	块	—	(5.0000)	(7.5000)	(7.5000)
	86-001	扣件	个	—	(40.0000)	(50.0000)	(70.0000)
	83-002	底座	个	—	(6.0000)	(8.0000)	(12.0000)
	090233	镀锌铁丝 8#`12#	kg	6.25	2.0000	3.0000	4.2000
	840004	其他材料费	元	—	1.71	2.35	3.27
机械	800007	载重汽车 5t	台班	193.50	0.1160	0.1280	0.1380
	888810	中小型机械费	元	—	23.16	25.33	27.50
	840023	其他机具费	元	—	9.65	10.55	11.46

单位：10m　　表 13-2-29

定额编号					2-92	2-93	2-94	2-95	2-96	2-97
项目					双排齐檐脚手架					
					一步	二步	三步	四步	五步	六步
基价（元）					**(239.07)**	**(284.93)**	**(342.27)**	**(463.57)**	**(580.59)**	**(644.67)**
其中	人工费（元）				179.80	214.28	261.08	340.72	433.49	488.50
	材料费（元）				(18.73)	(20.19)	(20.69)	(39.61)	(40.78)	(41.40)
	机械费（元）				40.54	50.46	60.50	83.24	106.32	114.77
名称			单位	单价（元）	数量					
人工	870007	综合工日	工日	82.10	2.190	2.610	3.180	4.150	5.280	5.950
材料	01-074	钢管	m	—	(157.2000)	(204.0000)	(252.6000)	(338.4000)	(475.2000)	(511.2000)
	15-057	木脚手板	块	—	(18.5000)	(18.5000)	(18.5000)	(31.5000)	(31.5000)	(31.5000)
	86-001	扣件	个	—	(20.0000)	(96.0000)	(121.0000)	(173.0000)	(230.0000)	(262.0000)
	83-002	底座	个	—	(11.0000)	(11.0000)	(11.0000)	(11.0000)	(11.0000)	(11.0000)
	090233	镀锌铁丝 8#`12#	kg	6.25	2.7000	2.7000	2.7000	5.4000	5.4000	5.4000
	840004	其他材料费	元	—	1.85	3.31	3.81	5.86	7.03	7.65
机械	800007	载重汽车 5t	台班	193.50	0.1450	0.1840	0.2190	0.3080	0.3940	0.4180
	888810	中小型机械费	元	—	8.81	10.49	12.79	16.69	21.23	23.92
	840023	其他机具费	元	—	3.67	4.37	5.33	6.95	8.85	9.97

单位：10m　　**表 13-2-30**

定额编号					2-104	2-105	2-106	2-107	2-108	2-109
项目					双排椽望油脚手架	内檐及廊步装饰掏空脚手架				
					十三步	二步	三步	四步	五步	六步
基价（元）					**(3105.08)**	**(205.46)**	**(279.39)**	**(339.74)**	**(400.41)**	**(460.29)**
其中	人工费（元）				2635.41	152.71	213.46	261.90	308.70	356.31
	材料费（元）				(84.63)	(19.32)	(21.51)	(23.68)	(28.88)	(32.63)
	机械费（元）				385.04	33.43	44.42	54.16	62.83	71.35
名称			单位	单价（元）	数量					
人工	870007	综合工日	工日	82.10	32.100	1.860	2.600	3.190	3.760	4.340
材料	01-074	钢管	m	—	(1451.4000)	(126.6000)	(170.4000)	(211.8000)	(241.8000)	(269.4000)
	15-057	木脚手板	块	—	(44.7500)	(13.2500)	(15.7500)	(18.5000)	(21.0000)	(23.7500)
	86-001	扣件	个	—	(631.0000)	(49.0000)	(75.0000)	(86.0000)	(112.0000)	(134.0000)
	83-002	底座	个	—	(11.0000)	(6.0000)	(6.0000)	(6.0000)	(6.0000)	(6.0000)
	090233	镀锌铁丝 8#12#	kg	6.25	10.8000	2.7400	2.9900	3.2800	3.9900	4.4900
	840004	其他材料费	元	—	17.13	2.19	2.82	3.18	3.94	4.57
机械	800007	载重汽车 5t	台班	193.50	1.0450	0.1180	0.1530	0.1860	0.2140	0.2410
	888810	中小型机械费	元	—	129.06	7.48	10.45	12.83	15.12	17.45
	840023	其他机具费	元	—	53.77	3.12	4.36	5.34	6.30	7.27

13.3 定额名称注释

（1）地仗：为保护木构件，涂刷油漆或绘制彩画，在木构件表面做的复合基层。选择定额 7-275。

（2）麻布地仗：地仗中使用麻（或者布）的做法。选择定额 7-280、7-283。

（3）单皮灰地仗：古建筑油饰中的不使麻、不糊布的地仗做法。选择定额 7-285。

（4）二麻六灰：地仗灰中有两层麻、六层灰的做法。选择定额 7-274。

（5）一麻一布六灰：地仗灰中有一层麻、一层布和六层灰的做法。选择定额 7-276。

（6）一麻五灰：地仗灰中有一层麻、五层灰的做法。选择定额 7-278。

（7）一布五灰：地仗灰中有一层布、五层灰的做法。选择定额 7-281。

（8）一布四灰：地仗灰中有一层布、四层灰的做法。选择定额 7-284。

（9）四道灰：单皮灰的一种，主要由捉缝灰、通灰、中灰和细灰组成。选择定额7-64。

（10）三道灰：单皮灰的一种，主要由捉缝灰、中灰和细灰组成。选择定额 7-65。

（11）砍挠见木（砍活）：将旧油灰皮全部砍挠干净以露出木骨，并在木构件表面斩砍出新斧迹。选择定额 7-268。

（12）砍挠至压麻遍：用于旧地仗基本完好，仅将表层破损砍掉压麻灰，保留麻层，准备重新补做地仗。选择定额 7-269。

（13）洗、剔、挠：用于清除浮雕毗卢帽斗形匾、雀替、云墩、云龙花板等带有雕刻的木件上的旧油灰皮（带有雕刻的木件多用单皮灰）。选择定额 7-1109。

（14）清理除铲：用于原有旧地仗未破损，仅将表面的油皮铲除后再刮腻子刷漆或绘制彩画。选择定额 7-974。

（15）新木件砍斧迹：亦称剁斧迹，是在新木件上均匀地用斧子（油工专用）砍出斧子痕迹，便于基层与木质更好地结合。选择定额 7－272。

（16）搓光油：传统的油漆工艺，用丝头蘸光油在基底上反复揉搓的作法。选择定额7－293。

（17）二道灰：单皮灰的一种，主要由中灰捉缝和满细灰组成。选择定额 7－539。

（18）一道半灰：单皮灰的一种，主要由中灰捉缝和满细灰组成。选择定额 7－621。

（19）捉中灰找细灰：指一道半灰的地仗捉中灰和找补细灰（程序：汁浆、中灰捉缝、找细灰、钻生油）。选择定额 7－540。

（20）连檐、瓦口、椽头：指大连檐、木瓦口、檐椽头与飞椽头。选择定额 7－169。

（21）片金彩画：在地仗上用沥粉的方法绘出纹路线和花饰的轮廓线，涂刷油漆后只将纹路线和花饰贴饰金箔的彩画（局部用金）。选择定额 7－179。

（22）扣油提地：是贴金的辅助工艺，贴金后将粘到图线以外的金箔用刷漆的方法盖压住。扣油都用在油皮贴金处，扣油可起到刷第三道油的作用。选择定额 7－123、7－226。

（23）椽望红梆绿底油漆：望板刷铁红色，椽梆上半部分为铁红色，下半部分为绿色，椽肚前大部分刷绿色，根部刷铁红色的作法。选择定额 7－225。

（24）飞椽头、檐椽头片金彩画：指飞椽头、檐椽头均做沥粉贴金（双线），边框贴金，心里也有贴金。选择定额 7－179。

（25）飞椽头、檐椽头金边彩画：飞椽头和檐椽头端面均做金边，内用颜料绘制花卉、福字、寿字等图案。选择定额 7－197。

（26）飞椽头片金、檐椽头金边彩画：飞椽头端面做片金，檐椽头端面做金边，内用颜料绘制百花或虎眼或福寿图。选择定额 7－188。

（27）飞椽头、檐椽头黄（墨）线彩画：飞椽头、檐椽头无金，绘制黄（墨）线的彩画。选择定额 7－206。

（28）椽望片金彩画：高等级彩画，在椽子、望板上用沥粉绘出图案，局部贴金刷漆的作法。选择定额 7－232、定额 7－234。

（29）椽肚或望板沥粉片金彩画：在椽子底部或望板部位，用沥粉绘出图案，局部贴金刷漆的作法（只在一个部位做彩画）。选择定额 7－232、7－234。

（30）明・旋子彩画：带有明代彩画特点的旋子彩画。构图较为规则，与清式旋子彩画相比，其旋花造型尚未完全定型，构图自由灵活，箍头一般较窄，有的甚至用单线条表示，枋心两端用连贯的曲线与找头内的花纹协调一致。选择定额 7－304、7－308、7－316。见图 13－3－1。

图 13－3－1　明代官式旋子彩画纹饰

（31）清・和玺彩画：构图特点以连续的人字形曲线为间隔，内绘龙凤、花饰的一种彩画。其中主要线条均沥粉贴金，在金线的一侧衬白粉线（也叫大粉）或同时加晕，花纹沥粉贴金；并以青、绿、红等底色衬托出金色图案，十分华贵，是彩画中等级最高的一种。选择定额 7－318。见图 13－3－2。

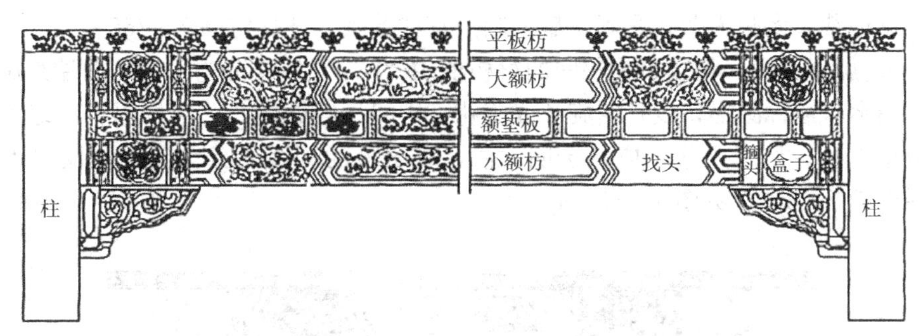

图 13－3－2 清·和玺彩画

（32）苏式彩画：因源于苏州而得名。常以人物故事、山水花鸟、虫鱼异兽、流云、博古、折枝黑叶子花、竹叶梅及各种万字、回纹、联珠带、卡子、锦纹等图案为画题；谱子与旋子彩画相同，特征是将檩子、垫板、枋子联系在一起构图，中间画成半圆形的包袱。当木构件为单件时，只画枋心，枋心构图及工艺与包袱相同。选择定额 7－423。见图 13－3－3。

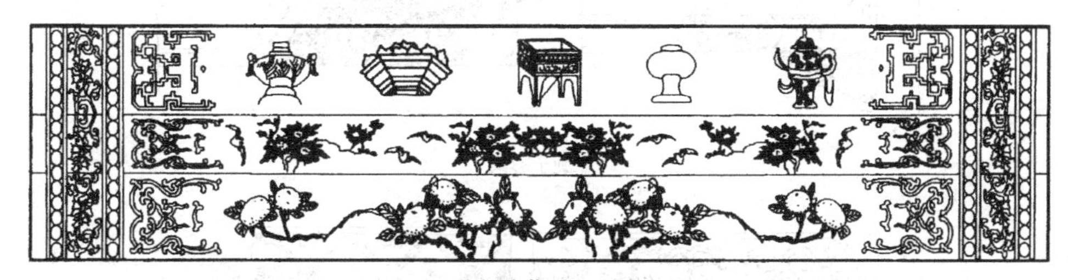

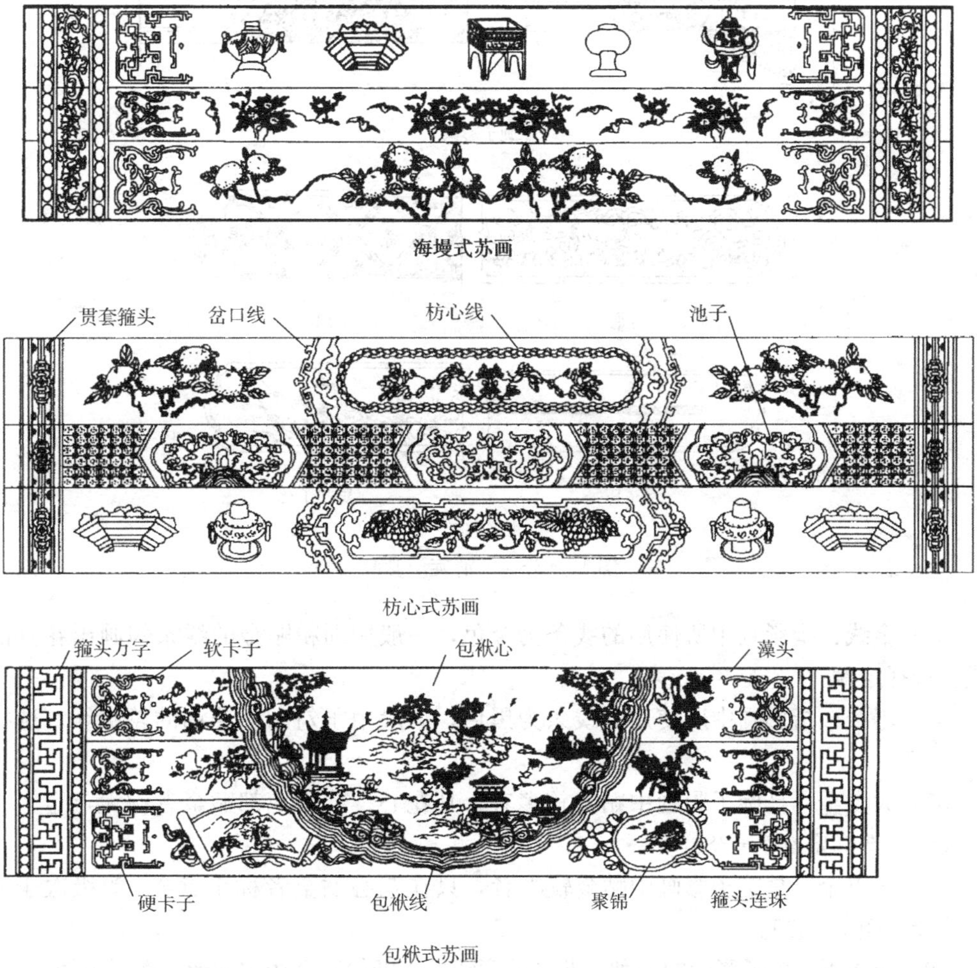

海墁式苏画

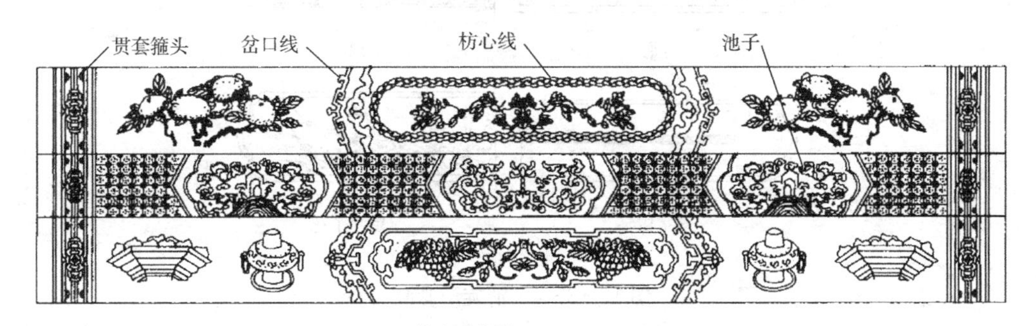

枋心式苏画

包袱式苏画

图 13－3－3 苏式彩画

(33) 宋锦彩画：属于清官梁枋彩画之一。以在找头部位画锦纹为特征，称宋锦。历史文件未见记载，多归入杂式彩画，后人归入官式苏画。选择定额 7－265。

(34) 清旋子彩画：将建筑物每间的梁枋檩用"〈 〉"线条分为三停。两端绘旋涡状的菊花变形图案（或称圆形切线）叫旋子或旋花。中间一停做枋心，色调以青、绿为主，间有赤色或章丹色。始于元代，成熟于明、清，有明显的等级之分。其等级仅次于和玺彩画。选择定额 7－354。见图 13－3－4。

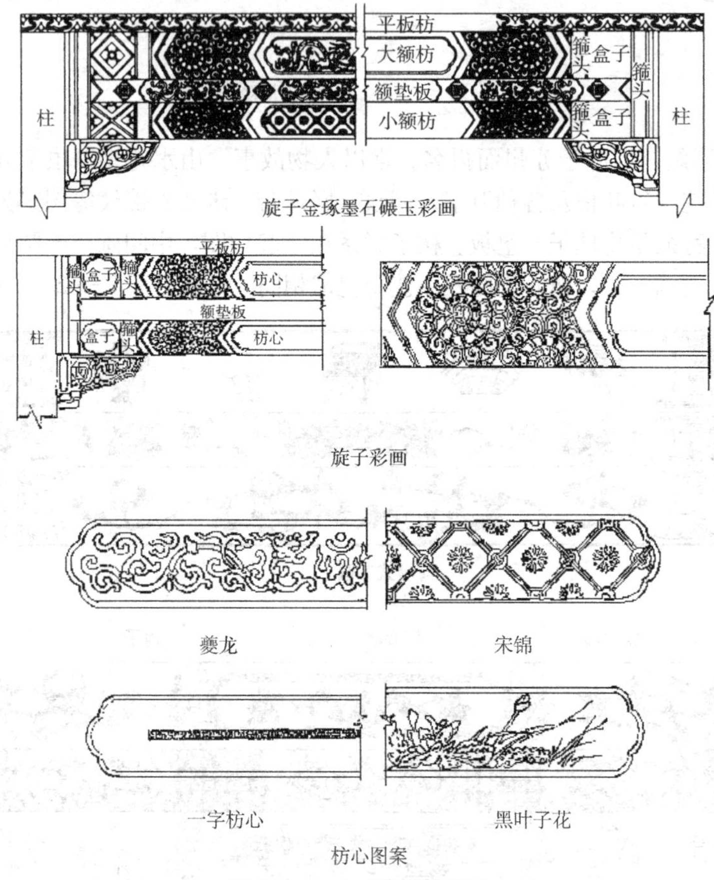

图 13－3－4　清旋子彩画

(35) 金线：指彩画中所使用的线条为金色，一般用沥粉贴金的线条勾画出花卉的轮廓线。选择定额 7－355。

(36) 墨线：指彩画中所使用的线条为黑色，一般用于勾画出花饰的轮廓线。选择定额 7－387。

(37) 大点金：是旋子彩画中贴金较多者，凡花心、菱角地都贴金者称大点金，是等级较高者。选择定额 7－388。

(38) 小点金：是旋子彩画中贴金较少者，只在花心贴金者称小点金。等级次于大点金。选择定额 7－399。

(39) 金琢墨：旋子彩画的一种，花饰轮廓线用（沥粉）金线勾画者。选择定额7－346。

（40）烟琢墨：旋子彩画的一种，花饰的轮廓线用墨线勾画。选择定额 7－350。

（41）石碾玉：旋子彩画中最为华贵的一种，其特点是每瓣的青、绿色都用同一颜色由深而浅地晕出，色调柔和，其花心、菱角地全贴金。选择定额 7－347。

（42）斑竹彩画：将椽子、望板、木构架、斗栱等作为一个整体，全部绘制斑竹图案，如北京的故宫、恭王府。选择定额 7－476。

（43）浑金：在雕刻或沥粉纹饰构造的表面，涂刷油漆后满（全部）贴饰金箔，不露油漆地者。浑金可全部使用一种金箔或用库金与赤金混合使用，显出立体层次感，色差的感觉强烈。选择定额 7－569。

（44）雅伍墨彩画：旋子彩画的一种，纹饰与小点金相同，全部为墨线，不退晕、不贴金。细部做法也与小点金相同。选择定额 7－407。

（45）雄黄玉彩画：旋子彩画的一种，纹饰与低等级旋子彩画一致，多为素枋心、死盒子。在色彩上与旋子彩画差别极大，不用青、绿色，一律用雄黄作为底色。再用黑色勾绘主体框架与旋花、栀花。在青色部分沿边线叠一道浅青色的晕色，其上再绘一道白色粉线。绿色部分同青色做法一样。选择定额 7－413。

（46）夔龙黑叶子花枋心：雅伍墨或雄黄玉彩画的枋心绘制黑色花卉图案。选择定额7－411。

（47）素枋心：也称一字枋心，雅伍墨或雄黄玉彩画枋心，只画一条黑色线条的做法。选择定额 7－414。

（48）金线大点金加苏画：规矩、形式与金线大点金相同，只是在枋心和盒子内画苏式彩画的墨画。选择定额 7－360。

（49）窝金地苏画：高等级苏画，包袱内图案空地均贴金，箍头、卡子、池子包袱均为金线攒退，包袱退晕在七层以上的彩画。选择定额 7－415。

（50）掐箍头搭包袱苏画：柁头做掐箍头，中间只画包袱的彩画。选择定额 7－444。

（51）掐箍头彩画：苏画的简单做法，只在柁头做掐箍头，其他地方刷漆的彩画。选择定额 7－451。

（52）黄（墨）线苏画：与其他苏画相似，金线改为黄（墨）线的彩画。定额 7－472。

（53）海漫苏画：苏画的一种，两箍头间无包袱，聚锦、池子、枋心主要图案为流云、折枝黑叶子花、爬蔓植物花卉。选择定额 7－475。

（54）油漆地片金苏画：在油漆地上仿苏式彩画的格式做片金图案，不刷色。选择定额 7－491。

（55）浑金彩画：用沥粉勾画图案后，全部贴满金的彩画，如浑金旋子彩画。选择定额 7－640。

（56）下架彩画：下架做沥粉片金彩画的做法。选择定额 7－645。

（57）框线、门簪贴金：在槛框的里棱（企线处）贴金，或门簪的外边线贴金的做法。选择定额 7－636。

（58）上架大木：自枋下皮算起的以上（包括柱头在内）所有的梁、垫板、枋、檩、瓜柱、柁墩、角背、雷公柱子、角梁、仔角梁、宝瓶、由戗、燕尾枋、博脊板、棋枋板、镶嵌象眼山花板、柁挡板、承重（梁）、楞木、木楼板底面（顶面）及梁、枋、檩的榫头。选择定额 7－277。

(59) 下架大木：自枋下皮以下的各种柱子、槛框、窗塌板、门簪、门栊、通连楹、门头板、余塞板、筒子板、什锦窗门的套、带门钉大门、撒带门、攒边门、屏门、木栈板墙、木地板、隔墙板、木楼梯、如意边的斗形匾额、抱柱对子、木楼板的下面（脚踩的面）等。选择定额 7-606。

(60) 斗栱内拽面积：以柱头轴线为准，轴线以内的面积称内拽面积。

(61) 斗栱外拽面积：以柱头轴线为准，轴线以外的面积称外拽面积。

(62) 斗栱金琢墨彩画：高等级的斗栱彩画，在斗栱的边棱位置绘制金琢墨彩画。选择定额 7-692。

(63) 斗栱平金彩画：在斗栱的边棱位置贴金，其他地方刷色的彩画。选择定额7-698。

(64) 斗栱墨（黄）线彩画：在斗栱的边棱位置描刷黑色（或黄色），其他地方刷青、绿的彩画。选择定额 7-707。

(65) 垫栱板片金龙凤彩画：在两攒斗栱之间的三角形木板上绘制片金龙凤的彩画。选择定额 7-716。

(66) 垫栱板三宝珠彩画：在两攒斗栱之间的三角形木板上绘制三个圆形带火焰的图案彩画。选择定额 7-725。

(67) 垫栱板佛梵字彩画：在两攒斗栱之间的三角形木板上绘制带有佛教字符图案的彩画。选择定额 7-734。

(68) 垫栱板红地金边彩画：只在垫栱板与斗栱接触的边棱处描绘金边刷红地的做法。选择定额 7-741。

(69) 垫栱板红地色边彩画：只在垫栱板与斗栱接触的边棱处描绘色边刷红地的做法。选择定额 7-745。

(70) 垫栱板莲花献佛：在两攒斗栱之间的三角形木板上绘制莲花，莲花上绘制佛像图案的彩画。选择定额 7-739。

(71) 爬粉：将素色花纹中沥粉线用毛笔描成白色称作爬粉。画工多称白色为“粉”。

(72) 纠粉：在木雕上绘制彩画的技法（如雀替、花牙子）。先将花纹颜色刷齐，然后按雕花纹理在花饰边缘的高光处（叶子边、花瓣的尖）用白粉由外向里晕染，使花饰纹理的层次感更强，过渡自然。选择定额 7-564。

(73) 双皮条线贴金：在门窗边抹迎面所见的两条装饰线上贴金。选择定额 7-824。

(74) 两炷香贴金：隔扇、槛窗边抹看面由木工做成二道凸起的小线，在此线上贴金，选择定额 7-822。

(75) 润粉：木装修表面刷水溶性颜色（地板黄等），以改变木质颜色。选择定额7-945。

(76) 楣子苏妆彩画：边框刷红色，心屉刷青绿，条子心描白线的做法。选择定额7-941。

(77) 金琢墨岔角云，金琢墨片金鼓子心彩画：井口板的四个角绘制金琢墨的云朵，鼓子心绘制金琢墨片金彩画，如片金龙，选择定额 7-1038。

(78) 金琢墨岔角云，做染鼓子心彩画：岔角云做法同上，鼓子心绘制做染的花卉图案，选择定额 7-1042。

(79) 烟琢墨岔角云，片金鼓子心彩画：井口板的四个角绘制烟琢墨的云朵，鼓子心绘制片金彩画。选择定额 7-1046。

（80）烟琢墨岔角云，做染攒退鼓子心：井口板的四个角绘制烟琢墨的云朵，鼓子心绘制做染的花卉图案。选择定额 7－1050。

（81）支条金琢墨燕尾彩画：支条十字相交的位置绘制金琢墨彩画。选择定额7－1076。

（82）支条烟琢墨燕尾彩画：支条十字相交的位置绘制烟琢墨彩画。选择定额 7－1080。见图 13－3－5。

图 13－3－5 天花支条彩画

（83）无金燕尾彩画：支条十字相交的位置绘制不贴金的彩画。选择定额 7－1084。

（84）支条无燕尾井口线贴金：只在支条边棱处贴金。选择定额 7－1086。

（85）墙边切活彩画：墙的周边用切活的方法绘制图案。选择定额 7－997。

（86）墙面拉线：墙边用颜色刷出不同的线条。选择定额 7－998、7－999。

（87）雀替金边金龙彩画：边框贴金，龙图案也全部贴金。用于云龙大确替彩画。选择定额 7－558。

（88）雀替金边棪退彩画：边框贴金，图案做棪退彩画，用于等级较高的彩画。选择定额 7－562。

（89）雀替金边金琢墨彩画：边框贴金，内部图案做金琢墨彩画。选择定额 7－560。

（90）雀替金边纠粉彩画：边框贴金，内部图案做纠粉彩画。选择定额 7－564。

（91）云龙花板贴浑金：牌楼花板满贴金的做法。选择定额 7－569。

（92）云龙花板纠粉贴金：牌楼花板边框贴金，图案做纠粉的做法。选择定额 7－574。

（93）云龙花板无金纠粉：牌楼花板只做纠粉的做法。选择定额 7－578。

（94）雕刻边框浑金，匾心扫青：带有雕刻边框的匾，边框满贴金，匾心青地的做法。选择定额 14－310。

（95）云龙花板扣油提地：与花板云龙浑金配套进行的刷漆。选择定额 7－572。

（96）油漆地贴金字（匾、抱柱对子）：匾心或抱柱对子刷油漆地，贴金字的做法。选择定额 7－1148。

（97）菱花扣贴金：在隔扇、槛窗菱花心屉条子焦点的圆扣上贴饰金的做法。选择定额 7－832、7－834。

（98）绦环板、门心板贴金：在隔扇或槛窗的绦环板、门心板的凸起线条上贴饰金的制作法。定额按图案内容分为三种。选择定额 7-828。

(99) 彩画回帖：旧彩画的维修方法，用于旧彩画局部脱落、空鼓，用胶液原位粘贴。选择定额 7-239。

(100) 灯花彩画：绘于吊灯杆周围的彩画。选择定额 7-1105。见图 13-3-6。

图 13-3-6 灯花彩画

13.4 工作内容与统一规定

本章包括山花板、博缝板、挂檐（落）板油饰彩绘，椽望油饰彩绘，上架构件油饰彩绘，下架构件油饰彩绘，木楼梯、木楼板油饰，斗栱、垫栱板油饰彩绘，门窗扇油饰，楣子、鹅颈靠背油饰彩绘，花罩油饰彩绘，栏杆油饰彩绘，墙面涂饰彩绘，天花油饰彩绘，匾额、抱柱对油饰彩绘共 13 节 1156 个子目。

1. 工作内容

(1) 本章各子目工作内容均包括准备工具、调兑材料、场内运输及余料、废弃物的清运。

(2) 油饰彩绘面除尘包括清除油饰面、彩绘面上的浮尘及鸟粪等污痕，用黏性面团搓滚干净。

(3) 彩画回贴包括将其地仗用清水闷软，注胶粘贴，压平、压实。

(4) 彩画修补包括清理浮尘，按原图补沥粉线、补色、补金、补绘。

(5) 砍挠见木包括将木构件上的旧油灰皮全部砍挠干净以露出木骨，并在木构件表面斩砍出新斧迹、撕缝、下竹钉、楦缝、修补线角及铁件除锈，有雕饰或线角的木件还需将秧角处剔净并修补。

(6) 洗挠见木或洗剔挠均包括将木构件上的旧油灰皮全部焖水挠净以露出木骨，撕缝、下竹钉、楦缝、修补线角及铁件除锈，有雕饰的木件还需将秧角处剔净。

(7) 斩砍至麻遍包括将木构件旧有地仗麻遍以上的油灰皮全部砍除，局部空鼓龟裂部位砍至木骨，并在其周边砍出灰口、麻口。

(8) 砂石穿油灰皮包括将地仗上的油饰彩绘面全部磨穿，砂石穿油灰皮局部斩砍还包括将空鼓龟裂部分的地仗砍除并在其周边砍出灰口、麻口。

(9) 清理除铲包括清除木构件表面或油饰面上的浮灰污渍，铲除龟裂翘边部分的油漆皮；砍斧迹包括将新木构件表面斩砍出斧迹并下竹钉、楦缝。清理除铲砍斧迹包括清理除铲和砍斧迹的全部工作内容。

(10) 混凝土构件清理除铲包括剔除跑浆灰、清洗隔离剂。

(11) 楦翼角椽档包括用木楔将翼角椽根部的夹角空档楦严、钉牢。

(12) 做地仗包括材料过箩、调制油满及各种灰料、梳麻或裁布、按传统工艺操作规程分层施工。地仗分层做法见表13－4－1：

地仗分层做法 **表13－4－1**

项目	项目	分层做法
木构件上做麻布灰地仗	两麻一布七灰	汁浆或操稀底油、捉缝灰、通灰、使麻、磨麻、压麻灰、使二道麻、磨麻、压麻灰、糊布、压布灰、中灰、细灰、钻生油
	一麻一布六灰	汁浆或操稀底油、捉缝灰、通灰、使麻、磨麻、压麻灰、糊布、压布灰、中灰、细灰、钻生油
	两麻六灰	汁浆或操稀底油、捉缝灰、通灰、使麻、磨麻、压麻灰、使二道麻、磨麻、压麻灰、中灰、细灰、钻生油
	一麻五灰	汁浆或操稀底油、捉缝灰、通灰、使麻、磨麻、压麻灰、中灰、细灰、钻生油
	一布四灰	汁浆或操稀底油、捉缝灰、通灰、糊布、中灰、细灰、钻生油
木构件上做单披灰地仗	四道灰	汁浆或操稀底油、捉缝灰、通灰、中灰、细灰、钻生油
	三道灰	汁浆或操稀底油、捉缝灰、中灰、细灰、钻生油
	两道灰	汁浆或操稀底油、捉中灰、细灰、钻生油
	一道半灰	汁浆或操稀底油、捉中灰、找细灰、钻生油
	注：单披灰地仗包括接榫、接缝处局部糊布条	
在麻遍上补做地仗	补做麻灰地仗	操稀桐油、压麻灰、使麻、压麻灰、中灰、细灰、钻生油
	补做单披灰地仗	操稀桐油、压麻灰、中灰、细灰、钻生油
	注：补做地仗项目考虑到旧有地仗斩砍至麻遍，局部空鼓斩砍到木骨后，补做的情况	
修补地仗	局部麻灰满细灰	
	捉中灰、满细灰	
	注：修补地仗项目考虑到砂石穿油皮后对旧有地仗修补（局部麻灰、捉中灰）并满做一道细灰的情况	
混凝土构件做水泥地仗		涂刷界面胶、嵌垫建筑胶水泥砖灰腻子、满刮建筑胶水泥腻子、满中灰（血料砖灰）、满细灰（血料砖灰）、钻生油

(13) 油饰包括刮腻子（或润粉）、找腻子、砂纸打磨、分层涂刷。

(14) 饰金包括包黄胶、打金胶油、贴金（铜）箔及搭拆防风帐，其中金属件饰金还包括除锈、打磨，饰铜箔还包括涂抗氧化保护剂。

(15) 彩画绘制包括丈量拓样或绘画谱、扎画谱、拓拍画谱、沥粉、涂绘及饰金，其中油漆地饰金彩画不包括油漆地的涂刷。各类彩画特征见表13－4－2：

各类彩画特征　　　　**表 13-4-2**

彩画种类			图案特征
椽头彩画		飞椽头、檐椽头片金彩画	飞椽头、檐椽头端面均做片金彩画
		飞椽头片金、檐椽头金边彩画	飞椽头端面做片金彩画，檐椽头端面做金边，内用颜料绘百花或虎眼或福寿图
		飞椽头、檐椽头金边彩画	飞椽头、檐椽头端面均做金边，内用颜料绘彩画
		飞椽头、檐椽头墨（黄）线彩画	飞椽头、檐椽头端面均做墨（黄）线边，内用颜料绘彩画
上架构件彩画	明式彩画	金线点金花枋心	大线及花心饰金，枋心内绘图案
		金线点金素枋心	大线及花心饰金，枋心内无图案
		墨线点金	大线墨色、花心饰金、枋心内无图案
		墨线无金	纹线全部为墨线
	清式和玺彩画	金琢墨龙凤和玺	大线饰金带晕色（除盒子线），贯套箍头，枋心、藻头、盒子内绘龙凤饰金，圭线光晕色
		片金箍头龙凤和玺	大线饰金带晕色（除盒子线），片金箍头，枋心、藻头、盒子内绘龙凤饰金，圭线光晕色
		索箍头龙凤和玺	大线饰金，素箍头，藻头、盒子内绘龙凤饰金，无晕色
		金琢墨龙草和玺	大线饰金，藻头为片金龙与金琢墨攒退草调换构图，枋心、盒子内绘片金龙，圭线光晕色
		片金龙草和玺	大线饰金，藻头为片金龙与金琢墨攒退草调换构图，枋心、盒子内绘片金龙，圭线光无晕色
	和玺加苏画		大线饰金，枋心、盒子内为片金龙与苏式彩墨画调换构图，其他同龙凤和玺彩画，无晕色
	清式旋子彩画	金琢墨石碾玉	大线及旋花、栀花均为金线退晕，旋花心、栀花心及菱角地、宝剑头饰金，枋心为龙、锦调换构图
		烟琢墨石碾玉	大线为金线退晕，旋花、栀花为墨线退晕，旋花心、栀花心及菱角地、宝剑头饰金，枋心为龙、锦调换构图
		金线大点金龙锦枋心	大线为金线退晕，旋花、栀花为金线不退晕，旋花心、栀花心及菱角地、宝剑头饰金，枋心为龙、锦调换构图
		金线小点金	大线为金线退晕，旋花、栀花为墨线不退晕，旋花心、栀花心饰金，枋心可有龙锦调换构图，或夔龙与黑叶子花调换构图
		墨线大点金龙锦枋心	大线及旋花、栀花均为墨线不退晕，旋花心、栀花心及菱角地、宝剑头饰金，枋心可有龙锦调换构图
		墨线小点金	大线及旋花、栀花均为墨线不退晕，旋花心、栀花心饰金，枋心可有夔龙与黑叶子花调换构图，或空枋心，或一字枋心
		雅伍墨	大线及旋花、栀花均为墨线不退晕，无金饰，枋心可有夔龙与黑叶子花调换构图，或空枋心，或一字枋心
		雄黄玉	以香色做底色衬托青绿旋花瓣，各线条均为色线退晕，无金饰，枋心可有夔龙与黑叶子花调换构图或空枋心，或一字枋心
		金线大点金加苏画	大线为金线退晕，旋花、栀花为金线不退晕，旋花心、栀花心及菱角地、宝剑头饰金，枋心、盒子内绘苏式白活
	清苏式彩画	金琢墨窝金地	箍头、卡子、包袱、池子、聚锦均为金线攒退，包袱退七道以上烟云，包袱内绘窝金地白活
		金琢墨	箍头、卡子、包袱、池子、聚锦均为金线攒退，包袱退七道以上烟云，包袱内绘白活

续表

彩画种类			图案特征
上架构件彩画	清苏式彩画	金线片金箍头片金卡子	箍头、包袱、池子、聚锦均为金线，箍头内为片金图案，藻头部位做片金卡子，包袱、池子退晕层次五至七道，包袱、池子、聚锦内绘一般彩墨画
		金线色箍头片金卡子	箍头、包袱、池子、聚锦均为金线，箍头内图案不饰金，藻头部位做片金卡子，包袱、池子退晕层次五至七道，包袱、池子、聚锦内绘一般彩墨画
		金线色箍头色卡子	箍头、包袱、池子、聚锦均为金线，箍头内图案及藻头部位的卡予均不饰金，包袱、池子退晕层次五至七道，包袱、池子、聚锦内绘一般彩墨画
		金线掐箍头搭包袱	箍头线、包袱线饰金，箍头内图案不饰金，藻头部位无彩绘涂饰红油漆，包袱退晕层次五至七道内绘一般彩墨画
		金线单掐箍头	仅绘金线箍头，左右两箍头间无彩绘涂饰油漆
		金线金卡子海漫	箍头线饰金，藻头部位做片金卡子，左右两卡子之间绘爬蔓植物或流云
		金线色箍头色卡子海漫	箍头线饰金，藻头部位做色卡子或无卡子，左右两卡子（或箍头）之间绘爬蔓植物或流云
		墨线箍头、藻头、包袱满做	箍头，包袱、池子、聚锦均为墨线，藻头部位绘色卡子，包袱退七道以上烟云，包袱内绘白活
		墨线掐箍头搭包袱	仅绘箍头和包袱，全部为墨线不饰金，藻头部位无彩绘涂饰红油漆
		墨线单掐箍头	仅绘墨线箍头，左右两箍头间无彩绘
		锦纹藻头片金或攒退枋心	箍头、枋心均为金线，箍头内图案不饰金，藻头部位绘金线锦纹，枋心内绘片金或攒退图案
		锦纹藻头彩墨画枋心	箍头、枋心均为金线，箍头内图案不饰金，藻头部位绘金线锦纹，枋心内绘白活
		海漫宋锦	箍头为金线，左右两箍头之间全部绘金线锦纹（亦有无箍头做法）
浑金彩画			以沥粉线沥出图案，全部饰金，形成金地金图案，可用单色金，可用两色金
油漆地片金彩画			以沥粉线沥出图案，涂刷单色油漆（一般为红色）、饰金，形成红油漆地衬托金色图案
斑竹彩画			全部绘斑竹纹，上架可有在每间两端绘金色箍头线，中部绘金色包袱线，包袱内绘彩墨画
斗栱彩画		金琢墨彩画	轮廓线全部沥粉贴金，大粉退晕线，做金老
		平金彩画	轮廓线全部饰金，金线内侧拉大粉，做黑老
		墨（黄）线彩画	轮廓线全部用墨线或黄线，拉大粉，描黑老

（16）罩光油、罩清漆包括调兑油料、漆料，涂刷。

（17）擦软蜡包括砂纸打磨、涂蜡、擦蜡出亮，烫硬蜡包括砂纸打磨、涂蜡、烘烤、擦蜡出亮，其中润粉烫蜡还包括调制粉料、刮抹粉料、砂纸打磨，刷色烫蜡还包括调制底油色或水色及涂刷。

（18）斗栱保护网油饰包括除锈、调兑漆料、涂刷。

（19）椙子心屉苏妆包括刮腻子、砂纸打磨、涂色、描线，以及卡花、花牙子纠粉，不包括白菜头饰金。

（20）匾额刻字包括拓字或放样、在木胎或地仗灰上雕刻文字，堆灰刻字包括文字的堆塑及雕刻。

2. 统一性规定及说明

（1）麻布灰地仗砍挠见木综合了各种做法的麻、布灰地仗及损毁程度，单披灰地仗砍挠见木及洗挠综合了各种做法的单披灰地仗及损毁程度，实际工程中不得再因具体情况调整。

（2）修补地仗中“捉中灰、满细灰”项目均与“砂石穿油灰皮”项目配套使用，“局部麻灰、满细灰”项目与“砂石穿油灰皮、局部斩砍”项目配套使用，“麻遍上补做地仗”项目与“斩砍至麻遍”项目配套使用，定额的工料机消耗已包括了局部空鼓需斩砍到木骨并补做的情况，实际工程中不得因空鼓砍除面积的大小再做调整。

（3）各种地仗不论汁浆或操稀底油，定额不做调整；单披灰地仗均包括木件接榫、接缝处局部糊布条。

（4）油饰项目中的“刷两道扣末道”项目均与油漆地饰金或油漆地彩画项目配套使用。

（5）歇山建筑立闸山花板油饰饰金按本章第一节“山花板”相应定额及工程量计算规则执行，悬山建筑的镶嵌象眼山花板、柁挡板按本章第三节“上架构件”相应定额及工程量计算规则执行。

（6）挂檐（落）板、滴珠板正面按有无雕饰分别执行定额，底边面及背面均按无雕饰挂檐板定额执行，其正面绘制彩画按上架构件相应定额执行。

（7）连檐瓦口做地仗及油饰包括瓦口及大连檐正立面，不包括大连檐底面、大连檐底面地仗及油饰的工。料机消耗包括在椽望中；椽望地仗及油饰包括大连檐底面及小连檐、闸挡板、椽碗等附件在内。

（8）椽头彩绘包括飞椽及檐椽端面的全部彩绘，单独在飞椽头或檐椽头绘制彩画者，根据做法分别按“椽头片金彩画绘制”、“椽头金边彩画绘制”、“椽头墨（黄）线彩画绘制”定额乘以 0.5 系数执行。

（9）木构架油饰彩绘项目分档均以图示檐柱径（底端径）为准，上架构件包括枋下皮以上（包括柱头）的所有枋、梁、随梁、瓜柱、柁墩、脚背、雷公柱、柁挡板、象眼山花板、桁檩、角梁、由戗、桁檩垫板、由额垫板、燕尾枋、承重、楞木等以及楼板的底面，下架构件包括柱、槛框、窗榻板、门头板（迎风板、走马板）、余塞板、隔墙板、护墙板、筒子板、栈板墙、坐凳面及楹斗、门簪等附件。

（10）苏式掐箍头彩画、掐箍头搭包袱彩画定额（不含油漆地苏式片金彩画）均已包括箍头、包袱外涂饰油漆的工料，箍头、包袱外涂饰油漆不再另行计算。

（11）油饰彩绘面回贴面积以单件构件核定，单件构件回贴面积不足 30％时定额不做调整，单件构件回贴面积超过 30％时另执行面积每增 10％定额，不足 10％时按 10％计算。

（12）栈板墙外侧基层处理、做地仗、油饰按下架构件相应定额乘以 1.25 系数执行。

（13）木楼板基层处理、地仗及油饰定额项目只适用于其上面，底面基层处理、地仗及油饰按上架构件基层处理、地仗、油饰相应定额及工程量计算规则执行。

(14) 木楼梯地仗及油饰包括帮板、踢板、踩板正背面全部面积，不包括栏杆及扶手。木楼梯以其帮板与地面夹角小于45°为准，帮板与地面夹角大于45°小于60°时按定额乘以1.4系数执行，帮板与地面夹角大于60°时按定额乘以2.7系数执行。

(15) 斗栱彩绘包括栱眼处扣油，不包括栱、升、斗背面掏里刷色，掏里刷色另行计算；盖斗板基层处理、地仗及油饰按斗栱基层处理、地仗、油饰定额执行。

(16) 斗栱昂嘴饰金以平身科昂嘴为准，柱头科昂嘴及角科由昂饰金不分头昂、二昂、三昂均按相应斗口规格“昂嘴饰金”定额乘以1.5系数执行。

(17) 垫栱板油漆地饰金彩画绘制不包括油漆地的涂刷，涂刷油漆地另按油饰项目中相应的“刷两道扣末道”项目执行。

(18) 帘架大框基层处理、做地仗、油饰定额已综合了其荷叶墩、荷花栓斗的基层处理、做地仗、油饰或纠粉的工料。

(19) 与支摘窗配套的横披窗、夹门、隔扇及相应的帘架风门、帘架余塞、帘架横披均按支摘窗相应定额及工程量计算规则执行；与槛窗配套的横披窗、隔扇及相应的帘架风门、帘架余塞、帘架横披均按隔扇槛窗相应定额及工程量计算规则执行。

(20) 各种门窗扇基层处理及地仗、油饰均以双面做为准，其中隔扇、槛窗、支摘窗扇单独做外立面按定额乘以0.6系数执行，单独做里立面按定额乘以0.4系数执行，里外分色油饰者亦按此比例分摊。

(21) 大门门钉饰金不包括门钹（或兽面）、包叶，门钹（或兽面）、包叶饰金另执行相应定额。

(22) 什锦窗油饰包括贴脸、桶座、背板及心屉全部油饰，双面心屉什锦窗若只做单面按单面心屉什锦窗相应定额执行；什锦窗玻璃彩画包括擦玻璃。

(23) 楣子、栏杆基层处理及地仗、油饰均以双面做为准，其中倒挂楣子包括白菜头及花牙子在内。

(24) 墙边拉线包括刷砂绿大边及拉红白线，只刷大边拉单线者定额不做调整。

(25) 天花井口板彩绘包括摘安井口板，遇有海漫硬天花（仿井口天花）其支条及井口板基层处理、地仗、彩绘定额工料机均不做调整。

(26) 天花支条彩画及木顶格软天花回贴的面积比重均以单间为单位计算。单间回贴面积不足30%时定额不做调整，单间回贴面积超过30%时另执行面积每增10%定额（不足10%时亦按10%执行）。

(27) 匾额油饰包括金属匾托及匾勾的油饰。

13.5 工程量计算规则

1. 立闸山花板按露明三角形面积计算。

2. 歇山博缝板、悬山博缝板均按屋面坡长乘以博缝板宽的面积以 m^2 为单位计算；梅花钉饰金按博缝板工程量面积计算。

3. 挂檐（落）板正面按垂直投影面积以 m^2 为单位计算；滴珠板按凸尖处竖向高乘以滴珠板长以 m^2 为单位计算；挂檐（落）板、滴珠板底边面及背面合计面积按其正面面积乘以 0.5 计算。

4. 连檐、瓦口按 1.5 倍大连檐截面高乘以檐头长以 m^2 为单位计算，椽头按飞椽头竖向高乘以檐头长以 m^2 为单位计算，其中带角梁建筑檐头长按仔角梁端头中点连线长计算，硬山建筑檐头长按两山排山梁架中线间距计算，悬山建筑檐头长按两山博缝板外皮间距计算。

5. 椽望按其对应屋面面积以 m^2 为单位计算，小连檐立面及闸挡板、隔椽板的面积不计算，屋角飞檐冲出部分不增加，室内外做法不同时以檩中线为界分别计算，其中：

(1) 屋面坡长以脊中至檐头木基层外边线折线长为准，扣除斗栱（正心桁至挑檐桁）所掩盖的长度；

(2) 硬山建筑两山边线以排山梁架轴线为准，悬山建筑两山边线以博缝外皮为准；

(3) 椽肚饰金不扣除椽档面积，望板饰金不扣除椽所占面积。

6. 上架枋（含箍头）、梁（含梁头）、随梁、承重、楞木等横向构件按其侧面和底面展开面积以 m^2 为单位计算，上面及穿插枋榫头面积均不计算；其侧面面积按截面高乘以长计算，底面面积按截面宽乘以长计算，扣除随梁、上槛、墙体、天花顶棚等所掩盖面积，箍头端面、梁头端面面积已包括在内，不再另行增加；构件长度均以轴线间距为准，轴线外延长的箍头、梁头长度应予增加；室内外做法不同时应分别计算。

7. 坐斗枋两侧面积均按其截面高乘以全长以 m^2 为单位计算，上面不计算。

8. 挑檐枋外立面面积按其截面高乘以长以 m^2 为单位计算，并入上架构件工程量中，不扣除梁头及斗栱升斗所压占面积；其长度同挑檐桁长。

9. 桁檩按截面周长减去上金盘宽（金盘宽按檩径 1/4 计）和垫板或挑檐枋所压占的宽度后乘以长度以 m^2 为单位计算，端面不计算，扣除顶棚所掩盖面积；其长度以轴线间距为准，轴线外延长的搭角桁檩头长度应予增加，悬山出挑桁檩头长度计算至博缝板外皮；室内外做法不同时应分别计算。

10. 角梁按其侧面和底面展开面积以 m^2 为单位计算，其底面积按角梁宽乘以角梁长计算，两侧合计面积按老角梁截面高乘以角梁长乘以 2.5 计算，端面面积不计算，扣除斗栱、天花掩盖的面积，其中仔角梁头长以飞椽挑出长即小连檐外皮至大连檐外皮水平间距为基数，老角梁挑出长度以椽平出长即挑檐桁或檐檩中至小连檐外皮间距为基数，角梁内里长以檐步架水平长为基数，正方角乘以 1.5，六方角乘以 1.26，八方角乘以 1.2 计算。

11. 由戗按其 2 倍截面高加底面宽之和乘以长以 m^2 为单位计算，不扣除桁檩、雷公柱所占面积，其长度以金步架水平长为基数，正方角乘以 1.57，六方角乘以 1.35，八方角乘以 1.28 计算。

12. 瓜柱、太平梁上雷公柱按周长乘以柱净高以 m^2 为单位计算，柁墩按水平周长乘以截面高以 m^2 为单位计算；瓜柱、柁墩均扣除嵌入墙体的面积；攒尖雷公柱按周长乘以垂头底端至由戗上皮净高以 m^2 为单位计算。

13. 脚背两侧面均按全长乘以高以 m^2 为单位计算，不扣除瓜柱所掩盖面积，扣除嵌入墙体一侧的面积，两端面及上面不计算。

14. 由额垫板、桁檩垫板两面均按截面高乘以轴线间距长度以 m^2 为单位计算，悬山建筑两山燕尾枋长计入桁檩垫板长度中，燕尾枋不再另行计算；棋枋板（围脊板）、柁挡板、象眼山花板两面均按垂直投影面积以 m^2 为单位计算，其中象眼山花上边线以望板下皮为准，不扣除桁檩窝所占面积。

15. 雀替及隔架雀替按露明长乘以全高以 m^2 为单位计算。

16. 牌楼花板、牌楼匾按垂直投影面积 m^2 为单位计算。

17. 下架柱按其底面周长乘以柱高（扣除计算到上架面积中的柱头高）计算面积，扣除抱框、墙体所掩盖面积。

18. 槛框按截面周长乘以长以 m^2 为单位计算，扣除贴靠柱、枋、梁、榻板、墙体、地面等侧的面积；楹斗、门簪等附件基层处理、地仗、油饰不再另行计算；其中槛长以柱间净长为准，框及间柱长以上下两槛间净长为准。

19. 框线饰金按框线宽乘以长以 m^2 为单位计算。

20. 窗榻板按宽与两侧面高之和乘以柱间净长（扣除门口所占长度）以 m^2 为单位计算，扣除风槛所压占面积。

21. 坐凳面按截面周长乘以柱间净长以 m^2 为单位计算，不扣除楣子所压占面积，出入口长度应予扣除，其膝盖腿长应予增加。

22. 门头板（迎风板、走马板）、余塞板等两侧面及廊心均按垂直投影面积以 m^2 为单位计算。

23. 筒子板按看面及两侧边宽之和乘以立板顶板总长以 m^2 为单位计算。

24. 栈板墙、木隔墙板两面及木护墙板均按垂直投影面积以 m^2 为单位计算，扣除门窗洞口所占面积，木护墙板不扣除柱门所占面积。

25. 木楼板上面按水平投影面积以 m^2 为单位计算，其上面不扣除柱、隔扇所占面积；其底面扣除承重、楞木所压占的面积。

26. 木楼梯按水平投影面积以 m^2 为单位计算。

27. 上、下架彩画回贴均以单件构件展开面积累计以 m^2 为单位计算，展开办法同上，回贴面积比重不同时应分别累计计算。

28. 各种斗栱、垫栱板、盖斗板基层处理、做地仗、油饰、彩绘均按展开面积计算，工程量展开面积计算按表 13－5－1 规定执行。

29. 昂嘴贴金以个为单位计算。

30. 垫栱板彩画回贴及彩画修补均按所回贴或修补的垫栱板单块面积累计以 m^2 为单位计算。

31. 斗栱保护网油饰面积以 m^2 为单位计算。

32. 帘架大框按框外皮围成的面积以 m^2 为单位计算，其下边线以地面上皮为准，其荷叶墩、荷花栓斗不再另行计算。

33. 隔扇及槛窗基层处理、地仗、油饰及边抹、面叶饰金均按隔扇、槛窗垂直投影面积以 m^2 为单位计算，框外延伸部分不计算面积；隔扇及槛窗心板饰金按其心板露明垂直投影面积以 m^2 为单位计算；菱花扣饰金按菱花心屉垂直投影面积以 m^2 为单位计算；心屉衬板按心屉投影面积以 m^2 为单位计算。

34. 支摘窗扇及各种大门扇均按其垂直投影面积以 m^2 为单位计算，门枢等框外延伸部分不计算面积；门钹饰金以对为单位计算。

35. 什锦窗以座为单位计算。

工程量展开面积 表 13-5-1

斗栱种类		斗栱展开面积 斗栱外拽面展开面积包括：斗栱外拽各分件正面、底面、两侧面的面积，以及挑檐枋底面、外拽枋的正面和底面、正心枋外拽面的面积 斗口尺寸											盖斗板面积 外拽盖斗板面积按斗栱外拽展开面积乘以下列系数计算	掏里面积 外拽掏里面积包括外拽栱、升、坊的背面面积，按斗栱外拽展开面积乘下列系数计算
		4cm	5cm	6cm	7cm	8cm	9cm	10cm	11cm	12cm	13cm	14cm		
昂翘镏金斗栱外拽面	三踩单昂	0.245	0.382	0.55	0.749	0.978	1.238	1.529					13.10%	19.40%
	五踩单翘单昂	0.43	0.672	0.967	1.317	1.72	2.177	2.687	3.252	3.87	4.542	5.267	18.00%	26.00%
	五踩重昂	0.45	0.702	1.012	1.377	1.798	2.276	2.81	3.4	4.046	4.749	5.507	17.20%	24.90%
	七踩单翘重昂	0.631	0.986	1.42	1.933	2.525	3.195	3.945	4.773	5.68	6.666	7.731	19.40%	27.90%
	九踩重翘重昂	0.813	1.27	1.829	2.489	3.251	4.114	5.079	6.146	7.314	8.584	9.955	20.60%	29.60%
	九踩单翘三昂	0.832	1.3	1.873	2.549								20.10%	28.90%
	十一踩重翘三昂	1.007	1.574	2.267	3.085								21.10%	30.30%

斗栱种类		斗栱展开面积 斗栱里拽展开面积包括：斗栱里拽各分件正面、底面、两侧面的面积，井口枋、里拽枋正面和底面的面积，以及正心枋里拽面的面积 斗口尺寸											盖斗板面积里 里拽盖斗板面积按斗栱里拽展开面积乘以下列系数计算	掏里面积 里拽掏里面积包括里拽栱、升、枋的背面面积，按斗栱里拽展开面积乘以下列系数计算
		4cm	5cm	6cm	7cm	8cm	9cm	10cm	11cm	12cm	13cm	14cm		
昂翘斗栱里拽面	三踩	0.272	0.424	0.611	0.832	1.086	1.375	1.697	2.053	2.444	2.868	3.326	13.20%	23.40%
	五踩	0.469	0.733	1.056	1.438	1.878	2.376	2.934	3.55	4.225	4.958	5.75	21.90%	27.20%
	七踩	0.651	1.017	1.465	1.994	2.604	3.295	4.068	4.923	5.859	6.876	7.974	22.70%	29.50%
	九踩	0.833	1.301	1.873	2.55	3.33	4.215	5.203	6.296	7.493	8.793	10.198	23.20%	30.80%
镏金斗栱里拽面	三踩	0.971	1.518	2.186	2.975	3.386	4.918	6.072	7.347	8.743	10.261	11.901	—	—
	五踩	1.081	1.688	2.431	3.309	4.322	5.47	6.753	8.172	9.725	11.413	13.237	—	—
	七踩	1.291	2.017	2.904	3.952	5.162	6.534	8.066	9.76	11.615	13.632	15.81	—	—
	九踩	1.491	2.33	3.355	4.566	5.964	7.548	9.319	11.276	13.419	15.749	18.265		
平座斗栱里拽面	三踩单翘	0.229	0.358	0.515	0.701	0.915	1.158	1.43	1.73	2.059	2.417	2.803	14.00%	20.70%
	五踩重翘	0.41	0.641	0.923	1.257	1.642	2.078	2.565	3.103	3.693	4.335	5.027	18.80%	27.30%
	七踩三翘	0.592	0.725	1.332	1.813	2.368	2.997	3.7	4.476	5.327	6.252	7.251	20.70%	29.80%
	九踩四翘	0.773	1.209	1.74	2.369	3.094	3.916	4.834	5.849	6.961	8.17	9.475	21.70%	31.10%

续表

斗栱种类	斗栱展开面积											盖斗板面积	掏里面积
	包括斗栱各分件正面、底面、两侧面的面积及正心枋正面及底面的面积												
	斗口尺寸												
	4cm	5cm	6cm	7cm	8cm	9cm	10cm	11cm	12cm	13cm	14cm	—	—
一斗三升斗栱（单拽面）	0.046	0.071	0.103	0.14	0.182	0.231	0.285					—	—
一斗二升交麻叶斗栱（单拽面）	0.091	0.142	0.204	0.278	0.363	0.46	0.567					—	—
单翘麻叶云斗栱（单拽面）	0.236	0.359	0.531	0.722	0.944	1.194	1.474					—	—
十字隔架斗栱（双拽面）	0.196	0.306	0.44	0.599	0.782	0.99	0.122					—	—
单栱垫栱板（单拽面）	0.032	0.05	0.072	0.098	0.128	0.161	0.199	0.241	0.287	0.337	0.391	—	—
重栱垫栱板（单拽面）	0.04	0.062	0.089	0.122	0.159	0.201	0.248	0.3	0.357	0.419	0.486	—	—

注：(1) 表中所列斗拱展开面积均以平身科为准，内里品字斗栱两拽合计面积按昂翘斗栱里拽面积的 2 倍计算，牌楼昂翘斗栱，牌楼品字斗栱的平身科两拽合计面积分别按昂翘斗栱、平座斗栱外拽面积的 2 倍计算。

(2) 昂翘斗栱、溜金斗拱、一斗三升斗栱、一斗二升交麻叶斗栱及单翘麻叶云栱的柱头科外拽面面积分别按其平身科外拽面面积计算。昂翘斗栱、溜金斗栱的柱头科里拽面面积均按昂翘斗栱平身科里拽面面积计算。

(3) 昂翘斗栱、溜金斗栱、平座斗栱的角科外拽面面积按其平身科外拽面面积的 3.5 倍计算，里拽面面积按其平身科里拽面面积计算。牌楼斗栱角科按其平身科两拽合计面积的 3 倍计算。

36. 楣子及鹅颈靠背均按其垂直投影面积以 m^2 为单位计算，白菜头、楣子腿等边抹外延伸部分及花牙子不计算面积；白菜头饰金以个为单位计算。

37. 花罩按垂直投影面积以 m^2 为单位计算。

38. 寻仗栏杆按地面至寻杖上皮的高度乘以长度的面积以 m^2 为单位计算，棂条心栏杆、直档栏杆按垂直投影面积以 m^2 为单位计算，均不扣除望柱所占长度，望柱亦不再计算面积。

39. 墙面刷浆分别按内外墙抹灰面积计算。

40. 墙边彩画按其外边线长乘以宽的面积以 m^2 为单位计算，墙边拉线按其外边线长度以 m 为单位计算。

41. 井口板彩画清理除尘、基层处理、做地仗及绘制彩画均按井口枋里皮围成的面积以 m^2 为单位计算，扣除梁枋所占面积，不扣除支条所占面积。

42. 井口板彩画回贴及彩画修补按需回贴或修补的井口板单块面积累计以 m^2 为单位计算。

43. 支条彩画清理除尘、修补、基层处理、做地仗、绘制彩画均按井口枋里皮围成的面积以 m^2 为单位计算，扣除梁枋所占面积，不扣除井口板所占面积。

44. 木顶格软天花彩画绘制按井口枋里皮围成的面积以 m^2 为单位计算，扣除梁枋所占面积。

45. 支条彩画及木顶格软天花回贴均依据其各间回贴（修补）的面积比重不同，分别按各间井口枋和梁枋里皮围成的面积以 m^2 为单位计算。

46. 毗卢帽斗形匾按毗卢帽横向宽乘以匾高以 m^2 为单位计算，其他匾按其正投影面积以 m^2 为单位计算。

47. 抱柱对按横向弧长乘以竖向高以 m^2 为单位计算。

13.6 难点提示

1. 山花板的面积不是木作工程中山花板的面积，二者不能相互借用。

2. 博缝板正、反面面积等于正面面积乘以 2，正、反面地仗油漆做法不同时应分别计算。

3. 挂檐板、挂落板如绘制油漆地金箔画或枋心苏画时，执行相应彩画定额。

4. 油漆、彩画的工程量除个别外均以 m^2 为单位计算。各章定额中均采取了基层处理（砍活）、地仗、油漆、彩画等均按同一计算规则计算工程量。因此，对应同一分项工程量均相同，减少计算，减轻造价人员工作量。

5. 截面为正方形或矩形的椽子，椽径按椽子高度计算。

6. 椽望的面积不允许将椽子展开计算。望板的面积等于对应屋面的面积，但屋面瓦面的面积不等于望板面积。

7. 椽头、飞椽头贴金，应按贴饰的材料（库金、赤金、铜箔）选择对应的定额。

8. 使用的油漆材料与定额规定不符合时，允许材料的价格换算，不允许消耗量换算。

9. 连檐瓦口的长度指的是大连檐的长度。

10. 椽头面积的长，硬山时指排山梁架指的中点连线，悬山及带角梁的建筑按大连檐长。

11. 椽望画斑竹彩画时工程量计算规则执行椽望的计算规则。大木画斑竹彩画时执行大木计算规则，以此类推。

12. 旧地仗下斧迹稀疏、少、浅，设计要求基底增加砍斧迹时，可以执行定额 7－272。

13. 计入上架的柱头面积，应在计算下架柱子面积时扣除，特别是排山梁架，应扣除最下一道梁下皮以上的柱子面积。

14. 严格正确区分各种彩画的特征，确定彩画的名称、种类，选择正确的定额，设计图中彩画种类、名称不明确时，应先确认具体名称，明确具体做法后再选择相应定额。

15. 地仗做法不同时预算基价也不同，地仗做法不明确时，应先予以确认，避免造成工程造价的失准。

16. 严格区分什么是上架？什么是下架？各包含哪些构件？特别是木楼板的顶面属于上架，底面属于下架，木楼梯属于下架。

17. 严格区分各类彩画，对号入座。特别是复杂的，超出传统做法内容的彩画，应请示有关人员明确做法，记录、分析主要材料的用量，编制一次性补充定额，报有关主管部门审批，备案，批准后使用。

18. 由于油漆彩画工程的定额是既按工程部位又按工艺做法分项的，使得实际工程中有许多项目需要交叉执行定额。

19. 斗栱面积展开计算时，一定要分别将内拽、外拽分别展开，再求合计面积，避免漏算一侧面积。

20. 柱头科、角科等斗栱计算面积时，一定要利用计算规则中规定调整的各种系数进行计算，防止漏算或折算不正确。

21. 计算斗栱面积时，不要忘记盖斗板面积和掏里面积的计算，单栱垫栱板、重栱垫栱板单拽面展开计以“块”为工程量，参照“斗栱展开面积表”（表 13-5-1）对应的数值进行计算。

22. 斗栱刷三道油漆的定额均指斗栱无贴金时斗栱刷三道油漆的做法。定额“末道扣油漆”做法均与贴金项目配套使用。

23. 斗栱贴金时搭设的临时简易防风帐，不应计取费用。

24. 斗栱个别形式与传统形式不相符时，（简化或复杂）可参照相应斗栱的展开面积用系数调整，系数的确定虽无详细规定，但应尽量科学、合理。

25. 雀替、雀替隔架斗栱按计算规则计算出的面积是单面面积，但定额中的人工、材料、机械消耗量是按双面计算的。单面面积就是所求工程量的面积。

26. 花板、云龙花板、花罩计算规则中的垂直投影面积是饰件的单面面积（包括图案空地的面积）。但定额中的人工、材料、机械消耗也是按双面计算的，单面面积就是所求工程量的面积。牌楼匾的计算原理与之相同。

27. 木装修中的门头板、余塞板、栈板墙、隔墙板（不包括护墙板）等，属于下架构件。工程量均按双面面积计算（展开面积），选用定额也按下架大木定额执行，这些板类虽属于木装修类，但选择地仗或油漆定额按下架定额执行。

28. 井口板的面积包括支条的面积，支条的面积也包括井口板的面积，二者工程量相等，支条面积不允许将侧面展开计算。

29. 灯花面积按实做面积计算，实做面积指灯花图案外围所围最小圆形或矩形计算。

30. 墙面拉油线或拉色线的长，应指各种线条的累积之长之和。

31. 墙边切活彩画不论图案繁简，定额均不允许调整。

32. 墙面刷红浆、黄浆实际使用的材料与定额规定不符合时，允许调整或换算。外墙刷白浆或月白浆、青浆等外墙涂料时，可参照刷红浆、黄浆的有关规定，确定预算基价。

33. 非传统工艺做法的油漆、彩画不宜执行此定额。

34. 门钉贴金的工程量以大门的单面为准，菱花扣贴金以菱花心屉面积为准，裙板、绦环板贴金以裙板、绦环板垂直投影面积为准，不要将贴金面积展开。

35. 古建支摘窗或槛窗内另加的木窗扇，应另行计算地仗、油漆的面积。

13.7 习题演练

【习题 13-7-1】定额是如何界定砍除二麻六灰和砍除一布四灰地仗的？

【解】以下架木构为例，定额只设有麻布地仗砍除。但又分为砍至见木骨和砍至麻遍。不考虑地仗灰有几层麻或几层布，凡使用麻或布的地仗均按砍活深浅执行同一定额子目。基价中已进行了二者难易因素的权衡。因此，定额不准调整。

【习题 13-7-2】挂檐板上绘制苏式彩画应执行什么定额？

【解】本节没有涉及到彩画项目，但若遇挂檐板绘制苏式彩画，计算规则不变，绘制彩画借用上架构件彩画定额执行。

【习题 13-7-3】 某旧博缝板地仗脱落。设计要求重新剁一遍斧迹后，补做麻布地仗，此时可以计取新木件砍斧迹吗？

【解】 可以计取新木件砍斧迹。旧博缝板可能正是因斧迹稀浅等原因造成地仗脱落，此时计取的原因完全取决于设计图纸的要求。所以完全可以计取新木件砍斧迹的费用。

【习题 13-7-4】 悬山建筑的山花板、象眼、柁挡板应执行什么定额子目？

【解】 悬山建筑的山花板、象眼、柁挡板如做地仗，油漆应按第三节中相应定额执行。这些板类应属于上架木构件，应按上架地仗与上架油漆项目执行。

【习题 13-7-5】 单披灰地仗就是指一道灰地仗吗？

【解】 不是。单披灰地仗是指地仗中没有麻（布）的地仗做法，有时可以是四道灰、三道灰等。这里的“单”不是仅指一道灰，而是单披灰做法中包括一道灰的做法。

【习题 13-7-6】 某悬山建筑屋面前后坡长 7.86m，博缝板宽 0.56m，两山及正面背面的做法相同。试计算做一麻五灰地仗、刷磁漆四道、梅花钉贴库金的直接工程费？（单价暂按定额单价执行）

【解】（1）工程量计算

博缝板正面面积 $S=7.86\times0.56\times2$ 侧$=8.80\text{m}^2$

博缝板正背面面积相同，博缝板面积之和为 $8.80\times2=17.60\text{m}^2$

（2）选择定额

① 一麻五灰博缝地仗选择定额 7-70；基价：381.61 元。

② 刷磁漆四道选择定额 7-85；基价：57.17 元。

③ 梅花钉贴库金选择定额 7-88；基价：219.13 元。

（3）计算直接工程费

① 博缝一麻五灰地仗：$17.60\times381.61=6716.34$ 元

② 刷磁漆四道：$17.61\times57.17=1006.19$ 元

③ 梅花钉贴金：$8.80\times219.13=1928.34$ 元

④ 直接工程费合计：9650.87 元

【习题 13-7-7】 某城门楼挂檐板外面做一布五灰，里面做三道灰地仗，内外均刷调和漆三道。挂檐长 15.78m，高 0.52m，试计算工程量选择定额，计算直接工程费。

【解】（1）计算工程量

① 外面面积$=15.78\times0.52=8.21\text{m}^2$

② 底面及背面面积$=(15.78\times0.52)\times0.50=4.11\text{m}^2$

（2）选择定额

① 外面一布五灰地仗选择定额 7-104；基价：184.71 元。

② 底面及背面三道灰地仗选择定额 7-106；基价：91.37 元。

③ 刷调和漆三道选择定额 7-121；基价：24.06 元。

（3）计算直接工程费

① 外面一布五灰地仗 $8.21\times184.71=1516.47$ 元。

② 底面及背面三道灰地仗 $4.11\times91.37=375.53$ 元。

③ 刷调和漆三道$(8.21+4.11)\times24.06=296.42$ 元。

合计：1516.47＋375.53＋296.42＝2188.42 元

【习题 13－7－8】 某歇山木博缝板地仗较硬，需砍除后重做一麻五灰地仗，搓颜料光油三道，且梅花钉贴赤金。试列出各分项工程名称并选用相应定额。

【解】 ① 旧地仗砍除选择定额 7－2。

② 新做一麻五灰地仗选择定额 7－62。

③ 搓颜料光油选择定额 7－76。

④ 梅花钉贴赤金选择定额 7－89。

【习题 13－7－9】 某会馆挂檐板地仗一麻五灰，绘制苏式墨线枋心彩画，请问该地仗、彩画应分别选用哪些定额？计算工程量应注意哪些问题？

【解】 地仗选用第一节 7－103 定额子目，彩画选用第三节 7－472 的墨线苏画定额子目。计算工程量时应注意正面面积与背面面积的计算方法不同。彩画工程量与地仗正面工程量相同，不是地仗面积的合计。

【习题 13－7－10】 木作工程中的山花板面积是油漆工程的山花板面积吗？

【解】 不是，木作山花板面积是以踏脚木上皮和望板所围的三角形面积为准。油漆工程山花板是以露明的山花板面积为准，前者大，后者小，计算规则不同，因此二者面积不能互用。

【习题 13－7－11】 某硬山建筑前后檐是老檐出带飞椽做法。已知大连檐长 15.60m，小连檐长 14.40m，椽径 75mm，试计算新建此房屋时椽头彩画，连檐瓦口四道灰地仗，油漆彩画工程量（椽头、飞椽头片金彩画、地仗三道灰、连檐瓦口刷三道磁漆、贴金使用赤金）。并列出分项工程名称，选用相应定额。

【解】（1）连檐瓦口地仗面积＝15.60×0.075×1.5×2 侧＝3.51m^2

（2）椽头彩画面积＝14.40×0.075×2 侧＝2.16m^2

（3）连檐瓦口地仗　　S＝3.51m^2　　选择定额 7－167

（4）连檐瓦口刷磁漆　　S＝3.51m^2　　选择定额 7－174

（5）椽头地仗　　S＝2.16m^2　　选择定额 7－170

（6）椽头片金彩画　　S＝2.16m^2　　选择定额 7－183

【习题 13－7－12】 某悬山建筑，博缝板外皮至角柱中为 0.85m，前后均出檐，通面宽为 11.88m，椽径 100mm×100mm，无飞椽，求椽头面积及连檐瓦口面积。

【解】（1）博缝板外皮至另一侧外皮长＝2×0.85＋11.88＝13.58m

椽头面积 S＝13.58×0.1×50%×2 面＝1.36m^2

（2）连檐瓦口面积 S＝13.58×0.1×1.5×2 面＝4.07m^2

（大连檐的高等于椽径或椽子高）

【习题 13－7－13】 为什么计算椽头面积时，无飞椽要折扣 50%？

【解】 因为在一椽一档时，檐椽头的面积正好补进飞椽头的空档。此时，二者椽头面积等于小连檐长乘以椽子高。若无飞椽时，檐椽一椽一档无法补进，正好是二分之一的面积，故要折扣 50%。

【习题 13－7－14】 某工程假定只做瓦口地仗与油漆，如何计算工程量？

【解】 连檐瓦口的面积等于大连檐长乘以大连檐的高再乘以 1.5 系数（规则规定）。而这 1.5 中的 0.5 就是瓦口的面积。因此，瓦口面积等于大连檐长乘以大连檐高再乘以 0.5 系数折减即可。

【习题 13-7-15】椽望做斑竹彩画时预算基价为何乘以 2 倍？

【解】椽望绘制斑竹彩画计算面积按其对应的屋面面积计算，不再乘以 2 倍，基价中已含椽帮侧面的工、料、机费用。(是仰视投影面积，不是仰视展开面积)

【习题 13-7-16】某古建筑三间，前檐带飞椽，后檐老檐出无飞椽，椽径 80mm，明间 3600mm，次间 3300mm，地仗三道灰，飞椽头片金（库金）椽头虎眼彩画，求椽头面积并选用定额。

【解】三间轴线之和＝3300＋3300＋3600＝10200mm＝10.20m

前檐椽头面积＝10.20×0.08＝0.82m²

后檐椽头面积＝10.20×0.08×50%＝0.41m²（后檐无飞椽时面积折半）

前后檐椽头面积合计＝0.82＋0.41＝1.23m²

地仗选择定额 7-170，椽头面积为 1.23m²，椽头彩画选择定额 7-189。

【习题 13-7-17】某古建筑三间，前后檐无飞椽，后檐老檐出式，椽径 80mm，明间面宽 3600mm，次间面宽 3300mm，求椽头面积为多少？

【解】三间轴线之和＝3300＋3300＋3600＝10200mm＝10.20m

前后檐檐椽头面积＝(10.20×0.08×0.5)×2 侧＝0.82m²

檐椽头面积合计为 0.82m²。

【习题 13-7-18】某古建筑三间，前檐有飞椽，后檐封护檐，椽径 800mm，明间面宽 3600mm，次间面宽 3300mm，求椽头面积为多少？

【解】三间轴线之和＝3300＋3300＋3600＝10200mm＝10.20m

椽头面积＝(10.20×0.08)＝0.82m²

椽头面积合计为 0.82m²。

【习题 13-7-19】某古建筑三间，前檐无飞椽，后檐封护檐，椽径 800mm，明间面宽 3600mm，次间面宽 3300mm，求椽头面积为多少？

【解】三间轴线之和＝3300＋3300＋3600＝10200mm＝10.20m

椽头面积＝(10.20×0.08)×0.5＝0.41m²

椽头面积合计为 0.41m²。

【习题 13-7-20】某古建筑五间，明间面宽 4m，次间面宽 3.65m，尽间面宽 3.30m。椽径 90mm，屋架举折如下图 13-7-1 所示，前后坡等长，压飞尾段水平长 600mm，望板厚 25mm，求望板制作与刨光面积是多少？选择定额，计算望板做三道灰地仗，刷三道磁漆的直接工程费。

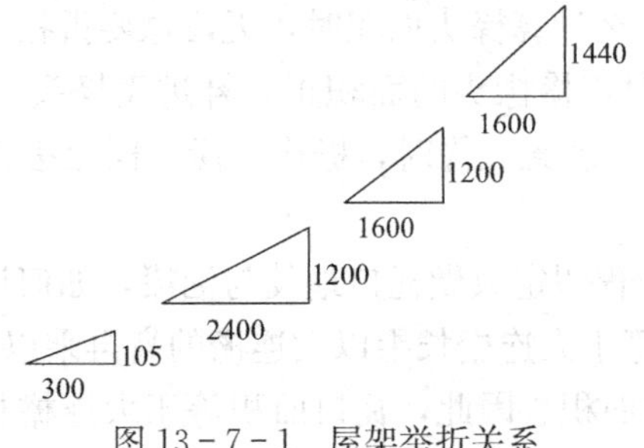

图 13-7-1 屋架举折关系

【解】(1) 求出面宽方向排山梁架与另一侧排山梁架中心之距

=4+2×(3.65+3.30)=17.90m

(2) 根据举折关系计算各三角形的斜长

① 飞椽举架，举折为 105÷300=0.35（三五举）

斜长=1.06×0.30=0.32m

② 檐椽举架，举折为 1200÷2400=0.50（五〇举）

斜长=1.12×2.40=2.69m

③ 上金椽举架，举折为 1200÷1600=0.75（七五举）

斜长=1.25×1.60=2.00m

④ 恼椽举架，举折为 1440÷1600=0.90（九〇举）

斜长=1.35×1.60=2.16m

单坡斜长=0.32+2.69+2+2.16=7.17m

前后坡屋面坡长=2×7.17=14.34m

露明望板面积=17.90×14.34=256.69m²

(3) 求出压飞尾毛望板面积

压飞尾水平长=0.60m，此段斜长=1.06×0.60=0.64m

面积=17.90×0.60=11.46m²

(4) 望板制作面积

=256.69+11.46=268.15m²

(5) 望板刨光面积

望板刨光面积就是望板露明面积=256.69m²

(6) 计算直接工程费

① 望板地仗三道灰，选择定额 7-216，基价：94.31 元。

直接工程费=256.69×94.31=24208.43 元

② 望板刷三道磁漆，选择定额 7-227，基价：47.13 元。

直接工程费=256.69×47.13=12097.80 元

③ 直接工程费合计；24208.43+12097.80=36306.23 元

【习题 13-7-21】新建某牌楼如图 13-7-2 所示，试列出油漆彩画各分项工程的名称。

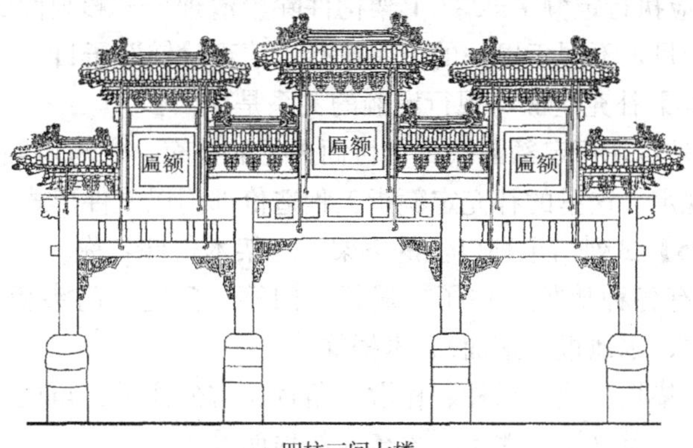

四柱三间七楼

图 13-7-2 屋脊顶式有高栱柱牌楼

【解】 此牌楼油漆彩画工程可以分为六类：

即（一）下架类；（二）上架类；（三）装修类；（四）椽子、望板类；（五）博缝类；（六）斗栱类。

各类油漆彩画又有如下分项工程。

（1）下架类：①新木件砍斧迹；②清理除铲；③下架大木地仗；④下架刷油漆。

（2）上架类：①新木件砍斧迹；②清理除铲；③上架大木地仗；④上架彩画。

（3）装修类：①雀替清理除铲；②雀替地仗；③雀替彩画；④花板清理除铲；⑤花板地仗；⑥花板彩画。

（4）椽子、望板类：①清理除铲；②椽望地仗；③椽望刷油漆；④椽头地仗；⑤椽头彩画；⑥连檐瓦口地仗；⑦连檐瓦口刷油漆。

（5）博缝类：①博缝板砍斧迹；②清理除铲；③博缝板地仗；④博缝板刷油漆。

（6）斗栱类：①清理除铲；②斗栱地仗；③斗栱彩画。

以上分项工程共涉及到近30个分项内容，这些只是油漆彩画工程最基本的项目，有时更加复杂，项目会更多。设计图纸应逐一阐述清楚地仗的详细种类、油漆的品种、涂刷的遍数、彩画的详细名称，贴库金还是赤金（或铜箔）。造价人员要仔细阅读设计图纸，按设计要求，按工艺逐一列出各个分项工程名称。

【习题13－7－22】 某建筑檐柱径250mm，里、外侧栈板墙面积合计为110m^2，地仗一麻五灰，里侧刷调和漆三道，外侧搓光油三道。试计算里、外侧面积各是多少？列出分项工程名称，并选择各分项工程定额编号。

【解】 设里侧面积为$X m^2$，则外侧面积为$1.2X m^2$（外侧等于里侧乘以1.2倍），

则有　$X+1.2X=110$　　$2.2X=110$　　里侧面积$X=50m^2$

外侧面积$=1.2X$　外侧面积$=1.2\times50=60m^2$

一麻五灰地仗选择定额7－606；里侧刷调和漆选择定额7－629；外侧搓光油选择定额7－622。

定额7－606，里外侧一麻五灰地仗：110m^2

定额7－629，里侧刷调和漆三道：50m^2

定额7－622，外侧搓光油三道：60m^2

【习题13－7－23】 彩画除尘应执行什么定额？新定额在项目设置上与以往有何不同？

【解】 彩画除尘应执行定额7－237上架构件除尘清理——彩画面的子目。新定额有专门用于彩画除尘的子目，不同于以往的借用执行“清理除铲”子目。

【习题13－7－24】 补充定额与现行定额的关系是什么？

【解】 补充定额是对现行定额因缺少子目而进行的补充，它与定额子目具有同等效力，并遵守定额的各项规定。这里的补充定额指工程造价部门以文件形式颁发的补充文件。

【习题13－7－25】 试列出十种以上的下架、上架木构件名称。

【解】 下架构件有各种槛框、柱子、塌板、门簪、门龙、门头板、余塞板、筒子板、带门钉大门、栈板墙、木地板（踏面）、木楼梯等。

上架构件有梁、垫板、檩、瓜柱、柁墩、角背、雷公柱子、角梁、由戗、博脊板、棋枋板、象眼山花板、承重（梁）楞木、木楼板的顶面等。

【习题13－7－26】 上、下架的分界在什么位置？

【解】上架与下架的分界位置是：枋下皮算起的以上（包括柱头在内）所有构件属于上架，以下属于下架。

【习题 13-7-27】某游廊有 38 间，柱长柱子高 2.35m，檐枋高 0.20m，柱子截面边长 0.21m，求下架做一麻五灰地仗，刷三遍醇酸磁漆，直接工程费各为多少？（暂按定额基价）

【解】(1) 求柱子的侧面展开面积。

柱子地仗油漆高度：2.55－0.20＝2.35m

廊子 38 间时应有 39 对柱子，即 78 根柱子。

柱子侧面展开：2.35×4×0.21×78＝153.97m^2

(2) 选择一麻五灰下架地仗定额 7-606。

直接工程费：153.97×203.33＝31306.72 元

(3) 选择下架刷三道磁漆定额 7-625。

直接工程费：153.97×23.98＝3692.20 元

(4) 计算地仗、刷漆的直接工程费。

直接工程费：31306.72＋3692.20＝34998.92 元

【习题 13-7-28】木楼梯做地仗，油漆时应按上架还是下架定额执行？如何计算木楼梯的面积？木楼梯主要有哪些构件？

【解】木楼梯属于下架，应按下架地仗油饰定额执行。木楼梯计算面积时，应把楼梯各木构件（不含栏杆）分别展开计算。合计后即为木楼梯的面积。木楼梯主要有榻板、挡板、斜梁、柱子、楼梯休息平台、楼梯梁等构件。

【习题 13-7-29】苏式彩画中卡子分为几种？

【解】分为片金箍头卡子、金卡子和色卡子三种。

【习题 13-7-30】清式彩画中的“旋子加苏画”应执行苏画定额吗？

【解】不应执行苏画定额。因为旋子加苏画属于旋子彩画的一种，主要构图仍是旋子彩画，因此应按旋子类彩画相应定额执行。

【习题 13-7-31】旧彩画修补与回帖应执行什么定额？

【解】旧彩画修补与回帖不是一个概念。旧彩画回帖应执行定额 7-239 或定额 7-240 的子目。但旧彩画修补则应先确定旧彩画的种类，再细分贴库金或贴赤金，按对应的修补内容、用金的种类选择相应的定额。

【习题 13-7-32】传统苏式掐箍头彩画，箍头之间的油漆是否可以另行计算刷漆的价格？

【解】不能计算箍头之间的刷漆价格。因为苏式掐箍头或掐箍头搭包袱彩画均已包括箍头间的油漆做法。因此，定额规定这部分油漆不能再计算。

【习题 13-7-33】油饰彩画用的脚手架与墙身、大木安装用的脚手架有何不同？

【解】油饰彩画工程使用的脚手架属于装修用的非承重脚手架，每步的步高在 1.8m，而墙身、大木安装用的脚手架属于承重脚手架，每步的步架高在 1.2m，二者的承载也有很大差别。

【习题 13-7-34】某古建筑设有五踩单翘单昂斗栱，斗口 60mm。共有平身科斗栱 24 攒，柱头科斗栱 4 攒，角科斗栱 4 攒。试计算里外拽面积各是多少？

【解】(1) 平身科里拽面积：24攒×1.056＝25.34m²

(2) 平身科外拽面积：24攒×0.967＝23.21m²

(3) 柱头科里拽面积：4攒×1.056＝4.22m²

(4) 柱头科外拽面积：4攒×0.967＝3.87m²

(5) 角科里拽面积：4攒×1.056＝4.22m²

(6) 角科外拽面积：4攒×0.967×3.5＝13.55m²

里拽面积合计：25.34＋4.22＋4.22＝33.78m²

外拽面积合计：23.21＋3.87＋13.55＝40.63m²

【习题13-7-35】某古建筑设有七踩溜金斗栱斗口105mm，有平身科20攒，柱头科4攒，角科4攒。外拽面做贴库金平金彩画，里拽做黄线彩画，地仗均做二道灰，试计算里、外拽地仗、彩画面积，并确定项目名称，选择相应定额。

【解】(1) 求面积。

平身科里拽：20攒×9.76＝195.20m²

平身科外拽：20攒×4.773＝95.46m²

柱头科里拽：4攒×4.923＝19.69m²（按昂翘斗栱里拽面计算）

柱头科外拽：4攒×4.773＝19.09m²

角科里拽：4攒×4.923＝19.69m²（里拽面与平身科相同）

角科外拽：4攒×4.773×3.5＝66.82m²

里拽面积合计：195.2＋19.69＋19.69＝234.58m²

外拽面积合计：95.46＋19.09＋66.82＝181.37m²

里外拽地仗面积：234.58＋181.37＝415.95m²

(2) 确定项目名称及选择定额。

① 定额7-688，做二道灰地仗，S＝415.95m²

② 定额7-708，里拽做黄线彩画，S＝234.58m²

③ 定额7-700，外拽做库金平金彩画，S＝181.37m²

【习题13-7-36】某古建筑柱径300mm，设有七踩单翘重昂斗栱共90攒。其中平身科76攒，柱头科10攒，角科4攒，斗口85mm，斗栱地仗做三道灰，外拽做金琢墨贴库金彩画，里拽做黄线彩画。垫栱板外檐一麻五灰地仗，三宝珠贴库金彩画，内檐一布四灰地仗，刷三道红磁漆，盖斗板一布四灰地仗，刷三道红磁漆。掏里部位刷色。试计算各部位面积并设定分项工程名称，选择相应定额。

【解】(1) 外拽面积： 平身科： 76×3.195＝242.82m²

柱头科： 10×3.195＝31.95m²

角科： 4×3.195×3.5＝44.73m²

外拽合计面积：242.82＋31.95＋44.73＝319.50m²

(2) 里拽面积： 平身科： 76×3.295＝250.42m²

柱头科： 10×3.295＝32.95m²

角科： 4×3.295＝13.18m²

里拽合计面积：250.42＋32.95＋13.18＝296.55m²

(3) 盖斗板面积： 外檐面积 319.5×9.4%＝61.98m²

内檐面积 296.55×22.70%=67.32m^2

盖斗板合计面积：61.98+67.32=12.930m^2

（4）掏里面积： 外拽： 319.50×27.90%=89.14m^2

里拽： 296.55×29.50%=87.48m^2

掏里合计面积：89.14+87.48=176.62m^2

（5）栱垫板面积：（重栱做法）

注：栱垫板的“块”数与斗栱攒数相等，共计 90 块，查表得知每块面积（单拽面）是 0.201m^2，双面做时×2 倍。这里栱垫板单拽面面积是 0.201×90=18.09m^2

（6）确定分项工程名称及选择相应定额（序号 A～L）

A：定额 7-685，斗栱外拽三道灰地仗。 面积：319.50m^2

B：定额 7-685，斗栱内拽三道灰地仗。 面积：296.55m^2

C：定额 7-694，斗栱外拽金琢墨彩画。 面积：319.50m^2

D：定额 7-708，斗栱内拽黄线彩画。 面积：296.55m^2

E：定额 7-679，外拽栱垫板一布四灰地仗。 面积：18.09m^2

F：定额 7-679，内拽栱垫板一布四灰地仗。 面积：18.09m^2

G：定额 7-727，外拽栱垫板三宝珠彩画。 面积：18.09m^2

H：定额 7-747，内拽栱垫板刷磁漆。 面积：18.09m^2

I：定额 7-679，盖斗板一布四灰地仗。 面积：129.30m^2

J：定额 7-747，盖斗板刷磁漆。 面积：129.30m^2

K：定额 7-715，掏里刷色。 面积：176.62m^2

【习题 13-7-37】某牌楼如图 13-7-3 所示，请计算斗栱面积（半攒斗栱按整攒的 1/2 计算）。

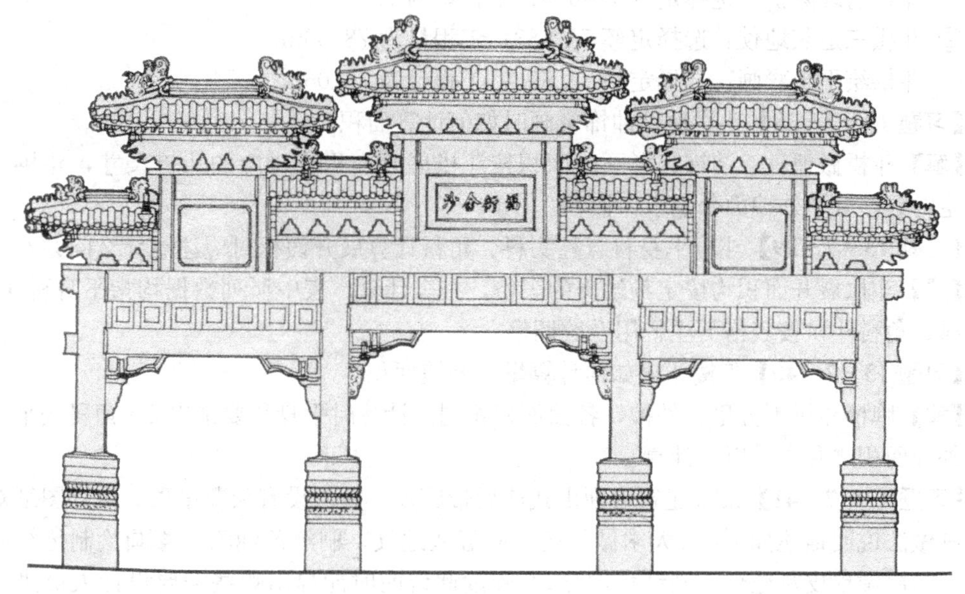

图 13-7-3

已知主楼、次楼的斗栱是七踩单翘重昂。斗口 50mm，夹楼，边楼斗栱是五踩单翘单昂斗口 50mm。斗栱做三道灰地仗，平金彩画（库金）。试计算工程量，确定分项工程名称并选择定额编号。

【解】（1）主楼斗栱平身科 4 攒、角科 2 攒；次楼斗栱平身科 6 攒、角科 4 攒。

① 平身科面积：外拽，$S=0.986\times(4+6)=9.86m^2$

里拽面积与外拽面积相同。平身科面积合计：$9.86\times2=19.72m^2$

② 角科面积：外拽，$S=0.986\times(2+4)=5.92m^2$

里外面积：$5.92\times2=11.84m^2$

角科面积：$3.0\times11.84=35.52m^2$

③ 主、次楼斗栱面积：

$S=19.72+35.52=55.24m^2$

（2）边楼斗栱平身科数量 $1.5\times2=3$ 攒、角科 2 攒。

夹楼斗栱平身科 $4\times2=8$ 攒、角科：无

① 平身科面积：外拽，$S=0.672\times(3+8)=7.39m^2$

里、外拽面积相同，平身科面积合计：$S=7.39\times2=14.78m^2$

② 角科面积：外拽，$S=0.672\times2=1.34m^2$

里、外拽面积：$1.34\times2=2.68m^2$

角科面积：$3\times2.68=8.04m^2$

③ 边楼、夹楼斗栱面积：

$S=14.78+8.04=22.82m^2$

（3）牌楼各类斗栱面积合计：$S=55.24+22.82=78.06m^2$

（4）分项工程项目的确定及选择定额。

① 斗栱清理除铲：选择定额 7－678；工程量为 $78.06m^2$

② 斗栱三道灰地仗：选择定额 7－683；工程量为 $78.06m^2$

③ 斗栱绘平金彩画：选择定额 7－698；工程量为 $78.06m^2$

【习题 13－7－38】斗栱地仗油饰彩画时如何计算面积？

【解】斗栱做地仗、油饰、彩画时面积按斗栱展开面积表对应的斗口尺寸，斗栱名称按给定的数据分里外拽面分别求出面积。

【习题 13－7－39】斗栱平身科、柱头科、角科计算展开面积时应注意什么问题？

【解】斗栱展开面积均按定额给出的表格，查表计算。表中所列数据均指平身科斗栱。柱头科、角科斗栱按表格下注释用系数调整。

【习题 13－7－40】牌楼斗栱如何计算里、外拽面积？

【解】牌楼斗栱不分里、外拽，各面面积相同。计算时平身科要乘以 2，角科按平身科里、外拽面积之和再乘以 3 计算。

【习题 13－7－41】某古建筑为硬山式前后带廊步，室内设有天花吊顶。设计图纸对油漆彩画做法说明描述如下："大木做传统一麻五灰地仗，刷红色油漆。彩画绘制传统旋子彩画。门窗做单皮灰地仗，刷红色油漆。"阅读此说明时能提出哪些需要设计人员进一步明确和细化的问题？

【解】从部位上分，此房屋可以分为上架大木、下架大木、天花吊顶、木装修、内外

墙粉刷、椽子，望板、连檐，瓦口、椽头等。

从做法上分，地仗可以分为麻（布）地仗、单皮灰地仗。从油漆上分，可以分为刷调和漆、刷磁漆、搓光油等。从旋子彩画上可分为浑金旋子彩画、金琢墨石碾玉、烟琢墨石碾玉、金线大点金、金线小点金、金线大点金加苏画、墨线大点金、墨线小点金、雅伍墨、雄黄玉等。从吊顶彩画上可分为天花彩画与支条彩画等。

油漆彩画的说明一定要阐述明确，部位具体。阐述麻（布）地仗时要讲清楚几麻（布）几灰。单皮灰不是一道灰，要讲明具体做几道灰。刷漆要讲明油漆的颜色、品种、涂刷的遍数。彩画更是应具体到有详细名称，以及贴金种类，枋心形式、图案内容。天花彩画要分别叙述天花、支条地仗的做法，天花与支条的彩画具体名称，以及井口板图案内容做法等。椽头要讲明地仗做法，檐椽头与飞椽头彩画的种类，具体名称。内外墙涂料要讲明涂料的颜色、品种、涂刷的遍数等。

总之，油漆彩画的设计说明不要只写按传统做法施工，而要具体，详细详尽。不能同一句话可以有若干种做法，更不能让人凭感觉去猜想。设计说明不具体、不详尽，直接影响到预算报价的准确性，应引起人们的重视。分析阅读此设计说明，只有大木地仗阐述明确，其他都有待进一步明确细化。

【习题 13－7－42】古建木装修框线贴金按实际贴金面积计量。施工图纸上如未给出槛框贴金的宽度，如何确定槛框的宽度？

【解】一般槛框贴金的宽度应按照设计图纸规定的宽度计算。设计图纸无要求时，可按照槛框看面（正面或背面）尺寸的20％～25％确定。槛框贴金面积等于槛框的长度乘以贴金的宽度。按定额 7－636、7－637 对应执行。

【习题 13－7－43】如图 13－7－4 所示，左图 8 扇，中图 4 扇，右图 16 扇，求隔扇、槛窗裙板，绦环板贴金面积。

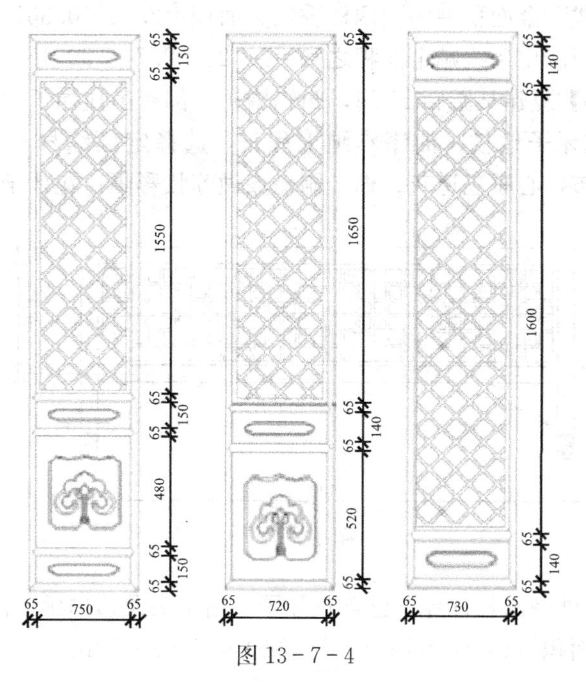

图 13－7－4

【解】甲图：0.75×(0.15+0.48+0.15+0.15)×8 扇=5.58m²

乙图：0.72×(0.52+0.14)×4 扇=1.90m²

丙图：0.73×(0.14+0.14)×16 扇=3.27m²

甲、乙、丙图裙板、绦环板贴金面积：5.58+1.90+3.27=10.75m²

【习题 13-7-44】如图 13-7-4 所示，求隔扇、槛窗两炷香贴金。

【解】甲图：隔扇全高=6×0.065+3×0.15+0.48+1.55

=0.39+0.45+0.48+1.55=2.87m

隔扇总宽=2×0.065+0.75=0.88m

隔扇两柱香贴金面积=2.87×0.88×8 樘=20.20m²

乙图：隔扇全高=4×0.065+0.52+0.14+1.65

=0.26+0.52+0.14+1.65=2.57m

隔扇总宽=2×0.065+0.72=0.85m

隔扇两柱香贴金面积=2.57×0.85×4 樘=8.74m²

丙图：隔扇全高=4×0.065+2×0.14+1.60

=0.26+0.28+1.60=2.14m

隔扇总宽=2×0.065+0.73=0.86m

隔扇两柱香贴金面积=2.14×0.86×16 樘=29.454m²

甲、乙、丙图两柱香贴金面积之和等于 20.20+8.74+29.45=58.39m²

【习题 13-7-45】如图 13-7-4 所示，计算甲、乙、丙隔扇，槛窗的皮条线贴金面积。

【解】甲图皮条线贴金面积=甲图两柱香贴金面积=2.87×0.88×8 樘=20.20m²

乙图皮条线贴金面积=乙图两柱香贴金面积=2.57×0.85×4 樘=8.74m²

丙图皮条线贴金面积=丙图两柱香贴金面积=2.14×0.86×16 樘=29.454m²

甲、乙、丙图皮条线贴金面积之和=20.20+8.74+29.45=58.39m²

【习题 13-7-46】复建某游廊15 间，两侧檐枋下都有吊挂楣子，如图 13-7-5 所示，试计算吊挂楣子、花牙子地仗、油漆彩画工程量，选择定额编号，列出分项工程名称。(工程做法：边抹糊布，心屉三道灰；楣子刷磁漆做苏妆彩画；花牙子黄边纠粉)

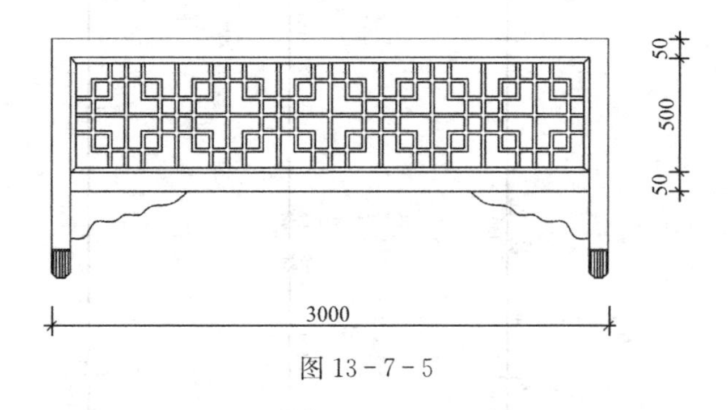

图 13-7-5

注：楣子按边抹外围面积计算，已含花牙子、白菜头及边框延伸部分。

【解】吊挂楣子面积=3×(0.05+0.5+0.05)×15×2=54m²

项目设置：

选择定额 7－931，新木装修清理除铲面积为 $54m^2$；

选择定额 7－932，木装修地仗面积为 $54m^2$；

选择定额 7－942，木装修彩画面积为 $54m^2$。

【习题 13－7－47】 某迎风板长 2.5m，高 1.2m，里外面均做一麻五灰地仗，里面刷调和漆三遍，外面做浅色无金彩画。试计算地仗面积、刷漆面积、彩画面积并确定相应的定额。

【解】 地仗面积为 $2.5\times1.2\times2=6m^2$（双面的合计）

油漆面积为 $3m^2$；彩画面积为 $3m^2$

7－606 为地仗定额；7－629 为刷漆定额；7－648 为彩画定额。

如新做则应有砍斧迹项目，应选择定额 7－600 为砍斧迹定额，工程量仍是 $6m^2$。

13.8 巩固练习

1. 砍除一布四灰与二麻六灰地仗，如何选择定额？如何确定预算基价？

2. 挂檐板绘枋心苏式彩画应执行什么定额？

3. 立闸山花板油漆地仗的面积与木作中立闸山花板的面积相同吗？为什么？

4. 博缝板底面面积在哪里包含？

5. 某悬山博缝板长为 15600mm，宽为 510mm，求博缝板做一布五灰地仗，刷醇酸调合漆三道的工程量？选择正确定额，并计算直接工程费。（暂按定额价预算）

6. 梅花钉贴金的面积如何计算？

7. 旧木构件如斧迹缺少，需要补充砍斧迹工序时，新增的工序可以执行新木件砍斧迹吗？

8. 山花、博缝刷漆的品种与定额规定不符合时，可以调整预算价格吗？

9. 以定额 7－121 为例，如果工人单价变为 65 元/工日，调合漆的单价为 25.60 元/kg，试计算调整后的预算单价。

10. 砍除旧地仗产生的建筑垃圾，如何确认工程量，如何计取垃圾清运的费用？

11. 某硬山建筑大连檐长 15.60m，椽径 0.10m，只作瓦口油漆地仗时，如何计算瓦口的面积？

12. 某古建筑后檐封护檐，前檐无飞椽，如何计算椽头彩画面积？

13. 椽望面积是展开后的椽望面积吗？如果不是，定额中工料消耗是如何考虑的？

14. 椽头金边彩画与椽头片金彩画有何不同？哪种价格更高一些？为什么？

15. 椽望的面积等于对应的屋面面积，也等于瓦面面积吗？为什么？

16. 某硬山建筑前后大连檐共长 16.40m，前檐带飞椽，椽径 0.11m，后檐无飞檐（老檐出式），试计算前后檐、连檐瓦口地仗面积以及前后檐椽头彩画面积。

17. 地仗中使用的血料如为已经发好的血料，可否允许调整血料的价格？

18. 大木构件做地仗时包括楦缝，缝子宽度超过多大时，可以另行计取楦缝的费用？

19. 旧彩画修补，粘贴如何执行定额？

20. 新彩画作旧，如何调整预算基价？

21. 木楼梯属于上架还是下架？楼梯做地仗时是按水平投影计算还是按展开面积计算？

22. 旧彩画除尘的工作内容是什么？应执行哪个定额子目？

23. 砍除一麻一布六灰地仗执行什么定额？砍除一布四灰地仗执行什么定额？为什么？

24. 如何界定砍除旧地仗是“麻布地仗”还是“单皮灰地仗”？

25. 下架构件都有哪些？举出十个以上构件的名称。

26. 苏式彩画中有单聚锦、双聚锦和连三聚锦，聚锦多少不同时，可否调整预算基价？为什么？

27. 一般截面为矩形的构件展开时按哪几个面展开？截面圆形的构件展开有何规定？

28. 挑檐枋的底面面积归入哪里计算？挑檐枋的外立面归入哪里计算？为什么？

29. 框线贴金的宽度如何确定？框线贴金的面积是槛框长乘以框线宽所得的面积吗？为什么？

30. 槛框、窗榻板、迎风板、余塞板属于上架还是下架？为什么？

31. 某建筑有垫栱板 23 块，斗栱为单翘单昂五踩斗栱，斗口 70mm，垫栱板地仗的工程量是多少？

32. 斗栱平金彩画分为贴库金、赤金与铜箔，三者的预算基价为什么不同？

33. 斗栱除尘应执行什么定额子目？

34. 如何确定柱头科、角科斗栱的面积？一般斗栱的里拽与外拽面积相等吗？为什么？

35. 斗栱盖斗板的面积如何计算？掏里刷色的面积如何计算？

36. 斗栱内外拽地仗做法不同，油漆或彩画做法不同时，如何计算内外拽的面积？

37. 斗栱个别木件为新添配木件，新木件做地仗，油漆时如何计算面积？

38. 斗栱刷漆后若设计要求再罩一道光油，此做法适宜选择什么定额项目？

39. 某建筑有七踩单翘重昂平身科斗栱 25 攒，柱头科斗栱 16 攒，角科斗栱 4 攒，斗口 11cm，试计算斗栱外拽面积与内拽面积各是多少？

40. 角科斗栱与平身科斗栱连做时，如何计算面积？

41. 彩画拓样、翻样的费用包括在什么工作范围以内？

42. 彩画贴金搭设临时防风帐，可否计取费用？为什么？

43. 隔扇、槛窗按计算规则规定计算出的面积是单面面积还是双面面积？刷漆与做地仗都是双面做法时，工程量可否乘以 2 倍？

44. 大门门钉贴金，菱花扣贴金，门心板贴金各按什么面积计算？

45. 天花彩画如遇软天花做法，如何执行定额？为什么？

46. 天棚彩画遇有斜面时，是按天棚的实际面积计算吗？

47. 哪些槛框按四个面展开？哪些槛框按三个面展开？

48. 墙面拉色线颜色不同时，如何计算工程量？

49. 窗榻板、座凳面按几个面展开计算面积？

50. 门窗若只做单面地仗与油漆，如何掌握定额尺度？

51. 栏杆望柱油漆，地仗的面积如何计算？

52. 走马板、余塞板、隔墙板地仗油漆工程量如何计算？

53. 吊挂楣子制作苏妆彩画时，如何计算面积？

54. 悬山建筑的象眼板，柁挡板如何选择定额？

55. 山花绶带贴金，使用的金箔尺寸与定额规格不同时，怎么办？

56. 悬山博缝板的面积如何计算？底面也展开计算吗？

57. 博缝板的背面面积与正面面积相等吗？

58. 挂檐板绘制枋心苏式彩画。计算面积时是量彩画面积还是量挂檐板面积？

59. 为保证节约材料，提高贴金质量，室外有时要搭设防风帐。搭防风帐可以计入措施费吗？

60. 木作工程博缝板面积是 7.60m^2 做油漆工程时，可认定此面积就是博缝板的面积吗？为什么？

61. 以定额 7-147 为例：假如人工费 78.5 元/工日，金胶油按 33.85 元/kg，金箔按 6100 元/具。请计算新的预算基价。

62. 梅花丁贴金面积按什么面积计算？

63. 山花板因年久失修，出现 11～50mm 的缝隙，做地仗前由木工楦缝，楦缝的费用可以单独计取吗？为什么？

64. 截面呈圆形的檐椽，椽头面积按什么计算？

65. 计算椽望面积时，椽子的侧邦面积展开计算吗？为什么？

66. 钉木望板的面积就是望板地仗油漆面积吗？

67. 椽望彩画应执行什么定额？

68. 椽头黄线彩画与墨线彩画有何不同？应执行什么定额？

69. 椽头彩画修补，如何计算面积？

70. “扣油提地”多与什么工艺配套使用？

71. 某悬山建筑博缝板外皮至角柱中心为 0.96m，前后均出檐，通面宽是 12.60m，椽径 ϕ=110mm，前有飞椽后无飞椽。求椽头面积及连檐瓦口面积。

72. 枕头木、小连檐的面积包括在哪里？

73. 单独一项油漆彩画维修工程，人工费单价确定时，也要考虑瓦、木等工程的人工费单价吗？为什么？

74. 绘制枋心苏画应执行什么定额？

75. 彩画回贴应执行什么定额？

76. 图示未标框线贴金的宽度，其宽度如何确定？

77. 云盘线贴金按什么面积计算？

78. 一般枋、梁计算展开面积时，为什么不计算顶面？

79. 下架柱子计算展开面积时，是底面周长乘以柱高吗？为什么？

80. 如何扣除上金盘面积？檩径一定时，上金盘的弦长与对应的弧长有何关系？

81. 图纸注明“下架做麻灰地仗，上架做单皮灰地仗”。你对此说明有何疑问？

82. 图示“下架柱子刷传统铁红漆三道”。你对此说明有何疑问？

83. 图示“上架做传统旋子彩画”。你对此说明有何疑问？

84. 图示“游廊做法传统苏式彩画并贴金”。你对此有何疑问？

85. 上、下架如何划分？举出十个以上的上架构件名称。

86. 何为斗栱内拽？何为外拽？为什么油漆彩画时斗拱要分内外拽？

87. 柱头科斗拱昂嘴贴金与平身科斗栱昂嘴贴金计算规则有何关联？

88. 斗栱展开面积如何计算？盖斗板的面积如何计算？掏里面积如何计算？

89. 某古建筑有五踩单翘单昂斗栱 34 攒，柱头科斗栱 20 攒，角科斗栱 4 攒。斗口 9.2cm，求盖斗板面积与掏里面积各是多少？

90. 某建筑三间有七踩单翘重昂斗栱 24 攒、斗口 11.10cm，其中柱头科四攒，角科四攒，平身科 16 攒。求垫拱板双面做一布四灰地仗的面积。

91. 斗栱地仗做法有麻灰地仗吗？为什么？

92. 垫栱板多做麻布地仗，斗栱一章中无此做法应执行什么定额？

93. 斗栱彩画的种类取决于大木构件彩画，大木做雅五墨彩画，斗栱适宜做何种彩画？

94. 做 24 攒平身科，4 攒角科，4 攒柱头科斗栱贴金，斗口 7.1cm，求库金消耗量是多少具？

95. 做斗栱彩画除尘应执行什么定额？

96. 如何理解边抹一麻五灰、心板糊布条三道灰、心替三道灰的地仗做法？

97. 贴做软天花没有对应定额项目，应执行什么定额？

98. 定额中的各种大门包括隔扇门、风门吗？为什么？

99. 传统支摘窗里侧又做一层木质玻璃窗，玻璃窗可否再计算地仗、油漆面积？

100. 门头板、余塞板计算面积时计算一面还是两面？

101. 雀替、花板、云龙花板、花罩、牌楼的匾面积按一面还是两面计算？

102. 各种大门的面积应按一面还是两面计算？

103. 各种形状的什锦窗按什么面积计算？原则是什么？

104. 墙边切活的图案有繁简之分。选择定额时应注意什么？

105. 修缮工程常做装修外面刷漆见新，而定额水平是以双面做法为准则制定的，此时如何调整定额？

106. 如何计算灯花彩画的面积？计算原则是什么？

14 综合练习

14.1 习题演练

【习题 14-1-1】 工程招投标时经常需要将所有木材折算成原木，木材体积折算可按相关规定执行，试问 $1m^3$ 原木可以出多少 m^3 板枋材？出多少门窗规格料？（指松木）

【解】 木材折算可按第 11 章木材折算表（表 12-7-2）计算。

$1m^3$原木经过加工可以出 $0.658m^3$板枋材。

$1m^3$原木经过加工可以出 $0.435m^3$门窗规格料。

【习题 14-1-2】 某大式古建筑阶条石的好头石如图 14-1-1 所示。如何计算其体积？

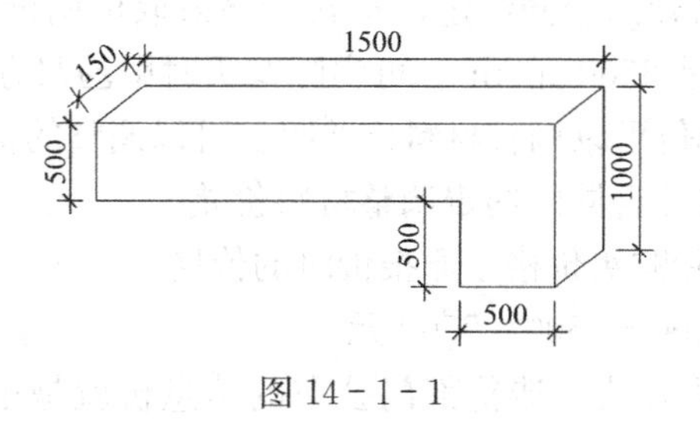

图 14-1-1

【解】 此形状比较特别，按照异形构件计算原则，其面积应按平面所围最小矩形的面积计算，再乘以厚度就是它的体积。

$S=1.50m\times1m=1.50m^2$　　　　$V=1.50m^2\times0.15m=0.23m^3$

注：不要将此面积计算为 $S=(1.50m\times0.5m)+(0.5m\times0.5m)=1m^2$

【习题 14-1-3】 直接工程费与工程直接费是一个概念吗？为什么？

【解】 直接工程费与工程直接费不是一个概念。直接工程费就是原来的定额直接费，它只包括人工费、材料费和机械费三项，是一个工程必须要发生的三种费用。

而工程直接费指的是一个工程发生的多种直接费用。它除去上述三种费用以外，还可能发生一些为了完成工程实体项目而另外发生的一些措施费用。例如，安全文明施工费、临时设施费、冬雨期施工费、二次搬运费、施工困难增加费、原有建筑物、设备、陈设、高级装修及文物保护费、施工排水、降水费等。因此，工程直接费是直接工程费与措施费用之和。

【习题 14-1-4】 某古建工程安装特大型石构件，为了保护成品，加快施工速度，施工单位计划使用轮式起重机吊装，配合施工。请问此起重机械发生的费用应如何处理？

【解】施工单位首先应与建设单位协商，双方确认欲使用机械的种类，机械台班的单价和计划使用机械台班的天数。定额规定，“施工中如使用大型机械，应按实际发生列入直接费”。有时施工单位的施工组织设计文件中已明确使用大型机械配合施工，并且施工组织设计文件已得到建设单位或监理单位的批准。此费用仍可以直接列入直接费，按实际发生由建设单位负担。

【习题 14-1-5】某工程（非招标的小型工程）所用石料需施工单位从外省采购并运至本市，请问该工程的跨省运费应如何处理？

【解】建设工程中的市内运费已经包含在材料预算价格中。跨省运费应由建设单位按实际发生负担。施工单位在预算组合价格时，如有跨省运费，应主动考虑进去。也可以将跨省运费单列一笔暂估价，结算时按实际发生进行调整。总之，跨省运费一般不包含在预算报价中，此费用应由建设单位负担。

【习题 14-1-6】复建某古建筑时，干摆墙面上有砖雕刻的透风砖数块，请问如何确定透风砖的价格？

【解】定额规定：“干摆、丝缝、淌白等砌筑墙面已综合考虑了所需八字、转头、透风砖的砍制。”但其中并未包括透风砖的雕刻，透风砖的雕刻应另作补充砖雕定额，只计取透风砖的雕刻人工费用。

【习题 14-1-7】某古建筑合同约定，材料价格采取可调价格的形式。投标报价时汉白玉的价格按信息价组价是 6500 元/m^3。可实际购买时甲乙双方确认汉白玉的价格涨到了 12000 元/m^3。请问施工单位可以调整材料价差吗？可以调整的价差是多少？

【解】施工单位可以按照合同的约定调整材料价差。

可以调整的价差＝实际购买价格－原报价时的价格

＝12000－6500＝5500 元

【习题 14-1-8】有些人认为造价部门公布的信息价就是市场价。这样理解正确吗？为什么？

【解】这样理解不正确。因为信息价只是一种代表市场的参考价格。信息价代表着当期市场的大部分材料价格，但它不是绝对等于市场价格，信息价同时又可以低于市场价或高于市场价格。因此说信息价不是市场价，它只是市场的一种参考价。从造价部门获取的信息价格，可能是几个月前的市场价格。信息价格的来源要经过市场采集、调研、整理、平衡等过程。这些过程要经过一段时间，公布于众的信息价格很可能已经滞后了。因此，信息价只是一种市场参考价格，不是绝对必须执行的价格。

【习题 14-1-9】房修古建定额中凡涉及到使用黄土作为建筑材料的项目，均未将黄土的价格组合在预算基价内。实际工程中遇到这些项目应如何考虑黄土的价格问题？

【解】实际工程中黄土作为古建材料的出现一般分为以下两种类型。

第一种：施工现场内挖掘黄土。

现场内条件允许，挖掘出的黄土质量符合传统工艺的要求，可以作为古建材料使用。这种情况建设单位应按定额规定支付给施工单位因挖掘黄土而产生的人工费用。如果出现现场内倒运，还应支付现场 300m 以内或以外的人工倒土费用（土建结构分册项目）。因为挖土只包括距离坑边 1m 的弃土，不包括倒运土。

第二种：外购黄土。

如果是建设单位外购黄土，施工单位不应计取任何费用。如果是施工单位外购黄土，双方应事先确认黄土的价格，为以后的结算工作创造条件。

不论是现场内挖掘黄土还是外购黄土，其数量应以定额规定消耗量，参照预算工程量进行计算。计算出的黄土用量是实方的用量，还应再进行实方折虚方的计算。同时也应适当考虑黄土过筛后体积的折扣量。因为外购或挖掘黄土指的都是未过筛的虚方。

【习题 14-1-10】古建维修工程如遇到灰土垫层应执行什么定额？定额中是否包括黄土的价格？如何确定黄土的数量？

【解】古建施工中常见灰土垫层，执行定额时可选择房修土建结构分册。与其他古建定额一样，各种灰土的预算基价中也未包含黄土的价格，常用灰土中的黄土定额消耗量可按表 14-1-1 中所列的执行。

灰土材料构成定额消耗量表 **表 14-1-1**

灰土配合比	材料名称	定额消耗量
2∶8 灰土	石灰	162kg
	黄土	1.13m^3
3∶7 灰土	石灰	243kg
	黄土	1.15m^3
4∶6 灰土	石灰	278kg
	黄土	0.96m^3

注：表中所用黄土为虚方，实际施工中可按照表中黄土的消耗量，结合外购黄土的单价，自行换算出包含黄土价格的灰土价格。外购黄土的价格一般指虚方的价格。如以实方定价，应在虚方价格的基础上再乘以 1.35（系数）。

【习题 14-1-11】古建修缮工程经常遇到使用原建筑物上的旧材料（或建设单位自有材料）编制工程预算时，这部分旧材料如何定价，计算时应掌握什么原则？

【解】利用原建筑物上的旧材料（或建设单位自有的材料）属于使用建设单位（以下称甲方）材料的问题。应按相关规定退还甲方材料费。

退还甲方材料费指凡是施工过程中施工单位利用原建筑物上的旧料，如旧砖、旧石料、旧瓦件、旧木料等或由甲方提供的自有材料，满足施工单位施工要求，减少了施工单位的材料采购，节省施工单位资金的行为。

施工单位节省的资金，正是甲方所付出的资金（旧材料可以折合的资金）。这些资金由于施工单位没有付出，理应如实退还甲方。

退还的原则数量、规格应以合同双方确定的数量、规格为准。单价以合同约定为准或以工程预算书所报单价为准。退还的时间一般在竣工结算时进行。退还的费用等于双方确认的数量乘以预算单价再乘以 99%。计算出的退还费用可设定为负值，在预算计费程序中放置在税金的前面，与计取税金的基数相加（即加上负值），然后在按规定计取税金，计算出实际的工程造价。

有时退还甲方材料的种类、规格、数量在设计图中已有明确表示（如屋面需添配 70%的瓦件，实际就是有 30%的旧瓦件仍可以再利用）。编制预算时一定要尊重设计方案，严格按设计要求编制出退还甲方材料费用，实事求是计算出实际的工程造价。

修缮工程中还经常会遇到甲方的材料不能直接使用，而要经过修整、清理、改动等。如旧瓦件的清铲，砖的重新加工，石构件、木材的长改短，大改小，这些费用都是为了利用旧料而发生的。甲方也应本着公平、务实的原则支付给施工单位因此而发生的费用，共同降低工程成本，减少工程造价。

【习题 14-1-12】某拆除房屋工程，合同约定承包形式为包工包料。被拆除的房屋距离渣土存放地点有 280m，需用手推车将渣土倒运至渣土存放点，然后用汽车将渣土清运出现场。请问这种情况下施工单位可以计取现场内 300m 倒运渣土的费用吗？为什么？

【解】不可以。因为该合同为包工包料的大包合同，施工单位的拆除房屋已经包括将渣土原地攒堆（等待运输）。施工单位负责的渣土外运已经包括将渣土运至场内的装车地点，所以不能再计取 300m 以内的现场倒运渣土的费用。但是如果合同约定渣土由建设单位负责外运，这时发生的 280m 现场内的倒运渣土理应由建设单位负责。如果由施工单位倒运，施工单位可以计取现场 300m 以内的倒运渣土费用。

（此原则详见造价文件 2005 年《北京市房屋修缮工程预算定额说明解释（第八）号》）

【习题 14-1-13】什么叫总价合同？

【解】总价合同是指在合同中确定完成建设项目的总价，确定承包人工作内容和双方结算依据的合同。这类合同易于支付结算，适用于工程量相对较少或相对较准确，且工期较短、技术要求相对简单、风险较小的建设项目。此类合同要求发包方提供的设计图纸和各项说明文件齐全、详尽，能够充分满足承包人准确计算工程量的需要。古建修缮工程不宜采用此类合同。

【习题 14-1-14】什么是单价合同？

【解】单价合同是指承包人按照投标文件所列出的分部分项工程量来确定分部分项工程费用的合同。这类合同使用范围较广，可以合理分摊风险，其成立的基础在于双方对工程量的计算方法和实际工程量与单价的确认。

【习题 14-1-15】什么是成本加酬金合同？

【解】成本加酬金合同是指由业主（或建设单位）向承包商（或施工单位）支付建设工程的实际成本，并按照双方事先约定的某一种方式支付酬金的合同类型。这类合同对承包商方面，基本无风险可言；而业主方面需要承担成本增加的风险，承包商的利润可能要低一些。

【习题 14-1-16】招标文件与中标人投标文件不一致时以什么为准？中标价格与合同价格不一致时以什么为准？

【解】招标文件与中标人投标文件不一致时应以投标文件为准。中标价格与合同价格不一致时应以合同价格为准。

【习题 14-1-17】某工程合同约定材料、人工单价采取可调价格的方式。投标报价时暂以当月的信息价为准。工程历经 24 个月竣工，请问结算时应以什么价格为准？为什么？

【解】这份合同只明确了人工、材料价格可以调整的原则，但具体按照什么价格调整，并没有约定清楚，结算时的价格可能有两种方法。第一种按照结算时的信息价调整。宏观上讲信息价是一个波动的价格，时高时低，信息价只是一种参考价。但对跨年度的工程而言，人工、材料价格总体是在上涨。这也符合以往采取额调价系数调整差价的原则，以竣工季度的调价系数为准。因此，要以竣工时的信息价格进行调整。第二种以施工单位实际发生的价格为准进行调价。但这里需要有一个前提，施工单位在采购各种材料前应先取得建设单位对价格的确认，并以书面形式双方签认，为以后的结算创造条件。人工单价则应以竣工时的信息价格作为参考，由双方商定。这里的材料实际发生价格不能片面地理解为就是施工单位提供发票中的单价。采取第二种方法符合合同约定的调价原则，也符合合同的公平交易原则。但是这份合同在调价约定上还是有欠缺的，应当进一步明确价格的确认方式、确认时间或确认原则。

【习题 14－1－18】《北京市房屋建筑修缮及装修工程施工合同》甲种本第 35 条第 2 款明确规定："发包人收到承包人递交的竣工结算报告及结算资料后 28 天内进行核实，给予确认或提出修改意见。"实际工程中发包人如果超过合同约定的期限未确认或未提出修改意见，应如何处理?

【解】合同中明确约定发包人自收到承包人结算之日起，28 天内给予确认或提出修改意见。发包人未按双方合同约定去履行义务，超过合同约定期限，就是视同承认或接受承包人递交的结算报告和结算数额。承包人可以就此数额，要求发包人按照合同约定的时间支付工程结算款。这一点完全符合中华人民共和国建设部令第 107 号《建筑工程施工发包与承包计价管理办法》之规定："发包方应当在收到竣工结算文件后的约定期限内予以答复。逾期未答复的，竣工结算文件视为已被认可。"

发包人超过期限的行为不属于合同违约。但是，发包人此时如不承认承包人递交的结算数额，则属于合同违约行为。承包人可与发包人协商，要求发包人按照承包人所递交的结算数额进行结算，并支付工程结算尾款。如果发包人不接受承包人的要求，或发包人要求承包人开始核实工程结算，承包人如果同意核实，可以按照双方核实后的数额结算。如果承包人不同意核实，承包人可以凭施工合同，向仲裁机构提出仲裁要求，或向属地人民法院提起诉讼，用法律的武器保护自己的利益。发包人的违约行为可能要付出一定的代价。

但是做到这一点还不够，承包人还必须提供发包人收到结算报告和结算资料（结算书）的文字凭证。凭证中应注明发包人收到的具体日期、收件人姓名和收到文件的名称。如果承包人提供不出司法部门需要的相关证明材料，即使超过合同约定的期限，也没有理由要求仲裁或提起诉讼。因此，管理严格的施工企业，大多采取发文的形式，重大事件必须有签收记录，以备双方发生争议时，可以提供资料，用法律的武器保护合同履约人的合法利益。

【习题 14－1－19】措施费中列举了常见的几种措施类型。如果招标工程施工组织设计中采用了超过规定种类的措施费用，投标报价时还可以进行增加吗?

【解】可以按照投标文件中施工组织设计文件所要求的措施内容，添加新的费用。措施费的 11 种类型，只是提供一个参考种类，发生哪种可以计取哪种，措施种类未包含的可以增加。不同的技术措施，可以采取不同的方法。相同的技术措施还可能因施工单位不同而采取的方法不同。对于这一点施工单位可以灵活掌握，要以科学、合理的措施满足施工要求，以安全简单的措施降低工程造价。

【习题 14-1-20】 某古建筑修缮工程施工工期只有 10 天，且正值春季。施工期间未遇风雨天气，气温一直在 10～15℃之间。请问此条件下施工单位预算报价时可以计取冬雨期施工费吗？

【解】 可以。此工程虽未遇到风雨天气，常温施工按规定仍然可以计取冬雨期施工费。冬雨期施工费是一项特殊的费用，一年中 365 天，不论天气变化如何都应计取。但是，如果某工程在严冬或盛夏施工，工期很短，施工中多次遇到雨雪袭击，也不能因极冷或极热增加费用。

【习题 14-1-21】 施工合同中经常提到不可抗力，如何认定不可抗力？

【解】 不可抗力是指施工过程中发生的不可预见、不可克服以及不可避免的影响施工的客观因素。

【习题 14-1-22】 措施费的费率是一个参考值，执行中应如何把握？

【解】 宏观而言措施费的费率是一个参考值。但其中的安全文明施工费是不能向下调整的。其他费率原则上也不能向下调整，只能向上调整。但如果建设单位免费向施工单位提供了一部分临时设施，此费率可以经双方协商降低。其他费率在满足规定说明前提下不准向下调整。不论何种情况允许向上调整。

【习题 14-1-23】 措施费中的"二次搬运费"指的是第二次搬运的费用吗？如果发生三次或三次以上的搬运，如何处理和使用二次搬运费？

【解】 二次搬运费不仅指第二次的搬运费用，还可以指三次以上的多次搬运的费用。如果施工中发生了二次以上或更多次的搬运也应按照二次搬运费用处理。但二次搬运费的费率是可以调整的。

【习题 14-1-24】 古建定额有时规定在特定条件下可以乘以某个系数，你如何理解定额乘以某个系数？乘以系数应掌握什么原则？

【解】 古建定额中经常会遇到在某种情况下可以乘以一个系数，调整定额水平。这些都是定额中明确地规定计算的方法。如遇规定的情况，要按照定额规定执行。该乘以什么系数就乘以什么系数。例如：古建墙帽预算基价规定是以双面制作法为准；如遇只做单面墙帽，定额乘以 0.65（系数）调整（也就是定额基价乘以 0.65 调整）。

有时定额没有规定，预算项目选用不到合适的定额，往往会借用某个与之相近的子目，但这个借用子目还不能正确体现实际的人工、材料、机械的消耗。为了使借用子目更科学、合理，有时要用系数再调整一下，使之趋于合理。这个系数取多大值，定额没有规定。工程造价人员要以良好的职业道德，实事求是地确定这个数值。尽可能使实际发生的消耗与相关对应的定额接近，使借用定额更趋于科学合理。

有时情况符合定额规定，造价人员随意乘以系数调整定额，这是不严肃的行为，应当加以纠正。

【习题 14-1-25】 施工现场范围一般指多大的范围？这个范围有规定吗？

【解】 施工现场范围是指施工单位为了生产（或房屋修缮工程）而必须使用的材料加工、宿舍、办公室、生产、材料仓库、支搭脚手架所需要的用地范围。这个范围有明确的规定，一般按照面积计算，应由建设单位负责提供给施工单位。

这个范围的大小，应按照所施工或修缮的房屋首层建筑面积的 3 倍，才能满足施工用地范围的最低需要。这里的 3 倍首层建筑面积已经包含被修缮的房屋已经腾空，可以提供施工单位使用的首层房屋的建筑面积。

如果建设单位提供的范围大于此规定的面积，便于施工，但双方不发生经济问题。如果小于此规定的面积，会给施工带来诸多不便，可能发生许多材料的倒运和人力、物力的支出，延长施工工期，按规定应由建设单位给予经济补偿。或者由建设单位出资租场地供施工单位使用。还可以由建设单位委托施工单位租场地，供施工单位使用，但费用应由建设单位承担。

【习题 14-1-26】如何正确理解和执行措施费中的“夜间施工费”?

【解】夜间施工费指因施工条件所限或为了保证工程进度需要，施工单位必须安排夜间施工的情况下，才可以计取的措施费用。夜间施工的时间一般指晚 8:00 以后至次日凌晨 6:00 之间的施工。这段时间会发生夜间施工照明设备摊销及照明用电等费用。施工人员的工作效率也会因夜间施工而降低，产生夜班补助费等。因此，这段时间施工可以计取夜间施工费，弥补施工单位因夜间施工而发生的额外费用。

【习题 14-1-27】措施费中的排水降水费，指的是施工现场内道路、场地的排水降水费用吗?

【解】不是。施工现场内道路、场地的排水降水费用已经包含在临时设施费用中。这里的排水降水费特指基础工程为了降低地下水位，而采取的各种降水措施及降水过程中的排水费用。两者根本不是一个概念。

【习题 14-1-28】什么条件下施工单位可以计取施工困难增加费?

【解】施工困难增加费是指因建筑物地处繁华街道或为大型公共场所、旅游景区在不停止使用的情况下所需要的必要围挡、安全保卫措施及施工降效等必要支出的费用。符合以上情况就可以计取该项措施费用。

【习题 14-1-29】古建修缮工程施工经常发生占用人行便道、胡同两侧存放建筑材料的事情。为此需要向有关部门提出申请并缴纳占地费用。请问此事情应当由谁办理？此费用应由谁承担?

【解】此事情应由建设单位办理，或由建设单位委托施工单位办理。此费用全部应由建设单位承担。

【习题 14-1-30】临时设施费指施工中发生的哪些费用？工地宿舍、员工娱乐室、工地食堂、工地餐厅、门卫值班室属于临时设施吗?

【解】临时设施指施工企业为进行房屋修缮及装饰装修工程所必须搭设的生活和生产用的临时建筑物、构筑物和仓库、办公室、加工厂、工作棚以及施工现场范围内的通道、水、电管线及其他小型设施的搭设、维护、拆除费和摊销费等费用。工地宿舍、员工娱乐室、工地食堂、工地餐厅、门卫值班室都属于临时设施。

【习题 14-1-31】古建筑维修工程经常会遇到在山顶或很高的地方施工，为解决垂直运输问题，有时必须采用人工方式，即背驮肩挑方法，将建筑材料运至施工地点。这笔费用有时很高，在工程造价中占有相当大的比重。合理支付由此产生的费用，正确计算和确定这些费用关系到工程造价的准确性。现将古建筑常用砖的重量推荐如表 14-1-2 中所列，供计算砖的质量时使用。

常用古建砖的重量 **表 14-1-2**

序号	名称	规格（mm）	质量（kg）	每 m^3 的数量（块/m^3）
1	大城砖	480×240×130	26.40	67
2	二城样砖	440×220×110	18.70	94
3	大停泥砖	410×210×80	12.10	145
4	小停泥砖	280×140×70	5.17	365
5	大开条砖	288×144×64	4.73	377
6	小开条砖	256×128×51	2.97	599
7	斧刃砖	240×120×40	2.2	868
8	四丁砖	240×115×53	2.64	684
9	地趴砖	420×210×85	13.20	133
10	尺二方砖	400×400×60	19.80	104
11	尺四方砖	470×470×60	23.10	76
12	尺七方砖	550×550×60	31.90	55
13	二尺方砖	640×640×96	69.30	26
14	二尺二方砖	704×704×112	97.90	18

说明：表中所列砖的质量是砖在自然干燥条件下的质量，未考虑湿砖或含水份较大的砖的质量。

【习题 14-1-32】当预算基价带有括号时，应如何理解括号的含义？如何具体执行和完善该预算基价？

【解】凡是预算基价带有括号时，使用中一定要慎重。千万不要直接使用括号内的预算基价。带括号的预算基价是一个不完全的价格，需要根据不同情况进一步完善组价。古建定额中有以下三种带括号的预算基价的情况。

第一种：材料消耗量带有（ ）者，实际工程若需使用，根据（ ）内的数量予以补充。

例如：定额 3-400 琉璃正吻安装项目。基价中的材料价 6274.96 元是各种不带括号材料的使用量乘以对应的单价之和加上其他材料费。也就是 6274.96 元中不含四样吻座、四样吻下当勾和四样大群色的价格。如工程中使用了上述某种材料，应用其材料单价乘以括号内的用量的乘积，与 6274.96 元相加，重新调整基价的值。如果上述三种材料均未使用，则应直接使用原基价。

第二种：材料消耗量用空（ ）表示者，根据实际工程需用数量予以补充。

例如：定额 3-489、1-451，四样琉璃角脊、庑殿及攒尖垂脊附件（垂脊筒做法）项目。基价中的材料价 1157.82 元是各种不带括号的材料使用量乘以对应单价之和。包括负值的材料一并计算，正负值相加后抵消，也就是 1157.82 元中不含四样走兽的价格。如工程中使用了 3 个四样走兽，基价应增加额为 3×58.00＝174.00 元。调整后的基价是 174.00＋1157.82＝1331.82 元。如工程中使用了 7 个四样走兽，新的基价＝7×58.00＋1157.82＝1563.82 元，依此类推。

第三种：材料单价空缺者，按照实际发生的价格予以补充，但定额消耗量不得调整。

例如：定额 2-1 金砖地面剔补项目，基价的材料价中不含二尺四金砖的价格。如实际工程中双方认定此砖价格为 150 元/块（或投标文件报价为 150 元/块）。

新的基价=150 元/块×1.13 块+382.17 元=551.67 元

【习题 14-1-33】古建筑施工中，如果配备大型机械施工时，该机械费应如何处理?

【解】古建定额的编制是以手工操作为主，适当配备中小型机械，未包括大型机械的使用费。凡需使用大型机械的应根据工程具体情况按实列入直接工程费。确定使用大型机械，要有两个重要环节做保证：第一，施工组织设计中要明确大型机械的使用范围，使用机械的种类和预计使用的时间期限。预算报价要明确大型机械的台班数量，台班单价。第二，上述施工组织设计未涉及或因工程发生变更需要增加使用大型机械时，应办理工程洽商或签订补充合同文件。甲、乙双方对使用大型机械的种类、作业范围、作业天数、机械台班单价逐一确认。这样工程结算时就可以按照实际发生予以结算。

【习题 14-1-34】什么叫信息价？你如何理解和执行信息价?

【解】信息价是某个行政管理部门或专业职能部门在一定时间内，进行市场调研、咨询、平衡以及审核后公布的一种价格。这个价格是为人们提供参考的信息，故称为信息价。

信息价是一种参考价，不是必须执行的执行价。信息价有时可以等于市场价，有时又不等于市场价。所以信息价不是市场价。

信息价往往要低于市场价，这是因为信息价从调研、采集、审核到公布要经过一段时间。信息价只代表某一时段内的参考价，它没有超前的预见性。作为某一时段内的参考价有很积极的意义和科学性，为确定工程造价提供了方便、及时的参考依据。但是目前没有文件规定必须予以执行，所以信息价没有强制性，只是一个参考数据。

在确定工程造价时，往往要参考这个价格，并结合市场实际价格，最后确定材料的单价。有些情况下市场价格会高于信息价，这就要求工程造价人员要及时了解和掌握市场价格变化的趋势（造价信息中有价格变化走向图）；特别是大宗主要材料，有时变化很小，也会直接影响到工程造价。市场价格的来源主要从供应商、生产厂家或相关单位获得。各投标单位在投标文件中反映出的市场价格，只代表本单位对市场价格的确认。其他投标单位可与之相同，但也可以高于或低于这个价格。市场价格是随时可变价格，是一种竞争的价格。企业信誉好，知名度高，能及时结清货款。该企业提出的市场价格可能就会低一些，工程造价可能也就低，工程中标率自然会高，形成良性循环，就有利于市场竞争。因此，掌握和控制市场价格，是企业经济活动的重要环节。有时，建设单位或投标文件规定必须执行某一时段的信息价。这就要求造价人员分析信息价与市场价之间的差距，能否被企业消化和接受。差距过大不能被企业接受时，投标单位可与之协商或提供市场价格依据，还可提出某种材料因信息价与市场价差距太大，改为建设单位供料或要求结算时补齐差价的方法。若协商未果，投标单位一定要慎重分析，权衡利弊，甚至主动放弃投标活动，预防因决策失误造成的经济亏损。

【习题 14-1-35】房修定额中哪些定额项目涉及到黄土？遇有黄土时应具备哪些条件才能计取黄土的费用?

【解】灰土、回填土、墙面抹掺灰泥、苫泥背、细墁地面、桃花浆等项目涉及使用黄土，但这些项目预算基价中不包含黄土的价格。遇有这些项目时可以与建设单位协商外购黄土问题，可凭双方认可的购土凭证办理结算。也可以协商办理补充协议，双方确定需要外购黄土的数量、单价。具备以上条件，结算时就可以计取外购黄土的费用。也可以在前期招投标中，由投标人根据市场价格，自行确定外购黄土的单价，自行组合使用黄土工程项目的预算基价。合同中采取总价包死的形式，结算时原投标报价不变，将其中黄土的价格一并计算在内。

【习题 14-1-36】 定额预算基价主要由哪些方面构成？

【解】 定额预算基价主要由人工费、材料费和机械费三方面组成。

【习题 14-1-37】 某古建工程有三七灰土垫层项目，需用大量黄土。建设单位为了节约资金，要求施工单位就地挖取黄土。请问这种情况下，在造价费用上会发生什么变化？施工单位应计取哪些项目费用？

【解】 就地挖取黄土是可行的，可以减少外购黄土造成的费用增加，降低工程造价。但挖掘黄土时施工单位必然要付出挖掘的人工费，建设单位应按挖掘土方的定额标准支付施工单位挖土人工费用。另外，计划使用的黄土数量往往要小于实际挖掘的数量。特别是在城区，地表土很可能是回填的房渣土，质量不能满足灰土、中土的标准要求，不能使用。只有满足灰土工艺要求的黄土标准，才是计划使用的黄土。这个差距应视具体情况在双方本着实事求是的原则下确定。挖掘农耕土或地表土符合要求的，可以不受此限。挖土、取土宜在施工现场内进行。定额挖土不包括水平运土。超过一定范围，施工单位还可以计取现场内的倒土费用。

【习题 14-1-38】 人工费单价的确定大多采用参考每个月工程造价管理部门发布的人工信息价格。这个价格有一个下限，有一个上限。如何正确理解和执行人工费单价的有关政策？

【解】 人工费的单价最低不允许低于信息价公布的下限值。这是保障建筑行业务工人员的最低工资标准（详见北京市建设委员会京造定〔2007〕1号文件即《关于合理确定和调整建设工程人工工资单价的通知》）。

对于大于下限值的标准，国家是不控制的。完全取决于市场需求，取决于工程的性质，取决于建设单位与施工单位协商的结果。国家政策的开放，既保证了务工人员的最低工资标准，维护社会安定，又给每个施工企业提供了一个平等竞争的平台。一般投标报价时，人工费单价的标准完全由企业根据自身的实力和管理水平确定。如果施工单位人工费单价标准偏高或过高，计算出的投标报价也必然要高。特别是以人工费为计费基数的房修工程，这样投标报价就很可能超过投标控制价，或超过允许偏差，最后导致投标工作失败。

因此，人工费单价的确定要充分利用市场经济的杠杆作用，既保证外来务工人员的最基本利益，又要以人为本，促进社会稳定。还可以提高建筑企业之间的合理公平竞争，有利于利用杠杆作用，提高企业自身的管理水平。

总之，人工费单价的标准是实行政府宏观控制，企业自主确定的原则。在不低于人工费信息价下限的前提下，没有上限。自主权由市场决定，由企业决定。

【习题 14-1-39】 一般古建筑的建筑面积计算规则是怎样规定的？

【解】 一般古建筑的建筑面积计算规则分为以下四种。

（1）古建筑的建筑面积应按照古建筑物台明外边线水平面积计算。

（2）如果古建筑物无台明时，应以围护结构水平面积计算建筑面积。

（3）围护结构外有檐、廊柱的，按照檐、廊柱外边线所围水平面积计算建筑面积。

(4) 围护结构外边线未及构架柱外边线的，按照构架柱外边线计算建筑面积。

注：详见2005年《北京市房屋修缮工程预算定额》说明解释（第八号），即京造修〔2010〕2号文件。

【习题 14-1-40】古建修缮工程措施费中脚手架的价格如何确定？脚手架使用时间如何确定？

【解】脚手架的价格可以按照架木具租赁市场的市场价格确定。计算脚手架的价格时，措施费中脚手架的预算基价只有各种架管、脚手板、卡扣的定额消耗量，不包含任何租金。组价时应按照租赁市场的租金单价（元/日），结合使用周期天数，二者相乘，将各项乘积累加，与原预算基价组合成新的完全价格。

脚手架使用时间的长短，应按照施工组织设计规定的时间加上架木具进退场的必要时间来确定。因为租金的多少直接影响到工程造价，不能随便乱定，应以投标报价时的施工组织设计文件规定的时间为基准，再加上进退厂的运输时间和正常情况下闲置的几天时间确定。

【习题 14-1-41】古建修缮工程使用脚手架的种类由什么确定？

【解】古建修缮施工是一个很复杂的过程，可能会发生许多种类的脚手架。具体应使用哪些脚手架，应按照投标报价时施工组织设计文件中规定的种类进行设置。按照正常的工作程序，施工组织设计文件应在编制预算之前编写完成，以供编制预算时向造价人员提供使用架子的种类。

【习题 14-1-42】施工总承包单位经常会将部分工程分包给其他施工单位，并向分包单位计取总包服务费。总包单位的这种做法合理吗？政策上有何规定？

【解】总包单位向分包单位收取总包服务费的做法合理。相关文件规定总包单位可以收取分包单位1.5％～2％的总包服务费。收取基数以分包工程的工程造价为准（不含设备费）。如果分包单位接受总包单位的其他服务，或要求总包单位提供相应的管理、协调、配合服务时，总包单位可以按照3％～5％的标准收取总包服务费，收取基数仍以分包工程的工程造价为准（不含设备费）。

【习题 14-1-43】定额预算基价中的人工费能反映哪些与人工有关的信息？

【解】定额预算基价中的人工费是指为完成某一计量单位合格产品，所需要的人工费用（人工工资）。定额人工费由人工费单价乘以定额用工的工日构成。它反映出一个定额工日的基本单价。反映出为完成某一计量单位合格产品所需要消耗的定额工日。定额人工费还能反映出预算基价中人工费占有的比例关系，或人工费在预算基价中所占有的百分率。

【习题 14-1-44】定额预算基价中的材料费能反映哪些与材料有关的信息？

【解】定额预算基价中的材料费是指施工过程中耗用构成实体的原材料、辅助材料、构配件、零件和半成品等的费用。它能反映出主要材料的名称、规格、计量单位，材料单价，材料消耗量，材料定额规定的损耗量，其他零星材料所占的价格，材料费在预算基价中所占的比例关系，或材料费在预算基价中所占有的百分率。

【习题 14-1-45】定额预算基价中机械费能反映出哪些与机械有关的信息？

【解】定额预算基价中的机械费是构成预算基价的组成部分。它可以反映出机械的名称、种类，台班的单价，机械台班的使用数量和机械费在预算基价中的占有的比例或机械费在预算基价中所占有的百分率。

【习题 14-1-46】

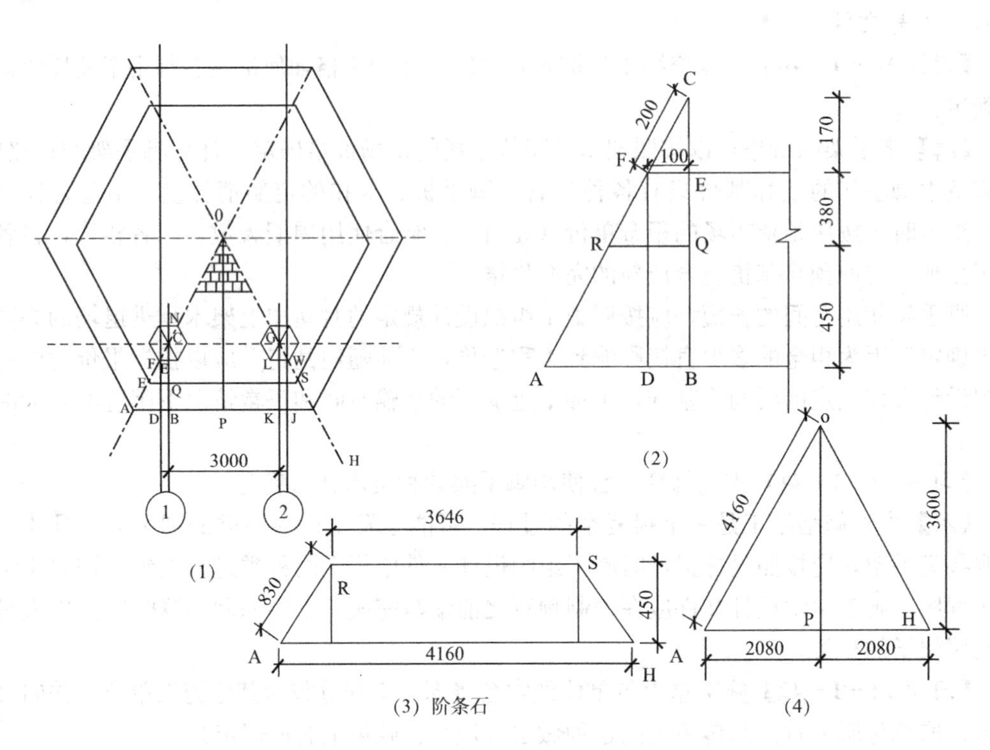

已知：下檐出为1m，即BC=1m，阶条石宽BQ=0.45m，柱径=0.2m

求：EQ=？亭内地面面积

【解】如图（2）所示：柱径为0.2，柱础为0.4m×0.4m，即FN=2FC=0.4m，可知CF=0.2m

由于是六边形，故∠ACB=30°，EF=1/2CF=0.1m

CE=$\sqrt{FC^2-EF^2}$=0.17m，BE=BC−CE=1−0.17=0.83m，故EQ=BE−BQ=0.83−0.45=0.38m

由△CFE∽△CRQ，可知CE/CQ=EF/RQ，即0.17/(0.83−0.45+0.17)=0.1/RQ，

解得RQ=0.323m

此时阶条石ARSH的面积=(4.16+3.646)×0.45×0.5=1.756m^2（图（3））

△AOH中，图（1）中△CAB=60°，BC=1，ctgCAB=AB/1∶AB=ctg60°×1，AB=0.58，因为EF=0.1所以BD=0.1

AD=0.58−0.1=0.48，AH=2AB+BK=2×(0.48+0.1)+3=4.16m

故AP=PH=0.5AH=2.08m，OP=2.08×1.732=3.6m（图（4））

故亭子建筑面积=2.08×3.6×0.5×12=44.93m^2

亭内地面面积=亭子建筑面积−阶条石总面积=44.93−1.756×6=34.39m^2

【习题 14-1-47】某小式硬山民宅三间，明间3.60m，次间3.30m，腿子咬中尺寸为3cm。求椽当空隙为1.50椽径时应在前檐排设多少根飞椽？（椽径9cm）

【解】面宽总尺寸=3.30+3.30+3.60=10.20m。扣去咬中3cm，则砖腿里侧至另一

侧砖腿里侧长为 10.20－2×0.03＝10.14m，飞椽数量＝10.14÷（0.09＋1.50×0.09）≈46 根

【习题 14－1－48】某工程计划使用原木 132m^3、板枋材 49.50m^3 和门窗规格料 19.72m^3，计算此工程应计划购买原木多少 m^3？

【解】计划购买原木＝132＋(49.50×1.52)＋(19.72×2.30)

＝252.596m^3

【习题 14－1－49】某地区红松原木供应价格是 3200 元/m^3，求红松板枋材的价格是多少？

【解】折算价格要考虑折算系数，还要考虑到材料采购保管费率。

红松板枋材价格＝3200×1.52×1.02＝4961.28 元/m^3

【习题 14－1－50】某工程修缮项目方整石砌体拆砌，如何理解预算基价的含义？使用中应注意什么问题？

【解】以定额 1－451 为例，预算基价是 348.26 元/m^3，其中不含添配新方整石料的价格，使用中应自行完善基价。如方整石砌体拆砌添配 35％新石料，完善价格应参照定额 1－456项目的材料用量，1.05×35％＝0.037m^3，在定额 1－451 的材料用量括号中加入 0.37，则添配 35％方整石料的砌体拆砌基价＝348.26＋(650.00×0.37)＝588.76 元。其他各种材料用量和人工、机械均不能调整。

【习题 14－1－51】措施费中的安全文明施工费是否可以调整？如何调整？为什么？

【解】安全文明施工费可以调整。但必须是向上调整，不准向下调整。因为国家为保证施工企业的安全文明施工给出了一个最低的费率，任何企业不能以降低费率作为竞争的条件。但修缮工程遇特殊情况时，企业可依据工程特点加大此费用的支出，以保证工程顺利进行。这是国家赋予企业的权利和提供企业间公平竞争的平台。

【习题 14－1－52】冬期施工在砂浆中加入的防冻剂是否属于措施费？其费用应在哪些费用中包含？

【解】这项费用不属于措施费，其费用应在砂浆价格中包含。

【习题 14－1－53】招投标活动中经常会发生“投标担保金”。此费用应从哪些费用中支出？

【解】投标担保金的费用应从企业管理费中的财务经费中支出。

【习题 14－1－54】设计文件中未明确旧墙是整砖剔补还是半砖剔补时，应如何界定？

【解】无法界定是整砖剔补还是半砖剔补时，应先按整砖剔补确定工程造价。如实际施工时是整砖剔补，则结算时价格不用调整。如实际施工时是半砖剔补，结算时调整定额或扣减其差价。

【习题 14－1－55】查定额 2－4 是尺七金砖剔补的定额子目，其基价是 217.17 元/块。剔补 5 块尺七金砖的直接工程费是 5×217.17＝1085.85 元吗？

【解】不是，这样计算很不完善。首先定额基价带有（　）为不完全价，基价不能直接使用，要根据实际情况完善基价。假如双方认定（或投标人自行确定）尺七金砖价为 120 元/块时，新的基价＝217.17＋(120×1.13)＝352.77 元，这时的直接工程费＝5×352.77＝1763.85 元

【习题 14-1-56】某小停泥丝缝墙面长 4.75m，高 1.85m，求 15%半砖剔补的数量，求计划购买砖的数量。

【解】(1) 墙面面积＝4.75×1.85＝8.79m^2

(2) 剔补 15%时的剔补面积＝8.79×0.15＝1.32m^2

(3) 查定额 1-73，求出 1.32m^{2}的剔补砖数量＝1.32×70.3943＝93 块

(4) 查定额 1-22，半砖剔补时每块砖需用 0.57 块整砖。

外购数量＝0.57×93＝53.01 块

【习题 14-1-57】某单檐四柱四方亭，柱径 240mm，面宽轴线间距 3600mm，上檐出为 900mm，求大连檐的长是多少？

【解】大连檐长是仔角梁端头中点之间的水平连线长。

大连檐长＝3.60＋2×(0.90＋3×0.08)＋2×(0.90＋3×0.08)×0.30

＝6.56m

注：檩径为 240mm 时椽径为 1/3×240＝80mm

3×0.08 为仔角梁向外冲出的尺寸为 3 椽径，2×(0.90＋3×0.08)×0.30 为定额规定的乘以 1.3 系数调整的量，这样计算可以只执行一次定额。

【习题 14-1-58】有什么简便快捷计算平面呈五边形、六边形、八边形的建筑面积之方法吗？

【解】先从建筑平面图中找出五边形、六边形、八边形的最小外接圆的直径，求出圆的面积，以这个圆面积作为基数，五边形建筑面积乘以 0.6060，六边形建筑面积乘以 0.8274，八边形建筑面积乘以 0.8861，即为所求图形的建筑面积。

【习题 14-1-59】某施工合同约定施工期间如遇外界因素影响施工，给甲乙方带来的经济损失另行商定。结果当损失发生后，对方均不想承担责任。请问责任应由哪方负责？

【解】首先要看损失的原因，应由造成损失的过错方承担主要责任，非过错方承担次要责任。即也要承担因合同缔约不明所应承担的责任。

【习题 14-1-60】单檐八角亭，六样黄色琉璃瓦，垂脊筒子做法，垂脊上设“仙人、龙、凤、狮子、天马、海马”。计算垂脊附件的直接工程费是多少？(暂以定额单价为准)

【解】(1) 计算工程量。八角亭有八条垂脊、八条垂脊附件。

(2) 选择定额 3－492，原基价是 620.01 元/条。

(3) 换算新的基价：

新基价＝620.01＋(5×41.60)＝828.01 元

(4) 求直接工程费。

直接工程费＝8 条×828.01 元/条＝6624.08 元

注：计算小兽数量时不应计算仙人的数量。

【习题 14-1-61】某带有正吻的大式硬山建筑，1 号布瓦，脊高 420mm，垂脊端头设有 5 个小跑，求垂脊附件的直接工程费？(暂以定额单价为准)

【解】(1) 硬山建筑有四条垂脊，则有四条垂脊附件。

(2) 选择定额 3-358，原基价是 429.49 元/条。

(3) 换算新的基价。

新基价＝429.49＋(4×35.00)＝569.49 元/条

（4）求直接工程费。

直接工程费＝4 条×569.49 元/条＝2277.96 元。

注：布瓦屋面计算小跑的数量，应扣除前端抱头狮子。

【习题 14－1－62】 某建筑位于山顶，糙砌大城砖墙长 16.25m，高 3.20m，厚 0.48m，求砌筑此墙人工向山顶运输材料的重量。

【解】（1）求出墙的体积，选择定额。

墙体积＝16.25×3.20×0.48＝24.96m^3

选择定额 1－146

（2）确定各种材料的使用量。

①需用大城砖 24.96×59.8910＝1495 块

②需用 M2.5 混合砂浆 24.96×0.1469＝3.67m^3

（3）计算城砖、砂浆的重量。

①城砖的重量：1495 块×26.40kg/块＝39468kg

②砂浆的重量：M2.5 混合砂浆 1m^3中含有砂子 1754kg，石灰 114kg，水泥 131kg。

砂子重量：3.67×1754＝6437.18kg

石灰重量：3.67×114＝418.38kg

水泥重量：3.67×131＝480.77kg

（4）各种材料合计重量（不含水的重量）：

39468＋6437.18＋418.38＋480.77＝46804.33kg

【习题 14－1－63】 某古建筑院内有拆除工程，因条件所限，拆除的渣土必须运至现场内某处，再用汽车清运出现场。编制工程造价时现场内的渣土清运可否计取费用？依据是什么？

【解】 可以计取现场内的渣土倒运费用。因为拆除工程所含工作范围仅指渣土原地攒堆（待运）实际情况超出定额所含工作内容范围。因此，应计取现场倒运渣土的费用。

【习题 14－1－64】 某台基如左图所示，当方砖散水宽度为 0.40m，牙子宽 0.05m 时，求砖牙子的长度及散水的面积。

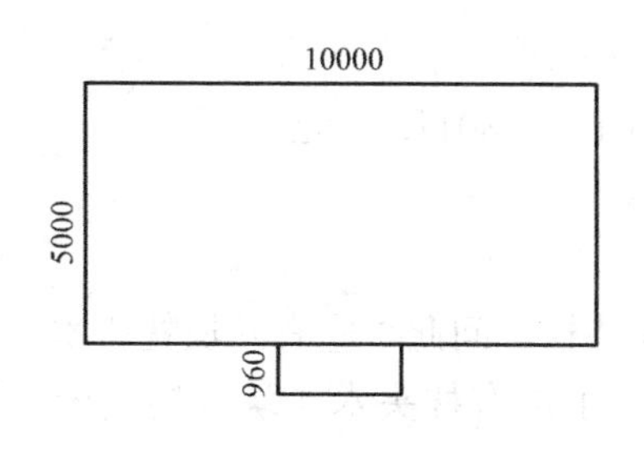

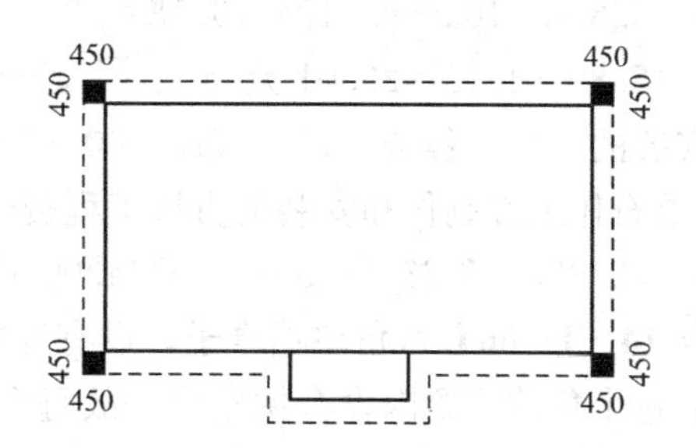

【解】（1）台基外边线长：2×（10＋5）＝30m

（2）台阶长：2×0.96＝1.92m

（3）转角处长：8×0.45＝3.60m

（4）砖牙子长：30＋1.92＋3.60＝35.52m

（5）散水面积：

散水的长＝〔2×(0.45－0.05)＋10〕×2＋(5×2)＋(0.96×2)

=33.52m

方砖散水面积=0.40×33.52=13.41m^2

【习题 14-1-65】新建某广场花岗石材铺地面150m^2，石材厚度180mm，求需要外购石材多少？当人工费单价为105元/工日，石材价格为3800元/m^{3}时，求石作工程的直接工程费。

【解】（1）求外购石材的数量：选择定额2-142、2-144。

地面石制作 150×0.1406=21.09m^3

地面石加厚制作 150×0.0216×3=9.72m^3

外购石材量=21.09+9.72=30.81m^3

（2）求单价变化后制作的直接工程费。

① 定额2-142原基价：606.27元

② 换算后2-142的基价：

=606.27+(105−82.10)×2.10+(3800−3000)×0.1406

=606.27+48.09+112.48=766.84元

③ 定额2-144原基价：98.64元

④ 换算后2-144的基价：

=98.64+(105−82.10)×0.384+(3800−3000)×0.0216

=98.64+8.79+17.28=124.71元

⑤ 制作的直接工程费=150×(766.84+124.71)=133732.50元

（3）求单价变化后的安装直接工程费。

① 定额2-145原基价：105.92元

② 换算后2-145的基价：

=105.92+(105−82.10)×1.20

=105.92+27.48=133.40元

③ 定额2-146原基价15.89元

④ 换算后2-146的基价

=15.89+(105−82.10)×0.18

=15.89+4.12=20.01元

⑤ 安装的直接工程费=150×(133.40+20.01)=23011.50元

（4）求石作工程制作和安装的直接工程费。

=133732.50+23011.50=156744.00元

【习题 14-1-66】八角单檐亭子，设有五采斗栱，问此亭应有几块枕头木？

【解】每个角的位置因设有挑檐桁，故每个角上应有枕头木4块（挑檐桁2块，正心桁2块）。8个转角共有枕头木32块。

【习题 14-1-67】八角重檐亭子，无斗栱，问此亭应有几块枕头木？

【解】每个转角处有2块枕头木，底层檐有16块枕头木。二层檐有16块枕头木，共计有32块枕头木。

【习题 14-1-68】古建筑工程施工中若使用起重机械（吊车）配合大木构件安装，原来的构件安装费如何处理？起重机械费用如何处理？

【解】起重机械费用应按定额总说明第九条规定执行。事先应与发包人共同确认起重机械型号、台班单价、台班数量，结算时按双方事先认定的价格、数量结算。

根据定额总说明第九条之规定，凡需使用大型机械的应根据工程具体情况按实列入直接工程费。起重机械（吊车）属于大型机械，使用起重机械配合大木构件安装时，不扣除原预算（或清单）报价中的吊装人工费用，这里的吊装就是指人工安装的费用，采用起重机吊装也势必要发生人工配合，构件翻身挂绳、水平运输、插入榫卯、钉拉杆、打戗、找中对线、修整卯口等。定额中没有规定人工安装费用要扣减，所以不应扣减此费用。

14.2 巩固练习

1. 建设项目是一种什么性质的投资？是怎样实现投资目的的？

2. 建设项目由哪些方面构成？

3. 房屋修缮的古建工程由哪些分部工程构成？

4. 如何划分设计阶段？

5. 简述建设产品有哪些性质？

6. 古建修缮工程预算定额编制时考虑了哪些古建工程的特性？

7. 什么叫设计概算？设计概算如何控制工程造价？

8. 设计文件由哪些主要文件构成？

9. 工程结算和哪些决算有何区别？

10. 什么是施工图预算？

11. 如何理解定额的法令性、科学性与群众性、稳定性与时效性？

12. 施工中若使用大型机械，其费用如何处理？

13. 某寺院随同修缮工程另新建 250m^2 的办公性用房，结构形式为砖混。应使用什么定额？依据是什么？

14. 某职工参加业务培训，成绩未达合格标准，单位以此为由，扣除该职工学习期间的工资，企业这样做正确吗？为什么？

15. 简述如何合理确定人工费的单价？

16. 措施费的内容是否可以自行添减？为什么？

17. 某施工企业自有架木具，预算报价时仍向甲方计取架木具的租赁费用，且租金高于市场价，这样做正确吗？为什么？

18. 某工程环境条件恶劣，乙方将规定的临时设施费率自行上调 50%，这样做合理吗？为什么？

19. 某施工企业利润率按零计算，这样做可以吗？为什么？

20. 某工程因经营管理不善，严重亏损，被多方诉至法院且败诉，无力偿还债务，故不向国家缴税。这样做可以吗？为什么？败诉方确实无力偿还债务时，胜诉方如何保护自己的利益？

21. 人工费单价调整的原则是什么？信息参考价的上限与下限有无控制标准？

22. 材料采购价格直接进入预算基价中组价或替带原价格的方法正确吗？材料采购价与预算价有何关系？

23. 利润的标准可以由企业自行上调吗？为什么？

24. 管理费的标准可以由企业自行上调吗？为什么？

25. 税金的标准可以由企业自行上调吗？为什么？

26. 规费的标准可以由企业自行上调吗？为什么？

27. 古建施工若配合大型机械，大型机械费应如何计取？

28. 利用建设单位的旧材料施工时，如何调整工程造价？

29. 措施项目在规定范围以外时，可以自行列出新的措施项目吗？

30. 市场经济中如何发挥定额的作用？

31. 什么条件下可以计取施工困难增加费？

32. 施工扰民费发生时，应由谁来支付？费用标准是什么？

33. 施工占用便道或道路时，应向市政有关部门缴纳一定的费用，此费用应由谁来负责承担？

34. 施工中如遇地下文物，文物保护处理的费用应由谁来承担？延误的工期应由谁来负责？

35. 建设单位为了抢工期，违背科学、合理的施工周期，施工单位可以计取因此而发生的费用吗？计取的依据是什么？

36. 承包定额用工的施工队，可以计取哪些费用？依据是什么？

37. 工人因病休假六个月以内的工资从什么费用里支付？六个月以外的病休工资从什么费用中支付？

38. 某单位为扩大经营，向银行贷款，贷款利息应从哪些费用中支出？

39. 某单位慰问退休职工和召开运动会的费用应从哪些费用中支出？

40. 工人为提高生产技能或科学知识，接受相关的培训，培训期间的工资是否可以扣除？依据是什么？

41. 古建工程的材料检测试验费在哪些费用中体现？

42. 工人按规定享受探亲假，休探亲假期间的工资如何处理？依据是什么？

43. 古建施工主要分为瓦工、木工、油漆彩画工，各工种的工资单价标准必须相同吗？

44. 有关部门公布的信息价，是施工单位或建设单位必须执行的价格吗？为什么？

45. 合同中约定“各种费用均不允许调整”，假如合同期内，人工单价向上调整，施工单位应如何处理？可否调整？依据是什么？

46. 什么情况下可以计取“文物保护费”？计取的标准可否上调？依据是什么？

47. 某古建抢修工程，施工期只有一天，施工中气温在10～25℃之间，既无风也无雨。这项工程可以计取冬雨期施工费吗？为什么？

48. 总包单位与分包单位如何界定税金的缴纳？

49. 如何理解“施工现场狭小”？狭小的标准是什么？出现狭小的施工现场时应如何处理？

50. 施工单位正式接收建设单位移交的房屋，并进行修缮施工。施工中遇自然灾害，致使房屋损毁严重，施工单位有赔偿的责任吗？损毁造成的经济损失应由谁负责赔偿？

51. 某承包定额用工合同中约定，不论出现什么安全事故，均由工人自行负责，因工资单价中已包含这些费用的因素。此时，若出现重大伤亡事故，到底应不应该向受害人赔偿？依据是什么？

52. 施工现场内建立的工人娱乐室、棋牌室属于临时设施吗？为什么？这些费用应从哪里支出？

53. 材料采购员的工资属于人工费吗？这部分工资在哪些费用中体现？

54. 建设单位仅提供施工现场内的用水、用电，但现场外加工制作、生活的用水、用电，仍由施工单位支付，如何计取水电费用？

55. 大型机械配合施工中，是否应该扣除相应的人工费用？大型机械施工费应如何计取？

56. 灰土、苫泥背、细墁地面等施工项目中，施工单位计取了黄土的费用，此做法符合规定吗？

57. 材料运输与储存时产生的合理损耗费用，应在哪些地方体现？

58. 女工哺乳期间耽误的工时，可否扣除其工资？依据是什么？

59. 如何理解和执行总价承包形式下的一次性包死的工程？

60. 一椽一当半、一椽二当时如何计算椽子的根数？

61. 翘飞椽根数的确定应掌握什么原则？

62. 渣土消纳单位（垃圾消纳部门）收取的渣土消纳费，在工程计价中如何体现？

63. 硬杂木出材率计算可以按照松木出材率系数计算吗？为什么？

64. 墩接柱子时加固铁件的费用在哪里体现？

65. 计算架木具租赁时间完全按照施工组织设计规定的时间正确吗？还应考虑哪些因素？

66. 更换椽望的修缮项目，都有可能发生哪些与之相关的项目？

67. 如何理解“打牮拨正”的修缮项目？

68. 总价承包合同中的“不可预见费”结算时如何处理？

69. 工程索赔不能实现的主要原因有哪些？

70. 如何理解“质量责任缺陷期”以外的保修责任和义务？

71. 定额中琉璃瓦、脊件的价格是指什么颜色的价格？造价信息中琉璃瓦、脊件的价格指的是什么颜色的价格？颜色变化对价格有何影响？

72. 一个定额工日指一个生产工人8小时的工作内容，其内容主要指从事生产过程的主要工作，还应包括哪些必要的时间消耗？

73. 造价信息中人工费的上限标准可以随意提高吗？为什么？

74. 建设单位要求施工单位对装修后的室内环境进行检测，此检测费用施工单位可否另行计取？

75. 加工坚硬石材时，人工费为什么要向上调整？

76. 建设单位向施工单位提供施工现场内使用的工程水电时，施工单位还可以计取工程水电费吗？为什么？

77. 某文物修缮工程，设计文件要求使用加厚金箔，此时如何确定金箔的价格？定额用量可以调整吗？

78. 带有三采斗栱的六角亭应设有几块枕头木？

79. 飞椽尾长与头长不足一头三尾或一头二尾半的比例时，如何确定飞椽的价格？

80. 砌墙所用灰浆与定额规定不符合时，是否允许换算灰浆的价格调整基价？

81. 如何确定削割瓦的价格？如何估计其价格？

82. 灰土施工时如用生石灰粉代替传统泼灰，是否允许调整白灰的价格？

83. 工程结算超过合同约定的审计时间后才开始审计工作，施工方有权拒绝审计工作吗？

84. 总价承包的合同中包括的“不可预见费”结算时是否应扣除？为什么？

85. 截面尺寸过大的柱子墩接，能否执行定额？为什么？

86. 砌筑拱券时支搭拱券的材料应如何计价？为什么？

87. 庑殿建筑脊檩遇吻桩与雷公柱子连做时，檩子应执行什么定额？

88. 退甲方材料费的依据是什么？为什么要退甲方材料费？退甲方材料费的单价如何确定？

89. 如何计算琉璃脊垂附件（小兽）的数量？

90. 布瓦垂脊与琉璃瓦垂脊在计算小跑（小兽）数量时有何不同点？

91. 按照传统常规如何界定屋面苫滑秸泥背或麻刀泥背？

92. 为什么在计算衬里墙的厚度时要考虑所用砖 N 倍的 1/4 关系？

93. 如何理解施工合同文本中通用条款、专用条款和补充条款三者之间的关系？

94. 某工程施工期间，乙方存放在工地内的设备遭雷击毁，损失费用应有哪方负担？为什么？

95. 某造价员结算书显示歇山山花板制作面积与该山花板地仗面积相等，正确吗？为什么？

96. 甲乙方书面合同约定 5 月 15 日前支付第二次工程进度款 150 万元。但甲方逾期未支付，双方未约定违约条款，乙方可否要求甲方支付违约的利息损失？

97. 设计图纸上未注明椽当尺寸时，计算椽子根数应按多大椽当计算？

98. 某室内面积 $65m^2$，顶棚高度 2.95m，吊天花支条时可否计算搭拆架子的费用？依据是什么？

99. 计算硬山建筑下架油漆面积时，柱高从何算起？到何为止？为什么？

100. 油漆地金箔彩画中的油漆如何计算费用？为什么？

101. 掐箍头搭包袱苏式彩画中，包袱与箍头间的油漆费用如何计算？

102. 某木装修外侧为支摘窗，里侧为木玻璃窗扇，计算重新油漆时，里侧的玻璃窗扇面积是否应计算？为什么？

103. 涉外工程的工程造价应主要考虑哪些问题？

104. 措施费中冬雨期施工费的费率可以向上调整吗？调整的依据是什么？

105. 因建筑施工产生的生活垃圾，可否按渣土清运计取费用？

106. 红松原木计算体积时，直径取大头还是取小头？截面上直径取大的还是取小的？

107. 不规则石料的体积计算时，其面积为什么要取外接最小矩形？

108. 为什么退甲方材料费仍然要计取税金？

109. 安全文明施工费包括哪些费用？

110. 混凝土外加剂的费用是否属于措施费中？这项费用在什么费用中包含？

111. 一线生产工人的生产工具用具费（凿子、盒尺、瓦刀等）在什么费用中包含？

112. 企业职工应享受的冬季供暖补贴费，应从哪些费用中支出？

113. 企业职工供养的直系亲属可否享受企业的医疗补助费用?

114. 企业为防暑降温发放给员工的防暑降温费，应从哪些费用中支出?

115. 为降低工程造价，投标人降低了利润和规费，这样做是否合法? 为什么?

116. 建设单位为抢工期，提出以经济补偿的方法压缩工期30%，双方达成书面协议。这种行为可行吗? 为什么?

117. 建设单位与设计单位协商，修改了原设计方案内容，增加了施工单位的费用支出。这样修改设计方案有效吗? 为什么?

118. 甲乙双方就如何认定“不可抗力”的范畴发生意见分歧。应如何解决? 如何认定?

119. 设计文件中要求做“加细淌白墙”，定额执行时可否乘系数向上调整价格?

120. 旧墙面维修时的“剔补打点”是一回事吗? 如何理解剔补与打点?

121. 施工组织设计文件与工程造价的关系是什么?

122. 如何理解信息价中人工费的标准?

123. 诉讼费、招待建设单位的餐费、住房公积金、税金、办公用地的租金、贷款利息、五险一金。哪些属于管理费?

124. 企业自有架木具可以按照市场的租赁价向甲方收取租金，但不应高于市场的价格。这样理解有何不妥?

125. 脚手架的租赁时间就是架木具自搭设至拆除的整个时间。这样理解正确吗?

126. 中小型机械常指哪些机械? 如何计算年有效工作日? 年有效工作日以外的非作业天数指的是什么?

127. 原址上建造的仿古建筑执行什么定额? 依据是什么?

128. 甲乙二个四合院相邻，规模大小完全一样。甲院内有部分修缮工程，同时新建附属用房300m^2。乙院内无修缮工程，也建造与甲院完全相同的附属用房300m^2。甲乙二个工程各自应执行什么定额? 为什么?

129. 只要是仿古建筑就应执行仿古定额? 正确吗?

130. 措施费的费率是可以任意调整吗? 为什么?

131. 为保证施工的电力，增容支出的费用应由谁负担?

132. 施工现场内甲方驻工地办公室的临时用电的架设费用应由乙方临时设施费支付正确吗? 为什么?

133. 利润率可以出现零或负值吗?

134. 税金中包含个人所得税吗?

135. 某650mm宽的柱顶石用花岗石制作，花岗石1850元/m^3，人工费单价为130元。求新的预算基价。

136. 如何确定单埋头、厢埋头、混沌埋头? 哪些图纸中可以找到信息?

137. 石构件的银锭如何计算价格? 制作费用单计价格，安装银锭在定额中包含。

138. 门枕石包括海窝吗? 为什么?

139. 图7-3-25中，中间底垫石适宜借用什么定额?

140. 某公园内小圆形亭子，阶条石厚140mm，采用花岗石制作，已知阶条石共计2.32m^3，求该亭子阶条石制作的预算基价。(人、材、机暂不调整)

传统灰浆合比 **表 14-2-1**

序号	组合材料名称		配比材料名称	单位	数量
1	水泥砂浆	1∶2	水泥	kg	567.00
			砂子	kg	1500.00
2		1∶2.5	水泥	kg	482.00
			砂子	kg	1580.00
3		1∶3	水泥	kg	416.00
			砂子	kg	1655.00
4		1∶3.5	水泥	kg	364.00
			砂子	kg	1670.00
5	石灰砂浆	1∶2.5	石灰	kg	270.00
			砂子	kg	1570.00
6		1∶3	石灰	kg	239.00
			砂子	kg	1658.00
7		1∶3.5	石灰	kg	213.00
			砂子	kg	1730.00
8	古建筑常用灰浆	青水泥	水泥	kg	1545.00
9		麻刀灰	石灰	kg	719.00
			麻刀	kg	13.50
10		大麻刀白灰	石灰	kg	654.00
			麻刀	kg	49.54
11		中麻刀白灰	石灰	kg	654.00
			麻刀	kg	29.72
12		小麻刀白灰	石灰	kg	654.00
			麻刀	kg	23.12
13		护板灰	石灰	kg	654.00
			麻刀	kg	16.51
14		浅月白大麻刀灰	石灰	kg	654.00
			青灰	kg	85.00
			麻刀	kg	48.86
15		浅月白中麻刀灰	石灰	kg	654.00
			青灰	kg	85.00
			麻刀	kg	29.04
16		浅月白小麻刀灰	石灰	kg	654.00
			青灰	kg	85.00
			麻刀	kg	22.44
17		素石灰浆	石灰	kg	654.00

续表

序号	组合材料名称		配比材料名称	单位	数量
18	古建筑常用灰浆	深月白大麻刀灰	石灰	kg	654.00
			青灰	kg	98.40
			麻刀	kg	49.54
19		深月白中麻刀灰	石灰	kg	654.00
			青灰	kg	98.40
			麻刀	kg	29.72
20		深月白小麻刀灰	石灰	kg	654.00
			青灰	kg	98.40
			麻刀	kg	23.12
21		大麻刀红灰	石灰	kg	654.00
			氧化铁红	kg	42.51
			麻刀	kg	49.54
22		中麻刀红灰	石灰	kg	654.00
			氧化铁红	kg	42.51
			麻刀	kg	29.72
23		小麻刀红灰	石灰	kg	654.00
			氧化铁红	kg	42.51
			麻刀	kg	23.12
24		红素灰	石灰	kg	654.00
			氧化铁红	kg	42.51
25		大麻刀黄灰	石灰	kg	654.00
			地板黄	kg	42.51
			麻刀	kg	49.54
26		麻刀混合灰	水泥	kg	70.00
			石灰	kg	719.00
			麻刀	kg	13.50
27		纸筋灰	石灰	kg	692.00
			纸筋	kg	40.00
28		老浆灰	石灰	kg	654.00
			青灰	kg	163.50
29		桃花浆	石灰	kg	196.20
			黄土	m^3	0.91
30		深月白浆	石灰	kg	654.00
			青灰	kg	98.30
31		浅月白浆	石灰	kg	654.00
			青灰	kg	85.00

各种地面结合层灰浆品种及厚度表 **表 14-2-2**

地面品种	结合层		立缝宽度（mm）
	灰浆品种	厚度（mm）	
墁细砖地面	掺灰泥 3∶7	40	砖棱挂油灰 5 5
墁糙砖地面	石灰砂浆 1∶3	30	
礓礤	石灰砂浆 1∶3	40	
踏道	石灰砂浆 1∶3	30	

渣土发生量计算简表 计算单位：m^3 **表 14-2-3**

序号	工程项目			单位	渣土量
1	平房全房拆除	现、预制混凝土板顶	外墙 1 砖厚	m^2	1.07
2			外墙 $1\frac{1}{2}$砖厚	m^2	1.21
3		加气混凝土板顶	外墙 1 砖厚	m^2	1.04
4			外墙 $1\frac{1}{2}$砖厚	m^2	1.19
5		布瓦及泥宽水泥瓦顶	外墙 1 砖厚	m^2	1.06
6			外墙 $1\frac{1}{2}$砖厚	m^2	1.20
7			外墙 2 砖厚	m^2	1.34
8		干挂水泥瓦顶	外墙 1 砖厚	m^2	0.90
9			外墙 $1\frac{1}{2}$砖厚	m^2	1.03
10		石棉瓦顶	外墙 1 砖厚	m^2	0.85
11			外墙 $1\frac{1}{2}$砖厚	m^2	0.99
12		青灰顶	外墙 1 砖厚	m^2	1.05
13			外墙 $1\frac{1}{2}$砖厚	m^2	1.18
14		空斗砖墙		m^2	0.80
15		棚子		m^2	0.70
16	屋面拆除	带泥背屋	布瓦屋面（包括泥背）	m^2	0.36
17			琉璃屋面（包括泥背）	m^2	0.39
18			泥宽水泥瓦屋面	m^2	0.21
19		青灰顶、焦渣顶		m^2	0.29
20		无泥背屋面	石棉瓦屋面	m^2	0.02
21			玻璃钢屋面	m^2	0.01
22			望板油毡顶	m^2	0.01
23			瓦条挂水泥瓦屋面	m^2	0.04
24		铲除卷材防水层	无砂石保护层	m^2	0.01
25			有砂石保护层	m^2	0.02
26			天沟、檐沟	m	0.01
27		屋面保温层		m^3	1.30
28		混凝土屋顶	现、预制混凝土板	m^2	0.53
29			加气混凝土板	m^2	0.25

续表

序号	工程项目			单位	渣土量
30	琉璃布瓦屋面查补			m^2	0.006
31	琉璃布瓦屋面揭宽			m^2	0.09
32	屋面挑修	布瓦屋面		m^2	0.21
33		干挂水泥瓦屋面		m^2	0.01
34	墙体拆除	砖墙、乱石墙、基础墙		m^3	1.46
35		空心墙	空心	m^3	1.13
36			实心	m^3	1.43
37	墙体拆除	空心砖墙		m^3	1.30
38		加气混凝土块墙		m^3	1.30
39		板条、苇箔、石膏板墙		m^2	0.06
40	拆砖砌墙	干摆、丝缝、淌白墙面拆砌		m^2	0.20
41		砖墙拆砌		m^3	0.74
42		带刀灰墙拆砌		m^3	0.40
43	墙面铲灰皮	整体抹灰面层		m^2	0.03
44		瓷砖、锦砖		m^2	0.035
45		水磨石、大理石		m^2	0.10
46	钢筋混凝土构件拆除			m^3	1.35
47	天棚拆除	板条、苇箔、钢板网		m^2	0.03
48		石膏板		m^2	0.02
49	地面垫层拆除	混凝土垫层		m^3	1.30
50		灰土、碎砖三合土		m^3	1.40
51	拆地除面	标准砖、水泥格砖地面		m^2	0.10
52		预制水磨石大理石		m^2	0.10
53	地面拆除	耐酸砖地面		m^2	0.06
54		通体砖地面		m^2	0.05
55		玻璃锦砖、陶瓷锦砖		m^2	0.04
56		整体面层		m^2	0.03
57	地面起墁	水泥格砖		m^2	0.07
58		预制混凝土块		m^2	0.08
59		平铺标准砖		m^2	0.05
60		陡铺标准砖		m^2	0.09
61	古建筑石作工程石渣			m^3	0.40
62	古建条砖、方砖砍砖砖渣			m^2	0.12
63	油漆彩画工程	砍麻布灰地仗		m^2	0.02
64		砍单披灰地仗		m^2	0.01
65	拆除管道保温层			m^3	1.30
66	土方工程余土			m^3	1.35

附表

古建常见砖件定额规格尺寸表

名称	规格尺寸（mm）	名称	规格尺寸（mm）
大城砖	480×240×128	斧刃砖	240×120×40
二城样	448×224×112	兰四丁砖	240×115×53
大停泥	416×208×80	尺七方砖	544×544×80
小停泥	288×144×64	尺四方砖	448×448×64
地趴砖	384×192×96	尺二方砖	384×384×58
大开条砖	260×130×50	小开条砖	245×125×40

参 考 文 献

[1] 马炳坚．中国古建筑木作营造技术［M］．北京：科学出版社，2003.
[2] 刘大可．中国古建筑瓦石营法［M］．北京：中国建筑工业出版社，1993.
[3] 边精一．中国古建筑油漆彩画［M］．北京：中国建材工业出版社，2001.
[4] 刘全义．中国古建筑定额与预算［M］．北京：中国建筑工业出版社，2008.
[5] 姜振鹏．传统建筑木装修［M］．北京：机械工业出版社，2004.
[6] 田永复．中国园林建筑工程预算［M］．北京：中国建筑工业出版社，2002.
[7] 田永复．中国仿古建筑设计［M］．北京：化学工业出版社，2008.
[8] 张程，张建平．中国古建工程计量与计价［M］．北京：中国计划出版社，2007.
[9] 陈代华．建筑工程概预算与定额［M］．北京：金盾出版社，2003.
[10] 郭婧娟．建设工程定额及概预算［M］．北京：清华大学出版社、北京交通大学出版社，2009.
[11] 住房和城乡建设委员会．北京市房屋修缮工程计价依据——预算定额（古建筑工程预算定额）．中国建筑工业出版社．